Autodesk Inventor Professional 2024

中文版
从入门到精通

闫聪聪 刘昌丽◎编著

清華大學出版社
北京

内容简介

本书重点介绍了 Autodesk Inventor Professional 2024 中文版在机械设计领域的各种基本操作方法和技巧。全书共 13 章，内容包括 Autodesk Inventor Professional 2024 入门、辅助工具、绘制草图、草图特征、放置特征、曲面造型、钣金设计、部件装配、零部件生成器、表达视图、创建工程图、应力分析、运动仿真等。在介绍该软件的过程中，注重由浅入深、从易到难，各章节既相对独立又前后关联。编者根据自己多年经验及学习者的心理，及时给出总结和相关提示，以帮助读者快捷地掌握所学知识。

本书内容翔实、图文并茂、语言简洁、思路清晰、实例丰富，可以作为相关院校的教材，也可作为初学者的自学指导书。

图书在版编目（CIP）数据

Autodesk Inventor Professional 2024 中文版从入门到精通 / 闫聪聪，刘昌丽编著. -- 北京 ：清华大学出版社，2024. 7. --（BIM 软件从入门到精通）.
ISBN 978-7-302-66808-4

Ⅰ. TH122

中国国家版本馆 CIP 数据核字第 20244ZL105 号

责任编辑：秦　娜　赵从棉
封面设计：李召霞
责任校对：王淑云
责任印制：沈　露

出版发行：清华大学出版社
　　网　　址：https://www.tup.com.cn，https://www.wqxuetang.com
　　地　　址：北京清华大学学研大厦 A 座　　**邮　　编**：100084
　　社 总 机：010-83470000　　**邮　　购**：010-62786544
　　投稿与读者服务：010-62776969，c-service@tup.tsinghua.edu.cn
　　质量反馈：010-62772015，zhiliang@tup.tsinghua.edu.cn
印 装 者：艺通印刷（天津）有限公司
经　　销：全国新华书店
开　　本：185mm×260mm　　**印　　张**：30　　**字　　数**：726 千字
版　　次：2024 年 7 月第 1 版　　**印　　次**：2024 年 7 月第1次印刷
定　　价：109.80 元

产品编号：085086-01

前　言

Preface

Autodesk Inventor Professional 是美国 Autodesk 公司于 1999 年底推出的中端三维参数化实体模拟软件。与其他同类产品相比，Autodesk Inventor Professional 在用户界面三维运算速度和显示着色功能方面有突破性进展。Autodesk Inventor Professional 建立在 ACIS 三维实体模拟核心之上，摒弃许多不必要的操作而保留了最常用的基于特征的模拟功能。它不仅简化了用户界面、缩短了学习周期，而且大大加快了运算及着色速度。这样就缩短了用户设计意图的展现与系统反应速度之间的距离，从而可最大限度地发挥设计人员的创意。

目前 Autodesk Inventor Professional 的最新版本是 Autodesk Inventor Professional 2024。与前期版本相比，新版本在草图绘制、实体建模、图面、组合等方面的功能都有明显的提高。

本书以 Autodesk Inventor Professional 的最新版本 Autodesk Inventor Professional 2024 为基础进行讲解，该版本在装配设计、草图绘制、有限元分析、可视化设计等方面增加了一些新功能，可以更好地帮助企业和设计团队提高工作效率。

一、本书特点

☑ 作者权威

本书所有编者都是在高校从事计算机辅助设计教学研究多年的一线人员，具有丰富的教学实践经验与教材编写经验。多年的教学工作使他们能够准确地把握学生的心理与实际需求，前期出版的一些相关书籍经过市场检验很受读者欢迎。本书是由编者在总结多年的设计经验以及教学心得体会的基础上，经过多年的精心准备编写而成，力求全面、细致地展现 Autodesk Inventor Professional 软件在机械设计领域的各种功能和使用方法。

☑ 实例丰富

对于 Autodesk Inventor Professional 这类专业软件在机械工程领域应用的工具书，我们力求避免空洞的介绍和描述，而是步步为营，逐个知识点采用机械工程实例演绎，这样读者在实例操作过程中就牢固掌握了软件功能。实例的种类也非常丰富，有知识点讲解的小实例，有几个知识点或全章知识点综合的实例，有最后完整实用的工程案例。通过交错讲解各种实例，以达到巩固读者理解的目标。

☑ 突出提升技能

本书从全面提升 Autodesk Inventor Professional 实际应用能力的角度出发，结合大量的案例来讲解如何利用软件进行机械工程专业应用，使读者了解 Autodesk Inventor Professional 并能够独立地完成各种机械工程应用。

本书中有很多实例本身就是机械工程项目案例，经过作者精心提炼和改编，不仅可以保证读者能够学好知识点，更重要的是能够帮助读者掌握实际的操作技能，同时培养

机械工程应用实践能力。

二、本书的基本内容

Note

本书重点介绍了 Autodesk Inventor Professional 2024 中文版在机械设计领域的各种基本操作方法和技巧。全书共 13 章，内容包括 Autodesk Inventor Professional 2024 入门、辅助工具、绘制草图、草图特征、放置特征、曲面造型、钣金设计、部件装配、零部件生成器、表达视图、创建工程图、应力分析、运动仿真等。各章之间紧密联系，前后呼应。

三、本书的配套资源

本书通过二维码扫码下载提供了极为丰富的学习配套资源，期望读者在最短的时间内学会并精通这门课程。

1. 配套教学视频

针对本书实例专门制作了 55 个配套教学视频，时长 350min。读者可以先看视频，像看电影一样轻松愉悦地学习本书内容，然后对照课本加以实践和练习，这样可以大大提高学习效率。

2. 全书实例的源文件和素材

本书附带了很多实例和练习实例的源文件和素材，读者可以安装 Autodesk Inventor Professional 2024 软件，打开并使用它们。

本书主要由石家庄三维书屋文化传播有限公司的闫聪聪和刘昌丽两位老师编写，其中闫聪聪执笔编写了第 1～7 章，刘昌丽执笔编写了第 8～13 章。本书的编写和出版得到了很多朋友的大力支持，值此图书出版发行之际，向他们表示衷心的感谢。同时，也深深感谢支持和关心本书出版的所有朋友。

书中主要内容来自编者几年来使用 Autodesk Inventor Professional 的经验总结，也有部分内容取自国内外有关文献资料。虽然笔者几易其稿，但由于时间仓促，加之水平有限，书中纰漏与失误在所难免，恳请广大读者批评指正。

0-1

读者如遇到有关本书的技术问题，可以将问题发到邮箱 714491436@qq.com，我们将及时回复。

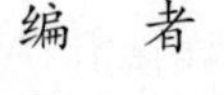

编　者

2024 年 5 月

目 录

Contents

Note

Note

Note

Note

Note

Note

Note

Note

Note

第1章

Autodesk Inventor Professional 2024入门

本章学习 Autodesk Inventor Professional 2024 的基本知识，了解 Autodesk Inventor Professional 中各个工作界面，熟悉如何定制工作界面和系统环境等，为系统学习准备必要的前提知识。

1.1 Autodesk Inventor Professional 概述

Autodesk Inventor Professional 是美国 Autodesk 公司推出的三维可视化模拟软件。与其他同类产品相比，它操作简便，易于学习和使用，具有多样化的显示选项及强大的拖放功能。

Autodesk Inventor Professional 产品系列正在改变传统的 CAD 工作流程：因为简化了复杂三维模型的创建，工程师可专注于设计的功能实现。通过快速创建数字样机，并利用数字样机来验证设计的功能，在投产前工程师更容易发现设计中的错误。

1. 适用于设计流程的理想工具

Autodesk Inventor Professional 软件支持设计人员在三维设计环境中重复使用其现有的 DWG 资源，体验数字样机带来的便利；可以直接读写 DWG 文件，而无须转换

文件格式。对于用户而言，利用宝贵的 DWG 资源来创建三维零件模型，这是一种前所未有的体验。Autodesk Inventor Professional 软件中不仅包含丰富的工具，可以轻松完成三维设计，还可以与其他厂商的制造业软件实现良好的数据交互，从而简化客户与其他公司的协作。

2. 满足设计需求的专用工具

Autodesk Inventor Professional 提供了一套全面、集成的设计工具，可用于创建完整的数字样机，以验证设计的外形、结构和功能。Autodesk Inventor Professional 创建的模型是一种精确的三维数字样机，支持用户在工作过程中验证设计和工程数据，尽量减少对物理样机的依赖，这将减少进入制造环节后代价高昂的原型设计变更。

Autodesk Inventor Professional 软件融合了直观的三维建模环境与功能设计工具。前者用于创建零件和装配模型，后者支持工程师专注于设计中的功能实现，并能创建智能零部件，如钢结构、传动机构、管路、电缆和线束等。

在投产前为了验证设计的结果，往往需要花费高昂代价。而 Autodesk Inventor Professional 则具有内嵌的、易于使用的运动仿真和应力分析功能，工程师可以在机器投产前利用这些功能和数字样机来优化、预测机器在未来的实际工作情况。

利用已验证的三维数字样机来生成制造文档，有助于在加工前减少错误和相关的 ECO（工程变更单）。Autodesk Inventor Professional 可快速、精确地从三维模型中生成工程图。Autodesk Inventor Professional 中包含 AutoCAD Mechanical 软件，这是工程师从事高效二维机械绘图的最佳选择。

Autodesk Inventor Professional 与 Autodesk 数据管理软件密切集成，有利于高效安全地交流设计数据，便于设计团队与制造团队及早开展协作。各个团队都可以利用免费的 Autodesk Design Review 软件（评审、测量、标记和跟踪设计）来管理和跟踪数字样机中的所有零部件，从而更好地重复利用关键的设计数据、管理物料清单（BOM 表），加强与其他团队及合作伙伴之间的协作。

1.2 Autodesk Inventor Professional 2024 的工作界面

Autodesk Inventor Professional 2024 的工作界面包括主菜单、快速访问工具栏、功能区、信息中心、浏览器、导航工具和状态栏等，如图 1-1 所示。

1.2.1 主菜单

单击位于 Autodesk Inventor Professional 2024 窗口左上角的“文件”按钮，弹出应用程序主菜单，如图 1-2 所示。

应用程序菜单具体内容如下。

1. 新建文件

选择“新建”命令即弹出“新建文件”对话框（见图 1-3），单击对应的模板即创建基于此模板的文件，用户也可以单击其扩展子菜单直接选定模板来创建文件。当前模板

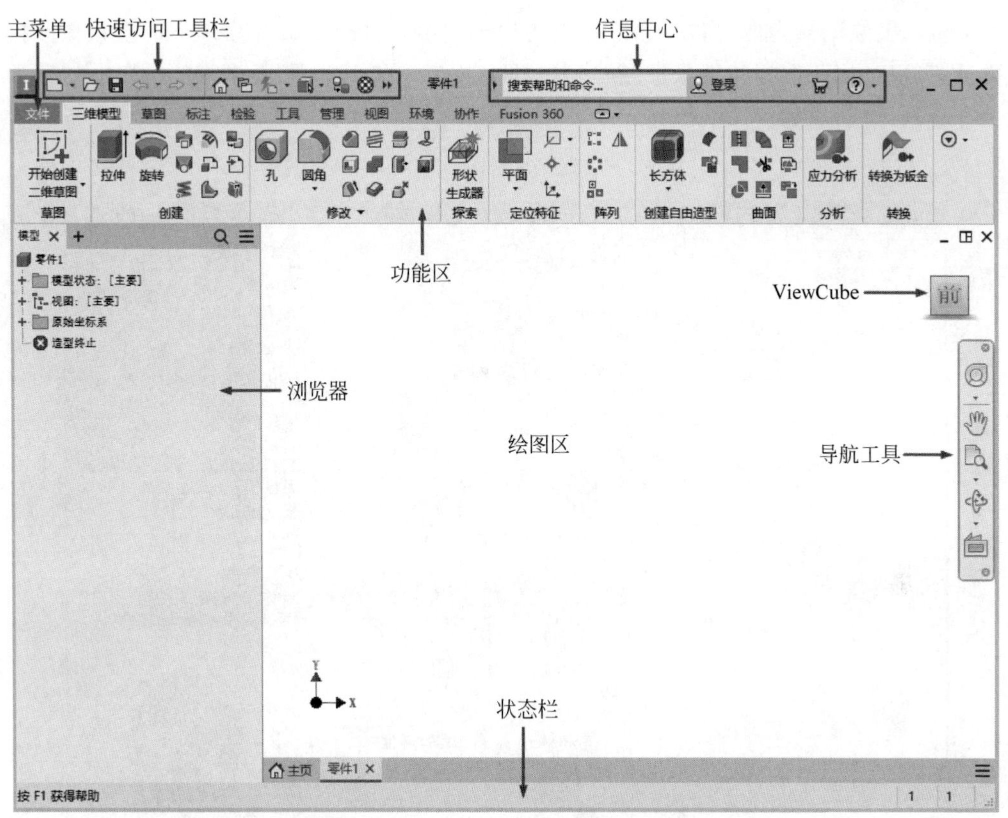

图 1-1 Autodesk Inventor Professional 2024 的工作界面

图 1-2 主菜单

Note

的单位与安装时选定的单位一致。用户可以通过替换 Templates 目录下的模板更改模块设置，也可以将鼠标指针悬于"新建"选项上或者单击其后的 ▶ 按钮，在弹出的菜单中直接选择模板，如图 1-4 所示。

图 1-3 "新建文件"对话框

当 Autodesk Inventor Professional 中没有文档打开时，可以在"新建文件"对话框中指定项目文件或者新建项目文件，用于管理当前文件。

2. 打开文件

将鼠标指针悬停在"打开"选项上或者单击其后的 ▶ 按钮，会显示"打开""打开 DWG""从资源中心打开""导入 DWG""打开样例"等选项，如图 1-5 所示。

选择"打开"命令会弹出如图 1-6 所示的"打开"对话框，选择要打开的文件，然后单击"打开"按钮，即可打开文件。

3. 保存/另存为

将激活文档以指定格式保存到指定位置。

(1) 保存：如果第一次创建，在保存时会打开"另存为"对话框，如图 1-7 所示。

(2) 另存为：单击"文件"→"另存为"→"另存为"命令，用来以不同文件名、默认格式保存。

(3) 保存副本为：单击"文件"→"另存为"→"保存副本为"命令，则将激活文档按"保存副本"对话框指定格式另存为新文档，原文档继续保持打开状态。Autodesk Inventor Professional 支持多种格式的输出，如 IGES、STEP、SAT、Parasolid 等。

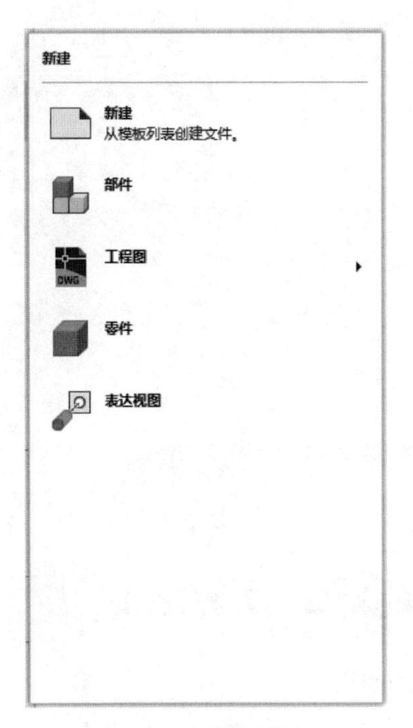

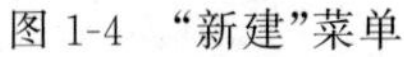

图 1-4　“新建”菜单

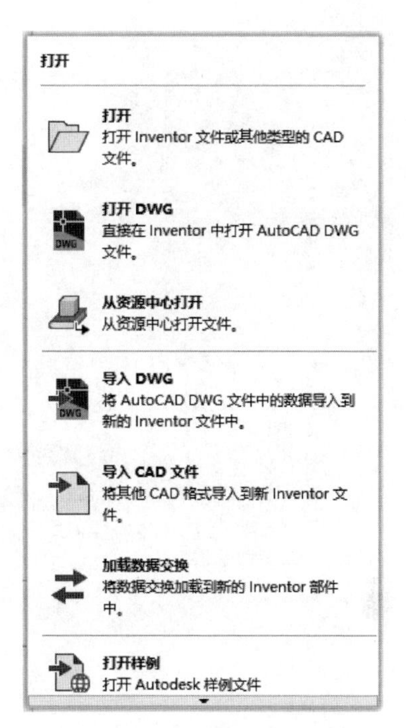

图 1-5　“打开”菜单

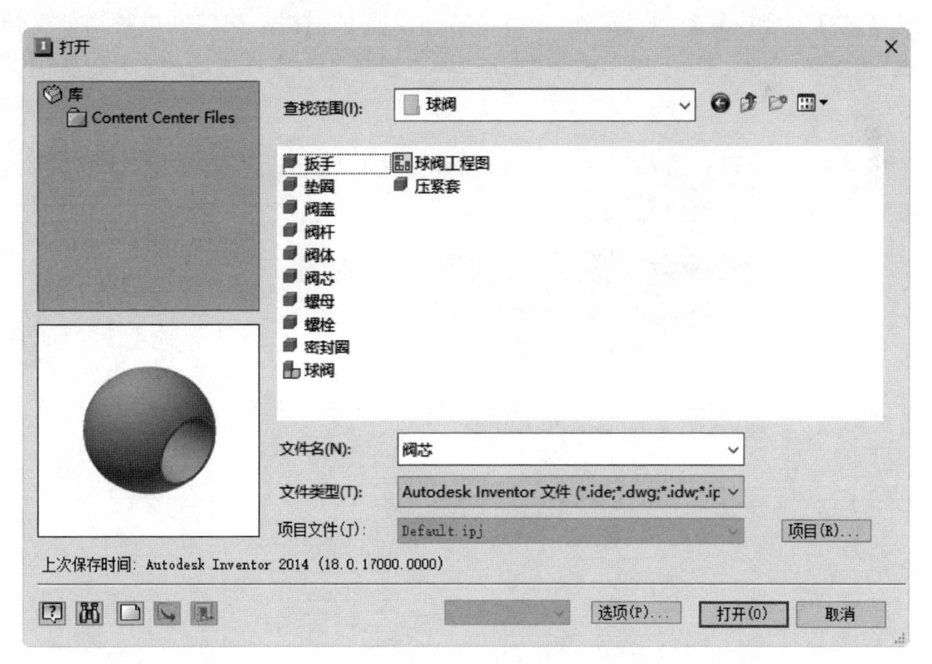

图 1-6　“打开”对话框

(4) 打包：单击“文件”→“另存为”→“打包”命令，将 Autodesk Inventor Professional 文件及其引用的所有文件打包到一个位置。所有从选定项目或文件夹引用选定 Autodesk Inventor Professional 文件的文件也可以包含在包中。

Note

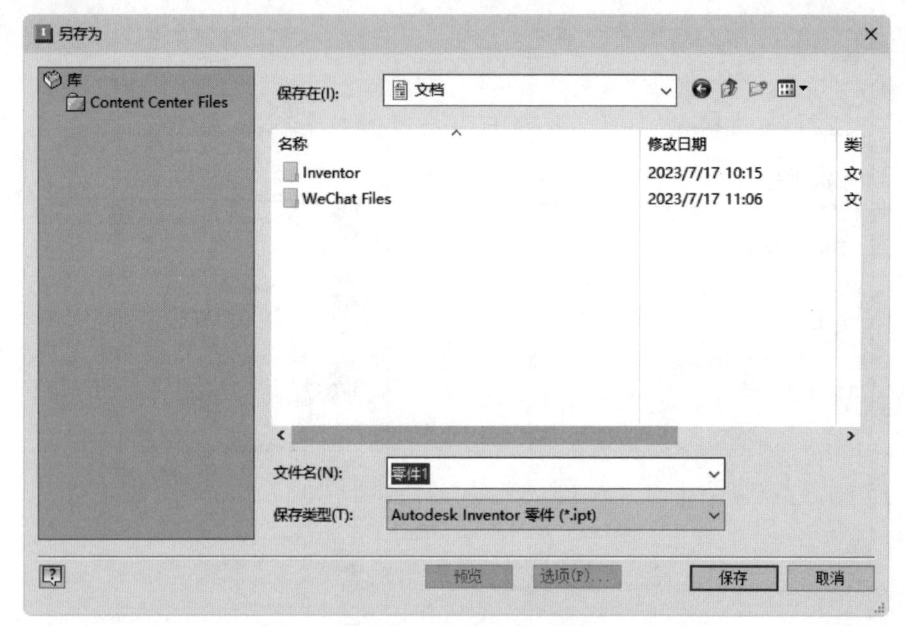

图 1-7 “另存为”对话框

4. 管理

管理包括创建或编辑项目文件，查看 iFeature 目录，查找、跟踪和维护当前文档及相关数据，更新旧的文档使之移植到当前版本，更新任务中所有过期的文件等。

5. iProperty

使用 iProperty 可以跟踪和管理文件，创建报告以及自动更新部件 BOM 表、工程图明细栏、标题栏和其他信息，如图 1-8 所示。

图 1-8 iProperty 对话框

Note

6. 设置应用程序选项

单击主菜单中的“选项”按钮会打开“应用程序选项”对话框，如图 1-9 所示。在该对话框中，用户可以对 Autodesk Inventor Professional 的零件环境、iFeature、部件环境、工程图、文件、颜色、显示等属性进行自定义设置，同时可以将应用程序选项设置导出到 XML 文件中，从而使其便于在各计算机之间使用并易于移植到下一个 Autodesk Inventor Professional 版本。此外，CAD 管理器还可以使用这些设置为所有用户或特定组部署一组用户配置。

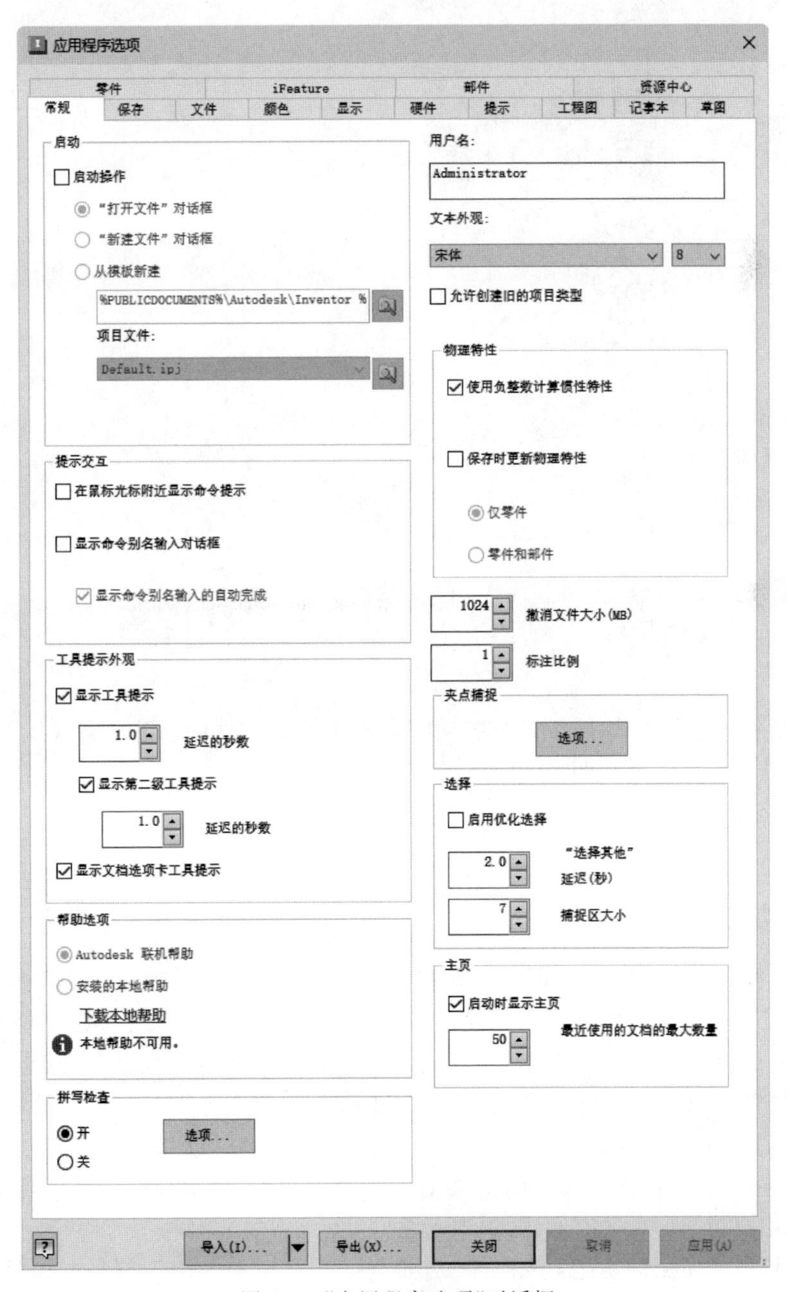

图 1-9　“应用程序选项”对话框

Note

7. 预览最近访问的文档

通过“最近使用的文档”列表查看最近使用的文件，如图 1-10 所示。在默认情况下，文件显示在“最近使用的文档”列表中，并且最新使用的文件显示在顶部。

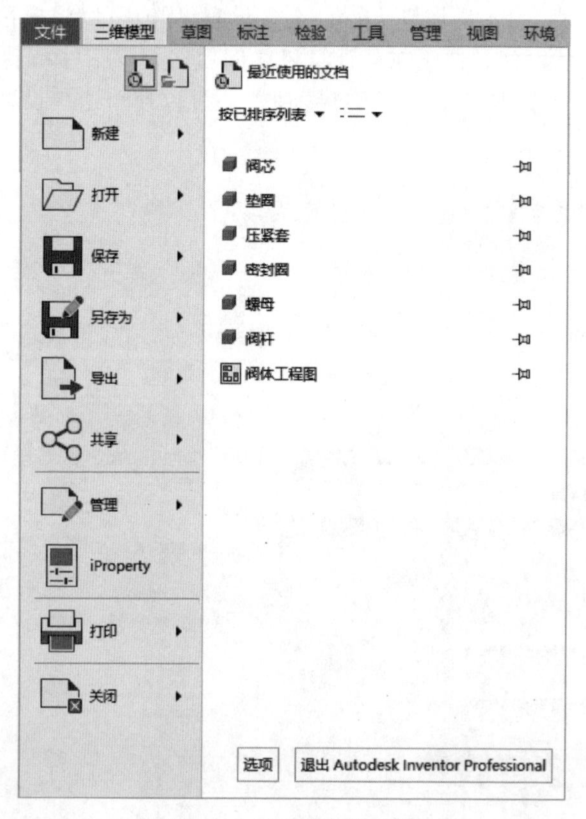

图 1-10　最近使用的文档

鼠标指针悬停在列表中一个文件名上时，会显示此文件的以下信息：

- 文件的预览缩略视图。
- 存储文件的路径。
- 上次修改文件的日期。

1.2.2　功能区

除了继续支持传统的菜单和工具栏界面之外，Autodesk Inventor Professional 2024 默认采用功能区界面以便用户使用各种命令。功能区将与当前任务相关的命令按功能组成面板并集中到一个选项卡。这种用户界面和元素被大多数 Autodesk 产品(如 AutoCAD、Revit、Alias 等)接受，方便 Autodesk 用户向其他 Autodesk 产品移植文档。

功能区具有以下特点。

- 直接访问命令：轻松访问常用的命令。研究表明，增加目标命令图标的大小可使用户访问命令的时间锐减(费茨法则)。
- 发现极少使用的功能：库控件(例如“标注”选项卡中用于符号的库控件)可提供图形化显示可创建的扩展选项板。

- 动态观察(⟲)：在模型空间中围绕轴心点旋转模型，轴心点是基于选定对象的范围中心计算的。
- 按角度旋转(⟲)：单击此按钮，打开如图1-16所示的“按增量旋转视图”对话框，输入增量角度，单击旋转方向按钮，将按照指定角度和方向旋转模型。

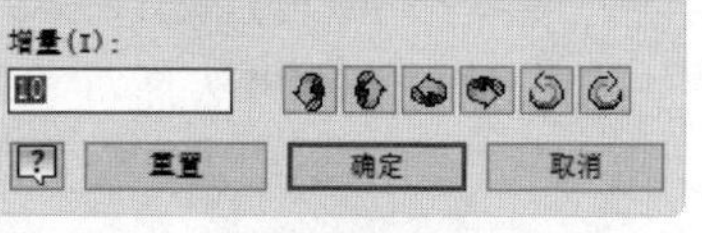

图1-16 “按增量旋转视图”对话框

- 主视图(⌂)：将前视图重置为默认设置。当在部件文件的上下文选项卡中编辑零件时，在顶级部件文件中定义的前视图将作为主导前视图。
- 观察方向(▣)：在零件或部件中，缩放并旋转模型使所选元素与屏幕保持平行，或使所选的边或线相对于屏幕保持水平。该命令不能在工程图中使用。
- 上一个(←)：当前视图采用上一个视图的方向和缩放值。在默认情况下，“上一个”命令位于“视图”选项卡的“导航”组中，可以单击导航栏右下角的下拉按钮，在弹出的“自定义”菜单中选择“上一视图”命令，将该命令添加到导航栏中。用户可以在零件、部件和工程图中使用“上一视图”命令。
- 下一个(→)：使用“上一个”后恢复到下一个视图。在默认情况下，“下一个”命令位于“视图”选项卡的“导航”组中，可以单击导航栏右下角的下拉按钮，在弹出的“自定义”菜单中选择“下一个”命令，将该命令添加到导航栏中。可以在零件、部件和工程图中使用“下一个”命令。

1.2.7 浏览器

浏览器显示了零件、部件和工程图的装配层次。对每个工作环境而言，浏览器都是唯一的，并总是显示激活文件的信息。

1.2.8 状态栏

状态栏位于Inventor窗口底端的水平区域，提供关于当前正在窗口中编辑的内容的状态以及草图状态等信息。

1.2.9 绘图区

绘图区是指在标题栏下方的大片空白区域。绘图区域是用户建立图形的区域，用户创建一幅设计图形的主要工作都是在绘图区域中完成的。

1.3 常用工具

1.3.1 鼠标的使用

鼠标是计算机外围设备中十分重要的硬件之一，用户与Inventor进行交互操作时几乎80%的操作需要利用鼠标。如何使用鼠标直接影响到产品设计的效率。使用三

键鼠标可以完成各种功能，包括选择和编辑对象、移动视角、右击打开快捷菜单、按住鼠标滑动快捷功能、旋转视角、物体缩放等。具体使用方法如下。

Note

- 单击用于选择对象，双击用于编辑对象。例如，单击某一特征会弹出对应的特征对话框，可以进行参数再编辑。
- 右击用于弹出选择对象的关联菜单。
- 按下滚轮可平移用户界面内的三维数据模型。
- 按下 F4 键的同时按住鼠标左键并拖曳则可以动态观察当前视图。鼠标放置轴心指示器的位置不同，其效果也不同，如图 1-17 所示。
- 滚动鼠标中键用于缩放当前视图(单击“工具”选项卡“选项”面板中的“应用程序选项”按钮，打开“应用程序选项”对话框，在“显示”选项卡中可以修改鼠标的缩放方向)。

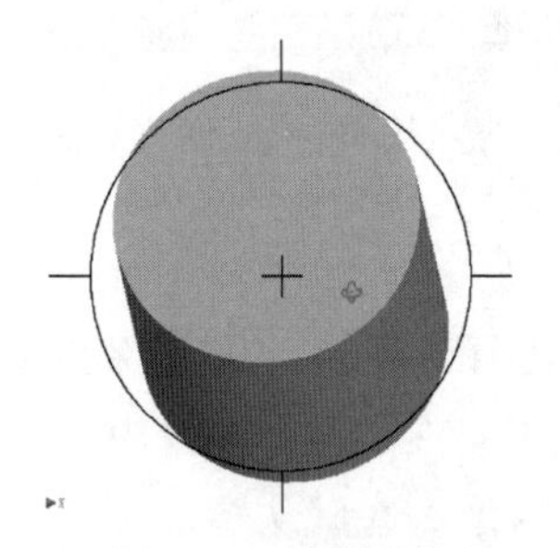

图 1-17　动态观察

1.3.2　全屏显示模式

单击“视图”选项卡“窗口”面板中的“全屏显示”按钮，可以进入全屏显示模式。该模式可最大化应用程序并隐藏图形窗口中的所有用户界面元素。功能区在自动隐藏模式下处于收拢状态。全屏显示非常适用于设计检查和演示。

1.3.3　快捷键

与仅通过菜单选项或单击鼠标键来使用工具相比，一些设计师更喜欢使用快捷键，从而提高效率。通常，可以为透明命令(如缩放、平移)和文件实用程序功能(如打印等)指定自定义快捷键。Inventor 中预定义的快捷键如表 1-2 所示。

表 1-2　Inventor 预定义的快捷键

快　捷　键	命令/操作	快　捷　键	命令/操作
Tab	降级	Shift+Tab	升级
F1	帮助	F4	旋转
F6	等轴测视图	F10	草图可见性
Alt+8	宏	F7	切片观察
Shift+F5	下一页	Alt+F11	Visual Basic 编辑器
F2	平移	F3	缩放
F5	上一视图	Shift+F3	窗口缩放
F8/F9	显示/关闭约束		

将鼠标指针移至工具按钮上或命令中的选项名称旁时，提示中就会显示快捷键，用户也可以创建自定义快捷键。另外，Inventor 有很多预定义的快捷键。

用户无法重新指定预定义的快捷键，但可以创建自定义快捷键或修改其他的默认快捷键。具体操作步骤为：单击“工具”选项卡“选项”面板中的“自定义”按钮，在弹出的“自定义”对话框中选择“键盘”选项卡，可开发自己的快捷键方案及为命令自定义

快捷键，如图 1-18 所示。当要用于快捷键的组合键已指定给默认的快捷键时，用户通常可删除原来的快捷键并重新指定给用户选择的命令。

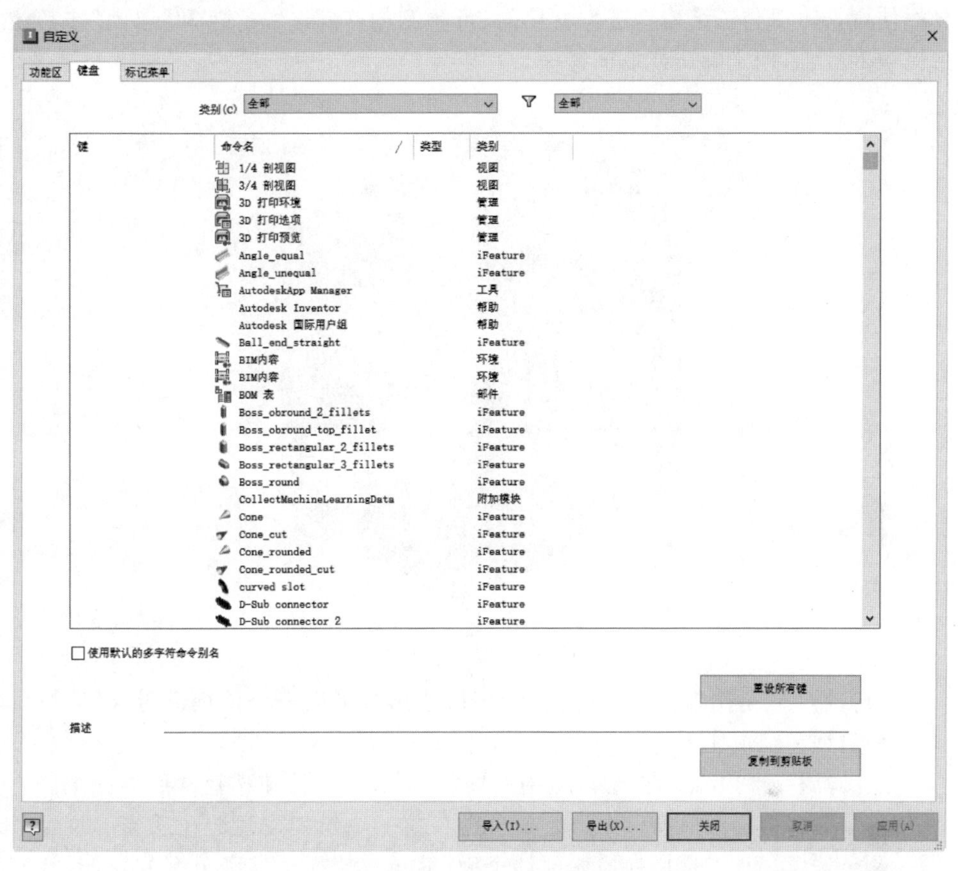

图 1-18 “自定义”对话框

除此之外，Inventor 可以通过 Alt 键或 F10 键快速调用命令。当按下这两个键时，命令的快捷键会自动显示出来，如图 1-19 所示，用户只需依次使用对应的快捷键即可执行对应的命令，而无须操作鼠标。

图 1-19 快捷键

1.3.4 直接操纵

直接操纵是一种新的用户操作方式，它使用户可以直接参与模型交互及修改模型，同时还可以实时查看更改。生成的交互是动态的、可视的，而且是可预测的。用户可以将注意力集中到图形区域内显示的几何图元上，而无须关注与功能区、浏览器和对话框等用户界面要素的交互。

Note

图形区域内显示的是一种用户界面，悬浮在图形窗口上，用于支持直接操纵，如图 1-20 所示。它通常包含小工具栏（含命令选项）、操纵器、值输入框和选择标记。小工具栏使用户可以与三维模型进行直接的、可预测的交互。“确定”和“取消”按钮位于图形区域的底部，用于确认或取消操作。

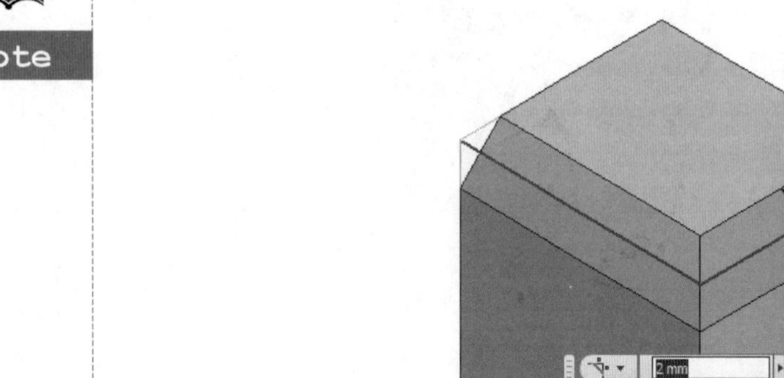

图 1-20 图形区域

- 操纵器：它是图形区域中的交互对象，使用户可以轻松地操纵对象，以执行各种造型和编辑任务。
- 小工具栏：其上显示图形区域中的按钮，可以用来快速选择常用的命令。它们位于非常接近图形窗口中选定对象的位置。弹出型按钮会在适当的位置显示命令选项。小工具栏的描述更加全面、简单。特征也有了更多的功能，拥有迷你工具栏的命令有倒角、抽壳、面拔模等。小工具条还可以固定位置或者隐藏。
- 选择标记：是一些选项卡，显示在图形区域内，提示用户选择截面轮廓、面和轴，以创建和编辑特征。
- 值输入框：用于为造型和编辑操作输入数值。该框位于图形区域内的小工具栏上方。
- 标记菜单：在图形窗口中右击会弹出快捷菜单，它可以方便用户建模的操作。如果用户按住鼠标右键向不同的方向滑动会出现相应的快捷键，出现的快捷键与快捷菜单相关。

1.4 工作界面定制与系统环境设置

在 Inventor 中，需要用户自己设定的环境参数很多，工作界面也可由用户自己定制，这使得用户可根据自己的实际需求对工作环境进行调节。一个方便高效的工作环境不仅使得用户有良好的感觉，还可大大提高工作效率。本节着重介绍如何定制工作界面，如何设置系统环境。

1.4.1 文档设置

在 Inventor 中,用户可通过“文档设置”对话框来改变量度单位、捕捉间距等。

单击“工具”选项卡“选项”面板中的“文档设置”按钮,打开如图 1-21 所示的文档设置对话框。

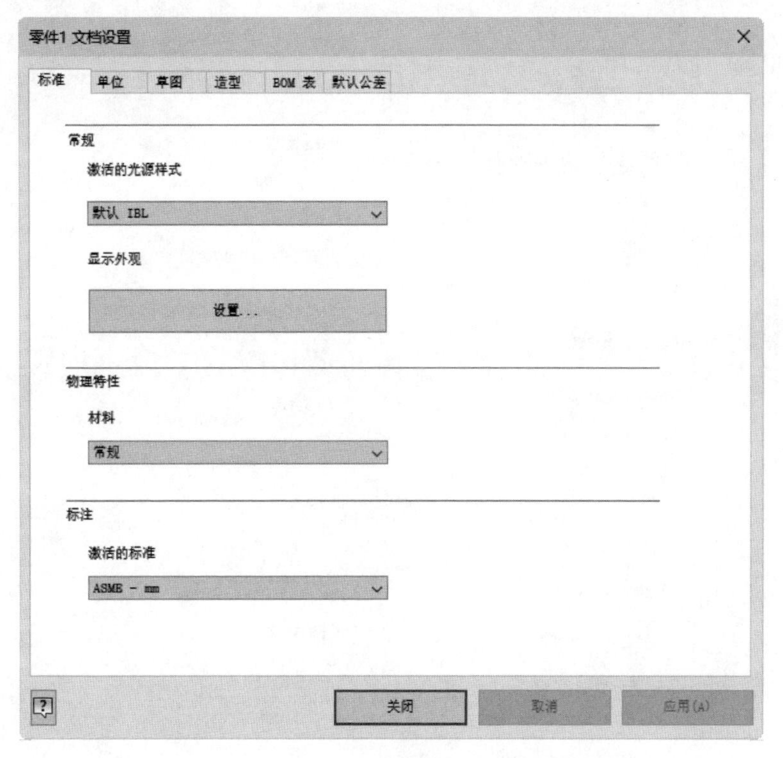

图 1-21 零件环境中的文档设置对话框

(1)“标准”选项卡:设置当前文档的激活标准。

(2)“单位”选项卡:设置零件或部件文件的量度单位。

(3)“草图”选项卡:设置零件或工程图的捕捉间距、网格间距和其他草图设置。

(4)“造型”选项卡:为激活的零件文件设置自适应或三维捕捉间距。

(5)“BOM 表”选项卡:为所选零部件指定 BOM 表设置。

(6)“默认公差”选项卡:可设定标准输出公差值。

1.4.2 系统环境常规设置

单击“工具”选项卡“选项”面板中的“应用程序选项”按钮,打开“应用程序选项”对话框,在对话框中选择“常规”选项卡,如图 1-22 所示。下面介绍系统环境的常规设置。

1. 启动

用来设置默认的启动方式。在此栏中可设置是否“启动操作”,还可以启动后设置默认操作方式,包含 3 种默认操作方式:“打开文件”对话框、“新建文件”对话框和从模板新建。

Note

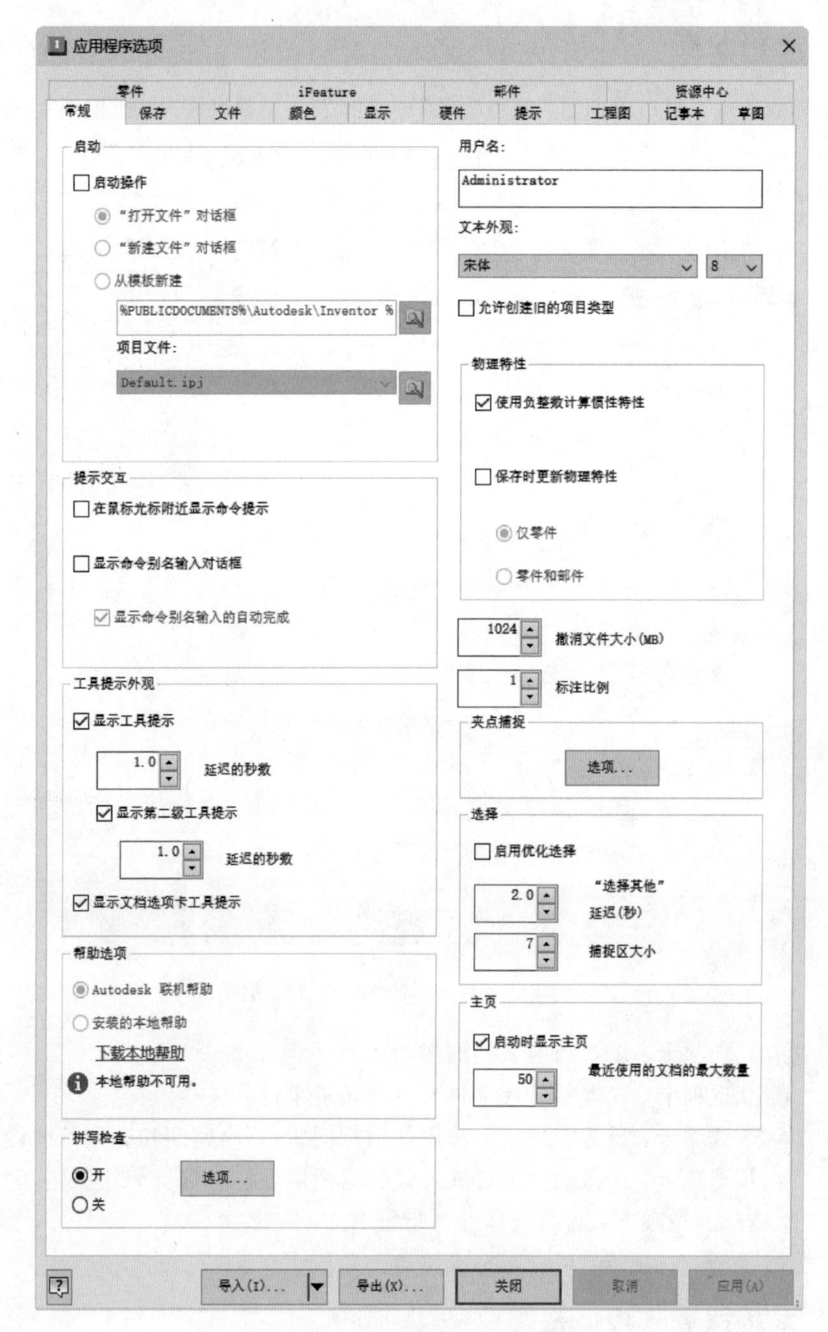

图 1-22 "应用程序选项"对话框

2. 提示交互

控制工具栏提示外观和自动完成的行为。

(1) 在光标附近显示命令提示：选中此复选框后，将在光标附近的工具栏提示中显示命令提示。

(2) 显示命令别名输入对话框：选中此复选框后，输入不明确或不完整的命令时将显示"自动完成"列表框。

3. 工具提示外观

(1) 显示工具提示：控制在功能区中的命令上方悬停鼠标指针时工具提示的显示。从中可设“延迟的秒数”，还可以通过取消选中“显示工具提示”复选框来禁用工具提示的显示。

(2) 显示第二级工具提示：控制功能区中第二级工具提示的显示。

(3) 延迟的秒数：设定功能区中第二级工具提示的时间长度。

(4) 显示文档选项卡工具提示：控制鼠标指针悬停时工具提示的显示。

4. 用户名

设置 Inventor 的用户名称。

5. 文本外观

设置对话框、浏览器和标题栏中的文本字体及大小。

6. 允许创建旧的项目类型

选中此复选框后，Inventor 将允许创建共享和半隔离项目类型。

7. 物理特性

选择保存时是否更新物理特性以及更新物理特性的对象是零件还是零部件。

8. 撤消文件大小

可通过设置“撤消文件大小”选项的值来设置撤消文件的大小，即用来跟踪模型或工程图改变临时文件的大小，以便撤消所做的操作。当制作大型或复杂模型和工程图时，可能需要增加该文件的大小，以便提供足够的撤消操作容量，文件大小以 MB 为单位。

9. 标注比例

通过设置“标注比例”选项的值来设置图形窗口中非模型元素(例如尺寸文本、尺寸上的箭头、自由度符号等)的大小，可将比例从 0.2 调整为 5.0，默认值为 1.0。

10. 选择

设置对象选择条件。选中“启用优化选择”复选框，在大型装配中预亮显时，会提高图形性能。选择该选项后，“选择其他”算法最初仅对最靠近屏幕的对象划分等级。

11. 帮助选项

用于指定从 Inventor 中访问帮助时是要访问联机帮助还是访问下载的本地帮助。

12. 主页

选中“启动时显示主页”复选框，在启动软件时将显示主页；在“最近使用的文档的最大数量”框中设置在“我的主页”环境中显示的最近使用的文档数量。默认数量为 50，最大数量为 200。

1.4.3　用户界面颜色设置

单击“工具”选项卡“选项”面板中的“应用程序选项”按钮，打开“应用程序选项”

对话框，在对话框中选择“颜色”选项卡，如图 1-23 所示。下面介绍系统环境的用户界面颜色设置。

Note

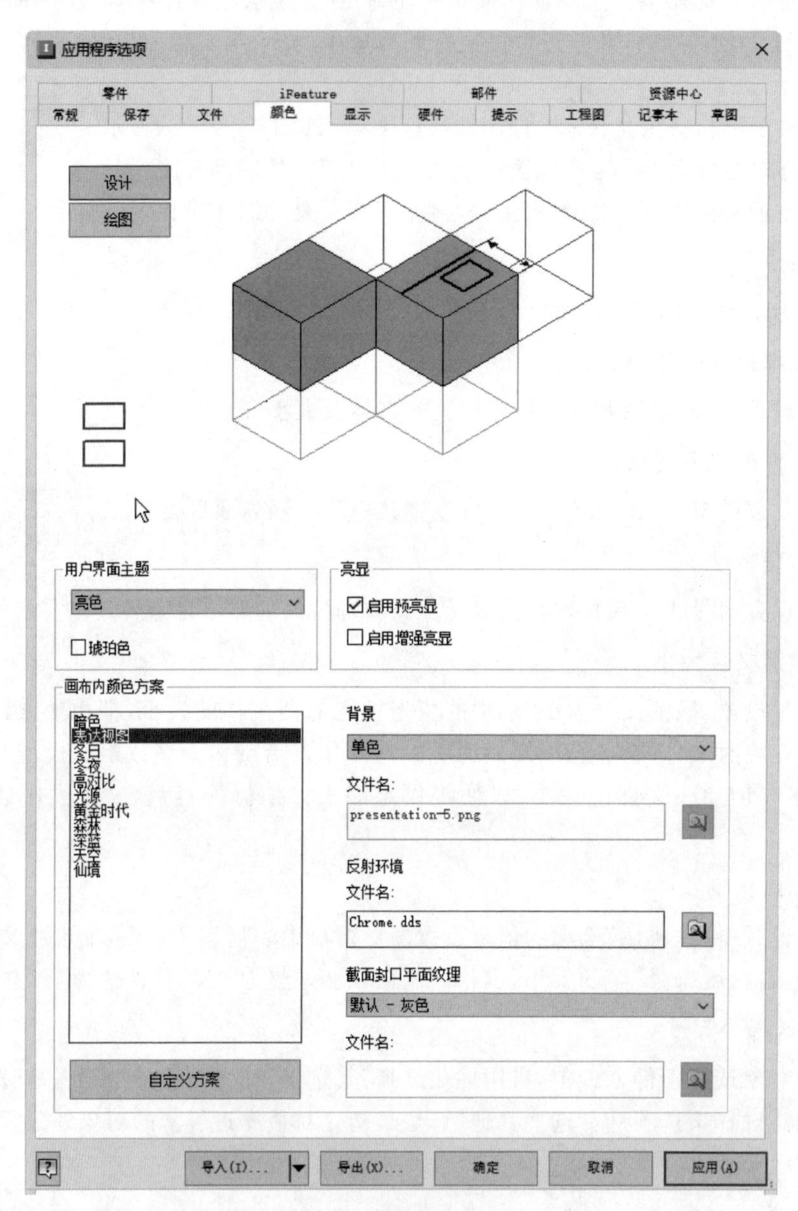

图 1-23 “颜色”选项卡

1. 设计

单击此按钮，设置零部件设计环境下的显示颜色方案。

2. 绘图

单击此按钮，设置工程图环境下的显示颜色方案。

3. 用户界面主题

设置应用程序图标、窗口边框、背景、特性面板和对话框的颜色，可以设置为“亮色”

和“暗色”两种主题。

4. 亮显

(1) 启用预亮显：选中此复选框，当光标移到对象上时，对象将高亮显示，以帮助用户了解所选内容。

(2) 启用增强亮显：选中此复选框，预亮显或亮显的子部件透过其他零部件显示。

5. 画布内颜色方案

Inventor 提供了 11 种配色方案，当选择某一种方案的时候，上面的预览窗口会显示该方案的预览图。

6. 背景

(1) 背景列表：选择每一种方案的背景色是单色还是梯度图像，或以图像作为背景。如果选择单色则将纯色应用于背景，选择梯度则将饱和度梯度应用于背景颜色，选择背景图像则在图形窗口背景中显示位图。

(2) 文件名：用来选择存储在硬盘或网络上作为背景图像的图片文件。为避免图像失真，图像应具有与图形窗口相同的大小(比例以及宽高比)。如果图像与图形窗口大小不匹配，将被拉伸或裁剪。

7. 反射环境

指定反射贴图的图像和图形类型。

文件名：单击“浏览”按钮 ，在打开的对话框中找到相应的图像。

8. 截面封口平面纹理

控制在使用“剖视图”命令时，所用封口面的颜色或纹理图形。

(1) 默认-灰色：默认模型面的颜色。

(2) 位图图像：选择该选项可将选定的图像用作剖视图的剖面纹理。单击“浏览”按钮 ，在打开的对话框中找到相应的图像。

1.4.4 显示设置

单击“工具”选项卡“选项”面板上的“应用程序选项”按钮 ，打开“应用程序选项”对话框，在对话框中选择“显示”选项卡，如图 1-24 所示。下面介绍模型的线框显示方式、渲染显示方式以及显示质量的设置。

1. 外观

(1) 使用文档设置：选择此单选按钮，指定当打开文档或文档上的其他窗口(又叫视图)时使用文档显示设置。

(2) 使用应用程序设置：选择此单选按钮，指定当打开文档或文档上的其他窗口(又叫视图)时使用应用程序选项显示设置。

2. 未激活的零部件外观

该选项适用于所有未激活的零部件，无论零部件是否已启用，这样的零部件又叫后台零部件。

Note

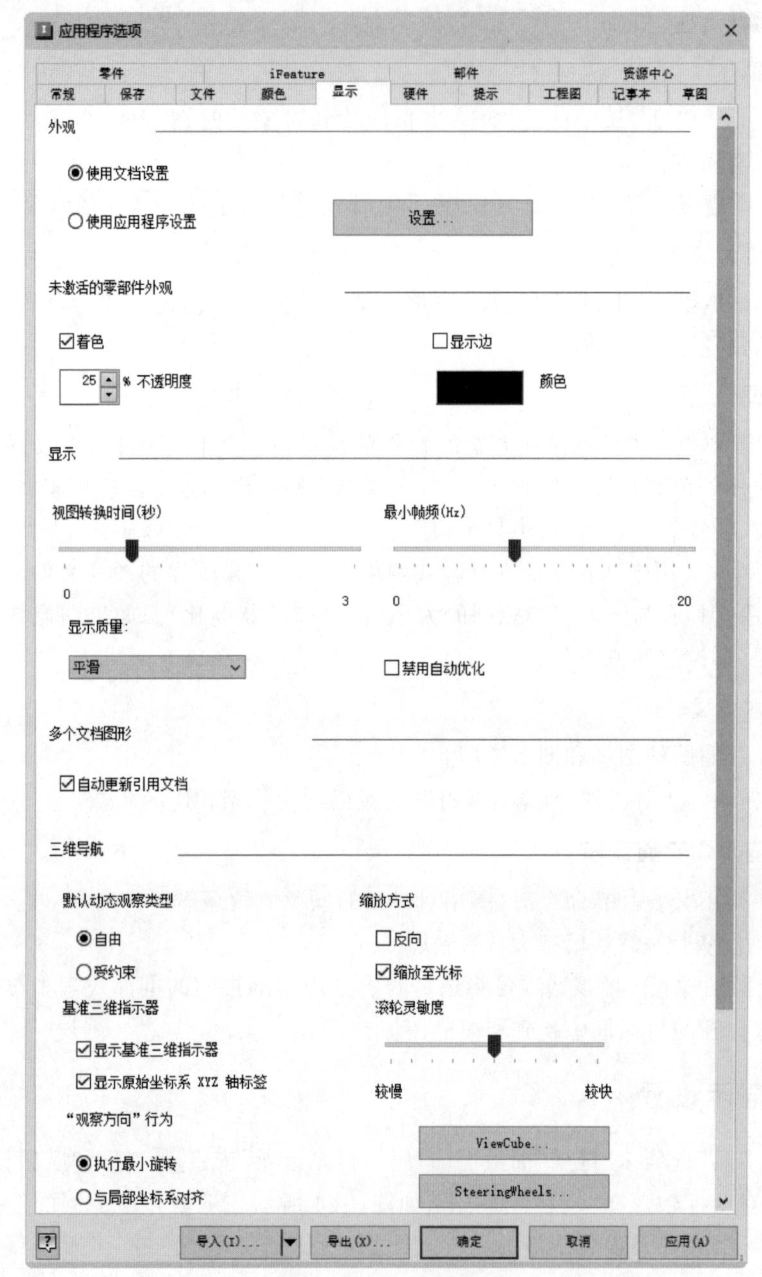

图 1-24　"显示"选项卡

(1) 着色：选中此复选框，指定未激活的零部件显示为着色。

(2) 不透明度：若选中"着色"复选框，可以设定着色的不透明度。

(3) 显示边：设定未激活的零部件的边显示。选中该复选框后，未激活的模型将基于模型边的应用程序或文档外观设置显示边。

3. 显示

(1) 视图转换时间：当使用"等轴测视图""全部缩放""缩放区域""观察方向"等观察命令时，控制在视图间平滑转换所需的时间。在视图之间转换的最长时间设置为 3s。

（2）最小帧频：指定在执行交互式查看操作（例如平移、缩放和旋转）过程中更新显示的频率。

（3）显示质量：设置模型显示的分辨率，包括平滑、中等和粗糙三种显示方式。

（4）禁用自动优化：默认情况下，自动优化处于启用状态，确保缩放时 Inventor 面和实体的外观是平滑的。

4．多个文档图形

自动更新引用文档：修改子零部件时，选中此复选框，系统会自动更新打开的部件中的颜色和可见性显示。

5．三维导航

（1）默认动态观察类型：更改“动态观察”的默认方式。如果选择“自由”单选按钮，则相对于屏幕进行动态观察；如果选择“受约束”单选按钮，则相对于模型进行动态观察。

（2）缩放方式：选中或取消选中下面的复选框可以更改缩放方向（相对于鼠标移动）或缩放中心（相对于光标或屏幕）。选中“反向”复选框，在显示屏中向上移动鼠标可以放大；选中“缩放至光标”复选框，缩放将相对于显示屏中心进行操作。

（3）滚轮灵敏度：调整在放大和缩小时的速度。

（4）显示基准三维指示器：在三维视图中，在图形窗口的左下角显示 XYZ 轴指示器。选中该复选框可显示轴指示器，取消选中该复选框可关闭此项功能。红箭头表示 X 轴，绿箭头表示 Y 轴，蓝箭头表示 Z 轴。在部件中，指示器显示顶级部件的方向，而不是正在编辑的零部件的方向。

（5）显示原始坐标系 XYZ 轴选项卡：关闭或开启各个三维轴指示器方向箭头上的 XYZ 选项卡的显示，默认情况下为打开状态，开启“显示基准三维指示器”时可用。注意：在“编辑坐标系”命令的草图网格中心显示的 XYZ 指示器中，选项卡始终为打开状态。

（6）ViewCube：单击此按钮，打开“ViewCube 选项”对话框，定义 ViewCube 导航命令的显示和行为设置。

（7）SteeringWheels：单击此按钮，打开“SteeringWheels 选项”对话框，定义 SteeringWheels 导航命令的显示和行为设置。

（8）执行最小旋转：旋转最小角度，以使草图与屏幕平行，且草图坐标系的 X 轴保持水平或垂直。

（9）与局部坐标系对齐：将草图坐标系的 X 轴调整为水平方向且正向朝右，将 Y 轴调整为垂直方向且正向朝上。

辅助工具

本章学习 Inventor 2024 的一些辅助工具，包括定位特征、模型的显示、零件的特征以及设置模型的物理特性。

2.1 定位特征

在 Inventor 2024 中，定位特征是指可作为参考特征投影到草图中并用来构建新特征的平面、轴或点。定位特征的作用是在几何图元不足以创建和定位新特征时，为特征创建提供必要的约束，以便完成特征的创建。定位特征用于抽象地构造几何图元，本身是不可用来进行造型的。

一般情况下，零件环境和部件环境中的定位特征是相同的，但以下情况除外：

(1) 中点在部件中时不可选择点；

(2) “三维移动/旋转”工具在部件文件中不可用于工作点上；

(3) 内嵌定位特征在部件中不可用；

(4) 不能使用投影几何图元，因为控制定位特征位置的装配约束不可用；

(5) 零件定位特征依赖于用来创建它们的特征；

(6) 在浏览器中，这些特征被嵌套在关联特征下面；

(7) 部件定位特征从属于创建它们时所用部件中的零部件;

(8) 在浏览器中,部件定位特征被列在装配层次的底部;

(9) 当用另一个部件来设置定位特征,以便创建零件时,自动创建装配约束。

上文提到内嵌定位特征,略作解释。在零件中使用定位特征工具时,如果某一点、线或平面是所希望的输入,可创建内嵌定位特征。内嵌定位特征用于帮助创建其他定位特征。在浏览器中,它们显示为父定位特征的子定位特征。例如,用户可在两个工作点之间创建工作轴,而在启动"工作轴"工具前这两个点并不存在。当工作轴工具激活时,可动态创建工作点。定位特征包括工作点、工作轴和工作平面,下面分别介绍。

2.1.1　工作点

工作点是参数化的构造点,可放置在零件几何图元、构造几何图元或三维空间中的任意位置。工作点的作用是用来标记轴和阵列中心、定义坐标系、定义平面(三点)和定义三维路径。工作点在零件环境和部件环境中都可使用。

单击"三维模型"选项卡"定位特征"面板上的"工作点"按钮 点 后边的黑色三角,弹出如图 2-1 所示的创建工作点方式列表。下面介绍各种创建工作点的方式。

(1) 点:选择合适的模型顶点、边和轴的交点、3 个非平行面或平面的交点来创建工作点。

(2) 固定点:单击某个工作点、中点或顶点创建固定点。例如在视图中选择如图 2-2 所示的边线中点,弹出小工具栏,可以在对话框中重新定义点的位置,单击"确定"按钮☑,在浏览器中显示图钉光标符号,如图 2-3 所示。

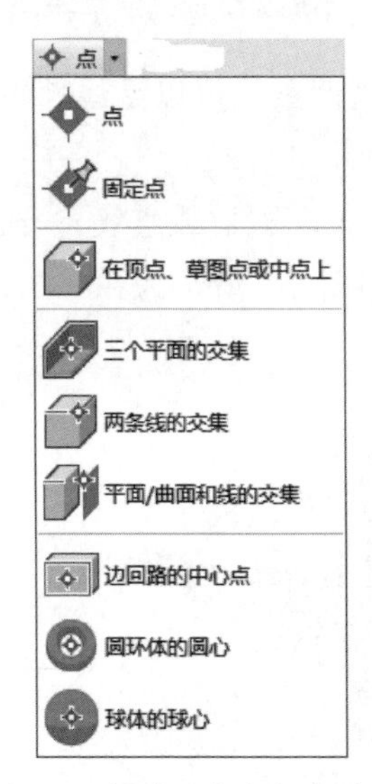

图 2-1　创建工作点方式列表

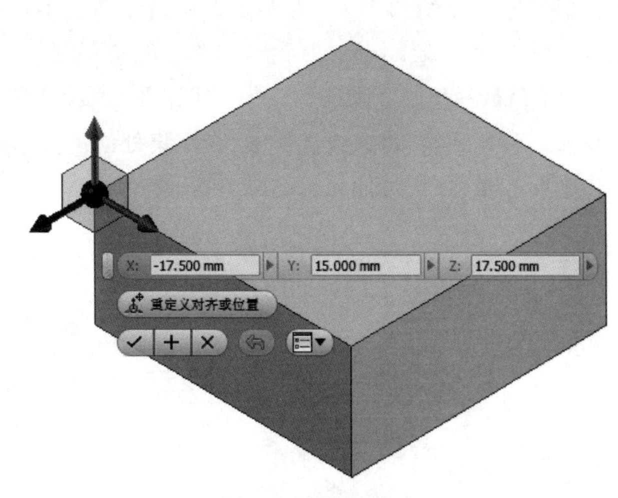

图 2-2　定位工作点

(3) 在顶点、草图点或中点上:选择二维或三维草图点、顶点、线或线性边的端点或中点创建工作点。如图 2-4 所示为在模型顶点上创建工作点。

(4) 三个平面的交集:选择 3 个相交的工作平面或平面,在交集处创建工作点,如图 2-5 所示。

Note

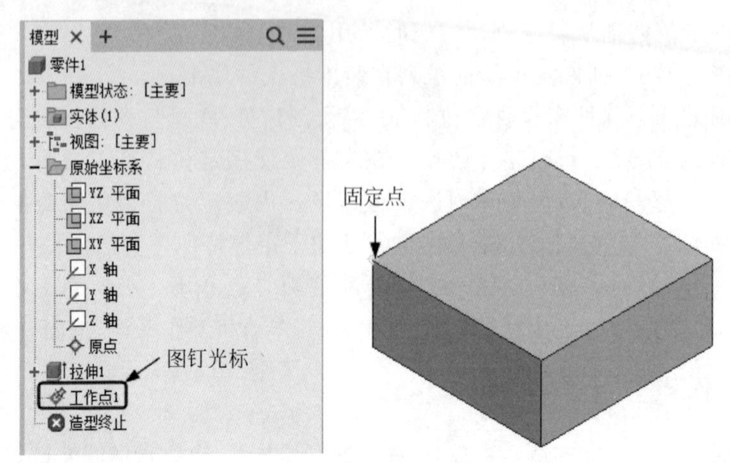

图 2-3　创建固定点

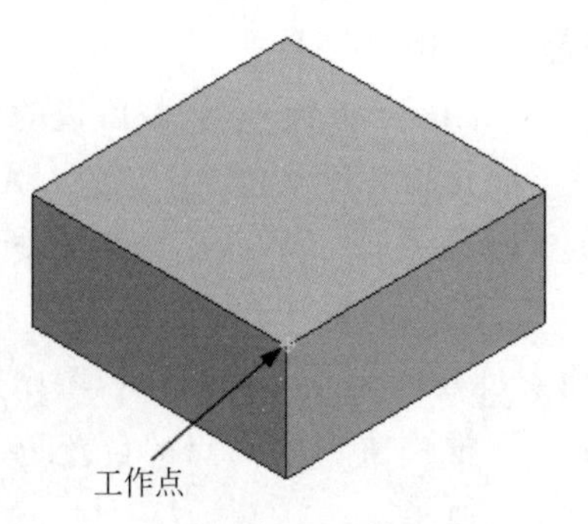

图 2-4　在顶点处创建工作点

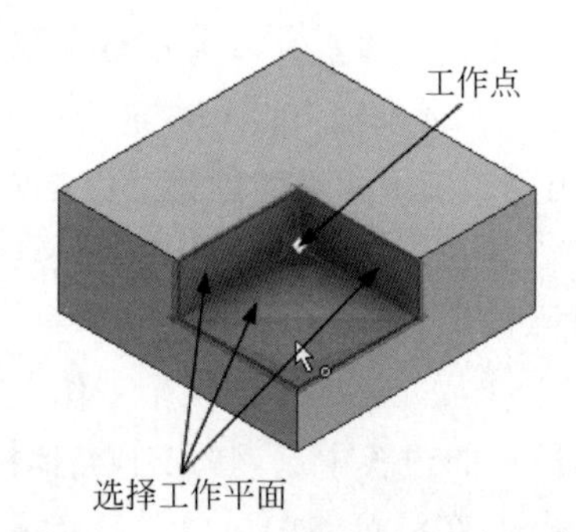

图 2-5　三个平面交集创建工作点

（5）两条线的交集：在两条线相交处创建工作点。这两条线可以是线性边、二维或三维草图线或工作轴的组合，如图 2-6 所示。

（6）平面/曲面和线的交集：选择平面（或工作平面）和工作轴（或直线）。或者，选择曲面和草图线、直边或工作轴，在交集处创建工作点。如图 2-7 所示为在一条边与工作平面的相交（或延伸相交）处创建工作点。

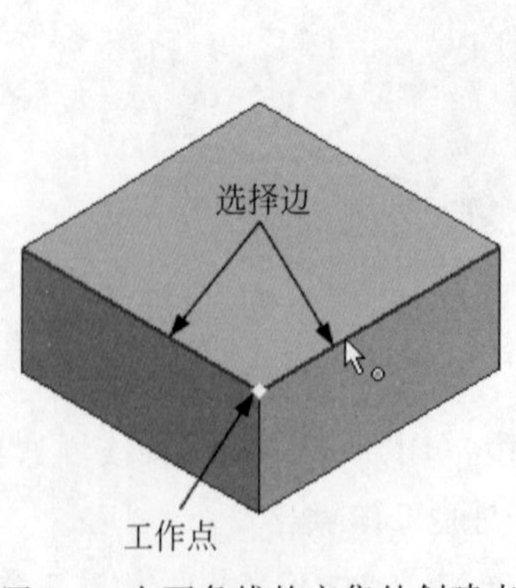

图 2-6　在两条线的交集处创建点

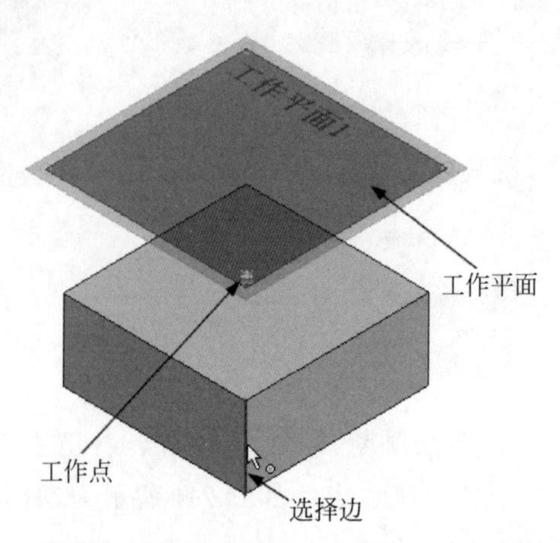

图 2-7　在直线与工作平面的交集处创建工作点

(7) 边回路的中心点：选择封闭回路的一条边，在中心处创建工作点，如图 2-8 所示。

(8) 圆环体的圆心：选择圆环体，在圆环体的圆心处创建工作点，如图 2-9 所示。

(9) 球体的球心：选择球体，在球体的球心处创建工作点，如图 2-10 所示。

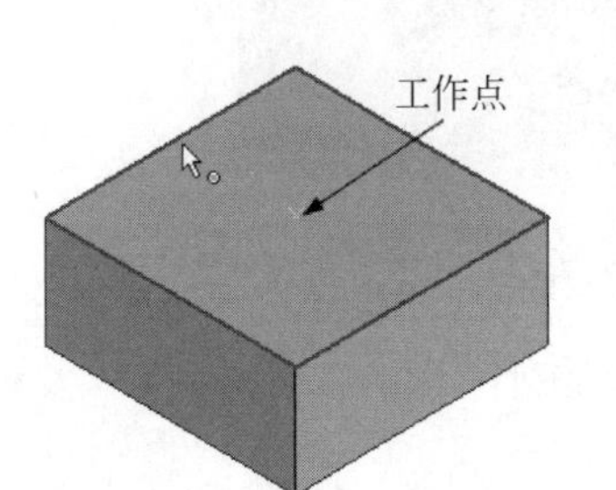

图 2-8　回路中心创建工作点

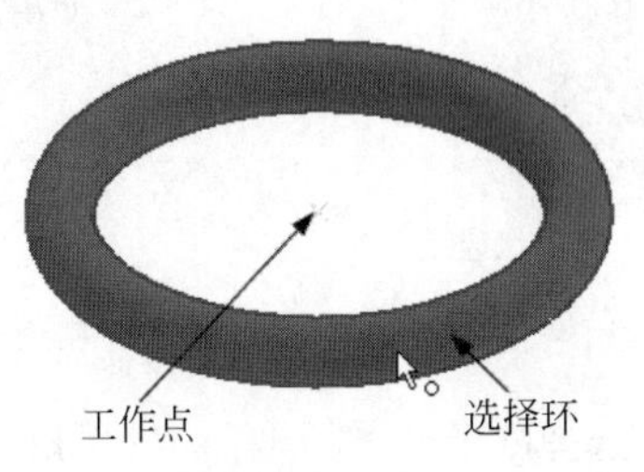

图 2-9　圆环体圆心创建工作点

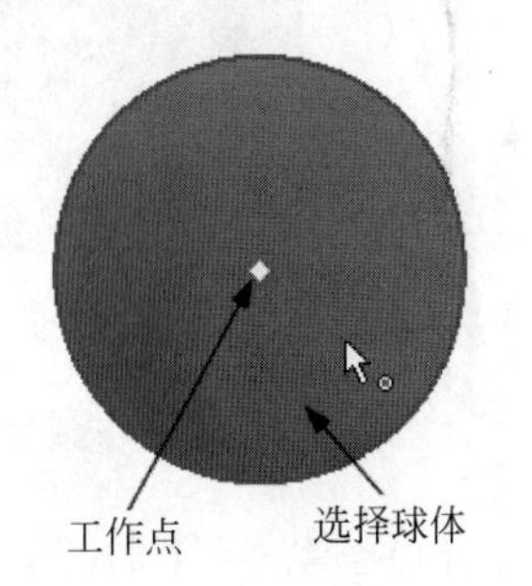

图 2-10　在球体的球心创建点

2.1.2　工作轴

工作轴是参数化附着在零件上的无限长的构造线，在三维零件设计中，常用来辅助创建工作平面，辅助进行草图中的几何图元的定位，创建特征和部件时用来标记对称的直线、中心线或两个旋转特征轴之间的距离，作为零部件装配的基准，创建三维扫掠时作为扫掠路径的参考等。

单击“三维模型”选项卡“定位特征”面板中的“工作轴”按钮 轴，弹出如图 2-11 所示的创建工作轴的方式列表。下面将介绍各种创建工作轴的方式。

(1) 在线或边上：选择一条线性边、草图直线或三维草图直线，沿所选的几何图元创建工作轴，如图 2-12 所示。

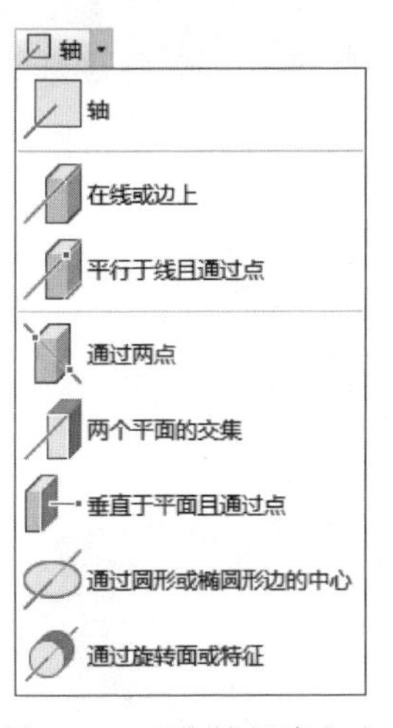

图 2-11　工作轴创建方式

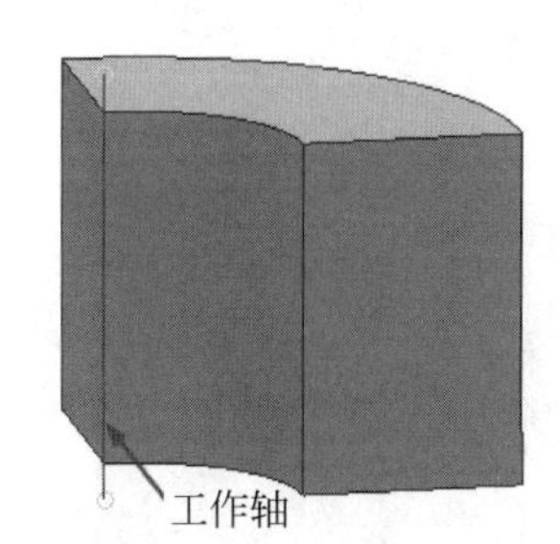

图 2-12　在边上创建工作轴

(2) 平行于线且通过点：创建通过点并平行于线性边的工作轴，如图 2-13 所示。

(3) 通过两点：选择两个有效点，创建通过它们的工作轴，如图 2-14 所示。

Note

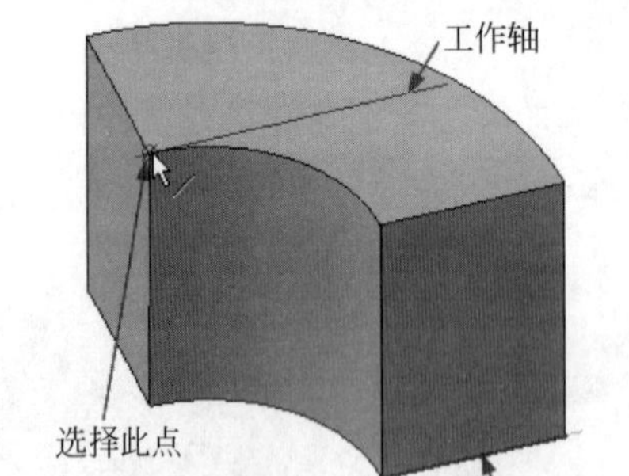

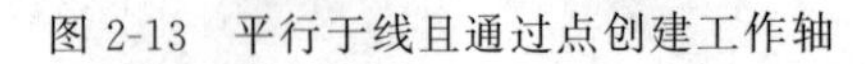

图 2-13 平行于线且通过点创建工作轴

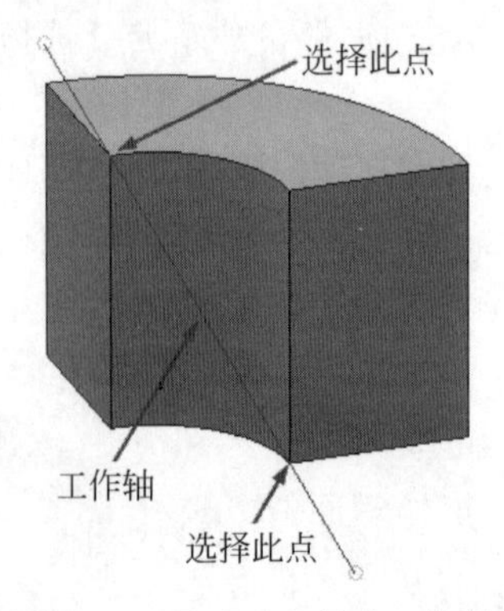

图 2-14 通过两点创建工作轴

(4) 两个平面的交集：选择两个非平行平面，在其相交位置创建工作轴，如图 2-15 所示。

(5) 垂直于平面且通过点：选择一个工作点和一个平面（或面），创建与平面（或面）垂直并通过该工作点的工作轴，如图 2-16 所示。

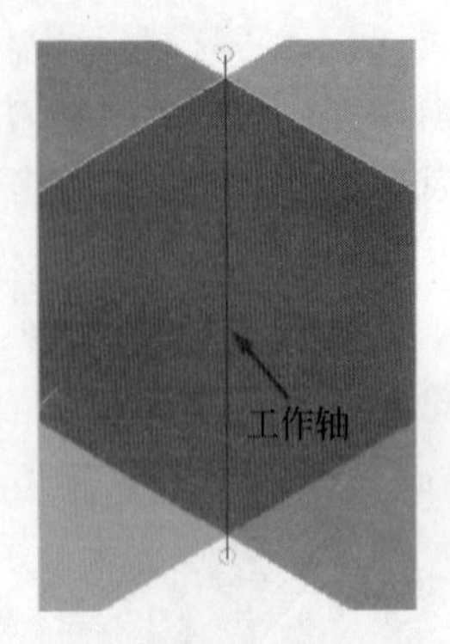

图 2-15 通过两个平面创建工作轴

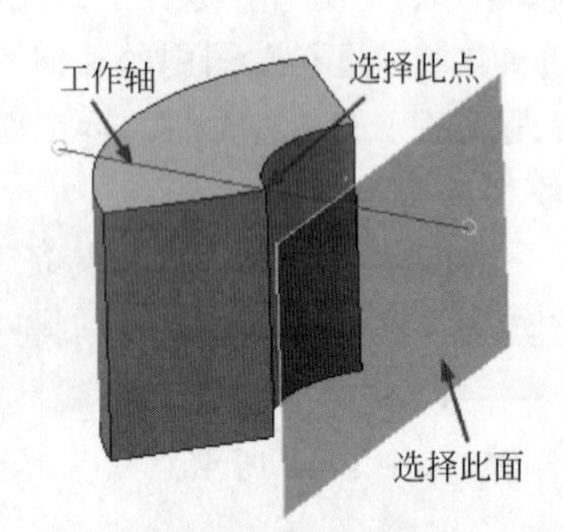

图 2-16 通过平面和点创建工作轴

(6) 通过圆形或椭圆形边的中心：选择圆形或椭圆形边，也可以选择圆角边，创建与圆形、椭圆形或圆角的轴重合的工作轴，如图 2-17 所示。

(7) 通过旋转面或特征：选择一个旋转特征如圆柱体，沿其旋转轴创建工作轴，如图 2-18 所示。

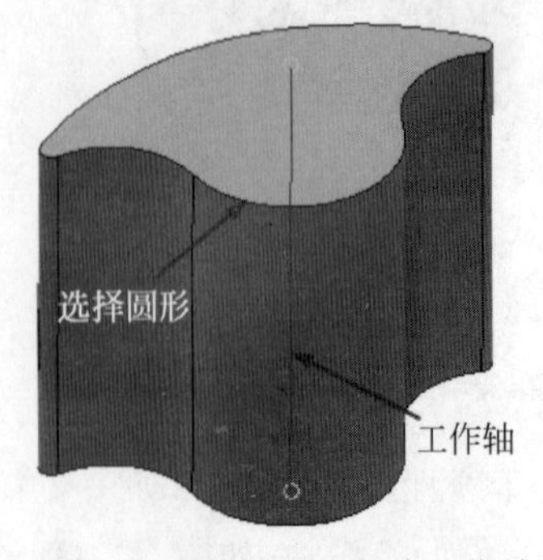

图 2-17 选择圆形边创建工作轴

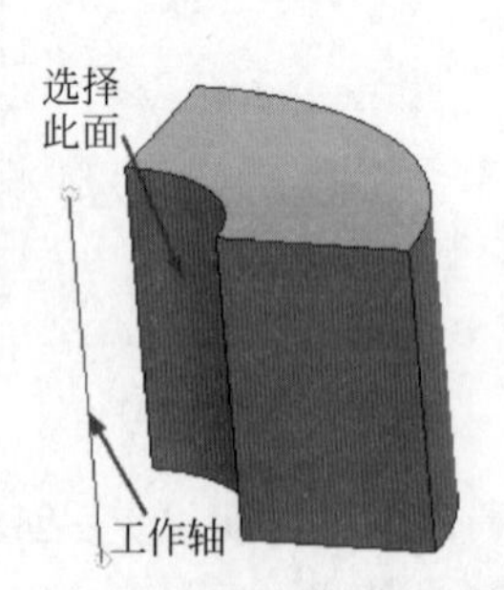

图 2-18 通过旋转面或特征创建工作轴

2.1.3 工作平面

在零件中，工作平面是一个无限大的构造平面，该平面被参数化附着于某个特征；在部件中，工作平面与现有的零部件互相约束。工作平面的作用很多，可用来构造轴、草图平面或终止平面，作为尺寸定位的基准面，作为另外工作平面的参考面，作为零件分割的分割面以及作为定位剖视观察位置或剖切平面等。

单击"三维模型"选项卡"定位特征"面板中的"工作平面"按钮，弹出如图 2-19 所示的创建工作平面的方式列表。下面介绍各种创建工作平面的方式。

(1) 从平面偏移：选择一个平面，创建与此平面平行并偏移一定距离的工作平面，如图 2-20 所示。

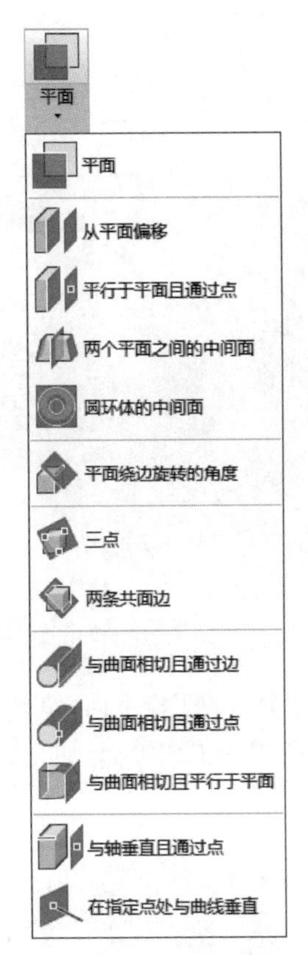

图 2-19 工作平面创建方式列表

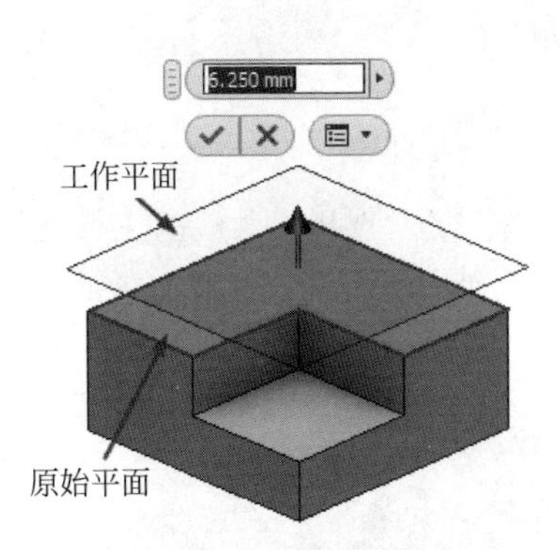

图 2-20 从平面偏移创建工作平面

(2) 平行于平面且通过点：选择一个点和一个平面，创建过该点且与平面平行的工作平面，如图 2-21 所示。

(3) 两个平面之间的中间面：在视图中选择两个平行平面或工作面，创建一个采用第一个选定平面的坐标系方向并具有与第二个选定平面相同的外法向的工作平面，如图 2-22 所示。

(4) 圆环体的中间面：选择一个圆环体，创建一个通过圆环体中心或中间面的工作平面，如图 2-23 所示。

Note

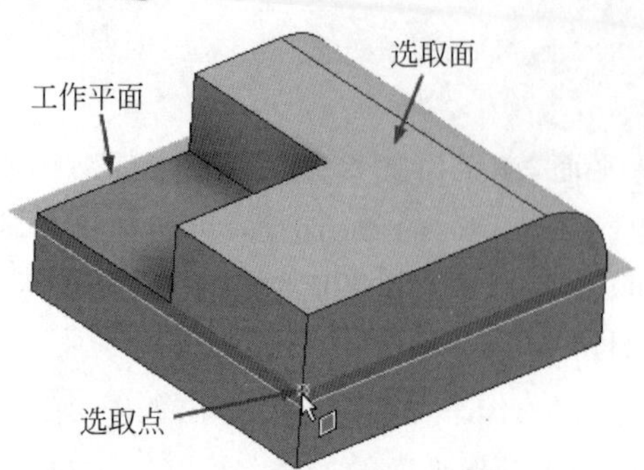

图 2-21　平行于平面且通过点创建工作平面

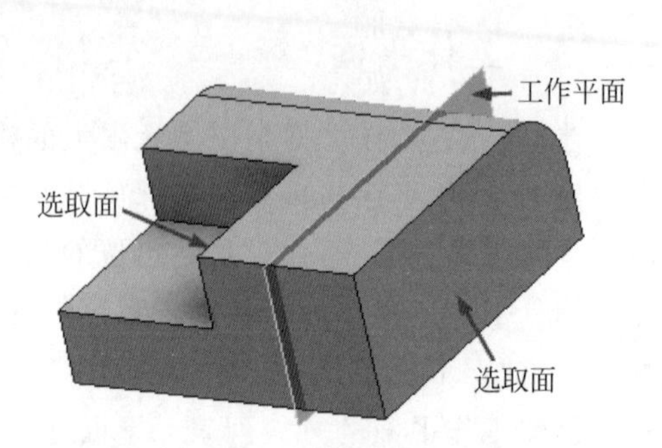

图 2-22　在两个平行平面之间创建工作面

（5）平面绕边旋转的角度：选择一个平面和平行于该平面的一条边，创建一个与该平面成一定角度的工作平面，如图 2-24 所示。

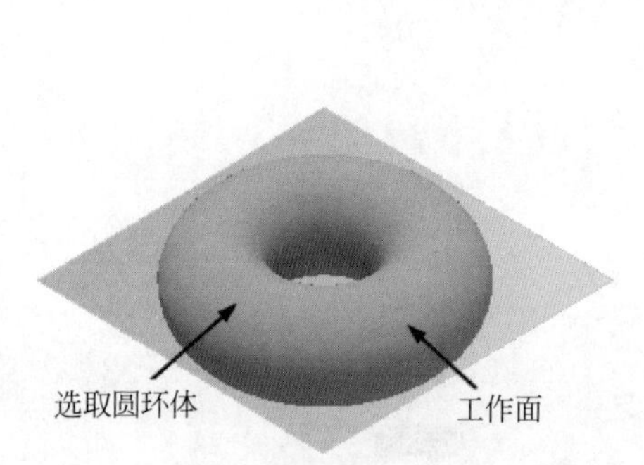

图 2-23　通过圆环体中间面创建工作平面

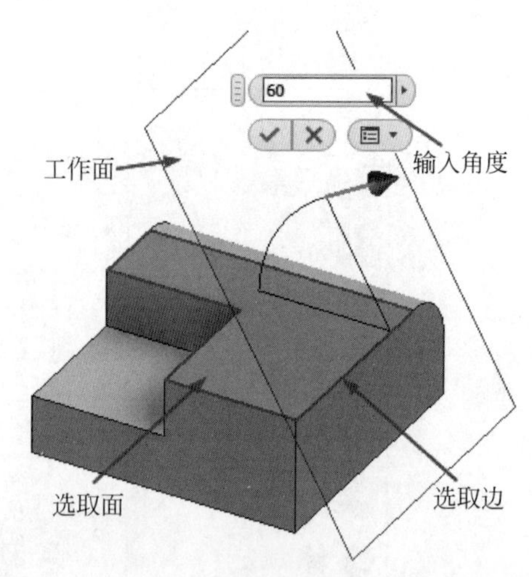

图 2-24　通过平面绕边旋转角度创建工作平面

（6）三点：选择不共线的三点，创建一个通过这三个点的工作平面，如图 2-25 所示。

（7）两条共面边：选择两条平行的边，创建过两条边的工作平面，如图 2-26 所示。

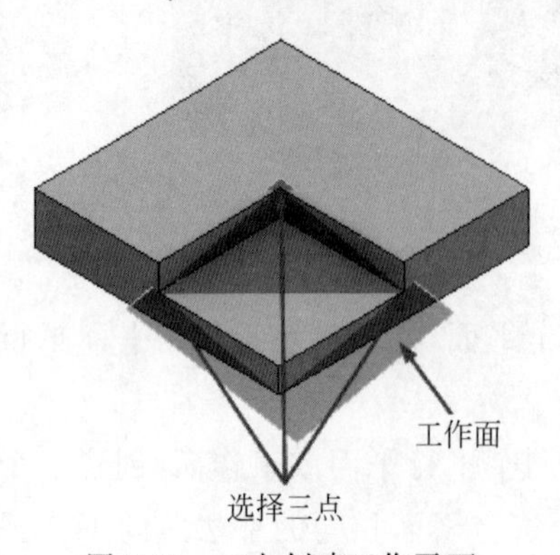

图 2-25　三点创建工作平面

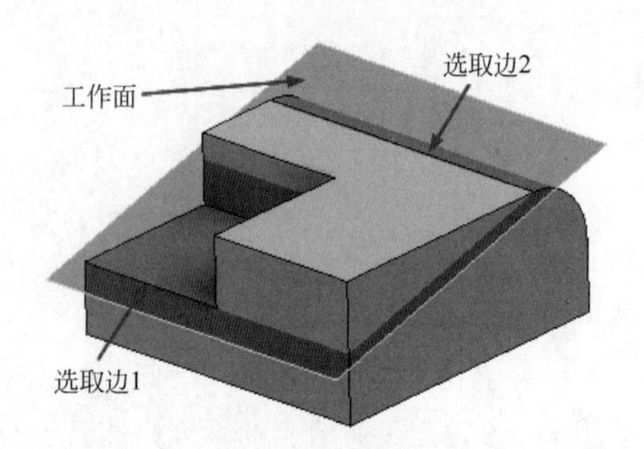

图 2-26　两条共面边创建工作平面

（8）与曲面相切且通过边：选择一个圆柱面和一条边，创建一个过这条边并且和圆柱面相切的工作平面，如图 2-27 所示。

(9) 与曲面相切且通过点：选择一个圆柱面和一个点，创建在该点处与圆柱面相切的工作平面，如图 2-28 所示。

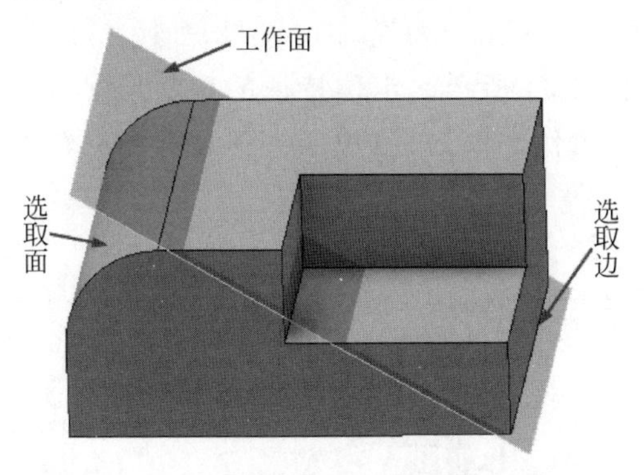

图 2-27　与曲面相切且通过边创建工作平面

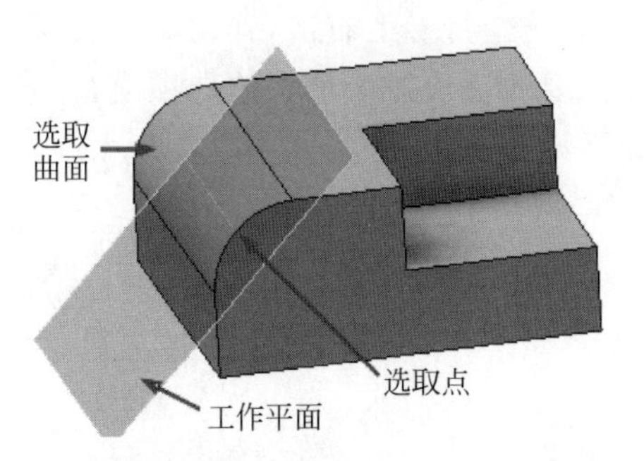

图 2-28　与曲面相切且通过点创建工作平面

(10) 与曲面相切且平行于平面：选择一个曲面和一个平面，创建一个与曲面相切并且与平面平行的曲面，如图 2-29 所示。

(11) 与轴垂直且通过点：选择一个点和一条轴，创建一个过点并且与轴垂直的工作平面，如图 2-30 所示。

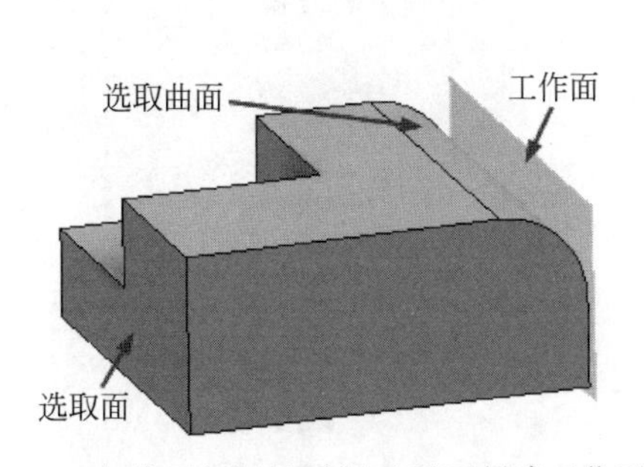

图 2-29　与曲面相切且平行于平面创建工作平面

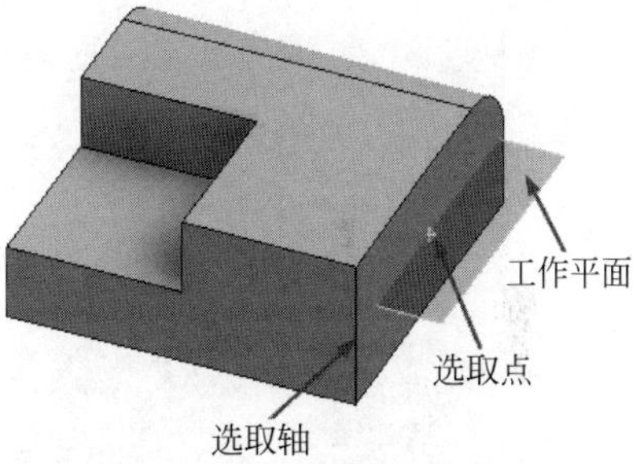

图 2-30　与轴垂直且通过点创建工作平面

(12) 在指定点处与曲线垂直：选择一条非线性边或草图曲线(圆弧、圆、椭圆或样条曲线)和曲线上的顶点、边的中点、草图点或工作点创建平面，如图 2-31 所示。

在零件或部件造型环境中，工作平面表现为透明的平面。工作平面创建以后，在浏览器中可看到相应的符号，如图 2-32 所示。

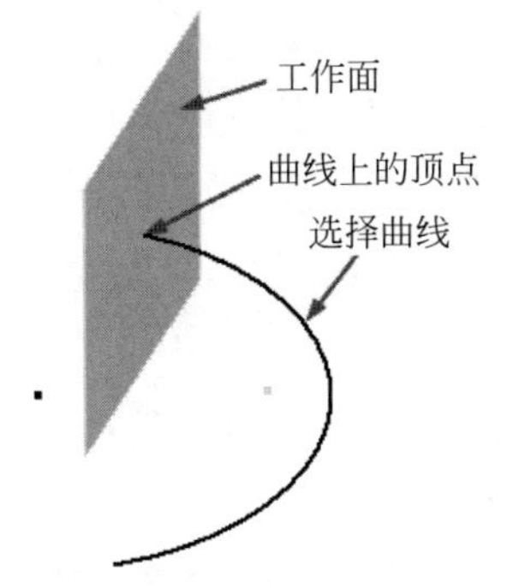

图 2-31　在指定点处与曲线垂直创建工作点

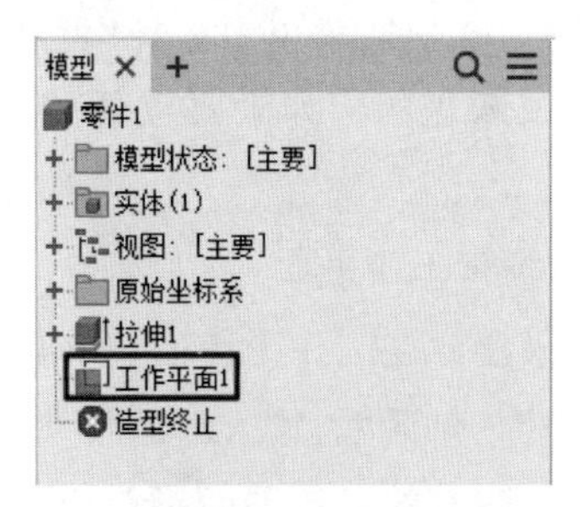

图 2-32　浏览器

Note

2.1.4　显示与编辑定位特征

定位特征创建以后，在左侧的浏览器中会显示出定位特征的符号，如图 2-33 所示，在这个符号上右击，弹出的快捷菜单如图 2-34 所示。定位特征的显示与编辑操作主要通过快捷菜单中的选项进行。下面以工作平面为例，说明如何显示和编辑工作平面。

图 2-33　浏览器中的工作平面符号

图 2-34　快捷菜单

1. 显示工作平面

当新建了一个定位特征如工作平面后，这个特征是可见的。但是如果在绘图区域内建立了很多工作平面或工作轴等，而使得绘图区域杂乱，或不想显示这些辅助的定位特征时，可将其隐藏。如果要设置一个工作平面为不可见，只要在浏览器中右击该工作平面符号，在快捷菜单中去掉“可见性”选项前面的对勾即可，这时浏览器中的工作平面符号变成灰色的。如果要重新显示该工作平面，选中“可见性”复选框即可，如图 2-34 所示。

2. 编辑工作平面

如果要改变工作平面的定义尺寸，可在快捷菜单按钮中选择“编辑尺寸”选项，打开“编辑尺寸”对话框，输入新的尺寸数值，然后单击“确定”✓。

如果现有的工作平面不符合设计的需求，则需要进行重新定义。选择快捷菜单中的“重定义特征”选项即可。这时已有的工作平面将会消失，可重新选择几何要素以建

立新的工作平面。如果要删除一个工作平面，可选择快捷菜单中的“删除”项，则工作平面即被删除。对于其他的定位特征如工作轴和工作点，可进行的显示和编辑操作与对工作平面进行的操作类似。

2.2　模型的显示

模型的图形显示可以视为模型上的一个视图，还可以视为一个场景。视图外观将会根据应用于视图的设置而变化。起作用的元素包括视觉样式、地平面、地面反射、阴影、光源和相机投影。

2.2.1　视觉样式

Inventor 中提供了多种视觉样式：着色显示、隐藏边显示和线框显示等。打开功能区中“视图”选项卡，单击“外观”面板中的“视觉样式”下拉按钮，如图 2-35 所示，选择一种视觉样式。

(1) 真实：显示高质量着色的逼真带纹理模型，如图 2-36 所示。

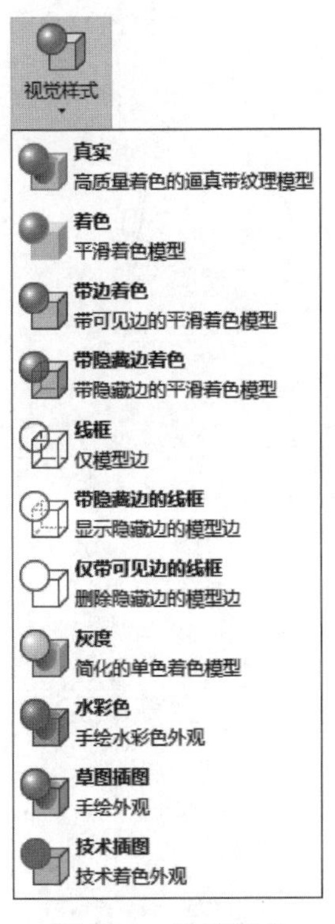

图 2-35　显示模式

图 2-36　真实

(2) 着色：显示平滑着色模型，如图 2-37 所示。

(3) 带边着色：显示带可见边的平滑着色模型，如图 2-38 所示。

(4) 带隐藏边着色：显示带隐藏边的平滑着色模型，如图 2-39 所示。

Note

图 2-37　着色

图 2-38　带边着色

图 2-39　带隐藏边着色

（5）线框：显示用直线和曲线表示边界的对象，如图 2-40 所示。

（6）带隐藏边的线框：显示用线框表示的对象并用虚线表示后向面不可见的边线，如图 2-41 所示。

（7）仅带可见边的线框：显示用线框表示的对象并隐藏表示后向面的直线，如图 2-42 所示。

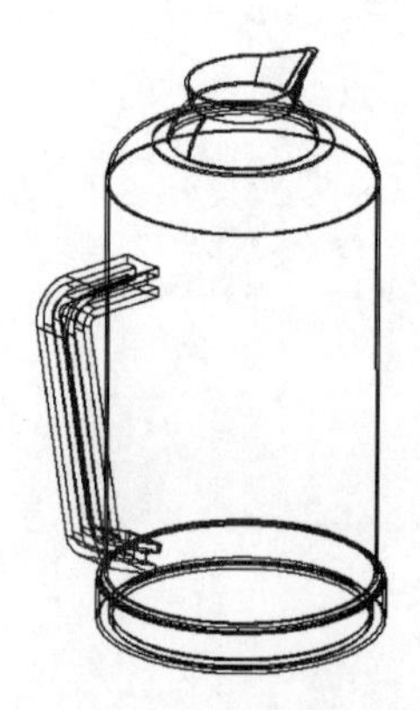
图 2-40　线框

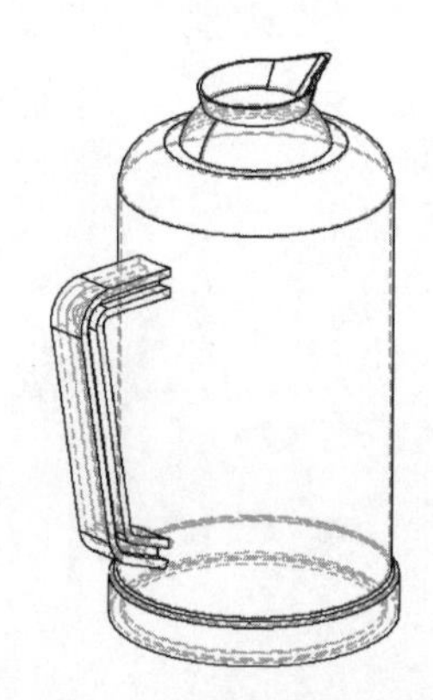
图 2-41　带隐藏边的线框

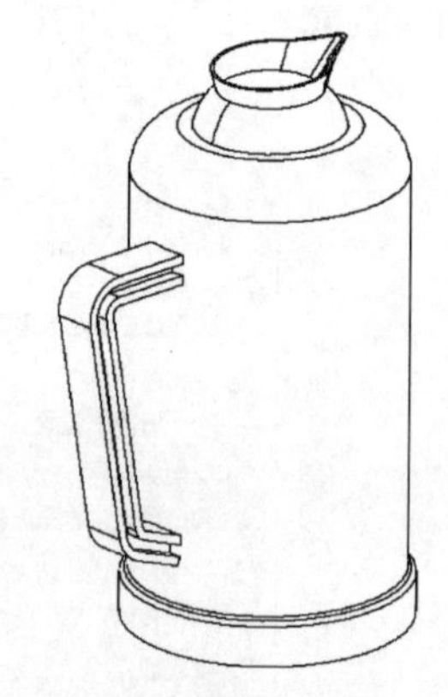
图 2-42　仅带可见边的线框

（8）灰度：使用简化的单色着色模式产生灰度效果，如图 2-43 所示。

（9）水彩色：手绘水彩色的外观显示模式，如图 2-44 所示。

图 2-43　灰度

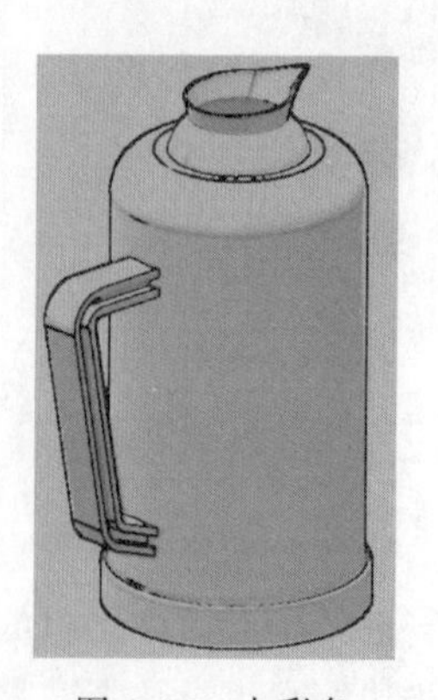
图 2-44　水彩色

（10）草图插图：手绘外观显示模式，如图 2-45 所示。

（11）技术插图：着色工程图外观显示模式，如图 2-46 所示。

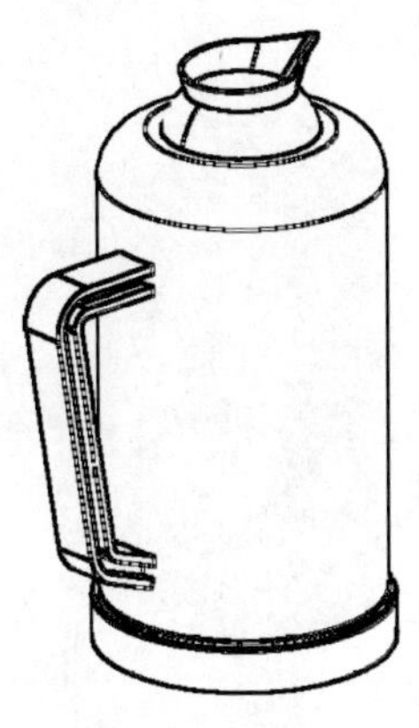

图 2-45 草图插图

图 2-46 技术插图

2.2.2 观察模式

1. 平行模式

在平行模式下，模型是以所有的点都沿着平行线投影到它们所在的屏幕上的位置来显示的，也就是所有等长平行边以等长度显示。在此模式下三维模型平行显示，如图 2-47 所示。

2. 透视模式

在透视模式下，三维模型的显示类似于现实世界中观察到的实体形状。模型中的点线面以三点透视的方式显示，这也是人眼感知真实对象的方式，如图 2-48 所示。

图 2-47 平行模式

图 2-48 透视模式

2.2.3 阴影模式

阴影模式增强了零部件的立体感，使得零部件看起来更加真实，同时阴影模式还显示出光源的设置效果。

Note

单击“视图”选项卡“外观”面板中的“阴影”下拉按钮，如图 2-49 所示。

(1) 地面阴影：将模型阴影投射到地平面上。该效果不需要让地平面可见，如图 2-50 所示。

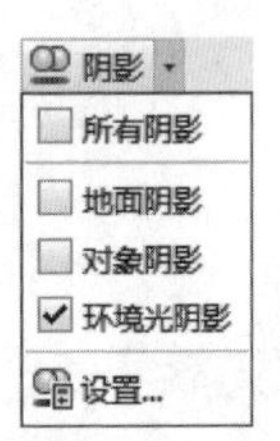

图 2-49　阴影模式工具

图 2-50　地面阴影

(2) 对象阴影：有时称为自己阴影，根据激活的光源样式的位置投射和接收模型阴影，如图 2-51 所示。

(3) 环境光阴影：在拐角处和腔穴中投射阴影以在视觉上增强形状变化过渡，如图 2-52 所示。

(4) 所有阴影：地面阴影、对象阴影和环境光阴影可以一起应用，以增强模型视觉效果，如图 2-53 所示。

图 2-51　对象阴影

图 2-52　环境光阴影

图 2-53　所有阴影

2.3　材　　料

在设计过程中，用户往往需要对所设计的零部件添加材料属性，来获得设计零部件的更加真实的外观和材料属性，或者在后续的应力分析过程中对零部件赋予真实的物理特性。

2.3.1　添加材料

我们可以通过以下两种方式给零部件添加材料。

1. 通过快速访问工具栏添加材料属性

(1) 在绘图区域选择零部件，如图 2-54 所示。

（2）单击快速访问工具栏中“材料”列表右侧的下拉箭头，在材料列表中选择材料，如图 2-55 所示，将所选的材料指定给选定的零部件。添加材料后的零部件如图 2-56 所示。

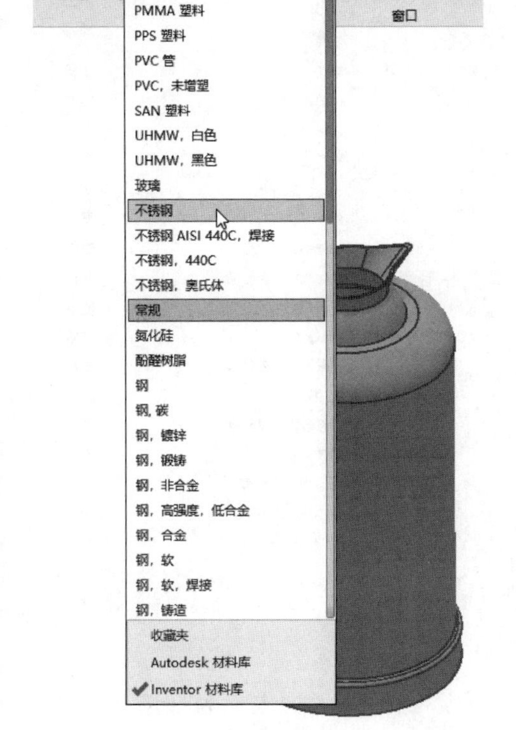

图 2-54　选择零件　　　图 2-55　选择材料　　　图 2-56　添加材料

2. 通过材料浏览器添加材料属性

（1）单击“工具”选项卡“材料和外观”面板中的“材料”按钮，打开材料浏览器，如图 2-57 所示。

（2）在绘图区域或模型浏览器中选择零部件。

（3）在材料浏览器中展开“Autodesk 材料库”或“Inventor 材料库”，在展开的列表中选择需要添加材料的类型，则在右侧的文档材料中显示所选材料的预览，将鼠标指针悬停在一种材料上方，此时可预览该材料应用于选定对象的效果。

（4）右击材料，在弹出的快捷菜单中选择“指定给当前选择”命令，则给零件选择指定的材料。

2.3.2　编辑材料

Inventor 中的材料库中虽然涵盖许多常用的材料，但在这个材料科学日新月异的新时代，新型材料层出不穷，许多新型材料不能及时补充到系统中来，因此当材料库中

Note

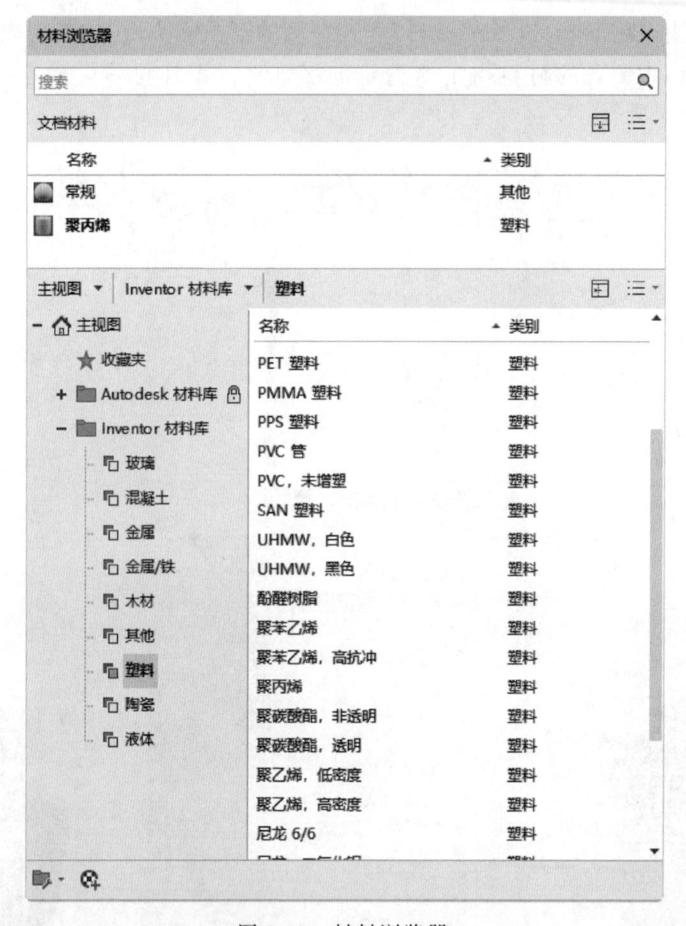

图 2-57　材料浏览器

没有我们需要的材料或所需材料与库中的材料特性接近时，我们可以通过编辑材料，修改库中材料的属性，使库中材料属性符合要求。

可以通过以下方式编辑材料属性：

(1) 单击“工具”选项卡“材料和外观”面板中的“材料”按钮，打开材料浏览器。

(2) 若已经为零部件添加了材料属性，则添加的材料出现在“文档材料”组中，单击“文档材料”组中所选材料右侧的“编辑材质”按钮，如图 2-58(a)所示；若没有为零部件添加材料属性，则在材料库右侧的预览区域选择要编辑的材料，单击“编辑材质”按钮，如图 2-58(b)所示。

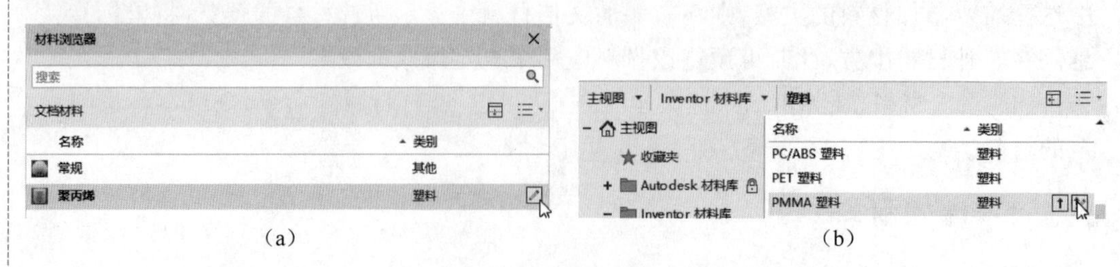

(a)　　　　(b)

图 2-58　编辑材质

Note

(3) 进行以上操作后，系统弹出所选材料的材料编辑器，其中包括“标识”“外观”“物理”三个选项卡。

① “标识”选项卡：在该选项卡中可以编辑材料的“名称”“说明信息”“产品信息”“Revit 注释信息”等，如图 2-59 所示。

② “外观”选项卡：在该选项卡中可以编辑材料的“信息”“饰面凹凸”“浮雕图案”“染色”等属性，主要包括材料的颜色和其他光学特性，如图 2-60 所示。

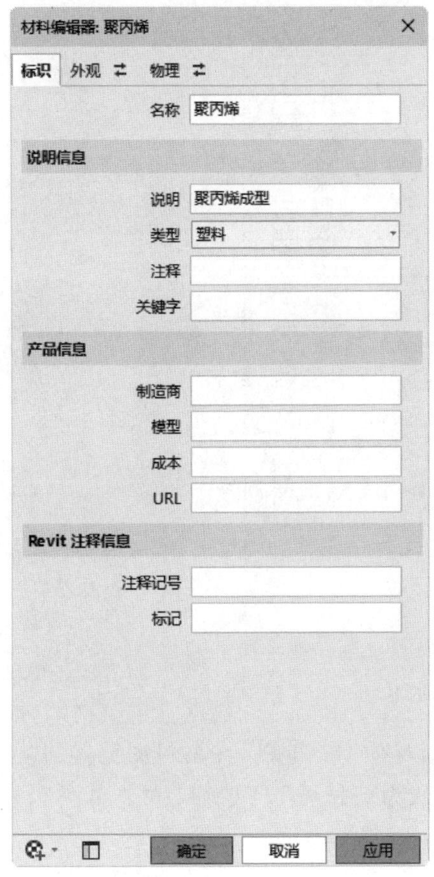

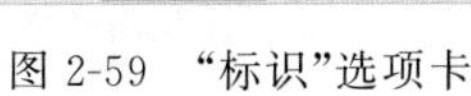

图 2-59　“标识”选项卡

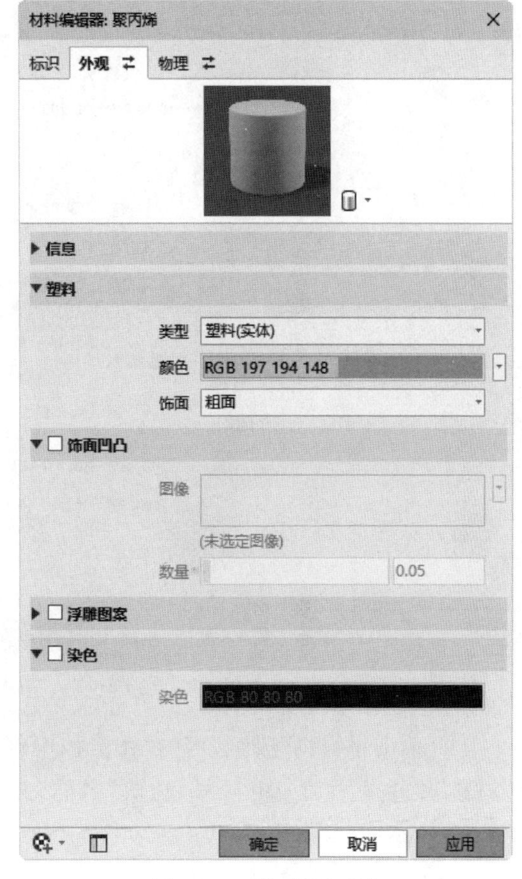

图 2-60　“外观”选项卡

③ “物理”选项卡：在该选项卡中可以编辑材料的“信息”“基本热量”“机械”“强度”等属性，主要包括材料的力学物理特性，如图 2-61 所示。

注意：只能从材料浏览器中通过“编辑材质”命令对材料进行编辑。

由于不同材料的物理、化学性质不尽相同，因此不同材料的材料编辑器的“外观”和“物理”选项卡也有所区别，用户可以根据自己的需求对所选材料进行编辑。

2.3.3　创建材料

在 Inventor 的材料库中不仅可以编辑材料，还可以创建新的材料。我们可以通过以下方式创建新材料(以创建水银为例)：

(1) 单击“工具”选项卡“材料和外观”面板中的“材料”按钮，打开材料浏览器。

Note

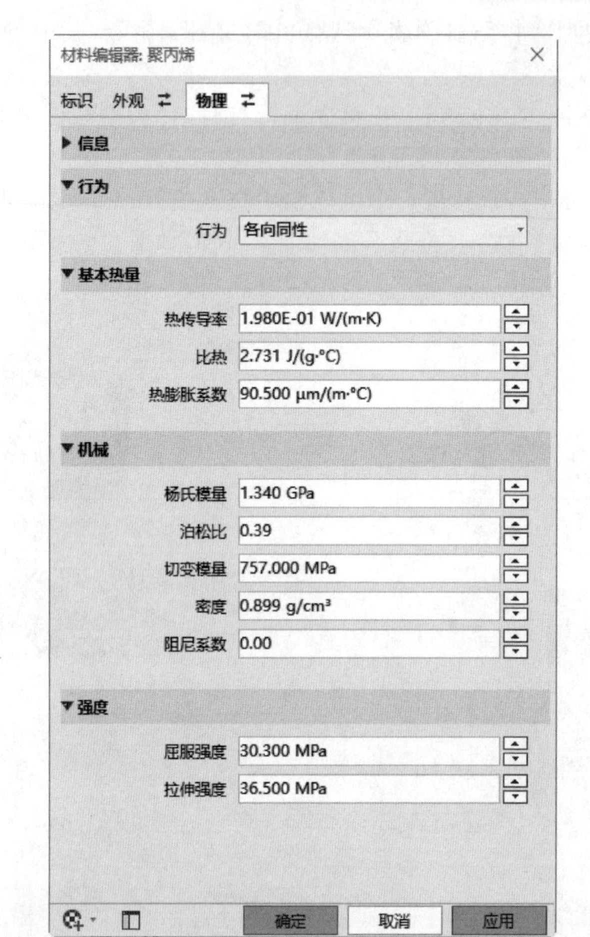

图 2-61 “物理”选项卡

(2) 单击材料浏览器底部的“在文档中创建新材质”按钮，在材料浏览器的“文档材料”组中新添加一组材料，默认“名称”为“默认为新材质”，“类别”为“未分类”，如图 2-62 所示。

图 2-62 文档材料属性——新建材质

(3) 同时系统打开材料编辑器，在“标识”选项卡中设置新建材料的“名称”和“说明信息”等内容，如图 2-63 所示。

(4) 在材料编辑器中选择“外观”选项卡，可以通过设置常规组中的颜色等选项

设置外观，也可以通过在资源浏览器中选择与新建材料颜色相近或一致的颜色设置。只需要找到外观一致或接近的材料，用这个材料的外观替换新建材料的外观即可。

单击底部的“打开/关闭资源浏览器”按钮，打开资源浏览器，选择“金属/钢”组，然后在右侧的列表中找到“钢-抛光”，右击该选项，在弹出的快捷菜单中选择“在编辑器中替换”选项，如图 2-64 所示，则所选的“钢-抛光”的外观属性就替换了新建材料的外观属性。然后修改“外观”选项卡的基本信息，如图 2-65 所示。

图 2-63　设置“标识”选项卡　　　　图 2-64　资源浏览器

（5）在材料编辑器中选择“物理”选项卡，单击底部的“打开/关闭资源浏览器”按钮，打开资源浏览器，选择“液体”组，然后在右侧的列表中找到“水”，右击该选项，在弹出的快捷菜单中选择“在编辑器中替换”选项，则所选的“水”的物理属性就替换了新建材料的物理属性。然后修改“物理”选项卡的基本信息，如图 2-66 所示。

（6）设置完成后，单击“确定”按钮，完成水银材料的创建。

（7）在“文档材料”组中右击新建的材料，在弹出的快捷菜单中依次选择“添加到”→“Inventor 材料库”→“液体”选项，如图 2-67 所示，在材料浏览器中的“液体”类别中新添加“水银”材料，如图 2-68 所示。这样新建材料就可以作为材料浏览器中的新属性，添加到所创建的零部件中。

Note

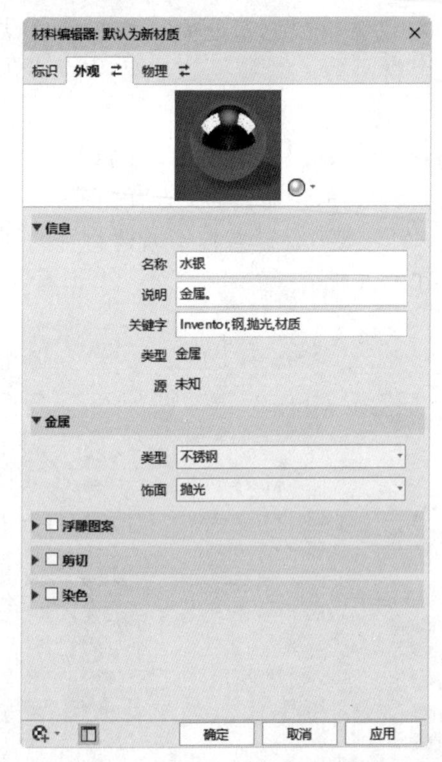

图 2-65 设置"外观"选项卡

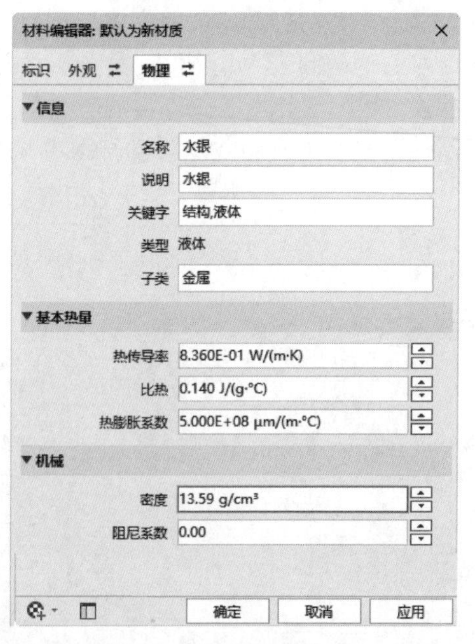

图 2-66 设置"物理"选项卡

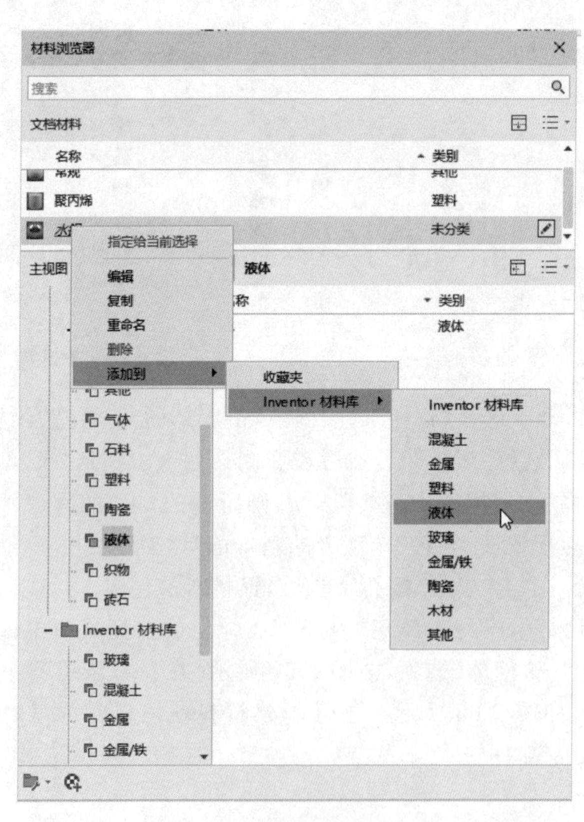

图 2-67 为新材料设置类别

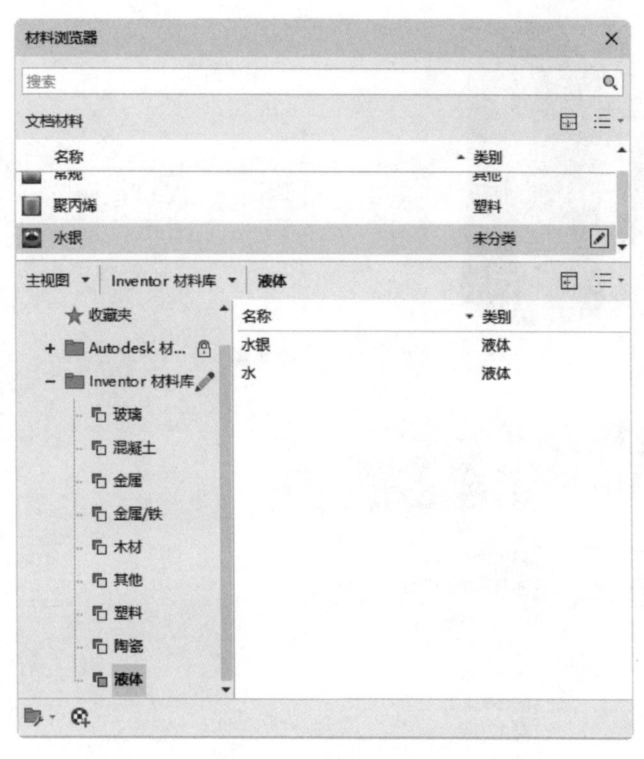

图 2-68 添加新材料

2.4 外 观

由于材料本身具有一定的外观属性，因此在添加材料的同时，就为零部件添加了相应材料默认的外观。但在实际应用中，往往需要对设计的零部件添加更加丰富的颜色，使设计的零部件外观更加丰富，我们可以通过给零部件添加其他特性和颜色的外观，以达到所需的外观效果。

2.4.1 添加外观

我们可以通过以下两种方式给零部件添加外观：

1. 通过快速访问工具栏添加外观

（1）在绘图区域选择零部件，我们已为其添加了"水银"材料属性，该材料属性自带了"钢-抛光"外观，如图 2-69 所示。

（2）单击快速访问工具栏中"外观"列表右侧的下拉箭头，在材料列表中选择外观，如图 2-70 所示，将所选的外观指定给选择的零部件。添加外观后的零部件如图 2-71 所示。由于附加的材料本身自带外观，后来添加的颜色相当于替换掉了原来材料的颜色，因此系统对二者做了一些区分，所选颜色的名称前面会出现一个星号。

Note

图 2-69　零件外观

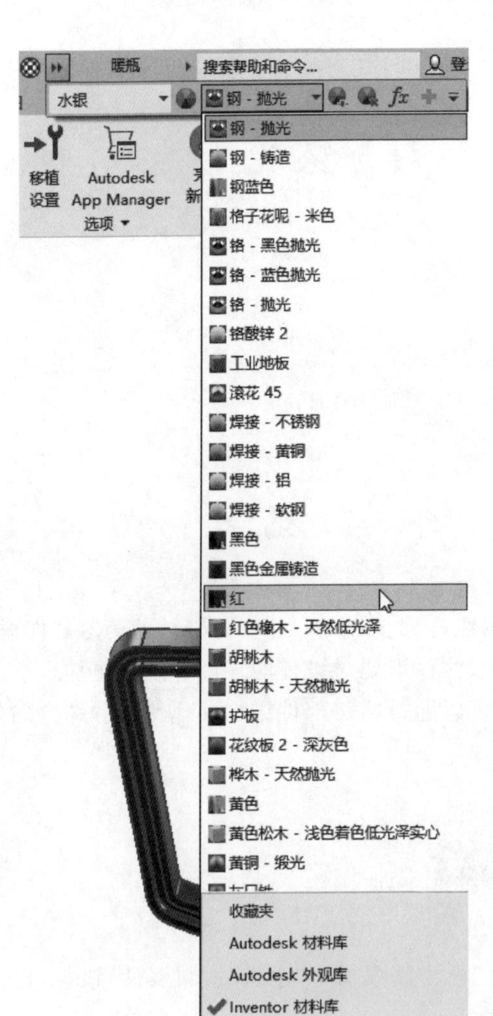

图 2-70　选择外观

图 2-71　添加外观

2. 通过外观浏览器添加外观。

(1) 单击“工具”选项卡“材料和外观”面板中的“外观”按钮，打开外观浏览器，如图 2-72 所示。

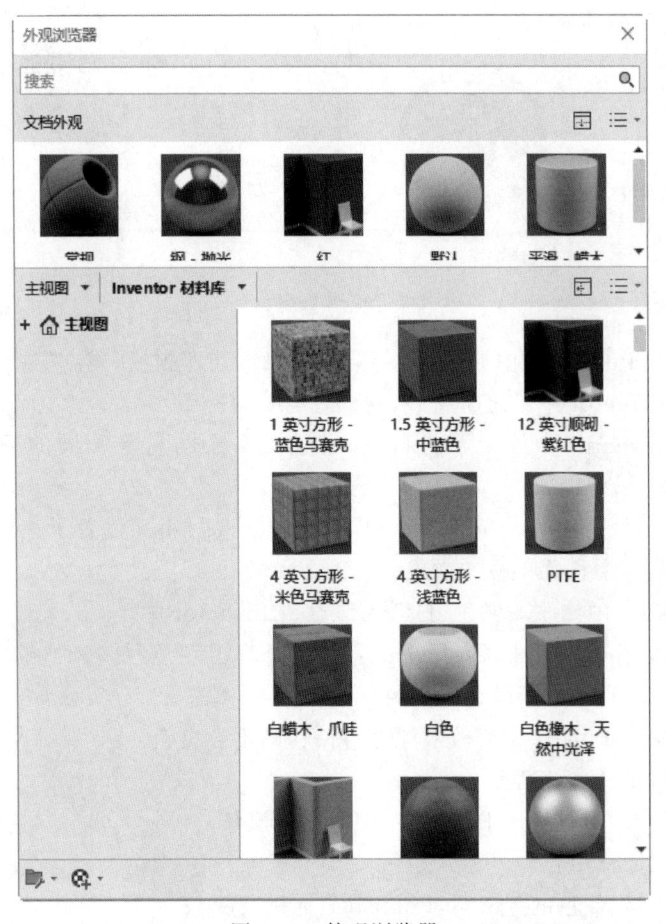

图 2-72　外观浏览器

（2）在绘图区域或模型浏览器中选择零部件。

（3）在外观浏览器中展开“Autodesk 材料库”“Autodesk 外观库”或“Inventor 材料库”，在展开的列表中选择需要添加外观的类型，则在右侧的文档材料中显示所选外观的预览，将鼠标指针悬停在一种材料上方，可预览该材料应用于选定对象的效果。

（4）右击材料，在弹出的快捷菜单中选择“指定给当前选择”选项，则给零件选择指定的外观。

注意：添加外观时，如果选择零件的一个面，则只为该面添加相应的外观颜色；若选择整个零件，则为整个零件添加相应的外观颜色；若选择整个部件，则为整个部件添加相应的外观颜色。

2.4.2 调整外观

颜色栏显示了轮廓颜色与方案中计算得出的应力值或位移之间的对应关系。用户可以编辑颜色栏以设置彩色轮廓，从而使应力/位移按照用户所需的方式来显示。

Inventor Publisher 中同样提供了大量的材料，以及一个很方便的颜色编辑器，单击“工具”选项卡“材料和外观”面板上的“调整”按钮，打开如图 2-73 所示的颜色编辑器。

Note

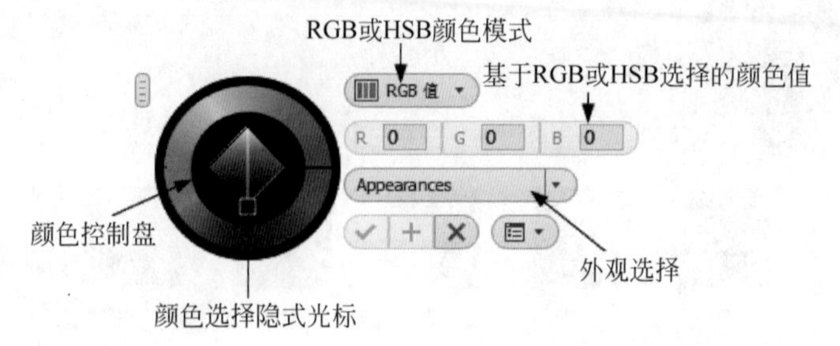

图 2-73　颜色编辑器

在 Inventor Publisher 中导入 Inventor 部件后，处理颜色时将遵循下面的规则：

(1) 如果 Inventor 中给定了材料，则颜色与材料一致。

(2) 如果 Inventor 中给定了材料，并设置了一个与材料不同的颜色，则使用新颜色。

(3) 如果材料已经导入 Publisher 中，且通过修改材料又设置了一个新的颜色，则这个新的颜色将覆盖前面的两个颜色。

(4) Publisher 中修改的颜色、材料无法返回 Inventor 中。

(5) 在 Publisher 中存档后，Inventor 中又修改了颜色/材料时，通过检查存档状态，Publisher 可以自动更新颜色和材料。

(6) 如果在 Publisher 中修改过颜色/材料，则不会更新。

所以比较好的工作流程是：

(1) 设计部件，同时导入 Publisher 中做固定模板。

(2) 更改设计，Publisher 更新文件。

(3) 完成材料、颜色的定义后，Publisher 更新文件。

(4) 如果不满足需求，则可在 Publisher 中进行颜色、材质的更改。

2.4.3　删除外观

若设置的外观不是我们想要的效果，可以将该外观删除，具体操作步骤如下：

图 2-74　“清除外观”小工具栏

(1) 单击“工具”选项卡“材料和外观”面板中的“清除”按钮，打开“清除外观”小工具栏，如图 2-74 所示。

(2) 在绘图区域选择要删除外观颜色的零部件，然后单击“清除外观”小工具栏中的“确定”按钮，则该零部件的外观颜色被删除。

2.5　零件的特性

Inventor 允许用户为模型文件指定特性如物理特性，这样可方便在后期对模型进行工程分析、计算以及仿真等。获得模型特性可通过选择主菜单中的 iProperty 选项来实现，也可在浏览器上选择文件图标并右击，在弹出的快捷菜单中选择 iProperty 选项来实现。如图 2-75 所示为暖瓶的特性对话框中的物理特性。

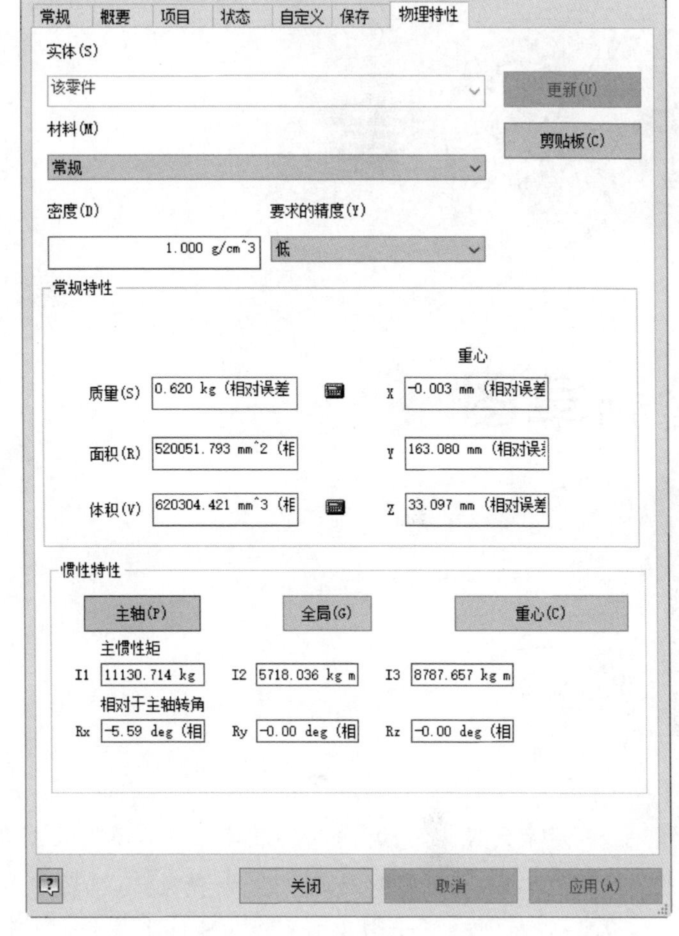

图 2-75　暖瓶的物理特性

物理特性是工程中最重要的信息，从图 2-75 中可以看出 Inventor 已经分析出了模型的质量、体积、重心以及惯性信息等。在计算惯性时，除了可计算模型的主轴惯性矩外，还可计算出模型相对于 X、Y、Z 轴的惯性特性。

除了物理特性以外，特性对话框中还包括模型的概要、项目、状态等信息，用户可根据自己的实际情况填写，方便以后查询和管理。

绘制草图

通常情况下，用户的三维设计应该从草图绘制开始。在 Inventor 的草图功能中，用户可以创建各种基本曲线，对曲线创建几何约束和尺寸约束，然后对二维草图进行拉伸、旋转等操作，创建与草图关联的实体模型。

当用户需要对三维实体的轮廓图像进行参数化控制时，一般需要用草图创建。修改草图时，与草图关联的实体模型也会自动更新。

3.1 草 图 特 征

草图是三维造型的基础，是创建零件的第一步。创建草图时所处的工作环境就是草图环境，草图环境是专门用来创建草图几何图元的，虽然设计零件的几何形状各不相同，但是用来创建零件的草图几何图元的草图环境都是相同的。

1. 简单的草图特征

草图特征是一种三维特征，它是在二维草图的基础上创建的，用 Inventor 的草图特征可以表现出大多数基本的设计意图。当创建一个草图特征时，必须首先创建一个三

维的草图或者创建一个截面轮廓。而所绘制的轮廓通常是表现创建的三维特征的二维截面形状，对于大多数复杂的草图特征，截面轮廓可以创建在一张草图上。

用户可以以不同的三维模型轮廓创建零件的多个草图，然后在这些草图之上创建草图特征。创建的第一个草图特征称为基础特征，当创建好基础特征之后，就可以在此三维模型的基础上添加草图特征或者添加放置特征。

Note

2. 退化和未退化的草图

当创建一个零件时，第一个草图是自动创建的，在大多数情况下会使用默认的草图作为三维模型的基础视图。在草图创建好之后，就可以创建草图特征，比如拉伸或旋转来创建三维模型最初的特征。对于三维特征来说，在创建三维草图特征的同时，草图本身也就变成了退化草图，如图 3-1 所示。除此之外，草图还可以通过“共享草图”重新定义成未退化的草图，在更多的草图特征中使用。

在草图退化后，仍可以进入草图编辑状态，如图 3-2 所示，在浏览器中右击草图进入编辑状态。

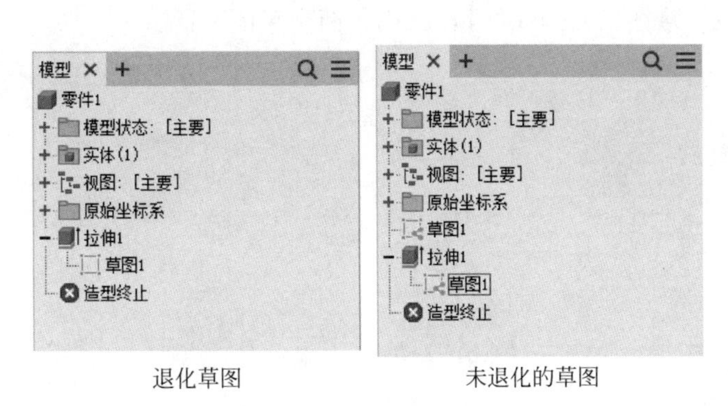

退化草图　　未退化的草图

图 3-1　草图

图 3-2　草图快捷菜单

草图快捷菜单中的命令如下。

(1) 编辑草图：可以激活草图环境进行编辑，草图上的一些改变可以直接反映在三维模型中。

(2) 重定义：可以确保用户能重新选择创建草图的面，草图上的一些改变可以直接反映在三维模型中。

(3) 共享草图：使用共享草图可以重复使用该草图添加一些其他的草图特征。

(4) 特性：可以对几何图元特性如线颜色、线型、线宽等进行设置。

Note

（5）编辑坐标系：激活草图可以编辑坐标系，例如可以改变 X 轴和 Y 轴的方向，或者重新定义草图方向。

（6）创建注释：使用工程师记事本给草图增加注释。

（7）可见性：当一个草图通过创建特征成为退化草图后，它将被自动关闭。通过这个命令可以设置草图的可见性以使其处于打开或关闭状态。

3. 草图和轮廓

在创建草图轮廓时，要尽可能创建包含许多轮廓的几何草图。草图轮廓有两种类型：开放的和封闭的。封闭的轮廓多用于创建三维几何模型，开放的轮廓用于创建路径和曲面。草图轮廓也可以通过投影模型几何图元的方式来创建。

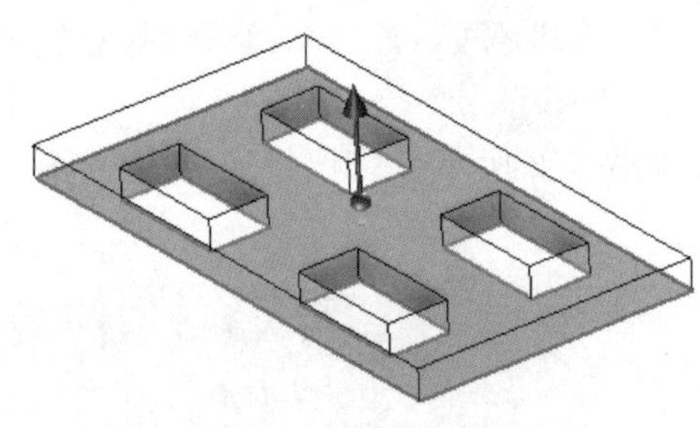

图 3-3　多个封闭轮廓

在创建许多复杂的草图轮廓时，必须以封闭的轮廓来创建草图。在这种情况下，往往是一个草图中包含多个封闭的轮廓。在一些情况下，封闭的轮廓将会与其他轮廓相交。在用这种类型的草图来创建草图特征时，可以使所创建的特征包含一个或多个封闭的轮廓，如图 3-3 所示。注意选择要包含在草图特征中的轮廓。

4. 共享草图的特征

可以用共享草图的方式重复使用一个已存在的退化的草图。共享草图后，为了重复添加草图特征仍需使草图可见。

通常，共享草图可以创建多个草图特征。当共享草图后，它的几何轮廓就可以无限地添加草图特征。如图 3-4 所示，草图已共享，并且已被用于两个草图特征。

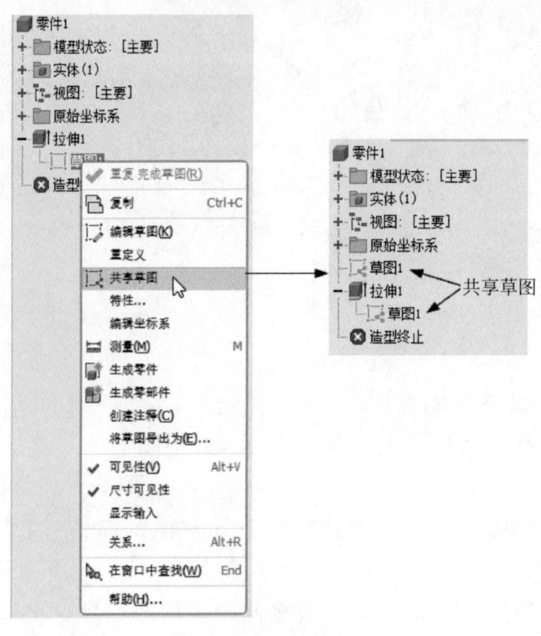

图 3-4　共享草图

3.2 草图环境

3.2.1 新建草图环境

新建草图的方法有 3 种：在原始坐标系平面上创建、在已有特征平面上创建、在工作平面上创建。这几种方法都有一个共同特点，就是新建草图必须依附一个平面创建。

1. 在原始坐标系平面上创建草图

如果需要在原始坐标系平面上创建草图，工作环境必须处在零件造型环境。

方法 1：

(1) 使工作环境处在零件造型环境，在浏览器中找到“原始坐标系”图标；

(2) 单击“原始坐标系”图标前面的 + 图标，将展开成如图 3-5 所示的原始坐标系列表；

(3) 在列表中找到新建草图所需要依附的平面，在其图标上右击，在弹出的快捷菜单中单击“新建草图”命令，即可创建一个新的草图环境，如图 3-6 所示。

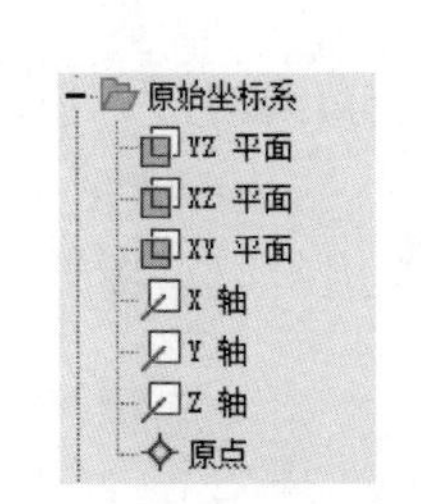

图 3-5 原始坐标系列表

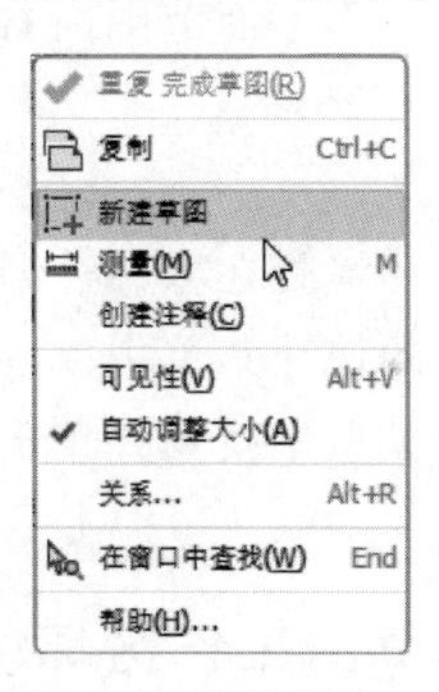

图 3-6 快捷菜单 1

方法 2：

(1) 使工作环境处在零件造型环境，在模型区的空白处右击；

(2) 在弹出的快捷菜单(图 3-7)中单击“新建三维草图”命令；

(3) 在浏览器中找到“原始坐标系”图标，单击“原始坐标系”图标前面的 + 图标；

(4) 在打开的原始坐标系列表中选中新建草图所需要依附的平面(例如 XZ 平面)，即可创建一个新的草图环境。

2. 在已有特征平面上创建草图

如果需要在已有特征平面上创建草图，工作环境必须处在零件造型环境且有模型存在。

方法 1：

(1) 使工作环境处在零件造型环境，在现有模型上找

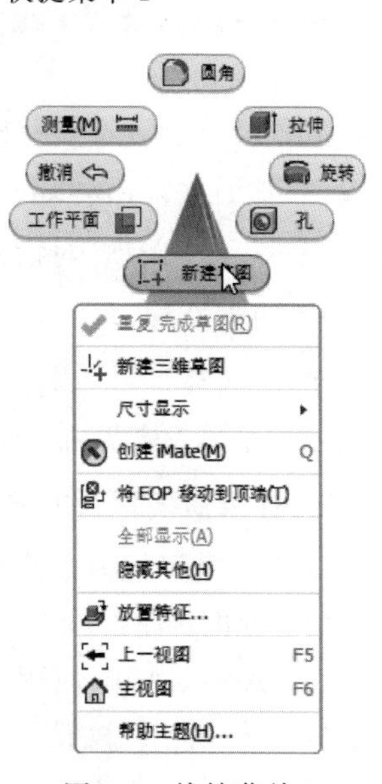

图 3-7 快捷菜单 2

到新建草图所需要依附的平面；

（2）右击模型上的平面，在弹出的快捷菜单中单击“新建草图”命令，即可创建一个新的草图环境。

方法 2：

（1）使工作环境处在零件造型环境，在模型区的空白处右击；

（2）在弹出的快捷菜单中单击“新建草图”命令；

（3）在现有模型上找到并单击新建草图所需要依附的平面，即可创建一个新的草图环境。

3. 在工作平面上创建草图

在工作平面上创建草图，前提条件是创建一个新的工作平面作为新建草图所需要依附的平面。

方法 1：

（1）使工作环境处在零件造型环境，在模型中找到新建草图所需要依附的工作平面；

（2）单击模型中的工作平面使其亮显；

（3）在所选工作平面范围内右击，在弹出的快捷菜单中单击“新建草图”命令，即可创建一个新的草图环境。

方法 2：

（1）使工作环境处在零件造型环境，在模型区的空白处右击；

（2）在弹出的快捷菜单中单击“新建草图”命令；

（3）在现有模型中找到并单击“新建草图”所需要依附的工作平面，即可创建一个新的草图环境。

3.2.2 定制草图工作区环境

本节主要介绍草图环境设置选项，读者可以根据自己的习惯定制需要的草图工作环境。

单击“工具”选项卡“选项”面板上的“应用程序选项”按钮，打开“应用程序选项”对话框，在对话框中选择“草图”选项卡，如图 3-8 所示。

“应用程序选项”对话框“草图”选项卡中的选项说明如下：

1. 约束设置

单击“设置”按钮，打开如图 3-9 所示的“约束设置”对话框，用于控制草图约束和尺寸标注的显示、创建、推断、放宽拖动和过约束的设置。

2. 样条曲线拟合方式

设定点之间的样条曲线过渡，确定样条曲线识别的初始类型。

（1）标准：设定该拟合方式可创建点之间平滑连续的样条曲线，适用于 A 类曲面。

（2）AutoCAD：使用 AutoCAD 拟合方式来创建样条曲线，不适用于 A 类曲面。

（3）最小能量-默认张力：设定该拟合方式可创建平滑连续且曲率分布良好的样条曲线，适用于 A 类曲面。

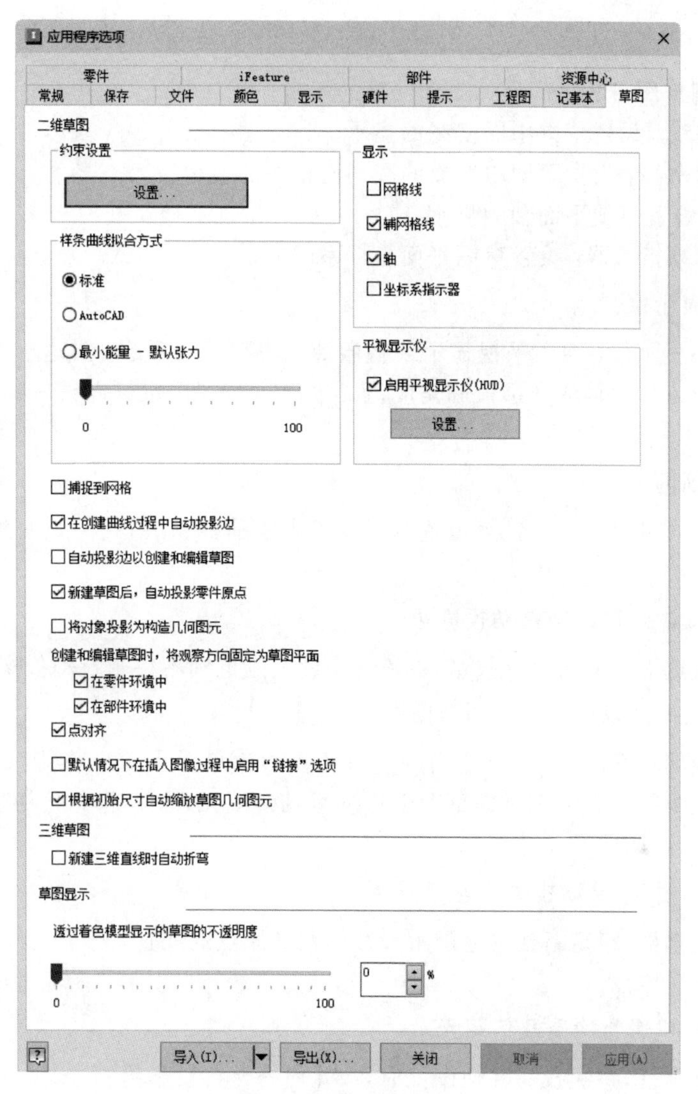

图 3-8 “草图”选项卡

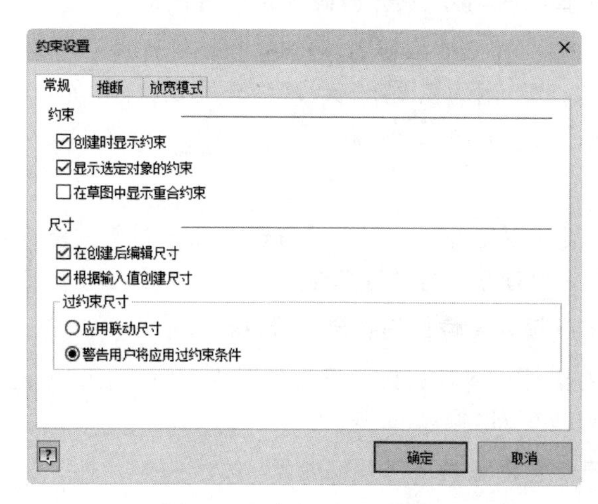

图 3-9 “约束设置”对话框

Note

3．显示

设置绘制草图时显示的坐标系和网格的元素。

（1）网格线：设置草图中网格线的显示。

（2）辅网格线：设置草图中次要的或辅网格线的显示。

（3）轴：设置草图平面轴的显示。

（4）坐标系指示器：设置草图平面坐标系的显示。

4．平视显示仪

启用平视显示仪：启用平视显示仪将激活动态输入，以便在创建草图几何图形时能直接在值输入框中输入数字值和角度值。单击"设置"按钮可以打开"平视显示仪设置"对话框并更改其中的设置。

5．捕捉到网格

可通过设置"捕捉到网格"来设置草图任务中的捕捉状态，选中该复选框以打开网格捕捉。

6．在创建曲线过程中自动投影边

选中此复选框以使用自动投影，取消选中此复选框则不使用自动投影。

7．自动投影边以创建和编辑草图

当创建或编辑草图时，将所选面的边自动投影到草图平面上作为参考几何图元。选中此复选框为新的和编辑过的草图创建参考几何图元，取消选中此复选框则不创建参考几何图元。

8．新建草图后，自动投影零件原点

选中此复选框，指定新建的草图上投影的零件原点的配置。取消选中此复选框，则需手动指定投影原点。

9．将对象投影为构造几何图元

选中此复选框，每次投影几何图元时，该几何图元将投影为构造几何图元。

10．创建和编辑草图时，将观察方向固定为草图平面

选中复选框（无论是"在零件环境中"，还是"在部件环境中"），指定重新定位图形窗口，以使草图平面与新建草图的视图平行。取消选中复选框，在选定的草图平面上创建一个草图，而不考虑视图的方向。

11．点对齐

选中此复选框，新创建几何图元的端点与现有几何图元的端点对齐。取消选中此复选框，相对于特定点的对齐可通过将光标置于点上临时调用来实现。

12．默认情况下在插入图像过程中启用"链接"选项

在"插入图像"对话框中将默认设置设为启用或禁用"链接"复选框。"链接"选项允许将对图像进行的更改更新到 Inventor 中。

13．根据初始尺寸自动缩放草图几何图元

此选项控制草图特征的自动缩放。选中此复选框在添加第一个尺寸时，自动缩放

可维持草图的原始尺寸。

14. 三维草图

新建三维直线时自动折弯：该选项用于设置在绘制三维直线时，是否自动放置相切的拐角过渡。选中该复选框将自动放置拐角过渡，取消选中该复选框则不自动创建拐角过渡。

15. 草图显示

透过着色模型显示草图的不透明度：用于控制草图几何图元透过着色模型几何图元的可见度。默认设置为 0%，可将草图几何图元设置为被着色模型几何图元完全遮挡。

技巧：所有草图几何图元均在草图环境中创建和编辑。选择草图命令后，可以指定平面、工作平面或草图曲线作为草图平面。从以前创建的草图中选择曲线将重新打开草图，即可添加、修改或删除几何图元。

3.3　草图绘制工具

本节主要说明如何利用 Inventor 提供的草图工具正确、快速地绘制基本的几何元素。工欲善其事，必先利其器，熟练地掌握草图基本工具的使用方法和技巧是绘制草图前的必修课程。

3.3.1　点

创建草图点或中心点的操作步骤如下：

(1) 单击“草图”选项卡“创建”面板中的“点”按钮，然后在绘图区域内任意处单击，即可出现一个点。

(2) 如果要继续绘制点，可在要创建点的位置再次单击，若要结束绘制可右击，在弹出的如图 3-10 所示的快捷菜单中选择“确定”选项。结果如图 3-11 所示。

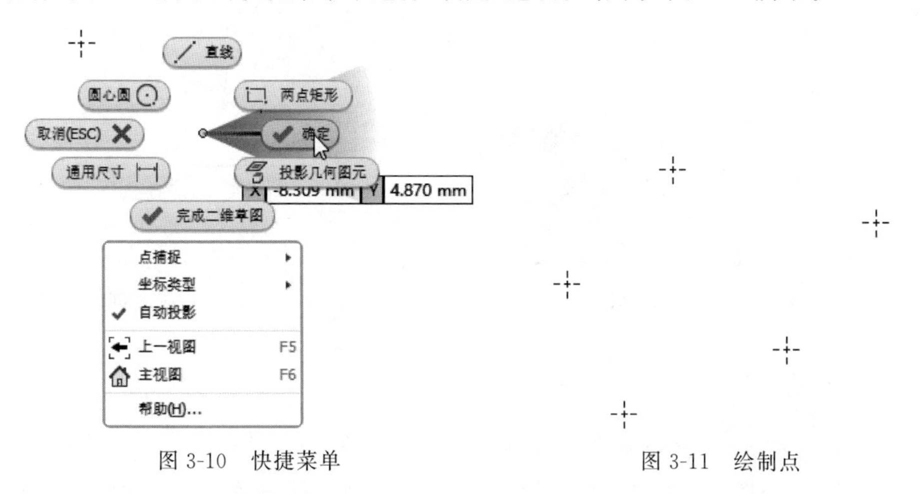

图 3-10　快捷菜单　　　　图 3-11　绘制点

Note

3.3.2 直线

直线分为 3 种类型：水平直线、竖直直线和任意角度直线。在绘制过程中，不同类型的直线其显示方式不同。

- 水平直线：在绘制直线过程中，光标附近会出现水平直线图标符号，如图 3-12(a)所示。
- 竖直直线：在绘制直线过程中，光标附近会出现竖直直线图标符号，如图 3-12(b)所示。
- 任意直线：绘制任意直线如图 3-12(c)所示。

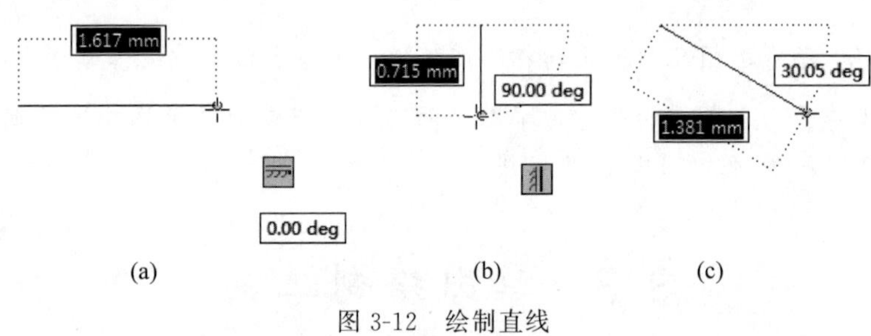

图 3-12　绘制直线

(a) 水平直线；(b) 竖直直线；(c) 任意直线

绘制过程如下：

(1) 单击“草图”选项卡“创建”面板中的“直线”按钮，开始绘制直线。

(2) 在绘图区域内某一位置单击，然后在另外一个位置单击，在两次单击点的位置之间会出现一条直线，右击并在弹出的快捷菜单中选择“确定”选项或按 Esc 键，直线绘制完成。

(3) 也可选择“重新启动”选项以接着绘制另外的直线。否则，若一直继续绘制，将绘制出首尾相连的折线，如图 3-13 所示。

利用直线命令还可创建与几何图元相切或垂直的圆弧，如图 3-14 所示。首先移动光标到直线的一个端点，然后按住鼠标左键，在要创建圆弧的方向上拖曳鼠标，即可创建圆弧。

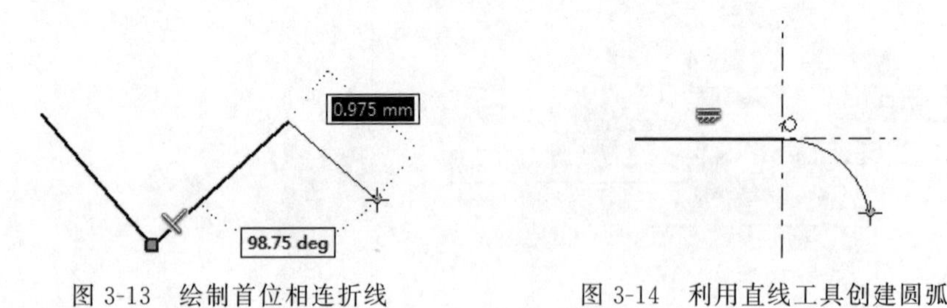

图 3-13　绘制首位相连折线　　　图 3-14　利用直线工具创建圆弧

3.3.3 样条曲线

可以通过选定的点来创建样条曲线。样条曲线的绘制过程如下：

(1) 单击“草图”选项卡“创建”面板中的“样条曲线(控制顶点)”按钮，开始绘制

样条曲线。

（2）在绘图区域单击，确定样条曲线的起点。

（3）移动鼠标，在图中合适的位置单击，确定样条曲线上的第二点，如图 3-15(a)所示。

（4）重复移动鼠标，确定样条曲线上的其他点，如图 3-15(b)所示。

（5）按 Enter 键完成样条曲线的绘制，如图 3-15(c)所示。

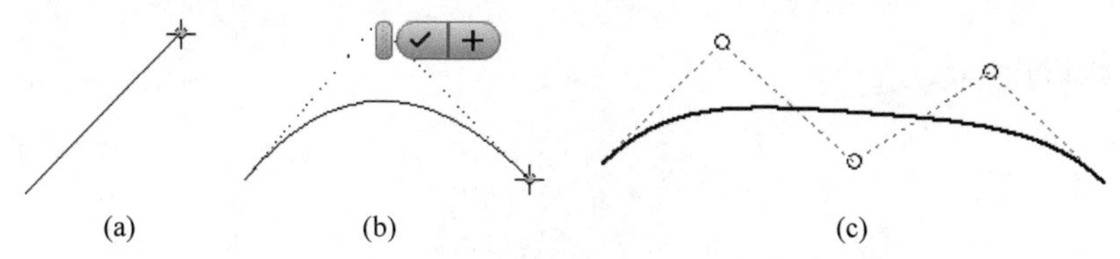

图 3-15　绘制样条曲线

(a) 确定第二点；(b) 确定其他点；(c) 完成样条曲线

“样条曲线(插值)”按钮 的使用方法同“样条曲线(控制顶点)”按钮，这里不再介绍，读者可以自己绘制。

3.3.4　圆

圆也可以通过两种方式来绘制：一种是绘制基于中心的圆；另一种是绘制基于周边切线的圆。

1. 圆心圆

（1）执行命令。单击“草图”选项卡“创建”面板中的“圆心圆”按钮，开始绘制圆。

（2）绘制圆心。在绘图区域单击，确定圆的圆心，如图 3-16(a)所示。

（3）确定圆的直径。移动鼠标拖出一个圆，显示圆的直径，如图 3-16(b)所示。

（4）确认绘制的圆。单击完成圆的绘制，如图 3-16(c)所示。

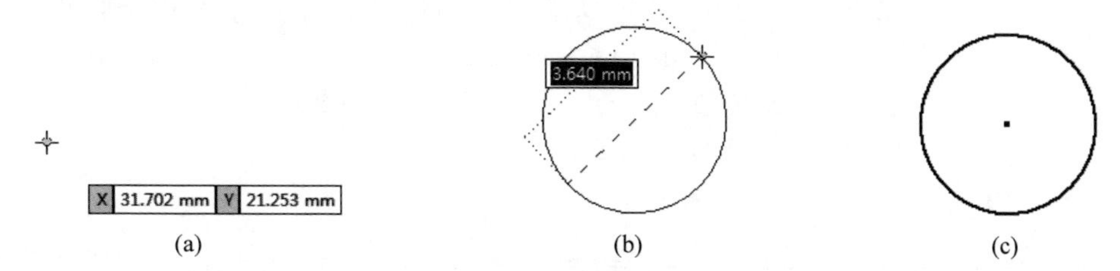

图 3-16　绘制圆心圆

(a) 确定圆心；(b) 确定圆直径；(c) 完成圆绘制

2. 相切圆

（1）执行命令。单击“草图”选项卡“创建”面板中的“相切圆”按钮，开始绘制圆。

（2）确定第一条相切线。在绘图区域选择一条直线确定第一条相切线，如图 3-17(a)所示。

Note

(3) 确定第二条相切线。在绘图区域选择一条直线确定第二条相切线，如图 3-17(b)所示。

(4) 确定第三条相切线。在绘图区域选择一条直线确定第三条相切线，单击完成圆的绘制，如图 3-17(c)所示。

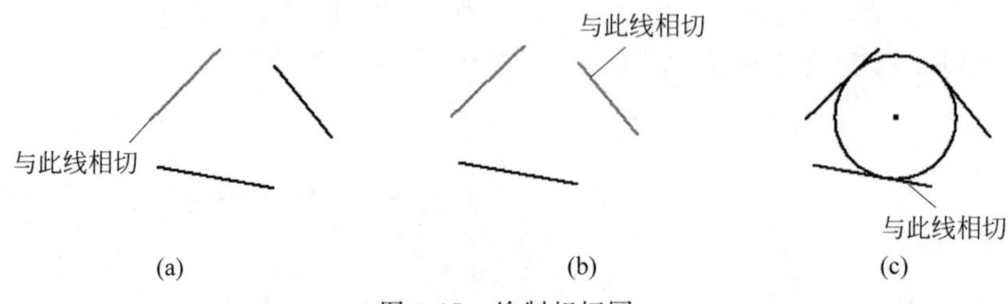

图 3-17　绘制相切圆

(a) 确定第一条切线；(b) 确定第二条切线；(c) 完成圆绘制

3.3.5　椭圆

可以根据中心点、长轴与短轴创建椭圆。

(1) 执行命令。单击"草图"选项卡"创建"面板中的"椭圆"按钮，绘制椭圆。

(2) 绘制椭圆的中心。在绘图区域合适的位置单击，确定椭圆的中心。

(3) 确定椭圆的长半轴。移动光标，在光标附近会显示椭圆的长半轴。在图中合适的位置单击，确定椭圆的长半轴，如图 3-18(a)所示。

(4) 确定椭圆的短半轴。移动光标，在图中合适的位置(如图 3-18(b)所示)单击，确定椭圆的短半轴，即完成椭圆的绘制，如图 3-18(c)所示。

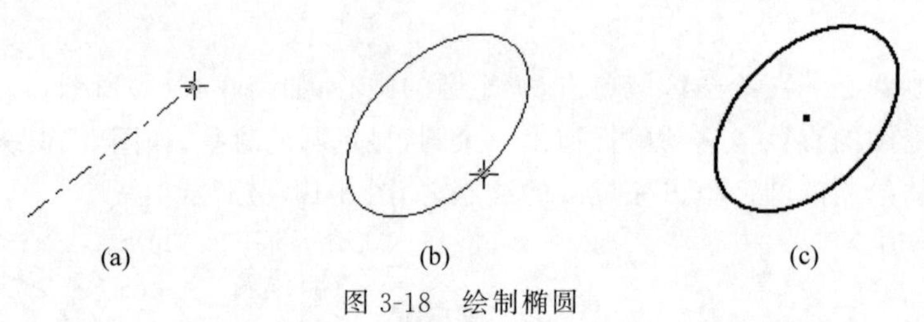

图 3-18　绘制椭圆

(a) 确定长半轴；(b) 确定短半轴；(c) 完成椭圆绘制

3.3.6　圆弧

可以通过 3 种方式绘制圆弧：第一种是通过三点绘制圆弧；第二种是通过圆心、半径来确定圆弧；第三种是绘制基于周边的圆弧。

1. 三点圆弧

(1) 执行命令。单击"草图"选项卡"创建"面板中的"三点圆弧"按钮，绘制三点圆弧。

(2) 确定圆弧的起点。在绘图区域合适的位置单击，确定圆弧的起点。

(3) 确定圆弧的终点。移动光标，在绘图区域合适的位置单击，确定圆弧的终点，如图 3-19(a)所示。

(4) 确定圆弧的方向。移动光标，在绘图区域合适的位置单击，如图 3-19(b)所示，

确定圆弧的方向，即完成圆弧的绘制，如图 3-19(c)所示。

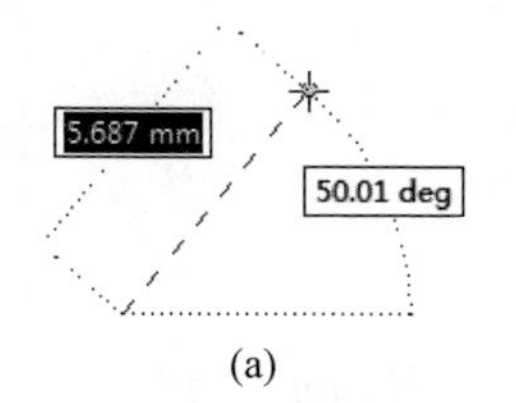

(a)

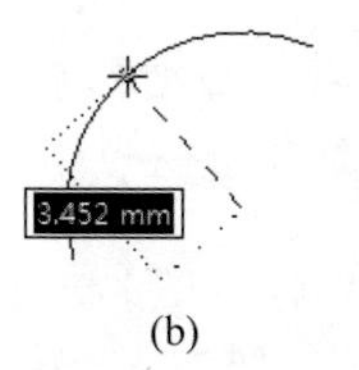

(b)

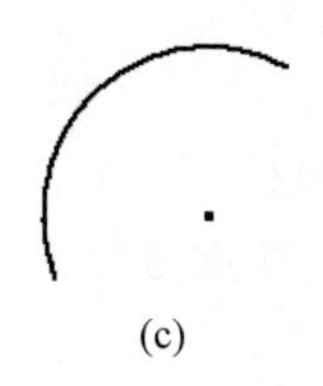

(c)

图 3-19　绘制三点圆弧

(a) 确定终点；(b) 确定圆弧方向；(c) 完成圆弧绘制

2. 圆心圆弧

(1) 执行命令。单击“草图”选项卡“创建”面板中的“圆心圆弧”按钮，绘制圆弧。

(2) 确定圆弧的中心。在绘图区域合适的位置单击，确定圆弧的中心。

(3) 确定圆弧的起点。移动光标，在绘图区域合适的位置单击，确定圆弧的起点，如图 3-20(a)所示。

(4) 确定圆弧的终点。移动光标至绘图区域合适的位置，如图 3-20(b)所示，单击确定圆弧的终点，即完成圆弧的绘制，如图 3-20(c)所示。

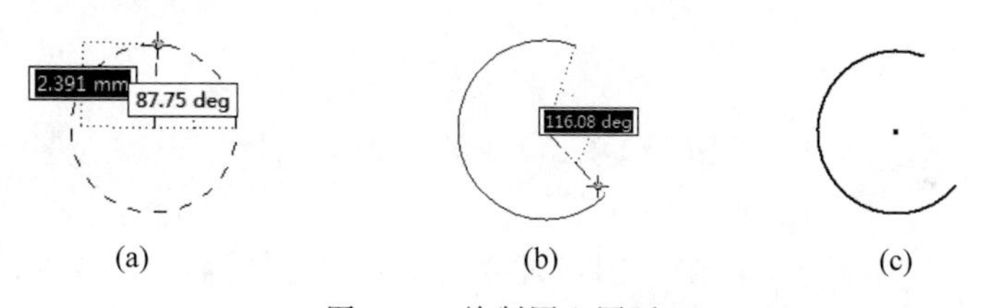

图 3-20　绘制圆心圆弧

(a) 确定起点；(b) 确定终点；(c) 完成圆弧绘制

3. 相切圆弧

(1) 执行命令。单击“草图”选项卡“创建”面板中的“相切圆弧”按钮，绘制圆弧。

(2) 确定圆弧的起点。在绘图区域中选取曲线，自动捕捉曲线的端点，如图 3-21(a)所示。

(3) 确定圆弧的终点。移动光标至绘图区域合适的位置，如图 3-21(b)所示，单击确定圆弧的终点，即完成圆弧的绘制，如图 3-21(c)所示。

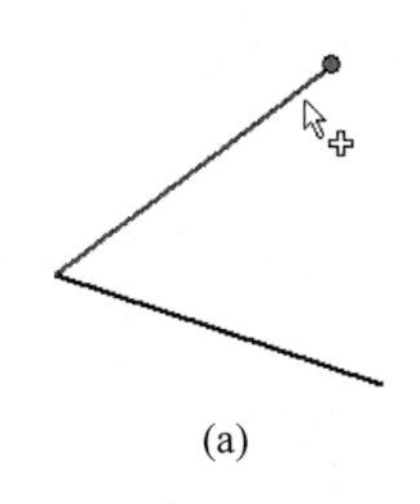

(a)

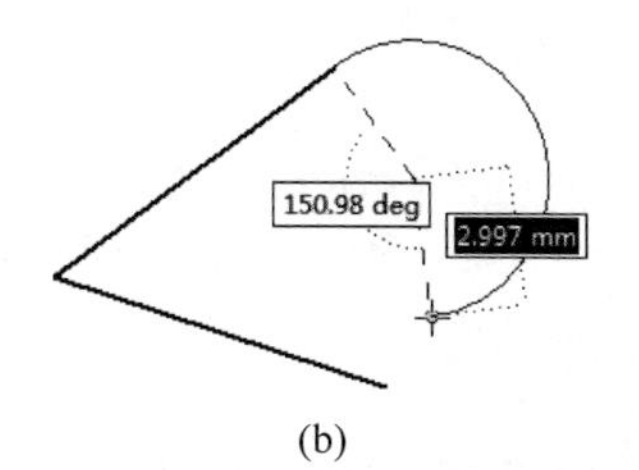

(b)

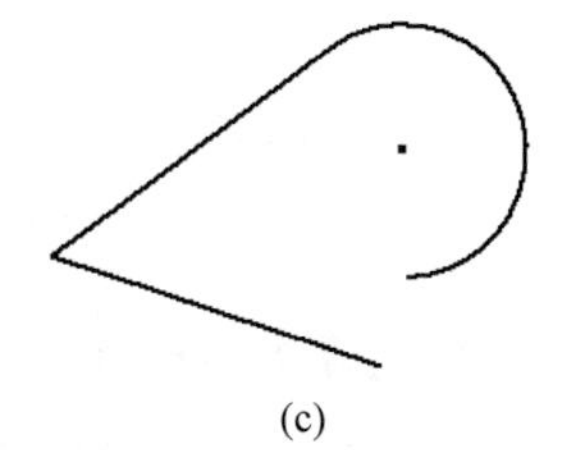

(c)

图 3-21　绘制相切圆弧

(a) 确定起点；(b) 确定终点；(c) 完成圆弧绘制

Note

3.3.7 矩形

可以通过 4 种方式绘制矩形：一是通过两点绘制矩形；二是通过三点绘制矩形；三是通过两点中心绘制矩形；四是通过三点中心绘制矩形。

1. 两点矩形

(1) 执行命令。单击“草图”选项卡“创建”面板中的“两点矩形”按钮，绘制矩形。

(2) 绘制矩形角点。在绘图区域单击，确定矩形的一个角点，如图 3-22(a)所示。

(3) 绘制矩形的另一个角点。移动光标到适当位置，如图 3-22(b)所示，单击确定矩形的另一个角点，即完成矩形的绘制，如图 3-22(c)所示。

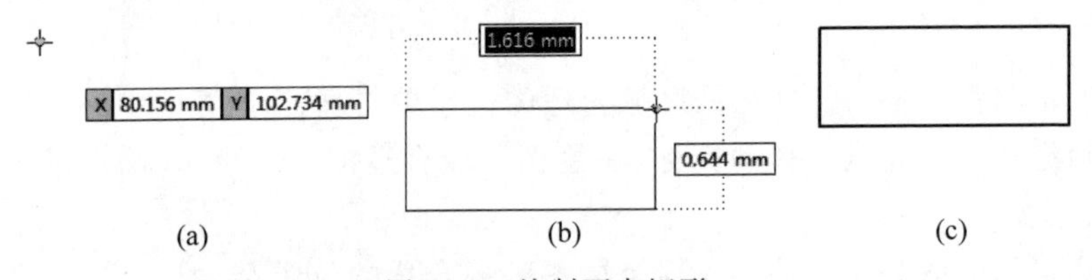

图 3-22　绘制两点矩形

(a) 确定角点 1；(b) 确定角点 2；(c) 完成矩形绘制

2. 三点矩形

(1) 执行命令。单击“草图”选项卡“创建”面板中的“三点矩形”按钮，绘制矩形。

(2) 绘制矩形的角点 1。在绘图区域单击，确定矩形的一个角点，如图 3-23(a)所示。

(3) 绘制矩形的角点 2。移动光标至适当位置单击，确定矩形的另一个角点，如图 3-23(b)所示。

(4) 绘制矩形的角点 3。移动光标至适当位置单击，确定矩形的第三个角点，即完成矩形的绘制，如图 3-23(c)所示。

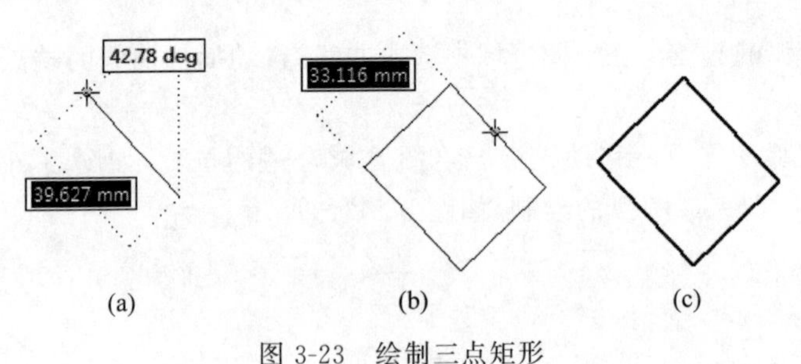

图 3-23　绘制三点矩形

(a) 确定角点 1；(b) 确定角点 2；(c) 完成矩形绘制

3. 两点中心矩形

(1) 执行命令。单击“草图”选项卡“创建”面板中的“两点中心矩形”按钮，绘制矩形。

Note

(2) 确定中心点。在图形窗口中合适位置单击，确定矩形的中心，如图 3-24(a)所示。

(3) 确定对角点。移动光标至适当位置，如图 3-24(b)所示，单击以确定矩形的对角点，即完成矩形绘制，如图 3-24(c)所示。

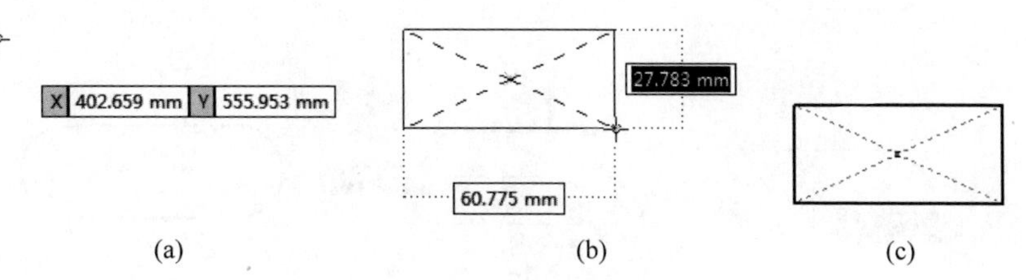

图 3-24　绘制两点中心矩形

(a) 确定中心点；(b) 确定对角点；(c) 完成矩形绘制

4. 三点中心矩形

(1) 执行命令。单击“草图”选项卡“创建”面板中的“三点中心矩形”按钮◇，绘制矩形。

(2) 确定中心点。在图形窗口中合适位置单击，确定矩形的中心，如图 3-25(a)所示。

(3) 确定长度。单击第二点，确定矩形的长度，如图 3-25(b)所示。

(4) 确定宽度。拖曳鼠标以确定矩形相邻边的长度，即完成矩形绘制，如图 3-25(c)所示。

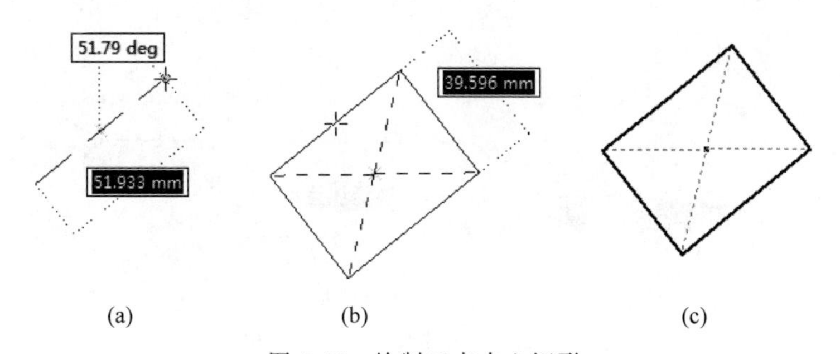

图 3-25　绘制三点中心矩形

(a) 确定中心点；(b) 确定长度；(c) 完成矩形绘制

3.3.8　槽

槽包括 5 种类型，即“中心到中心槽”“整体槽”“中心点槽”“三点圆弧槽”“圆心圆弧槽”。

1. 创建中心到中心槽

(1) 执行命令。单击“草图”选项卡“创建”面板中的“中心到中心槽”按钮，绘制槽。

(2) 确定第一个中心。在图形窗口中合适位置单击，确定槽的第一个中心点，如图 3-26(a)所示。

(3) 确定第二个中心。单击第二点，确定槽的第二个中心点，如图 3-26(b)所示。

(4) 确定宽度。拖曳鼠标到适当位置单击，确定槽的宽度，即完成槽的绘制，如图 3-26(c)所示。

Note

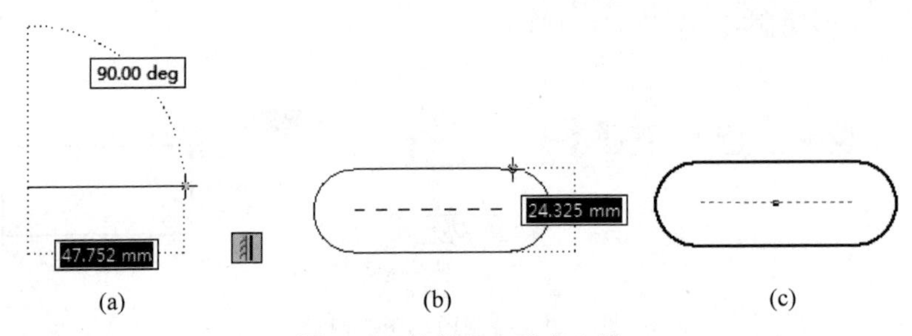

图 3-26　绘制中心到中心槽

(a) 确定第一中心点；(b) 确定第二中心点；(c) 完成槽的绘制

2. 创建整体槽

(1) 执行命令。单击“草图”选项卡“创建”面板中的“整体槽”按钮，绘制槽。

(2) 确定第一点。在图形窗口中合适位置单击，确定槽的中心点，如图 3-27(a)所示。

(3) 确定长度。拖曳鼠标到适当位置，确定槽的长度，如图 3-27(b)所示。

(4) 确定宽度。拖曳鼠标到适当位置，确定槽的宽度，即完成槽的绘制，如图 3-27(c)所示。

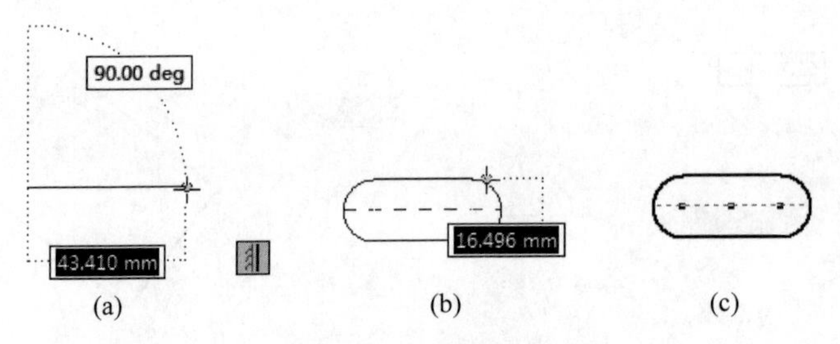

图 3-27　绘制整体槽

(a) 确定中心点；(b) 确定长度；(c) 完成槽的绘制

3. 创建中心点槽

(1) 执行命令。单击“草图”选项卡“创建”面板中的“中心点槽”按钮，绘制槽。

(2) 确定中心点。在图形窗口中合适位置单击，确定槽的中心点，如图 3-28(a)所示。

(3) 确定圆心。单击第二点，确定槽圆弧的圆心，如图 3-28(b)所示。

(4) 确定宽度。拖曳鼠标，确定槽的宽度，即完成槽的绘制，如图 3-28(c)所示。

4. 创建三点圆弧槽

(1) 执行命令。单击“草图”选项卡“创建”面板中的“三点圆弧槽”按钮，绘制槽。

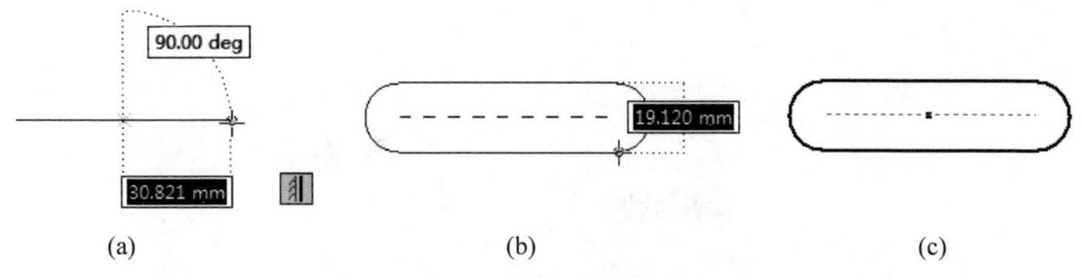

(a) (b) (c)

图 3-28 绘制中心点槽

(a) 确定中心点；(b) 确定圆心；(c) 完成槽的绘制

(2) 确定圆弧起点。在图形窗口中合适位置单击，确定槽圆弧的起点，如图 3-29(a)所示。

(3) 确定圆弧终点。拖曳鼠标到适当位置单击，确定槽的终点。

(4) 确定圆弧大小。拖曳鼠标到适当位置单击，确定槽圆弧的大小，如图 3-29(b)所示。

(5) 确定槽宽度。拖曳鼠标至适当位置单击，确定槽的宽度，如图 3-29(c)所示，即完成槽绘制，如图 3-29(d)所示。

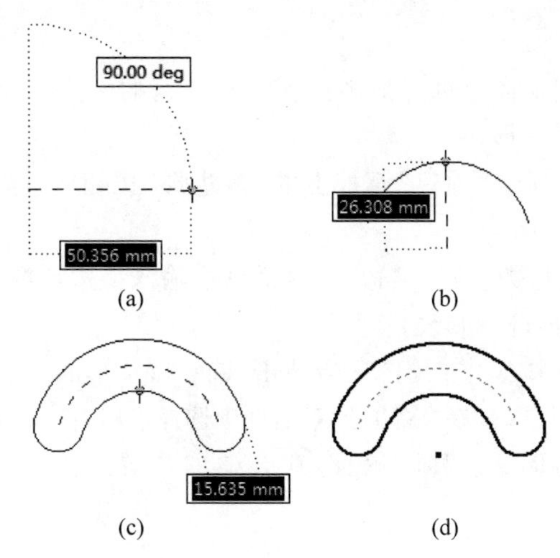

(a) (b) (c) (d)

图 3-29 绘制三点圆弧槽

(a) 确定起点；(b) 确定圆弧大小；(c) 确定宽度；(d) 完成槽的绘制

5. 创建圆心圆弧槽

(1) 执行命令。单击“草图”选项卡“创建”面板中的“圆心圆弧槽”按钮，绘制槽。

(2) 确定圆弧圆心。在图形窗口中合适位置单击，确定槽的圆弧圆心，如图 3-30(a)所示。

(3) 确定圆弧起点。在适当位置单击，确定槽圆弧的起点。

(4) 确定圆弧终点。拖曳鼠标到适当位置单击，确定圆弧的终点，如图 3-30(b)所示。

(5) 确定槽的宽度。拖曳鼠标至适当位置单击，确定槽的宽度，如图 3-30(c)所示，即完成槽的绘制，如图 3-30(d)所示。

Note

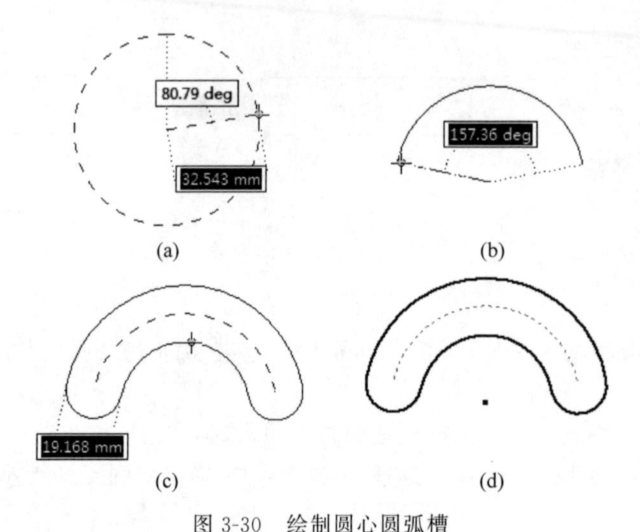

图 3-30　绘制圆心圆弧槽

(a) 确定圆弧圆心；(b) 确定圆弧终点；(c) 确定宽度；(d) 完成槽的绘制

3.3.9　多边形

用户可以通过多边形命令创建最多包含 120 条边的多边形，可以通过指定边的数量和创建方法来创建多边形。

(1) 单击"草图"选项卡"创建"面板上的"多边形"按钮，弹出如图 3-31 所示的"多边形"对话框。

(2) 确定多边形的边数。在"多边形"对话框中输入多边形的边数。也可以使用默认的边数，在绘制以后再进行修改。

(3) 确定多边形的中心。在绘图区域单击，确定多边形的中心。

(4) 设置多边形的模式。在"多边形"对话框中选择采用内接圆模式还是外切圆模式。

(5) 确定多边形的形状。移动鼠标，在合适的位置单击，确定多边形的形状，如图 3-32 所示。

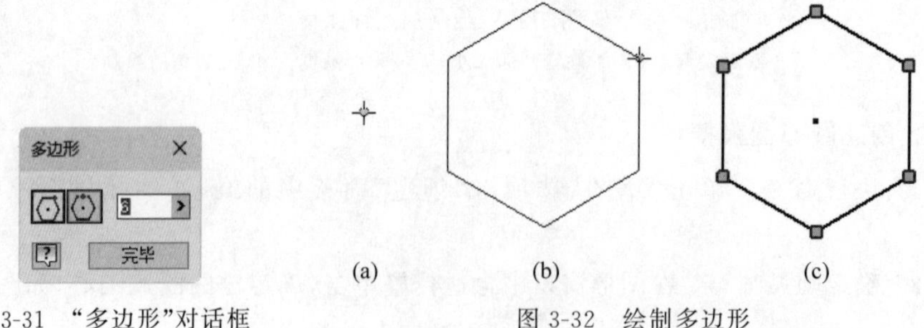

图 3-31　"多边形"对话框

图 3-32　绘制多边形

(a) 确定中心；(b) 确定多边形的模式；(c) 完成多边形

3.3.10　投影

可以将不在当前草图中的几何图元投影到当前草图以便使用，投影结果与原始图元动态关联。

1. 投影几何图元

可投影其他草图的几何元素、边和回路。

(1) 打开图形。扫描前言中二维码,下载“源文件\第3章\投影几何图元”文件,如图3-33(a)所示。

(2) 执行命令。单击“草图”选项卡“创建”面板上的“投影几何图元”按钮。

(3) 选择要投影的轮廓。在视图中选择要投影的面或者轮廓线,如图3-33(b)所示。

(4) 确认投影实体。退出草图绘制状态,如图3-33(c)所示为转换实体引用后的图形。

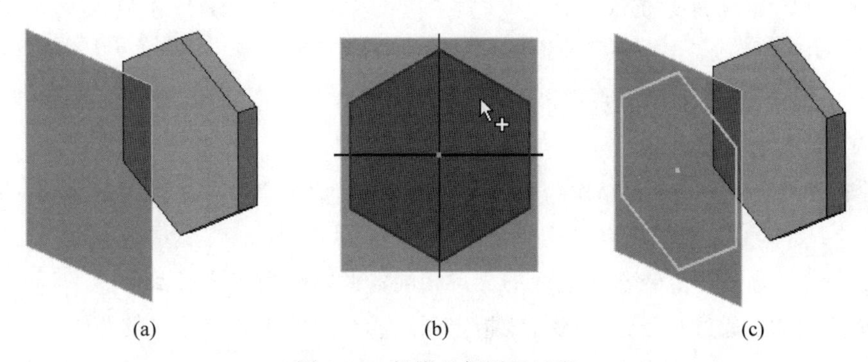

图3-33 投影几何图元过程

(a) 原始图形;(b) 选择面;(c) 投影几何后的图形

2. 投影切割边

可以将草图平面与现有结构的截交线求出来,并投影到当前草图中。

3.3.11 倒角

倒角是指用斜线连接两个不平行的线型对象。

(1) 执行命令。单击“草图”选项卡“创建”面板中的“倒角”按钮,弹出如图3-34所示的“二维倒角”对话框,默认为“等边”倒角方式。

(2) 设置“不等边”倒角方式。在“二维倒角”对话框中,按照如图3-35所示以“不等边”选项设置倒角方式,然后选择如图3-37(a)所示中的直线1和直线4。

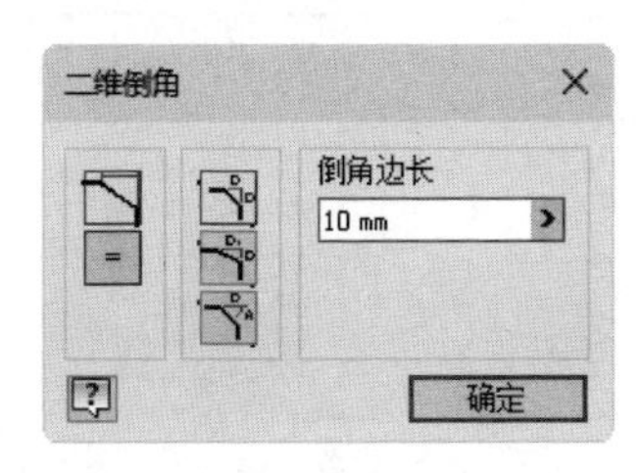

图3-34 “二维倒角”对话框

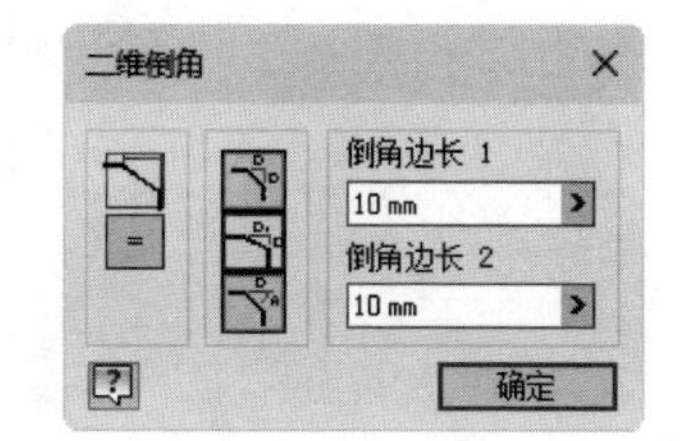

图3-35 选择“不等边”倒角方式

(3) 设置“距离和角度”倒角方式。在“二维倒角”对话框中,单击“距离和角度”选项,按照如图3-36所示设置倒角参数,然后选择如图3-37(a)所示的直线2和直线3。

（4）确认倒角。单击“二维倒角”对话框中的“确定”按钮，完成倒角的绘制，如图 3-37(b)所示。

Note

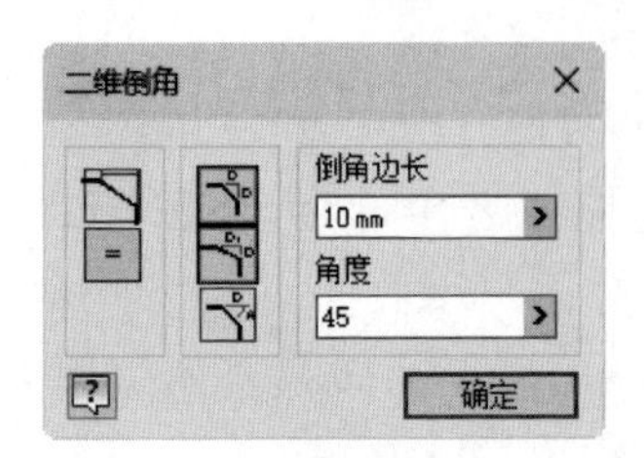

图 3-36　选择“距离-角度”倒角方式

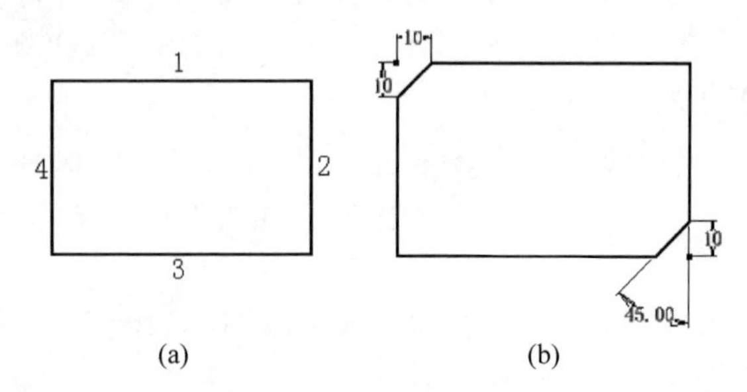

(a)　(b)

图 3-37　倒角绘制过程

（a）绘制前的图形；（b）倒角后的图形

“二维倒角”对话框中的选项说明如下：

：放置对齐尺寸来指示倒角的大小。

：单击此按钮，这次操作的所有圆角将被添加“相等”半径的约束，即只有一个驱动尺寸；否则每个倒角有各自的驱动尺寸。

等边：通过与点或选中直线的交点相同的偏移距离来定义倒角。

不等边：通过每条选中的直线指定到点或交点的距离来定义倒角。

距离和角度：由所选的第一条直线的角度和从第二条直线的交点开始的偏移距离来定义倒角。

3.3.12　圆角

圆角是指用指定半径决定的一段平滑圆弧连接两个对象。

（1）执行命令。单击“草图”选项卡“创建”面板中的“圆角”按钮，弹出如图 3-38 所示的“二维圆角”对话框。

（2）设置圆角半径。在“二维圆角”对话框中输入圆角半径为 2mm。

（3）选择绘制圆角的直线。设置好“二维圆角”对话框后，单击如图 3-39(a)所示的线段。

（4）确认绘制的圆角。关闭“二维圆角”对话框，完成圆角的绘制，如图 3-39(b)所示。

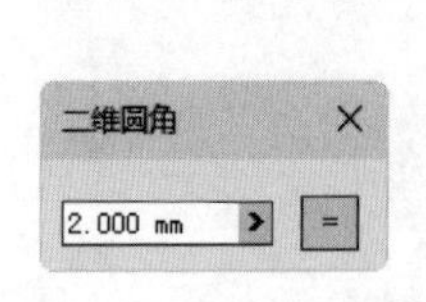

图 3-38　“二维圆角”对话框

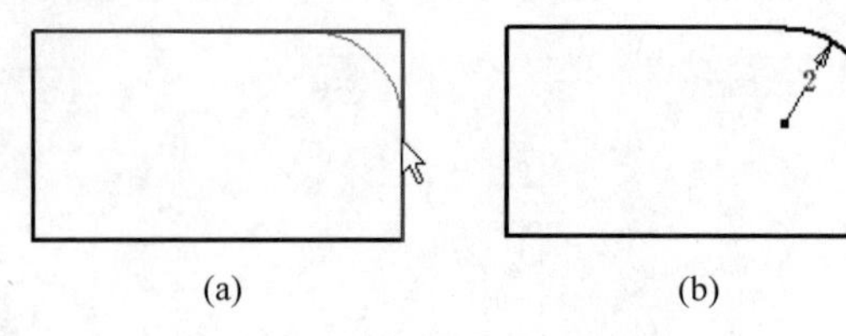

(a)　(b)

图 3-39　圆角绘制过程

（a）选择直线；（b）圆角后的图形

3-1

3.3.13　实例——槽钢草图

绘制如图 3-40 所示的槽钢草图。

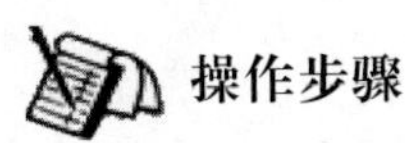

操作步骤

（1）新建文件。运行 Inventor，单击快速访问工具栏中的“新建”按钮，在打开的“新建文件”对话框零件下拉列表框中选择 Standard.ipt 选项，单击“创建”按钮，新建一个零件文件。

（2）进入草图环境。单击“三维模型”选项卡“草图”面板中的“开始创建二维草图”按钮，选择如图 3-41 所示的基准平面，进入草图环境。

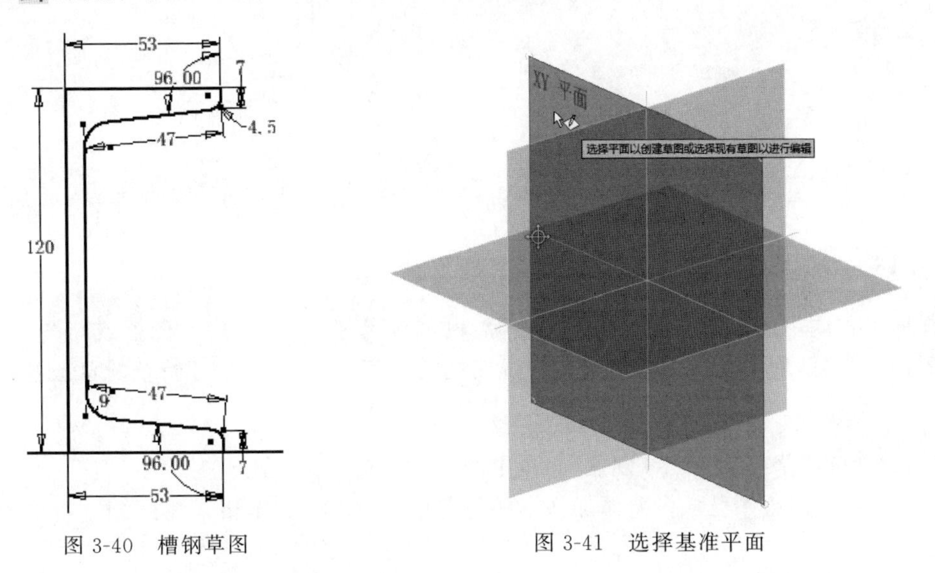

图 3-40　槽钢草图　　　　图 3-41　选择基准平面

（3）绘制图形。单击“草图”选项卡“绘制”面板中的“直线”按钮，在视图中指定一点为起点，拖曳鼠标，在弹出的文本框中输入长度 120，角度 90°，按 Tab 键切换输入，如图 3-42 所示；输入长度 53，角度 90°；输入长度 7，角度 90°；输入长度 47，角度 96°。重复直线命令，以第一条竖直直线的下端点为起点，输入长度 53，角度 0°；输入长度 7，角度 90°；输入长度 47，角度 96°。最后封闭图形，结果如图 3-43 所示。

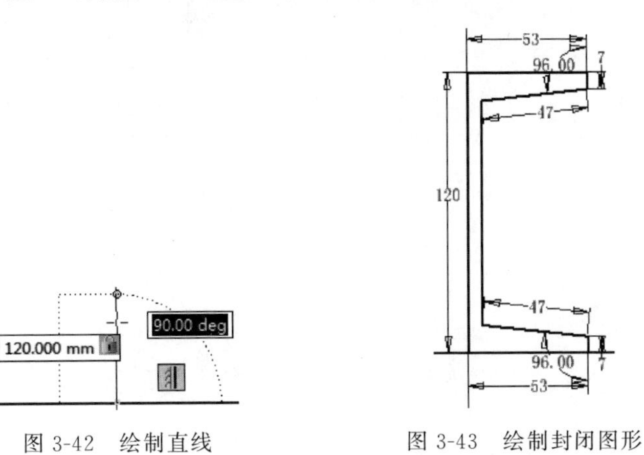

图 3-42　绘制直线　　　　图 3-43　绘制封闭图形

（4）圆角。单击“草图”选项卡“创建”面板中的“圆角”按钮，打开如图 3-44 所示的“二维圆角”对话框，输入半径为 9，选择如图 3-45 所示的两条线作为要圆角的图元，

Note

单击完成圆角。重复圆角命令，绘制其他圆角，结果如图 3-40 所示。

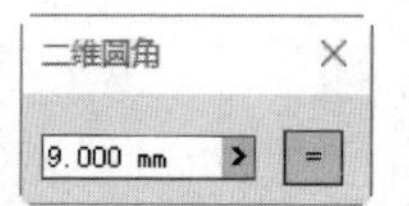

图 3-44 “二维圆角”对话框

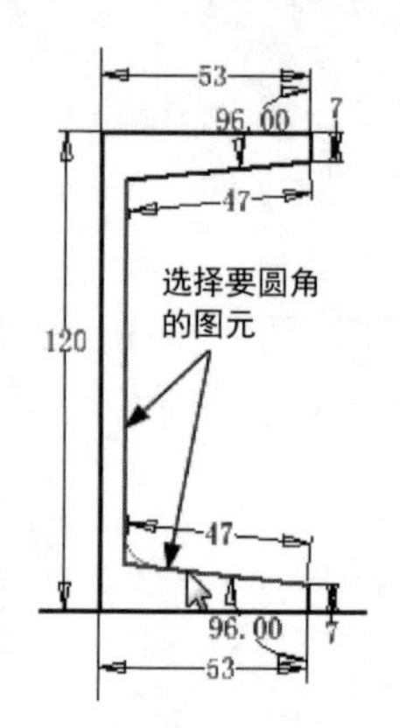

图 3-45 选择要圆角的图元

3.3.14 创建文本

向工程图中的激活草图或工程图资源(例如标题栏格式、自定义图框或略图符号)中添加文本框，所添加的文本既可作为说明性的文字，又可作为创建特征的草图基础。

1. 文本

(1) 单击“草图”选项卡“创建”面板中的“文本”按钮**A**，创建文字。

(2) 在草图绘图区域内要添加文本的位置单击，弹出“文本格式”对话框，如图 3-46 所示。

(3) 在该对话框中用户可指定文本的对齐方式、行间距和拉伸的百分比，还可指定字体、字号等。在对话框的文本输入区域输入文本，如图 3-46 所示。

(4) 单击“确定”按钮完成文本的创建，如图 3-47 所示。

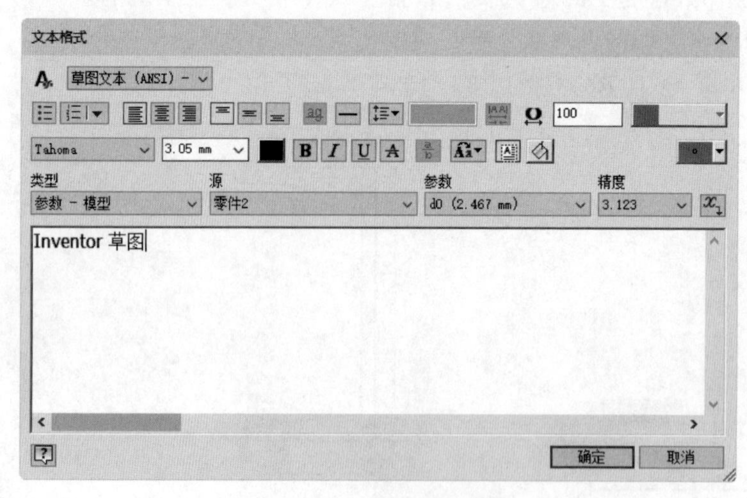

图 3-46 “文本格式”对话框

Inventor草图

图 3-47 创建文本

技巧：如果要编辑已经生成的文本，可在文本上右击，在弹出的如图 3-48 所示的快捷菜单中选择“编辑文本”选项，打开“文本格式”对话框，自行修改文本的属性。

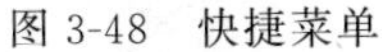
图 3-48　快捷菜单

2. 几何图元文本

（1）单击“草图”选项卡“创建”面板中的“几何图元文本”按钮 A 。

（2）在草图绘图区域内单击需要添加文本的曲线，弹出“几何图元文本”对话框，如图 3-49 所示。

（3）在该对话框中用户可指定几何图元文本的方向、偏移距离和拉伸幅度，还可指定字体、字号等。在对话框的文本输入区域输入文本，如图 3-49 所示。

（4）单击“确定”按钮完成几何图元文本的创建，如图 3-50 所示。

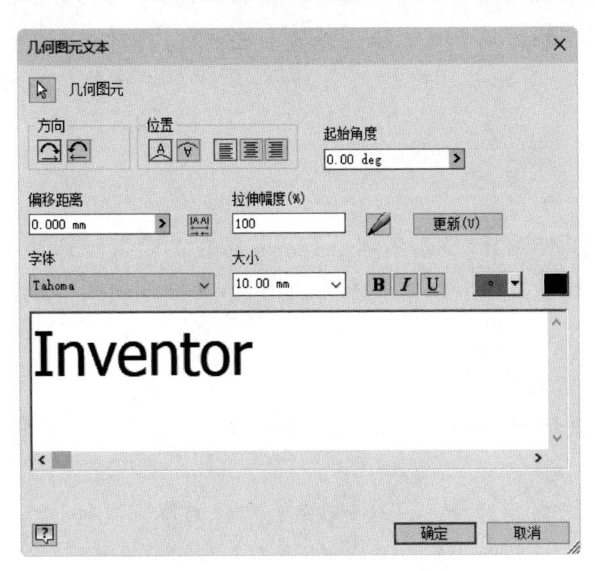

图 3-49　“几何图元文本”对话框

图 3-50　几何图元文本

Note

3.4 草图工具

本节主要介绍草图复制工具——镜像和阵列。

3.4.1 镜像

(1) 执行命令。单击"草图"选项卡"阵列"面板中的"镜像"按钮，弹出"镜像"对话框，如图 3-51 所示。

(2) 选择镜像图元。单击"镜像"对话框中的"选择"按钮，选择要镜像的几何图元，如图 3-52(a)所示。

(3) 选择镜像线。单击"镜像"对话框中的"镜像线"按钮，选择镜像线，如图 3-52(b)所示。

(4) 完成镜像。单击"应用"按钮，镜像草图几何图元即被创建，如图 3-52(c)所示。单击"完毕"按钮，退出"镜像"对话框。

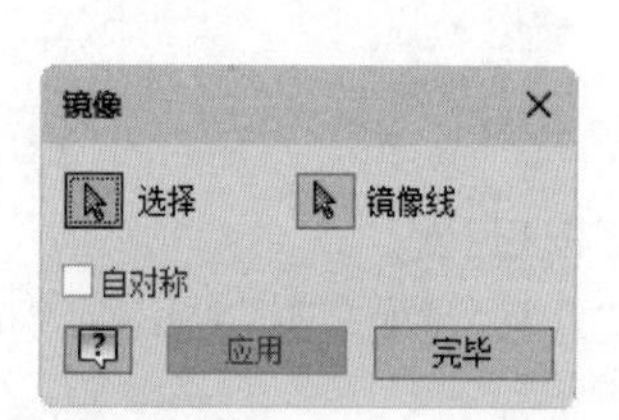

图 3-51 "镜像"对话框

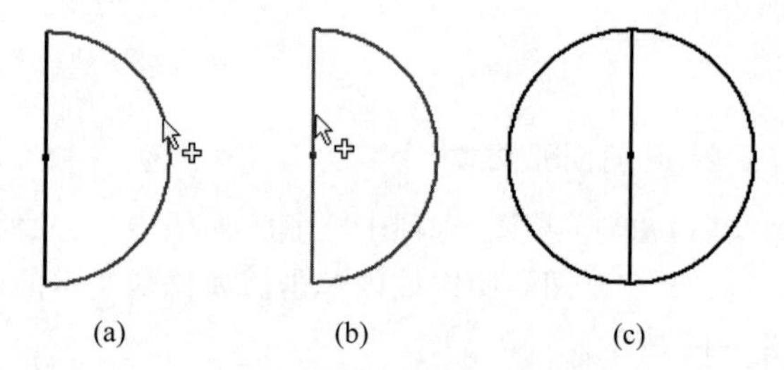

图 3-52 镜像对象的过程

(a) 选择镜像几何图元；(b) 选择镜像线；(c) 完成镜像

注意：草图几何图元在镜像时，使用镜像线作为其镜像轴，相等约束自动应用到镜像前、后的图元。但在镜像完毕后，用户可删除或编辑某些线段，同时其余的线段仍然保持不变。此时不要给镜像的图元添加对称约束，否则系统会给出约束多余的警告。

3.4.2 阵列

如果要线性阵列或圆周阵列几何图元，就会用到 Inventor 提供的矩形阵列和环形阵列工具。矩形阵列可在两个互相垂直的方向上阵列几何图元，环形阵列则可使得某个几何图元沿着圆周阵列。

1. 矩形阵列

(1) 执行命令。单击"草图"选项卡"阵列"面板中的"矩形阵列"按钮，弹出"矩形阵列"对话框，如图 3-53 所示。

(2) 选择阵列图元。利用几何图元选择工具选择要阵列的草图几何图元，如图 3-54(a)所示。

(3) 选择阵列方向 1。单击"方向 1"下面的路径选择按钮，选择几何图元定义

阵列的第一个方向，如图 3-54(b)所示。如果要选择相反的阵列方向，可单击“反向”按钮。

(4) 设置参数。在数量框 中，指定阵列中元素的数量；在“间距”框 中，指定元素之间的间距。

(5) 选择阵列方向 2。进行“方向 2”方面的设置，操作与方向 1 相同，如图 3-54(c)所示。

(6) 完成阵列。单击“确定”按钮以创建阵列，如图 3-54(d)所示。

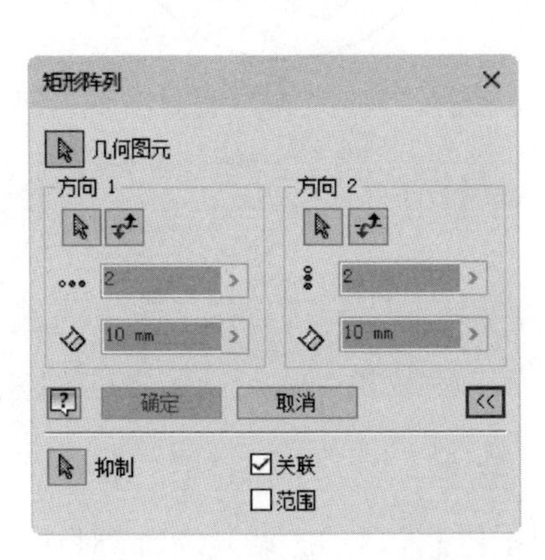

图 3-53 “矩形阵列”对话框

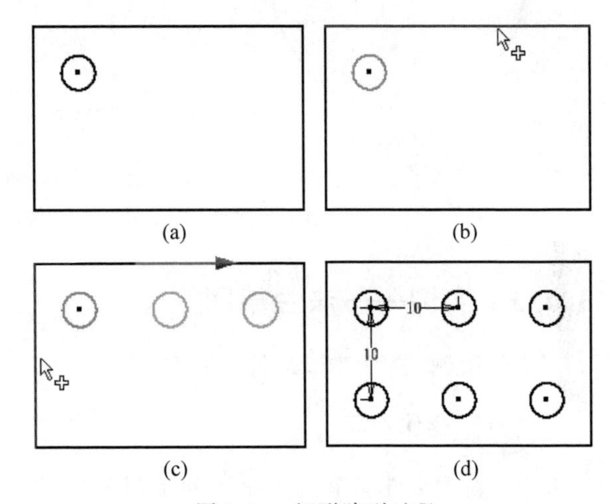

图 3-54 矩形阵列过程

(a) 选择阵列图元；(b) 选择阵列方向 1；
(c) 选择阵列方向 2；(d) 完成矩形阵列

“矩形阵列”对话框中的选项说明如下。

抑制：抑制单个阵列元素，将其从阵列中删除，同时该几何图元将转换为构造几何图元。

关联：选中此复选框，阵列成员相互具有关联性，当修改零件时会自动更新阵列。

范围：选中此复选框，则阵列元素均匀分布在指定间距范围内；取消选中该复选框，阵列间距将取决于两元素之间的距离。

2. 环形阵列

(1) 执行命令。单击“草图”选项卡“阵列”面板中的“环形阵列”按钮，打开“环形阵列”对话框，如图 3-55 所示。

(2) 选择阵列图元。利用几何图元选择工具选择要阵列的草图几何图元，如图 3-56(a)所示。

(3) 选择旋转轴。利用旋转轴选择工具，选择旋转轴，如图 3-56(b)所示。如果要选择相反的阵列方向(如顺时针方向变逆时针方向排列)，可单击“反向”按钮。

图 3-55 “环形阵列”对话框

(4) 设置阵列参数。选择好旋转方向之后,再输入要复制的几何图元的个数,以及旋转的角度即可。

(5) 完成阵列。单击"确定"按钮完成环形阵列特征的创建,如图 3-56(c)所示。

Note

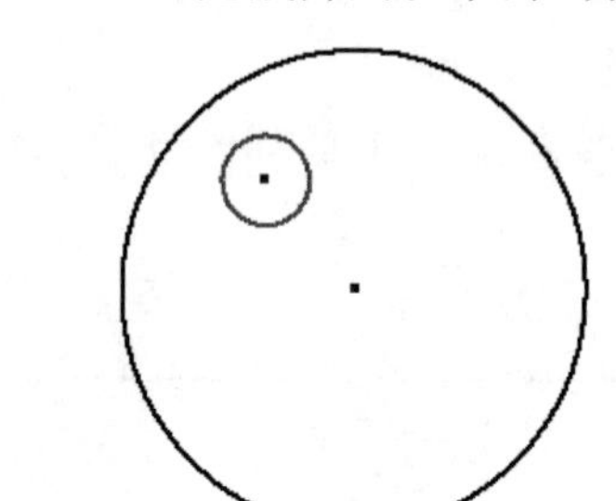

(a)

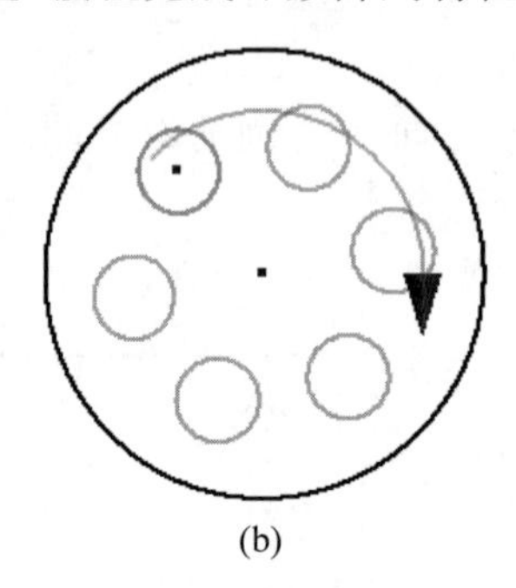

(b)

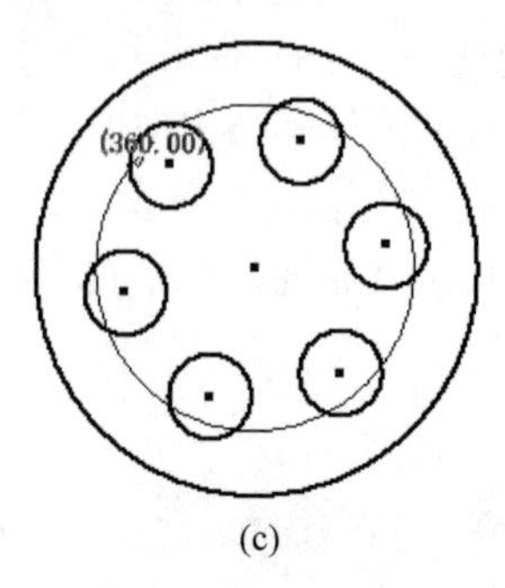

(c)

图 3-56 环形阵列过程

(a) 选取阵列图元;(b) 选取旋转轴;(c) 完成环形阵列

3-2

3.4.3 实例——法兰草图

本例绘制法兰草图,如图 3-57 所示。

操作步骤

(1) 新建文件。单击快速访问工具栏中的"新建"按钮,打开"新建文件"对话框,选择 Standard.ipt 选项,单击"创建"按钮,新建一个零件文件。

(2) 进入草图环境。单击"三维模型"选项卡"草图"面板中的"开始创建二维草图"按钮,选择 XY 基准平面,进入草图环境。

(3) 绘制圆。单击"草图"选项卡"创建"面板中的"圆"按钮,输入直径分别为 70、120、150,绘制如图 3-58 所示的草图。

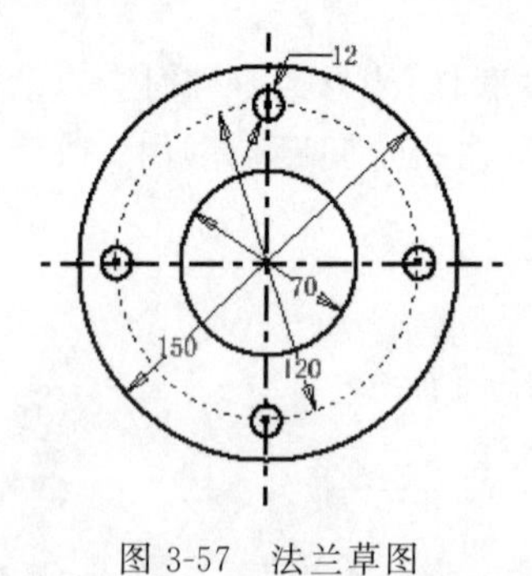

图 3-57 法兰草图

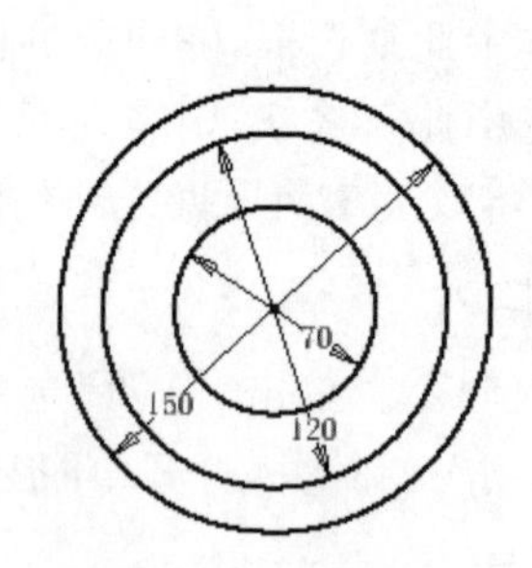

图 3-58 绘制圆

(4) 绘制直线。单击"草图"选项卡"创建"面板中的"直线"按钮,然后单击"格式"面板中的"中心线"按钮,绘制直线,如图 3-59 所示。

(5) 转换构造线。选择直径为 120 的圆,然后单击"格式"面板中的"构造"按钮,将直径为 120 的圆转换为构造线圆,如图 3-60 所示。

(6) 绘制圆。单击"草图"选项卡"创建"面板中的"圆"按钮,以竖直中心线和构造线圆的交点为圆心绘制直径为 12 的圆,如图 3-61 所示。

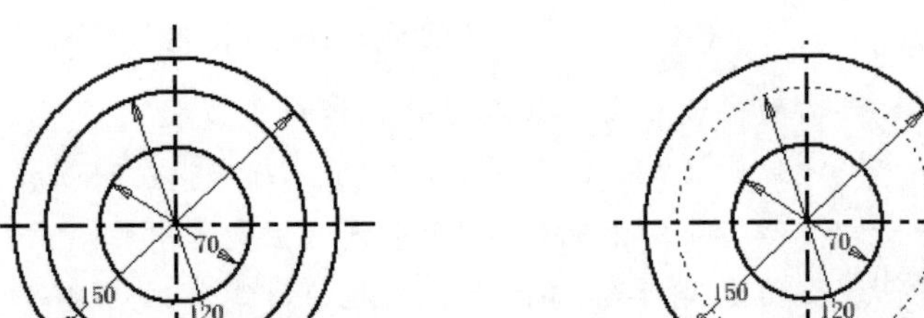

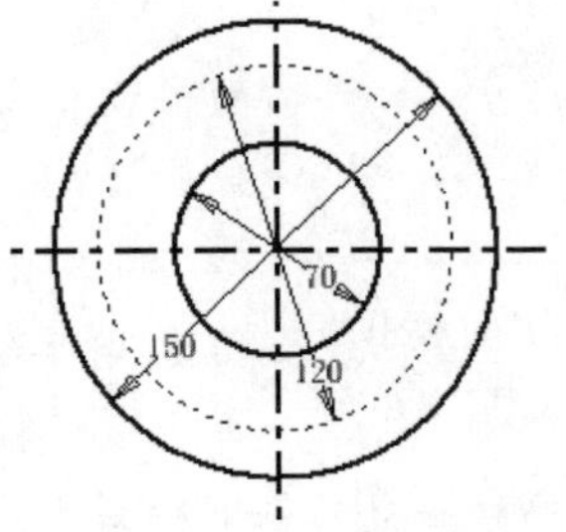

图 3-59　绘制直线　　　　图 3-60　转换构造线

(7) 阵列图形。单击“草图”选项卡“阵列”面板中的“矩形阵列”按钮，选择直径为 12 的圆，选择圆心为阵列轴，输入阵列个数为 4，取消选中“关联”复选框，如图 3-62 所示。单击“确定”按钮，最终结果如图 3-57 所示。

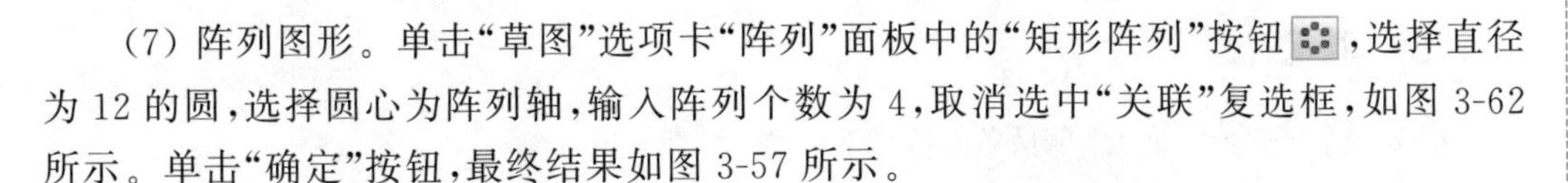

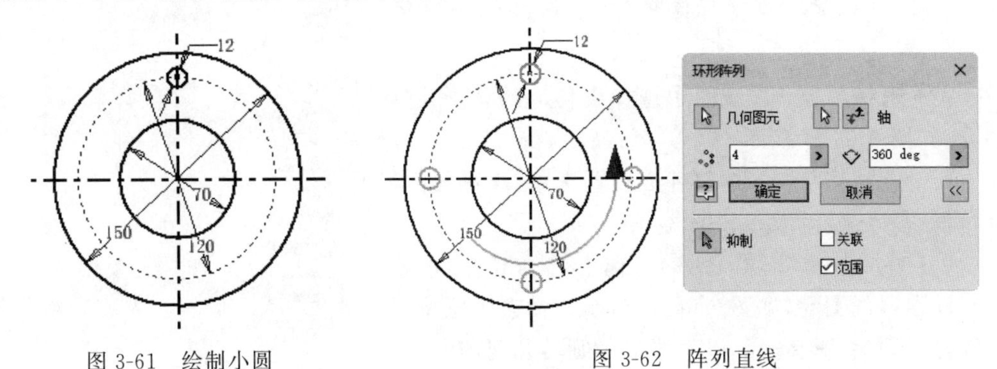

图 3-61　绘制小圆　　　　图 3-62　阵列直线

3.4.4　偏移

偏移是指复制所选草图几何图元并将其放置在与原图元偏离一定距离的位置。在默认情况下，偏移的几何图元与原几何图元有等距约束。

(1) 执行命令。单击“草图”选项卡“修改”面板中的“偏移”按钮，创建偏移图元。

(2) 选择图元。在视图中选择要复制的草图几何图元，如图 3-63(a)所示。

(3) 在要放置偏移图元的方向上移动光标，可预览偏移生成的图元，如图 3-63(b)所示。

(4) 单击以创建新几何图元，如图 3-63(c)所示。

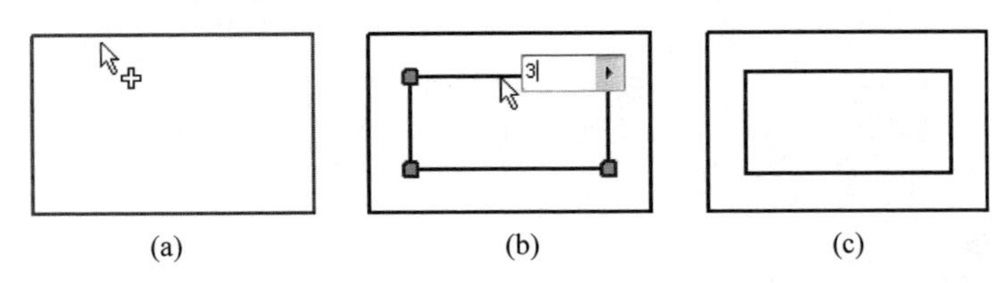

(a)　(b)　(c)

图 3-63　偏移过程

(a) 选择要偏移的图元；(b) 偏移图元；(c) 完成偏移

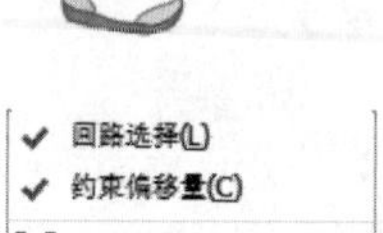

图 3-64　偏移过程中的“关联”菜单

技巧：如果需要的话，可使用尺寸标注工具设置指定的偏移距离。若在移动光标以预览偏移图元的过程中右击，可打开“关联”菜单，如图 3-64 所示。在默认情况下，“回路选择”和“约束偏移量”两个复选框是选中的，也就是说软件会自动选择回路(端点连在一起的曲线)并将偏移曲线约束为与原曲线距离相等。

如果要偏移一个或多个独立曲线，或要忽略等长约束，取消选中“回路选择”和“约束偏移量”复选框即可。

3.4.5　移动

(1) 执行命令。单击“草图”选项卡“修改”面板中的“移动”按钮，打开如图 3-65 所示的“移动”对话框。

(2) 选择图元。在视图中选择要移动的草图几何图元，如图 3-66(a)所示。

(3) 设置基准点。选取基准点或选中“精确输入”复选框，输入坐标，结果如图 3-66(b)所示。

(4) 在要放置移动图元的方向上移动光标，可预览移动生成的图元，如图 3-66(c)所示。动态预览将以虚线显示原始几何图元，以实线显示旋转几何图元。

(5) 单击以创建新几何图元，如图 3-66(d)所示。

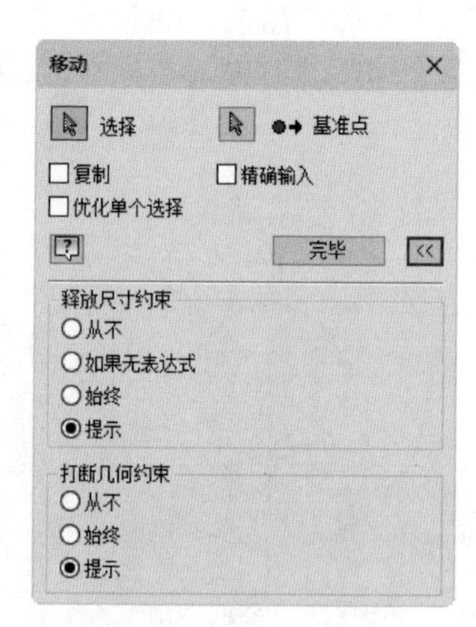

图 3-65　“移动”对话框

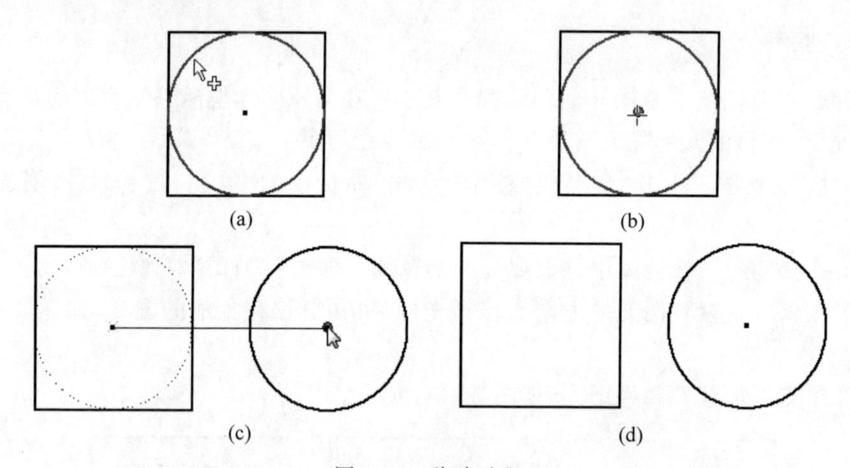

图 3-66　移动过程

(a) 选择要移动的图元；(b) 设置基准点；(c) 移动图元；(d) 完成移动

3.4.6　复制

(1) 执行命令。单击“草图”选项卡“修改”面板中的“复制”按钮，打开如图 3-67 所示的“复制”对话框。

寸或位置在设计过程中发生改变，则这种相切关系将不会自动维持。但是如果给直线和圆添加了相切约束，则无论圆的尺寸和位置怎么改变，这种相切关系都会始终维持下去。

Note

3.5.1 添加草图几何约束

几何约束位于“草图”选项卡的“约束”面板上，如图 3-78 所示。

图 3-78 “约束”面板

1. 重合约束

重合约束可将两点约束在一起或将一个点约束到曲线上。当此约束被应用到两个圆、圆弧或椭圆的中心点时，得到的结果与使用同心约束相同。使用这种约束工具，分别用鼠标选取两个或多个要施加约束的几何图元即可创建重合约束，这里的几何图元要求是两个点或一个点和一条线。

提示：创建重合约束时需要注意以下几点。

(1) 约束在曲线上的点可能会位于该线段的延伸线上；

(2) 重合在曲线上的点可沿线滑动，因此这个点可位于曲线的任意位置，除非其他约束或尺寸阻止它移动；

(3) 当使用重合约束来约束中点时，将创建草图点；

(4) 如果两个要进行重合限制的几何图元都没有其他位置，则添加约束后二者的位置由第一条曲线的位置决定。

2. 共线约束

共线约束使两条直线或椭圆轴位于同一条直线上。使用该约束工具，分别用鼠标选取两个或多个要施加约束的几何图元即可创建共线约束。如果两个几何图元都没有添加其他位置约束，则由所选的第一个图元的位置来决定另一个图元的位置。

3. 同心约束

同心约束可将两段圆弧、两个圆或椭圆约束为具有相同的中心点，其结果与在曲线的中心点上应用重合约束是完全相同的。使用该约束工具，分别用鼠标选取两个或多个要施加约束的几何图元即可创建重合约束。需要注意的是，添加约束后的几何图元的位置由所选的第一条曲线来设置中心点，未添加其他约束的曲线被重置为与已约束曲线同心，其结果与应用到中心点的重合约束是相同的。

4. 平行约束

平行约束可将两条或多条直线(或椭圆轴)约束为互相平行。使用该约束工具，分别用鼠标选取两个或多个要施加约束的几何图元即可创建平行约束。

5. 垂直约束

垂直约束可使所选的直线、曲线或椭圆轴相互垂直。使用该约束工具，分别用鼠标选取两个要施加约束的几何图元即可创建垂直约束。需要注意的是，若要对样条曲线添加垂直约束，约束必须应用于样条曲线和其他曲线的端点处。

6. 水平约束

水平约束使直线、椭圆轴或成对的点平行于草图坐标系的 X 轴，添加了该几何约

束后，几何图元的两点，如线的端点、中心点、中点或点等被约束到与X轴具有相等距离。使用该约束工具，分别用鼠标选取两个或多个要施加约束的几何图元即可创建水平约束，这里的几何图元是直线、椭圆轴或成对的点。

7. 竖直约束

竖直约束可使直线、椭圆轴或成对的点平行于草图坐标系的Y轴，添加了该几何约束后，几何图元的两点，如线的端点、中心点、中点或点等被约束到与Y轴相等距离。使用该约束工具，分别用鼠标选取两个或多个要施加约束的几何图元即可创建竖直约束，这里的几何图元是直线、椭圆轴或成对的点。

8. 相切约束

相切约束可将两条曲线约束为彼此相切，即使它们并不实际共享一个点（在二维草图中）。相切约束通常用于将圆弧约束到直线，也可使用相切约束指定如何结束与其他几何图元相切的样条曲线。在三维草图中，相切约束可应用到三维草图中的其他几何图元共享端点的三维样条曲线，包括模型边。使用该约束工具，分别用鼠标选取两个或多个要施加约束的几何图元即可创建相切约束，这里的几何图元是直线和圆弧、直线和样条曲线或圆弧和样条曲线等。

9. 平滑约束

平滑约束可在样条曲线和其他曲线（例如线、圆弧或样条曲线）之间创建曲率连续的曲线。

10. 对称约束

对称约束将使所选直线或曲线或圆相对于所选直线对称。应用这种约束时，约束到所选几何图元的线段也会重新确定方向和大小。使用该约束工具，依次用鼠标选取两条直线或曲线或圆，然后选择它们的对称直线即可创建对称约束。注意，如果删除对称直线，将随之删除对称约束。

11. 等长约束

等长约束将所选的圆弧和圆调整到具有相同半径，或将所选的直线调整到具有相同的长度。使用该约束工具，分别用鼠标选取两个或多个要施加约束的几何图元即可创建等长约束，这里的几何图元是直线、圆弧和圆。

提示： 需要注意的是，要使几个圆弧或圆具有相同半径或使几条直线具有相同长度，可同时选择这些几何图元，接着单击“等长”约束工具。

12. Fix（固定）约束

固定约束可将点和曲线固定到相对于草图坐标系不变的位置。如果移动或转动草图坐标系，固定曲线或点将随之运动。

3.5.2 显示草图几何约束

1. 显示所有几何约束

在给草图添加几何约束以后，默认情况下这些约束是不显示的，但是用户可自行设定是否显示约束。如果要显示全部约束的话，可在草图绘制区域内右击，在弹出的如

Note

图 3-79 所示的快捷菜单中选择“显示所有约束”选项；相反，如果要隐藏全部约束，在快捷菜单中选择“隐藏所有约束”选项。

2. 显示单个几何约束

单击“草图”选项卡“约束”面板中的“显示约束”按钮，在草图绘图区域选择某几何图元，则该几何图元的约束会显示。当光标位于某个约束符号的上方时，与该约束有关的几何图元会变为红色，以方便用户观察和选择。在显示约束的小窗口右部有一个关闭按钮，单击此按钮可关闭该约束窗口。另外，还可用光标移动约束显示窗口，用户可把它拖放到任何位置。

重复 直线(R)		重复 直线(R)	
显示所有自由度		显示所有自由度	
捕捉到网格		捕捉到网格	
隐藏所有约束(A)	F9	显示所有约束(S)	F8
创建约束	▸	创建约束	▸
创建特征	▸	创建特征	▸
切片观察(G)	F7	切片观察(G)	F7
尺寸显示	▸	尺寸显示	▸
测量(M)	M	测量(M)	M
区域特性(P)		区域特性(P)	
草图医生		草图医生	
选择打断的投影		选择打断的投影	
全部显示(A)		全部显示(A)	
隐藏其他(H)		隐藏其他(H)	
放置特征...		放置特征...	
上一视图	F5	上一视图	F5
主视图	F6	主视图	F6
帮助主题(H)...		帮助主题(H)...	

图 3-79　快捷菜单

3.5.3　删除草图几何约束

在约束符号上右击，在弹出的快捷菜单中选择“删除”选项，删除约束。如果多条曲线共享一个点，则每条曲线上都显示一个重合约束。如果在其中一条曲线上删除该约束，此曲线将被移动，其他曲线仍保持约束状态，除非删除所有重合约束。

创建草图的注意事项：

- 应该尽可能简化草图，复杂的草图会增加控制的难度。
- 重复简单的形状来构建复杂的形体。
- 不需要精确绘图，只需要大致接近。
- 在图形稳定之前，接受默认的尺寸。
- 先用几何约束，然后应用尺寸约束。

3.6　标注尺寸

给草图添加尺寸标注是草图设计过程中非常重要的一步，草图几何图元需要尺寸信息以保持大小和位置，满足设计意图。一般情况下，Inventor 中的所有尺寸都是参数化的。这意味着用户可通过修改尺寸来更改已进行标注的项目大小，也可将尺寸指定为计算尺寸，它反映了项目的大小却不能用来修改项目的大小。向草图几何图元添加参数尺寸的过程也是用来控制草图中对象的大小和位置的约束过程。在 Inventor 中，如果对尺寸值进行更改，草图也将自动更新，基于该草图的特征也会自动更新，正所谓“牵一发而动全身”。

3.6.1　自动标注尺寸

在 Inventor 中，可利用自动标注尺寸工具自动快速地给图形添加尺寸标注，该工

具可计算所有的草图尺寸,然后自动添加。如果单独选择草图几何图元(例如直线、圆弧、圆和顶点),系统将自动应用尺寸标注和约束。如果不单独选择草图几何图元,系统将自动对所有未标注尺寸的草图对象进行标注。“自动标注尺寸”工具可以帮助用户通过一个步骤迅速、快捷地完成草图的尺寸标注。

Note

通过自动标注尺寸,用户可完全标注和约束整个草图;可识别特定曲线或整个草图,以便进行约束;可仅创建尺寸标注或约束,也可同时创建两者;可使用“尺寸”工具来提供关键的尺寸,然后使用“自动尺寸和约束”工具来完成对草图的约束;在复杂的草图中,如果不能确定缺少哪些尺寸,可使用“自动尺寸和约束”工具来完全约束该草图,用户也可删除自动尺寸标注和约束。

(1) 单击“草图”选项卡“约束”面板中的“自动尺寸和约束”按钮,打开如图3-80所示的“自动标注尺寸”对话框。

(2) 接受默认设置以添加尺寸和约束或取消选中复选框以防止应用关联项。

(3) 在视图中选择单个的几何图元或选择多个几何图元。也可以按住鼠标左键并拖动,将所需的几何图元包含在选择窗口内,单击完成选择。

(4) 在对话框中单击“应用”按钮,为所选的几何图元添加尺寸和约束,如图3-81所示。

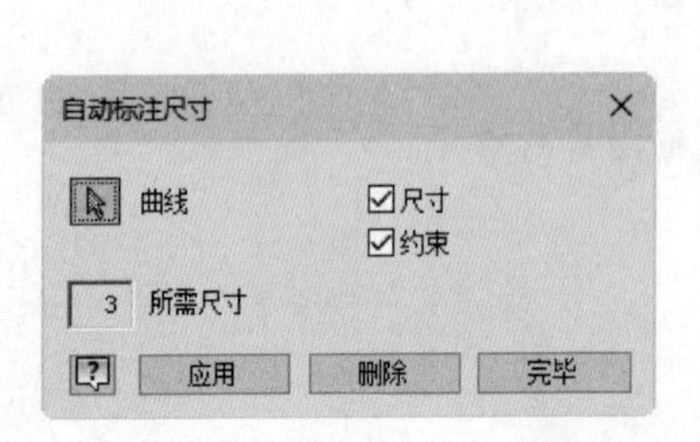

图3-80 “自动标注尺寸”对话框

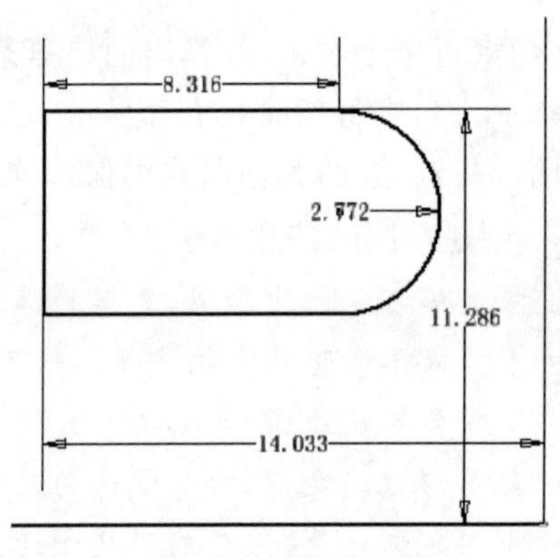

图3-81 标注尺寸

“自动标注尺寸”对话框中的选项说明如下。

(1) 尺寸:选中此复选框,对所选的几何图元应用自动尺寸。

(2) 约束:选中此复选框,对所选的几何图元应用自动约束。

(3) 3 所需尺寸:显示要完全约束草图所需的约束和尺寸的数量。

如果从方案中排除了约束或尺寸,在显示的总数中也会减去相应的数量。

3.6.2 手动标注尺寸

虽然自动标注尺寸功能强大,省时省力,但是很多设计人员在实际工作中会采用手动标注尺寸。手动标注尺寸的一个优点就是可很好地体现设计思路,设计人员可选择在标注过程中体现重要的尺寸,以便加工人员更好地掌握设计意图。

1. 线性尺寸标注

线性尺寸标注用来标注线段的长度,或标注两个图元之间的线性距离,如点和直线的距离。

（1）单击“草图”选项卡“约束”面板中的“尺寸”按钮，然后选择图元。

（2）要标注一条线段的长度，单击该线段即可。

（3）要标注平行线之间的距离，分别单击两条线即可。

（4）要标注点到点或点到线的距离，单击两个点或点与线即可。

（5）移动鼠标预览标注尺寸的方向，最后单击以完成标注。图 3-82 显示了线性尺寸标注的几种样式。

2. 圆弧尺寸标注

（1）单击“草图”选项卡“约束”面板中的“尺寸”按钮，然后选择要标注的圆或圆弧，这时会出现标注尺寸的预览。

（2）如果当前选择标注半径，可右击，在弹出的快捷菜单中可看到“直径”选项，选择该选项可标注直径，如图 3-83 所示。如果当前标注的是直径，则在弹出的快捷菜单中会出现“半径”选项，读者可根据需要灵活地在二者之间切换。

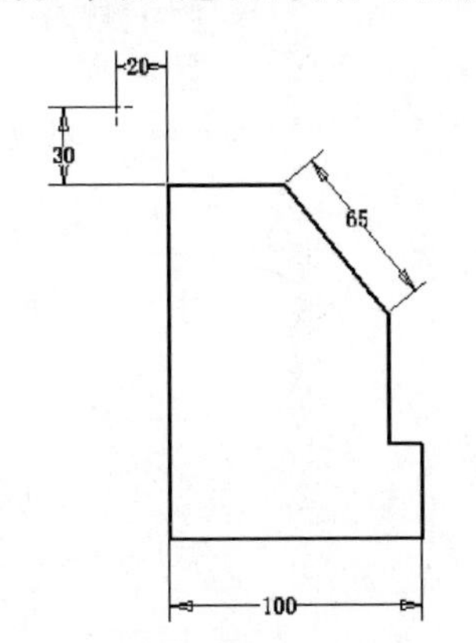

图 3-82　线性尺寸标注样式

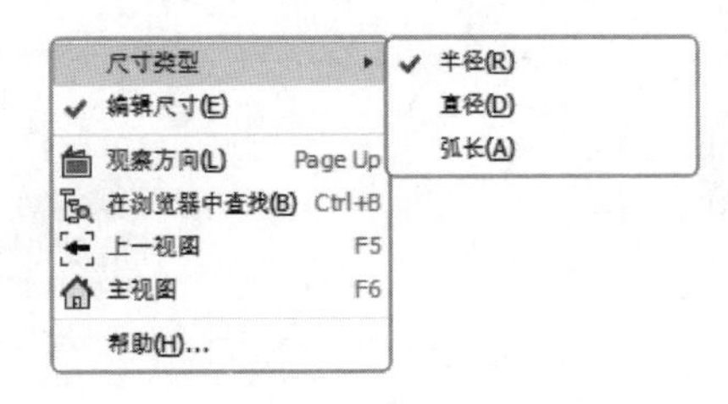

图 3-83　快捷菜单

（3）单击完成标注。

3. 角度标注

角度标注可标注相交线段形成的夹角，也可标注不共线的 3 个点之间的角度，还可对圆弧形成的角进行标注，标注时只要选择好形成角的元素即可。

（1）如果要标注相交直线的夹角，只要依次选择这两条直线即可。

（2）如果要标注不共线的 3 个点之间的角度，依次选择这 3 个点即可。

（3）如果要标注圆弧的角度，只要依次选取圆弧的一个端点、圆心和圆弧的另外一个端点即可。

如图 3-84 所示为角度标注示意图。

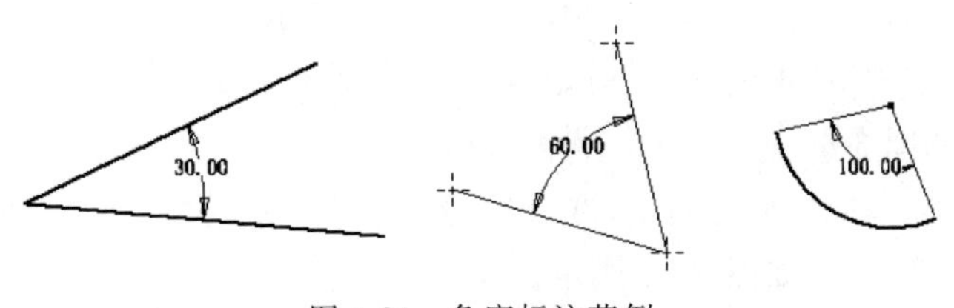

图 3-84　角度标注范例

Note

3.6.3 编辑草图尺寸

用户可在任何时候编辑草图尺寸，不管草图是否已经退化。如果草图未退化，它的尺寸是可见的，可直接编辑；如果草图已经退化，用户可在浏览器中选择该草图并激活草图进行编辑。

(1) 在草图上右击，在弹出的快捷菜单中选择“编辑草图”选项，如图 3-85 所示。

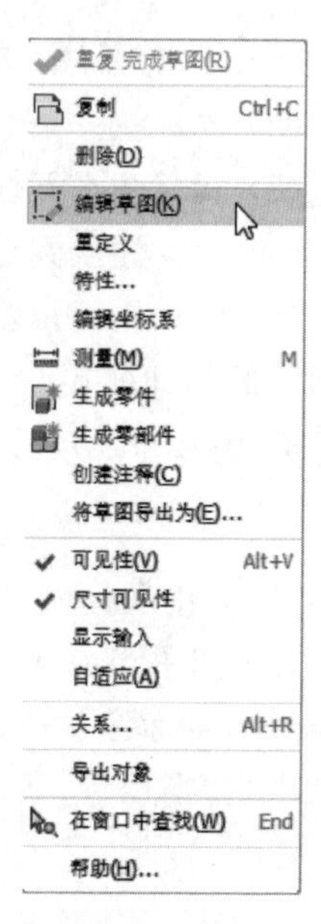

图 3-85 快捷菜单

(2) 此时系统进入草图绘制环境。双击要修改的尺寸数值，如图 3-86(a)所示，打开“编辑尺寸”对话框，直接在文本框中输入新的尺寸数据，如图 3-86(b)所示。也可以在文本框中使用计算表达式，常用的符号有＋、－、＊、/、()等，还可以使用一些函数。

(3) 在对话框中单击 ✔ 按钮采用新的尺寸，结果如图 3-86(c)所示。

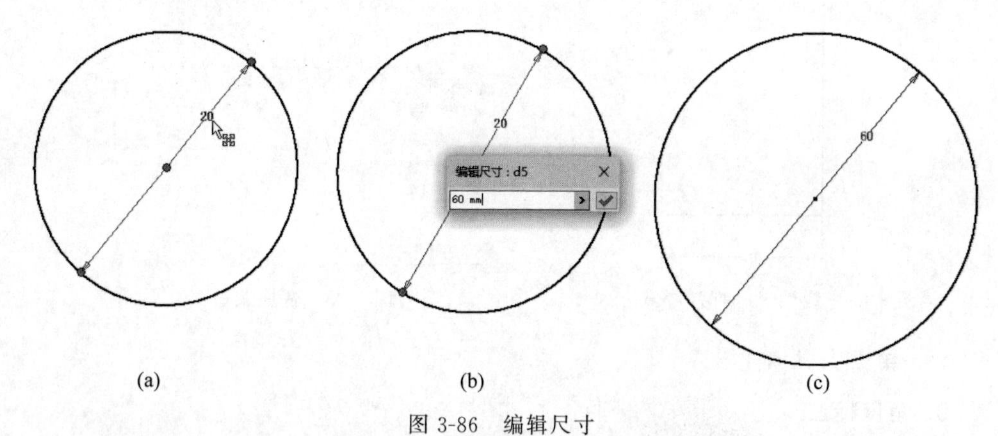

图 3-86 编辑尺寸

(a) 双击尺寸；(b) 输入新的尺寸值；(c) 修改后的图形

3.6.4 计算尺寸

计算尺寸是草图中可以被引用但不能修改数据的尺寸，类似于机械设计中的“参考尺寸”，在草图中该尺寸的数据被括号括起。

单击“草图”选项卡“约束”面板中的“尺寸”按钮 或“格式”面板中的“联动尺寸”按钮 ，可将普通尺寸标注为计算尺寸，如图 3-87 所示。

当尺寸标注产生了“重复约束”时，系统会弹出提示对话框，单击“接受”按钮该尺寸变为计算尺寸，如图 3-88 所示。

选择图形中的普通尺寸后右击，在弹出的快捷菜单中选择“联动尺寸”命令，即可将普通尺寸变为计算尺寸，如图 3-89 所示。

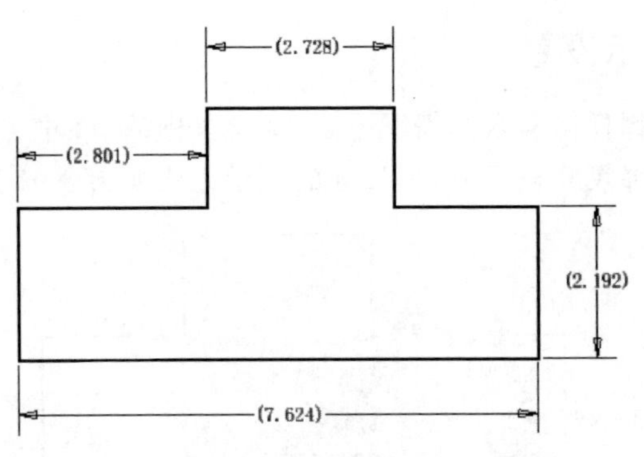

图 3-87　将普通尺寸标注为计算尺寸

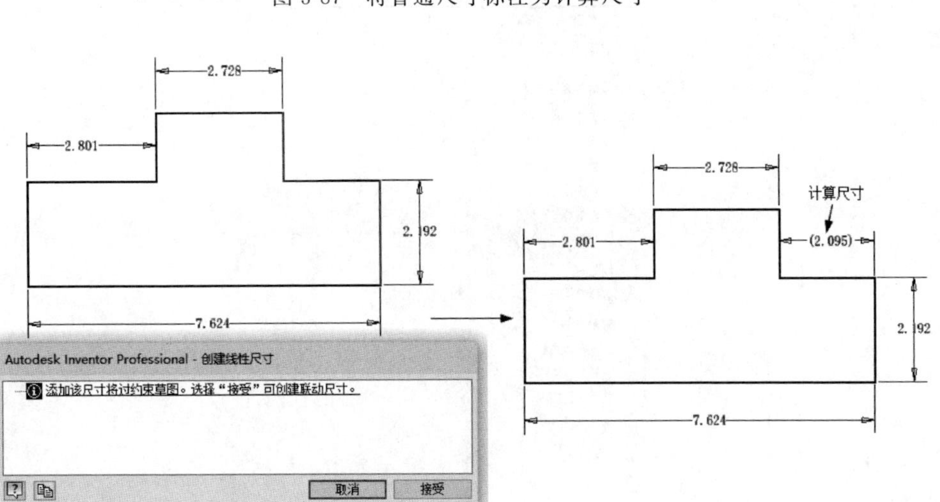

图 3-88　计算尺寸 1

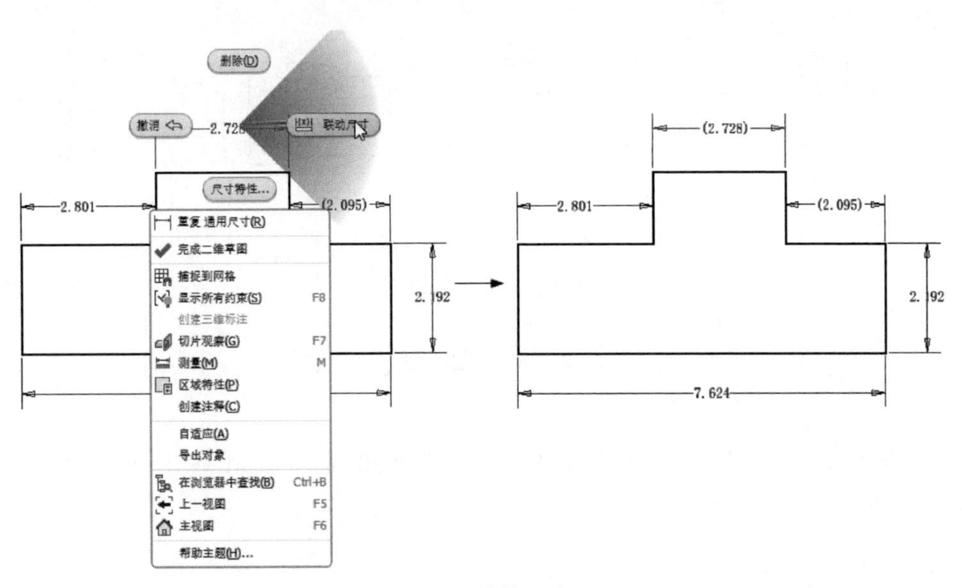

图 3-89　计算尺寸 2

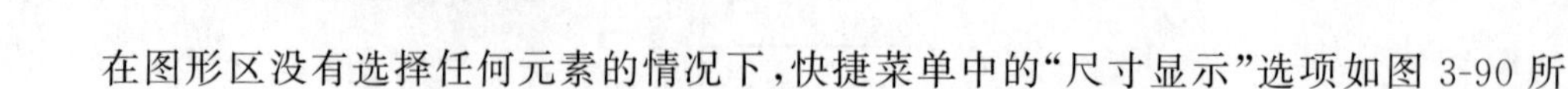

Note

3.6.5 尺寸的显示设置

在图形区没有选择任何元素的情况下，快捷菜单中的"尺寸显示"选项如图3-90所示。在下拉菜单中选择尺寸显示方式，尺寸的显示方式如图3-91所示。

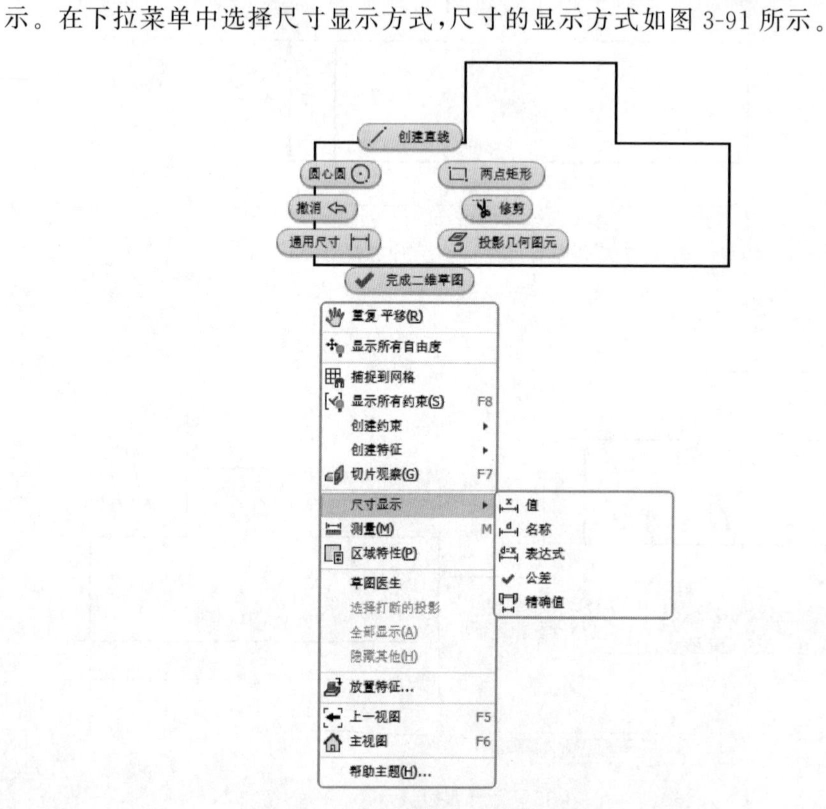

图3-90 快捷菜单

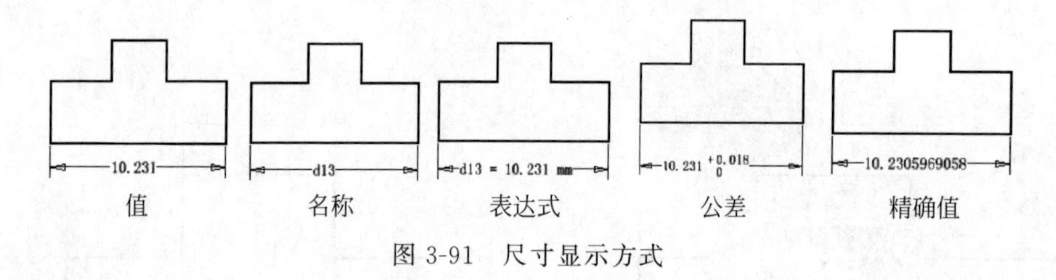

图3-91 尺寸显示方式

3.7 草图插入

在Inventor中可以导入外部文件供设计者使用，例如其他CAD文件、图片和Excel表等。

3.7.1 插入图像

(1) 单击"草图"选项卡"插入"面板中的"插入图像"按钮，打开"打开"对话框，如图3-92所示。

图 3-92　“打开”对话框

(2) 选择一个图像文件，单击“打开”按钮，将图像文件放置到草图中适当位置单击，完成图像的插入。继续单击放置图像。如果不再继续放置图像则右击，在弹出的如图 3-93 所示的快捷菜单中选择“确定”选项，结束图像的放置，如图 3-94 所示。

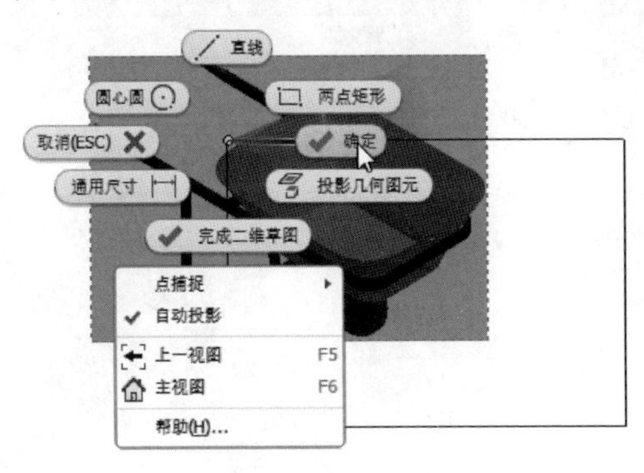

图 3-93　快捷菜单

(3) 插入后的图像带有边框线，可以通过调整边框线的大小来调整图像文件的位置和大小，如图 3-95 所示。

图 3-94　插入图像

图 3-95　调整图像

Note

3.7.2 导入点

在二维、三维草图或工程图草图中通过输入按一定格式填写数据的 Excel 文件,可以导入多个点,这些点可以以直线或样条线的方式连接。

导入点所选的格式要求如下。

- 点表格必须为文件中的第一个工作表。
- 表格始终从单元 A1 开始。
- 如果第一个单元(A1)包含量度单位,则将其应用于电子表格中的所有点。如果未指定单位,则使用默认的文件单位。
- 必须按照以下顺序定义列:列 A 表示 X 坐标,列 B 表示 Y 坐标,列 C 表示 Z 坐标。

单元可以包含公式,但是公式必须可计算出数值。点与电子表格的行相对应,第一个导入点与第一行的坐标相对应,以此类推。如果样条曲线或直线自动创建,则它将以第一点开始,并基于其他点的导入顺序穿过这些点。

导入点的步骤如下:

(1) 单击"草图"选项卡"插入"面板中的"点"按钮,打开"打开"对话框,选择 Excel 文件,如图 3-96 所示。

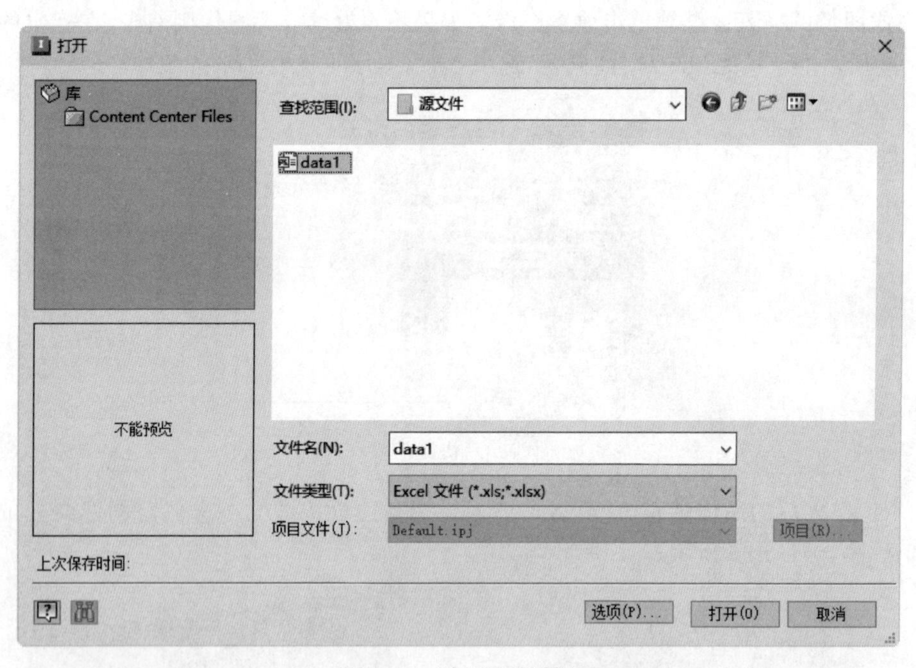

图 3-96 "打开"对话框

(2) 单击"打开"按钮,根据 Excel 数据创建的点显示到草图中,如图 3-97 所示。

(3) 若在"打开"对话框中单击"选项"按钮,则打开如图 3-98 所示的"文件打开选项"对话框,默认选择"创建点"单选按钮。如果选择"创建直线"单选按钮,则单击"确定"按钮后将根据坐标自动创建直线,如图 3-99 所示;如果选择"创建样条曲线"单选按钮,则单击"确定"按钮后将根据坐标自动创建样条曲线,如图 3-100 所示。

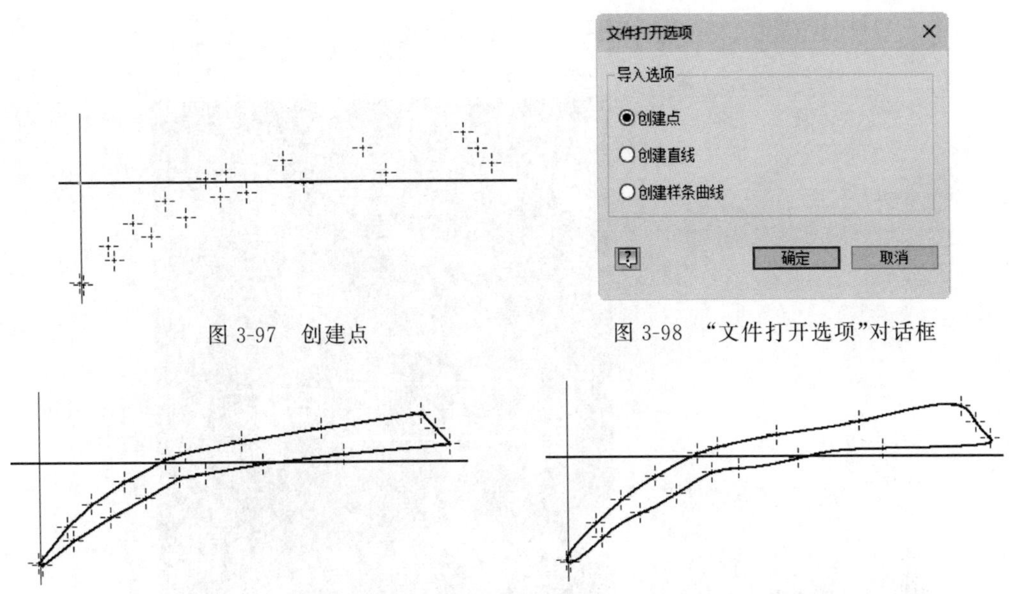

图 3-97　创建点

图 3-98　“文件打开选项”对话框

图 3-99　创建直线

图 3-100　创建样条曲线

3.7.3　插入 AutoCAD 文件

（1）单击“草图”选项卡“插入”面板中的“ACAD 文件”按钮，打开“打开”对话框，选择“轴”文件，如图 3-101 所示。

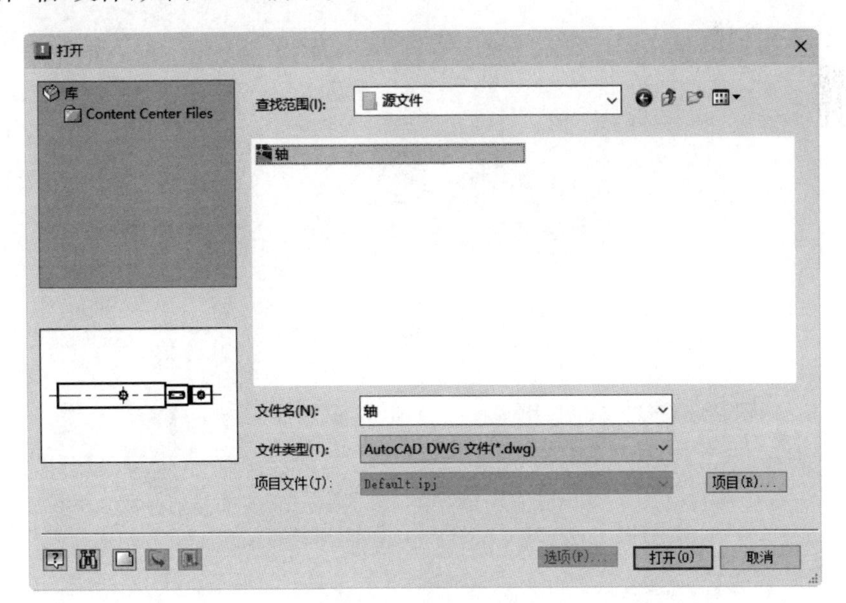

图 3-101　“打开”对话框

（2）单击“打开”按钮，打开如图 3-102 所示的“图层和对象导入选项”对话框，选择要导入的图层，也可以全部导入。

（3）单击“下一页”按钮，打开如图 3-103 所示的“导入目标选项”对话框，采用默认设置，然后单击“完成”按钮，将 AutoCAD 图导入 Inventor 草图中，如图 3-104 所示。

Note

图 3-102 “图层和对象导入选项”对话框

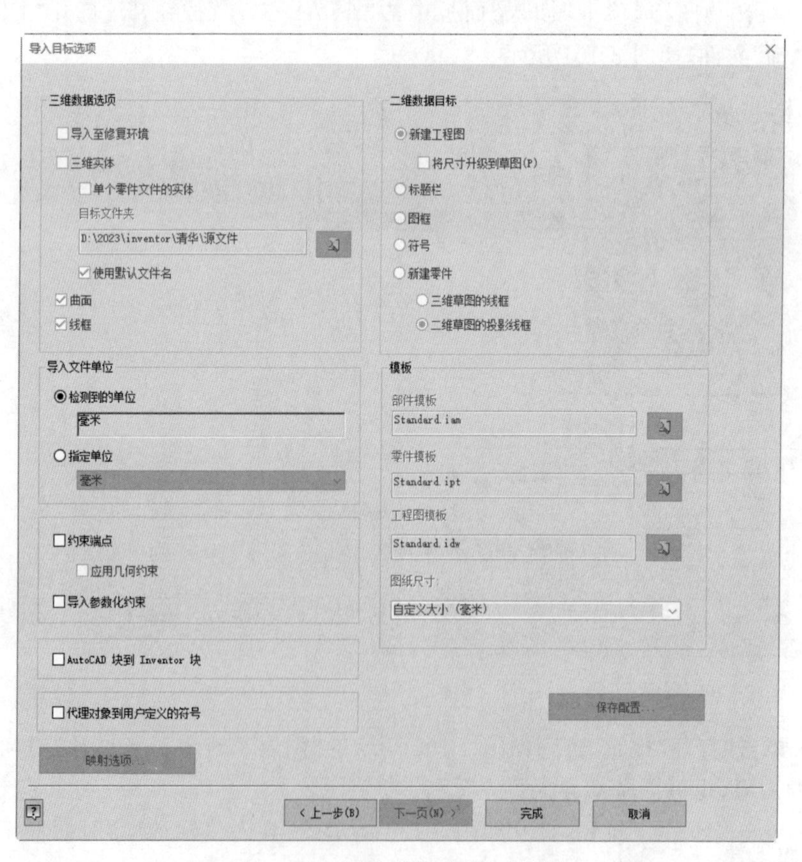

图 3-103 “导入目标选项”对话框

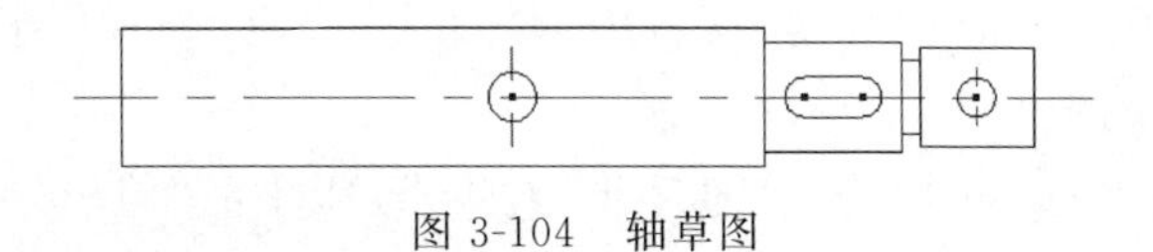

图 3-104　轴草图

3.8　综合实例——气缸截面草图

本例绘制气缸截面草图,如图 3-105 所示。

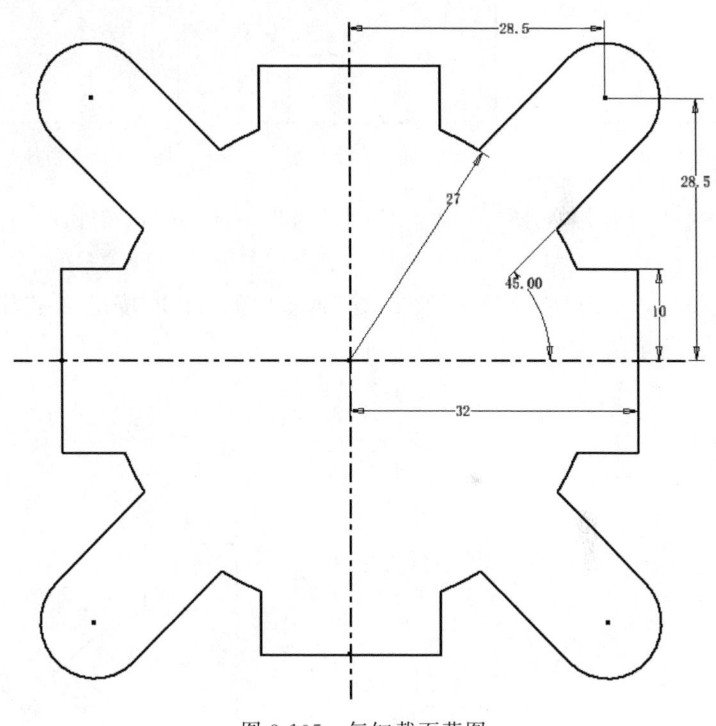

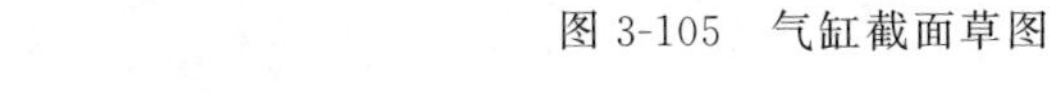

图 3-105　气缸截面草图

操作步骤

(1) 新建文件。运行 Inventor,单击快速访问工具栏中的“新建”按钮,打开“新建文件”对话框,选择 Standard. ipt 选项,单击“创建”按钮,新建一个零件文件。

(2) 进入草图环境。单击“三维模型”选项卡“草图”面板中的“开始创建二维草图”按钮,在视图区或浏览器中选择 XY 平面作为草图绘制平面(也可以选择其他平面为草图绘制面),进入草图绘制环境。

(3) 绘制中心线。单击“草图”选项卡“格式”面板中的“中心线”按钮,单击“草图”选项卡中“创建”面板中的“直线”按钮,绘制竖直和水平的中心线,如图 3-106 所示。

(4) 绘制圆。单击“草图”选项卡“格式”面板中的“中心线”按钮,取消中心线的

绘制,然后单击“草图”选项卡“创建”面板中的“直线”按钮 和“圆弧”按钮 ,绘制如图 3-107 所示的草图。

Note

(5) 添加几何约束。单击“草图”选项卡“约束”面板中的“等于(=)”按钮 ,为直线添加相等关系;单击“草图”选项卡“约束”面板中的“重合”按钮 ,为圆弧圆心与中心线交点添加重合关系,如图 3-108 所示。

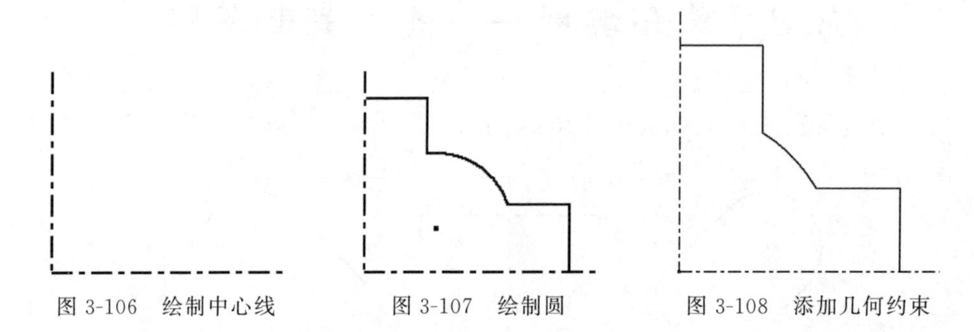

图 3-106　绘制中心线　　图 3-107　绘制圆　　图 3-108　添加几何约束

(6) 标注尺寸。单击“草图”选项卡“约束”面板中的“尺寸”按钮 ,进行尺寸约束,如图 3-109 所示。

(7) 绘制图形。单击“草图”选项卡“创建”面板中的“直线”按钮 和“圆”按钮 ,绘制如图 3-110 所示的草图。

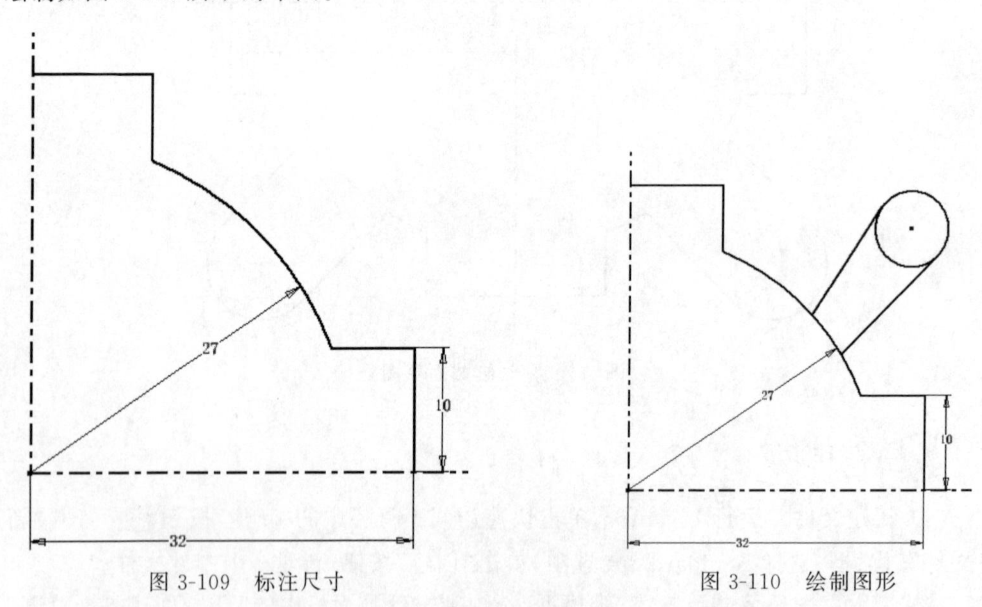

图 3-109　标注尺寸　　图 3-110　绘制图形

(8) 添加几何约束。单击“草图”选项卡“约束”面板中的“相切”按钮 ,为直线和圆添加相切关系;单击“草图”选项卡“约束”面板中的“平行”按钮 ,为两直线添加平行关系,如图 3-111 所示。

(9) 修剪图形。单击“草图”选项卡“修改”面板中的“修剪”按钮 ,修剪多余的线段,如图 3-112 所示。

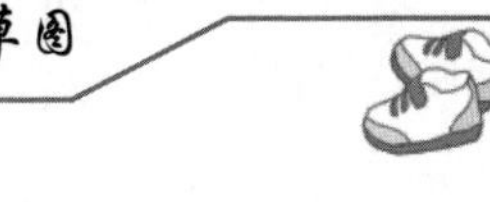

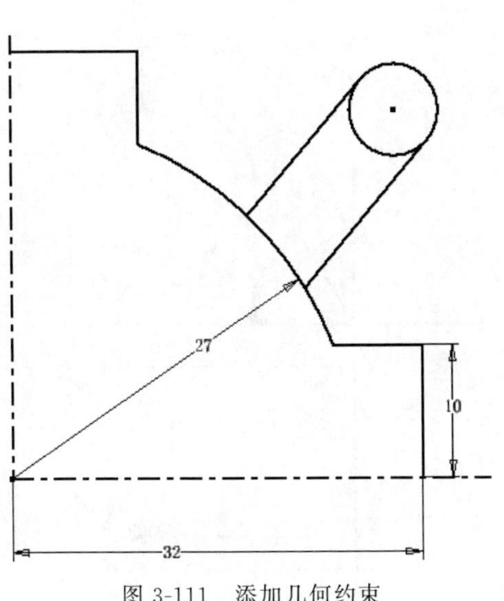

图 3-111　添加几何约束

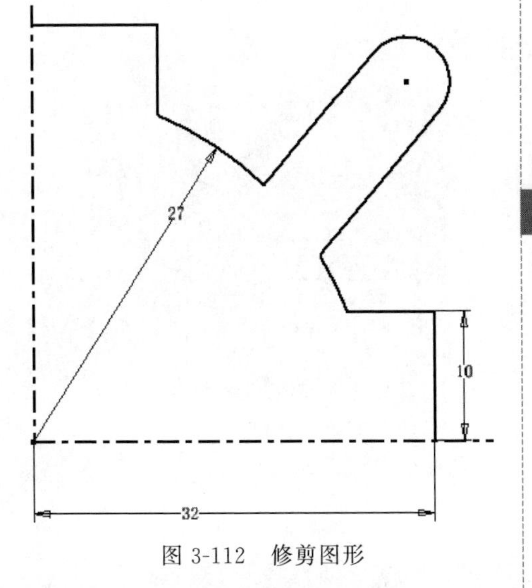

图 3-112　修剪图形

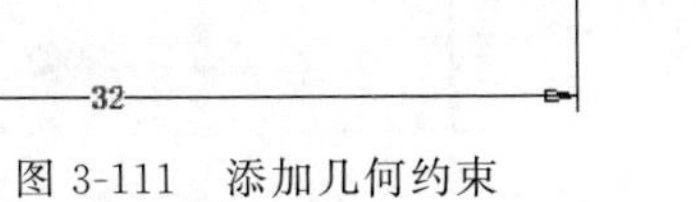

（10）标注尺寸。单击“草图”选项卡“约束”面板中的“尺寸”按钮，进行尺寸约束，如图 3-113 所示。

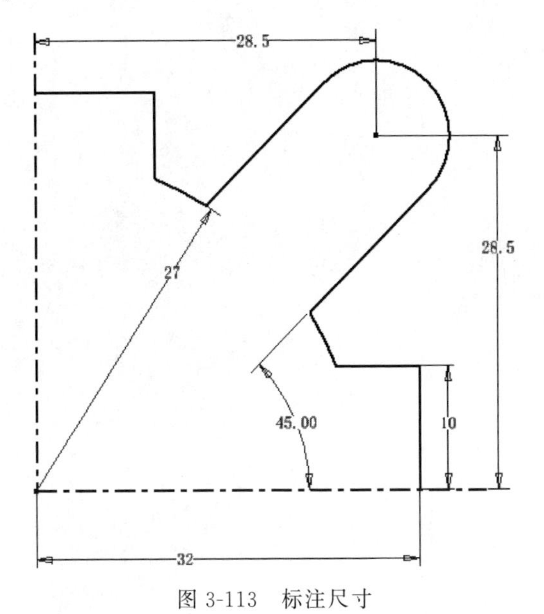

图 3-113　标注尺寸

（11）阵列几何图元。单击“草图”选项卡“阵列”面板中的“环形阵列”按钮，打开“环形阵列”对话框。选择视图中所有的几何图元，然后单击“选择”按钮，选择中心线的交点为轴，输入阵列个数为 4，角度为 360°，取消选中“关联”复选框，如图 3-114 所示。单击“确定”按钮，完成阵列。

（12）保存文件。单击快速访问工具栏中的“保存”按钮，打开“另存为”对话框，输入文件名为“气缸截面草图.ipt”，单击“保存”按钮即可保存文件。

Note

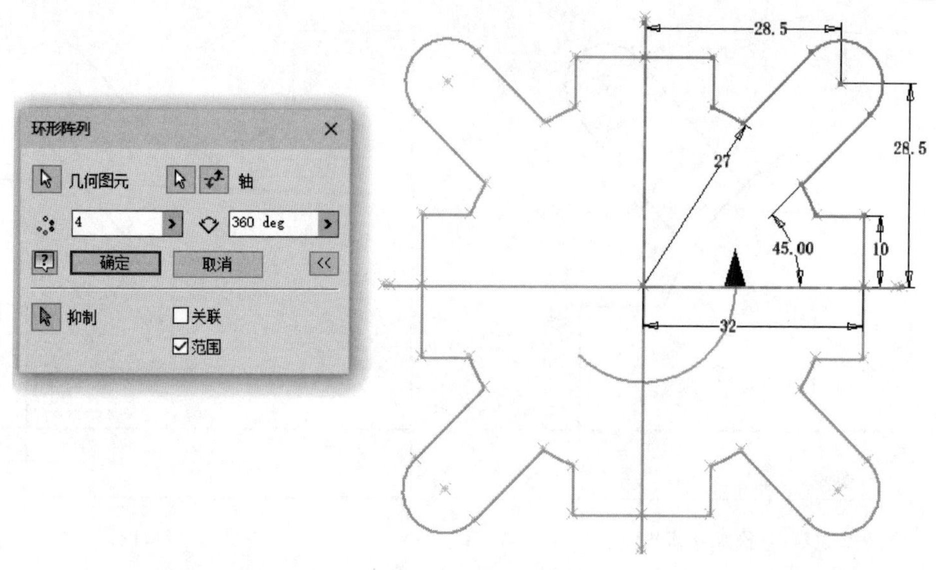

图 3-114　阵列几何图元

草图特征

大多数零件的绘制都是从绘制草图开始的。草图是创建特征所需的轮廓和任意几何图元的截面轮廓。草图零件特征取决于草图几何图元,零件的第一个特征通常是一个草图特征。所有的草图几何图元都是在草图环境中使用草图命令创建和编辑的。

4.1 基本体素

基本体素是从 Inventor 2013 开始新增的功能,本节主要介绍它的操作功能。

4.1.1 长方体

可以自动创建草图并执行拉伸过程创建长方体。创建长方体特征的步骤如下:

(1) 单击"三维模型"选项卡"基本要素"面板中的"长方体"按钮,选取如图 4-1 所示的平面为草图绘制面。

提示: 默认的"三维模型"选项卡中没有"基本要素"面板。在"三维模型"选项卡右侧单击"显示面板"按钮,在打开的下拉列表框中选中"基本要素"复选框,即可

Note

在“三维模型”选项卡上显示“基本要素”面板。

（2）绘制草图，如图 4-2 所示，在文本框中直接输入尺寸或直接单击完成草图，返回模型环境中。

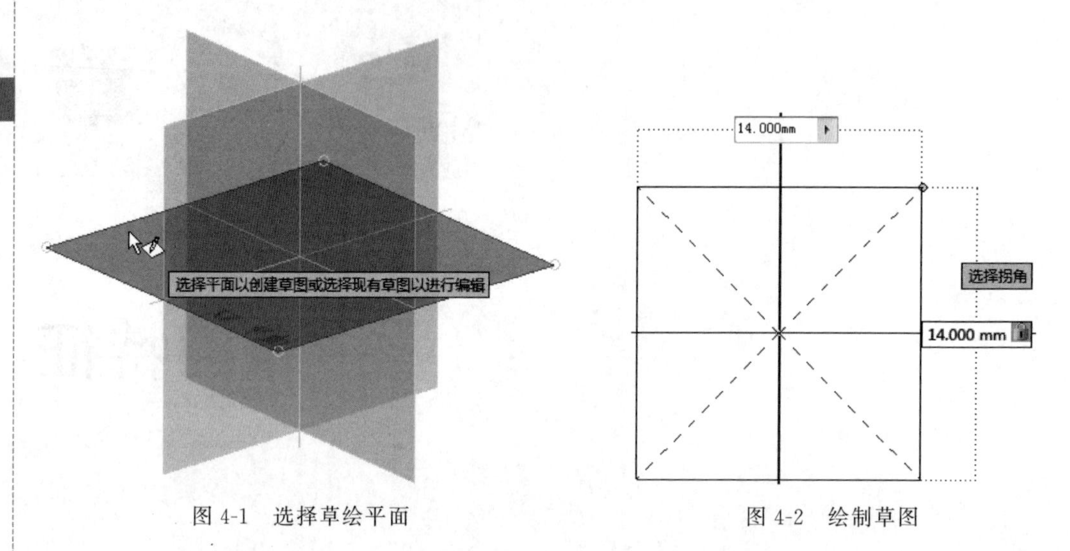

图 4-1　选择草绘平面　　　　图 4-2　绘制草图

（3）在打开的“拉伸”对话框中设置拉伸参数，比如输入拉伸距离、调整拉伸方向等，如图 4-3 所示。

（4）在对话框中单击“确定”按钮，完成长方体特征的创建，如图 4-4 所示。

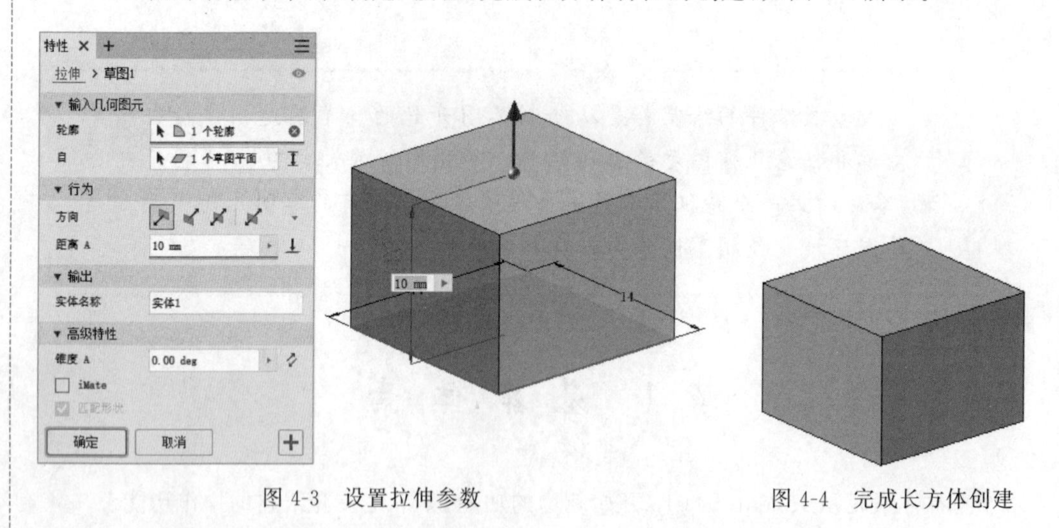

图 4-3　设置拉伸参数　　　　图 4-4　完成长方体创建

4.1.2　圆柱体

创建圆柱体特征的步骤如下：

（1）单击“三维模型”选项卡“基本要素”面板中的“圆柱体”按钮，选取如图 4-5 所示的平面为草图绘制面。

（2）绘制草图，如图 4-6 所示，直接在文本框中输入直径尺寸或单击完成圆的绘制，返回模型环境中。

Note

图 4-5 选择草绘平面

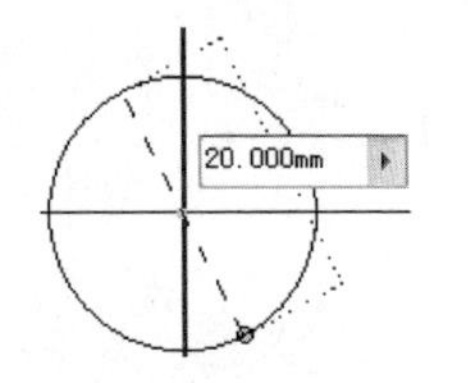

图 4-6 绘制草图

(3) 在打开的“拉伸”对话框中设置拉伸参数，比如输入拉伸距离、调整拉伸方向等，如图 4-7 所示。

(4) 在对话框中单击“确定”按钮，完成圆柱体的创建，如图 4-8 所示。

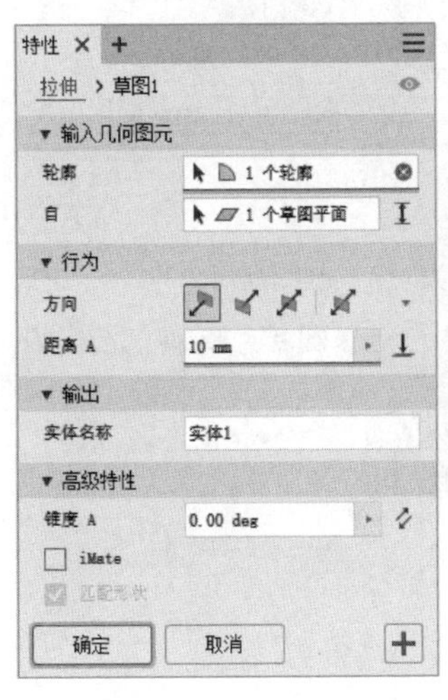

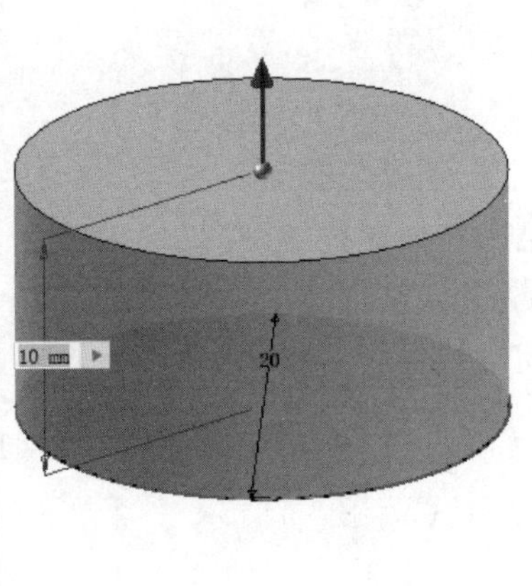

图 4-7 设置拉伸参数

图 4-8 完成圆柱体创建

4.1.3 实例——垫圈

4-1

绘制如图 4-9 所示的垫圈。

图 4-9 垫圈

操作步骤

(1) 新建文件。单击快速访问工具栏中的“新建”按钮，在打开的如图 4-10 所示的“新建文件”对话框中选择 Standard.ipt 选项，单击“创建”按钮，新建一个零件文件。

(2) 创建圆柱体 1。单击“三维模型”选项卡“基本要素”面板中的“圆柱体”按钮

Note

图 4-10　“新建文件”对话框

，选择 XZ 平面为草图绘制平面，直接绘制圆，输入直径为 16，如图 4-11 所示。按 Enter 键后返回建模环境，输入距离为 1.6，如图 4-12 所示。单击“确定”按钮，完成圆柱体 1 的创建，如图 4-13 所示。

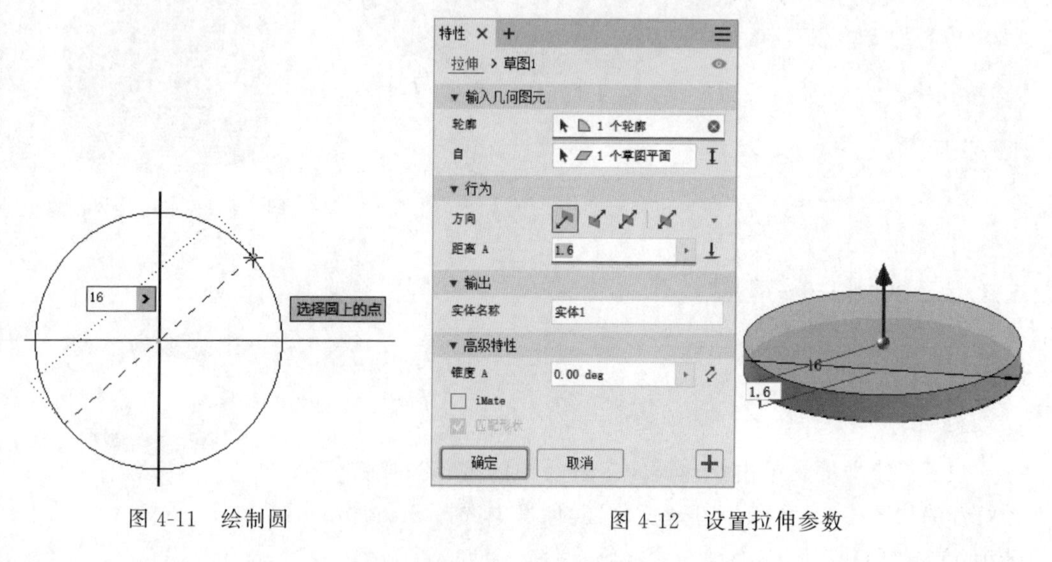

图 4-11　绘制圆　　　　图 4-12　设置拉伸参数

（3）创建圆柱体 2。单击“三维模型”选项卡“基本要素”面板中的“圆柱体”按钮 ，选择如图 4-14 所示的平面为草图绘制平面，进入草图绘制环境。直接绘制圆，输

入直径为 8.4，如图 4-15 所示。按 Enter 键后返回建模环境，选择“贯通”，并选择“求差”方式，如图 4-16 所示。单击“确定”按钮，完成垫圈的创建，如图 4-17 所示。

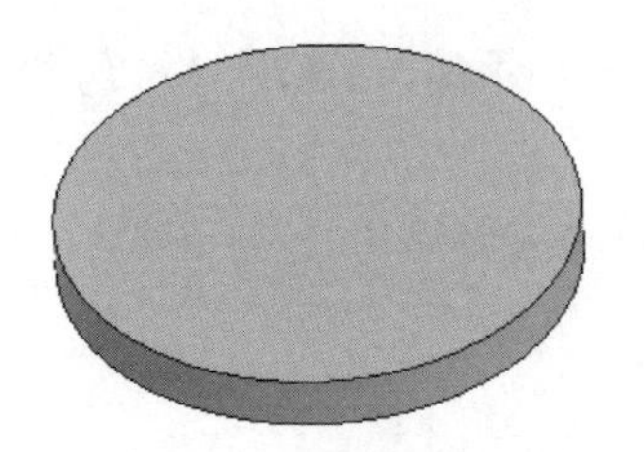

图 4-13 创建的圆柱体 1

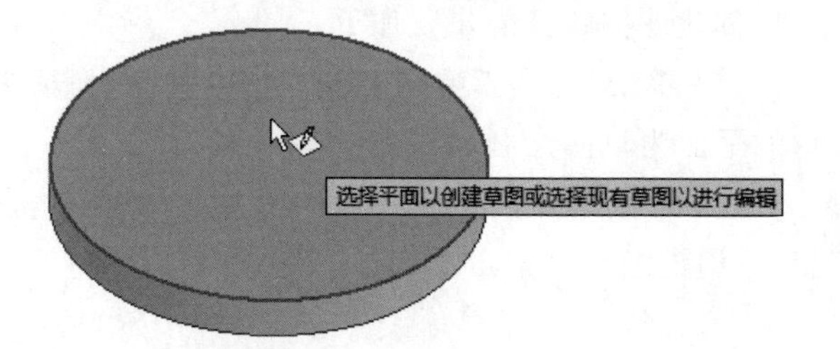

图 4-14 选择平面

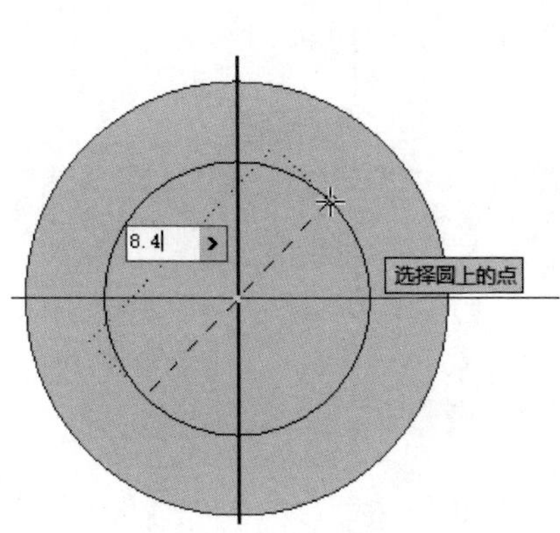

图 4-15 绘制圆

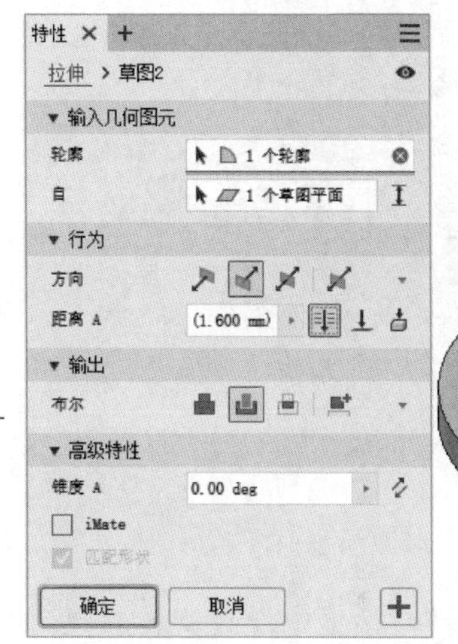

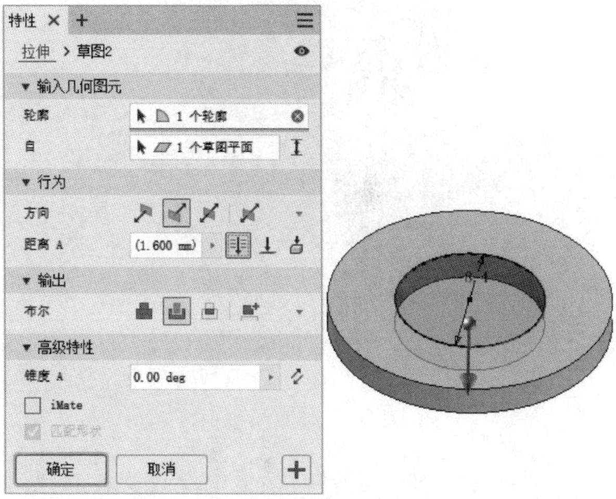

图 4-16 设置参数

（4）保存文件。单击快速访问工具栏中的“保存”按钮，打开如图 4-18 所示的“另存为”对话框，输入文件名为“垫圈.ipt”，单击“保存”按钮，保存文件。

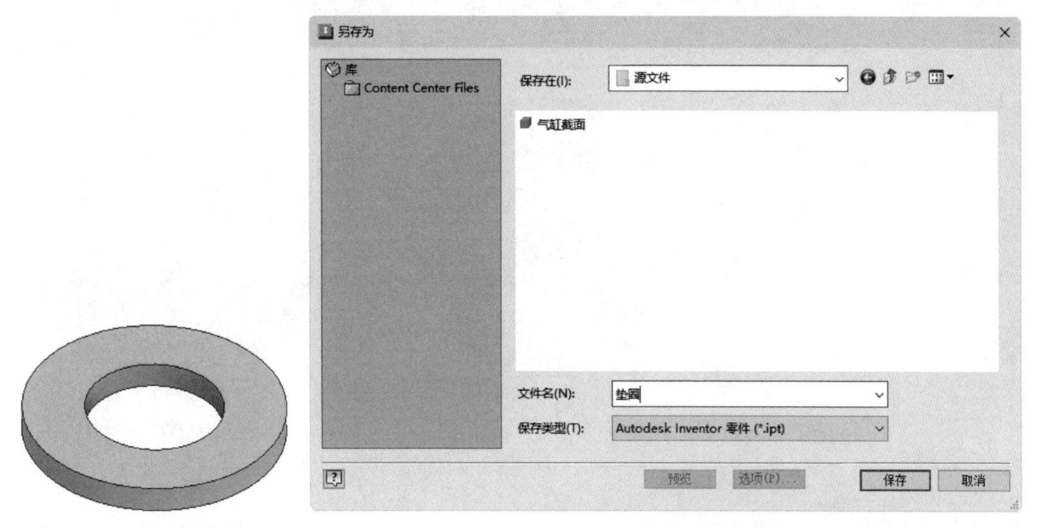

图 4-17 创建的垫圈

图 4-18 “另存为”对话框

4.1.4 球体

Note

创建球体特征的步骤如下：

（1）单击“三维模型”选项卡“基本要素”面板中的“球体”按钮，选取如图 4-19 所示的平面为草图绘制面。

（2）绘制草图，如图 4-20 所示，直接在文本框中输入直径尺寸或单击完成圆的绘制，返回模型环境中。

图 4-19　选择草绘平面

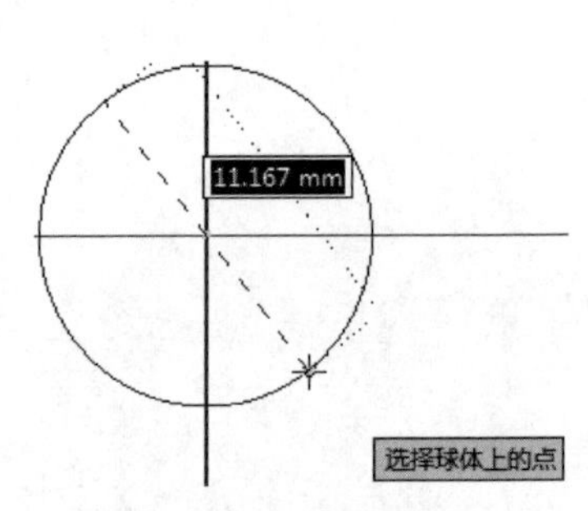

图 4-20　绘制草图

（3）在打开的“旋转”对话框中设置旋转参数，如图 4-21 所示。

（4）在对话框中单击“确定”按钮，完成球体特征的创建，如图 4-22 所示。

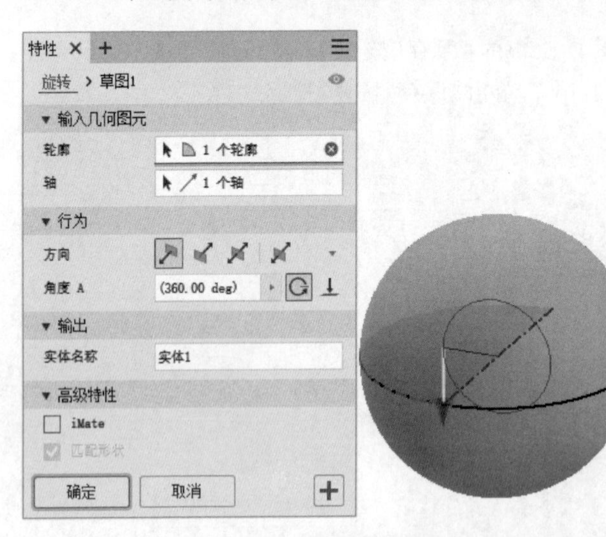

图 4-21　设置旋转参数

图 4-22　完成球体

4.1.5 圆环体

创建圆环体特征的步骤如下：

（1）单击“三维模型”选项卡“基本要素”面板中的“圆环体”按钮，选取如图 4-23 所示的平面为草图绘制面。

（2）绘制草图，如图 4-24 所示，直接在文本框中输入直径尺寸或单击完成圆的绘制，返回模型环境中。

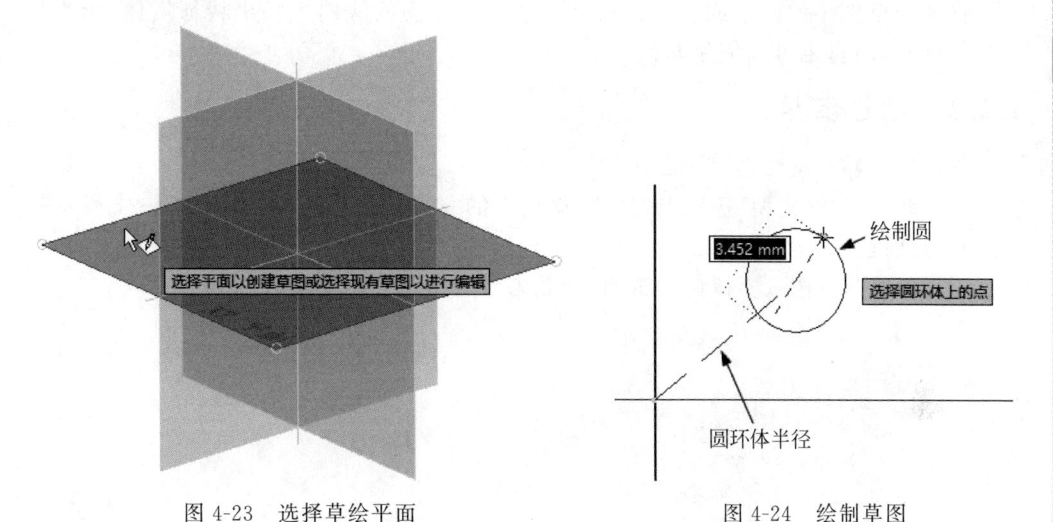

图 4-23　选择草绘平面　　图 4-24　绘制草图

（3）在打开的“旋转”对话框中设置旋转参数，如图 4-25 所示。

（4）在对话框中单击“确定”按钮，完成圆环体特征的创建，如图 4-26 所示。

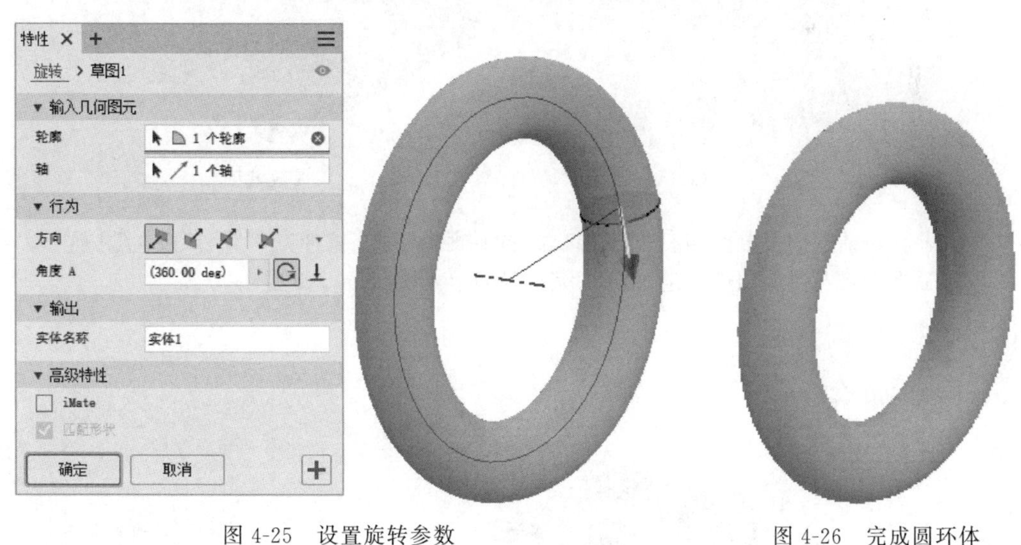

图 4-25　设置旋转参数　　图 4-26　完成圆环体

技巧：基本要素形状与普通拉伸有何不同之处？

如果在“基本要素”面板中指定长方体或圆柱体，则会自动创建草图并执行拉伸过程。用户可以选择草图的起始平面，创建截面轮廓，然后创建实体。利用基本要素形状创建命令不能创建曲面。

4.2 拉　　伸

Note

将一个草图中的一个或多个轮廓沿着草图所在面的法向生长出特征实体，沿生长方向可控制锥角，也可以创建曲面。

4.2.1 创建步骤

创建拉伸特征的步骤如下：

(1) 单击“三维模型”选项卡“创建”面板中的“拉伸”按钮，打开如图 4-27 所示的“拉伸”对话框。

(2) 在视图中选取要拉伸的截面，如图 4-28 所示。

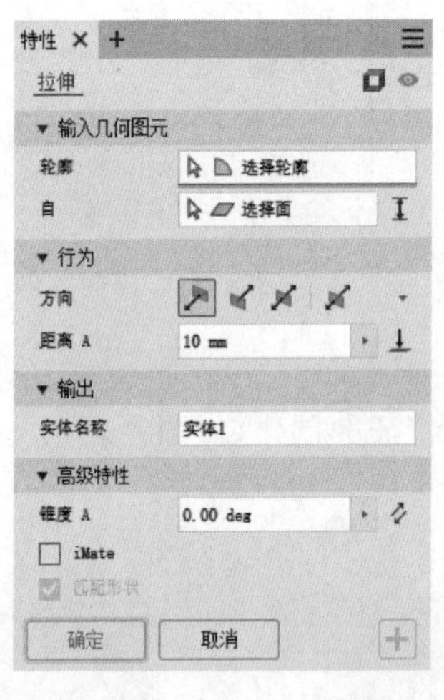

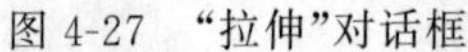

图 4-27 “拉伸”对话框

图 4-28 选取截面

(3) 在对话框中设置拉伸参数，比如输入拉伸距离、调整拉伸方向等，如图 4-29 所示。

(4) 在对话框中单击“确定”按钮，完成拉伸特征的创建，如图 4-30 所示。

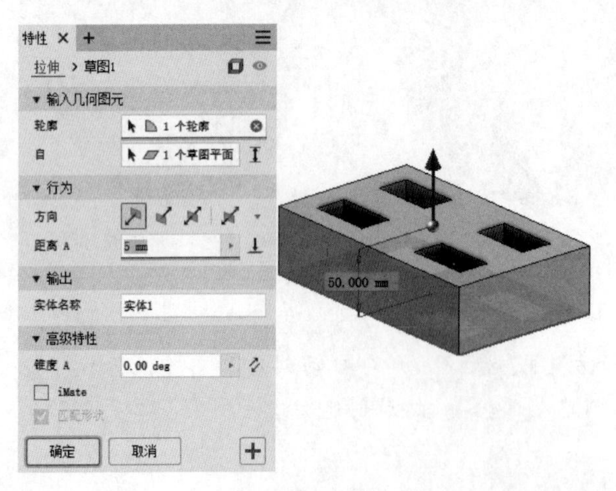

图 4-29 设置拉伸参数

图 4-30 创建的拉伸特征

4.2.2　选项说明

“拉伸”对话框中的选项说明如下。

1. 轮廓

进行拉伸操作的第一个步骤就是利用“拉伸”对话框中的截面轮廓选择工具选择截面轮廓。可以选择多种类型的截面轮廓创建拉伸特征。

(1) 可选择单个截面轮廓，系统会自动选择该截面轮廓。

(2) 可选择多个截面轮廓，如图 4-31 所示。

(3) 要取消某个截面轮廓的选择，按住 Ctrl 键，然后单击要取消的截面轮廓即可。

(4) 可选择嵌套的截面轮廓，如图 4-32 所示。

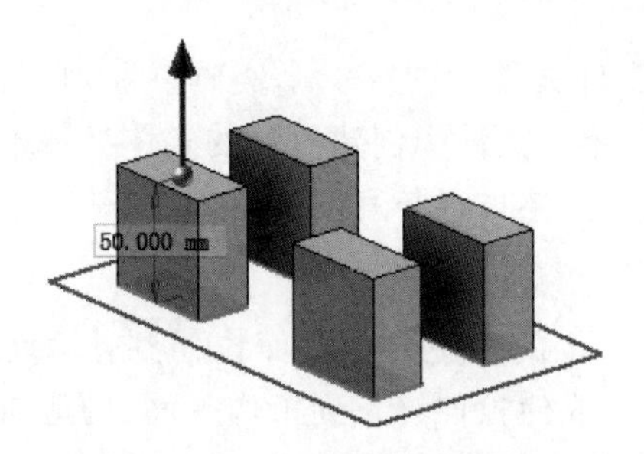

图 4-31　选择多个截面轮廓

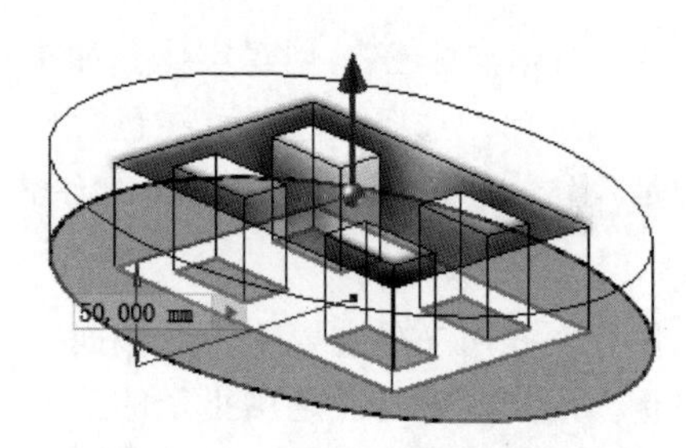

图 4-32　选择嵌套的截面轮廓

(5) 还可选择开放的截面轮廓，该截面轮廓将延伸它的两端直到与下一个平面相交，拉伸操作将填充最接近的面，并填充周围孤岛(如果存在)。这种方式对部件拉伸来说是不可用的，它只能形成拉伸曲面，如图 4-33 所示。

2. 特征类型

拉伸操作提供两种输出方式——实体和曲面。默认为关闭曲面模式，将一个封闭的截面形状拉伸成实体；单击按钮，开启曲面模式，将一个开放的或封闭的曲线形状拉伸成曲面。图 4-34 所示为将封闭曲线和开放曲线拉伸成曲面示意图。

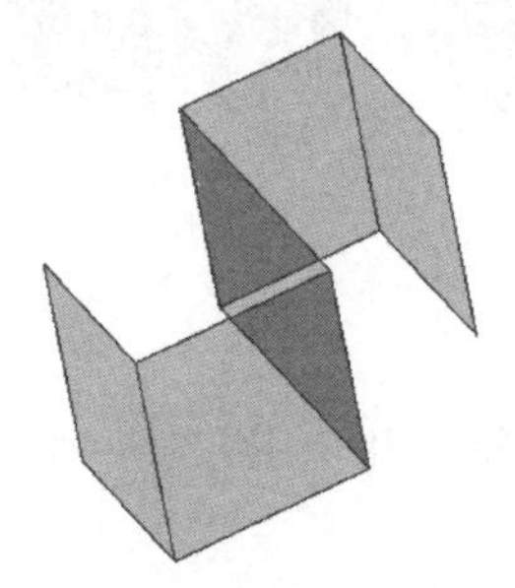

图 4-33　形成拉伸曲面

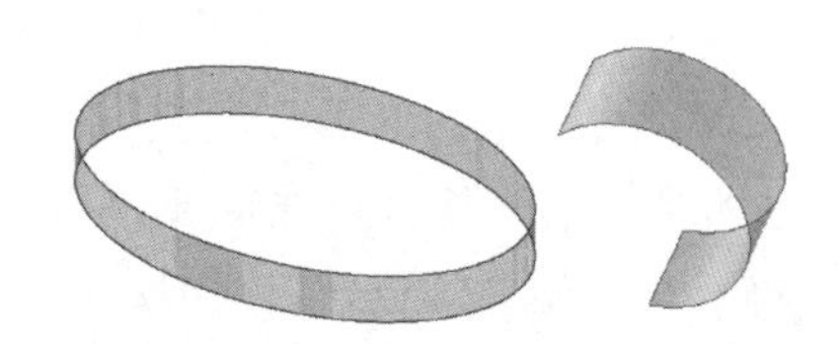

图 4-34　将封闭曲线和开放曲线拉伸成曲面

3. 布尔操作

布尔操作提供了 3 种操作方式，即“求并”“求差”“求交”。

(1) 求并：将拉伸特征产生的体积添加到另一个特征上去，二者合并为一个整体，如图 4-35(a)所示。

Note

(2) 求差：从另一个特征中去除由拉伸特征产生的体积，如图 4-35(b)所示。

(3) 求交：将拉伸特征和其他特征的公共体积创建为新特征，未包含在公共体积内的材料被全部去除，如图 4-35(c)所示。

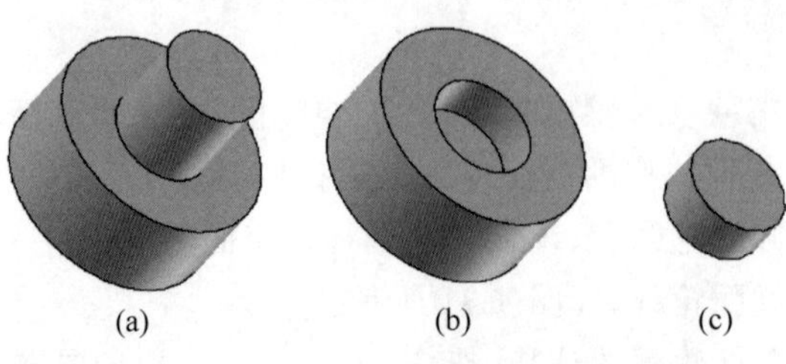

图 4-35　布尔操作

(a) 求并；(b) 求差；(c) 求交

(4) 新建实体：创建实体。如果拉伸是零件文件中的第一个实体特征，则此选项是默认选项。选择该选项可在包含现有实体的零件文件中创建单独的实体。每个实体均是独立的特征集合，独立于其他实体而存在。实体可以与其他实体共享特征。

4. 拉伸方式

拉伸方式用来确定要把轮廓截面拉伸的距离，也就是说要把截面拉伸到什么范围才停止。用户完全可决定用指定的深度进行拉伸，或使拉伸终止到工作平面、构造曲面或零件面(包括平面、圆柱面、球面或圆环面)。在 Inventor 中提供了 4 种拉伸方式，即距离、贯通、到、到下一个。

(1) 距离：系统的默认方式，它需要指定起始平面和终止平面之间建立拉伸的深度。在该模式下，需要在拉伸深度文本框中输入具体的深度数值，数值可为正负，正值代表拉伸方向为正方向。有方向 1 拉伸、方向 2 拉伸、对称拉伸和不对称拉伸 4 种方式，如图 4-36 所示。

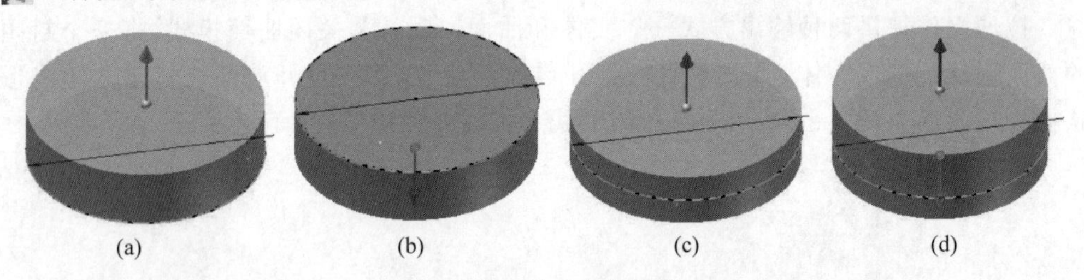

图 4-36　4 种方向的拉伸

(a) 方向 1；(b) 方向 2；(c) 对称；(d) 不对称

(2) 贯通：可使得拉伸特征在指定方向上贯通所有特征和草图拉伸截面轮廓。可通过拖动截面轮廓的边，将拉伸反向到草图平面的另一端。

(3) 到：对于零件拉伸，选择终止拉伸的终点、顶点、面或平面。对于点和顶点，在平行于通过选定的点或顶点的草图平面的平面上终止零件特征。对于面或平面，在选定的面上或者在延伸到终止平面外的面上终止零件特征。单击“延伸面到结束特征”按钮以在延伸到终止平面之外的面上终止零件特征。

(4) 到下一个：选择下一个可用的面或平面，以终止指定方向上的拉伸。拖动操纵器可将截面轮廓翻转到草图平面的另一侧。使用“终止器”选择器选择一个实体或

Note

曲面以在其上终止拉伸,然后选择拉伸方向。

5. 拉伸角度

对于所有终止方式类型,都可为拉伸(垂直于草图平面)设置最大为 180°的拉伸斜角,拉伸斜角在两个方向对等延伸。如果指定了拉伸斜角,图形窗口中会有符号显示拉伸斜角的固定边和方向,如图 4-37 所示。

拉伸斜角功能的一个常用用途就是创建锥形。要在一个方向上使特征变成锥形,在创建拉伸特征时,可使用"锥度 A"工具为特征指定拉伸斜角。在指定拉伸斜角时,正角表示实体沿拉伸矢量增加截面面积,负角相反,如图 4-38 所示。对于嵌套截面轮廓来说,正角导致外回路增大,内回路减小,负角相反。

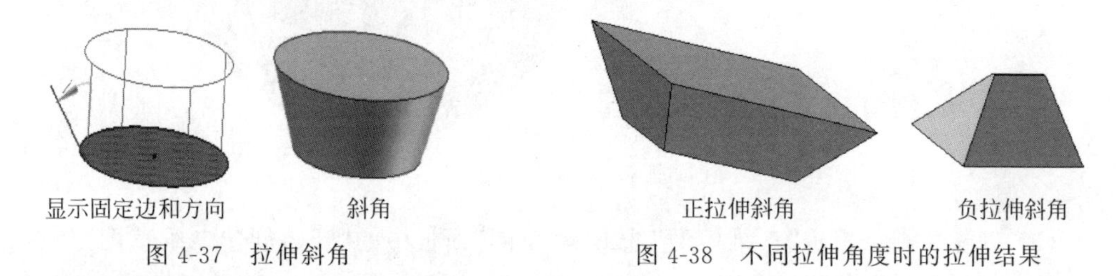

图 4-37 拉伸斜角 图 4-38 不同拉伸角度时的拉伸结果

6. iMate

在封闭的回路(例如拉伸圆柱体、旋转特征或孔)上放置 iMate。Inventor 会尝试将此 iMate 放置在最可能有用的封闭回路上。多数情况下,每个零件只能放置一个或两个 iMate。

4-2

4.2.3 实例——阀芯

本例绘制如图 4-39 所示的阀芯。

操作步骤

(1) 新建文件。运行 Inventor,单击快速访问工具栏中的"新建"按钮,在打开的"新建文件"对话框中选择 Standard.ipt 选项,单击"创建"按钮,新建一个零件文件。

(2) 绘制球体。单击"三维模型"选项卡"基本要素"面板中的"球体"按钮,选择 XZ 平面为草图绘制平面,在坐标原点处绘制直径为 40 的圆,如图 4-40 所示。按 Enter 键,返回建模环境,采用默认设置,如图 4-41 所示。单击"确定"按钮,完成球体的创建。

图 4-39 阀芯

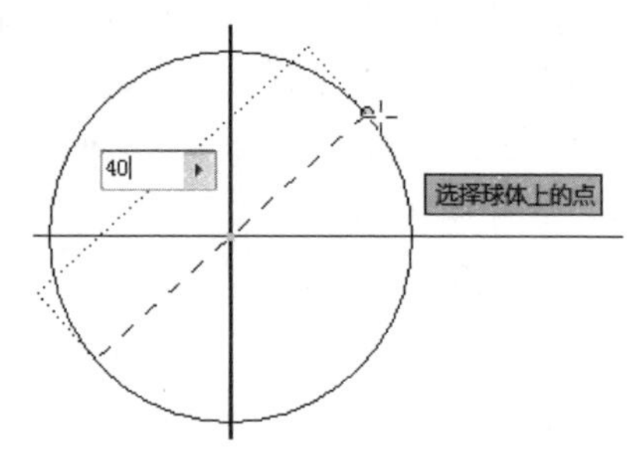

图 4-40 绘制圆

Note

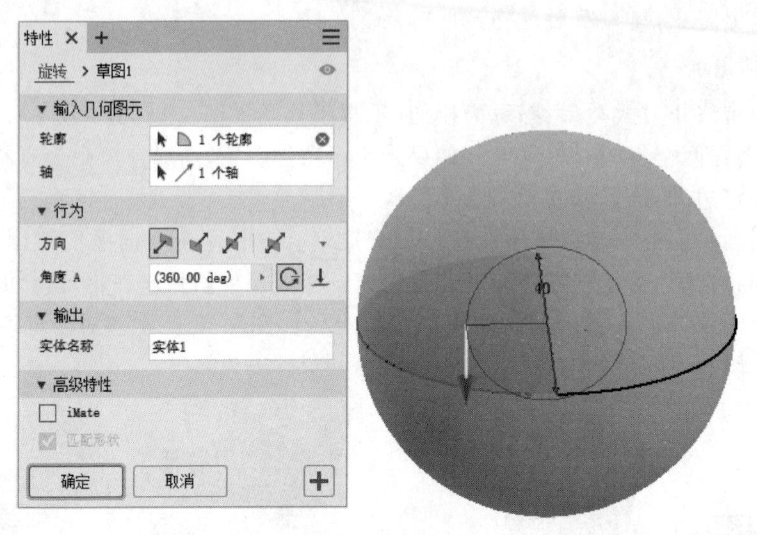

图 4-41　设置参数

（3）创建草图。单击“三维模型”选项卡“草图”面板中的“开始创建二维草图”按钮，选择 XY 平面为草图绘制平面，进入草图绘制环境。单击“草图”选项卡“创建”面板中的“矩形”按钮，绘制草图。单击“约束”面板中的“尺寸”按钮，标注尺寸如图 4-42 所示。单击“草图”选项卡中的“完成草图”按钮，退出草图环境。

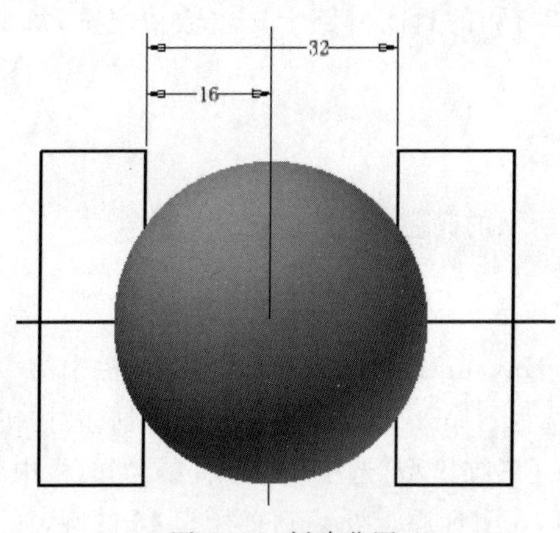

图 4-42　创建草图

（4）创建拉伸体。单击“三维模型”选项卡“创建”面板中的“拉伸”按钮，打开“拉伸”对话框，系统自动选取上一步绘制的草图为拉伸截面轮廓，将拉伸终止方式设置为“贯通”。单击“对称”按钮，选择“求差”选项，如图 4-43 所示。单击“确定”按钮完成拉伸，如图 4-44 所示。

（5）绘制圆柱体。单击“三维模型”选项卡“基本要素”面板中的“圆柱体”按钮，选择 YZ 平面为草图绘制平面，在坐标原点处绘制直径为 22 的圆，返回建模环境。打开“拉伸”对话框，选择拉伸终止方式为“贯通”，单击“对称”按钮，选择“求差”选项，如图 4-45 所示。单击“确定”按钮，完成圆柱体的创建，如图 4-46 所示。

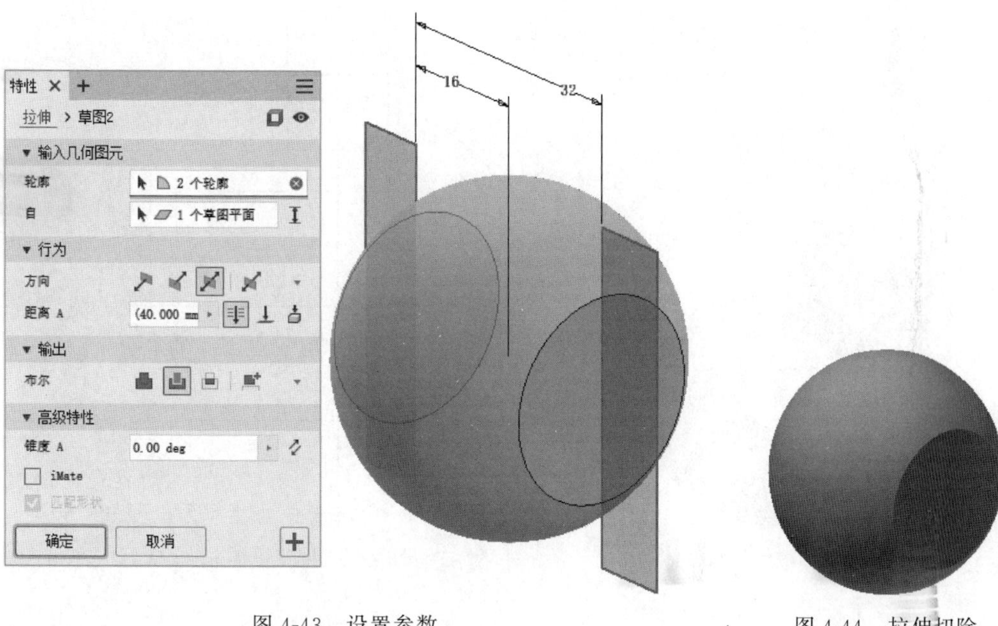

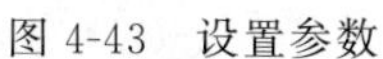
图 4-43　设置参数

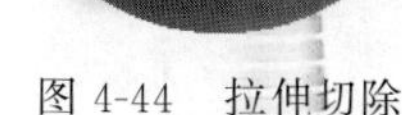
图 4-44　拉伸切除

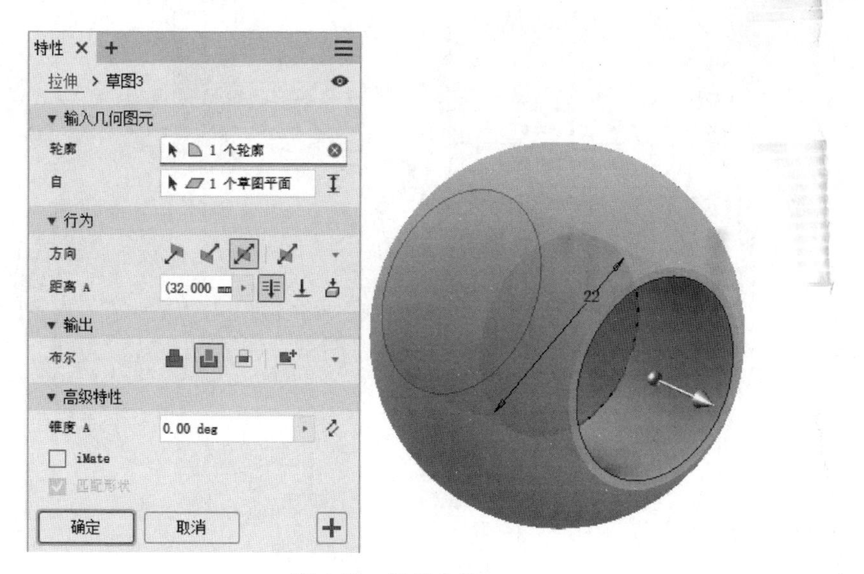

图 4-45　设置参数

（6）创建草图。单击“三维模型”选项卡“草图”面板中的“开始创建二维草图”按钮，选择 XY 平面为草图绘制平面，进入草图绘制环境。单击“草图”选项卡“创建”面板中的“矩形”按钮，绘制草图。单击“约束”面板中的“尺寸”按钮，标注尺寸如图 4-47 所示。单击“草图”选项卡中的“完成草图”按钮，退出草图环境。

（7）创建拉伸体。单击“三维模型”选项卡“创建”面板中的“拉伸”按钮，打开“拉伸”对话框，系统自动选取上一步绘制的草图为拉伸截面轮廓，将拉伸终止方式设置为“贯通”，单击“对称”按钮，选择“求差”选项，如图 4-48 所示。单击“确定”按钮完成拉伸，如图 4-39 所示。

Note

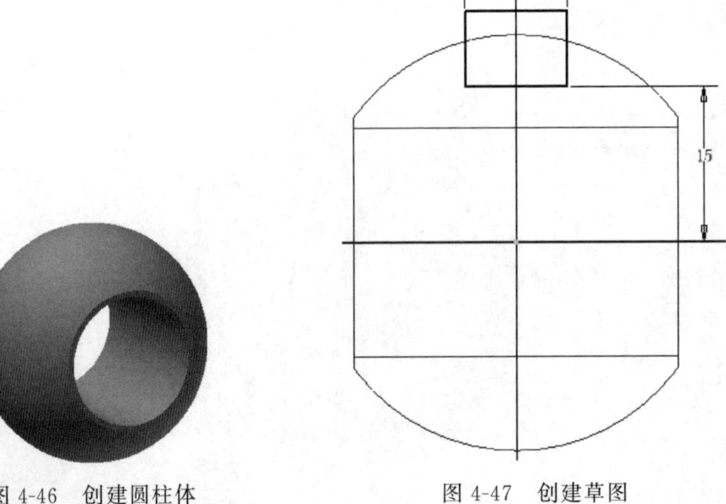

图 4-46　创建圆柱体　　　　图 4-47　创建草图

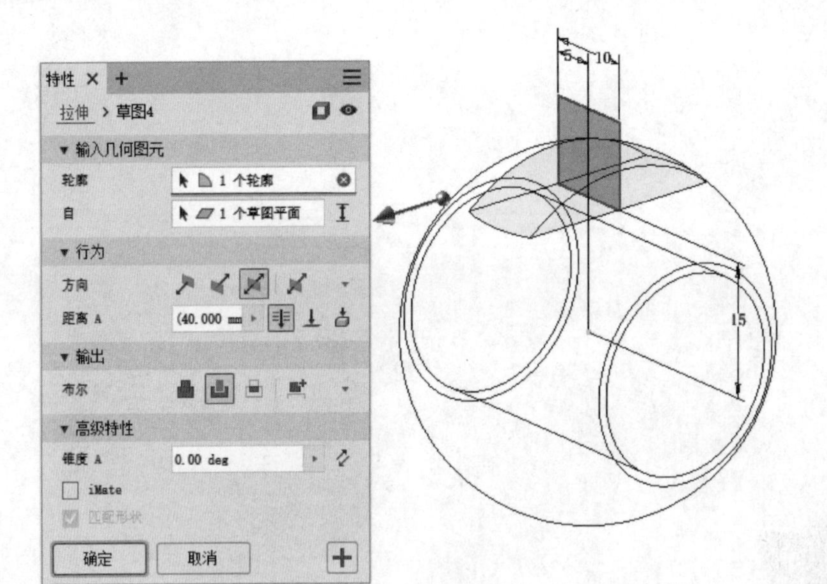

图 4-48　创建拉伸体

(8) 保存文件。单击快速访问工具栏中的“保存”按钮，打开“另存为”对话框，输入文件名为“阀芯. ipt”，单击“保存”按钮，保存文件。

4.3　旋　　转

可以将一个封闭的或不封闭的截面轮廓围绕选定的旋转轴进行旋转，以创建旋转特征，如果截面轮廓是封闭的，则创建实体特征；如果是非封闭的，则创建曲面特征。

4.3.1　创建步骤

创建旋转特征的步骤如下：

(1) 单击“三维模型”选项卡“创建”面板中的“旋转”按钮，打开如图 4-49 所示的“旋转”对话框。

(2) 在视图中选取要旋转的截面，如图 4-50 所示。

(3) 在视图中选取作为旋转的轴线，如图 4-51 所示。

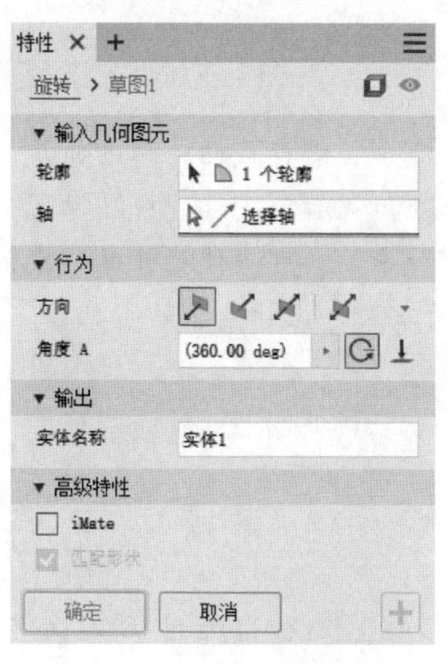

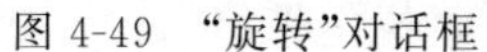
图 4-49　“旋转”对话框

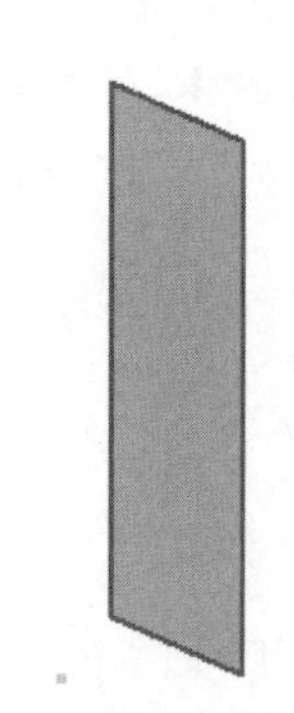

图 4-50　选取截面

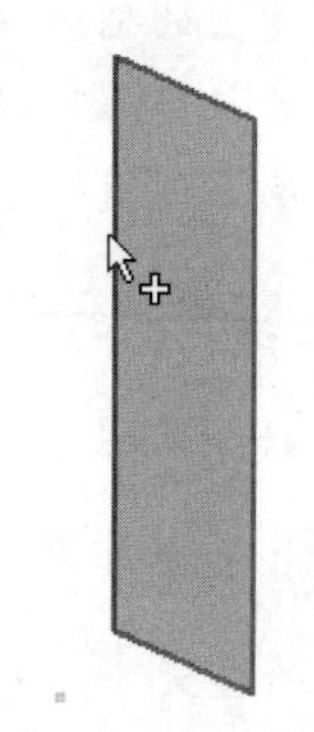

图 4-51　选取旋转轴

(4) 在对话框中设置旋转参数，例如输入旋转角度、调整旋转方向等，如图 4-52 所示。

(5) 在对话框中单击“确定”按钮，完成旋转特征的创建，如图 4-53 所示。

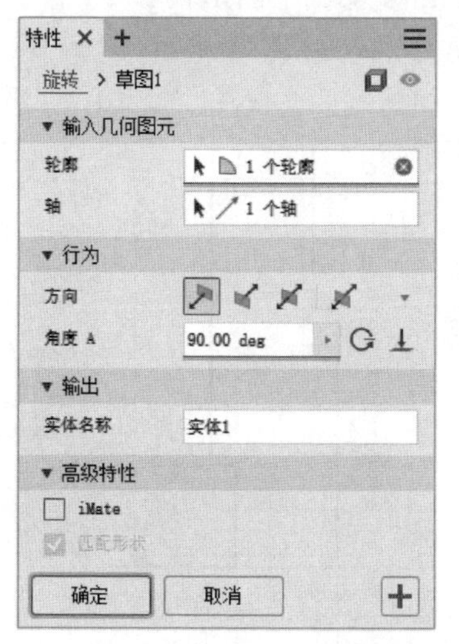

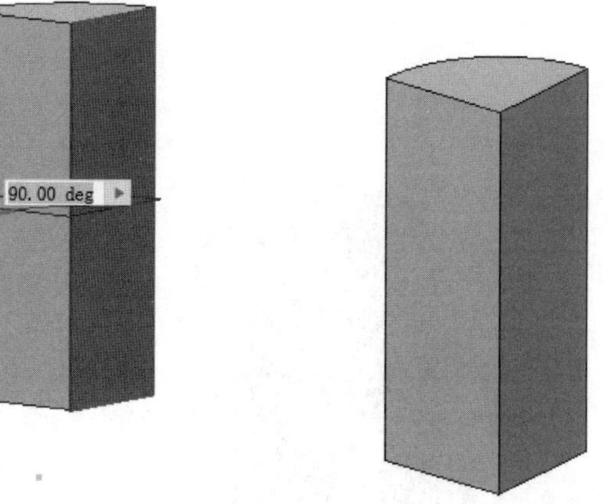

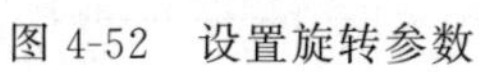
图 4-52　设置旋转参数

图 4-53　完成旋转

Note

4.3.2 选项说明

读者可以看到很多造型因素和拉伸特征的造型因素相似，所以这里不再花费太多笔墨详述，仅就其中的不同项进行介绍。旋转轴可以是已经存在的直线，也可以是工作轴或构造线。在一些软件如 Creo 中，旋转轴必须是参考直线，这就不如 Inventor 方便和快捷。旋转特征的终止方式可以是整周或角度，如果选择角度的话，用户需要自己输入旋转的角度值，还可单击方向箭头以选择旋转方向，或在两个方向上等分输入的旋转角度。

技巧：用什么定义旋转特征的尺寸和形状？

旋转特征最终的大小和形状是由截面轮廓草图的尺寸和旋转截面轮廓的角度决定的。绕草图上的轴旋转可以生成实体特征，例如盘、轮毂和斜齿轮毛坯。绕距草图一定偏移距离的轴旋转可以创建带孔的实体，例如垫圈、瓶和导管。可以使用开放的或闭合的截面轮廓来创建一个曲面，该曲面可以用作构造曲面或用来设计复杂的形状。

4-3

4.3.3 实例——压紧套

本例绘制如图 4-54 所示的压紧套。

操作步骤

(1) 新建文件。单击快速访问工具栏中的“新建”按钮，在打开的“新建文件”对话框中选择 Standard.ipt 选项，单击“创建”按钮，新建一个零件文件。

(2) 创建草图。单击“三维模型”选项卡“草图”面板中的“开始创建二维草图”按钮，选择 XY 平面为草图绘制平面，进入草图绘制环境。单击“草图”选项卡“创建”面板中的“直线”按钮，绘制草图。单击“约束”面板中的“尺寸”按钮，标注尺寸如图 4-55 所示。单击“草图”选项卡中的“完成草图”按钮，退出草图环境。

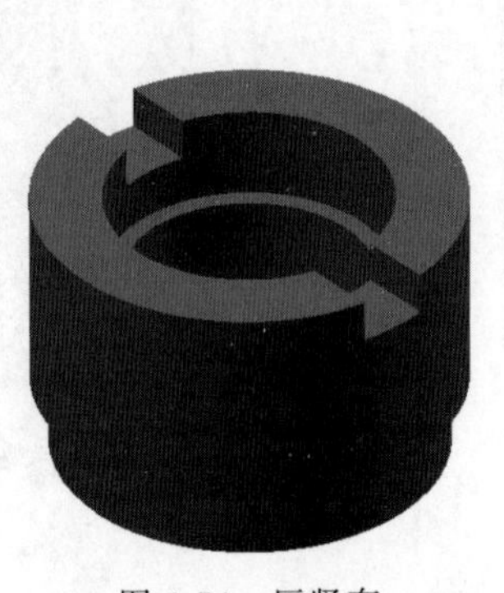

图 4-54 压紧套

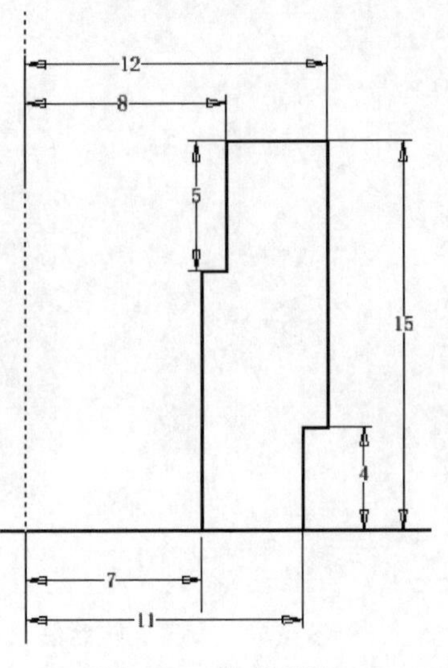

图 4-55 绘制草图

（3）创建旋转体。单击“三维模型”选项卡“创建”面板中的“旋转”按钮，打开“旋转”对话框。由于草图中只有图 4-55 中的一个截面轮廓，所以自动被选取为旋转截面轮廓，选取竖直直线段为旋转轴，如图 4-56 所示。单击“确定”按钮完成旋转，如图 4-57 所示。

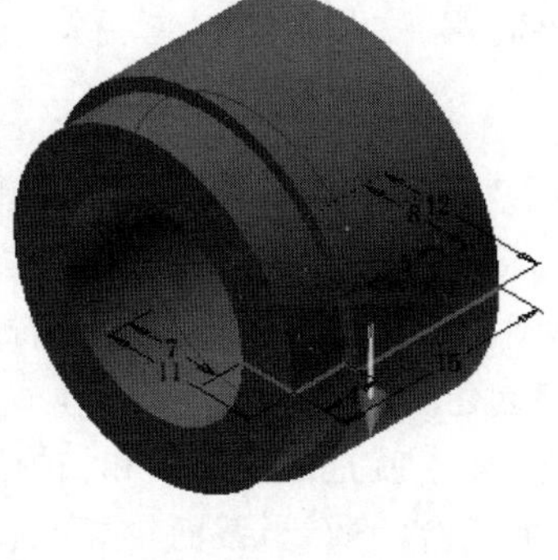

图 4-56　设置参数

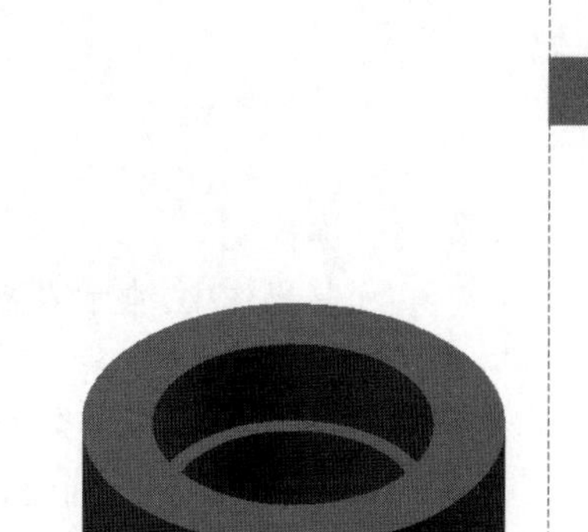

图 4-57　创建旋转体

（4）创建草图。单击“三维模型”选项卡“草图”面板中的“开始创建二维草图”按钮，选择 XY 平面为草图绘制平面，进入草图绘制环境。单击“草图”选项卡“创建”面板中的“矩形”按钮，绘制草图。单击“约束”面板中的“尺寸”按钮，标注尺寸如图 4-58 所示。单击“草图”选项卡中的“完成草图”按钮，退出草图环境。

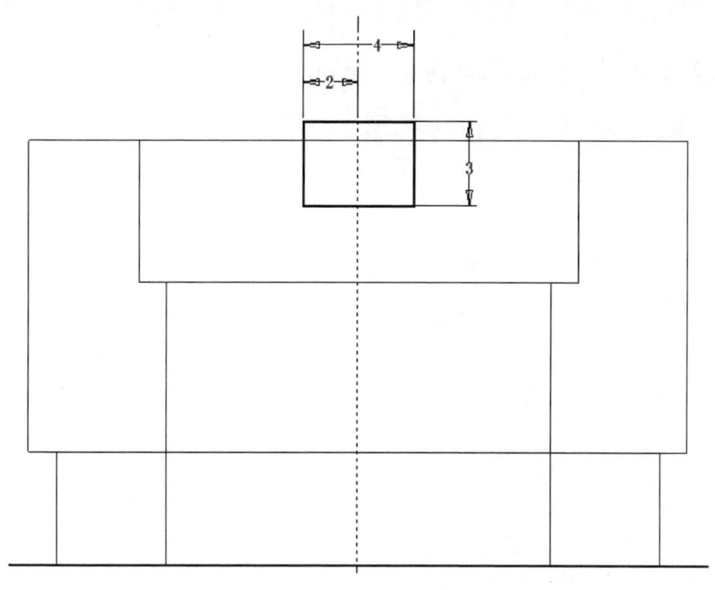

图 4-58　绘制草图

（5）创建拉伸体。单击“三维模型”选项卡“创建”面板中的“拉伸”按钮，打开“拉伸”对话框，系统自动选取上一步绘制的草图为拉伸截面轮廓，将拉伸终止方式设置

为“贯通”，单击“对称”按钮，选择“求差”选项。单击“确定”按钮完成拉伸，如图 4-54 所示。

(6) 保存文件。单击快速访问工具栏中的“保存”按钮，打开“另存为”对话框，输入文件名为“压紧套.ipt”，单击“保存”按钮，保存文件。

Note

4.4 扫掠

在实际操作中，常常需要创建一些沿着一个不规则轨迹有相同截面形状的对象，如管道、把手、衬垫凹槽等。Inventor 提供了一个“扫掠”工具用来完成此类特征的创建，它通过沿一条平面路径移动草图截面轮廓来创建一个特征。如果截面轮廓是曲线，则创建曲面；如果是闭合曲线，则创建实体。

创建扫掠特征最重要的两个要素就是截面轮廓和扫掠路径。

截面轮廓可以是闭合的或非闭合的曲线，截面轮廓可嵌套，但不能相交。如果要选择多个截面轮廓，可按住 Ctrl 键继续选择。

扫掠路径可以是开放的曲线或闭合的回路，截面轮廓在扫掠路径的所有位置都与扫掠路径保持垂直，扫掠路径的起点必须放置在截面轮廓和扫掠路径所在平面的相交处。扫掠路径草图必须在与扫掠截面轮廓平面相交的平面上。

4.4.1 创建步骤

创建扫掠特征的步骤如下：

(1) 单击“三维模型”选项卡“创建”面板中的“扫掠”按钮，打开如图 4-59 所示的“扫掠”对话框。

(2) 在视图中选取扫掠截面，如图 4-60 所示。

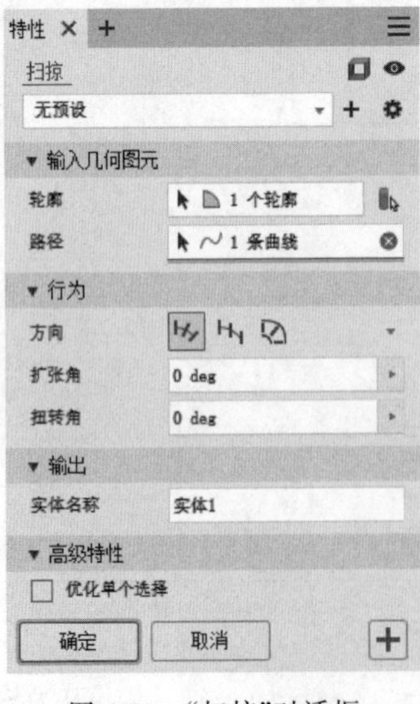

图 4-59 “扫掠”对话框

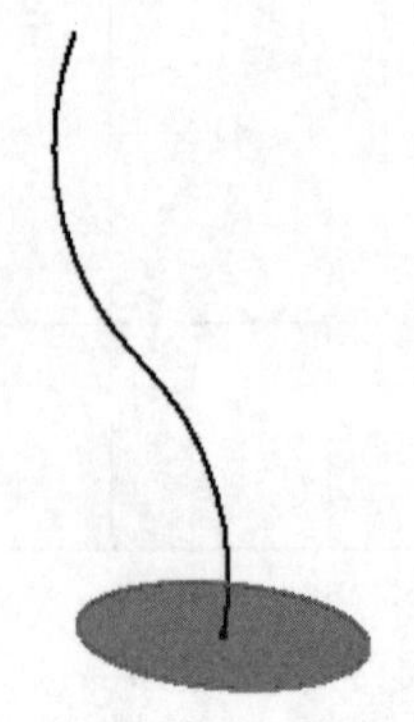

图 4-60 选取截面

（3）在视图中选取扫掠路径，如图 4-61 所示。

（4）在对话框中设置扫掠参数，如扫掠类型、扫掠方向等。

（5）在对话框中单击“确定”按钮，完成扫掠特征的创建，如图 4-62 所示。

Note

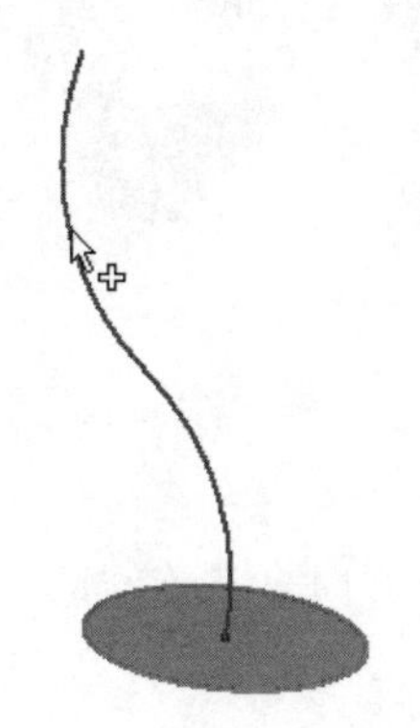

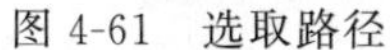

图 4-61 选取路径

图 4-62 完成扫掠

4.4.2 选项说明

“扫掠”对话框中的选项说明如下：

1. 轮廓

选择草图的一个或多个截面轮廓以沿选定的路径进行扫掠，也可单击“实体扫掠”按钮对所选的实体沿所选的路径进行扫掠。

根据“扫掠”对话框可知，扫掠也是集创建实体和曲面于一体的特征：对于封闭截面轮廓，用户可以选择创建实体或曲面；而对于开放的截面轮廓，则只创建曲面。无论扫掠路径开放与否，扫掠路径必须贯穿截面草图平面，否则无法创建扫掠特征。

2. 路径

选择扫掠截面轮廓所围绕的轨迹或路径，路径可以是开放回路，也可以是封闭回路，但无论扫掠路径开放与否，扫掠路径必须贯穿截面草图平面，否则无法创建扫掠特征。

3. 方向

用户创建扫掠特征时，除了必须指定截面轮廓和路径外，还要选择扫掠方向、设置扩张角或扭转角等来控制截面轮廓的扫掠方向、比例和扭曲。

1）跟随路径

创建扫掠时，截面轮廓相对于扫掠路径保持不变，即所有扫掠截面都维持与该路径相关的原始截面轮廓。原始截面轮廓与路径垂直，在结束处扫掠截面仍维持这种几何关系。

当选择控制方式为“路径”时，用户可以指定路径方向上截面轮廓的锥度变化和旋转程度，即扩张角和扭转角。

扩张角相当于拉伸特征的拔模角度，用来设置扫掠过程中在路径的垂直平面内扫掠体的拔模角度变化。当选择正角度时，扫掠特征沿离开起点方向的截面面积增大，反之减小。图 4-63 所示为扩张角为 0°和 5°时的结果。扩张角不适于封闭的路径。

Note

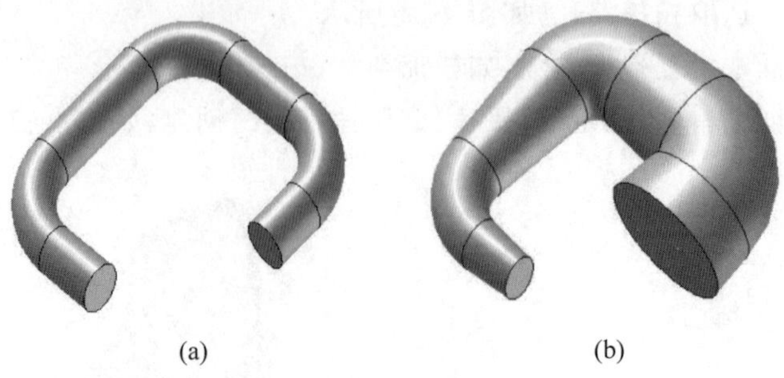

(a) (b)

图 4-63 不同扩张角下的扫掠结果

(a) 0°扩张角；(b) 5°扩张角

扭转角用来设置轮廓沿路径扫掠的同时，在轴向方向自身旋转的角度，即从扫掠开始到扫掠结束轮廓自身旋转的角度。

2）固定

创建扫掠时，截面轮廓会保持平行于原始截面轮廓，在路径任一点作平行截面轮廓的剖面，获得的几何形状仍与原始截面相当。

3）引导轨道扫掠

引导轨道扫掠，即创建扫掠时，选择一条附加曲线或轨道来控制截面轮廓的比例和扭曲。这种扫掠用于具有不同截面轮廓的对象，沿着轮廓扫掠时，这些设计可能会旋转或扭曲，如吹风机的手柄和高跟鞋底。

在此类型的扫掠中，可以通过控制截面轮廓在 X 和 Y 方向上的缩放创建符合引导轨道的扫掠特征。截面轮廓缩放方式有以下 3 种。

(1) X 和 Y：在扫掠过程中，截面轮廓在引导轨道的影响下随路径在 X 和 Y 方向同时缩放。

(2) X：在扫掠过程中，截面轮廓在引导轨道的影响下随路径在 X 方向上进行缩放。

(3) 无：使截面轮廓保持固定的形状和大小，此时轨道仅控制截面轮廓扭曲。当选择此方式时，相当于传统路径扫掠。

4. 优化单个选择

选中“优化单个选择”复选框，进行单个选择后，即自动前进到下一个选择器。进行多项选择时取消选中该复选框。

4.4.3 实例——扳手

4-4

本例创建如图 4-64 所示的扳手。

操作步骤

(1) 新建文件。单击快速访问工具栏中的“新建”按钮，在打开的“新建文件”对话框中选择 Standard.ipt 选项，单击“创建”按钮，新建一个零件文件。

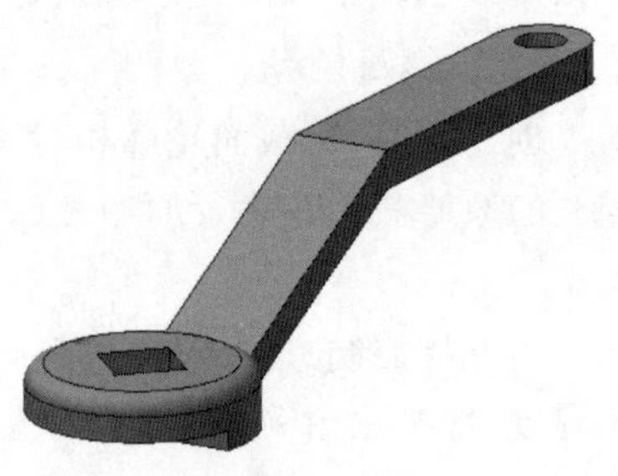

图 4-64 扳手

（2）创建草图。单击“三维模型”选项卡“草图”面板中的“开始创建二维草图”按钮，选择XY平面为草图绘制平面，进入草图绘制环境。单击“草图”选项卡“创建”面板中的“矩形”按钮和“圆角”按钮，绘制草图。单击“约束”面板中的“尺寸”按钮，标注尺寸如图4-65所示。单击“草图”选项卡中的“完成草图”按钮，退出草图环境。

Note

（3）创建旋转体。单击“三维模型”选项卡“创建”面板中的“旋转”按钮，打开“旋转”对话框，由于草图中只有图4-65中的一个截面轮廓，所以自动被选取为旋转截面轮廓。选取左侧竖直直线段为旋转轴，单击“确定”按钮完成旋转，如图4-66所示。

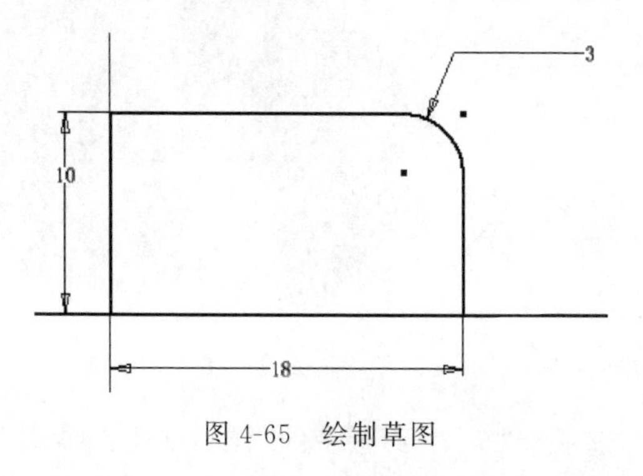

图4-65　绘制草图

图4-66　旋转体

（4）创建草图。单击“三维模型”选项卡“草图”面板中的“开始创建二维草图”按钮，选择旋转体的上表面为草图绘制平面，进入草图绘制环境。单击“草图”选项卡“创建”面板中的“多边形”按钮，在打开的“多边形”对话框中输入边数为4，绘制草图。单击“约束”面板中的“尺寸”按钮，标注尺寸如图4-67所示。单击“草图”选项卡中的“完成草图”按钮，退出草图环境。

（5）创建拉伸体。单击“三维模型”选项卡“创建”面板中的“拉伸”按钮，打开“拉伸”对话框，选取上一步绘制的草图为拉伸截面轮廓，选择“求差”方式，设置拉伸终止方式为“贯通”，选择“求差”选项。单击“确定”按钮，完成拉伸，如图4-68所示。

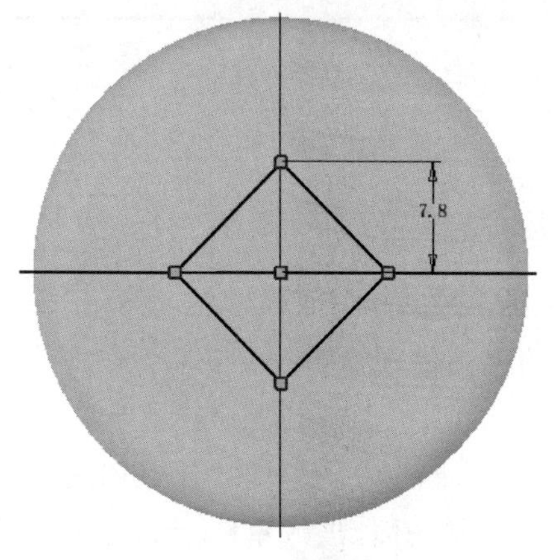

图4-67　绘制草图

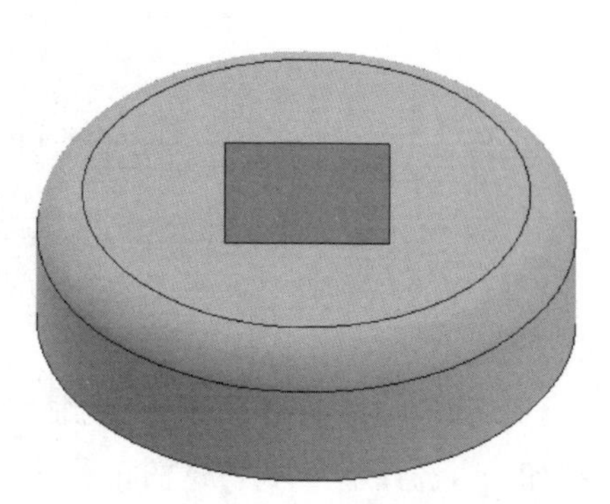

图4-68　拉伸体

（6）创建草图。单击“三维模型”选项卡“草图”面板中的“开始创建二维草图”按钮，选择XY平面为草图绘制平面，进入草图绘制环境。单击“草图”选项卡“创建”面

Note

板中的"矩形"按钮，绘制草图。单击"约束"面板中的"尺寸"按钮，标注尺寸如图 4-69 所示。单击"草图"选项卡中的"完成草图"按钮，退出草图环境。

(7) 创建拉伸体。单击"三维模型"选项卡"创建"面板中的"拉伸"按钮，打开"拉伸"对话框，选取上一步绘制的草图为拉伸截面轮廓，设置拉伸终止方式为"贯通"，单击"对称"按钮，选择"求差"选项。单击"确定"按钮完成拉伸，如图 4-70 所示。

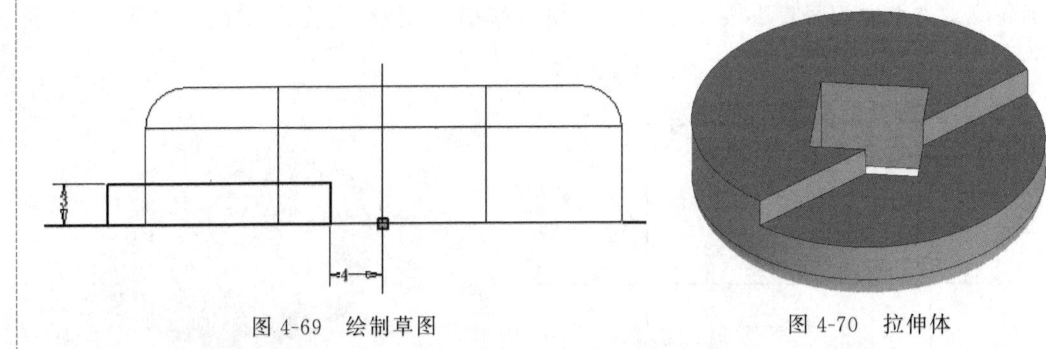

图 4-69　绘制草图　　　　图 4-70　拉伸体

(8) 创建扫掠路径。单击"三维模型"选项卡"草图"面板中的"开始创建二维草图"按钮，选择 XY 平面为草图绘制平面，进入草图绘制环境。单击"草图"选项卡"创建"面板中的"直线"按钮，绘制草图。单击"约束"面板中的"尺寸"按钮，标注尺寸如图 4-71 所示。单击"草图"选项卡中的"完成草图"按钮，退出草图环境。

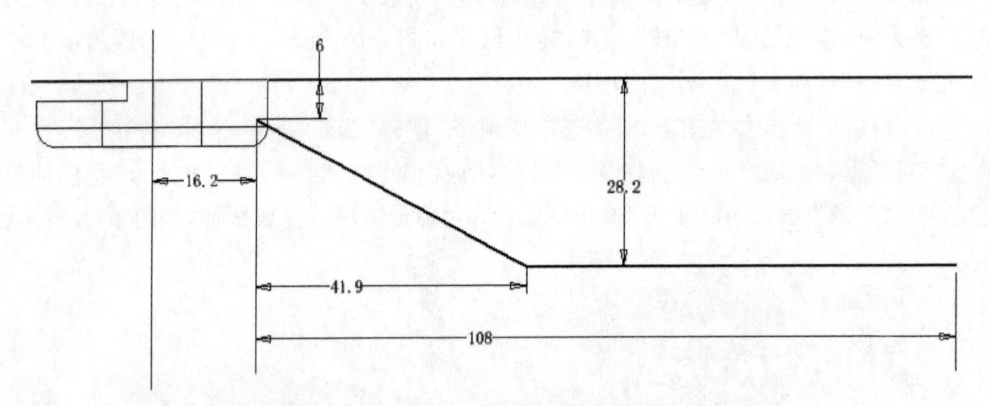

图 4-71　绘制扫掠路径

(9) 创建工作平面。单击"三维模型"选项卡"定位特征"面板中的"平行于平面且通过点"按钮，选择 YZ 平面和上一步绘制的草图的端点，创建工作平面如图 4-72 所示。

(10) 创建扫掠截面。单击"三维模型"选项卡"草图"面板中的"开始创建二维草图"按钮，选择上一步创建的工作平面为草图绘制平面，进入草图绘制环境。单击"草图"选项卡"创建"面板中的"矩形"按钮，绘制草图。单击"约束"面板中的"尺寸"按钮，标注尺寸如图 4-73 所示。单击"草图"选项卡中的"完成草图"按钮，退出草图环境。

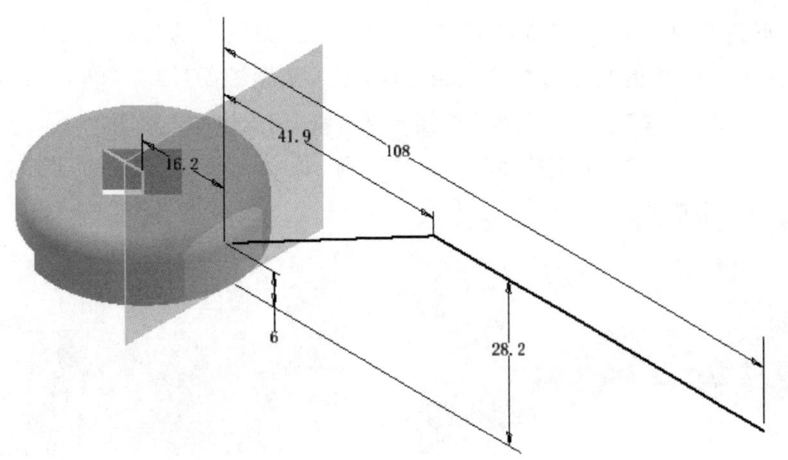

图 4-72　创建工作平面

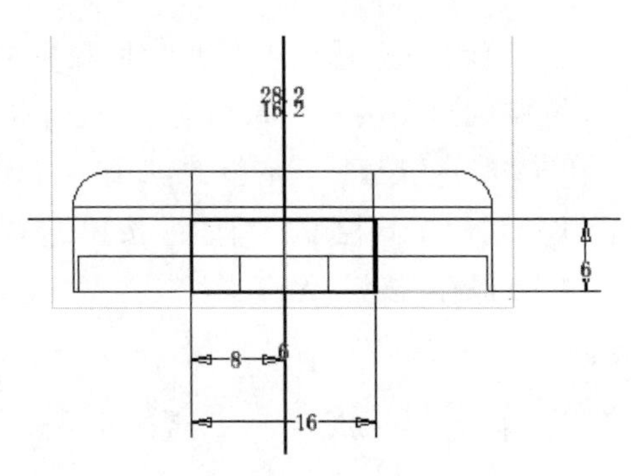

图 4-73　绘制扫掠截面

（11）创建扫掠体。单击“三维模型”选项卡“创建”面板中的“扫掠”按钮，打开“扫掠”对话框，选取第(10)步创建的草图为扫掠截面轮廓，选取第(9)步创建的草图为扫掠路径，选择“固定”方向，如图 4-74 所示。单击“确定”按钮，完成扫掠，如图 4-75 所示。

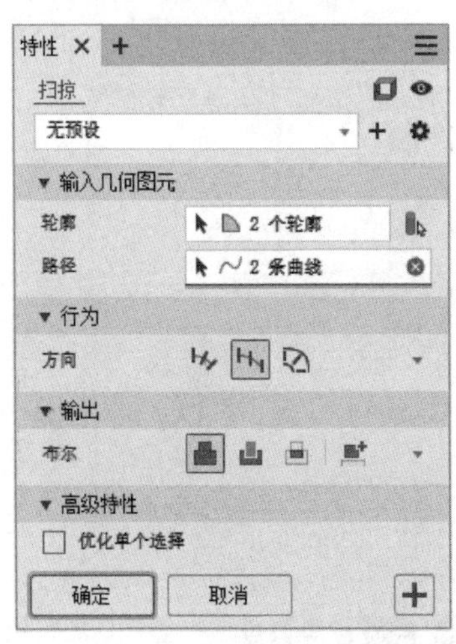

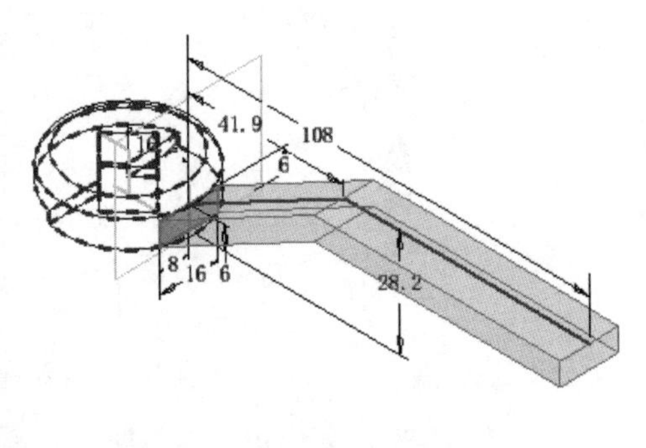

图 4-74　“扫掠”对话框及示意图

Note

(12) 创建草图。单击“三维模型”选项卡“草图”面板中的“开始创建二维草图”按钮，选择图 4-75 中的面 1 为草图绘制平面，进入草图绘制环境。单击“草图”选项卡“创建”面板中的“圆”按钮、“直线”按钮和“修剪”按钮，绘制草图。单击“约束”面板中的“尺寸”按钮，标注尺寸如图 4-76 所示。单击“草图”选项卡中的“完成草图”按钮，退出草图环境。

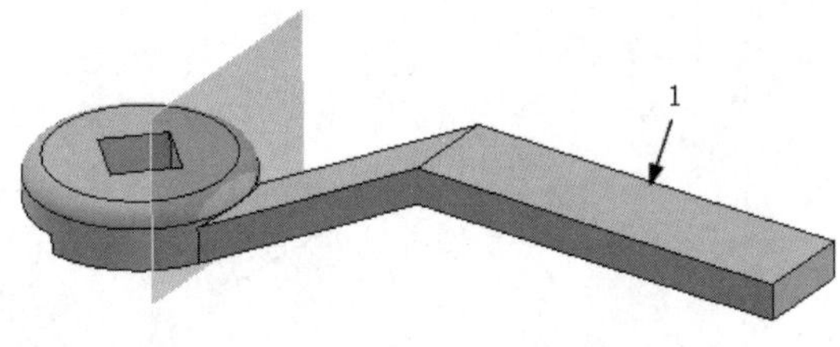

图 4-75　扫掠体

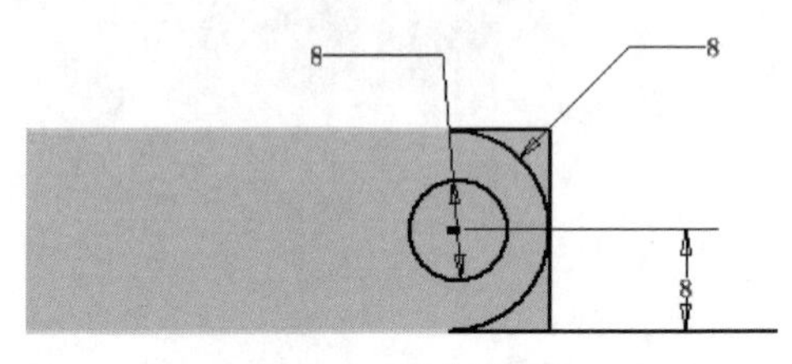

图 4-76　绘制草图

(13) 创建拉伸体。单击“三维模型”选项卡“创建”面板中的“拉伸”按钮，打开“拉伸”对话框，选取上一步绘制的草图为拉伸截面轮廓，设置拉伸终止方式为“贯通”，选择“求差”选项。单击“确定”按钮，完成拉伸，如图 4-64 所示。

(14) 保存文件。单击快速访问工具栏中的“保存”按钮，打开“另存为”对话框，输入文件名为“扳手.ipt”，单击“保存”按钮，保存文件。

4.5　放　　样

放样特征是以两个以上的截面草图为基础，添加“轨道”、“中心轨道”或“区域放样”等构成要素作为辅助约束而成的复杂几何结构，它常用来创建一些具有复杂形状的零件如塑料模具或铸造模样的表面。

4.5.1　创建步骤

创建放样特征的步骤如下：

(1) 单击“三维模型”选项卡“创建”面板中的“放样”按钮，打开如图 4-77 所示的“放样”对话框。

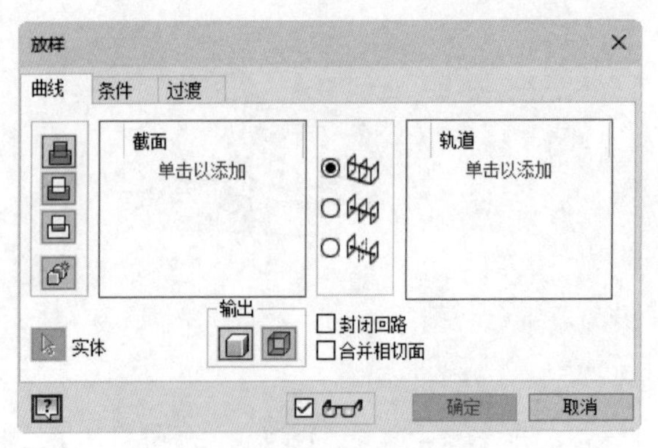

图 4-77　“放样”对话框

（2）在视图中选取放样截面，如图 4-78 所示。

（3）在对话框中设置放样参数，如放样类型等。

（4）在对话框中单击“确定”按钮，完成放样特征的创建，如图 4-79 所示。

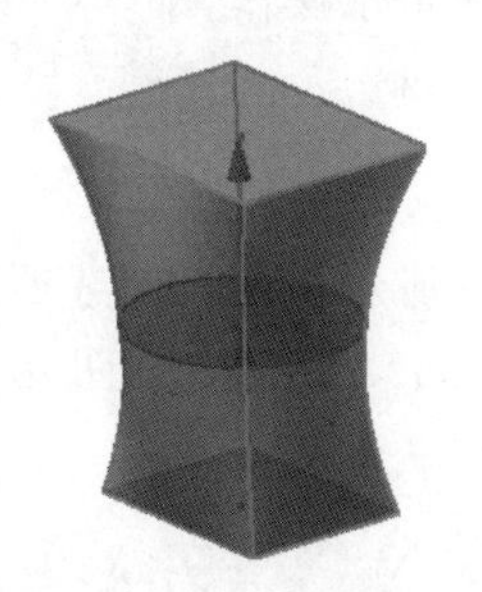

图 4-78　选取截面

图 4-79　完成放样

4.5.2　选项说明

“放样”对话框中的选项说明如下：

1. 截面形状

放样特征通过将多个截面轮廓与单独的平面、非平面或工作平面上的各种形状相混合来创建复杂的形状，因此截面形状的创建是放样特征的基础和关键要素。

（1）如果截面形状是非封闭的曲线或闭合曲线，或是零件面的闭合面回路，则放样生成曲面特征。

（2）如果截面形状是封闭的曲线，或是零件面的闭合面回路，或是一组连续的模型边，则可生成实体特征或曲面特征。

（3）截面形状是在草图上创建的，在放样特征的创建过程中，往往需要首先创建大量的工作平面以在对应的位置创建草图，再在草图上绘制放样截面形状。

（4）用户可创建任意多个截面轮廓，但是要避免放样形状扭曲，最好沿一条直线向量在每个截面轮廓上映射点。

（5）可通过添加轨道进一步控制形状，轨道是连接至每个截面上的点的二维或三维线。起始和终止截面轮廓可以是特征上的平面，并可与特征平面相切以获得平滑过渡。可将现有面作为放样的起始和终止面，在该面上创建草图以使面的边可被选中用于放样。如果使用平面或非平面的回路，可直接选中它，而不需要在该面上创建草图。

2. 轨道

为了加强对放样形状的控制，引入了“轨道”的概念。轨道是在截面之上或之外终止的二维或三维直线、圆弧或样条曲线，如二维或三维草图中开放或闭合的曲线，以及一组连续的模型边等，都可作为轨道。轨道必须与每个截面相交，并且都应该是平滑的，在方向上没有突变。创建放样时，如果轨道延伸到截面之外，则将忽略延伸到截面之外的那一部分轨道。轨道可影响整个放样实体，而不仅仅是与它相交的面或截面。如果没有指定轨道，对齐的截面和仅具有两个截面的放样将用直线连接。未定义轨道的截面顶点受相邻轨道的影响。

Note

3. 输出类型和布尔操作

放样的输出可选择是实体还是曲面，可通过单击“输出”区域中的“实体”按钮和“曲面”按钮来实现。还可利用放样来实现 3 种布尔操作，即“求并”、“求差”和“求交”。前面已经进行相关介绍，这里不再赘述。

4. 条件

打开“放样”对话框的“条件”选项卡，如图 4-80 所示。“条件”选项卡用来指定终止截面轮廓的边界条件，以控制放样体末端的形状。可对每一个草图几何图元分别设置边界条件。

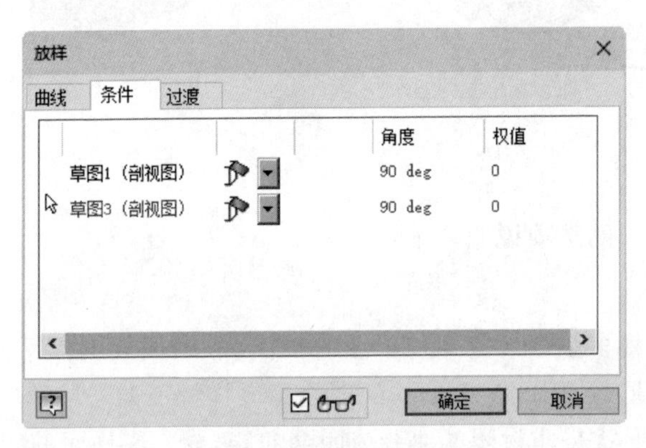

图 4-80 “条件”选项卡

放样有 3 种边界条件，即无边界条件、相切条件和方向条件。

（1）无边界条件：对其末端形状不加以干涉。

（2）相切条件：仅当所选的草图与侧面的曲面或实体相毗邻，或选中面回路时可用，这时放样的末端与相毗邻的曲面或实体表面相切。

（3）方向条件：仅当曲线是二维草图时可用，需要用户指定放样特征的末端形状相对于截面轮廓平面的角度。

当选择“相切条件”和“方向条件”选项时，需要指定“角度”和“权值”条件。

（1）角度：指定草图平面和由草图平面上的放样创建的面之间的角度。

（2）权值：决定角度如何影响放样外观的无量纲值。大数值创建逐渐过渡，而小数值创建突然过渡。从图 4-81 中可看出，权值为零意味着没有相切，小权值可能导致从第一个截面轮廓到放样曲面的不连续过渡，大权值可能导致从第一个截面轮廓到放样曲面的光滑过渡。需要注意的是，特别大的权值会导致放样曲面的扭曲，并且可能会生成自交的曲面。此时应该在每个截面轮廓的截面上设置工作点并构造轨道（穿过工作点的二维或三维线），以使形状扭曲最小化。

5. 过渡

打开“放样”对话框的“过渡”选项卡，如图 4-82 所示。

“过渡”特征定义一个截面的各段如何映射到其前后截面的各段中，可看到默认的选项是“自动映射”。如果关闭自动映射，将列出自动计算的点集并根据需要添加或删除点。

按钮✔,退出草图环境。

(11) 放样实体。单击“三维模型”选项卡“创建”面板中的“放样”按钮,打开“放样”对话框,在视图中依次选择前面创建的草图作为截面,如图 4-85 所示。单击“确定”按钮,结果如图 4-86 所示。

Note

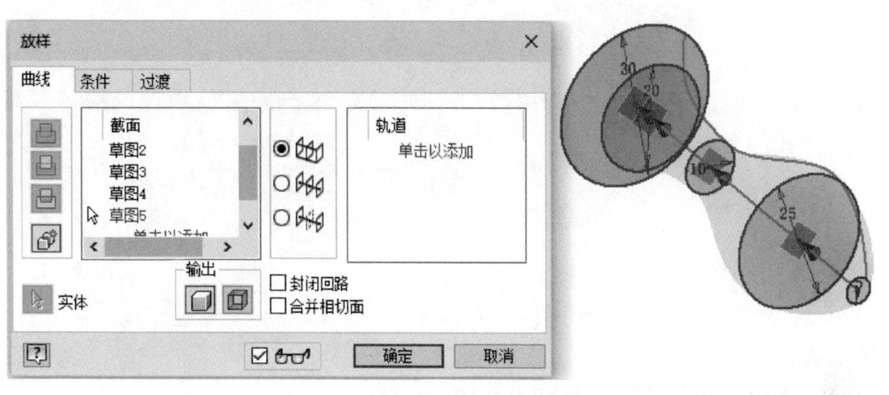

图 4-85　设置参数

(12) 创建草图。单击“三维模型”选项卡“草图”面板中的“开始创建二维草图”按钮,选择工作平面 4 为草图绘制平面,进入草图绘制环境。单击“草图”选项卡“创建”面板中的“圆”按钮,绘制直径为 10mm 的圆,如图 4-87 所示。单击“完成草图”按钮✔,退出草图环境。

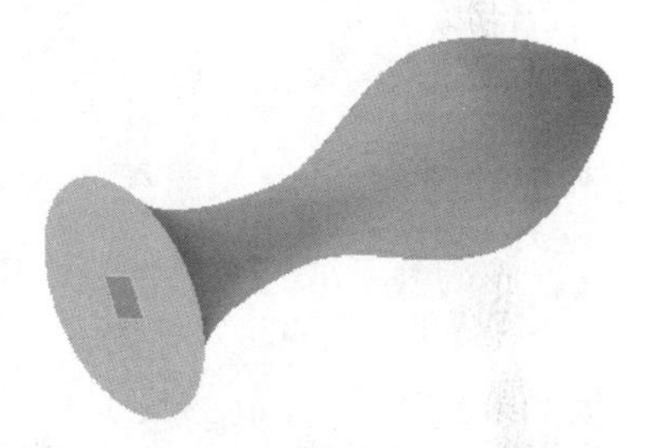

图 4-86　创建放样实体

(13) 创建拉伸体。单击“三维模型”选项卡“创建”面板中的“拉伸”按钮,打开“拉伸”对话框,选取上一步绘制的草图为拉伸截面轮廓,将拉伸距离设置为 15mm,单击“确定”按钮完成拉伸,结果如图 4-88 所示。

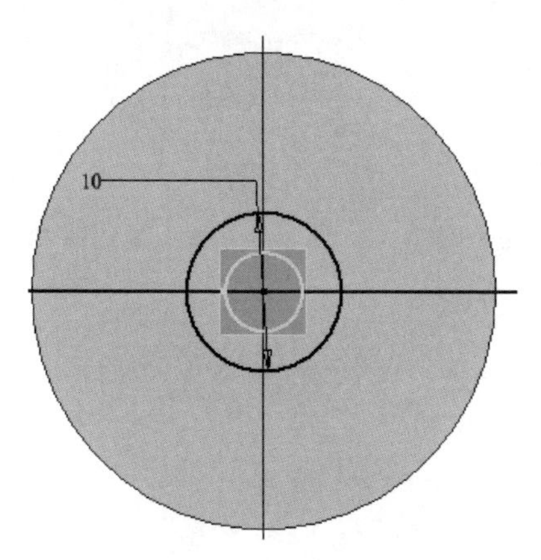

图 4-87　绘制草图

图 4-88　创建拉伸体

(14) 隐藏工作平面。在浏览器中选取工作平面后右击,在弹出的快捷菜单中选择“可见性”选项,使工作平面不可见。

（15）保存文件。单击快速访问工具栏中的“保存”按钮，打开“另存为”对话框，输入文件名为“门把手.ipt”，单击“保存”按钮即可保存文件。

Note

4.6 螺旋扫掠

螺旋扫掠是扫掠特征的一个特例，它的作用是创建扫掠路径为螺旋线的三维实体特征。

4.6.1 创建步骤

创建螺旋扫掠特征的步骤如下：

（1）单击“三维模型”选项卡“创建”面板中的“螺旋扫掠”按钮，打开如图 4-89 所示的“螺旋扫掠”对话框。

（2）在视图中选取扫掠截面轮廓，如图 4-90 所示。

（3）在视图中选取旋转轴，如图 4-91 所示。

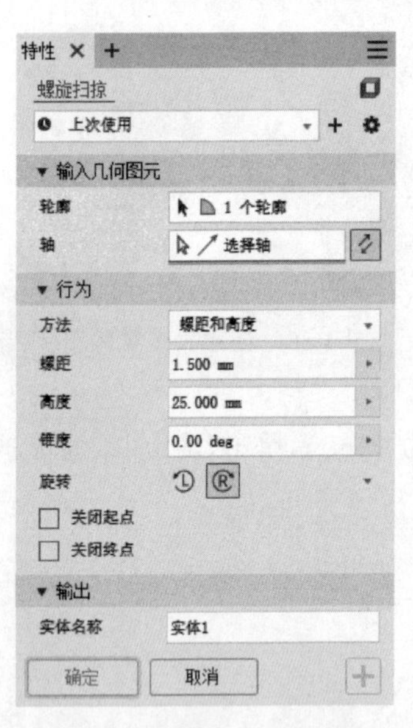

图 4-89 “螺旋扫掠”对话框

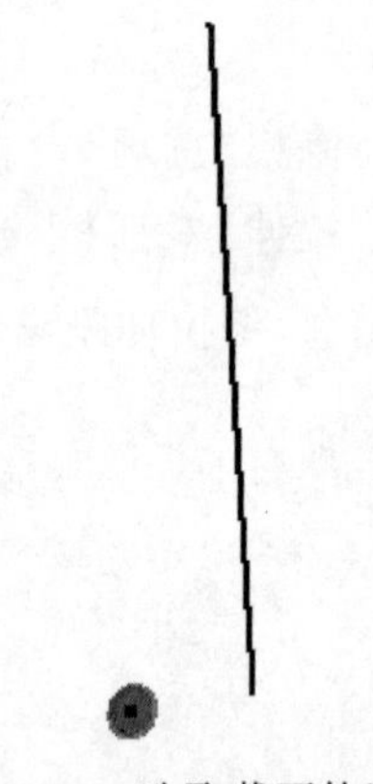

图 4-90 选取截面轮廓

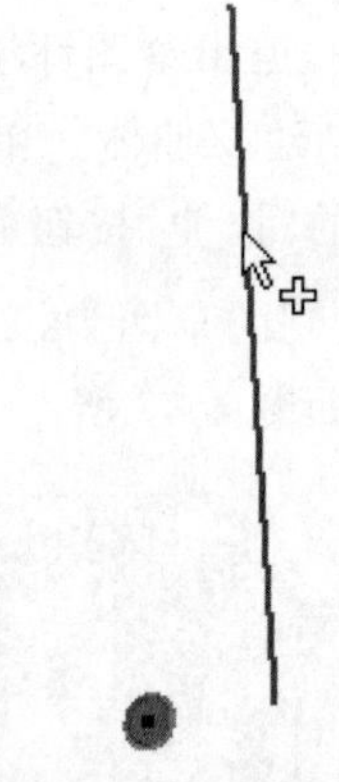

图 4-91 选取旋转轴

（4）设置螺旋扫掠参数，如图 4-92 所示。

（5）在对话框中单击“确定”按钮，完成螺旋扫掠特征的创建，如图 4-93 所示。

4.6.2 选项说明

“螺旋扫掠”对话框中的选项说明如下：

1. 输入几何图元

轮廓应该是一个封闭的曲线，以创建实体；轴应该是一条直线，它不能与截面轮廓曲线相交，但是必须与其在同一个平面内。

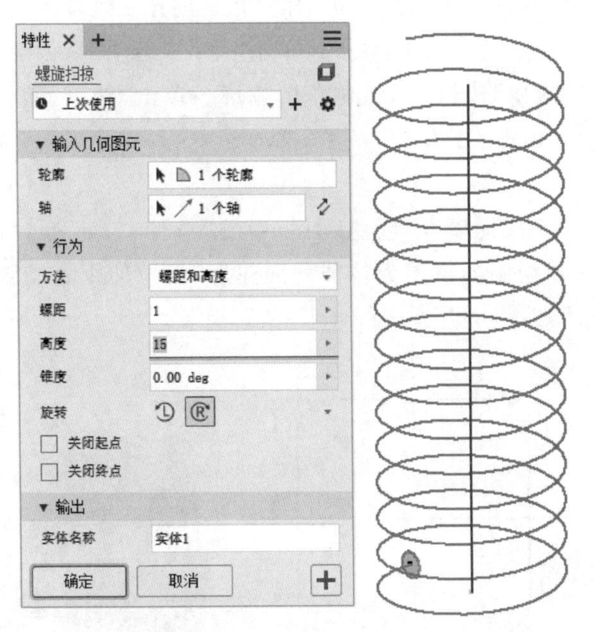

图 4-92 设置螺旋扫掠参数

图 4-93 完成螺旋扫掠

2. 行为

可设置的螺旋类型一共有 4 种，即螺距和转数、转数和高度、螺距和高度以及螺旋。选择了不同的类型以后，在下面的参数文本框中输入对应的参数即可。

可指定螺旋扫掠按顺时针方向Ⓡ还是逆时针方向旋转Ⓛ。

选中“关闭起点”和“关闭终点”复选框，用户可指定开始端和终止端的终止类型，也可指定具体的过渡段包角和平底段包角。

(1) 过渡段包角：螺旋扫掠获得过渡的距离(单位为度数，一般少于一圈)。图 4-94(a)的示例中显示了顶部是自然结束，底部是四分之一圈(90°)过渡并且未使用平底段包角的螺旋扫掠。

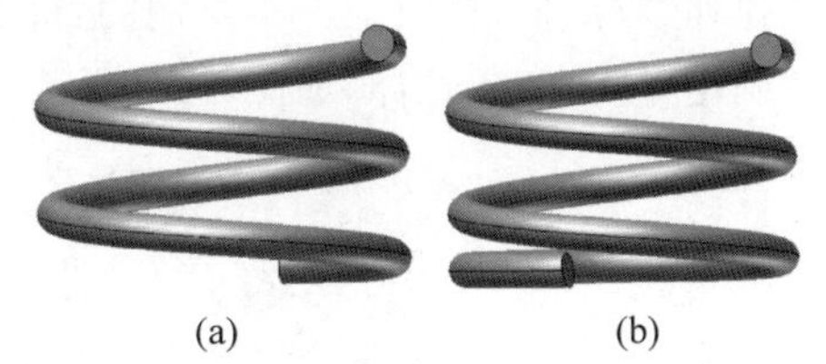

图 4-94 不同过渡包角下的扫掠结果
(a) 过渡段包角；(b) 平底段包角

(2) 平底段包角：螺旋扫掠过渡后不带螺距(平底)的延伸距离(度数)，它是从螺旋扫掠的正常旋转的末端过渡到平底端的末尾。图 4-94(b)的示例中显示了与图 4-94(a)显示的过渡段包角相同，但指定了一半转向(180°)的平底段包角的螺旋扫掠。

4.6.3 实例——阀盖

4-6

本例绘制如图 4-95 所示的阀盖。

操作步骤

(1) 新建文件。单击快速访问工具栏中的“新建”按钮，在打开的“新建文件”对话框中选择 Standard.ipt 选项，单击“创建”按钮，新建一个零件文件。

Note

(2) 创建草图。单击“三维模型”选项卡“草图”面板中的“开始创建二维草图”按钮 ，选择 XY 平面为草图绘制平面，进入草图绘制环境。单击“草图”选项卡“创建”面板中的“两点中心矩形”按钮 和“圆角”按钮 ，绘制草图轮廓。单击“约束”面板中的“尺寸”按钮 ，标注尺寸如图 4-96 所示。单击“草图”选项卡中的“完成草图”按钮 ，退出草图环境。

(3) 创建拉伸体。单击“三维模型”选项卡“创建”面板中的“拉伸”按钮 ，打开“拉伸”对话框，系统自动选取上一步绘制的草图为拉伸截面轮廓，将拉伸距离设置为 12.5mm，单击“确定”按钮完成拉伸，如图 4-97 所示。

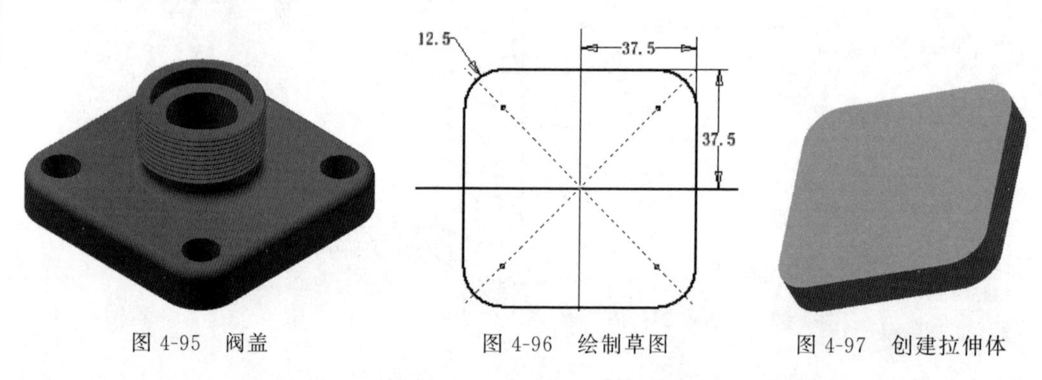

图 4-95　阀盖　　图 4-96　绘制草图　　图 4-97　创建拉伸体

(4) 创建草图。单击“三维模型”选项卡“草图”面板中的“开始创建二维草图”按钮 ，选择拉伸体的上表面为草图绘制平面，进入草图绘制环境。单击“草图”选项卡“创建”面板中的“圆心圆”按钮 ，绘制圆。单击“约束”面板中的“尺寸”按钮 ，标注尺寸如图 4-98 所示。单击“草图”选项卡中的“完成草图”按钮 ，退出草图环境。

(5) 创建拉伸体。单击“三维模型”选项卡“创建”面板中的“拉伸”按钮 ，打开“拉伸”对话框，选取上一步绘制的草图为拉伸截面轮廓，将拉伸距离设置为 7mm，单击“确定”按钮完成拉伸，如图 4-99 所示。

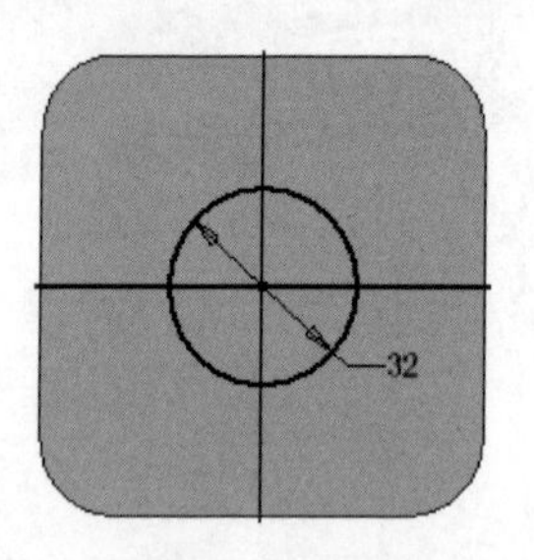

图 4-98　绘制圆

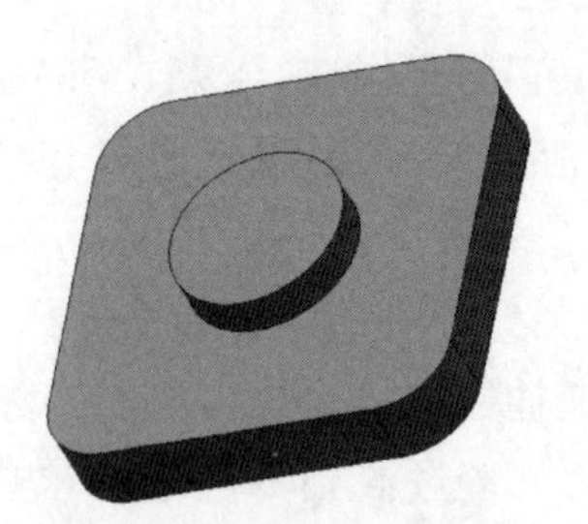

图 4-99　创建拉伸体

(6) 创建草图。单击“三维模型”选项卡“草图”面板中的“开始创建二维草图”按钮 ，选择上一步创建的拉伸体上表面为草图绘制平面，进入草图绘制环境。单击“草图”选项卡“创建”面板中的“圆心圆”按钮 ，绘制草图轮廓。单击“约束”面板中的“尺寸”按钮 ，标注尺寸如图 4-100 所示。单击“草图”选项卡中的“完成草图”按钮 ，退出草图环境。

(7) 创建拉伸体。单击“三维模型”选项卡“创建”面板中的“拉伸”按钮 ，打开“拉伸”对话框，选取上一步绘制的草图为拉伸截面轮廓，将拉伸距离设置为 15mm，单

击“确定”按钮完成拉伸，如图 4-101 所示。

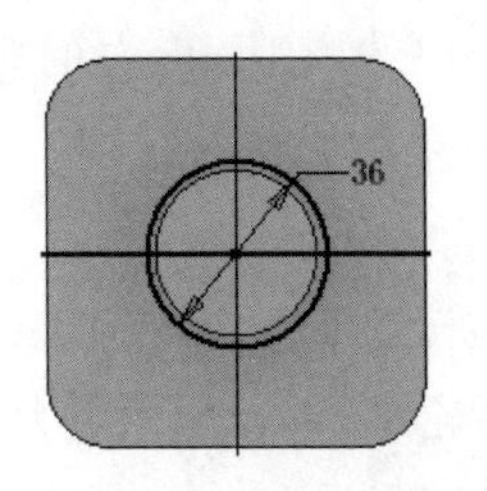

图 4-100　绘制草图

图 4-101　创建拉伸体

（8）创建草图。单击“三维模型”选项卡“草图”面板中的“开始创建二维草图”按钮，选择图 4-101 中的后表面为草图绘制平面，进入草图绘制环境。单击“草图”选项卡“创建”面板中的“圆心圆”按钮，绘制草图轮廓。单击“约束”面板中的“尺寸”按钮，标注尺寸如图 4-102 所示。单击“草图”选项卡中的“完成草图”按钮，退出草图环境。

（9）创建拉伸体。单击“三维模型”选项卡“创建”面板中的“拉伸”按钮，打开“拉伸”对话框，选取上一步绘制的草图为拉伸截面轮廓，将拉伸距离设置为 5mm，单击“确定”按钮完成拉伸，如图 4-103 所示。

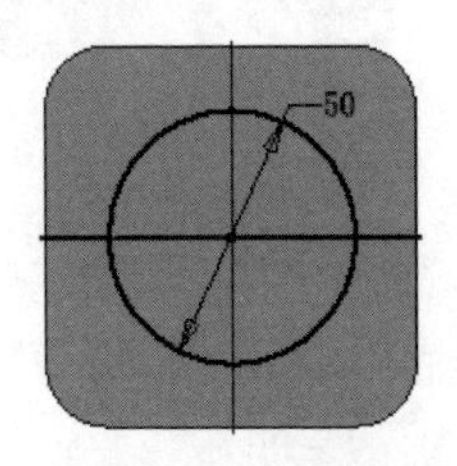

图 4-102　绘制草图

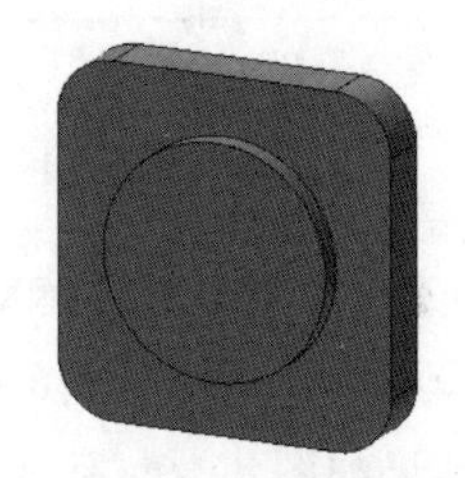

图 4-103　创建拉伸体

（10）创建草图。单击“三维模型”选项卡“草图”面板中的“开始创建二维草图”按钮，选择上一步创建的拉伸体上表面为草图绘制平面，进入草图绘制环境。单击“草图”选项卡“创建”面板中的“圆心圆”按钮，绘制草图轮廓。单击“约束”面板中的“尺寸”按钮，标注尺寸如图 4-104 所示。单击“草图”选项卡中的“完成草图”按钮，退出草图环境。

（11）创建拉伸体。单击“三维模型”选项卡“创建”面板中的“拉伸”按钮，打开“拉伸”对话框，选取上一步绘制的草图为拉伸截面轮廓，将拉伸距离设置为 3mm，单击“确定”按钮完成拉伸，如图 4-105 所示。

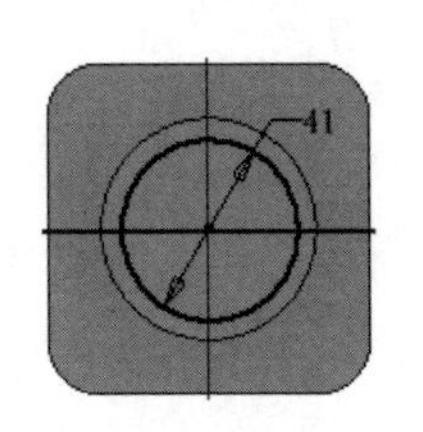

图 4-104　创建草图

图 4-105　创建拉伸体

Note

（12）创建草图。单击“三维模型”选项卡“草图”面板中的“开始创建二维草图”按钮，选择 YZ 平面为草图绘制平面，进入草图绘制环境。单击“草图”选项卡“创建”面板中的“直线”按钮，绘制草图轮廓。单击“约束”面板中的“尺寸”按钮，标注尺寸如图 4-106 所示。单击“草图”选项卡中的“完成草图”按钮，退出草图环境。

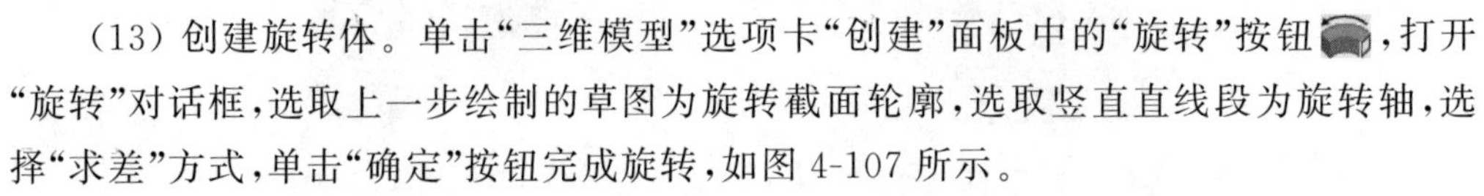

（13）创建旋转体。单击“三维模型”选项卡“创建”面板中的“旋转”按钮，打开“旋转”对话框，选取上一步绘制的草图为旋转截面轮廓，选取竖直直线段为旋转轴，选择“求差”方式，单击“确定”按钮完成旋转，如图 4-107 所示。

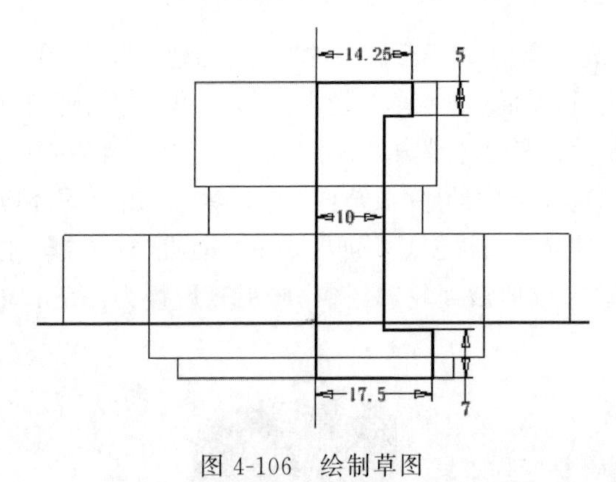

图 4-106　绘制草图

图 4-107　旋转切除

（14）圆角处理。单击“三维模型”选项卡“修改”面板中的“圆角”按钮，打开“圆角”对话框，输入半径为 3mm，选择如图 4-108 所示的边线倒圆角。单击“确定”按钮，完成圆角操作，结果如图 4-109 所示。（圆角的具体细节参见 5.2 节）

图 4-108　选择边线 1

4-7

（15）创建草图。单击“三维模型”选项卡“草图”面板中的“开始创建二维草图”按钮，选择如图 4-109 所示的面 1 为草图绘制平面，进入草图绘制环境。单击“草图”选项卡“创建”面板中的“直线”按钮和“圆心圆”按钮，绘制草图轮廓。单击“约束”面板中的“尺寸”按钮，标注尺寸如图 4-110 所示。单击“草图”选项卡中的“完成草图”按钮，退出草图环境。

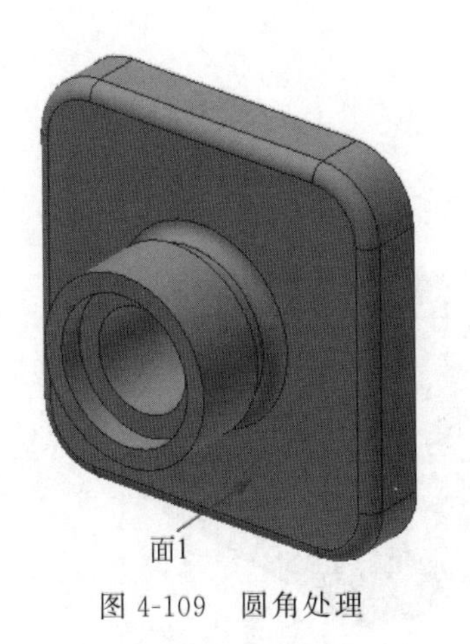

图 4-109 圆角处理

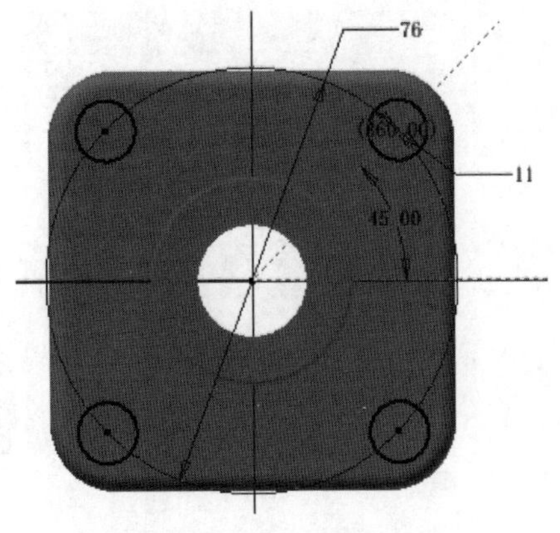

图 4-110 绘制草图

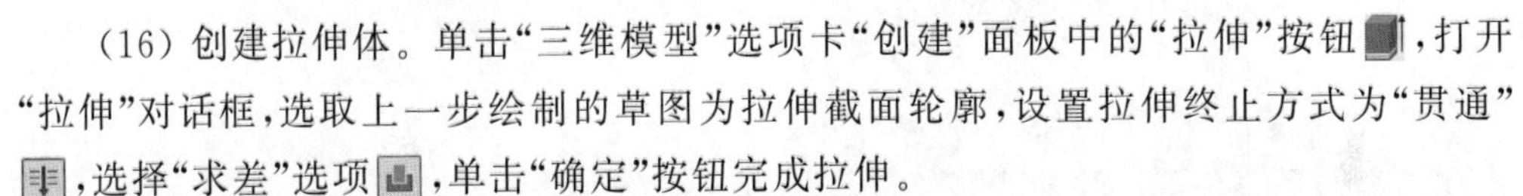

(16) 创建拉伸体。单击“三维模型”选项卡“创建”面板中的“拉伸”按钮，打开“拉伸”对话框，选取上一步绘制的草图为拉伸截面轮廓，设置拉伸终止方式为“贯通”，选择“求差”选项，单击“确定”按钮完成拉伸。

(17) 创建草图。单击“三维模型”选项卡“草图”面板中的“开始创建二维草图”按钮，选择 YZ 平面为草图绘制面。单击“草图”选项卡“创建”面板中的“直线”按钮，绘制草图。单击“约束”面板中的“尺寸”按钮，标注尺寸如图 4-111 所示。单击“草图”选项卡中的“完成草图”按钮，退出草图环境。

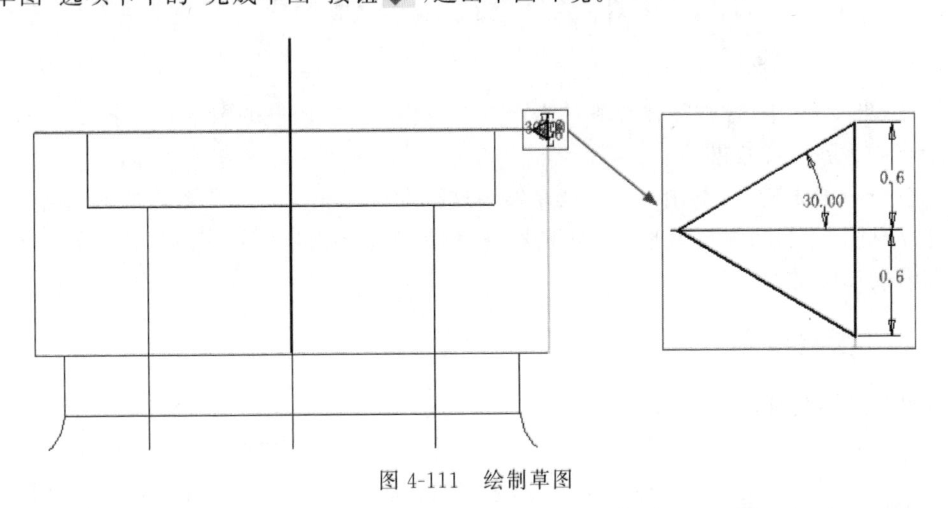

图 4-111 绘制草图

(18) 创建螺纹。单击“三维模型”选项卡“创建”面板中的“螺旋扫掠”按钮，打开如图 4-112 所示的“螺旋扫掠”对话框。选择上一步绘制的草图为截面轮廓，选择 Z 轴为旋转轴，设置类型为“螺距和高度”，输入螺距为 1.5，高度为 17，选择“求差”选项。单击“确定”按钮，完成螺纹创建。

(19) 保存文件。单击快速访问工具栏中的“保存”按钮，打开“另存为”对话框，输入文件名为“阀盖.ipt”，单击“保存”按钮，保存文件。

Note

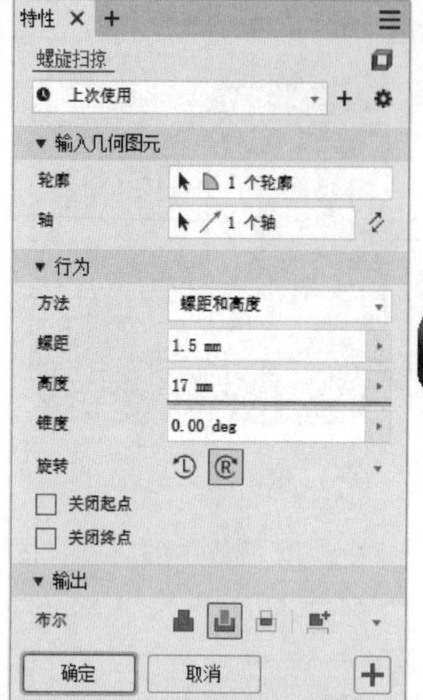

图 4-112　设置参数

4.7　凸　　雕

在零件设计中，往往需要在零件表面增添一些凸起或凹进的图案或文字，以实现某种功能或达到美观效果。

在 Inventor 中，可利用凸雕工具来实现这种设计功能。进行凸雕的基本思路是首先建立草图，因为凸雕也是基于草图的特征，然后在草图上绘制用来形成特征的草图几何图元或草图文本。

4.7.1　创建步骤

创建凸雕特征的步骤如下：

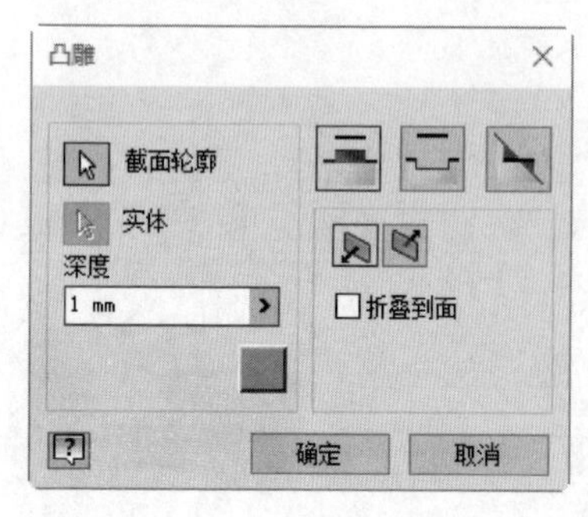

图 4-113　“凸雕”对话框

（1）单击“三维模型”选项卡“创建”面板中的“凸雕”按钮，打开如图 4-113 所示的“凸雕”对话框。

（2）在视图中选取截面轮廓，如图 4-114 所示。

（3）在对话框中设置凸雕参数，例如选择凸雕类型、输入凸雕深度、调整凸雕方向等。

（4）在对话框中单击“确定”按钮，完成凸雕特征的创建，如图 4-115 所示。

Note

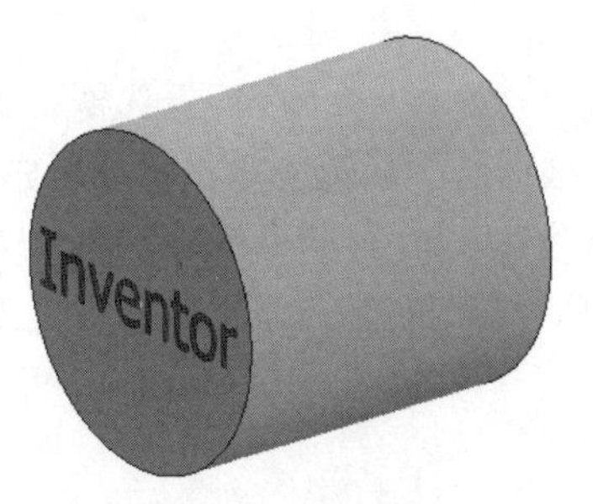

图 4-114　选取截面

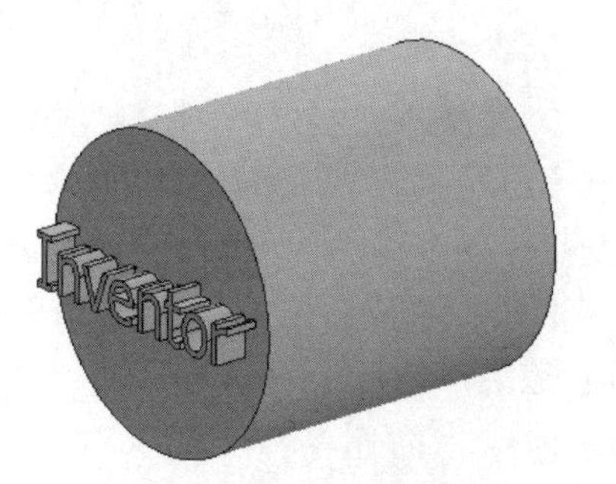

图 4-115　完成凸雕特征

4.7.2　选项说明

“凸雕”对话框中的选项说明如下：

1. 截面轮廓

在创建截面轮廓以前，首先应该选择创建凸雕特征的面。

（1）如果是在平面上创建，则可直接在该平面上创建草图绘制截面轮廓。

（2）如果在曲面上创建凸雕特征，则应该在对应的位置建立工作平面或利用其他的辅助平面，然后在工作平面上创建草图。

草图中的截面轮廓用作凸雕图像，可使用“二维草图面板”工具栏上的工具创建截面轮廓。截面轮廓主要有两种，一是使用“文本”工具创建文本，二是使用草图工具创建形状，如圆形、多边形等。

2. 类型

“类型”选项指定凸雕区域的方向，有以下 3 个选项可选择。

（1）从面凸雕：单击此按钮，将升高截面轮廓区域，也就是说截面将凸起。

（2）从面凹雕：单击此按钮，将凹进截面轮廓区域。

（3）从平面凸雕/凹雕：单击此按钮，将从草图平面向两个方向或一个方向拉伸，向模型中添加并从中去除材料。如果向两个方向拉伸，则会去除或添加材料，这取决于截面轮廓相对于零件的位置。如果凸雕或凹雕对零件的外形没有任何改变作用，那么该特征将无法生成，系统也会给出错误信息。

3. 深度和方向

可指定凸雕或凹雕的深度，即凸雕或凹雕截面轮廓的偏移深度，还可指定凸雕或凹雕特征的方向。当截面轮廓位于从模型面偏移的工作平面上时这种工具尤其有用，因为如果截面轮廓位于偏移的平面上时，如果深度不合适，是不能够生成凹雕特征的，因为截面轮廓不能够延伸到零件的表面形成切割。

4. 顶面颜色

通过单击“顶面颜色”按钮指定凸雕区域面（注意不是其边）上的颜色。在打开的“颜色”对话框中，单击向下箭头显示一个列表，在列表中滚动或输入开头的字母以查找所需的颜色。

Note

5. 折叠到面

对于“从面凸雕”和“从面凹雕”类型，用户可通过选中“折叠到面”复选框指定将截面轮廓缠绕在曲面上。注意仅限于单个面，不能是接缝面。面只能是平面或圆锥形面，而不能是样条曲线。如果不选中该复选框，图像将投影到面而不是折叠到面。如果截面轮廓相对于曲率有些大，当凸雕或凹雕区域向曲面投影时会出现轻微失真。遇到垂直面时，缠绕即停止。

6. 锥度

对于“从平面凸雕/凹雕”类型，可指定扫掠斜角。指向模型面的角度为正，允许从模型中去除一部分材料。

4.7.3 实例——表面

4-8

本例绘制如图 4-116 所示的表面。

操作步骤

(1) 新建文件。单击快速访问工具栏中的“新建”按钮，在打开的“新建文件”对话框中选择 Standard.ipt 选项，单击“创建”按钮，新建一个零件文件。

(2) 创建草图 1。单击“三维模型”选项卡“草图”面板中的“开始创建二维草图”按钮，选择 XY 平面为草图绘制平面，进入草图绘制环境。单击“草图”选项卡“创建”面板中的“圆”按钮，绘制草图。单击“约束”面板中的“尺寸”按钮，标注尺寸如图 4-117 所示。单击“草图”选项卡上的“完成草图”按钮，退出草图环境。

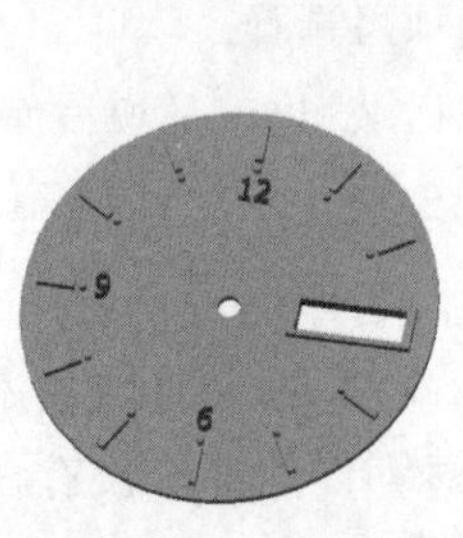

图 4-116 表面

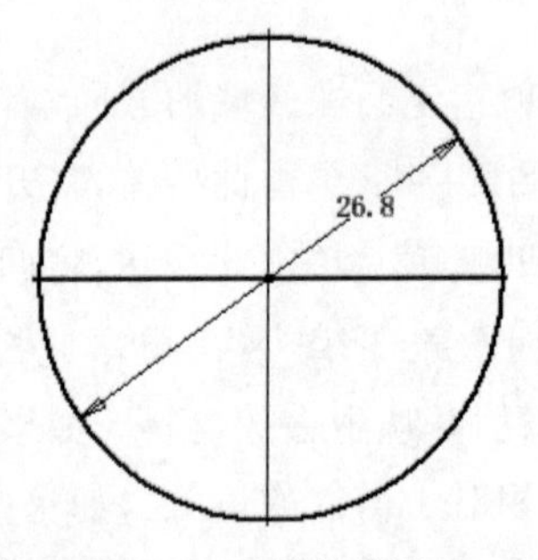

图 4-117 绘制草图 1

(3) 创建拉伸体。单击“三维模型”选项卡“创建”面板中的“拉伸”按钮，打开“拉伸”对话框，系统自动选取上步绘制的草图为拉伸截面轮廓，将拉伸距离设置为 0.5mm，单击“确定”按钮完成拉伸，如图 4-118 所示。

(4) 创建草图 2。单击“三维模型”选项卡“草图”面板中的“开始创建二维草图”按钮，选择上步创建的拉伸体上表面为草图绘制平面，进入草图绘制环境。单击“草图”选项卡“创建”面板中的“两点矩形”按钮，绘制草图。单击“约束”面板中的“尺寸”按钮，标注尺寸如图 4-119 所示。单击“草图”选项卡上的“完成草图”按钮，退出草图环境。

(5) 创建拉伸体。单击“三维模型”选项卡“创建”面板中的“拉伸”按钮，打开

Note

“拉伸”对话框，选取上步绘制的草图为拉伸截面轮廓，将拉伸距离设置为 0.5mm。单击“确定”按钮完成拉伸，结果如图 4-120 所示。

图 4-118　拉伸体

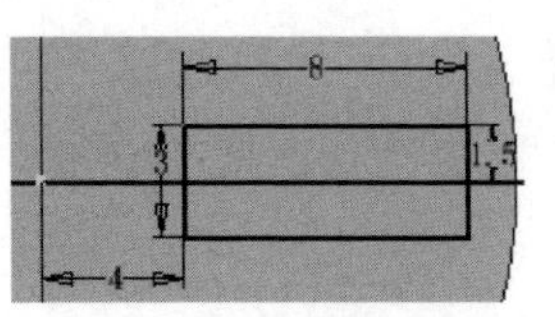

图 4-119　绘制草图 2

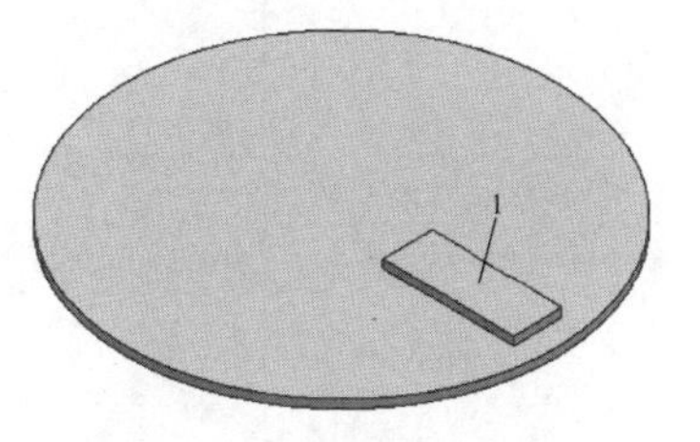

图 4-120　创建拉伸特征

(6) 创建草图 3。单击“三维模型”选项卡“草图”面板中的“开始创建二维草图”按钮，选择上步创建的拉伸体上表面 1 为草图绘制平面，进入草图绘制环境。单击“草图”选项卡“创建”面板中的“两点矩形”按钮，绘制草图。单击“约束”面板中的“尺寸”按钮，标注尺寸如图 4-121 所示。单击“草图”选项卡上的“完成草图”按钮，退出草图环境。

(7) 创建拉伸体。单击“三维模型”选项卡“创建”面板中的“拉伸”按钮，打开“拉伸”对话框，选取上步绘制的草图为拉伸截面轮廓，将拉伸终止方式设置为“贯通”，选择“求差”选项，单击“确定”按钮完成拉伸，结果如图 4-122 所示。

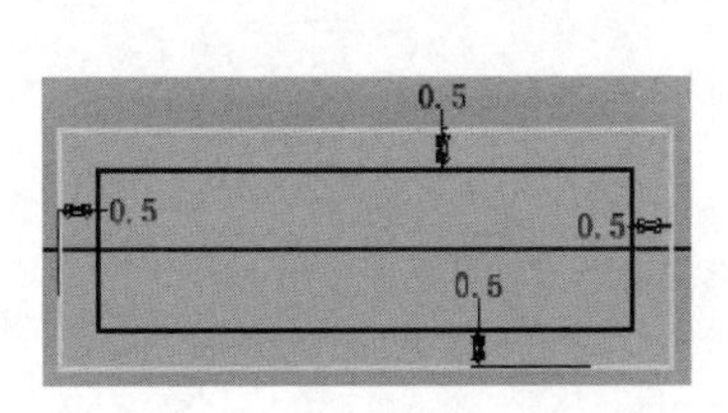

图 4-121　绘制草图 3

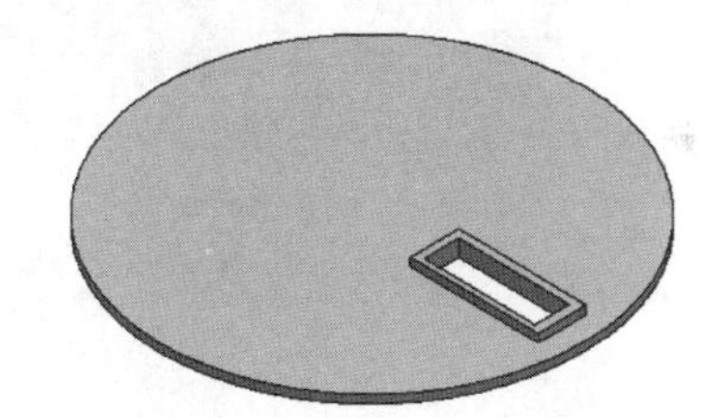

图 4-122　创建拉伸特征

(8) 创建草图 4。

① 单击“三维模型”选项卡“草图”面板中的“开始创建二维草图”按钮，选择上步创建的第一个拉伸体上表面为草图绘制平面，进入草图绘制环境。单击“草图”选项卡“创建”面板中的“三点中心矩形”按钮和“圆心圆”按钮，绘制草图。单击“约束”面板中的“尺寸”按钮，标注尺寸如图 4-123 所示。

② 单击“草图”选项卡“创建”面板中的“环形阵列”按钮，打开“环形阵列”对话框，选择上步绘制的矩形和圆为要阵列的几何图元，选择圆心为轴，设置个数为 12，角度为 360°，如图 4-124 所示。

③ 单击“抑制”按钮，在图中选择拉伸特征 2 上方的矩形和圆，单击“确定”按钮，结果如图 4-125 所示。单击“草图”选项卡上的“完成草图”按钮，退出草图环境。

(9) 创建拉伸体。单击“三维模型”选项卡“创建”面板中的“拉伸”按钮，打开“拉伸”对话框，选取上步绘制的草图为拉伸截面轮廓，将拉伸终止方式设置为 0.5mm。单击“确定”按钮完成拉伸，结果如图 4-126 所示。

Note

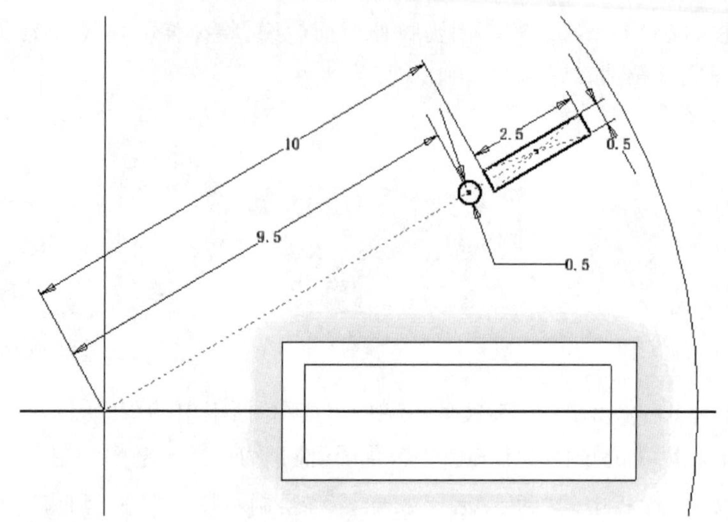

图 4-123　绘制草图 4

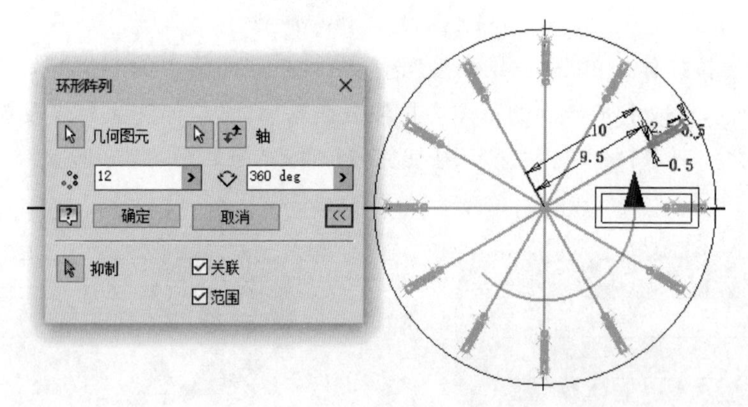

图 4-124　设置环形阵列

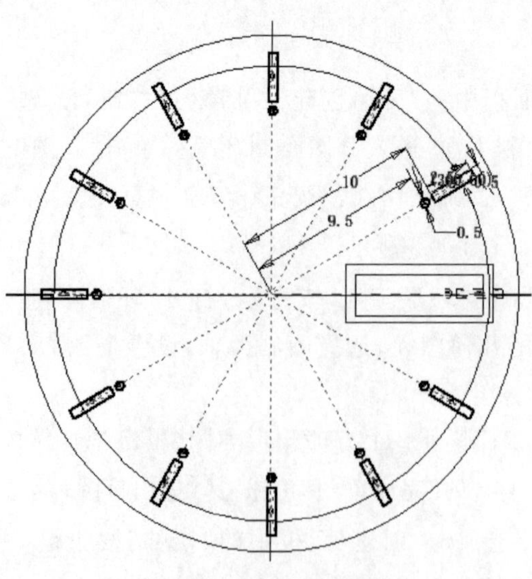

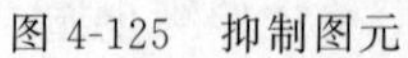

图 4-125　抑制图元

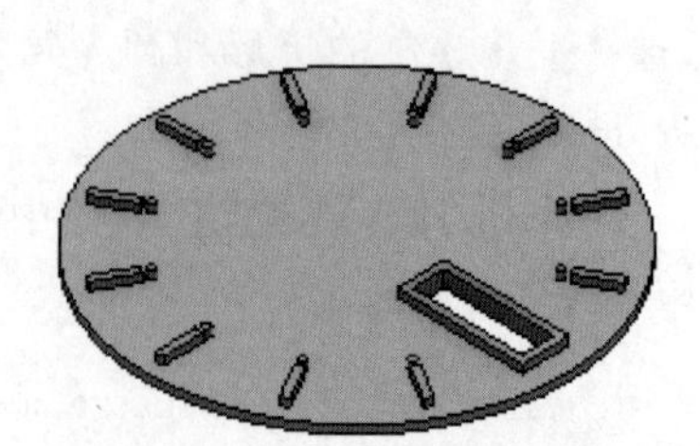

图 4-126　创建拉伸特征

4-9

Note

(10) 创建草图 5。单击“三维模型”选项卡“草图”面板中的“开始创建二维草图”按钮，选择第一个拉伸体上表面为草图绘制平面，进入草图绘制环境。单击“草图”选项卡“创建”面板中的“圆心圆”按钮，绘制草图。单击“约束”面板中的“尺寸”按钮，标注尺寸如图 4-127 所示。单击“草图”选项卡上的“完成草图”按钮，退出草图环境。

(11) 创建拉伸体。单击“三维模型”选项卡“创建”面板中的“拉伸”按钮，打开“拉伸”对话框，选取上步绘制的草图为拉伸截面轮廓，将拉伸终止方式设置为“贯通”，选择“求差”选项。单击“确定”按钮完成拉伸，结果如图 4-128 所示。

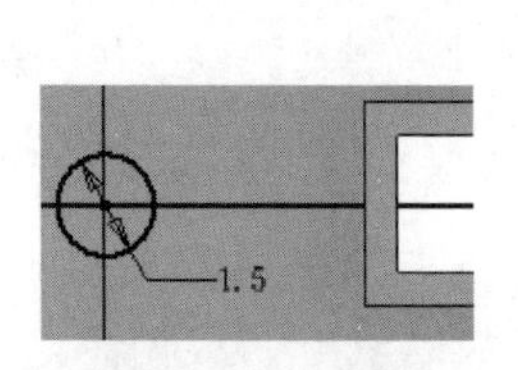

图 4-127　绘制草图 5

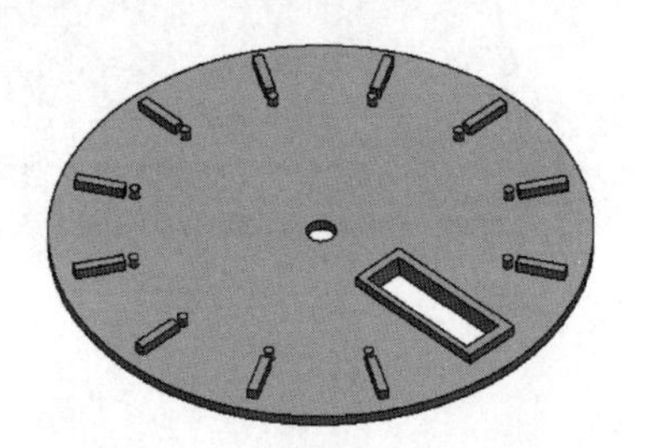

图 4-128　创建拉伸特征

(12) 创建草图 6。单击“三维模型”选项卡“草图”面板中的“开始创建二维草图”按钮，选择第一个拉伸体上表面为草图绘制平面，进入草图绘制环境。单击“草图”选项卡“创建”面板中的“文本”按钮，在适当位置单击，打开“文字格式”对话框，在对话框中输入“12”，设置高度为 1.5mm，如图 4-129 所示，其他采用默认设置。单击“确定”按钮，关闭对话框。单击“约束”面板中的“尺寸”按钮，标注尺寸如图 4-130 所示。单击“草图”选项卡上的“完成草图”按钮，退出草图环境。

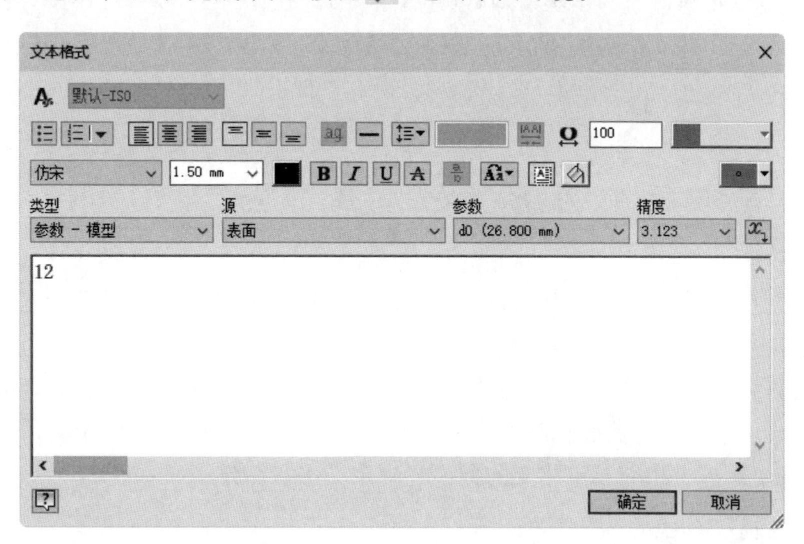

图 4-129　“文本格式”对话框

(13) 创建凸雕文字。单击“三维模型”选项卡“创建”面板中的“凸雕”按钮，打开“凸雕”对话框，选取上步绘制的文字为截面轮廓，单击“从面凸雕”按钮，设置“深

Note

度”为0.5mm,如图4-131所示。单击“顶面外观”按钮,打开“外观”对话框,选择“红”外观,如图4-132所示。单击“确定”按钮,结果如图4-133所示。

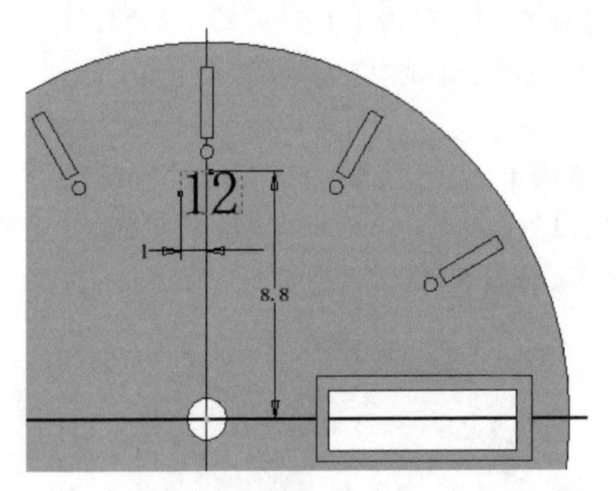

图4-130　绘制草图6

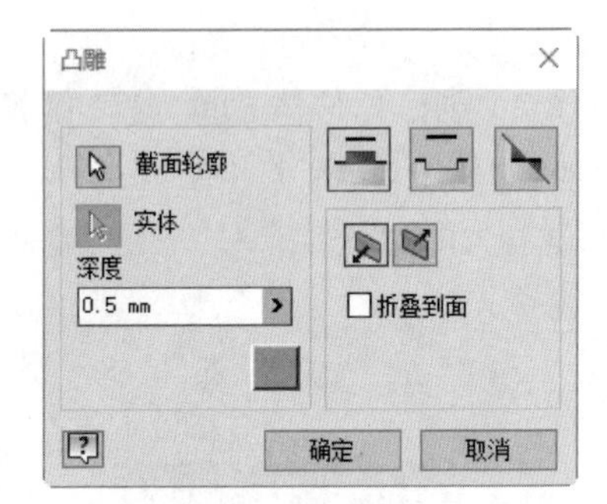

图4-131　“凸雕”对话框

图4-132　“外观”对话框

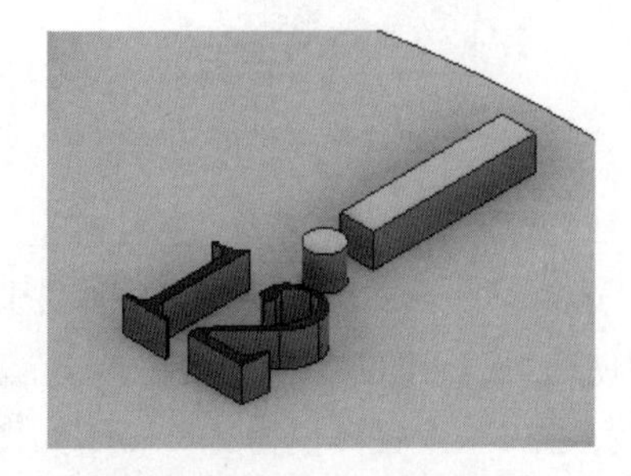

图4-133　创建凸雕特征

(14) 重复步骤(12)和步骤(13),创建9和6两个凸雕文字,结果如图4-116所示。

(15) 保存文件。单击快速访问工具栏中的“保存”按钮,打开“另存为”对话框,输入文件名为“表面.ipt”,单击“保存”按钮,保存文件。

4.8　加　强　筋

在模具和铸件的制造过程中,常常为零件增加加强筋和肋板(也叫作隔板或腹板),以提高零件强度。

加强筋和肋板也是基于草图的特征,在草图中完成的工作就是绘制二者的截面轮廓。可创建一个封闭的截面轮廓作为加强筋的轮廓,一个开放的截面轮廓作为肋板的轮廓,也可创建多个相交或不相交的截面轮廓定义网状加强筋和肋板。

4.8.1　创建步骤

创建加强筋特征的步骤如下:

(1) 单击“三维模型”选项卡“创建”面板中的“加强筋”按钮,打开如图4-134所示的“加强筋”对话框,选择加强筋类型。

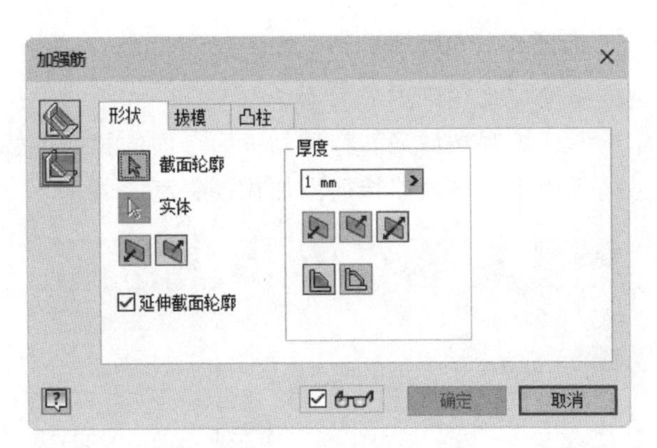

图 4-134 “加强筋”对话框

(2) 在视图中选取截面轮廓，如图 4-135 所示。

(3) 在对话框中设置加强筋参数，例如输入加强筋厚度、调整拉伸方向等。

(4) 在对话框中单击“确定”按钮，完成加强筋特征的创建，如图 4-136 所示。

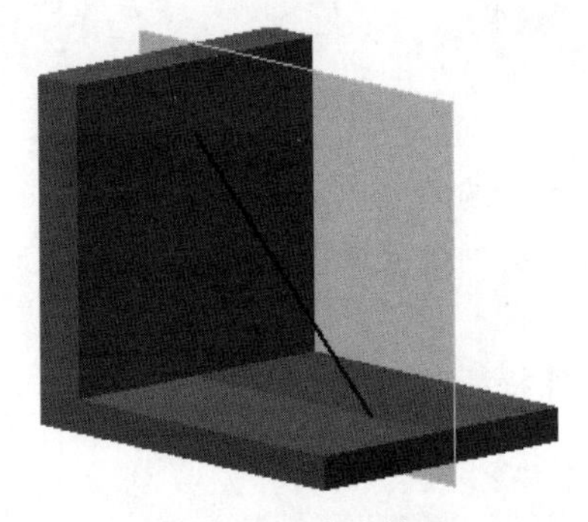

图 4-135 选取截面

图 4-136 完成加强筋

4.8.2 选项说明

“加强筋”对话框的选项说明如下。

1. “形状”选项卡

(1) 垂直于草图平面：垂直于草图平面拉伸几何图元，厚度方向平行于草图平面。

(2) 平行于草图平面：平行于草图平面拉伸几何图元，厚度方向垂直于草图平面。

(3) 到表面或平面：加强筋终止于下一个面。

(4) 有限的：需要设置终止加强筋的距离，这时可在弹出的文本框中输入一个数值，结果如图 4-137 所示。

图 4-137 有限的加强筋

(5) 延伸截面轮廓：选中此复选框，截面轮廓会自动延伸到与零件相交的位置。

Note

2. “拔模”选项卡(如图 4-138 所示)

(1) 顶部：指定的厚度控制在草图平面上。

(2) 根部：指定的厚度控制在加强筋特征和下一个面的相交点处。

(3) 拔模斜度：输入用于向加强筋特征添加拔模斜度的值。

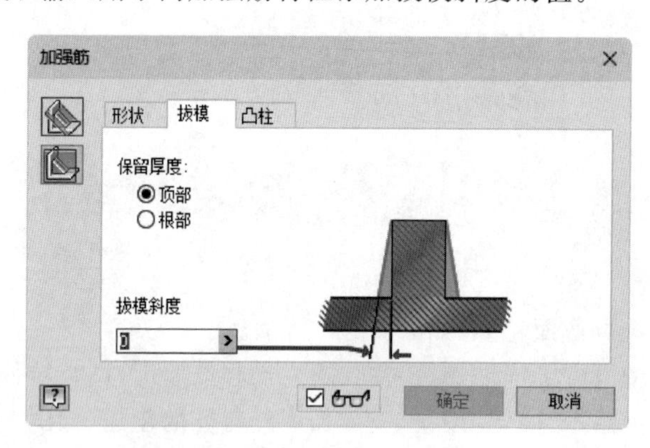

图 4-138 “拔模”选项卡

3. “凸柱”选项卡(如图 4-139 所示)

(1) 中心：选择位于加强筋截面轮廓几何图元上的草图点。

(2) 全选：选择与加强筋截面轮廓几何图元相交的所有草图点。

(3) 直径：指定凸柱特征的直径。

(4) 偏移量：指定在草图平面上开始创建凸柱特征的距离。

(5) 拔模斜度：为凸柱特征添加拔模。

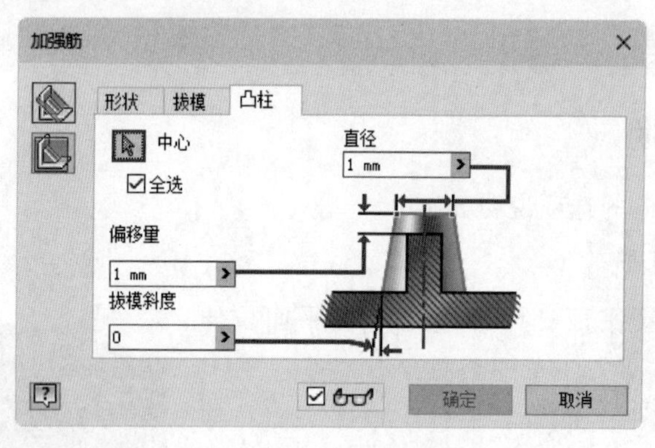

图 4-139 “凸柱”选项卡

4-10

4.8.3 实例——支架

本例绘制如图 4-140 所示的支架。

操作步骤

(1) 新建文件。单击快速访问工具栏中的“新建”按钮，在打开的“新建文件”对话框中选择 Standard. ipt 选项，单击“创建”按钮，新建一个零件文件。

(2) 创建草图 1。单击“三维模型”选项卡“草图”面板中的“开始创建二维草图”按钮，选择 XY 平面为草图绘制平面，进入草图绘制环境。单击“草图”选项卡“创建”面板中的“两点矩形”按钮和“圆角”按钮，绘制草图。单击“约束”面板中的“尺寸”按钮，标注尺寸如图 4-141 所示。单击“草图”选项卡中的“完成草图”按钮，退出草图环境。

图 4-140　支架

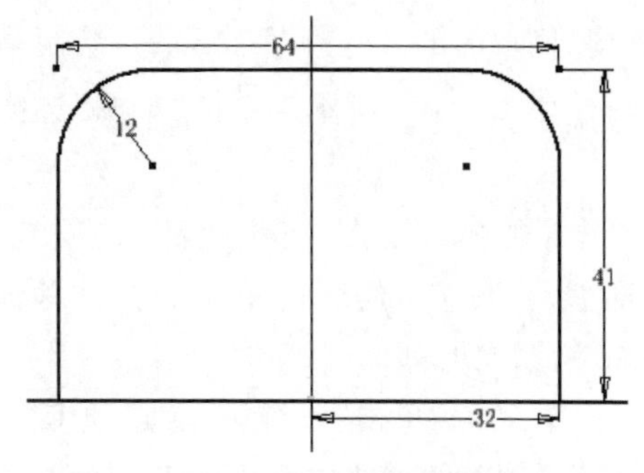

图 4-141　绘制草图 1

(3) 创建拉伸体。单击“三维模型”选项卡“创建”面板中的“拉伸”按钮，打开“拉伸”对话框，系统自动选取上步绘制的草图为拉伸截面轮廓，将拉伸距离设置为 6mm。单击“确定”按钮完成拉伸。

(4) 创建工作平面 1。单击“三维模型”选项卡“定位特征”面板中的“从平面偏移”按钮，在浏览器的原始坐标系下选择 XZ 平面并拖动，输入距离为 14mm，如图 4-142 所示。单击按钮，创建工作平面 1。

(5) 创建草图 2。单击“三维模型”选项卡“草图”面板中的“开始创建二维草图”按钮，选择上步创建的平面为草图绘制平面，进入草图绘制环境。单击“草图”选项卡“创建”面板中的“直线”按钮和“圆弧”按钮，绘制草图。单击“约束”面板中的“尺寸”按钮，标注尺寸如图 4-143 所示。单击“草图”选项卡中的“完成草图”按钮，退出草图环境。

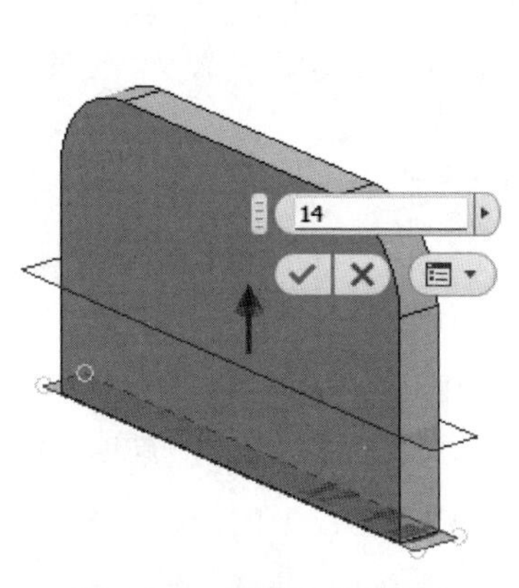

图 4-142　创建工作平面 1

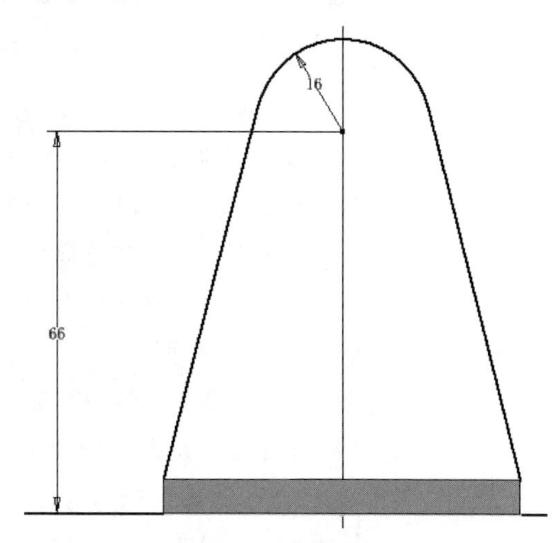

图 4-143　绘制草图 2

Note

(6) 创建拉伸体。单击“三维模型”选项卡“创建”面板中的“拉伸”按钮，打开“拉伸”对话框，选取上步绘制的草图为拉伸截面轮廓，将拉伸距离设置为 10mm。单击“确定”按钮完成拉伸，结果如图 4-144 所示。

(7) 创建草图 3。单击“三维模型”选项卡“草图”面板中的“开始创建二维草图”按钮，选择如图 4-144 所示的面 1 为草图绘制平面，进入草图绘制环境。单击“草图”选项卡“创建”面板中的“圆心圆”按钮，绘制草图。单击“约束”面板中的“尺寸”按钮，标注尺寸如图 4-145 所示。单击“草图”选项卡中的“完成草图”按钮，退出草图环境。

(8) 创建拉伸体。单击“三维模型”选项卡“创建”面板中的“拉伸”按钮，打开“拉伸”对话框，选取上步绘制的草图为拉伸截面轮廓，将拉伸距离设置为 4mm，单击“确定”按钮完成拉伸。

(9) 创建草图 4。单击“三维模型”选项卡“草图”面板中的“开始创建二维草图”按钮，选择上步创建的拉伸体表面为草图绘制平面，进入草图绘制环境。单击“草图”选项卡“创建”面板中的“圆心圆”按钮，绘制草图。单击“约束”面板中的“尺寸”按钮，标注尺寸如图 4-146 所示。单击“草图”选项卡中的“完成草图”按钮，退出草图环境。

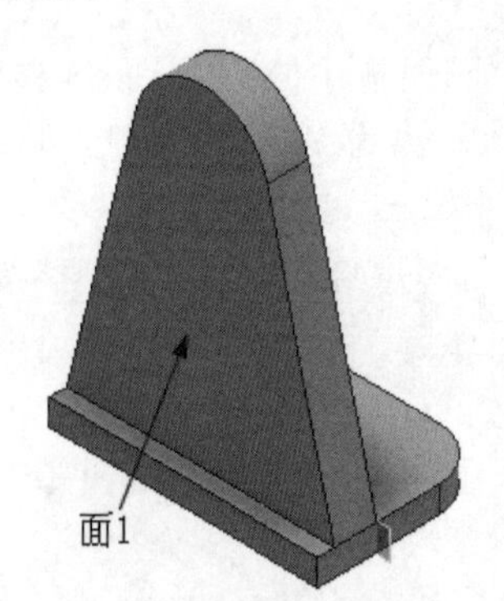

图 4-144　创建拉伸特征

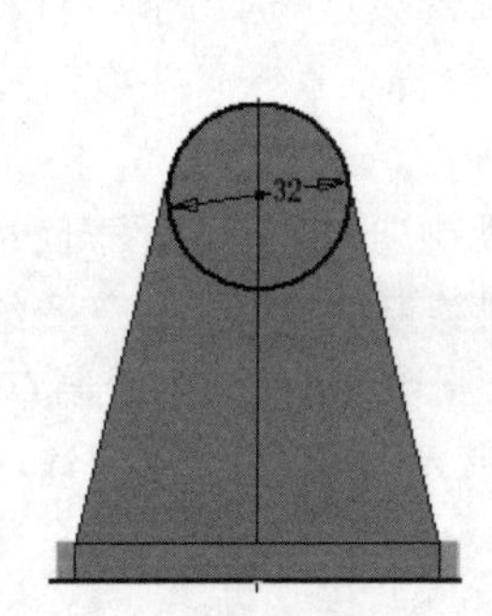

图 4-145　绘制草图 3

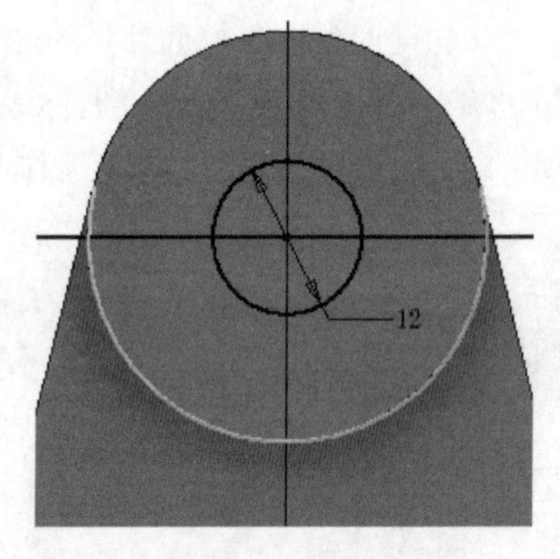

图 4-146　绘制草图 4

(10) 创建拉伸体。单击“三维模型”选项卡“创建”面板中的“拉伸”按钮，打开“拉伸”对话框，选取上步绘制的草图为拉伸截面轮廓，将拉伸终止方式设置为“贯通”，选择“求差”选项。单击“确定”按钮完成拉伸。

(11) 创建工作平面 2。单击“三维模型”选项卡“定位特征”面板中的“从平面偏移”按钮，在浏览器的原始坐标系下选择 XY 平面并拖动，输入距离为 84mm，如图 4-147 所示，单击按钮，创建工作平面 2。

(12) 创建草图 5。单击“三维模型”选项卡“草图”面板中的“开始创建二维草图”按钮，选择上步创建的平面为草图绘制平面，进入草图绘制环境。单击“草图”选项卡“创建”面板中的“圆心圆”按钮，绘制草图。单击“约束”面板中的“尺寸”按钮，标注尺寸如图 4-148 所示。单击“草图”选项卡中的“完成草图”按钮，退出草图环境。

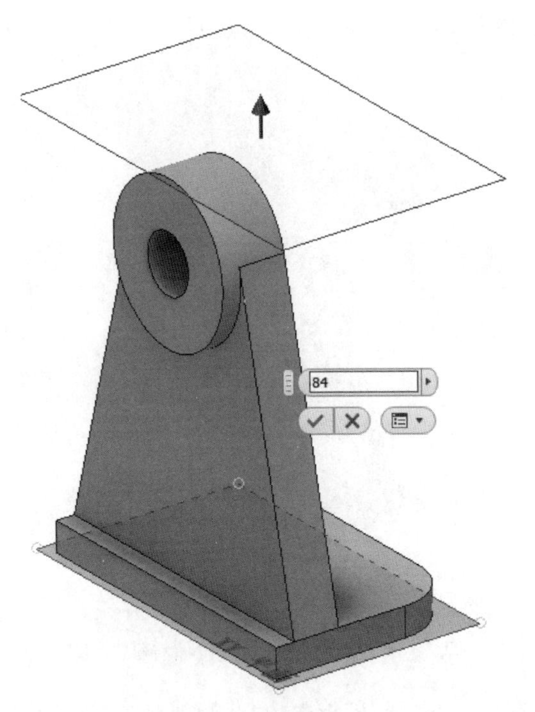

图 4-147　创建工作平面 2

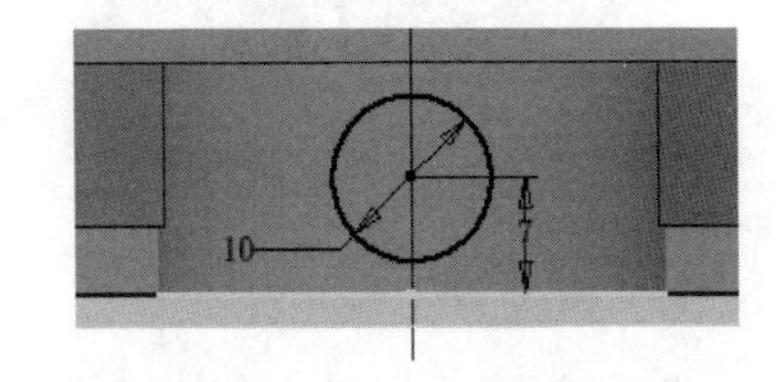

图 4-148　绘制草图 5

(13) 创建拉伸体。单击“三维模型”选项卡“创建”面板中的“拉伸”按钮，打开“拉伸”对话框，选取上步绘制的草图为拉伸截面轮廓，将拉伸终止方式设置为“到下一个”。单击“确定”按钮完成拉伸，结果如图 4-149 所示。

(14) 创建草图 6。单击“三维模型”选项卡“草图”面板中的“开始创建二维草图”按钮，选择上步创建的拉伸体上表面为草图绘制平面，进入草图绘制环境。单击“草图”选项卡“创建”面板中的“圆心圆”按钮，绘制草图。单击“约束”面板中的“尺寸”按钮，标注尺寸如图 4-150 所示。单击“草图”选项卡中的“完成草图”按钮，退出草图环境。

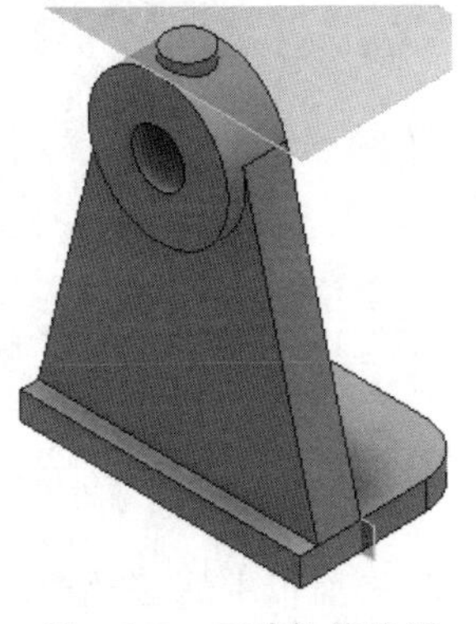

图 4-149　创建拉伸特征

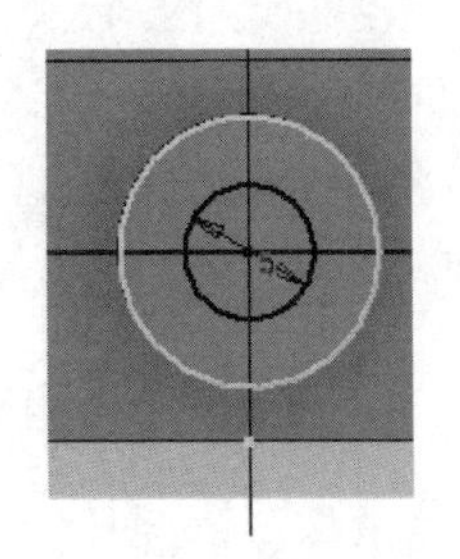

图 4-150　绘制草图 6

(15) 创建拉伸体。单击“三维模型”选项卡“创建”面板中的“拉伸”按钮，打开“拉伸”对话框，选取上步绘制的草图为拉伸截面轮廓，将拉伸终止方式设置为“到”，

Note

选择下侧的孔表面为要到的面，选择“求差”选项，如图 4-151 所示。单击“确定”按钮完成拉伸，结果如图 4-152 所示。

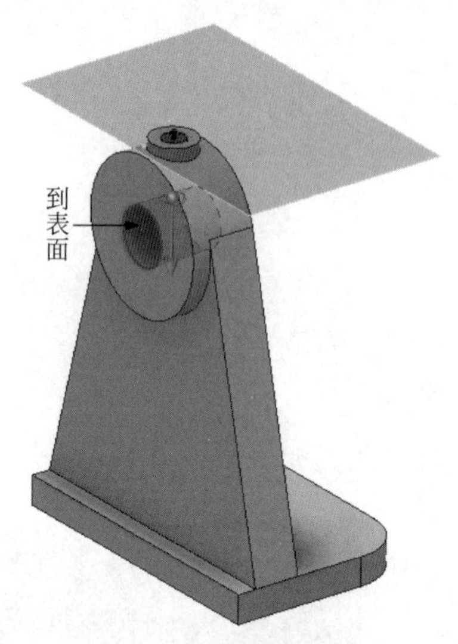

图 4-151　拉伸示意图

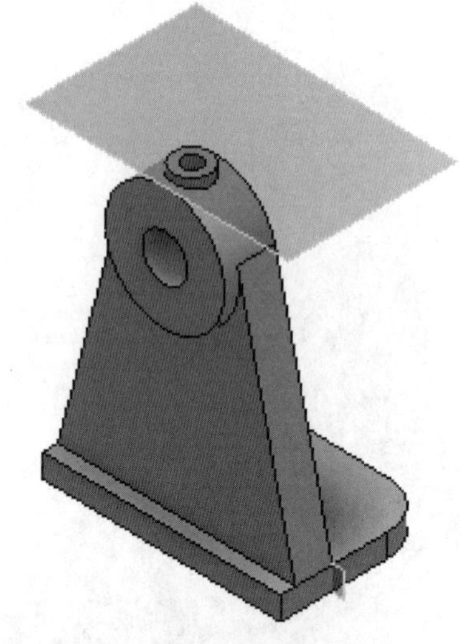

图 4-152　创建拉伸特征

4-11

（16）创建草图 7。单击“三维模型”选项卡“草图”面板中的“开始创建二维草图”按钮，选择第一个拉伸体上表面为草图绘制平面，进入草图绘制环境。单击“草图”选项卡“创建”面板中的“圆心圆”按钮，绘制草图。单击“约束”面板中的“尺寸”按钮，标注尺寸如图 4-153 所示。单击“草图”选项卡中的“完成草图”按钮，退出草图环境。

（17）创建拉伸体。单击“三维模型”选项卡“创建”面板中的“拉伸”按钮，打开“拉伸”对话框，选取上步绘制的草图为拉伸截面轮廓，将拉伸距离设置为 3mm，单击“确定”按钮完成拉伸，结果如图 4-154 所示。

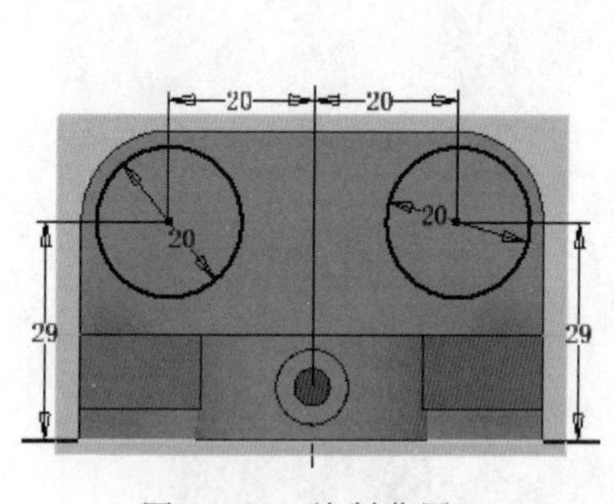

图 4-153　绘制草图 7

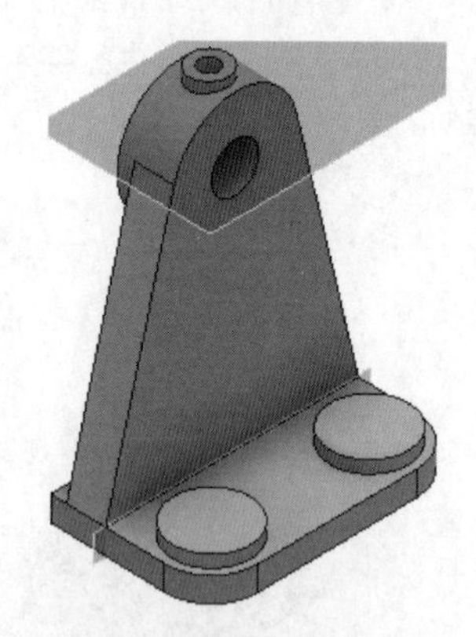

图 4-154　创建拉伸特征

（18）创建草图 8。单击“三维模型”选项卡“草图”面板中的“开始创建二维草图”按钮，选择上步创建的拉伸体上表面为草图绘制平面，进入草图绘制环境。单击“草图”选项卡“创建”面板中的“圆心圆”按钮，绘制草图。单击“约束”面板中的“尺寸”按钮，标注尺寸如图 4-155 所示。单击“草图”选项卡中的“完成草图”按钮，退出

草图环境。

(19) 创建拉伸体。单击“三维模型”选项卡“创建”面板中的“拉伸”按钮，打开“拉伸”对话框，选取上步绘制的草图为拉伸截面轮廓，将拉伸终止方式设置为“贯通”，选择“求差”选项。单击“确定”按钮完成拉伸，结果如图 4-156 所示。

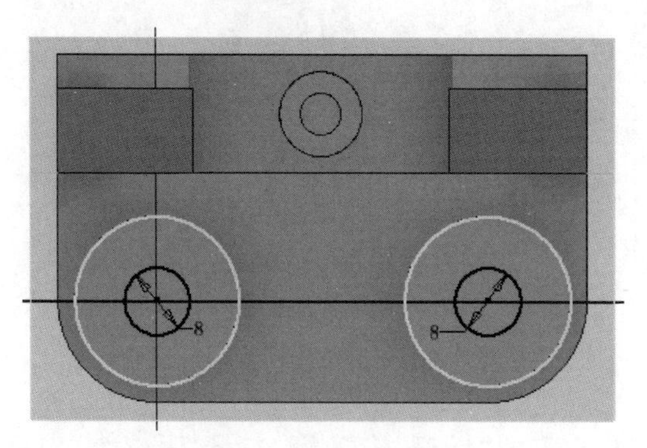

图 4-155　绘制草图 8

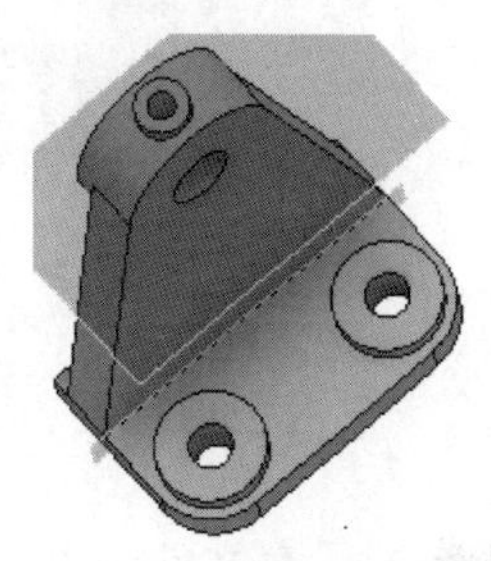

图 4-156　创建拉伸特征

(20) 创建草图 9。单击“三维模型”选项卡“草图”面板中的“开始创建二维草图”按钮，选择 YZ 平面为草图绘制平面，进入草图绘制环境。单击“草图”选项卡“创建”面板中的“线”按钮，绘制草图。单击“约束”面板中的“尺寸”按钮，标注尺寸如图 4-157 所示。单击“草图”选项卡中的“完成草图”按钮，退出草图环境。

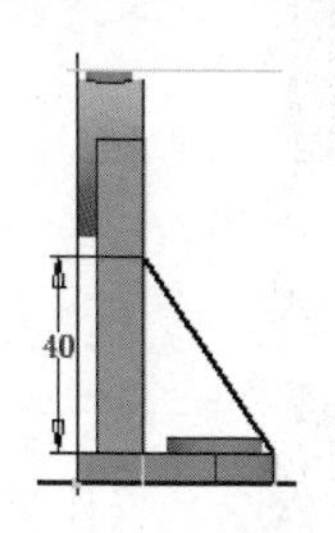

图 4-157　绘制草图 9

(21) 创建加强筋。单击“三维模型”选项卡“创建”面板中的“加强筋”按钮，打开“加强筋”对话框，单击“平行于草图平面”按钮，选取上步绘制的草图为截面轮廓，单击“方向 1”按钮，调整加强筋的创建方向，设置厚度为 10mm，选择“对称”方式，单击“到表面或平面”按钮，如图 4-158 所示。单击“确定”按钮完成加强筋的创建，结果如图 4-159 所示。

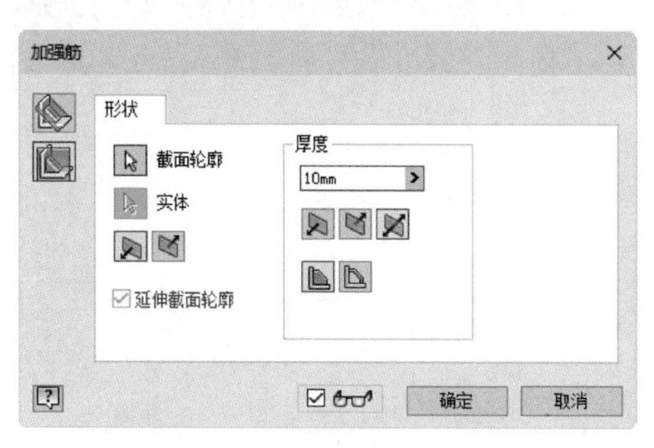

图 4-158　“加强筋”对话框

图 4-159　创建加强筋

(22) 隐藏工作平面。在模型树中选择工作平面 1 和工作平面 2 后右击，弹出如图 4-160 所示的快捷菜单，取消选中“可见性”复选框，使工作平面不可见，如图 4-161 所示。

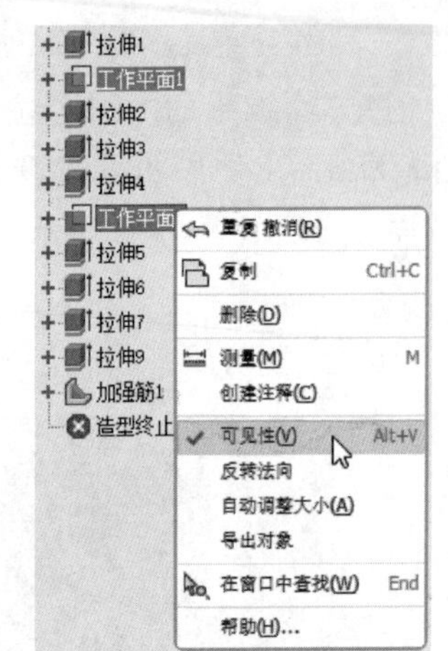

图 4-160　快捷菜单

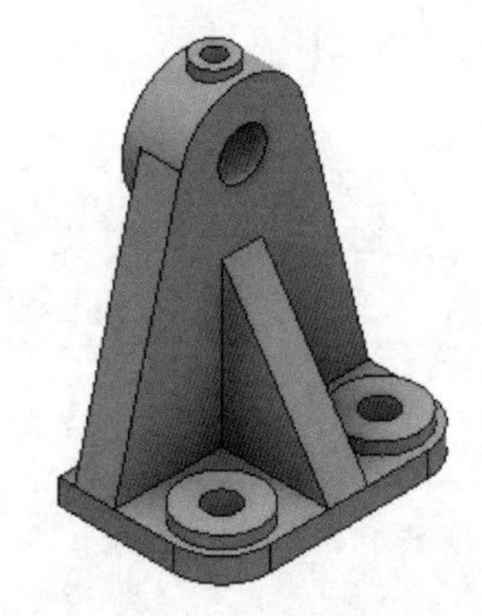

图 4-161　隐藏工作平面

(23) 保存文件。单击快速访问工具栏上的“保存”按钮，打开“另存为”对话框，输入文件名为“支架.ipt”，单击“保存”按钮，保存文件。

4.9　综合实例——暖瓶

4-12

本例绘制如图 4-162 所示的暖瓶。

操作步骤

(1) 新建文件。运行 Inventor，单击快速访问工具栏中的“新建”按钮，在打开的“新建文件”对话框中选择 Standard.ipt 选项，单击“创建”按钮，新建一个零件文件。

(2) 创建草图 1。单击“三维模型”选项卡“草图”面板中的“开始创建二维草图”按钮，选择 XY 平面为草图绘制平面，进入草图绘制环境。单击“草图”选项卡“创建”面板中的“直线”按钮和“圆角”按钮，绘制草图。单击“约束”面板中的“尺寸”按钮，标注尺寸如图 4-163 所示。单击“草图”选项卡中的“完成草图”按钮，退出草图环境。

图 4-162　暖瓶

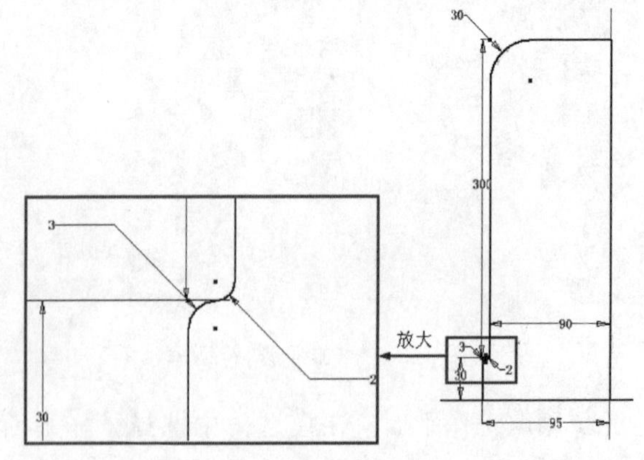

图 4-163　绘制草图 1

(3) 创建旋转体。单击“三维模型”选项卡“创建”面板中的“旋转”按钮，打开“旋转”对话框，由于草图中只有图4-163中所示的一个截面轮廓，所以被自动选中为旋转截面轮廓。选取竖直直线段为旋转轴，单击“确定”按钮完成旋转，结果如图4-164所示。

(4) 创建草图2。单击“三维模型”选项卡“草图”面板中的“开始创建二维草图”按钮，选择旋转体的下底面为草图绘制平面，进入草图绘制环境。单击“草图”选项卡“创建”面板中的“圆心圆”按钮，绘制草图。单击“约束”面板中的“尺寸”按钮，标注尺寸如图4-165所示。单击“草图”选项卡中的“完成草图”按钮，退出草图环境。

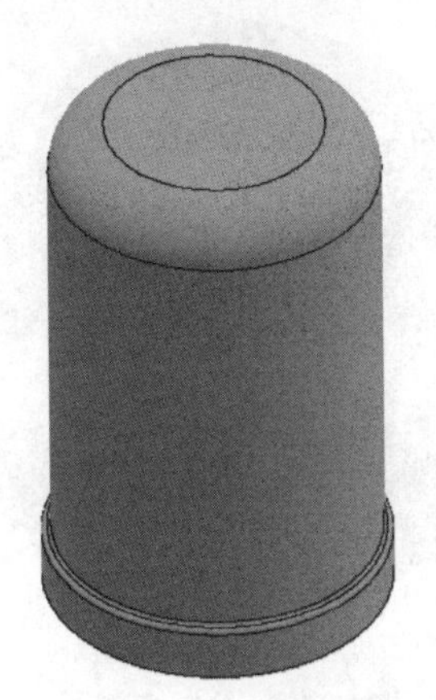

图4-164　创建旋转体

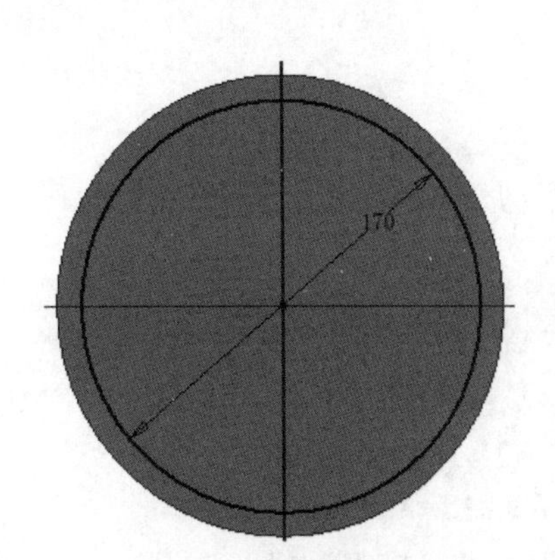

图4-165　创建草图2

(5) 创建拉伸体。单击“三维模型”选项卡“创建”面板中的“拉伸”按钮，打开“拉伸”对话框，选取上步绘制的草图为拉伸截面轮廓，将拉伸距离设置为5mm，选择“求差”选项。单击“确定”按钮完成拉伸，如图4-166所示。

(6) 创建草图3。单击“三维模型”选项卡“草图”面板中的“开始创建二维草图”按钮，选择旋转体的上表面为草图绘制平面，进入草图绘制环境。单击“草图”选项卡“创建”面板中的“圆心圆”按钮，绘制草图。单击“约束”面板中的“尺寸”按钮，标注尺寸如图4-167所示。单击“草图”选项卡中的“完成草图”按钮，退出草图环境。

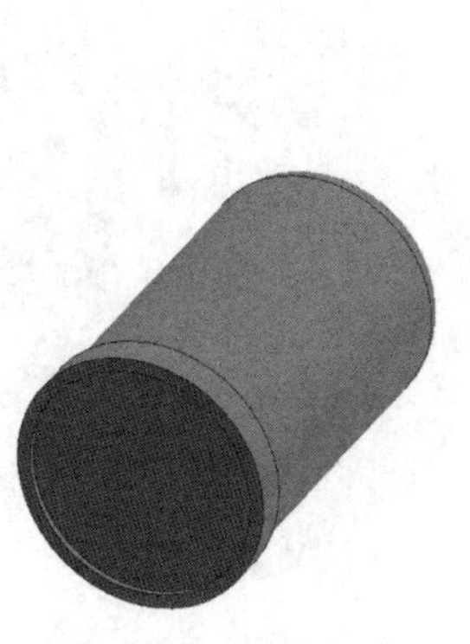

图4-166　拉伸切除

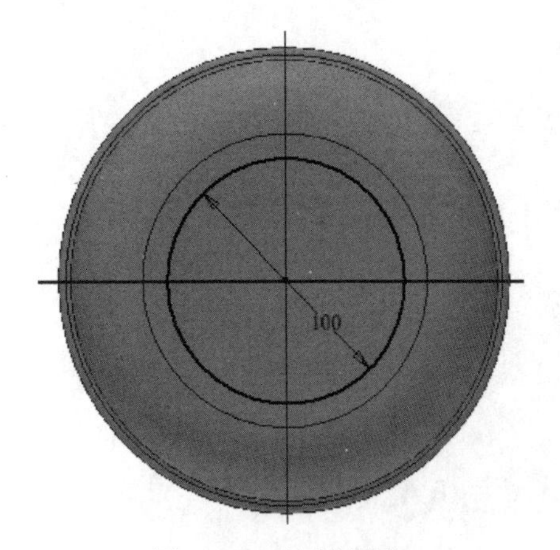

图4-167　绘制草图3

Note

(7) 创建工作平面1。单击“三维模型”选项卡“定位特征”面板中的“从平面偏移”按钮，在视图中选择旋转体上表面，输入距离为20mm，如图4-168所示。单击按钮，创建工作平面1。

(8) 创建草图4。单击“三维模型”选项卡“草图”面板中的“开始创建二维草图”按钮，选择工作平面1为草图绘制平面，进入草图绘制环境。单击“草图”选项卡“创建”面板中的“圆心圆”按钮，绘制草图。单击“约束”面板中的“尺寸”按钮，标注尺寸如图4-169所示。单击“草图”选项卡中的“完成草图”按钮，退出草图环境。

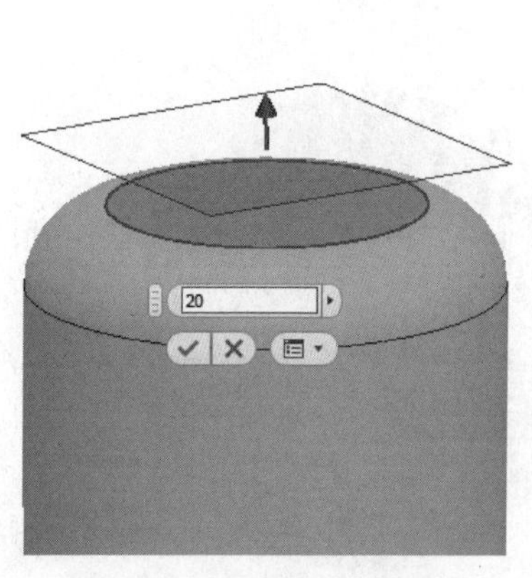

图4-168　创建工作平面1

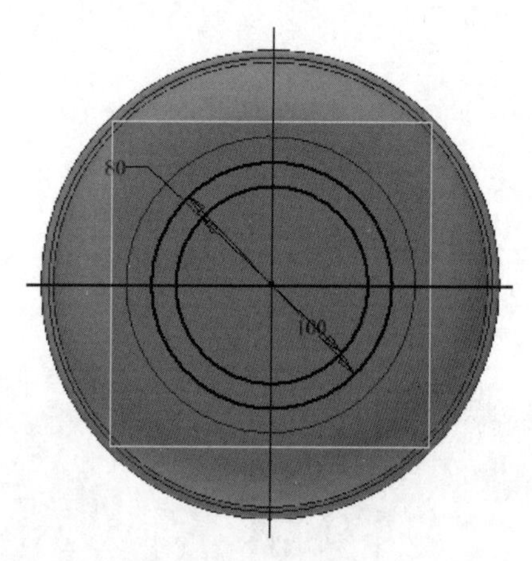

图4-169　绘制草图4

(9) 创建工作平面2。单击“三维模型”选项卡“定位特征”面板中的“从平面偏移”按钮，在视图中选择工作平面1，输入距离为5mm，如图4-170所示。单击按钮，创建工作平面2。

(10) 创建草图5。单击“三维模型”选项卡“草图”面板中的“开始创建二维草图”按钮，选择工作平面2为草图绘制平面，进入草图绘制环境。单击“草图”选项卡“创建”面板中的“圆心圆”按钮，绘制草图。单击“约束”面板中的“尺寸”按钮，标注尺寸如图4-171所示。单击“草图”选项卡中的“完成草图”按钮，退出草图环境。

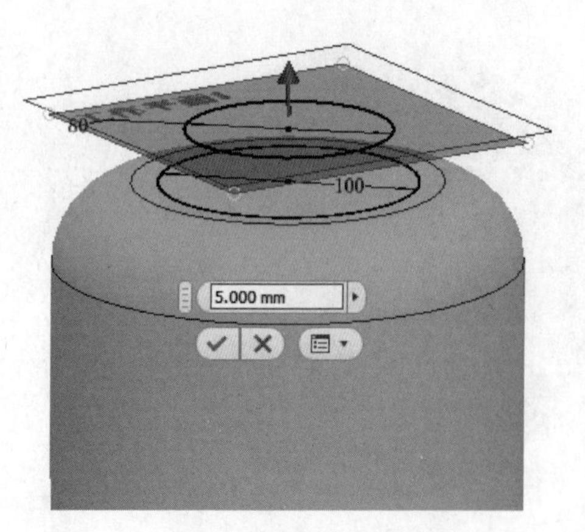

图4-170　创建工作平面2

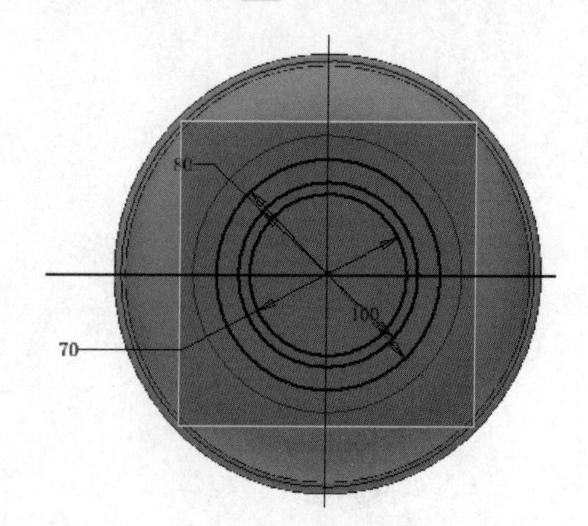

图4-171　绘制草图5

（11）放样实体。单击“三维模型”选项卡“创建”面板中的“放样”按钮，打开“放样”对话框，在截面栏中单击“单击以添加”选项，选择草图 3、草图 4 和草图 5 为截面，如图 4-172 所示。单击“确定”按钮完成放样，将工作平面设置为不可见，如图 4-173 所示。

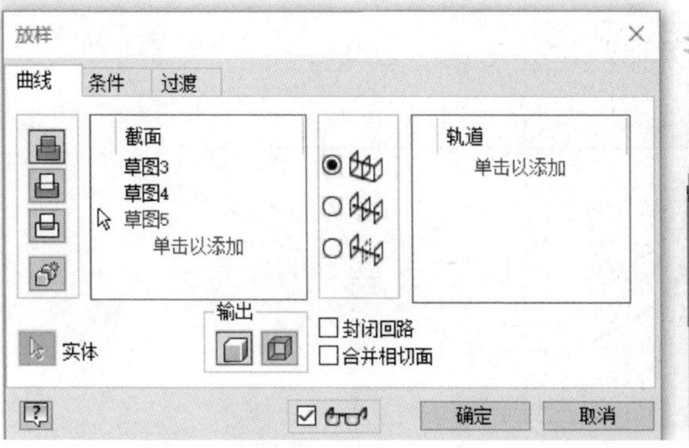

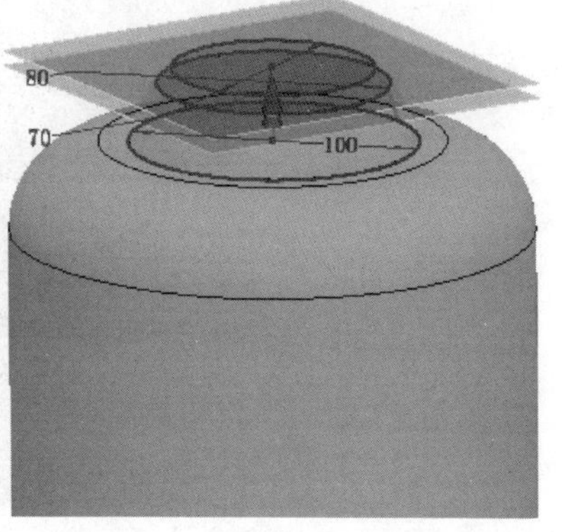

图 4-172　选取截面

（12）创建工作平面 3。单击“三维模型”选项卡“定位特征”面板中的“从平面偏移”按钮，在视图中选择工作平面 2，输入距离为 20mm，如图 4-174 所示。单击按钮，创建工作平面 3。

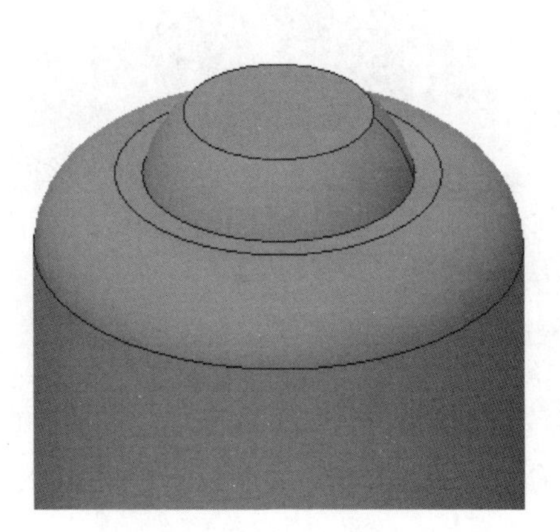

图 4-173　放样实体

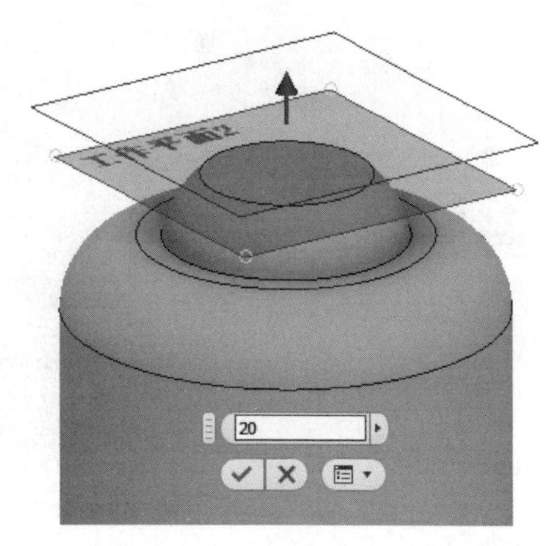

图 4-174　创建工作平面 3

（13）创建草图 6。单击“三维模型”选项卡“草图”面板中的“开始创建二维草图”按钮，选择工作平面 3 为草图绘制平面，进入草图绘制环境。单击“草图”选项卡“创建”面板中的“圆心圆”按钮、“线”按钮和“圆角”按钮，绘制草图。单击“约束”面板中的“尺寸”按钮，标注尺寸，单击“草图”选项卡“修改”面板中的“修剪”按钮，修剪草图，结果如图 4-175 所示。单击“草图”选项卡中的“完成草图”按钮，退出草图环境。

（14）放样实体。单击“三维模型”选项卡“创建”面板中的“放样”按钮，打开“放样”对话框，在截面栏中单击“单击以添加”选项，选择草图 5 和草图 6 为截面，如图 4-176 所示。单击“确定”按钮完成放样，将工作平面和草图设置为不可见，如 图 4-177 所示。

Note

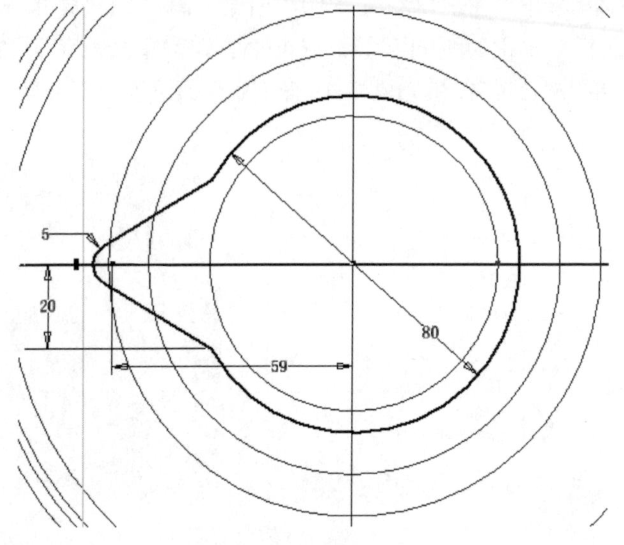

图 4-175　绘制草图 6

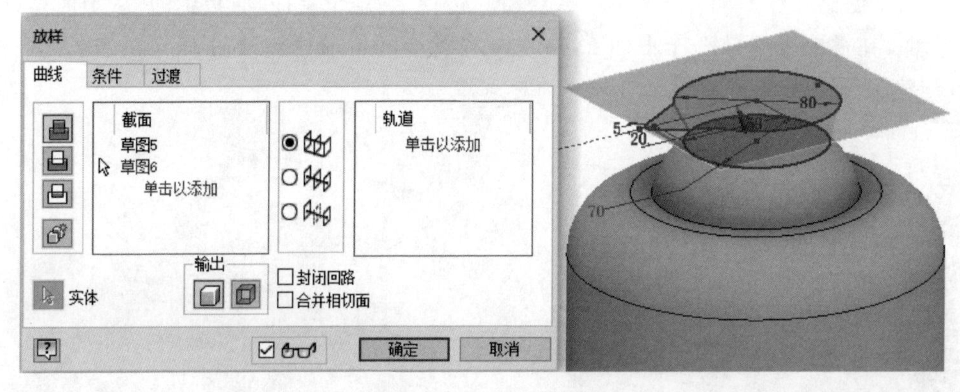

图 4-176　选取截面

4-13

（15）抽壳处理。单击“三维模型”选项卡“修改”面板中的“抽壳”按钮，打开“抽壳”对话框，选择如图 4-178 所示的面为开口面，输入厚度为 2mm。单击“确定”按钮，结果如图 4-179 所示。

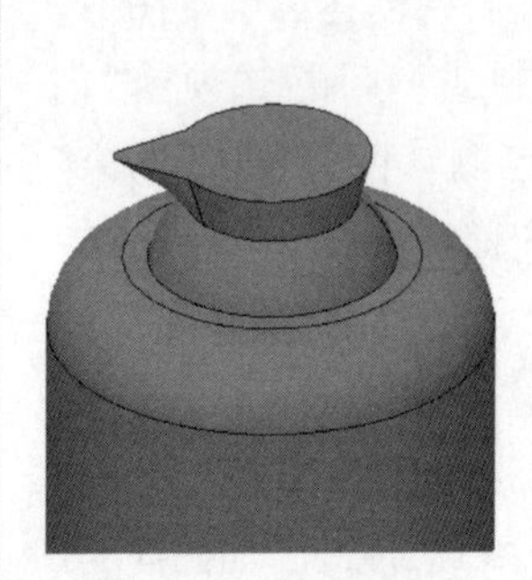
图 4-177　放样实体

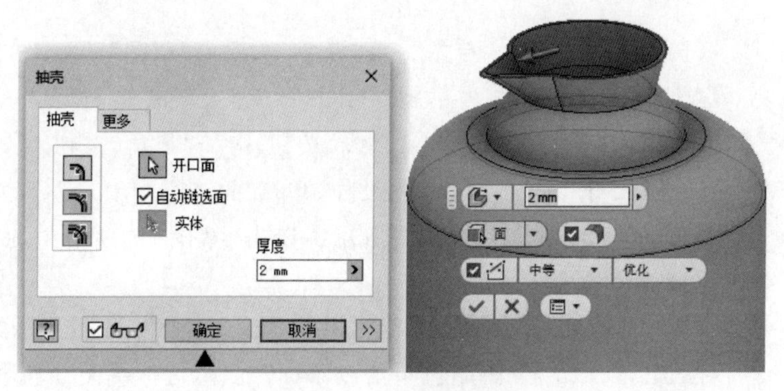

图 4-178　抽壳示意图

(16) 创建草图7。单击“三维模型”选项卡“草图”面板中的“开始创建二维草图”按钮，选择XY平面为草图绘制平面，进入草图绘制环境。单击“草图”选项卡“创建”面板中的“线”按钮和“圆角”按钮，绘制草图。单击“约束”面板中的“尺寸”按钮，标注尺寸如图4-180所示。单击“草图”选项卡中的“完成草图”按钮，退出草图环境。

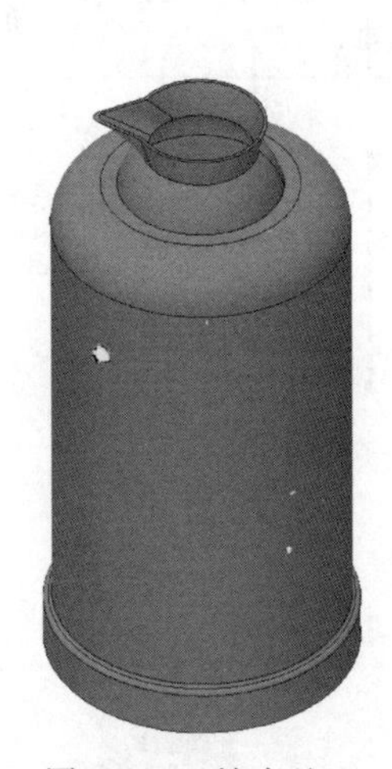

图4-179　抽壳处理

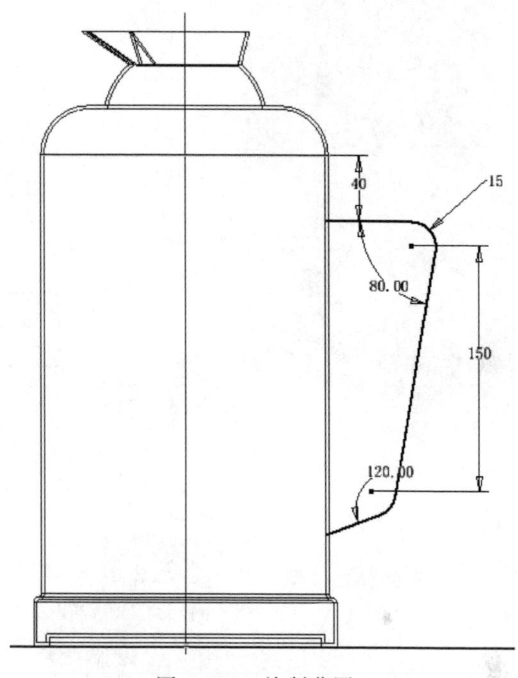

图4-180　绘制草图7

(17) 创建工作平面4。单击“三维模型”选项卡“定位特征”面板中的“平行于平面且通过点”按钮，在原始坐标系中选择YZ平面并选择上步创建的草图端点，如图4-181所示。单击按钮，创建工作平面4。

(18) 创建草图8。单击“三维模型”选项卡“草图”面板中的“开始创建二维草图”按钮，选择上步创建的工作平面为草图绘制平面，进入草图绘制环境。单击“草图”选项卡“创建”面板中的“两点中心矩形”按钮、“直线”按钮和“修剪”按钮，绘制草图。单击“约束”面板中的“尺寸”按钮，标注尺寸如图4-182所示。单击“草图”选项卡中的“完成草图”按钮，退出草图环境。

(19) 创建扫掠体。单击“三维模型”选项卡“创建”面板中的“扫掠”按钮，打开“扫掠”对话框，选取第(18)步创建的草图为扫掠截面轮廓，选取第(16)步创建的草图为扫掠路径，设置扫掠类型为“路径”，选择“跟随路径”方向，如图4-183所示。单击“确定”按钮完成扫掠，如图4-184所示。

(20)创建草图9。单击“三维模型”选项卡“草图”面板中的“开始创建二维草图”按钮，选择XY平面为草图绘制平面，进入草图绘制环境。单击“草图”选项卡“创建”面板中的“线”按钮，绘制草图。单击“约束”面板中的“尺寸”按钮，标注尺寸如图4-185所示。单击“草图”选项卡中的“完成草图”按钮，退出草图环境。

Note

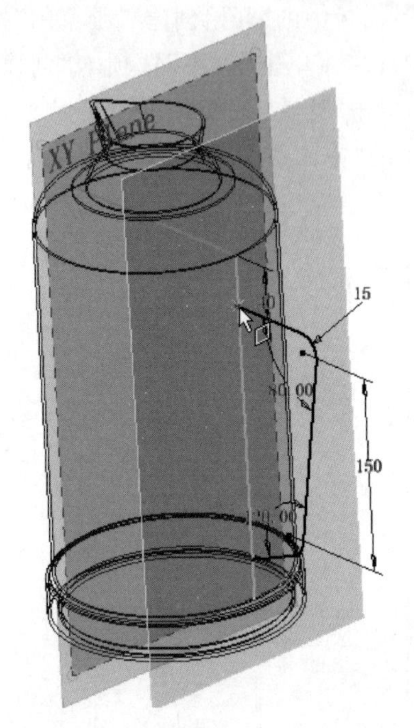

图 4-181　创建工作平面 4

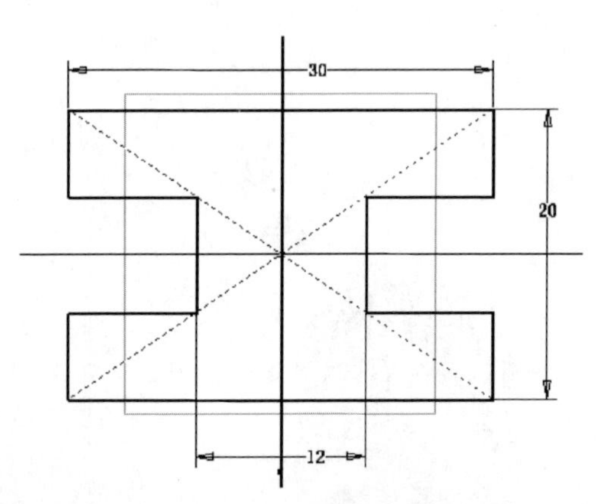

图 4-182　绘制草图 8

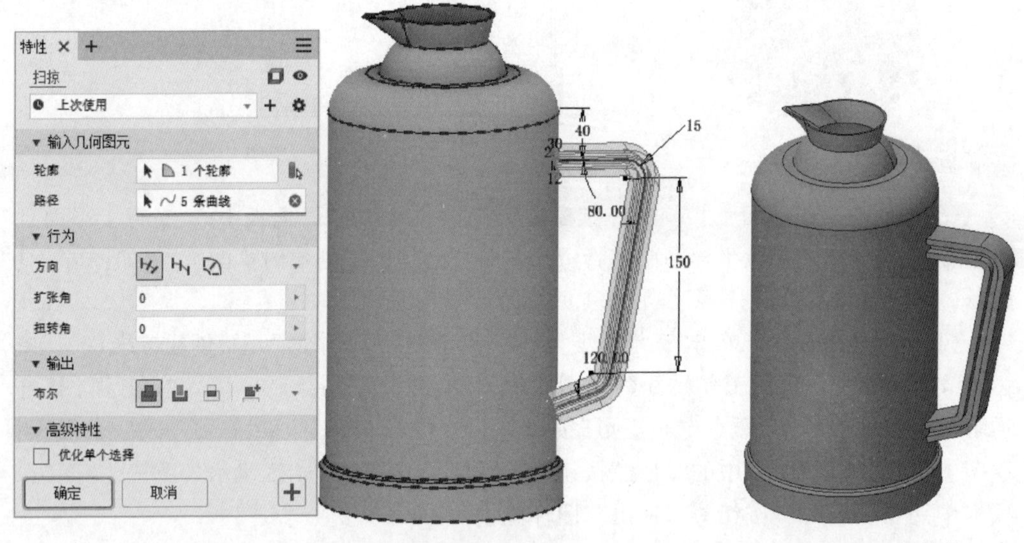

图 4-183　“扫掠”示意图　　　　图 4-184　扫掠体

(21) 创建拉伸体。单击“三维模型”选项卡“创建”面板中的“拉伸”按钮，打开“拉伸”对话框，选取上步绘制的草图为拉伸截面轮廓，设置拉伸终止方式为“贯通”，单击“对称”按钮，选择“求差”选项。单击“确定”按钮完成拉伸，如图 4-186 所示。

(22) 保存文件。单击快速访问工具栏中的“保存”按钮，打开“另存为”对话框，输入文件名为“暖瓶.ipt”，单击“保存”按钮，保存文件。

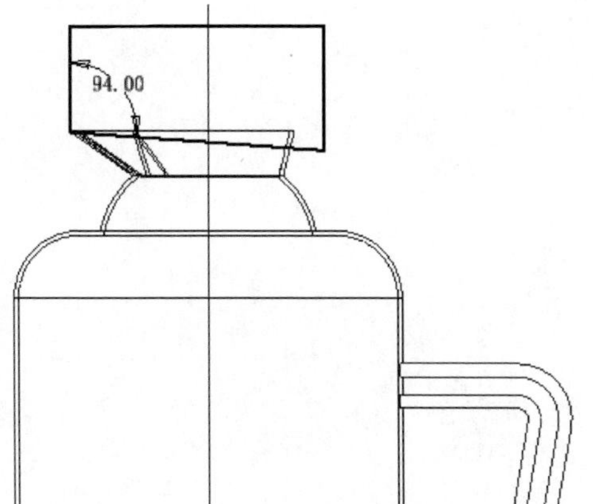

图 4-185 绘制草图 9

图 4-186 拉伸特征创建

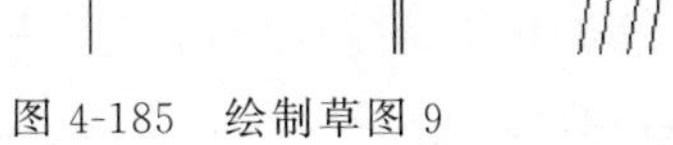

第5章

放置特征

放置特征不需要创建草图，但必须存在基础特征，即创建基于特征的特征。

5.1 孔

在 Inventor 中可利用打孔工具在零件环境、部件环境和焊接环境中创建参数化直孔、沉头孔、锪平或倒角孔特征，还可自定义螺纹孔的螺纹特征和顶角的类型，以满足设计要求。

5.1.1 操作步骤

(1) 单击“三维模型”选项卡“修改”面板中的“孔”按钮，打开“孔”对话框，如图 5-1 所示。

(2) 在视图中选择孔放置面，如图 5-2 所示。

(3) 分别选择两条边为参考边，并输入尺寸，如图 5-3 所示。

(4) 在对话框中选择孔类型，并输入孔直径，选择孔底类型并输入角度，选择终止方式。

(5) 单击“确定”按钮，按指定的参数生成孔，如图 5-4 所示。

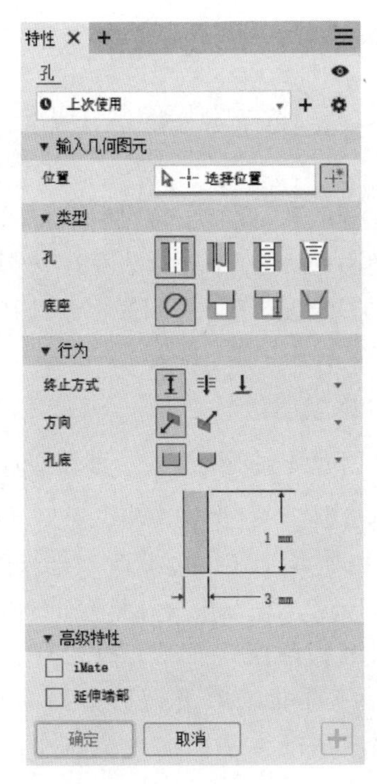

图 5-1　“孔”对话框

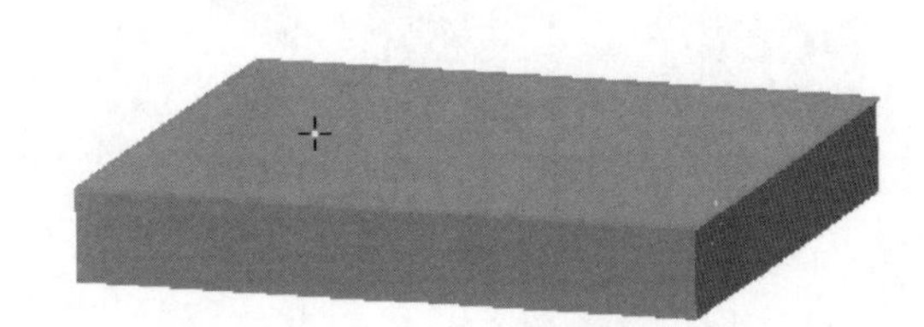

图 5-2　选择放置面

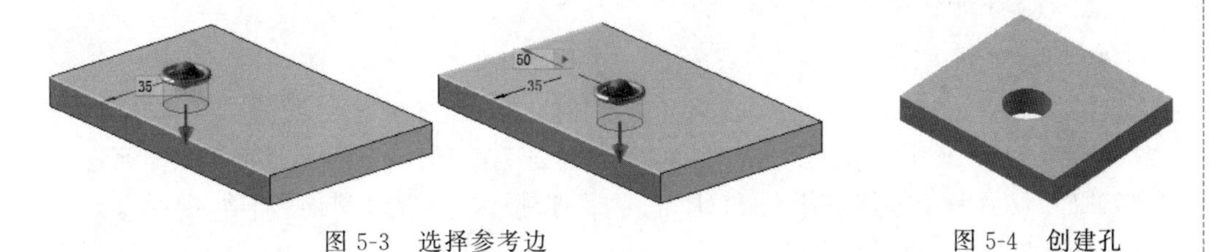

图 5-3　选择参考边

图 5-4　创建孔

5.1.2　选项说明

1. 位置

指定孔的放置位置，在放置孔的过程中，我们可以通过以下三种方式设置孔的位置。

（1）单击平面或工作平面上的任意位置。采用此方法放置的孔中心为单击的位置，此时孔中心未被约束，可以拖动中心将其重新定位。

（2）单击参考边以放置尺寸。此方法首先选择放置孔的平面，然后选择参考边线，系统出现距离尺寸，通过距离约束确定孔的具体位置。

（3）创建同心孔。采用该方式，首先选择要放置孔的平面，然后选择要同心的对象，可以是环形边或圆柱面，最后使所创建的孔与同心引用对象具有同心约束。

2. 孔的类型

用户可创建 4 种类型的孔，即简单孔、螺纹孔、配合孔和锥螺纹孔。要为孔设置螺纹特征，可选中“螺纹孔”或“锥螺纹孔”选项，此时出现“螺纹”选项框，用户可自己指定螺纹类型。

（1）英制螺纹孔对应于 ANSI Unified Screw Threads 选项，公制螺纹孔对应于 ANSI Metric M Profile 选项。

（2）可设定螺纹的右旋或左旋方向，设置是否为全螺纹，设定公称尺寸、螺距、系列和直径等。

Note

（3）如果选中“配合孔”选项，创建与所选紧固件配合的孔，此时出现“紧固件”选项框。可从“标准”下拉列表框中选择紧固件标准；从“紧固件类型”下拉列表框中选择紧固件类型；从“大小”下拉列表框中选择紧固件的大小；从“配合”下拉列表框中选择孔配合的类型，可选的值为“常规”、“紧”和“松”。

3. 孔的形状

用户可创建 4 种形状的孔，即无（直孔）、沉头孔、沉头平面孔和倒角孔，如图 5-5 所示。直孔与平面齐平，并且具有指定的直径；沉头孔具有指定的直径、沉头直径和沉头深度；沉头平面孔具有指定的直径、沉头平面直径和沉头平面深度，孔和螺纹深度从沉头平面的底部曲面进行测量；倒角孔具有指定的直径、倒角孔直径和倒角孔角度。

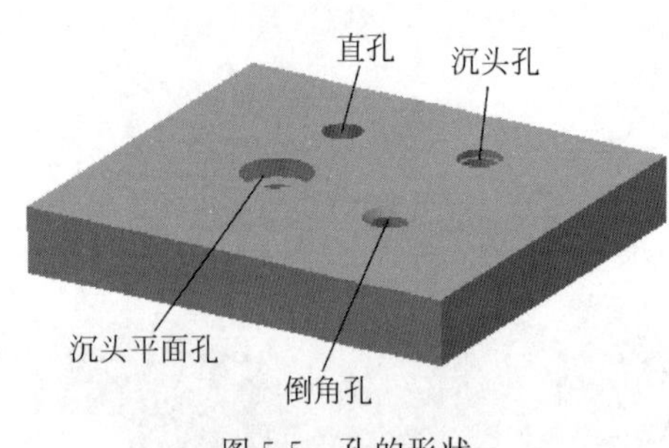

图 5-5　孔的形状

注意：不能将锥角螺纹孔与沉头孔结合使用。

4. 终止方式

通过“终止方式”选项组中的选项可设置孔的方向和终止方式，终止方式有“距离”、“贯通”和“到”。其中，“到”方式仅可用于零件特征，在该方式下需要指定是在曲面还是在延伸面（仅适用于零件特征）上终止孔。如果选择“距离”或“贯通”选项，则通过方向按钮、选择是否反转孔的方向。

5. 孔底

通过“孔底”选项设定孔的底部形状，有两个选项：平直和角度。如果选择了“角度”选项的话，应设定角度的值。

6. 孔预览区域

在孔的预览区域内可预览孔的形状。需要注意的是，孔的尺寸是在预览窗口中进行修改的，双击对话框中孔图像上的尺寸，此时尺寸值变为可编辑状态，然后输入新值即完成修改。

技巧：怎样用共享草图指定孔位置？

如果阵列中需要多种大小或类型的孔，可以使用“共享草图”在零件环境中创建多个孔特征。将孔创建为部件特征时，共享草图不可用。

（1）在单一草图上布置多个孔的中心点。

（2）为孔阵列选择指定的中心点。如果需要，可以使用草图几何图元的端点或中心点作为孔中心。

（3）对于不同的孔大小或类型，选择另一组孔中心点。

5-1

Note

5.1.3 实例——阀体

本例绘制如图 5-6 所示的阀体。

操作步骤

(1) 新建文件。单击快速访问工具栏中的“新建”按钮，在打开的“新建文件”对话框中选择 Standard.ipt 选项，单击“创建”按钮，新建一个零件文件。

(2) 创建草图。单击“三维模型”选项卡“草图”面板中的“开始创建二维草图”按钮，选择 XY 平面为草图绘制平面，进入草图绘制环境。单击“草图”选项卡“创建”面板中的“两点中心矩形”按钮和“圆角”按钮，绘制草图轮廓。单击“约束”面板中的“尺寸”按钮，标注尺寸如图 5-7 所示。单击“草图”选项卡中的“完成草图”按钮，退出草图环境。

图 5-6 阀体

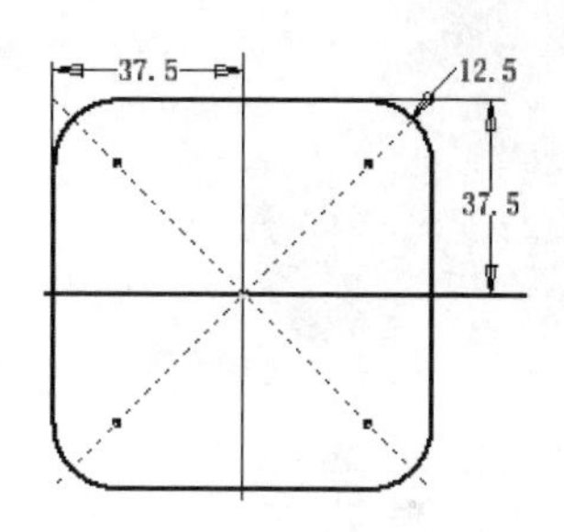

图 5-7 绘制草图

(3) 创建拉伸体。单击“三维模型”选项卡“创建”面板中的“拉伸”按钮，打开“拉伸”对话框，由于草图中只有图 5-7 所示的一个截面轮廓，所以自动被选取为拉伸截面轮廓。将拉伸距离设置为 12mm，单击“确定”按钮，完成拉伸，则创建如图 5-8 所示的零件基体。

(4) 创建草图。单击“三维模型”选项卡“草图”面板中的“开始创建二维草图”按钮，选择 XZ 平面为草图绘制平面。单击“草图”选项卡“创建”面板中的“圆弧”按钮和“直线”按钮，绘制草图。单击“约束”面板中的“尺寸”按钮，标注尺寸，如图 5-9 所示。单击“草图”选项卡中的“完成草图”按钮，退出草图环境。

图 5-8 创建拉伸体

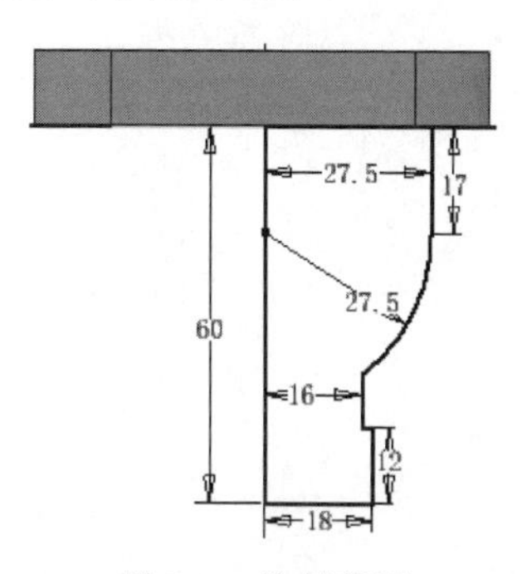

图 5-9 绘制草图

Note

（5）创建旋转体。单击“三维模型”选项卡“创建”面板中的“旋转”按钮，打开“旋转”对话框，选取上一步绘制的草图为旋转截面轮廓，选取竖直线为旋转轴。单击“确定”按钮，完成旋转，则创建如图 5-10 所示的零件基体。

（6）创建草图。单击“三维模型”选项卡“草图”面板中的“开始创建二维草图”按钮，选择 XZ 平面为草图绘制面。单击“草图”选项卡“创建”面板中的“圆心圆”按钮，绘制草图。单击“约束”面板中的“尺寸”按钮，标注尺寸如图 5-11 所示。单击“草图”选项卡中的“完成草图”按钮，退出草图环境。

（7）创建拉伸体。单击“三维模型”选项卡“创建”面板中的“拉伸”按钮，打开“拉伸”对话框，选取上一步绘制的草图为拉伸截面轮廓，将拉伸距离设置为 56mm。单击“确定”按钮，完成拉伸，如图 5-12 所示。

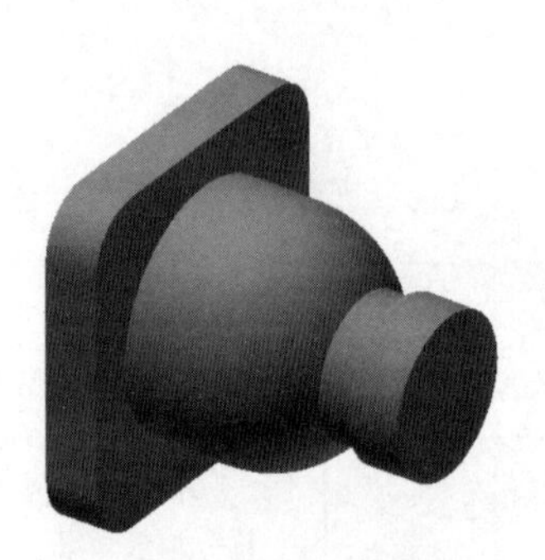

图 5-10　完成旋转

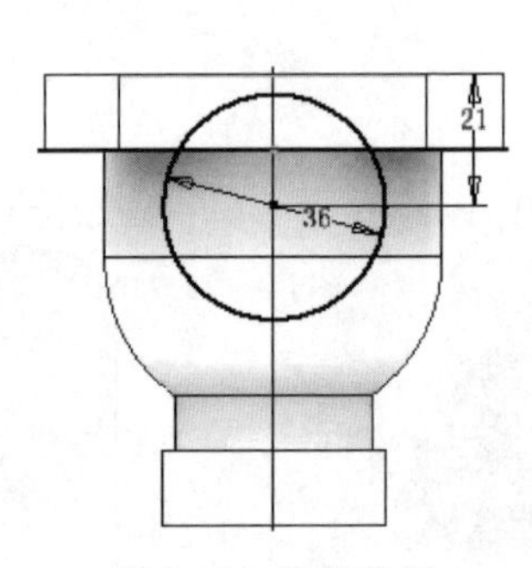

图 5-11　绘制草图

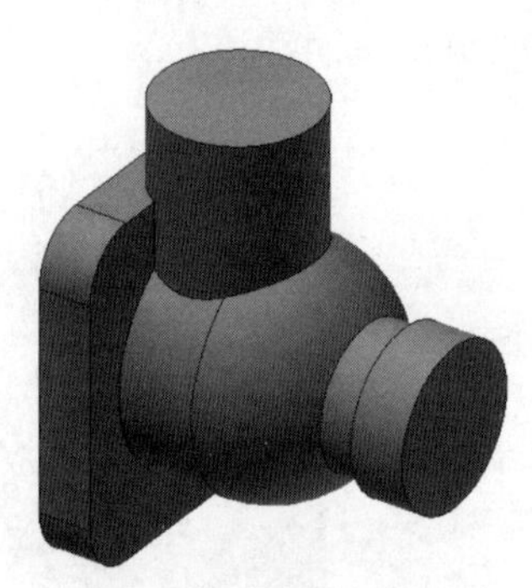

图 5-12　创建拉伸体

（8）创建草图。单击“三维模型”选项卡“草图”面板中的“开始创建二维草图”按钮，选择 YZ 平面为草图绘制面。单击“草图”选项卡“创建”面板中的“直线”按钮，绘制草图。单击“约束”面板中的“尺寸”按钮，标注尺寸如图 5-13 所示。单击“草图”选项卡中的“完成草图”按钮，退出草图环境。

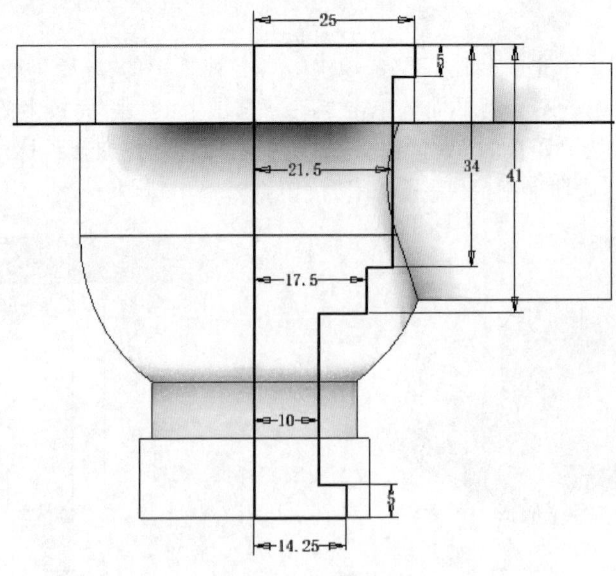

图 5-13　绘制草图

(9) 创建旋转体。单击“三维模型”选项卡“创建”面板中的“旋转”按钮，打开“旋转”对话框，选取上一步绘制的草图为旋转截面轮廓，选取竖直线为旋转轴，选择“求差”选项。单击“确定”按钮，完成旋转切除，则创建如图 5-14 所示的孔。

(10) 创建草图。单击“三维模型”选项卡“草图”面板中的“开始创建二维草图”按钮，选择 YZ 平面为草图绘制平面。单击“草图”选项卡“创建”面板中的“直线”按钮，绘制草图。单击“约束”面板中的“尺寸”按钮，标注尺寸如图 5-15 所示。单击“草图”选项卡中的“完成草图”按钮，退出草图环境。

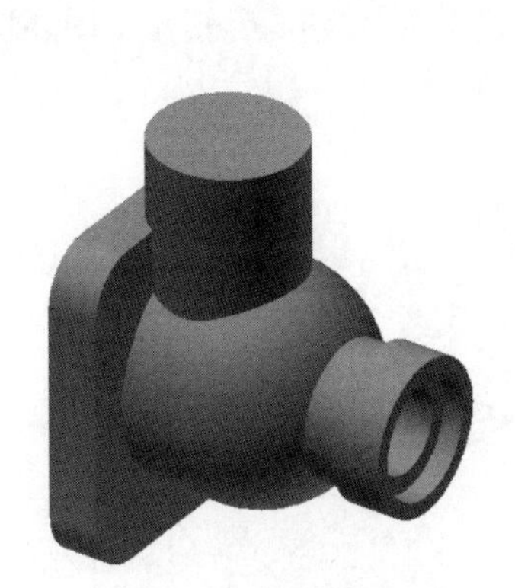

图 5-14　旋转切除

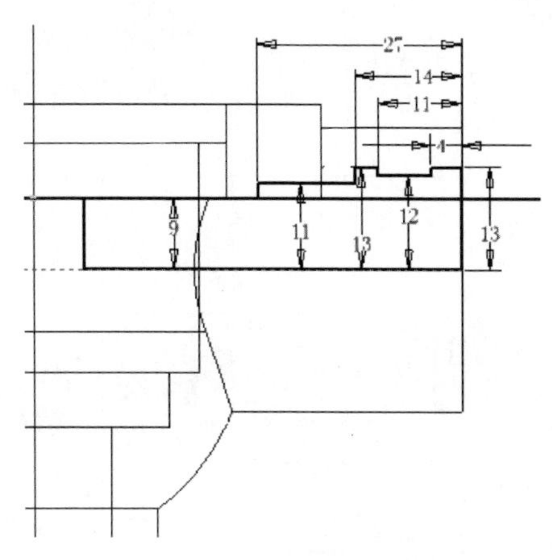

图 5-15　绘制草图

(11) 创建旋转体。单击“三维模型”选项卡“创建”面板中的“旋转”按钮，打开“旋转”对话框，选取上一步绘制的草图为旋转截面轮廓，选取水平直线为旋转轴，选择“求差”选项。单击“确定”按钮，完成旋转切除，则创建如图 5-16 所示的孔。

(12) 创建草图。单击“三维模型”选项卡“草图”面板中的“开始创建二维草图”按钮，选择如图 5-16 所示的面 1 为草图绘制平面。单击“草图”选项卡“创建”面板中的“直线”按钮，绘制草图。单击“约束”面板中的“尺寸”按钮，标注尺寸如图 5-17 所示。单击“草图”选项卡中的“完成草图”按钮，退出草图环境。

图 5-16　旋转切除

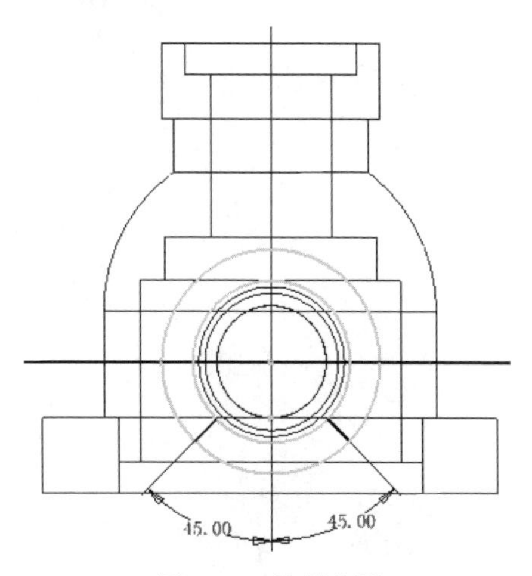

图 5-17　绘制草图

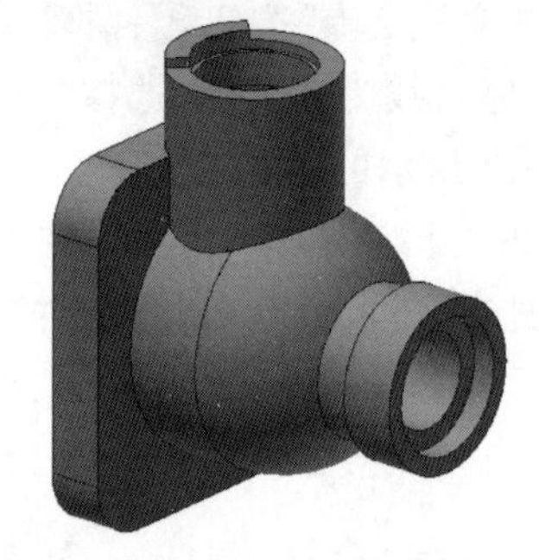

图 5-18　完成拉伸

（13）创建拉伸体。单击“三维模型”选项卡“创建”面板中的“拉伸”按钮，打开“拉伸”对话框，选取上一步绘制的草图为拉伸截面轮廓，将拉伸距离设置为 2mm，选择“求差”选项。单击“确定”按钮，完成拉伸，如图 5-18 所示。

（14）创建草图。单击“三维模型”选项卡“草图”面板中的“开始创建二维草图”按钮，选择 YZ 平面为草图绘制平面。单击“草图”选项卡“创建”面板中的“直线”按钮，绘制草图。单击“约束”面板中的“尺寸”按钮，标注尺寸如图 5-19 所示。单击“草图”选项卡中的“完成草图”按钮，退出草图环境。

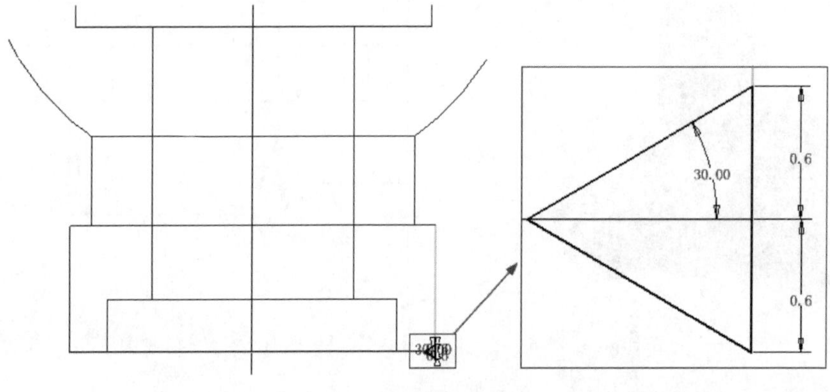

图 5-19　绘制草图

（15）创建螺纹。单击“三维模型”选项卡“创建”面板中的“螺旋扫掠”按钮，打开如图 5-20 所示的“螺旋扫掠”对话框。选择上一步绘制的草图为截面轮廓，选择 Z 轴为旋转轴，设置类型为“螺距和高度”，输入螺距为 1.5mm，高度为 15mm，选择“求差”选项。单击“确定”按钮，完成螺纹创建，如图 5-21 所示。

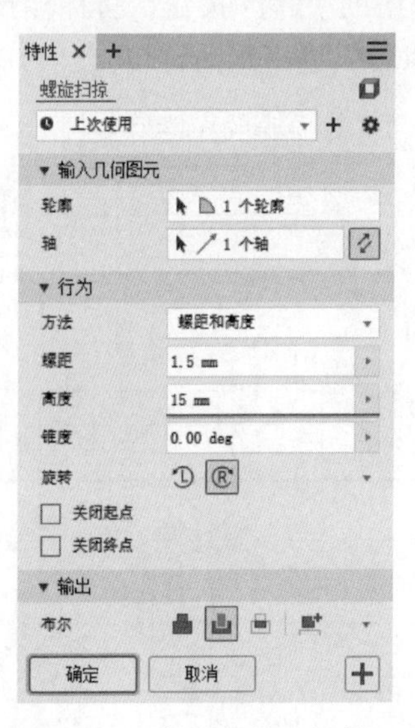

图 5-20　“螺旋扫掠”对话框

图 5-21　绘制螺纹

5-3

Note

(16) 创建草图。单击“三维模型”选项卡“草图”面板中的“开始创建二维草图”按钮，选择XY平面为草图绘制平面。单击“草图”选项卡“创建”面板中的“直线”按钮、“圆心圆”按钮和“点”按钮，绘制草图。单击“约束”面板中的“尺寸”按钮，标注尺寸如图5-22所示。单击“草图”选项卡中的“完成草图”按钮，退出草图环境。

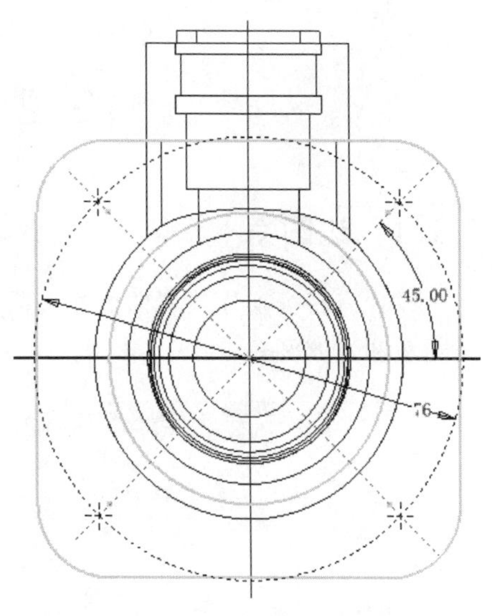

图5-22　绘制草图

(17) 创建直孔。单击“三维模型”选项卡“修改”面板中的“孔”按钮，打开“孔”对话框。系统自动捕捉上一步创建的草图点，选择“螺纹孔”类型，选择尺寸为10的GB Metric profile螺纹类型，选中“全螺纹”复选框，如图5-23所示，单击“确定”按钮。

图5-23　设置参数

(18) 保存文件。单击快速访问工具栏中的“保存”按钮，打开“另存为”对话框，输入文件名为“阀体.ipt”，单击“保存”按钮，保存文件。

Note

5.2 圆　　角

5.2.1 边圆角

以现有特征实体或者曲面相交的棱边为基础创建圆角，可以创建定半径圆角、变半径圆角和过渡圆角。

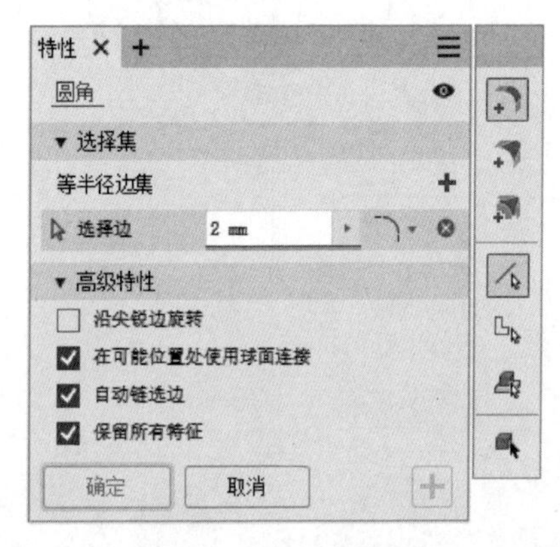

图 5-24 “圆角”对话框

可在零件的一条或多条边上添加内圆角或外圆角。在一次操作中，用户可以创建等半径和变半径圆角、不同大小的圆角和具有不同连续性（相切或平滑 G2）的圆角。在同一次操作中创建的不同大小的所有圆角将成为单个特征。

边圆角特征的创建步骤如下：

(1) 单击“三维模型”选项卡“修改”面板中的“圆角”按钮，打开“圆角”对话框，如图 5-24 所示。

(2) 选择圆角类型，选择要倒圆角的边，并输入圆角半径，如图 5-25 所示。

(3) 在对话框中设置其他参数，单击“确定”按钮，完成圆角的创建，如图 5-26 所示。

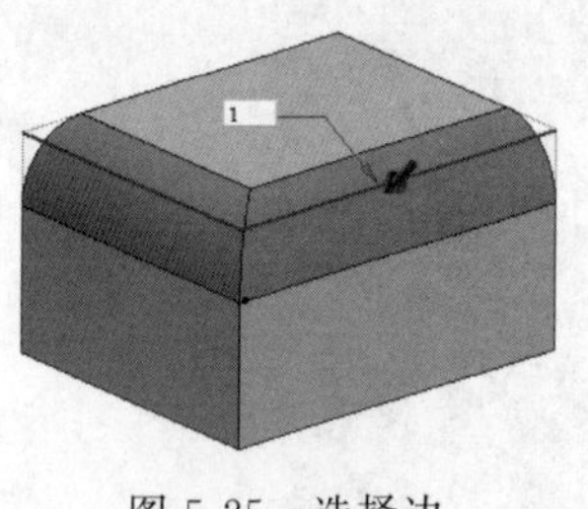

图 5-25 选择边

图 5-26 边圆角

“圆角”对话框中选项说明如下：

(1) 等半径边集。等半径圆角特征由 3 个部分组成，即边、半径和类型。首先要选择产生圆角半径的边，然后指定圆角的半径，再选择一种圆角模式即可。

① 选择优先级别。

a. 将优先级别设置为边：只对选中的边创建圆角，如图 5-27(a)所示。

b. 将优先级别设置为边回路：可选中一个回路，这个回路的整个边线都会创建圆角特征，如图 5-27(b)所示。

c. 将优先级别设置为特征：因某个特征与其他面相交所导致的边以外的所有边都会创建圆角，如图 5-27(c)所示。

Note

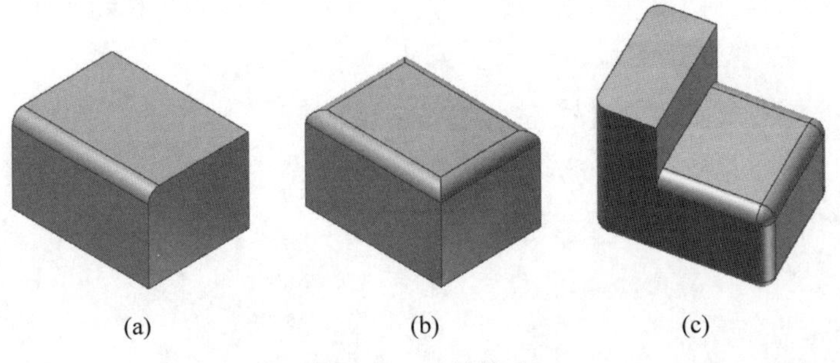

图 5-27　选择模式

(a) 边模式；(b) 回路模式；(c) 特征模式

② 沿尖锐边旋转：设置当指定圆角半径会使相邻面延伸时，对圆角的解决方法。选中该复选框可在需要时改变指定的半径，以保持相邻面的边不延伸。取消选中该复选框，保持等半径，并且在需要时延伸相邻的面。

③ 在可能位置处使用球面连接：设置圆角的拐角样式，选中该复选框可创建一个圆角，它就像一个球沿着边和拐角滚动的轨迹一样。取消选中该复选框，在锐利拐角的圆角之间创建连续相切的过渡，如图 5-28 所示。

图 5-28　圆角的拐角样式

④ 自动链选边：设置边的选择配置。选中该复选框，在选择一条边以添加圆角时，自动选择所有与之相切的边；取消选中该复选框，只选择指定的边。

⑤ 保留所有特征：选中此复选框，所有与圆角相交的特征都将被选中，并且在圆角操作中将计算它们的交线。如果取消选中该复选框，则在圆角操作中只计算参与操作的边。

(2) 变半径圆角。如果要创建变半径圆角，则单击"添加变半径圆角"按钮，此时的"圆角"对话框如图 5-29 所示。创建变半径圆角的方法是首先选择边线上至少 3 个点，分别设置这几个点的圆角半径，则 Inventor 会自动根据设置的半径创建变半径圆角。

平滑半径过渡：定义变半径圆角在控制点之间是如何创建的，选中该复选框可使圆角在控制点之间逐渐混合过渡，过渡是相切的(在点之间不存在跃变)。取消选中该复选框，在点之间用线性过渡来创建圆角。

(3) 拐角过渡圆角。拐角过渡圆角是指相交边上的圆角连续地相切过渡。要创建过渡圆角，则单击"添加拐角过渡"按钮，此时的"圆角"对话框如图 5-30 所示。首先选择一个或多个要创建过渡圆角边的顶点，然后再依次选择边即可，此时会出现圆角的

Note

预览,修改左侧窗口内的每一条边的过渡尺寸,最后单击“确定”按钮即可完成过渡圆角的创建。

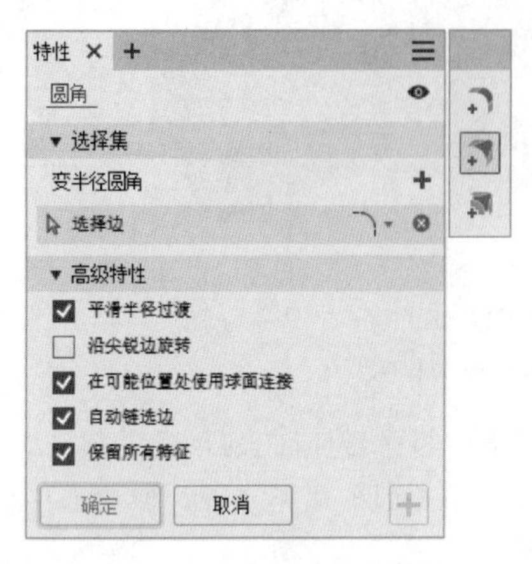

图 5-29　变半径圆角对话框

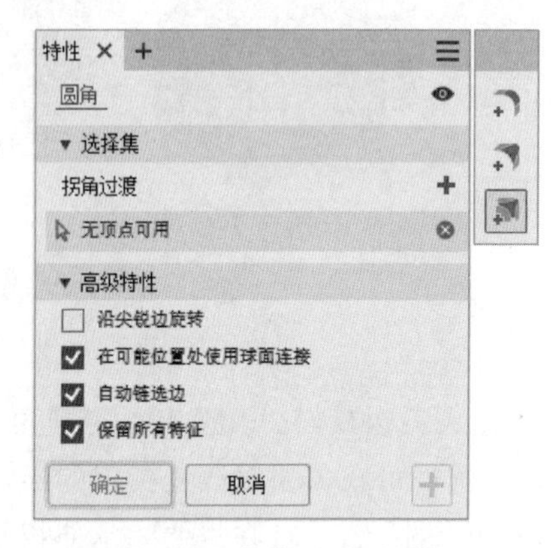

图 5-30　拐角过渡对话框

5.2.2　面圆角

使用面圆角命令在不需要共享边的两个所选面集之间添加内圆角或外圆角。

面圆角特征的创建步骤如下:

(1) 单击“三维模型”选项卡“修改”面板“圆角”下拉列表框中的“面圆角”按钮,打开“面圆角”对话框,如图 5-31 所示。

(2) 选择要倒圆角的面,如图 5-32 所示,并输入圆角半径。

(3) 在对话框中设置其他参数,单击“确定”按钮,完成面圆角的创建,如图 5-33 所示。

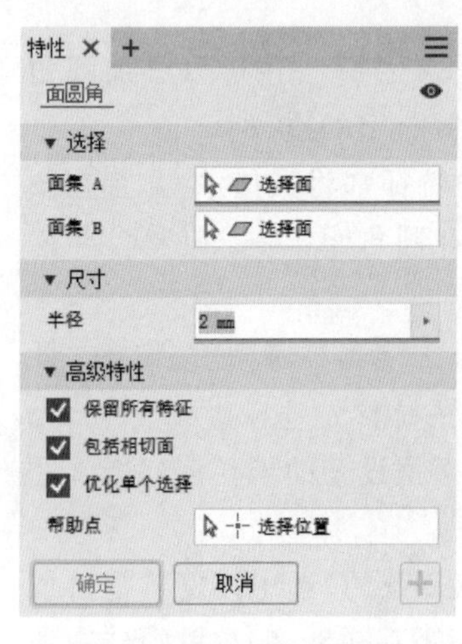

图 5-31　“面圆角”对话框

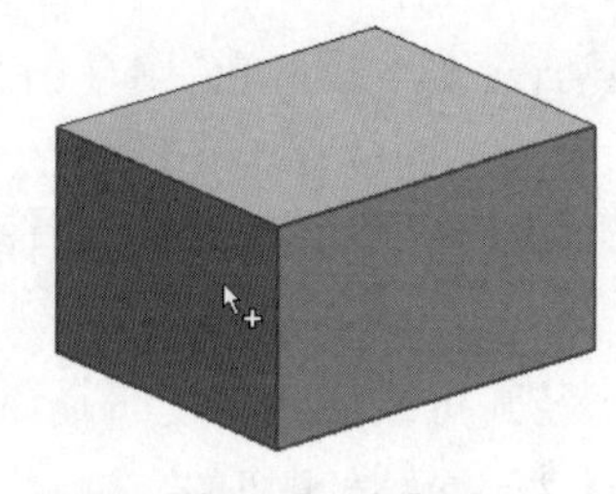

图 5-32　选取面

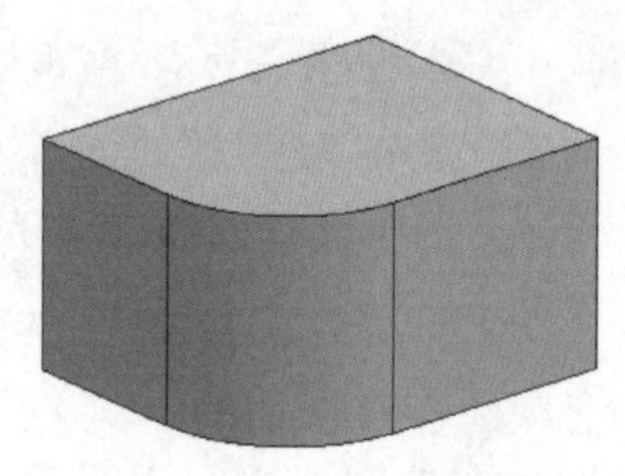

图 5-33　创建面圆角

“面圆角”对话框中的选项说明如下。

(1) 面集 A:指定包括在要创建圆角的第一个面集中的模型或曲面实体的一个或多个相切、相邻面。若要添加面,应单击“选择”工具,然后单击图形窗口中的面。

Note

（2）面集B：指定要创建圆角的第二个面集中的模型或曲面实体的一个或多个相切、相邻面。若要添加面，应单击“选择”工具，然后单击图形窗口中的面。

（3）半径：指定所选面集的圆角半径。要改变半径，应单击该半径值，然后输入新的半径值。

（4）包括相切面：设置面圆角的面选择配置。选中该复选框，允许圆角在相切、相邻面上自动继续。取消选中该复选框，仅在两个选择的面之间创建圆角。此选项不会从选择集中添加或删除面。

（5）优化单个选择：进行单个选择后，即自动前进到下一个面集。对每个面集进行多项选择时，取消选中该复选框。

5.2.3　全圆角

使用全圆角命令可添加与3个相邻面相切的变半径圆角或外圆角，中心面集由变半径圆角取代。全圆角可用于创建带帽或圆化外部零件特征。

全圆角特征的创建步骤如下：

（1）单击“三维模型”选项卡“修改”面板“圆角”下拉列表框中的“全圆角”按钮，打开“全圆角”对话框，如图5-34所示。

（2）选择要倒圆角的面，如图5-35所示。

（3）在对话框中设置其他参数，单击“确定”按钮，完成圆角的创建，如图5-36所示。

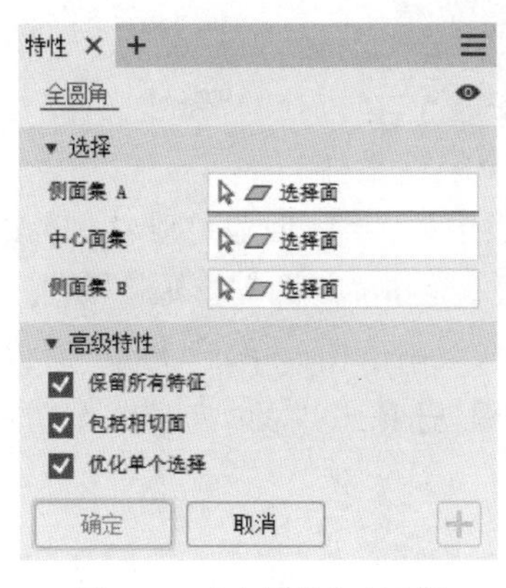

图5-34　“全圆角”对话框

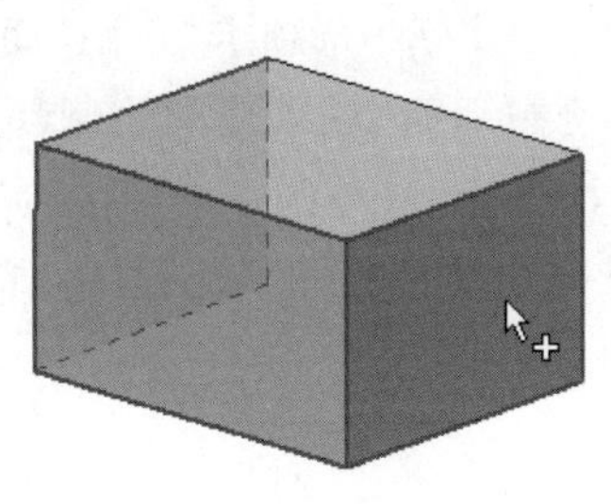

图5-35　选择面

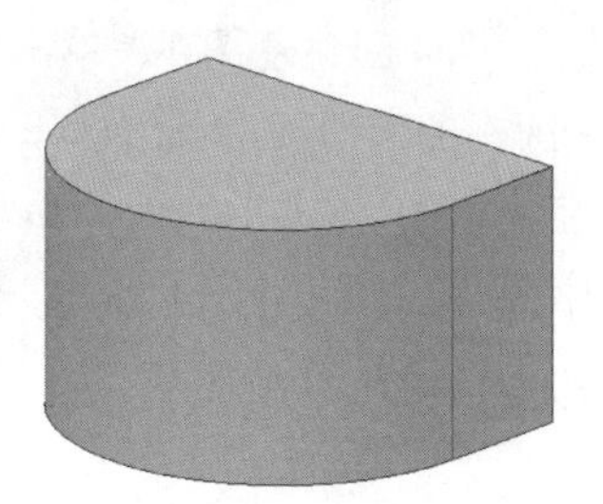

图5-36　创建全圆角

“全圆角”对话框中的选项说明如下：

（1）侧面集A：指定与中心面集相邻的模型或曲面实体的一个或多个相切、相邻面。若要添加面，应单击“选择”工具，然后单击图形窗口中的面。

（2）中心面集：指定使用圆角替换的模型或曲面实体的一个或多个相切、相邻面。若要添加面，应单击“选择”工具，然后单击图形窗口中的面。

（3）侧面集B：指定与中心面集相邻的模型或曲面实体的一个或多个相切、相邻面。若要添加面，应单击“选择”工具，然后单击图形窗口中的面。

（4）包括相切面：设置面圆角的面选择配置。选中该复选框，允许圆角在相切、相邻面上自动继续；取消选中该复选框，仅在两个选择的面之间创建圆角。此选项不会从选择集中添加或删除面。

(5) 优化单个选择：进行单个选择后，即自动前进到下一个面集。进行多项选择时取消选中该复选框。

Note

技巧：

(1) 圆角特征与草图圆角特征有何不同？

在绘制草图时，可以通过添加二维圆角在设计中包含圆角，利用二维草图圆角和圆角特征可以生成外形完全相同的模型。但是带有圆角特征的模型有以下优点：

① 可以独立于拉伸特征对圆角特征进行编辑、抑制或删除，而不用返回编辑该拉伸特征的草图。

② 如果对剩余边添加圆角，则可以更好地控制拐角。

③ 在进行后面的操作时有更多的灵活性，例如应用面拔模。

(2) 等半径圆角和变半径圆角有何不同？

等半径圆角沿着其整个圆角长度都有相同的半径。变半径圆角的半径沿着其圆角长度会变化，为起点和终点设置不同的半径。也可以添加中间点，每个中间点处都可以有不同的半径。圆角的形状由过渡类型决定。

5-4

5.2.4 实例——鼠标

本例绘制鼠标，如图 5-37 所示。

操作步骤

(1) 新建文件。单击快速访问工具栏中的"新建"按钮，在打开的"新建文件"对话框中选择 Standard. ipt 选项，单击"创建"按钮，新建一个零件文件。

(2) 创建草图 1。单击"三维模型"选项卡"草图"面板中的"开始创建二维草图"按钮，选择 XY 平面为草图绘制平面，进入草图绘制环境。单击"草图"选项卡"绘制"面板中的"直线"按钮和"样条曲线(控制顶点)"按钮，绘制草图。单击"约束"面板中的"尺寸"按钮，标注尺寸如图 5-38 所示。单击"草图"选项卡中的"完成草图"按钮，退出草图环境。

图 5-37　鼠标

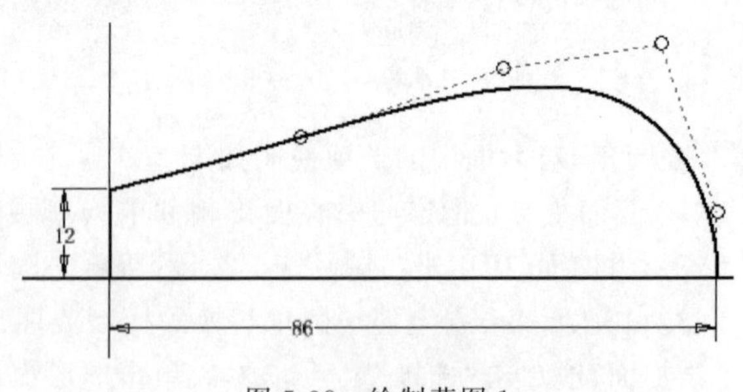

图 5-38　绘制草图 1

(3) 创建工作平面 1。单击"三维模型"选项卡"定位特征"面板中的"从平面偏移"按钮，在浏览器原始坐标系下选取 XY 平面，输入偏移距离为 25mm，如图 5-39 所示。单击按钮，创建工作平面 1。

(4) 创建草图 2。单击"三维模型"选项卡"草图"面板中的"开始创建二维草图"按

Note

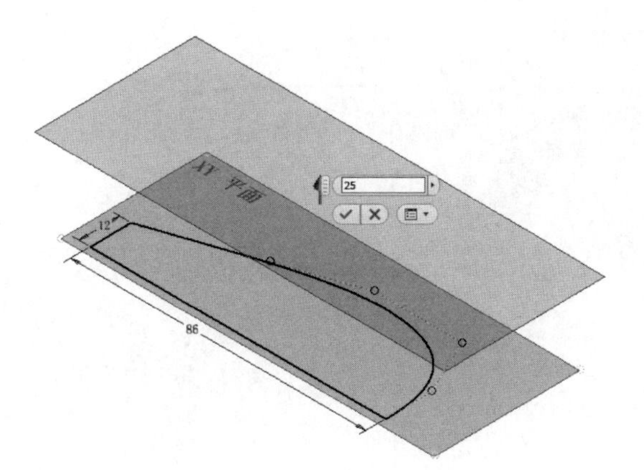

图 5-39　创建工作平面 1

钮，在视图中选择上步创建的工作平面 1 为草图绘制面。单击“草图”选项卡“绘制”面板中的“直线”按钮和“样条曲线(控制顶点)”按钮，绘制草图。单击“约束”面板中的“尺寸”按钮，标注尺寸如图 5-40 所示。单击“草图”选项卡中的“完成草图”按钮，退出草图环境。

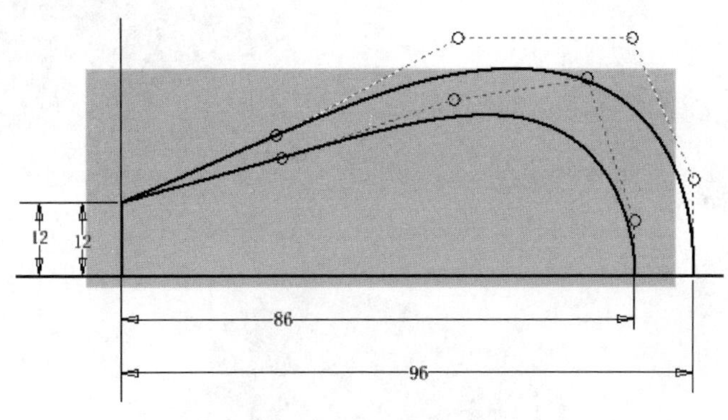

图 5-40　绘制草图 2

(5) 创建工作平面 2。单击“三维模型”选项卡“定位特征”面板中的“从平面偏移”按钮，在视图中选取工作平面 1 并拖动，输入偏移距离为 25mm，单击按钮，创建工作平面 2。

(6) 创建草图 3。单击“三维模型”选项卡“草图”面板中的“开始创建二维草图”按钮，在视图中选择上步创建的工作平面 2 为草图绘制面。单击“草图”选项卡“绘制”面板中的“投影几何图元”按钮，提取步骤(2)绘制的草图 1，如图 5-41 所示。单击“草图”选项卡中的“完成草图”按钮，退出草图环境。

(7) 放样实体。单击“三维模型”选项卡“创建”面板中的“放样”按钮，打开“放样”对话框，在视图中选取前面绘制的 3 个草图为放样截面，如图 5-42 所示。单击“确定”按钮，结果如图 5-43 所示。

(8) 圆角处理。单击“三维模型”选项卡“修改”面板中的“圆角”按钮，打开“圆角”对话框，在视图中选择如图 5-44 所示的两条边，输入圆角半径为 10mm，单击“确定”按钮。

Note

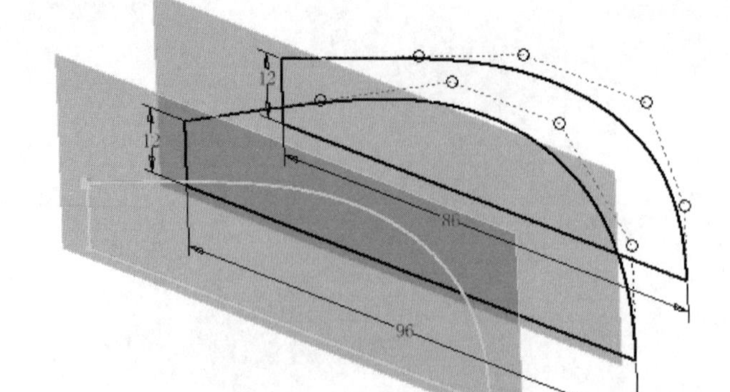

图 5-41　绘制草图 3

图 5-42　"放样"对话框及预览

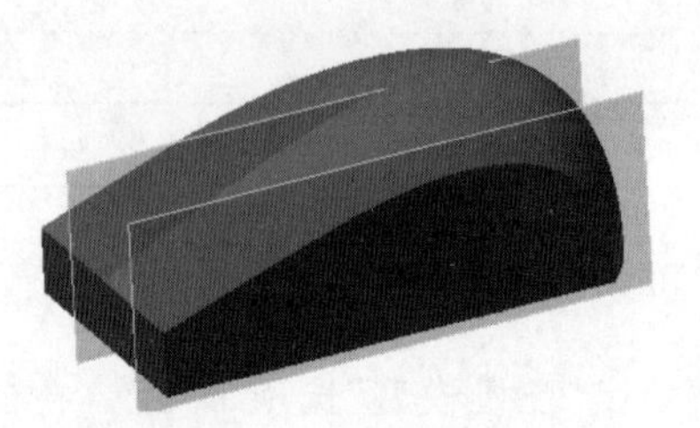

图 5-43　放样实体

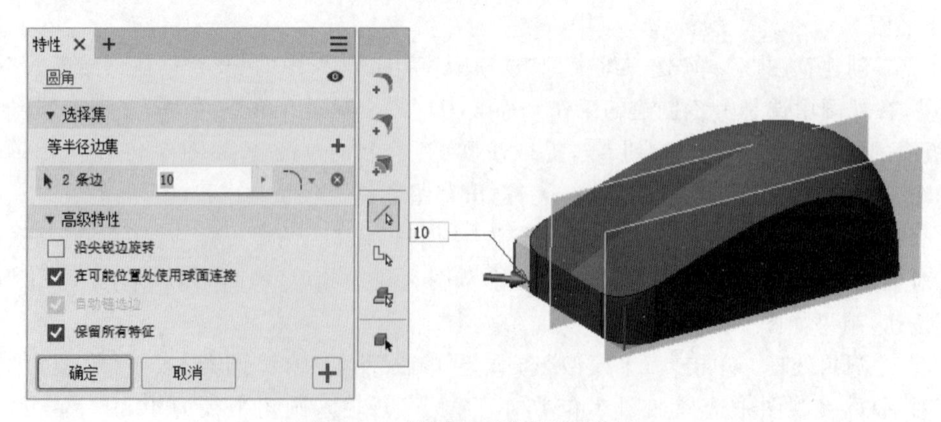

图 5-44　"圆角"对话框及预览 1

(9) 变半径圆角处理。单击“三维模型”选项卡“修改”面板中的“圆角”按钮，打开“圆角”对话框，单击“添加变半径”按钮，在视图中选择如图 5-44 所示的边，输入开始和结束半径为 8mm，添加其他点，输入半径为 3mm，如图 5-45 所示。单击“确定”按钮，隐藏工作平面 1 和工作平面 2，如图 5-46 所示。

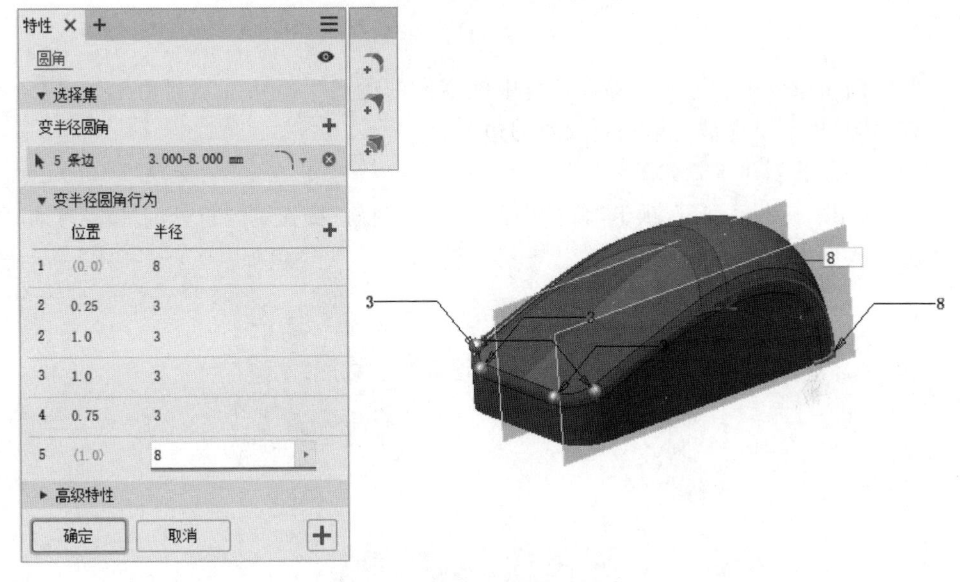

图 5-45 “圆角”对话框及预览 2

图 5-46 变半径圆角处理

(10) 圆角处理。单击“三维模型”选项卡“修改”面板中的“圆角”按钮，打开“圆角”对话框，在视图中选择如图 5-47 所示的边线，输入圆角半径为 3mm。单击“确定”按钮，结果如图 5-37 所示。

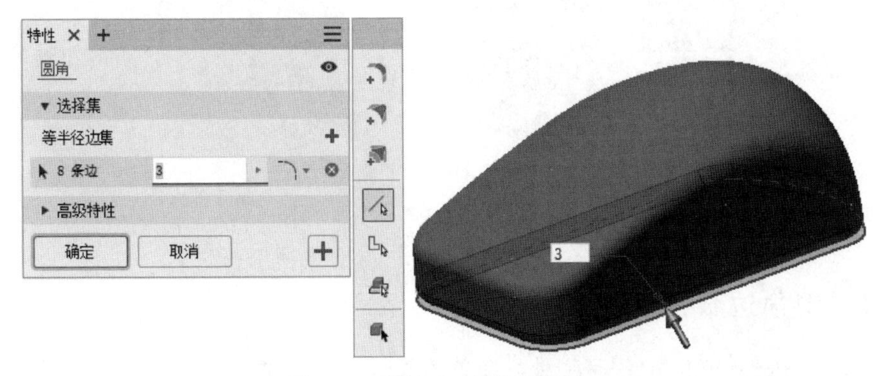

图 5-47 “圆角”对话框及预览 3

Note

(11) 保存文件。单击快速访问工具栏中的"保存"按钮，打开"另存为"对话框，输入文件名为"鼠标.ipt"，单击"保存"按钮，保存文件。

5.3 倒　　角

使用倒角命令可在零件和部件环境中使零件的边产生斜角。与圆角相似，倒角不要求有草图，也不要求被约束到要放置的边上。

倒角特征的创建步骤如下：

(1) 单击"三维模型"选项卡"修改"面板中的"倒角"按钮，打开"倒角"对话框，选择倒角类型，如图 5-48 所示。

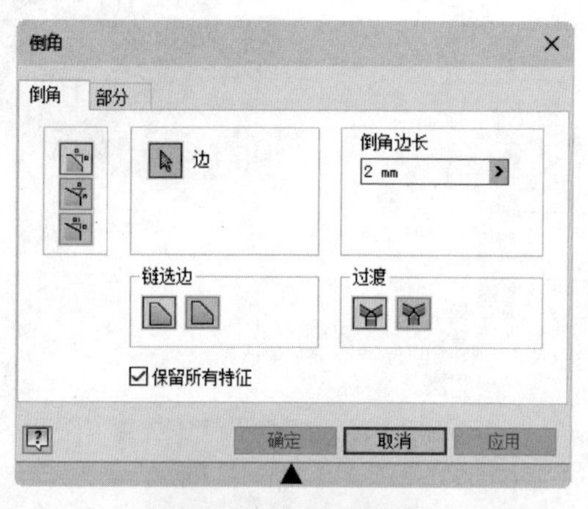

图 5-48　"倒角"对话框

(2) 选择要倒角的边，并输入倒角参数，如图 5-49 所示。

(3) 在对话框中设置其他参数，单击"确定"按钮，完成倒角的创建，如图 5-50 所示。

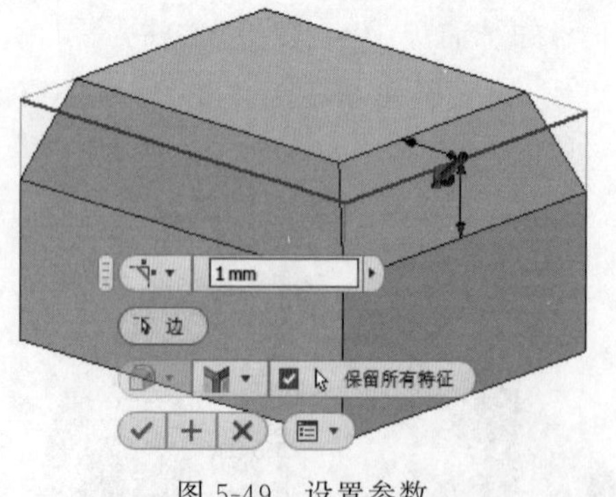

图 5-49　设置参数

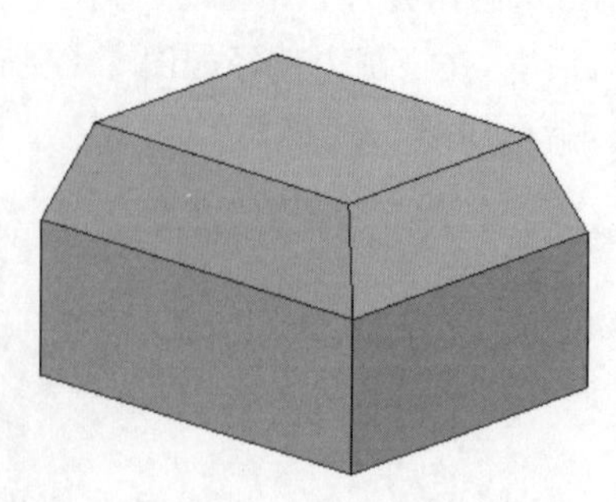

图 5-50　创建倒角

5.3.1　倒角边长

以倒角边长创建倒角是一种最简单的创建倒角的方式，通过设置与所选择的边线偏移同样的距离来创建倒角，可选择单条边、多条边或相连的边界链以创建倒角，还

可设置拐角过渡类型的外观。创建时仅需选择用来创建倒角的边以及设置倒角距离即可。对于该方式下的选项说明如下：

1. 链选边

(1) 所有相切连接边：在倒角中一次可选择所有相切边。

(2) 独立边：一次只选择一条边。

2. 过渡类型

可在选择了 3 个或多个相交边创建倒角时应用过渡类型，以确定倒角的形状。

(1) 过渡：在各边交汇处创建交叉平面而不是拐角，如图 5-51(a)所示。

(2) 无过渡：倒角的外观好像通过铣去每个边而形成的尖角，如图 5-51(b)所示。

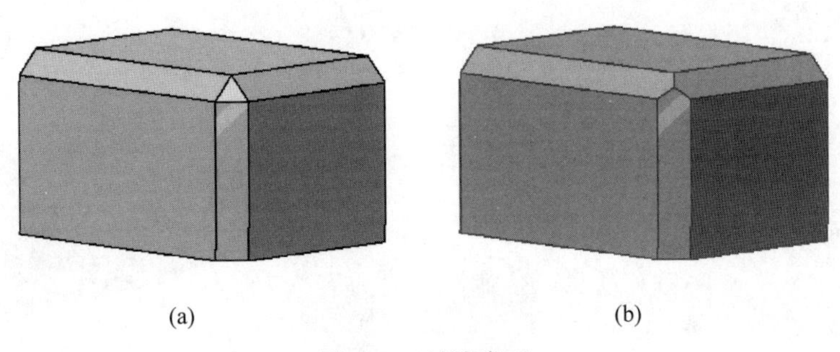

(a) (b)

图 5-51 过渡类型

(a) 过渡；(b) 无过渡

5.3.2 倒角边长和角度

用倒角边长和角度创建倒角需要指定倒角边长和倒角角度两个参数，选择了该选项后，“倒角”对话框如图 5-52 所示。首先选择创建倒角的边，然后选择一个表面，倒角所成的斜面与该面的夹角就是所指定的倒角角度，在右侧的“倒角边长”和“角度”文本框中输入倒角距离和倒角角度，再单击“确定”按钮即可创建倒角特征。

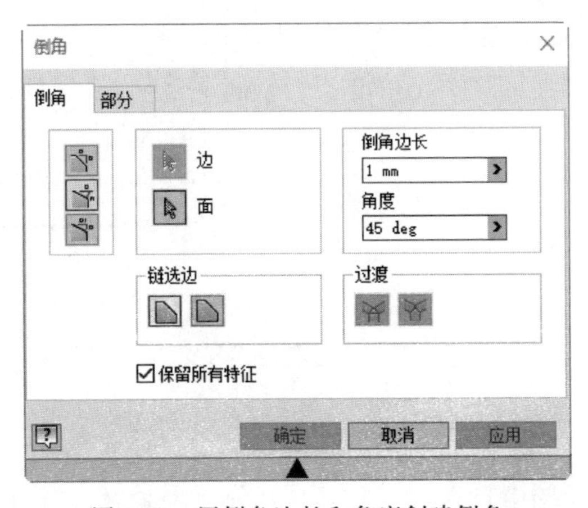

图 5-52 用倒角边长和角度创建倒角

Note

5-5

5.3.3　两个倒角边长

用两个倒角边长创建倒角需要指定两个倒角距离来创建倒角。选择该选项后，“倒角”对话框如图 5-53 所示。首先选择倒角边，然后分别指定两个倒角距离即可。可单击“反向”按钮使模型距离反向，单击“确定”按钮即可完成创建。

5.3.4　实例——阀杆

本例绘制如图 5-54 所示的阀杆。

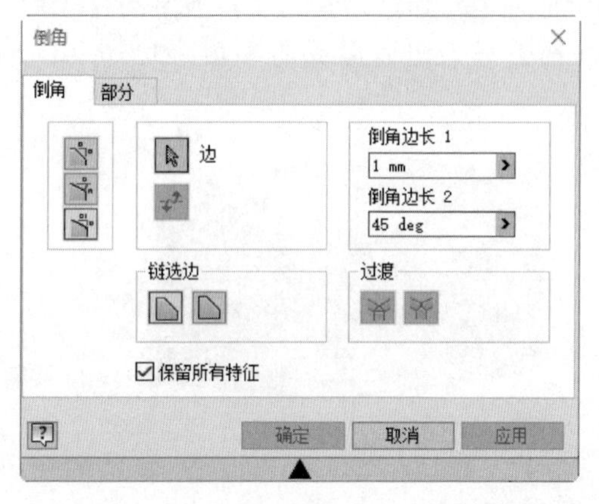

图 5-53　用两个倒角边长创建倒角

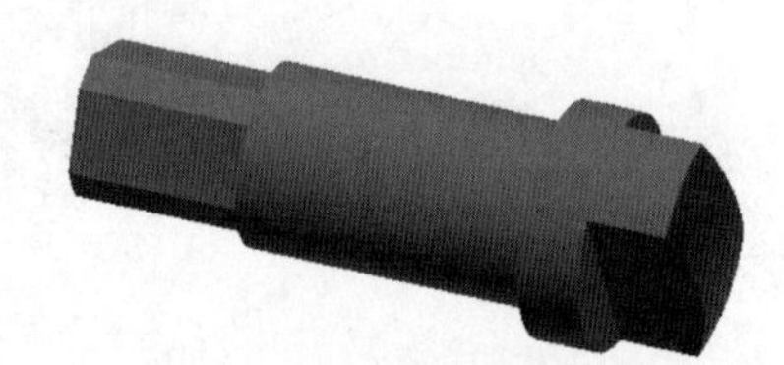

图 5-54　阀杆

操作步骤

（1）新建文件。运行 Inventor，单击快速访问工具栏中的“新建”按钮，在打开的“新建文件”对话框中选择 Standard. ipt 选项，单击“创建”按钮，新建一个零件文件。

（2）创建草图。单击“三维模型”选项卡“草图”面板中的“开始创建二维草图”按钮，选择 XY 平面为草图绘制平面，进入草图绘制环境。单击“草图”选项卡“绘图”面板中的“直线”按钮和“圆弧”按钮，绘制草图轮廓。单击“约束”面板中的“尺寸”按钮，标注尺寸如图 5-55 所示。单击“完成草图”按钮，退出草图环境。

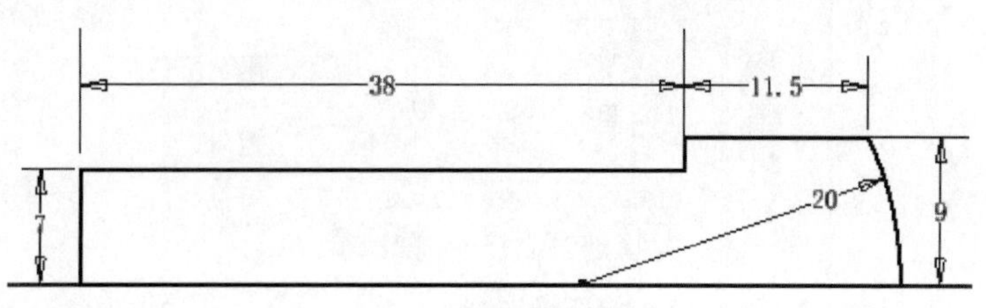

图 5-55　绘制草图

（3）创建旋转体。单击“三维模型”选项卡“创建”面板中的“旋转”按钮，打开“旋转”对话框。由于草图中只有图 5-55 中的一个截面轮廓，所以自动被选取为旋转截面轮廓，选取水平直线段为旋转轴，单击“确定”按钮完成旋转，如图 5-56 所示。

(4) 创建工作平面 1。单击“三维模型”选项卡“定位特征”面板中的“从平面偏移”按钮，在视图中选择旋转体第二截面，输入距离为－4mm，如图 5-57 所示。单击按钮，创建工作平面 1。

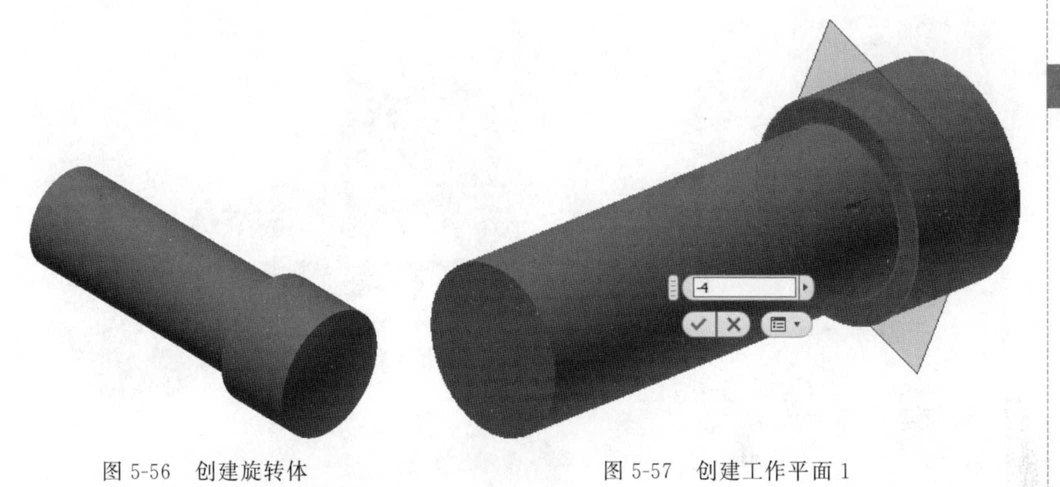

图 5-56　创建旋转体　　　　图 5-57　创建工作平面 1

(5) 创建草图。单击“三维模型”选项卡“草图”面板中的“开始创建二维草图”按钮，选择工作平面 1 为草图绘制平面，进入草图绘制环境。单击“草图”选项卡“绘图”面板中的“矩形”按钮，绘制轮廓。单击“约束”面板中的“尺寸”按钮，标注尺寸如图 5-58 所示。单击“完成草图”按钮，退出草图环境。

(6) 创建拉伸体。单击“三维模型”选项卡“创建”面板中的“拉伸”按钮，打开“拉伸”对话框，选取上步绘制的草图作为拉伸截面轮廓，将拉伸终止方式设置为“贯通”，选择“求差”选项。单击“确定”按钮完成拉伸，如图 5-59 所示。

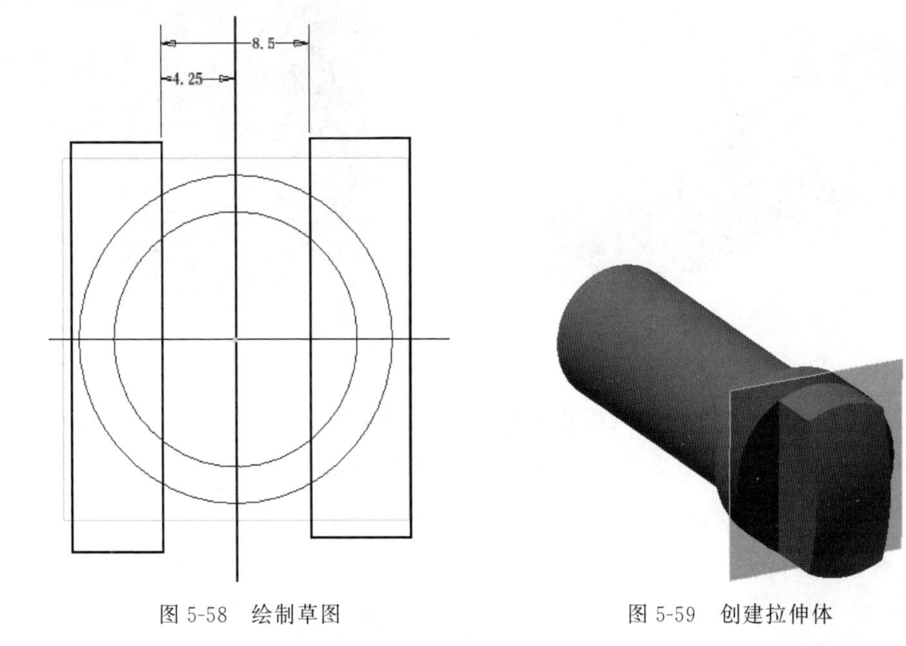

图 5-58　绘制草图　　　　图 5-59　创建拉伸体

Note

(7) 创建倒角。单击“三维模型”选项卡“修改”面板中的“倒角”按钮，打开“倒角”对话框。单击“倒角边长和角度”按钮，先选择阀杆底面，然后选择如图5-60所示的边线，输入倒角边长为0.9mm，角度为60°。单击“确定”按钮，结果如图5-61所示。

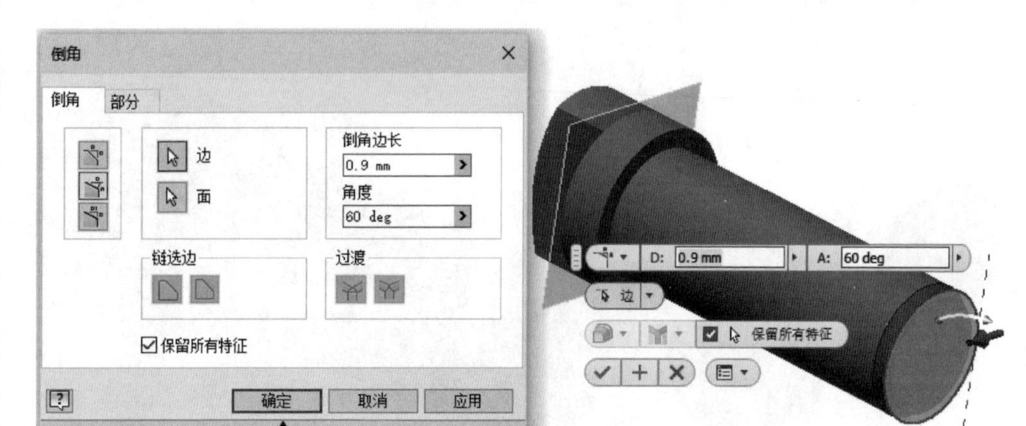

图5-60　设置参数

(8) 创建草图。单击“三维模型”选项卡“草图”面板中的“开始创建二维草图”按钮，选择面1为草图绘制平面，进入草图绘制环境。单击“草图”选项卡“绘图”面板中的“直线”按钮，绘制轮廓。单击“约束”面板中的“尺寸”按钮，标注尺寸如图5-62所示。单击“完成草图”按钮，退出草图环境。

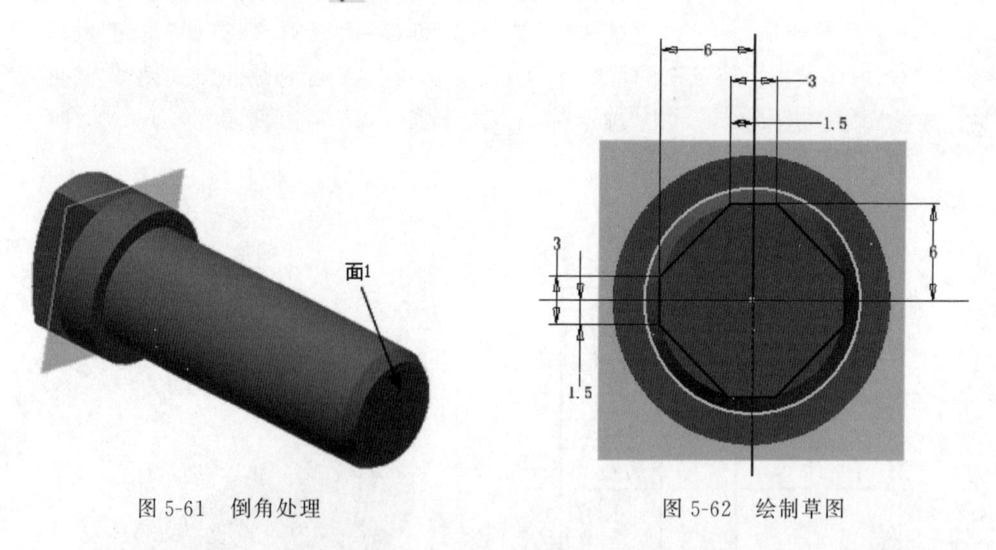

图5-61　倒角处理　　图5-62　绘制草图

(9) 创建拉伸体。单击“三维模型”选项卡“创建”面板中的“拉伸”按钮，打开“拉伸”对话框。选取上步绘制的草图作为拉伸截面轮廓，设置拉伸方向为“翻转”，选择“求差”选项，输入拉伸距离为14mm。单击“确定”按钮完成拉伸，如图5-54所示。

(10) 保存文件。单击快速访问工具栏中的“保存”按钮，打开“另存为”对话框，输入文件名为“阀杆.ipt”，单击“保存”按钮即可保存文件。

Note

5.4　抽　　壳

抽壳特征是指从零件的内部去除材料，创建一个具有指定厚度的空腔零件。抽壳也是参数化特征，常用于模具和铸造方面的造型。

5.4.1　操作步骤

（1）单击“三维模型”选项卡“修改”面板中的“抽壳”按钮，打开“抽壳”对话框，如图 5-63 所示。

（2）选择开口面，指定一个或多个要去除的零件面，只保留作为壳壁的面。如果不想选择某个面，可在按住 Ctrl 键的同时单击该面。

（3）选择好开口面以后，需要设置壳体的壁厚，如图 5-64 所示。

（4）设置好参数后，单击“确定”按钮完成抽壳特征的创建，如图 5-65 所示。

图 5-63　“抽壳”对话框

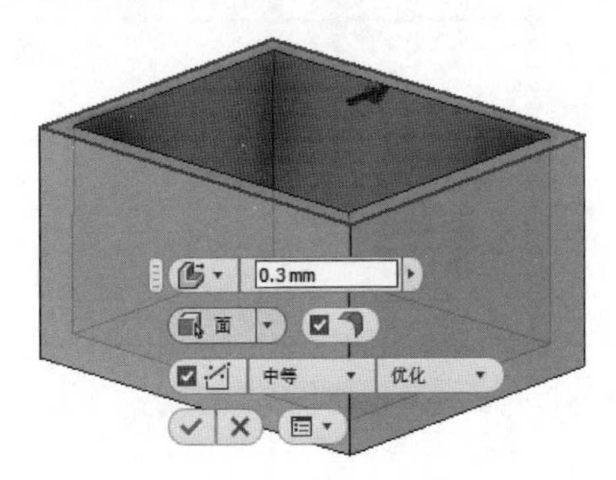

图 5-64　设置参数

图 5-65　完成抽壳

5.4.2　选项说明

1. 抽壳方式

（1）向内：向零件内部偏移壳壁，原始零件的外壁成为抽壳的外壁。

（2）向外：向零件外部偏移壳壁，原始零件的外壁成为抽壳的内壁。

（3）双向：向零件内部和外部以相同距离偏移壳壁，每侧偏移厚度是零件厚度的一半。

2. 特殊面厚度

用户可忽略默认厚度，而对所选的壁面应用其他厚度。需要指出的是，设置相等的壁厚是一个好的习惯，因为相等的壁厚有助于避免在加工和冷却的过程中出现变形。

当然如果情况特殊,可为特定壳壁设置不同的厚度。

(1) 选择:显示应用新厚度的所选面个数。

(2) 厚度:显示和修改为所选面设置的新厚度。

Note

5.4.3 实例——锅盖

5-6

本例创建如图 5-66 所示的锅盖。

操作步骤

(1) 新建文件。单击快速访问工具栏中的"新建"按钮,在打开的"新建文件"对话框中选择 Standard.ipt 选项,单击"创建"按钮,新建一个零件文件。

(2) 创建草图 1。单击"三维模型"选项卡"草图"面板中的"开始创建二维草图"按钮,选择 XY 平面为草图绘制平面,进入草图绘制环境。单击"草图"选项卡"创建"面板中的"圆"按钮,绘制草图。单击"约束"面板中的"尺寸"按钮,标注尺寸如图 5-67 所示。单击"草图"选项卡中的"完成草图"按钮,退出草图环境。

图 5-66 锅盖

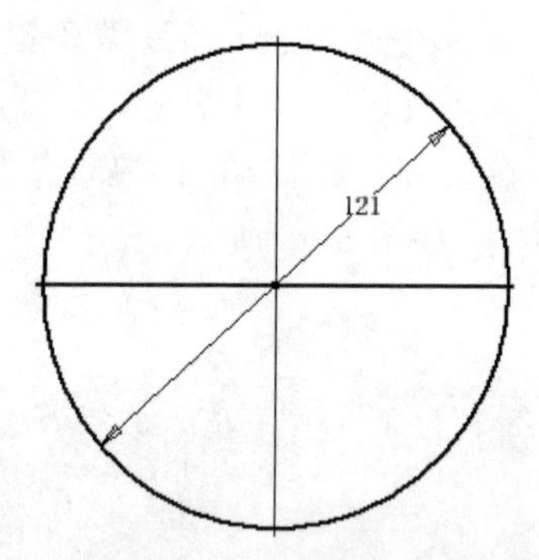

图 5-67 绘制草图 1

(3) 创建拉伸体。单击"三维模型"选项卡"创建"面板中的"拉伸"按钮,打开"拉伸"对话框,系统自动选取上步绘制的草图为拉伸截面轮廓,将拉伸距离设置为 5.5mm,单击"确定"按钮完成拉伸。

(4) 创建草图 2。单击"三维模型"选项卡"草图"面板中的"开始创建二维草图"按钮,选择上步创建的拉伸体上表面为草图绘制平面,进入草图绘制环境。单击"草图"选项卡"创建"面板中的"圆"按钮,绘制草图。单击"约束"面板中的"尺寸"按钮,标注尺寸如图 5-68 所示。单击"草图"选项卡中的"完成草图"按钮,退出草图环境。

(5) 创建拉伸体。单击"三维模型"选项卡"创建"面板中的"拉伸"按钮,打开"拉伸"对话框。选取上步绘制的草图为拉伸截面轮廓,将拉伸距离设置为 15mm,在"高级特征"选项卡中设置锥度为−60°。单击"确定"按钮完成拉伸,结果如图 5-69 所示。

(6) 抽壳处理。单击"三维模型"选项卡"修改"面板中的"抽壳"按钮,打开"抽壳"对话框,选择如图 5-70 所示的面为开口面,输入厚度为 1mm,如图 5-70 所示。单击"确定"按钮,结果如图 5-71 所示。

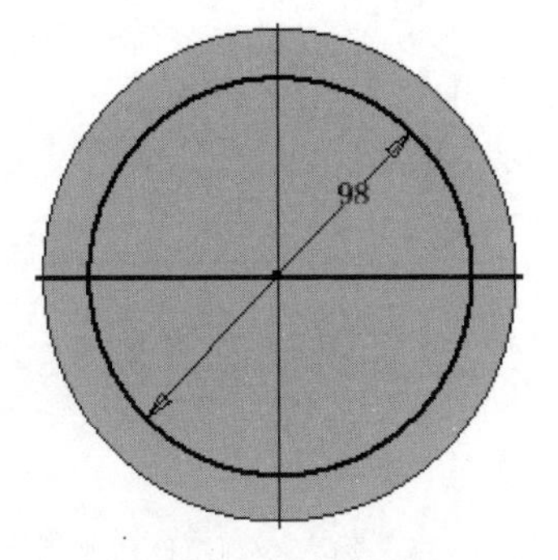

图 5-68　绘制草图 2

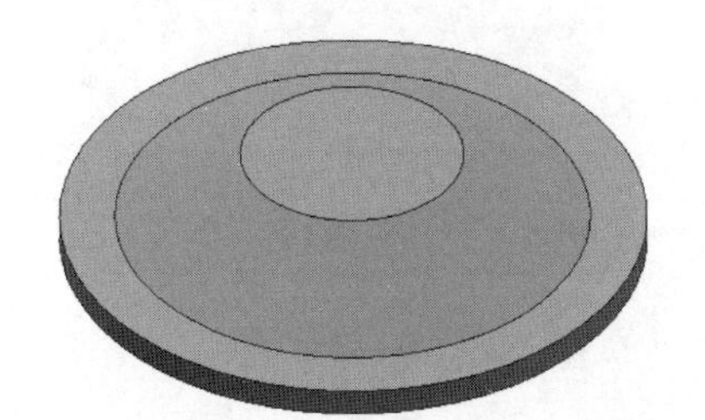

图 5-69　创建拉伸体

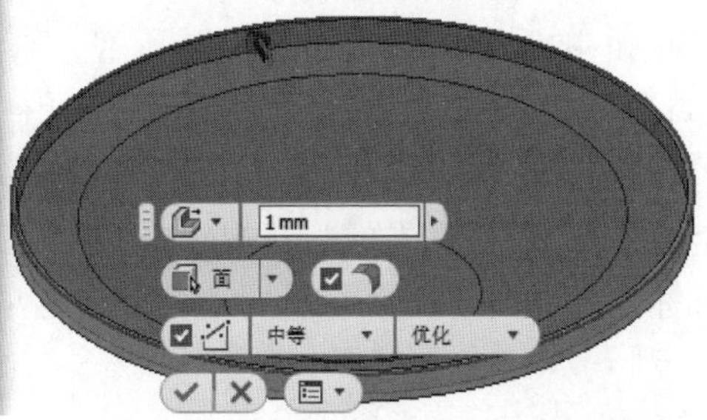

图 5-70　抽壳示意图

(7) 创建草图 3。单击“三维模型”选项卡“草图”面板中的“开始创建二维草图”按钮，选择第一个拉伸体的上表面为草图绘制平面，进入草图绘制环境。单击“草图”选项卡“创建”面板中的“圆”按钮，绘制草图。单击“约束”面板中的“尺寸”按钮，标注尺寸如图 5-72 所示。单击“草图”选项卡中的“完成草图”按钮，退出草图环境。

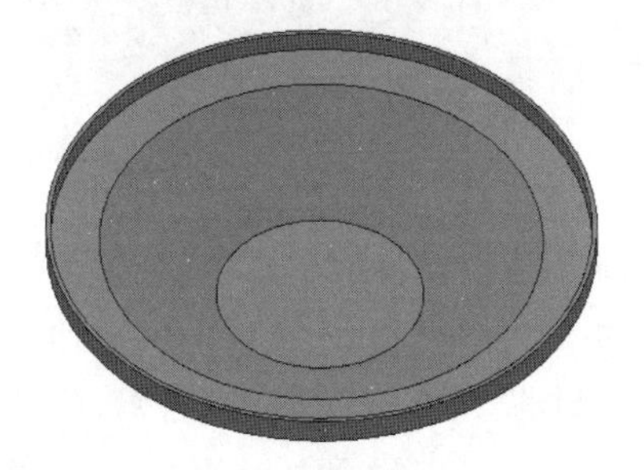

图 5-71　抽壳处理

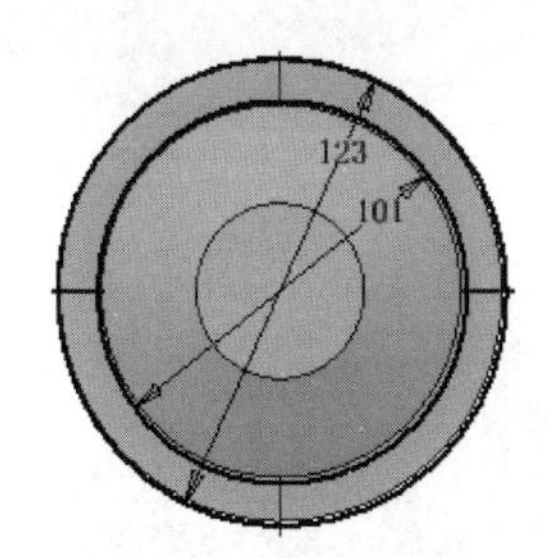

图 5-72　绘制草图 3

(8) 创建拉伸体。单击“三维模型”选项卡“创建”面板中的“拉伸”按钮，打开“拉伸”对话框，选取上步绘制的草图为拉伸截面轮廓，将拉伸距离设置为 1.5mm。单击“确定”按钮完成拉伸，结果如图 5-73 所示。

(9) 创建草图 4。单击“三维模型”选项卡“草图”面板中的“开始创建二维草图”按钮，选择第二个拉伸体的上表面为草图绘制平面，进入草图绘制环境。单击“草图”选项卡“创建”面板中的“圆”按钮，绘制草图。单击“约束”面板中的“尺寸”按钮，标注尺寸如图 5-74 所示。单击“草图”选项卡中的“完成草图”按钮，退出草图环境。

Note

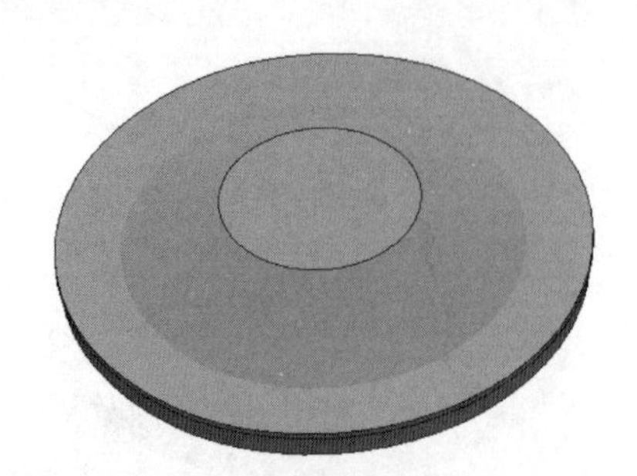

图 5-73　创建拉伸体

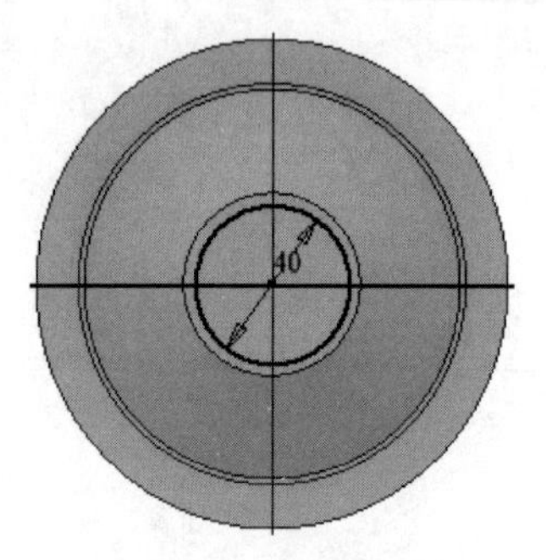

图 5-74　绘制草图 4

（10）创建拉伸体。单击“三维模型”选项卡“创建”面板中的“拉伸”按钮，打开“拉伸”对话框，选取上步绘制的草图为拉伸截面轮廓，将拉伸距离设置为 2mm。单击“确定”按钮完成拉伸，结果如图 5-75 所示。

（11）创建草图 5。单击“三维模型”选项卡“草图”面板中的“开始创建二维草图”按钮，选择上步创建的拉伸体上表面为草图绘制平面，进入草图绘制环境。单击“草图”选项卡“创建”面板中的“圆”按钮，绘制草图。单击“约束”面板中的“尺寸”按钮，标注尺寸如图 5-76 所示。单击“草图”选项卡中的“完成草图”按钮，退出草图环境。

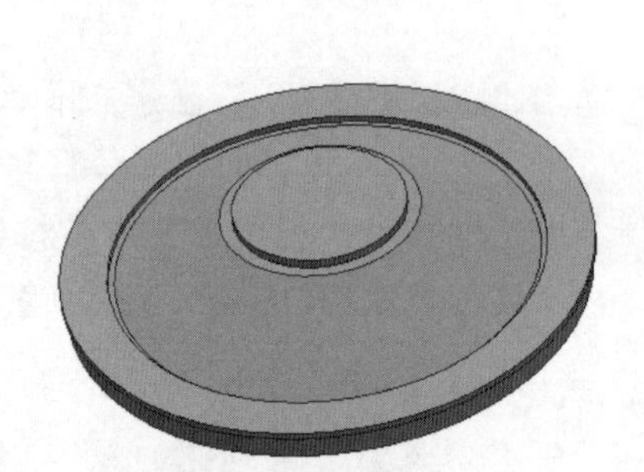

图 5-75　创建拉伸体

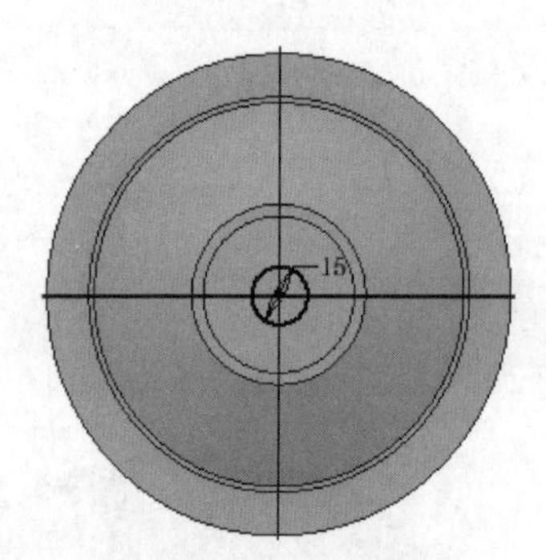

图 5-76　绘制草图 5

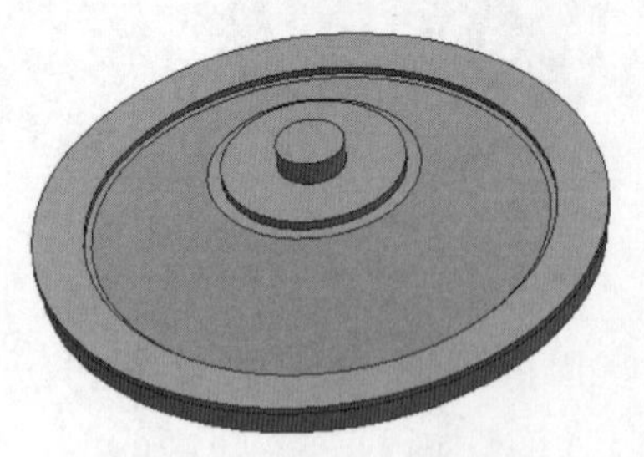

图 5-77　创建拉伸体

（12）创建拉伸体。单击“三维模型”选项卡“创建”面板中的“拉伸”按钮，打开“拉伸”对话框，选取上步绘制的草图为拉伸截面轮廓，将拉伸距离设置为 5mm。单击“确定”按钮完成拉伸，结果如图 5-77 所示。

（13）创建草图 6。单击“三维模型”选项卡“草图”面板中的“开始创建二维草图”按钮，选择上步创建的拉伸体上表面为草图绘制平面，进入草图绘制环境。单击“草图”选项卡“创建”面板中的“圆”按钮，绘制草图。单击“约束”面板中的“尺寸”按钮，标注尺寸如图 5-78 所示。单击“草图”选项卡中的“完成草图”按钮，退出草图环境。

（14）创建拉伸体。单击“三维模型”选项卡“创建”面板中的“拉伸”按钮，打开“拉伸”对话框，选取上步绘制的草图为拉伸截面轮廓，将拉伸距离设置为 8mm，在“更多”选项卡中输入锥度为－15°。单击“确定”按钮完成拉伸，结果如图 5-79 所示。

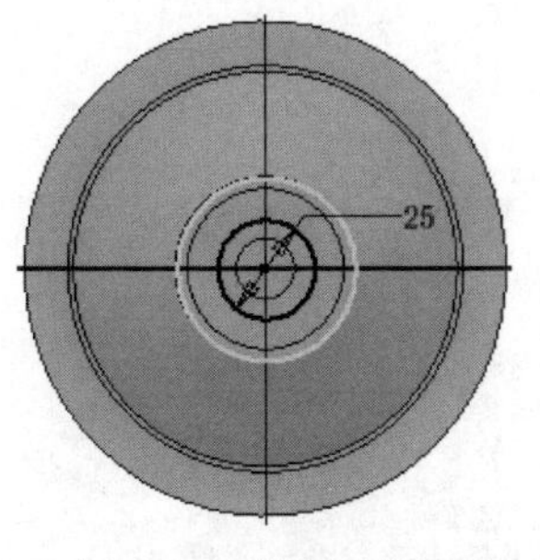

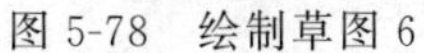

图 5-78　绘制草图 6

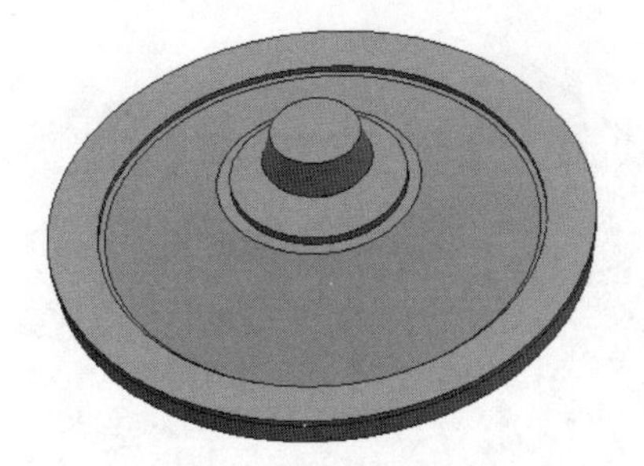

图 5-79　创建拉伸体

（15）保存文件。单击快速访问工具栏中的“保存”按钮，打开“另存为”对话框，输入文件名为“锅盖.ipt”，单击“保存”按钮，保存文件。

5.5　面　拔　模

在进行铸件设计时，通常需要一个拔模面使得零件更容易从模子里面取出。在为模具或铸造零件设计特征时，可通过为拉伸或扫掠指定正的或负的扫掠斜角来应用拔模斜度，当然也可直接对现成的零件进行拔模斜度操作。Inventor 中提供了一个面拔模工具，可很方便地对零件进行拔模操作。

5.5.1　操作步骤

创建拔模斜度的步骤如下：

（1）单击“三维模型”选项卡“修改”面板中的“拔模”按钮，打开“面拔模”对话框，如图 5-80 所示，选择拔模类型。

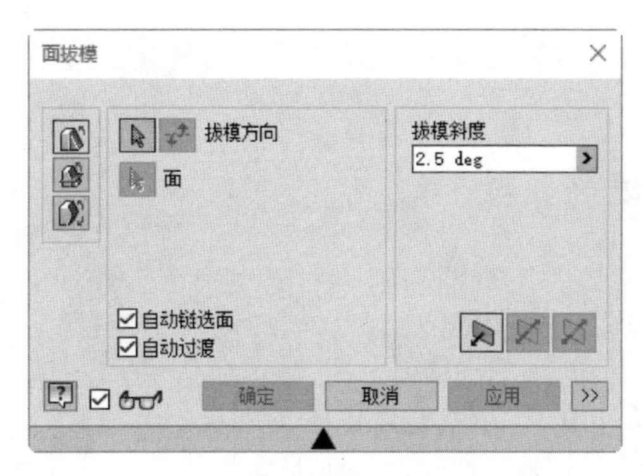

图 5-80　“面拔模”对话框

（2）在右侧的“拔模斜度”文本框中输入要进行拔模的斜度，可以是正值或负值。

（3）选择要进行拔模的平面，可选择一个或多个拔模面，注意拔模的平面不能与拔

Note

模方向垂直。当鼠标指针位于某个符合要求的平面时，会出现效果的预览，如图 5-81 所示。

(4) 单击"确定"按钮即可完成面拔模特征的创建，如图 5-82 所示。

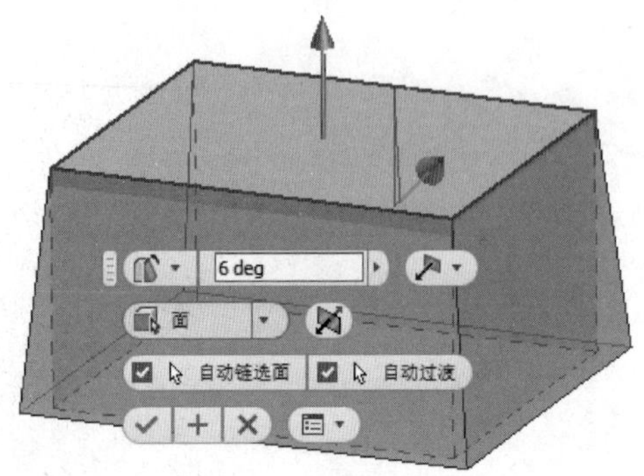

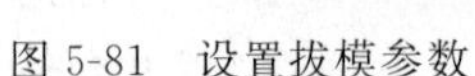
图 5-81　设置拔模参数

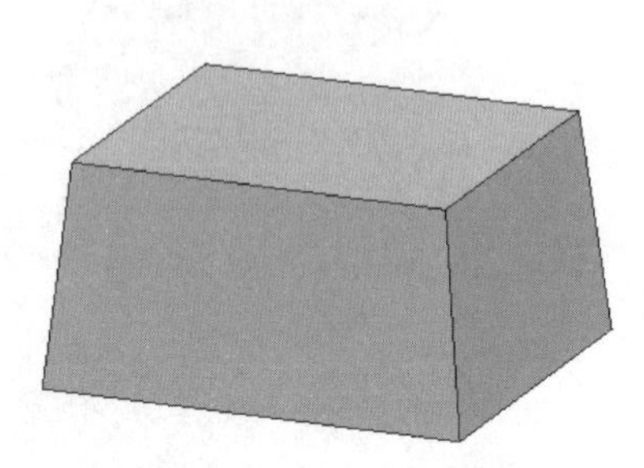
图 5-82　创建面拔模特征

5.5.2　选项说明

1. 拔模方式

(1) 固定边：在每个平面的一个或多个相切的连续固定边处创建拔模，拔模结果是创建额外的面。

(2) 固定平面：需要选择一个固定平面(也可以是工作平面)，选择以后拔模方向就自动设定为垂直于所选平面，然后再选择拔模面，即根据确定的拔模斜度角来创建拔模斜度特征。

(3) 分模线：创建有关二维或三维草图的拔模，模型将在分模线上方和下方进行拔模。

2. 自动链选面

选中此复选框，选择包含与拔模选择集中的选定面相切的面。

3. 自动过渡

该选项适用于以圆角或其他特征过渡到相邻面的面。选中此复选框，可维护过渡的几何图元。

5-7

5.5.3　实例——表壳

本例创建如图 5-83 所示的表壳。

图 5-83　表壳

操作步骤

(1) 新建文件。单击快速访问工具栏中的"新建"按钮，在打开的"新建文件"对话框中选择 Standard.ipt 选项，单击"创建"按钮，新建一个零件文件。

(2) 创建草图 1。单击“三维模型”选项卡“草图”面板中的“开始创建二维草图”按钮，选择 XY 平面为草图绘制平面，进入草图绘制环境。单击“草图”选项卡“创建”面板中的“圆心圆”按钮、“线”按钮和“修剪”按钮，绘制草图。单击“约束”面板中的“尺寸”按钮，标注尺寸如图 5-84 所示。单击“草图”选项卡中的“完成草图”按钮，退出草图环境。

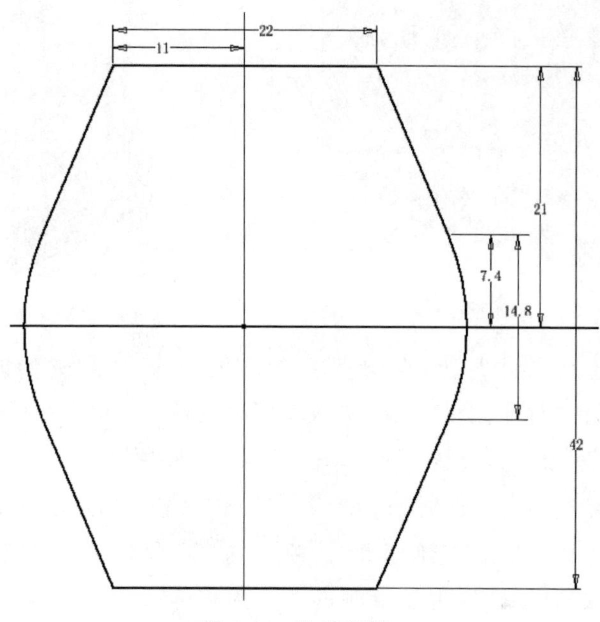

图 5-84 绘制草图 1

(3) 创建拉伸体。单击“三维模型”选项卡“创建”面板中的“拉伸”按钮，打开“拉伸”对话框，系统自动选取上步绘制的草图为拉伸截面轮廓，将拉伸距离设置为 5mm，单击“确定”按钮完成拉伸。

(4) 创建倒角。

① 单击“三维模型”选项卡“修改”面板中的“倒角”按钮，打开“倒角”对话框，选择“倒角边长”类型，选择如图 5-85 所示的边线，输入倒角边长为 2mm，单击“应用”按钮。

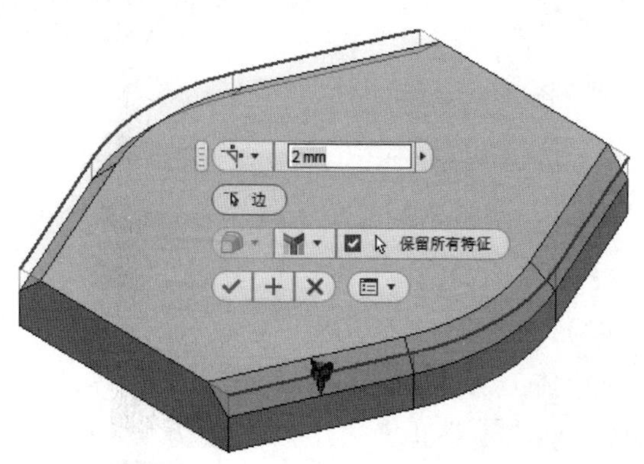

图 5-85 设置参数

Note

② 选择“两个倒角边长”类型，选择如图 5-86 所示的边线，输入倒角边长 1 为 3mm，倒角边长 2 为 4mm，单击“应用”按钮。

③ 采用相同的方法，对另一侧的边线进行倒角，结果如图 5-87 所示。

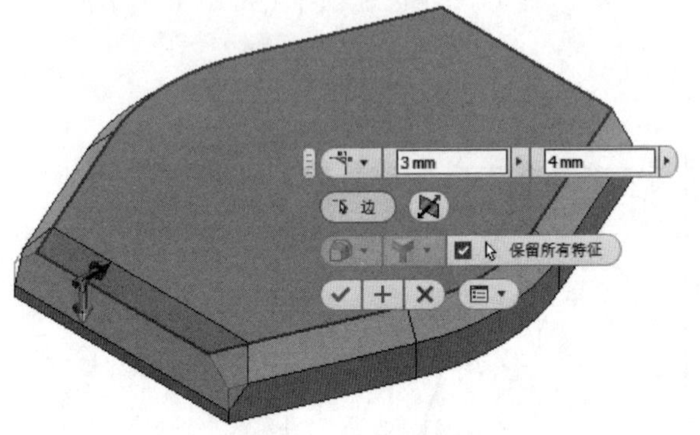

图 5-86 选取倒角边线

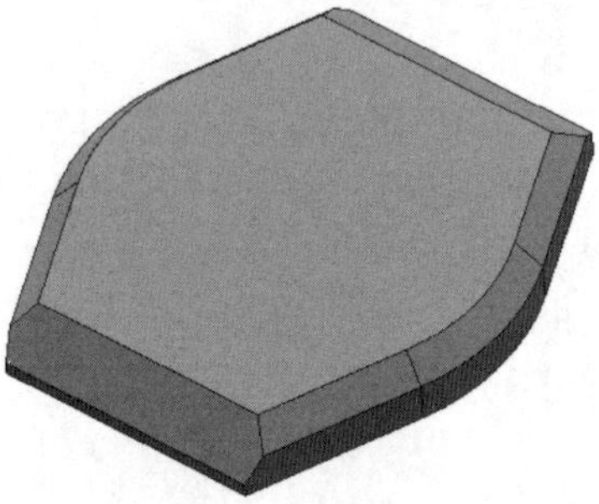

图 5-87 创建倒角

(5) 创建草图 2。单击“三维模型”选项卡“草图”面板中的“开始创建二维草图”按钮，选择 XY 平面为草图绘制平面，进入草图绘制环境。单击“草图”选项卡“创建”面板中的“圆心圆”按钮，绘制草图。单击“约束”面板中的“尺寸”按钮，标注尺寸如图 5-88 所示。单击“草图”选项卡中的“完成草图”按钮，退出草图环境。

(6) 创建拉伸体。单击“三维模型”选项卡“创建”面板中的“拉伸”按钮，打开“拉伸”对话框，系统自动选取上步绘制的草图为拉伸截面轮廓，将拉伸距离设置为 7mm。单击“确定”按钮完成拉伸，结果如图 5-89 所示。

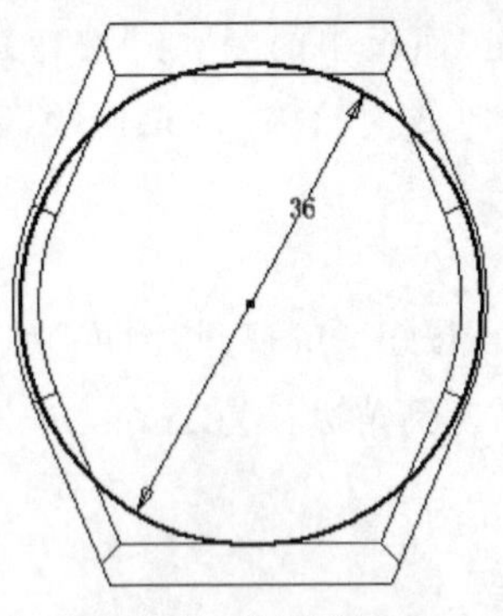

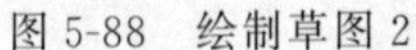

图 5-88 绘制草图 2

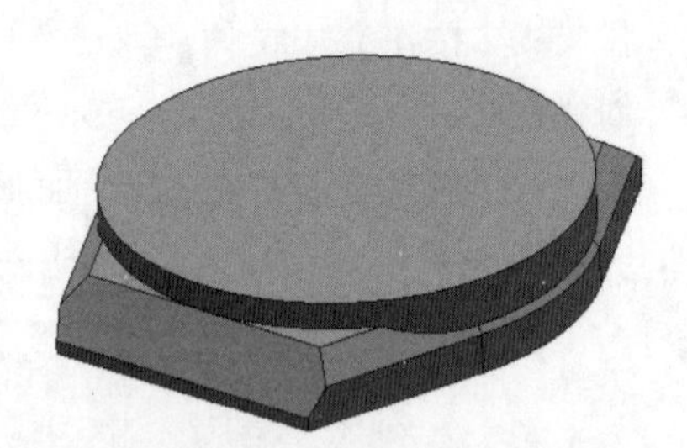

图 5-89 创建拉伸体

(7) 创建倒角。单击“三维模型”选项卡“修改”面板中的“倒角”按钮，打开“倒角”对话框，选择“倒角边长”类型，选择如图 5-90 所示的边线，输入倒角边长为 1.5mm。单击“确定”按钮，结果如图 5-91 所示。

(8) 创建直孔 1。单击“三维模型”选项卡“修改”面板中的“孔”按钮，打开“孔”对话框。选取第二个拉伸体上表面为孔放置面，选取拉伸体的边线为位置参考，选择“简单孔”类型，选择“距离”终止方式，输入距离为 0.8mm，孔直径为 30mm，选择“平直”的孔底，如图 5-92 所示。单击“确定”按钮，结果如图 5-93 所示。

Note

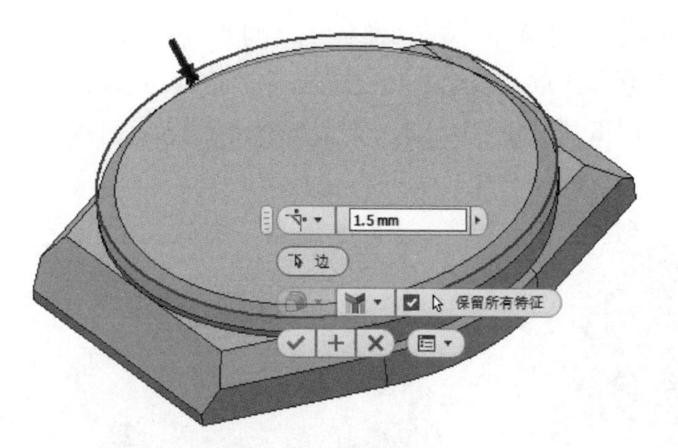

图 5-90 设置参数

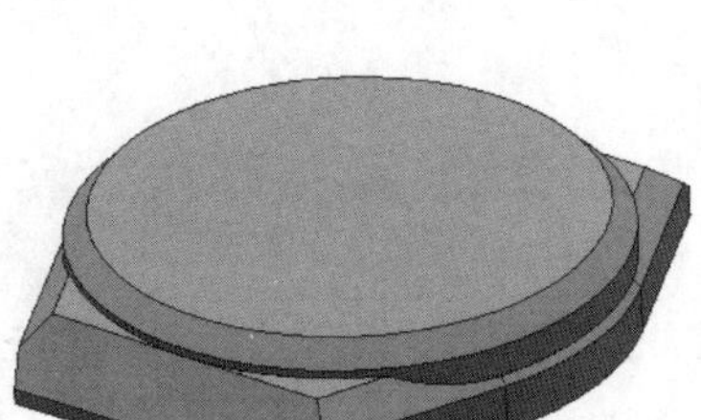

图 5-91 创建倒角

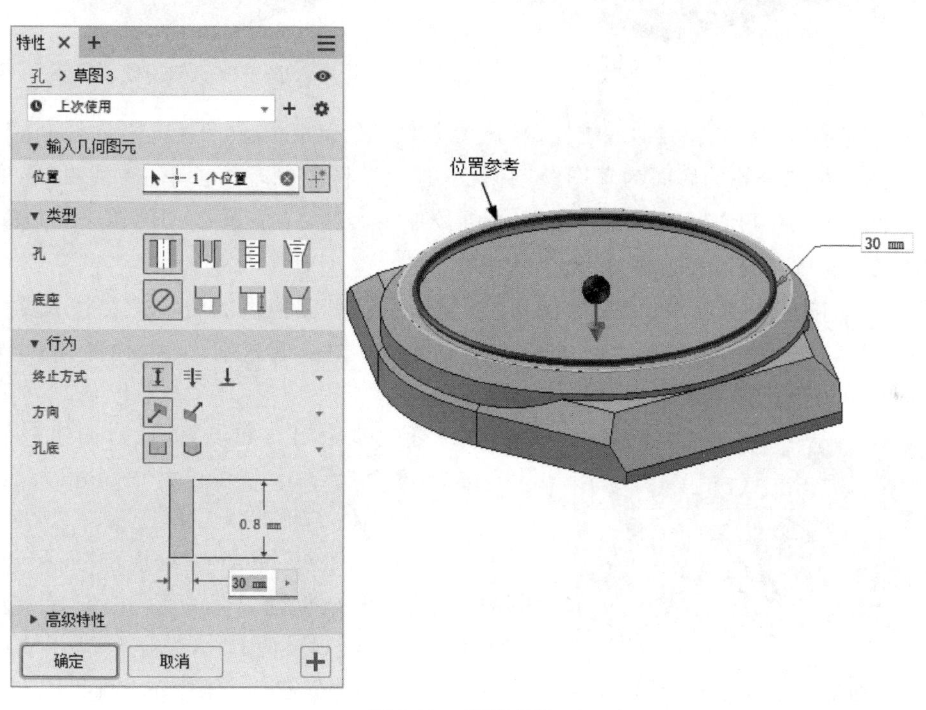

图 5-92 设置参数

(9) 采用相同的方法，在上步创建的孔的基础上，创建距离为 2.2mm、直径为 29mm 的平底孔，单击“确定”按钮，结果如图 5-94 所示。

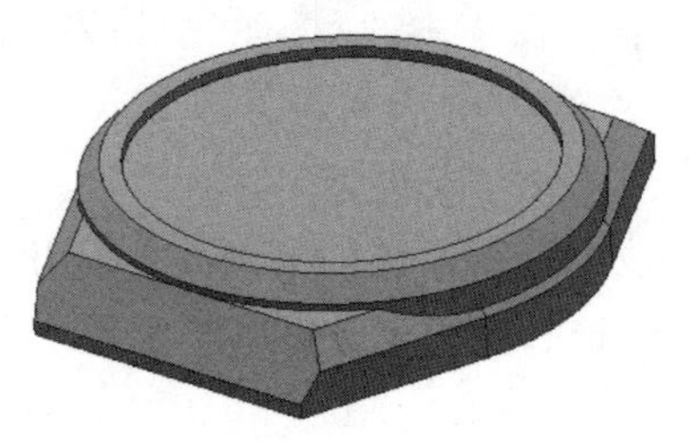

图 5-93 创建孔 1

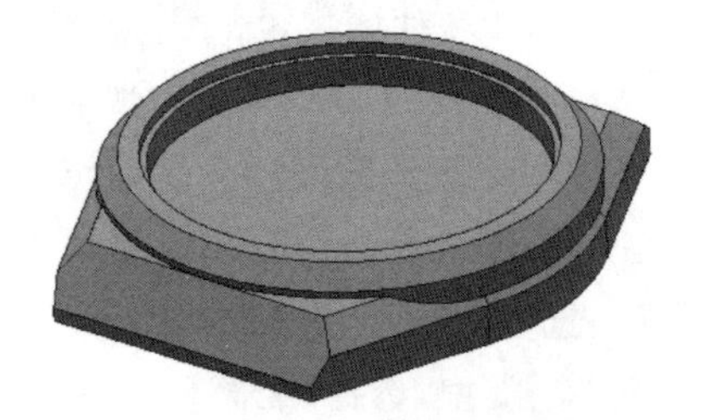

图 5-94 创建孔 2

（10）创建拔模特征。单击“三维模型”选项卡“修改”面板中的“拔模”按钮，打开“拔模”对话框。选择“固定边”类型，选取上步创建的孔底面为固定面，选取孔侧面为拔模面，输入拔模斜度为 25°，如图 5-95 所示。单击“确定”按钮，结果如图 5-96 所示。

Note

5-8

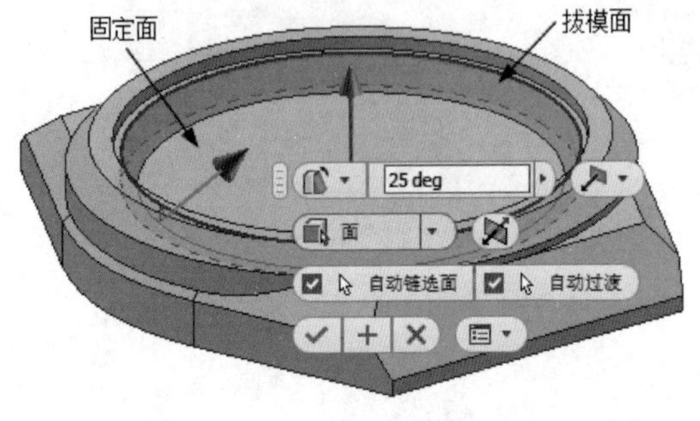

图 5-95　设置参数

图 5-96　创建拔模特征

（11）创建草图 3。单击“三维模型”选项卡“草图”面板中的“开始创建二维草图”按钮，选择第二个孔的底面为草图绘制平面，进入草图绘制环境。单击“草图”选项卡“创建”面板中的“圆心圆”按钮，在圆心处绘制直径为 1.2mm 的圆。单击“草图”选项卡中的“完成草图”按钮，退出草图环境。

（12）创建拉伸体。单击“三维模型”选项卡“创建”面板中的“拉伸”按钮，打开“拉伸”对话框，系统自动选取上步绘制的草图为拉伸截面轮廓，将拉伸距离设置为 1.2mm，单击“确定”按钮完成拉伸。

图 5-97　创建拉伸体

（13）重复步骤（11）和步骤（12），创建直径为 0.6mm、高度为 0.5mm 和直径为 0.3mm、高度为 0.3mm 的拉伸体，结果如图 5-97 所示。

（14）创建草图 4。单击“三维模型”选项卡“草图”面板中的“开始创建二维草图”按钮，选择 XY 平面为草图绘制平面，进入草图绘制环境。单击“草图”选项卡“创建”面板中的“圆心圆”按钮，绘制草图。单击“约束”面板中的“尺寸”按钮，标注尺寸如图 5-98 所示。单击“草图”选项卡中的“完成草图”按钮，退出草图环境。

（15）创建拉伸体。单击“三维模型”选项卡“创建”面板中的“拉伸”按钮，打开“拉伸”对话框，选取上步绘制的草图为拉伸截面轮廓，将拉伸距离设置为 2mm，在“更多”选项卡中设置锥度为−20°。单击“确定”按钮完成拉伸，结果如图 5-99 所示。

（16）创建直孔 3。单击“三维模型”选项卡“修改”面板中的“孔”按钮，打开“孔”对话框。选取上步创建的拉伸体上表面为孔放置面，选取拉伸体边线为位置参考，选择“简单孔”类型，选择“距离”终止方式，输入距离为 1.5mm，孔直径为 31mm，选择“平直”的孔底，如图 5-100 所示。单击“确定”按钮，结果如图 5-101 所示。

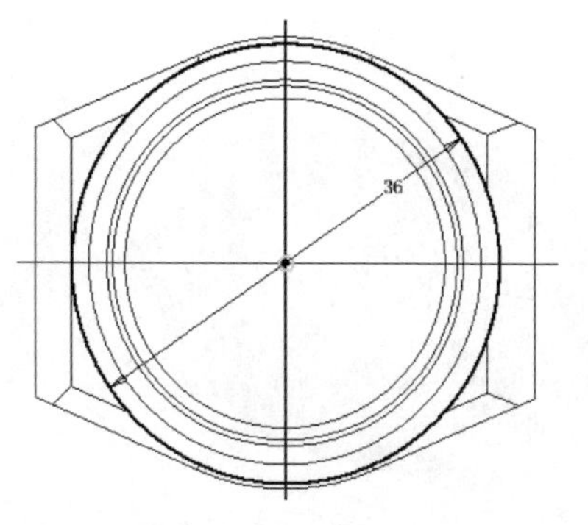

图 5-98　绘制草图 4

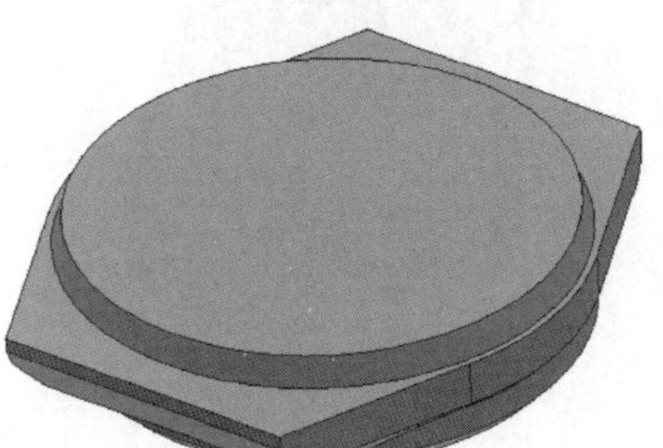
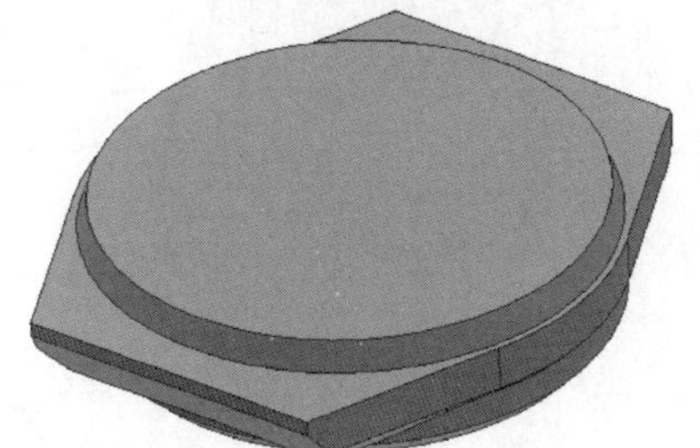

图 5-99　创建拉伸体

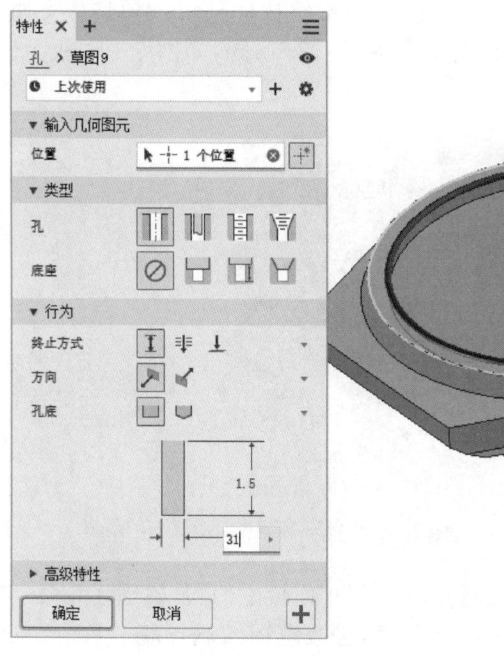

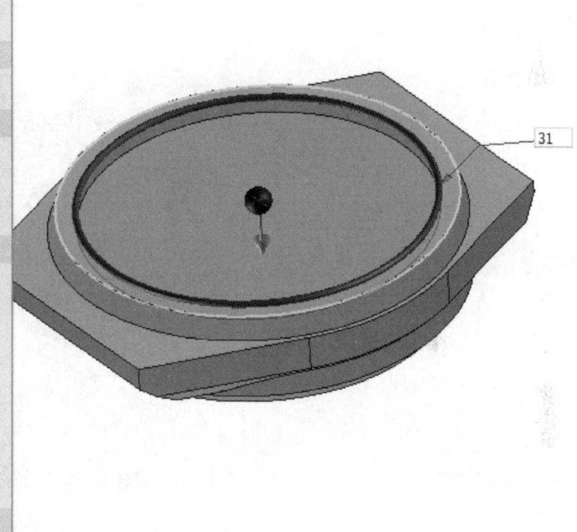

图 5-100　设置参数

(17) 创建草图 5。单击“三维模型”选项卡“草图”面板中的“开始创建二维草图”按钮，选择 XY 平面为草图绘制平面，进入草图绘制环境。单击“草图”选项卡“创建”面板中的“两点矩形”按钮、“线”按钮和“镜像”按钮，绘制草图。单击“约束”面板中的“尺寸”按钮，标注尺寸如图 5-102 所示。单击“草图”选项卡上的“完成草图”按钮，退出草图环境。

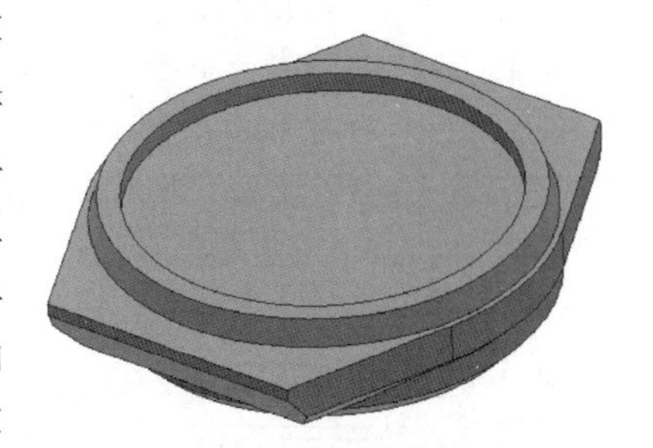

图 5-101　创建孔

(18) 创建拉伸体。单击“三维模型”选项卡“创建”面板中的“拉伸”按钮，打开“拉伸”对话框，系统自动选取上步绘制的草图为拉伸截面轮廓，将拉伸距离设置为 5mm，选择“求差”选项。单击“确定”按钮完成拉伸，结果如图 5-103 所示。

Note

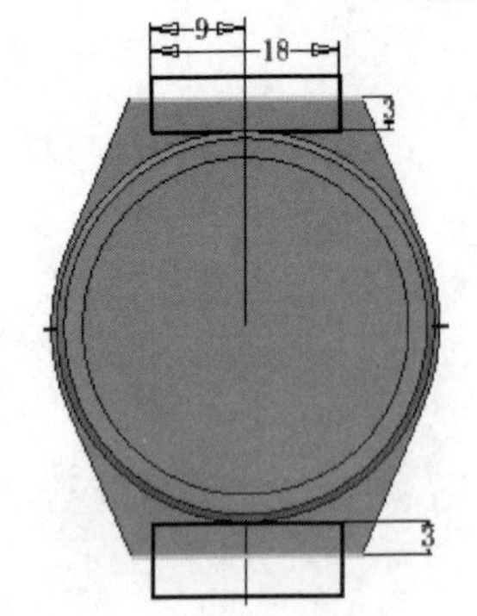

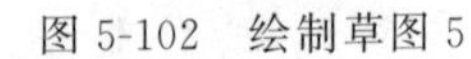

图 5-102　绘制草图 5

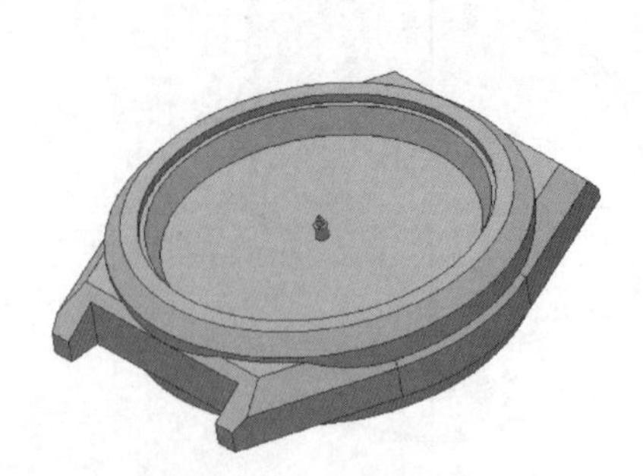

图 5-103　创建拉伸体

(19) 创建工作平面。单击“三维模型”选项卡“定位特征”面板中的“从平面偏移”按钮，在原始坐标系中选择 YZ 平面，输入距离为 18.5mm，如图 5-104 所示。单击按钮，创建工作平面 1。

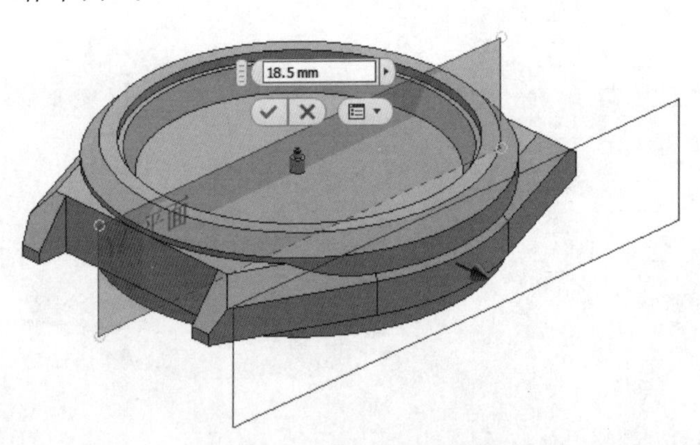

图 5-104　创建工作平面 1

(20) 创建草图 6。单击“三维模型”选项卡“草图”面板中的“开始创建二维草图”按钮，选择上步创建的工作平面为草图绘制平面，进入草图绘制环境。单击“草图”选项卡“创建”面板中的“圆心圆”按钮，绘制草图。单击“约束”面板中的“尺寸”按钮，标注尺寸如图 5-105 所示。单击“草图”选项卡中的“完成草图”按钮，退出草图环境。

(21) 创建拉伸体。单击“三维模型”选项卡“创建”面板中的“拉伸”按钮，打开“拉伸”对话框，选取上步绘制的草图为拉伸截面轮廓，将拉伸距离设置为 1.5mm，选择“求差”方式。单击“确定”按钮完成拉伸，结果如图 5-106 所示。

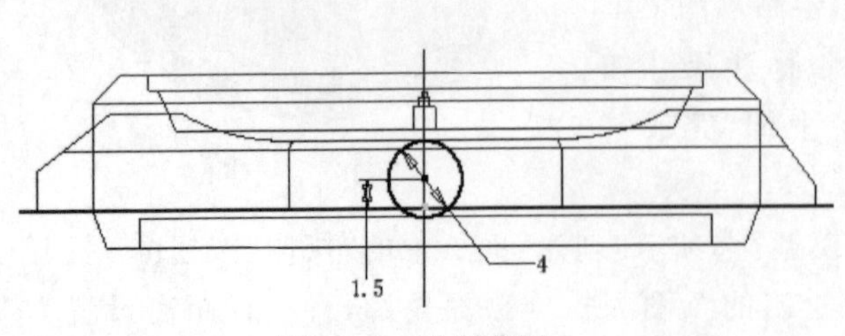

图 5-105　绘制草图 6

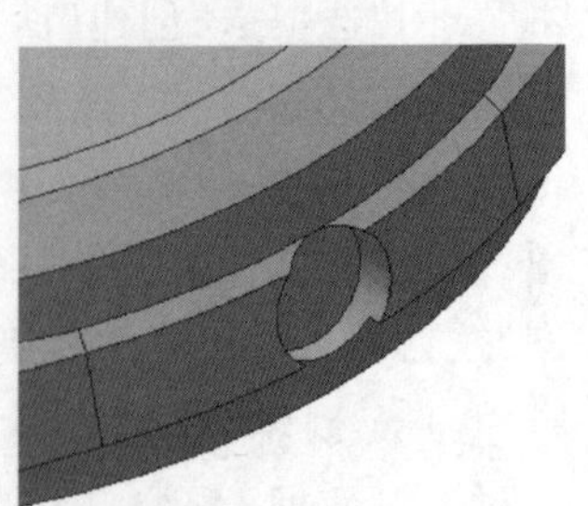

图 5-106　创建拉伸体

(22) 创建直孔 4。单击“三维模型”选项卡“修改”面板中的“孔”按钮，打开“孔”对话框。选取上步创建的拉伸体表面为孔放置面，选取拉伸体边线为同心参考，选择“距离”终止方式，输入距离为 2.5mm，孔直径为 0.5mm，选择“平直”的孔底。单击“确定”按钮，结果如图 5-107 所示。

(23) 创建草图 7。单击“三维模型”选项卡“草图”面板中的“开始创建二维草图”按钮，选择如图 5-108 所示的面 2 为草图绘制平面，进入草图绘制环境。单击“草图”选项卡“创建”面板中的“圆心圆”按钮，绘制草图。单击“约束”面板中的“尺寸”按钮，标注尺寸如图 5-109 所示。单击“草图”选项卡中的“完成草图”按钮，退出草图环境。

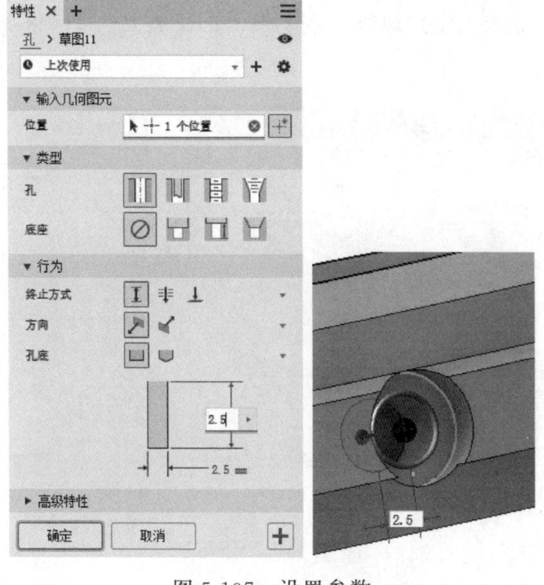

图 5-107　设置参数

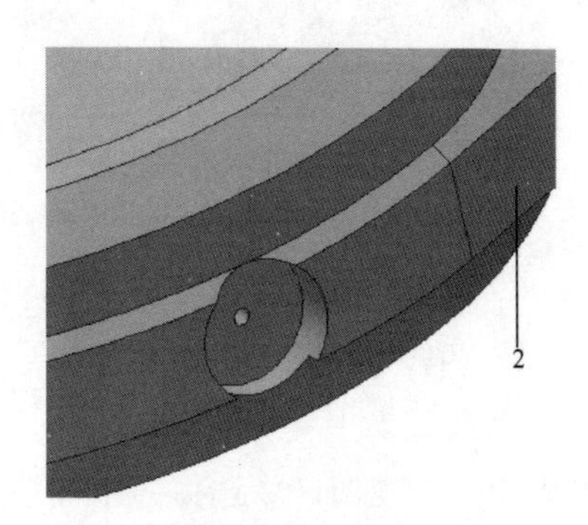

图 5-108　创建孔

(24) 创建拉伸体。单击“三维模型”选项卡“创建”面板中的“拉伸”按钮，打开“拉伸”对话框，系统自动选取上步绘制的草图为拉伸截面轮廓，将拉伸距离设置为 1.5mm。单击“确定”按钮完成拉伸，结果如图 5-110 所示。

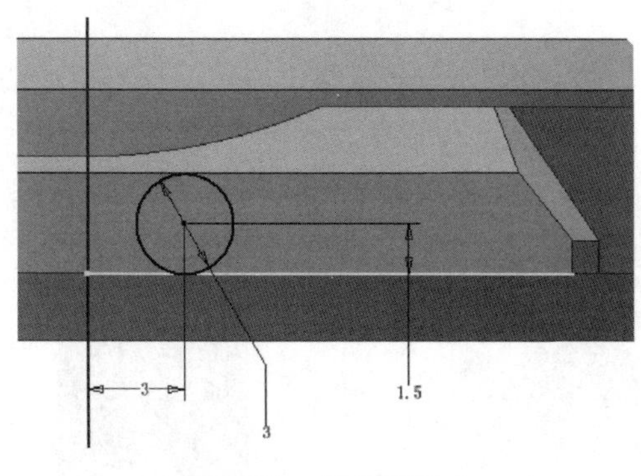

图 5-109　绘制草图 7

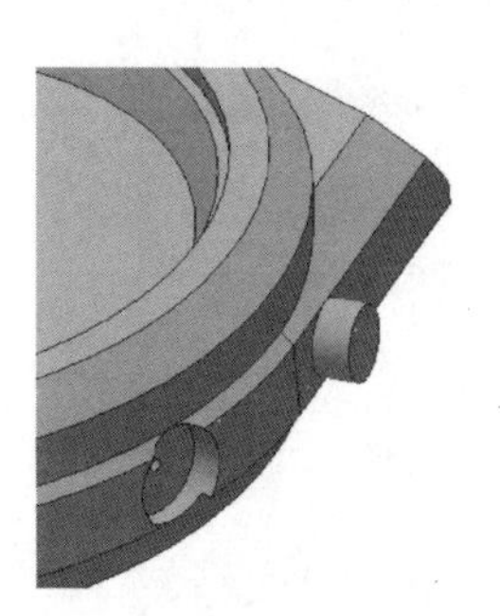

图 5-110　创建拉伸体

(25) 保存文件。单击快速访问工具栏中的“保存”按钮，打开“另存为”对话框，输入文件名为“表壳.ipt”，单击“保存”按钮，保存文件。

5.6 螺纹特征

Note

在 Inventor 中,可使用“螺纹”特征工具在孔或诸如轴、螺柱、螺栓等圆柱面上创建螺纹特征。Inventor 的螺纹特征实际上不是真实存在的螺纹,而是用贴图的方法实现的效果图。这样可大大减少系统的计算量,使得特征的创建时间更短,效率更高。

5.6.1 操作步骤

(1) 单击“三维模型”选项卡“修改”面板中的“螺纹”按钮,打开“螺纹”对话框,如图 5-111 所示,选择全螺纹类型。

图 5-111 “螺纹”对话框

(2) 在视图区中选择一个圆柱/圆锥面放置螺纹,如图 5-112 所示。

(3) 在对话框中设置螺纹长度,更改螺纹类型。

(4) 单击“确定”按钮即可完成螺纹特征的创建,如图 5-113 所示。

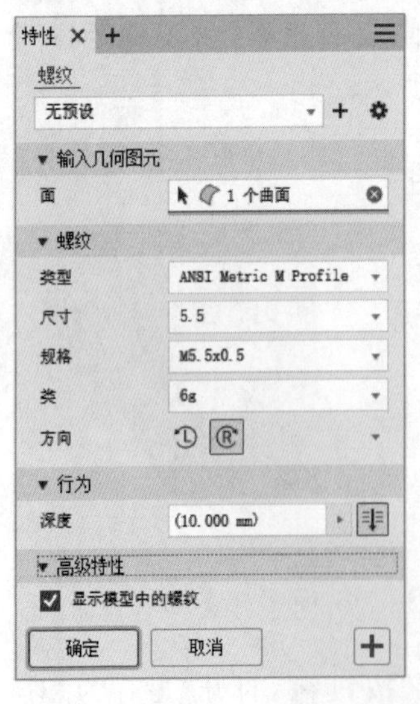

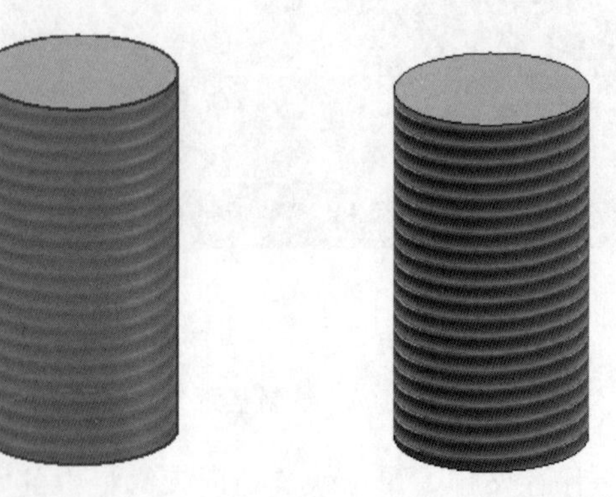

图 5-112 选择放置面

图 5-113 创建螺纹特征

Note

5.6.2　选项说明

“螺纹”对话框中的选项说明如下。

(1) 显示模型中的螺纹：选中此复选框，创建的螺纹可在模型上显示出来，否则即使创建了螺纹也不会显示在零件上。

(2) 深度：可设置螺纹为全螺纹，也可设置螺纹相对于螺纹起始面的偏移量和螺纹的长度。

(3) “螺纹”组：可设置螺纹类型、尺寸、规格、类和“右旋”或“左旋”方向。

Inventor 使用 Excel 电子表格来管理螺纹和螺纹孔数据。默认情况下，电子表格位于“Inventor 安装文件\DsnDat\XLS\zh-CN”中。电子表格中包含一些常用行业标准的螺纹类型和标准的螺纹参数，用户可编辑该电子表格，以便包含更多标准的螺纹参数和螺纹类型，创建自定义螺纹参数及螺纹类型等。

电子表格的基本形式如下：

(1) 每张工作表表示不同的螺纹类型或行业标准。

(2) 每个工作表上的单元格 A1 保留用来定义测量单位。

(3) 每行表示一个螺纹条目。

(4) 每列表示一个螺纹条目的独特信息。

如果用户要自行创建或修改螺纹(或螺纹孔)数据，应该考虑以下因素：

(1) 编辑文件之前备份电子表格(thread. xls)；要在电子表格中创建新的螺纹类型，应先复制一份现有工作表以便维持数据列结构的完整性，然后在新工作表中进行修改得到新的螺纹数据。

(2) 要创建自定义螺纹孔大小，应在电子表格中创建一个新工作表，使其包含自定义的螺纹定义，然后选择“螺纹”对话框中的“定义”选项卡，再选择“螺纹类型”列表中的“自定义”选项。

(3) 修改电子表格不会使现有的螺纹和螺纹孔产生关联变动。

(4) 修改并保存电子表格后，编辑螺纹特征并选择不同的螺纹类型，然后保存文件即可。

5.6.3　实例——螺栓

5-9

本例绘制如图 5-114 所示的螺栓。

操作步骤

图 5-114　螺栓

(1) 新建文件。运行 Inventor，单击快速访问工具栏中的“新建”按钮，在打开的“新建文件”对话框中选择 Standard. ipt 选项，单击“创建”按钮，新建一个零件文件。

(2) 创建草图。单击“三维模型”选项卡“草图”面板中的“开始创建二维草图”按钮，选择 XZ 平面为草图绘制平面，进入草图绘制环境。单击“草图”选项卡“创建”面板中的“多边形”按钮，绘制六边形。单击“约束”面板中的“尺寸”按钮，标注尺寸如图 5-115 所示。单击“草图”选项卡中的“完成草图”按钮，退出草图环境。

Note

(3) 创建拉伸体。单击“三维模型”选项卡“创建”面板中的“拉伸”按钮，打开“拉伸”对话框，系统自动选取上一步绘制的草图为拉伸截面轮廓，将拉伸距离设置为6.4mm。单击“确定”按钮完成拉伸，如图 5-116 所示。

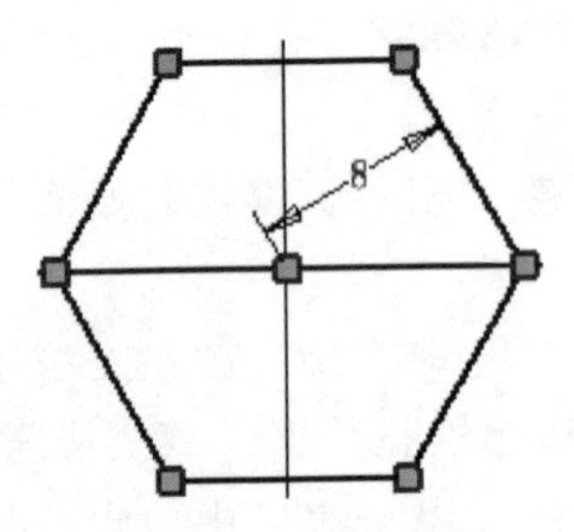

图 5-115　绘制草图

图 5-116　创建拉伸体

(4) 创建草图。单击“三维模型”选项卡“草图”面板中的“开始创建二维草图”按钮，选择拉伸体的下表面为草图绘制平面，进入草图绘制环境。单击“草图”选项卡“创建”面板中的“圆”按钮，绘制轮廓。单击“约束”面板中的“尺寸”按钮，标注尺寸如图 5-117 所示。单击“草图”选项卡中的“完成草图”按钮，退出草图环境。

(5) 创建拉伸体。单击“三维模型”选项卡“创建”面板中的“拉伸”按钮，打开“拉伸”对话框，选取上一步绘制的草图为拉伸截面轮廓，将拉伸距离设置为 38mm。单击“确定”按钮完成拉伸，如图 5-118 所示。

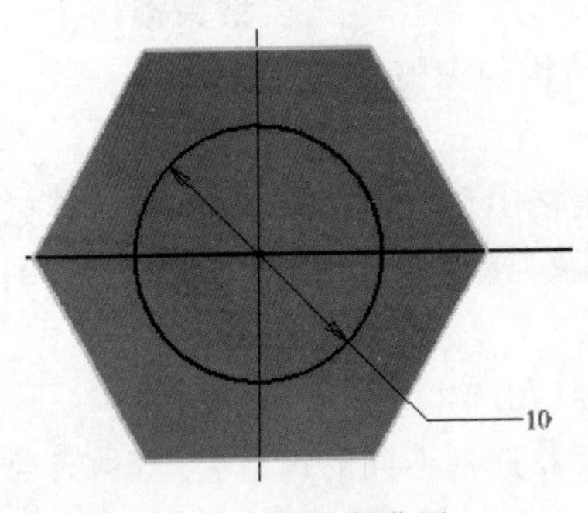

图 5-117　绘制草图

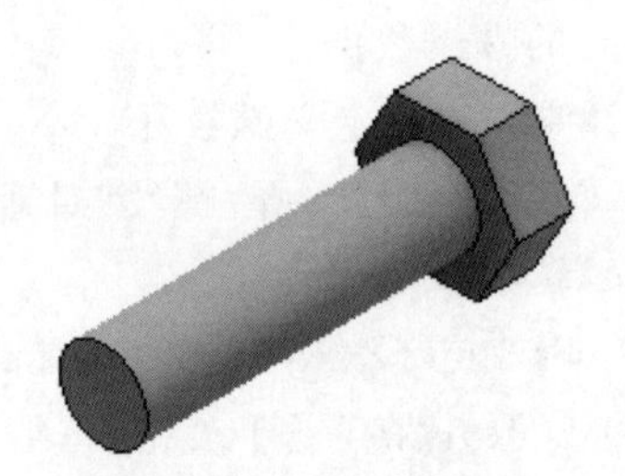

图 5-118　创建拉伸体

(6) 创建草图。单击“三维模型”选项卡“草图”面板中的“开始创建二维草图”按钮，选择 YZ 平面为草图绘制平面，进入草图绘制环境。单击“草图”选项卡“创建”面板中的“直线”按钮，绘制轮廓。单击“约束”面板中的“尺寸”按钮，标注尺寸如图 5-119 所示。单击“草图”选项卡中的“完成草图”按钮，退出草图环境。

(7) 创建旋转体。单击“三维模型”选项卡“创建”面板中的“旋转”按钮，打开“旋转”对话框，选取上一步绘制的草图截面为旋转轮廓，选取竖直直线段为旋转轴，选择“求差”选项。单击“确定”按钮完成旋转，如图 5-120 所示。

(8) 创建外螺纹。单击“三维模型”选项卡“修改”面板中的“螺纹”按钮，打开“螺纹”对话框，选择 GB Metric profile 类型，选择如图 5-121 所示的面为螺纹放置面，单击“全螺纹”按钮使“全螺纹”关闭，输入深度为 26mm。单击“确定”按钮，完成螺纹创建。

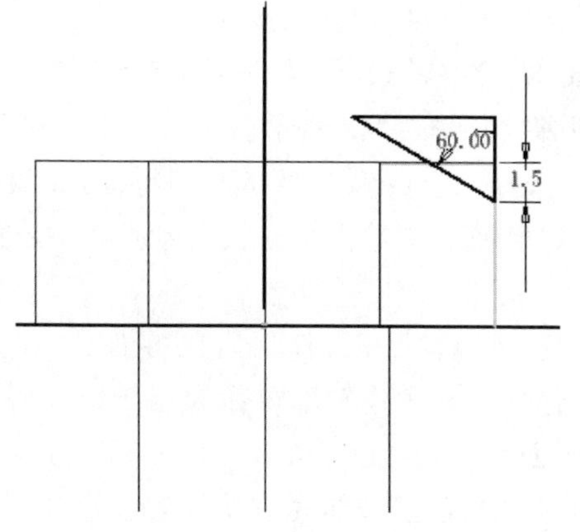

图 5-119 绘制草图

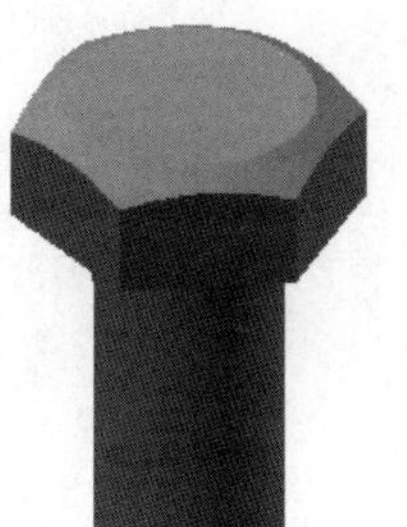
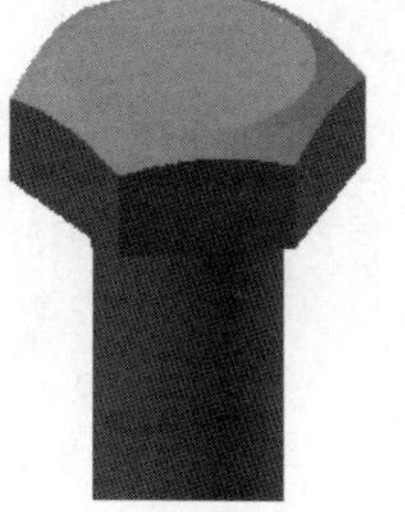

图 5-120 创建旋转切除

图 5-121 选择螺纹放置面

(9) 保存文件。单击快速访问工具栏中的“保存”按钮，打开“另存为”对话框，输入文件名为“螺栓.ipt”，单击“保存”按钮，保存文件。

5.7 镜 像

镜像特征可以以等长距离在平面的另外一侧创建一个或多个特征甚至整个实体的副本。如果零件中有多个相同的特征且在空间的排列上具有一定的对称性，可使用镜像工具以减少工作量，提高工作效率。

5.7.1 镜像特征

镜像特征的操作步骤如下：

Note

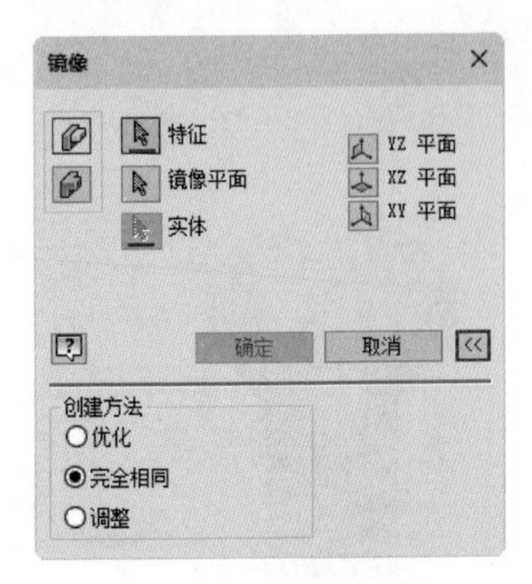

图 5-122 “镜像”对话框

(1) 单击“三维模型”选项卡“阵列”面板中的“镜像”按钮，打开“镜像”对话框，选择“镜像各个特征”类型，如图 5-122 所示。

(2) 选择一个或多个要镜像的特征，如果所选特征带有从属特征，则它们也将被自动选中，如图 5-123 所示。

(3) 选择镜像平面，任何直的零件边、平坦零件表面、工作平面或工作轴都可作为用于镜像所选特征的对称平面。

(4) 单击“确定”按钮完成特征的镜像，如图 5-124 所示。

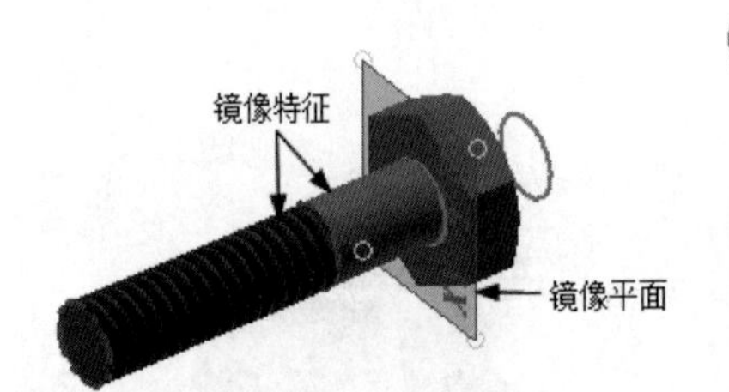

图 5-123 选取特征和平面

图 5-124 镜像特征

5.7.2 镜像实体

镜像实体的操作步骤如下：

(1) 单击“三维模型”选项卡“阵列”面板中的“镜像”按钮，打开“镜像”对话框，选择“镜像实体”类型，如图 5-125 所示。

(2) 系统自动选取要镜像的实体。

(3) 选择镜像平面，任何直的零件边、平坦零件表面、工作平面或工作轴都可作为用于镜像所选实体的对称平面，如图 5-126 所示。

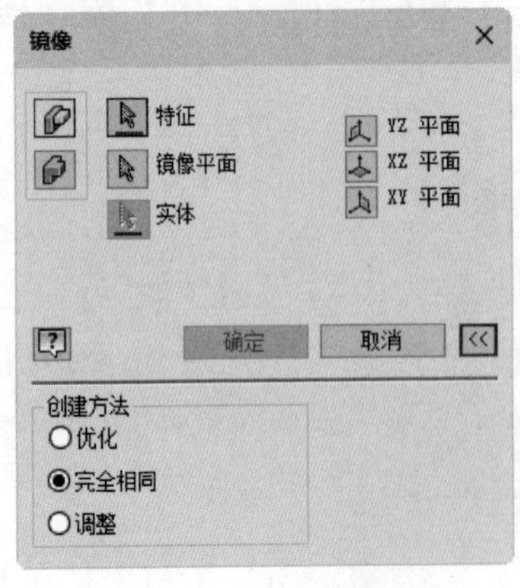

图 5-125 “镜像”对话框

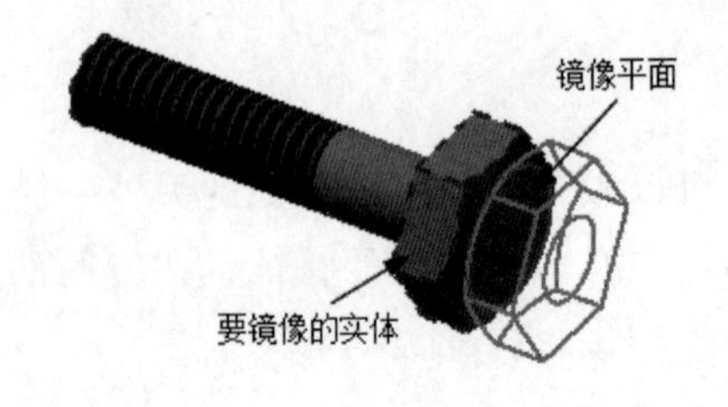

图 5-126 选取实体和平面

(4) 单击“确定”按钮完成实体的镜像，如图 5-127 所示。

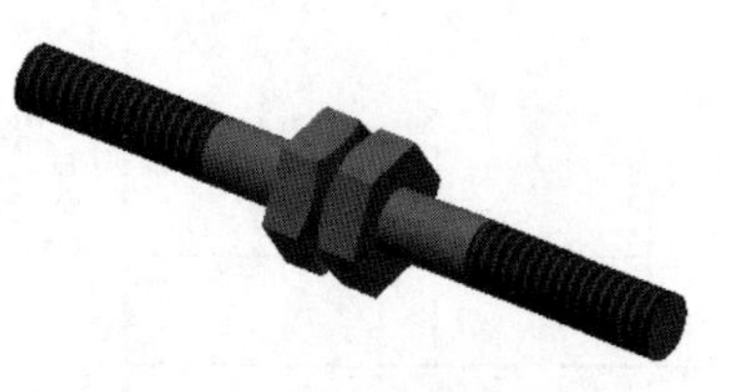

图 5-127　镜像实体

Note

“镜像”对话框中的选项说明如下。

(1) 包括定位/曲面特征：选择一个或多个要镜像的定位特征。

(2) 镜像平面：选中该选项，选择工作平面或平面，所选定位特征将穿过该平面作镜像。

(3) 删除原始特征：选中该选项，则删除原始实体，零件文件中仅保留镜像引用。可使用此选项对零件的左旋和右旋版本进行造型。

(4) 创建方法。

① 优化：选中该选项，则创建的镜像引用是原始特征的直接副本。

② 完全相同：选中该选项，则创建完全相同的镜像体，而不管它们是否与另一特征相交。当镜像特征终止在工作平面上时，使用此方法可高效地镜像出大量的特征。

③ 调整：选中该选项，则用户可根据其中的每个特征分别计算各自的镜像特征。

5.7.3　实例——板簧

5-10

本例绘制如图 5-128 所示的板簧。

操作步骤

(1) 新建文件。运行 Inventor，单击快速访问工具栏中的“新建”按钮，在打开的“新建文件”对话框中选择 Standard. ipt 选项，单击“创建”按钮，新建一个零件文件。

(2) 创建草图 1。单击“三维模型”选项卡“草图”面板中的“开始创建二维草图”按钮，选择 XY 平面为草图绘制平面，进入草图绘制环境。单击“草图”选项卡“创建”面板中的“直线”按钮和“圆角”按钮，绘制草图轮廓。单击“约束”面板中的“尺寸”按钮，标注尺寸如图 5-129 所示。单击“完成草图”按钮，退出草图环境。

图 5-128　板簧

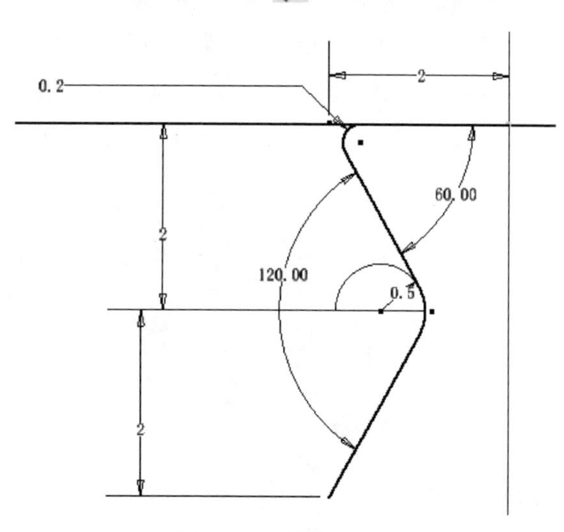

图 5-129　绘制草图 1

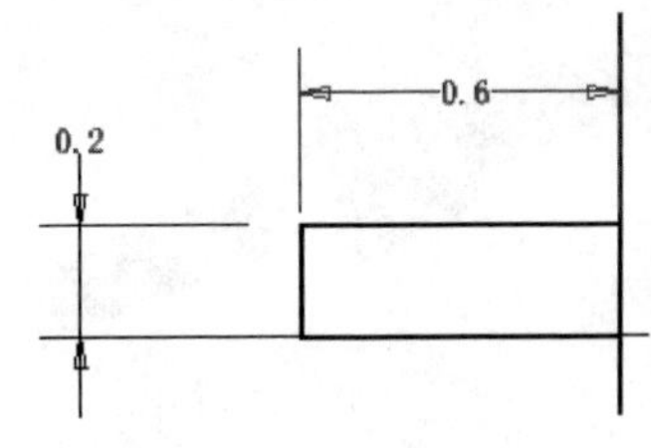

图 5-130 绘制草图 2

(3) 创建草图 2。单击“三维模型”选项卡“草图”面板中的“开始创建二维草图”按钮，选择 YZ 平面为草图绘制平面，进入草图绘制环境。单击“草图”选项卡“创建”面板中的“两点矩形”按钮，绘制草图轮廓。单击“约束”面板中的“尺寸”按钮，标注尺寸如图 5-130 所示。单击“完成草图”按钮，退出草图环境。

(4) 创建扫掠体。单击“三维模型”选项卡“创建”面板中的“扫掠”按钮，打开“扫掠”对话框，选取第(3)步创建的草图为扫掠截面轮廓，选取第(2)步创建的草图为扫掠路径，选择“跟随路径”方向，如图 5-131 所示。单击“确定”按钮，完成扫掠，如图 5-132 所示。

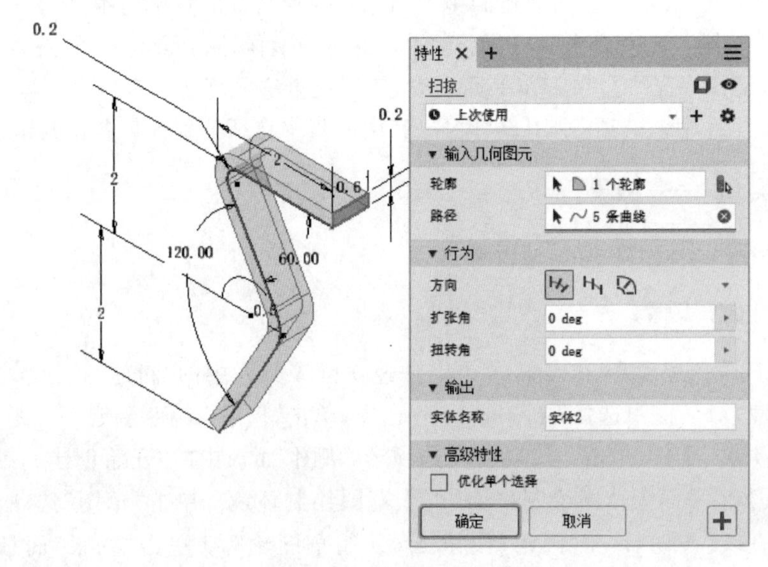

图 5-131 设置扫掠参数

(5) 镜像处理。单击“三维模型”选项卡“阵列”面板中的“镜像”按钮，打开“镜像”对话框，选择“镜像各个特征”类型，在视图中选取扫掠特征，选取“YZ 平面”为镜像平面，如图 5-133 所示。单击“确定”按钮，结果如图 5-134 所示。

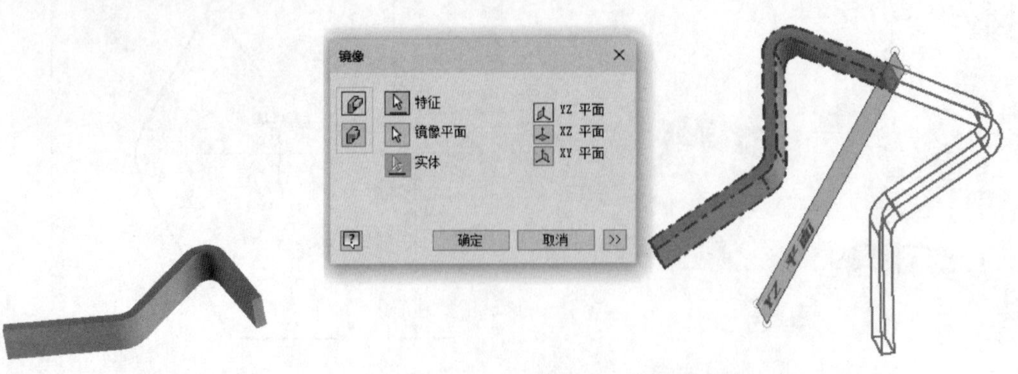

图 5-132 扫掠体

图 5-133 设置镜像选项

征即被抑制，同时变为不可见。要同时抑制几个引用，按住 Ctrl 键单击想要抑制的引用即可。如果要去除引用的抑制，右击被抑制的引用，在弹出的快捷菜单中取消选中“抑制”复选框即可。

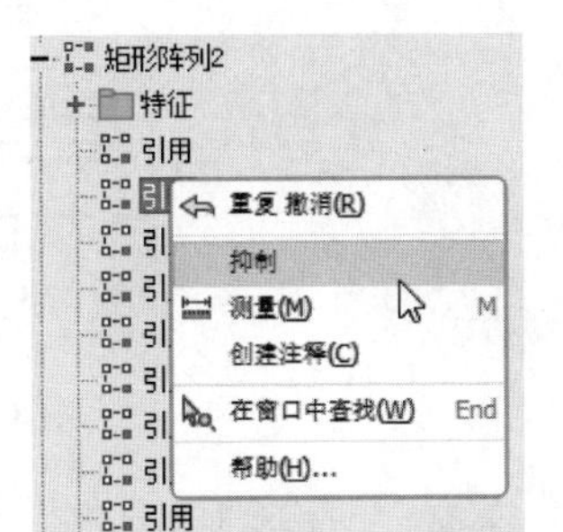

图 5-139　快捷菜单中单击“抑制”选项

5.8.2　实例——齿条

5-11

本例绘制如图 5-140 所示的齿条。

操作步骤

(1) 新建文件。运行 Inventor，单击快速访问工具栏中的“新建”按钮，在打开的“新建文件”对话框中选择 Standard. ipt 选项，单击“创建”按钮，新建一个零件文件。

(2) 创建草图。单击“三维模型”选项卡“草图”面板中的“开始创建二维草图”按钮，选择 YZ 平面为草图绘制平面，进入草图绘制环境。单击“草图”选项卡“创建”面板中的“圆”按钮，绘制轮廓。单击“约束”面板中的“尺寸”按钮，标注尺寸如图 5-141 所示。单击“草图”选项卡中的“完成草图”按钮，退出草图环境。

图 5-140　齿条

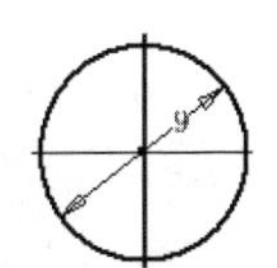

图 5-141　绘制草图

(3) 创建拉伸体。单击“三维模型”选项卡“创建”面板中的“拉伸”按钮，打开“拉伸”对话框，系统自动选取上一步绘制的草图为拉伸截面轮廓，将拉伸距离设置为 35mm，单击“对称”按钮。单击“确定”按钮，完成拉伸，如图 5-142 所示。

(4) 创建草图。单击“三维模型”选项卡“草图”面板中的“开始创建二维草图”按钮，选择 XY 平面为草图绘制平面，进入草图绘制环境。单击“草图”选项卡“创建”面板中的“直线”按钮，绘制轮廓。单击“约束”面板中的“尺寸”按钮，标注尺寸如

Note

图 5-143 所示。单击“草图”选项卡中的“完成草图”按钮✔,退出草图环境。

图 5-142　创建拉伸体

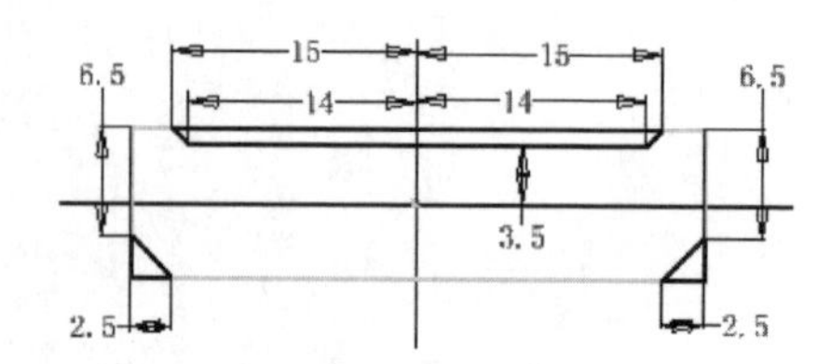

图 5-143　绘制草图

(5) 创建拉伸体。单击“三维模型”选项卡“创建”面板中的“拉伸”按钮,打开“拉伸”对话框,选取上一步绘制的草图为拉伸截面轮廓,设置拉伸终止方式为“贯通”,单击“对称”按钮,选择“求差”选项。单击“确定”按钮,完成拉伸,如图 5-144 所示。

(6) 创建草图。单击“三维模型”选项卡“草图”面板中的“开始创建二维草图”按钮,选择 XY 平面为草图绘制平面,进入草图绘制环境。单击“草图”选项卡“创建”面板中的“直线”按钮,绘制轮廓。单击“约束”面板中的“尺寸”按钮,标注尺寸如图 5-145 所示。单击“草图”选项卡中的“完成草图”按钮✔,退出草图环境。

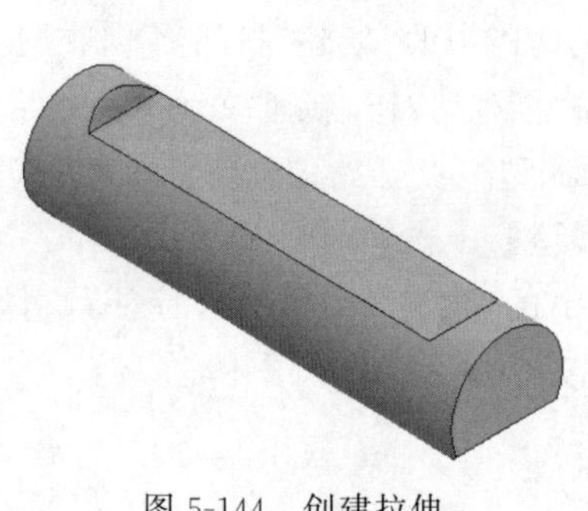
图 5-144　创建拉伸

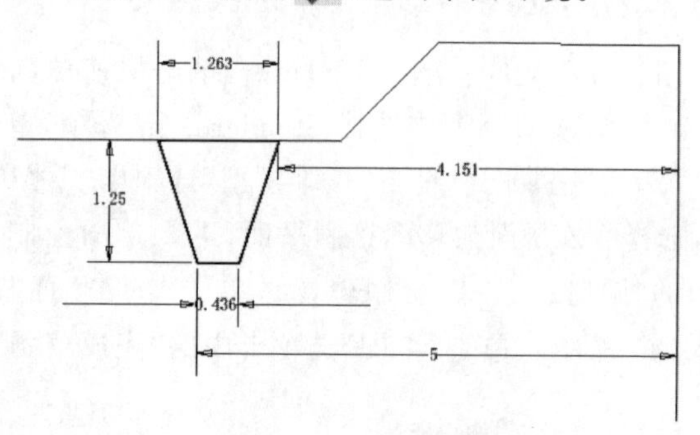

图 5-145　绘制草图

(7) 创建拉伸体。单击“三维模型”选项卡“创建”面板中的“拉伸”按钮,打开“拉伸”对话框,选取上一步绘制的草图为拉伸截面轮廓,设置拉伸终止方式为“贯通”,单击“对称”按钮,选择“求差”选项。单击“确定”按钮,完成拉伸,如图 5-146 所示。

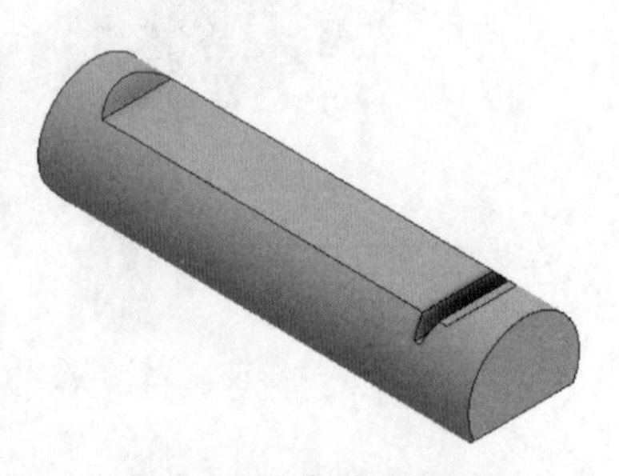
图 5-146　创建单个齿

(8) 矩形阵列齿。单击“三维模型”选项卡“阵列”面板中的“矩形阵列”按钮,打开“矩形阵列”对话框,在视图中选取上步创建的拉伸特征为阵列特征,选取如图 5-147 所示的边线为阵列方向,输入阵列个数为 17,距离为 1.6mm。单击“确定”按钮,结果如图 5-148 所示。

(9) 创建草图。单击“三维模型”选项卡“草图”面板中的“开始创建二维草图”按钮,选择 XY 平面为草图绘制面。单击“草图”选项卡“创建”面板中的“直线”按钮,

绘制草图；单击“约束”面板中的“尺寸”按钮，标注尺寸如图 5-149 所示。单击“草图”选项卡中的“完成草图”按钮，退出草图环境。

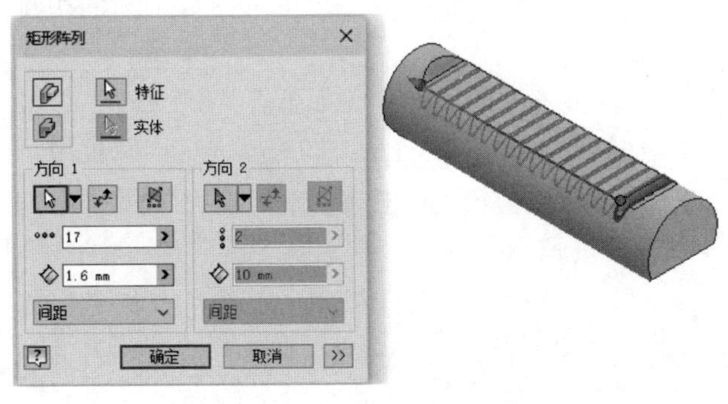

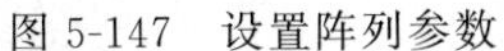

图 5-147　设置阵列参数

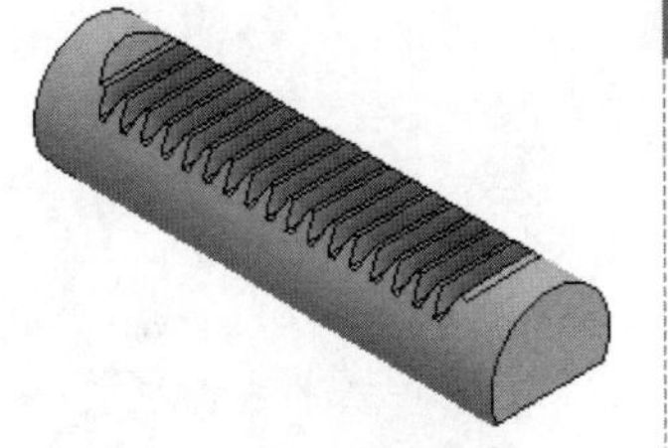

图 5-148　矩形阵列齿

（10）创建旋转特征。单击“三维模型”选项卡“创建”面板中的“旋转”按钮，打开“旋转”对话框，选取上一步创建的草图为旋转截面轮廓，选择左侧的竖直直线为旋转轴，其他采用默认设置。单击“确定”按钮，完成旋转，如图 5-150 所示。

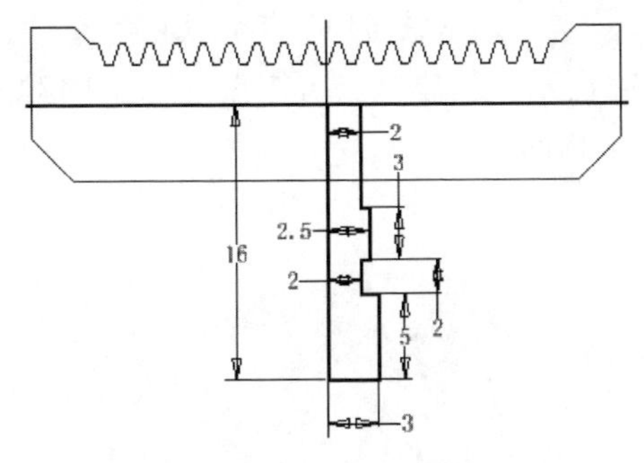

图 5-149　绘制草图

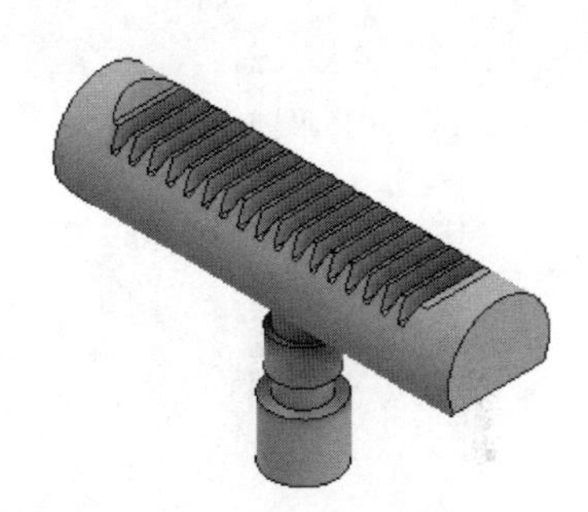

图 5-150　创建旋转体

（11）圆角处理。单击“三维模型”选项卡“修改”面板中的“圆角”按钮，打开“圆角”对话框，输入半径为 2.5mm，选择如图 5-151 所示的边线进行倒圆角。单击“确定”按钮，完成圆角操作，结果如图 5-152 所示。

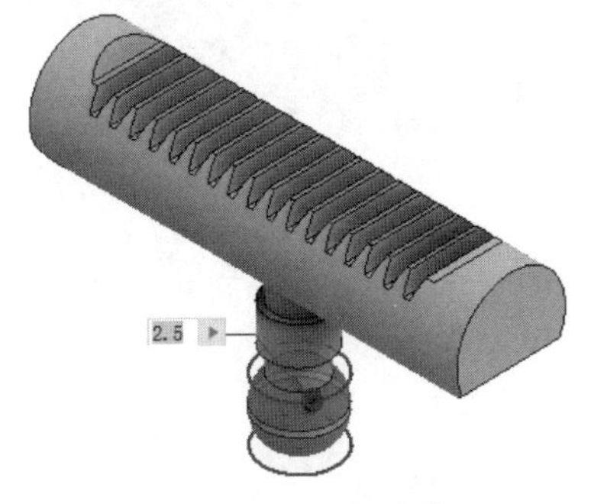

图 5-151　选择边线

图 5-152　圆角处理

（12）保存文件。单击快速访问工具栏中的“保存”按钮，打开“另存为”对话框，输入文件名为“齿条.ipt”，单击“保存”按钮，保存文件。

Note

5.8.3 环形阵列

环形阵列是指复制一个或多个特征，然后在圆弧或圆中按照指定的数量和间距排列所得到的引用特征。

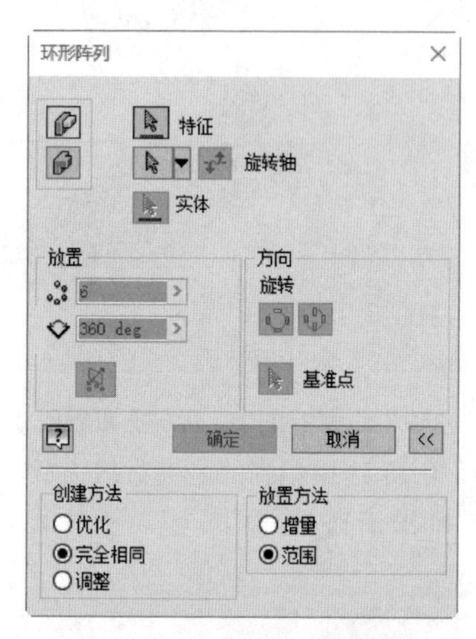

图 5-153 “环形阵列”对话框

环形阵列的创建步骤如下：

(1) 单击“三维模型”选项卡“阵列”面板中的“环形阵列”按钮，打开“环形阵列”对话框，如图 5-153 所示。

(2) 选择阵列各个特征或阵列整个实体。如果要阵列各个特征，则可选择要阵列的一个或多个特征。

(3) 选择旋转轴，旋转轴可是边线、工作轴以及圆柱的中心线等，它可以不和特征在同一个平面上。

(4) 在“放置”选项区中，可指定引用的数目 6，引用之间的夹角 360 deg，如图 5-154 所示。创建方法与矩形阵列中的对应选项的含义相同。

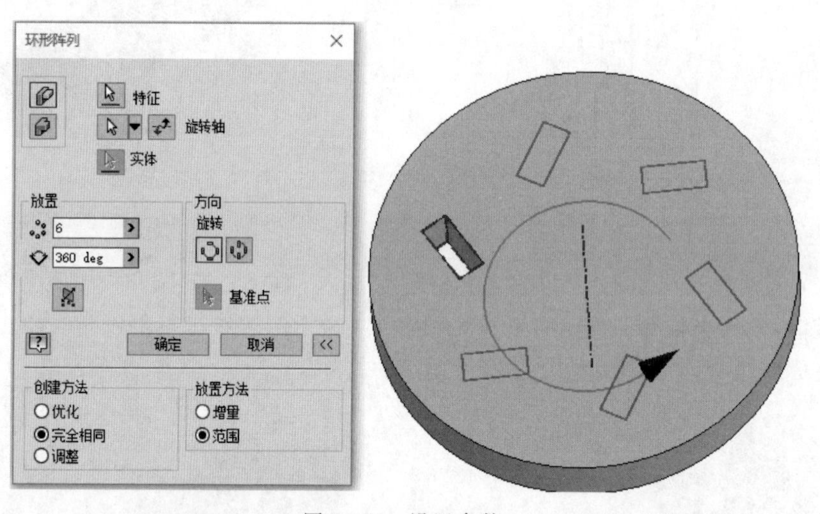

图 5-154 设置参数

(5) 在“放置方法”选项中，可设置引用夹角是所有引用之间的夹角（“范围”选项）还是两个引用之间的夹角（“增量”选项）。

(6) 单击“确定”按钮完成特征的创建，如图 5-155 所示。

“环形阵列”对话框中的选项说明如下：

1. 放置

(1) 数量 6：指定阵列中引用的数目。

(2) 角度 360 deg：引用之间的角度间距取决于放置方法。如果选择“增量”放

置方法，则角度指定两个引用之间的角度间隔；如果选择“范围”放置方法，则角度指定阵列所占用的总面积。

(3) 中间平面：指定在原始特征的两侧分布特征引用。

2. 方向

(1) 旋转：选择此选项，阵列时实体或特征集在绕轴移动时更改方向，如图 5-155 所示。

(2) 固定：选择此选项，阵列时实体或特征集在绕轴移动时其方向与父选择集相同，如图 5-156 所示。

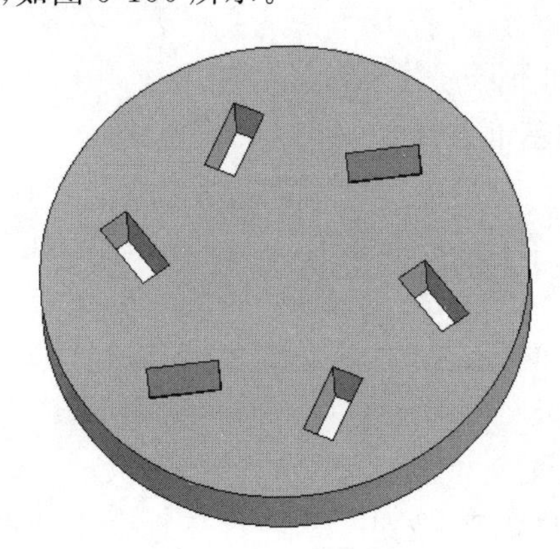

图 5-155 环形阵列

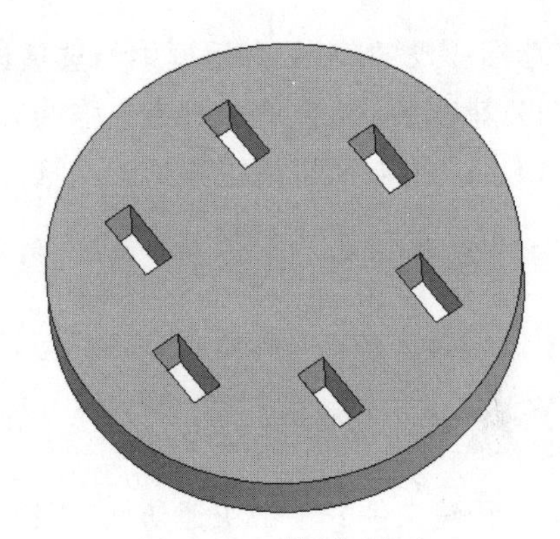

图 5-156 “固定”方向

3. 放置方法

(1) 增量：定义特征之间的距离。

(2) 范围：阵列使用一个角度来定义阵列特征占用的总区域。

技巧：如果选择“阵列整个实体”选项，则“调整”选项不可用。其他选项的意义和阵列各个特征的对应选项相同。

5.8.4 草图驱动的阵列

草图驱动的阵列是指复制一个或多个特征或实体，然后以草图点定义的阵列样式排列生成的引用。

草图驱动的阵列创建步骤如下：

(1) 在模型上的二维或三维草图中创建草图点。

(2) 单击“三维模型”选项卡“阵列”面板中的“草图驱动的阵列”按钮，打开“草图驱动的阵列”对话框，如图 5-157 所示。

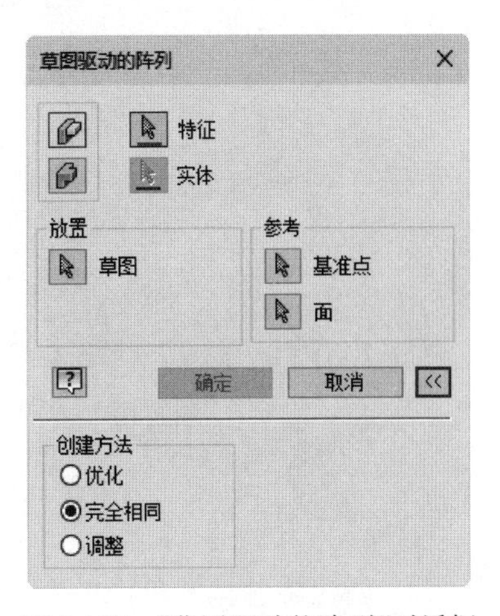

图 5-157 “草图驱动的阵列”对话框

(3) 选择阵列各个特征选项或阵列整个实体选项。如果要阵列各个特征，则可选择要阵列的一个或多个特征。

(4) 选择要使用的草图，如图 5-158 所示。

Note

（5）单击“确定”按钮完成特征的创建，如图 5-159 所示。

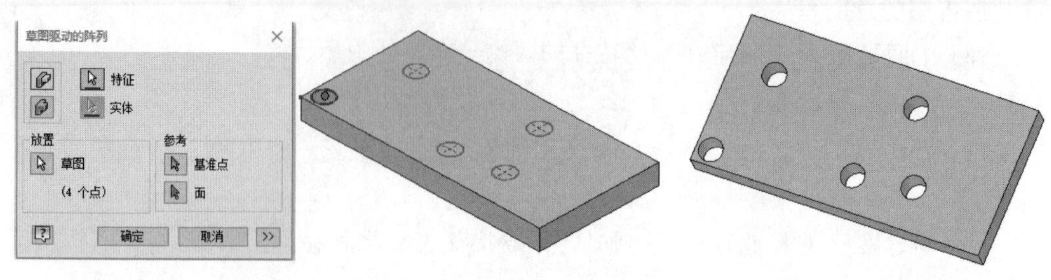

图 5-158　设置参数

图 5-159　草图驱动的阵列

“草图驱动的阵列”对话框中的选项说明如下：

（1）基准点：拾取新的参考点作为阵列的基准点。

（2）面：拾取面以指定阵列的面法向。

5-12

5.8.5　实例——法兰盘

本例创建如图 5-160 所示的法兰盘。

操作步骤

（1）新建文件。单击快速访问工具栏中的“新建”按钮，在打开的“新建文件”对话框中选择 Standard. ipt 选项，单击“创建”按钮，新建一个零件文件。

（2）创建草图。单击“三维模型”选项卡“草图”面板中的“开始创建二维草图”按钮，选择 XY 平面为草图绘制平面，进入草图绘制环境。单击“草图”选项卡“创建”面板中的“直线”按钮，绘制草图。单击“约束”面板中的“尺寸”按钮，标注尺寸如图 5-161 所示。单击“草图”选项卡中的“完成草图”按钮，退出草图环境。

图 5-160　法兰盘

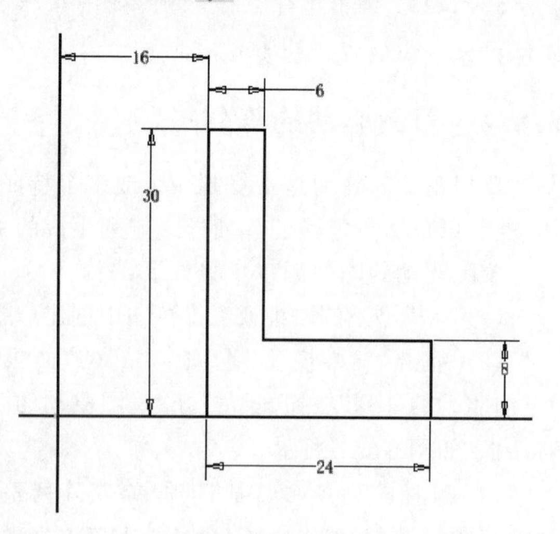

图 5-161　绘制草图 1

（3）创建旋转体。单击“三维模型”选项卡“创建”面板中的“旋转”按钮，打开“旋转”对话框，系统自动选取上步绘制的草图为旋转截面轮廓，选择左侧的竖直直线为

Note

旋转轴，其他采用默认设置。单击“确定”按钮完成旋转，如图 5-162 所示。

(4) 圆角处理。单击“三维模型”选项卡“修改”面板中的“圆角”按钮，打开“圆角”对话框，输入半径为 4mm，选择如图 5-163 所示的边线进行倒圆角。单击“确定”按钮，完成圆角操作，结果如图 5-164 所示。

图 5-162　绘制旋转体

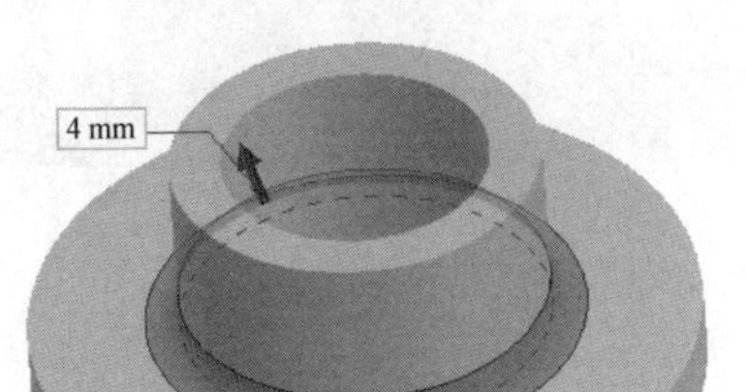

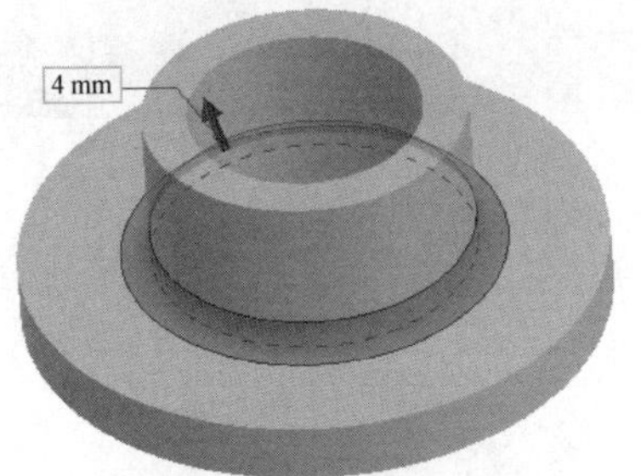

图 5-163　选择边线

(5) 创建倒角特征。单击“三维模型”选项卡“修改”面板中的“倒角”按钮，打开“倒角”对话框，设置倒角边长为 1mm，选择倒角边线，如图 5-165 所示。单击“确定”按钮，创建倒角特征。

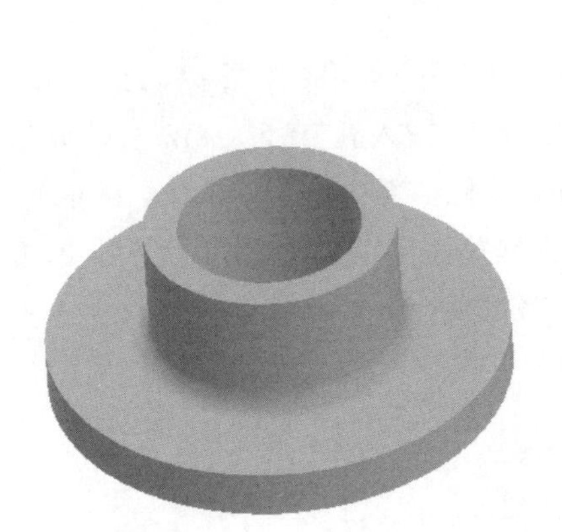

图 5-164　圆角处理

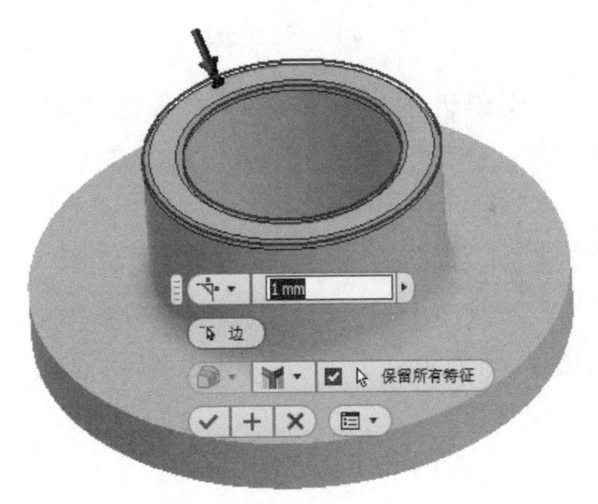

图 5-165　选择倒角边线

(6) 创建草图 2。单击“三维模型”选项卡“草图”面板中的“开始创建二维草图”按钮，选择 XY 平面为草图绘制平面，进入草图绘制环境。单击“草图”选项卡“创建”面板中的“线”按钮，绘制草图。单击“约束”面板中的“尺寸”按钮，标注尺寸如图 5-166 所示。单击“草图”选项卡中的“完成草图”按钮，退出草图环境。

(7) 创建加强筋。单击“三维模型”选项卡“创建”面板中的“加强筋”按钮，打开“加强筋”对话框。单击“平行于草图平面”按钮，选取上步绘制的草图为截面轮廓，单击“方向 1”按钮，调整加强筋的创建方向，设置厚度为 6mm，选择“对称”方式，单击“到表面或平面”按钮。单击“确定”按钮完成加强筋的创建，结果如图 5-167 所示。

(8) 圆角处理。单击“三维模型”选项卡“修改”面板中的“圆角”按钮，打开“圆角”对话框，输入半径为 2mm，选择如图 5-168 所示的边线进行倒圆角。单击“确定”按钮，完成圆角操作，结果如图 5-169 所示。

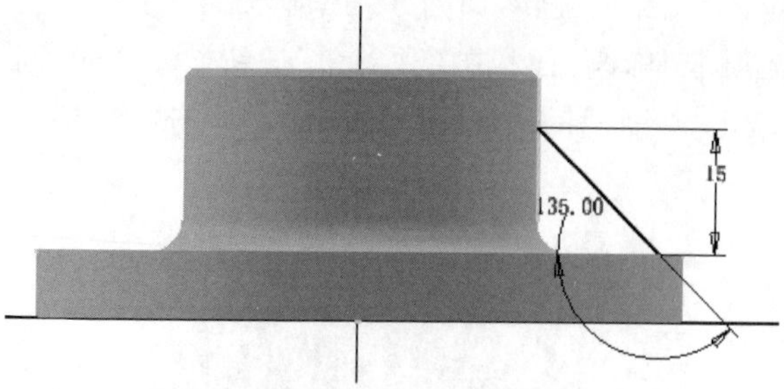

Note

图 5-166　绘制草图 2

图 5-167　创建加强筋

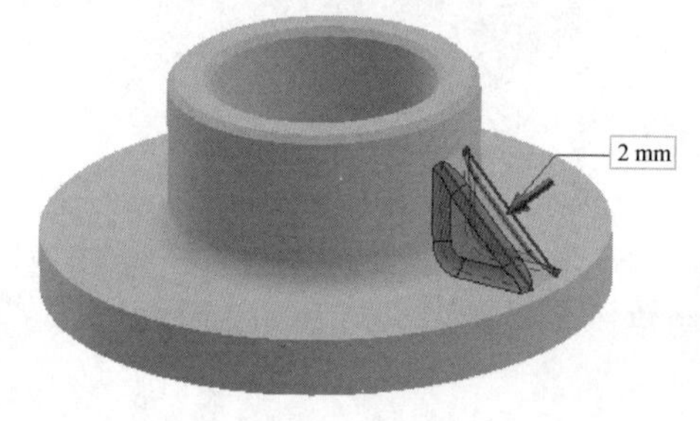

图 5-168　选择边线

图 5-169　圆角处理

(9) 创建直孔 1。单击“三维模型”选项卡“修改”面板中的“孔”按钮，打开“孔”对话框。选择“简单孔”类型，选择“贯通”终止方式，输入孔直径为 8mm，选取如图 5-170 所示的面为孔放置面，单击“孔”对话框中的“草图 3”字样，进入草图绘制环境。单击“约束”面板中的“尺寸”按钮，标注草图点的位置尺寸，如图 5-171 所示。单击“草图”选项卡中的“返回到孔”按钮，返回到“孔”对话框。单击“确定”按钮，完成孔的创建，结果如图 5-172 所示。

图 5-170　选择放置面

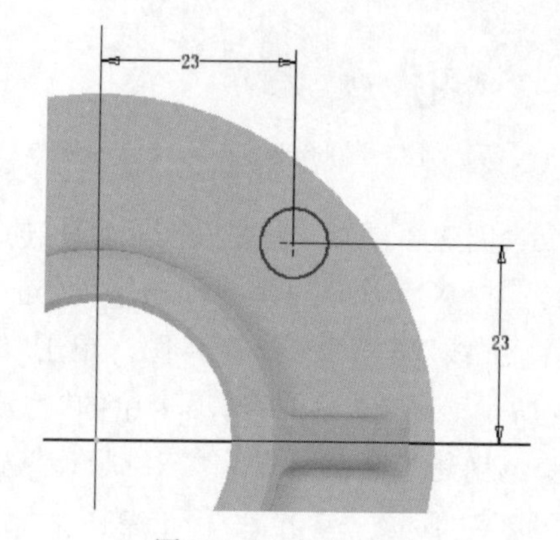

图 5-171　标注尺寸

(10) 环形阵列齿槽。单击“三维模型”选项卡“阵列”面板中的“环形阵列”按钮，打开“环形阵列”对话框。选择创建的加强筋和孔特征为阵列特征，选取拉伸体的外圆柱面，系统自动选取圆柱面的中心轴为旋转轴，输入旋转个数为 4，引用夹角为 360°，如图 5-173 所示。单击“确定”按钮，结果如图 5-160 所示。

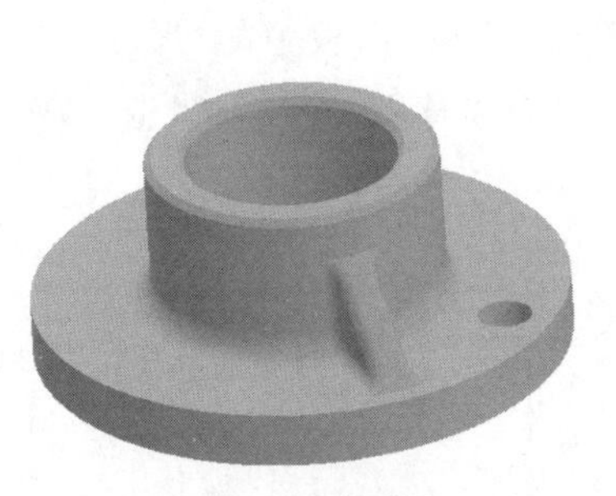

图 5-172　创建孔

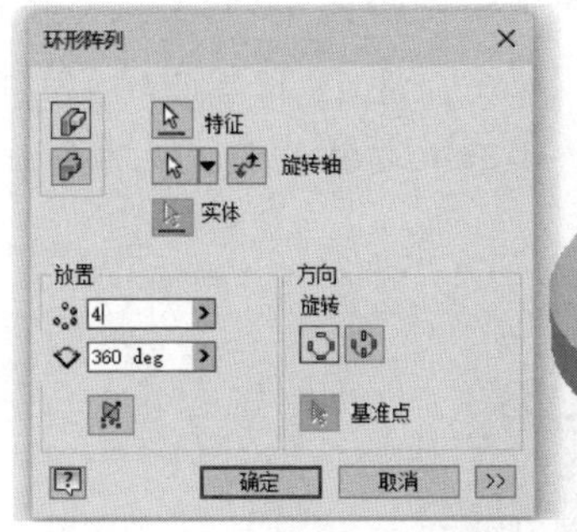

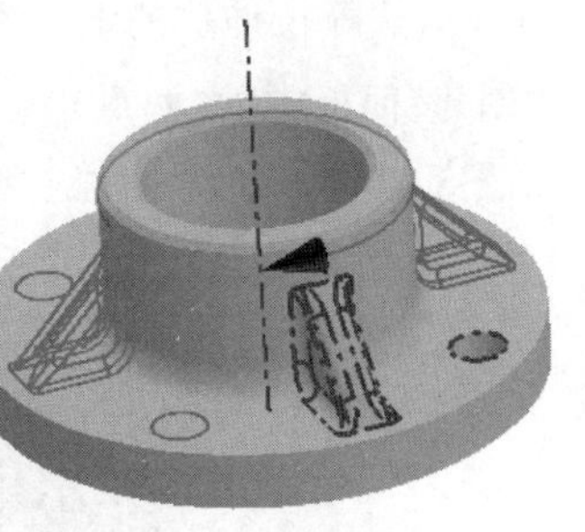

图 5-173　设置阵列参数

(11) 保存文件。单击快速访问工具栏中的“保存”按钮，打开“另存为”对话框，输入文件名为“法兰盘.ipt”，单击“保存”按钮，保存文件。

5.9　综合实例——底座

5-13

本例绘制如图 5-174 所示的底座。

操作步骤

(1) 新建文件。运行 Inventor，单击快速访问工具栏中的“新建”按钮，在打开的“新建文件”对话框中选择 Standard.ipt 选项，单击“创建”按钮，新建一个零件文件。

(2) 创建草图 1。单击“三维模型”选项卡“草图”面板中的“开始创建二维草图”按钮，选择 XY 平面为草图绘制平面，进入草图绘制环境。单击“草图”选项卡“创建”面板中的“直线”按钮，绘制草图轮廓。单击“约束”面板中的“尺寸”按钮，标注尺寸如图 5-175 所示。单击“草图”选项卡中的“完成草图”按钮，退出草图环境。

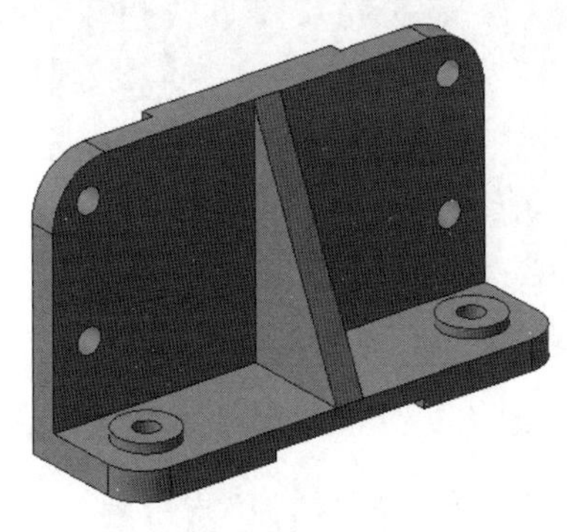

图 5-174　底座

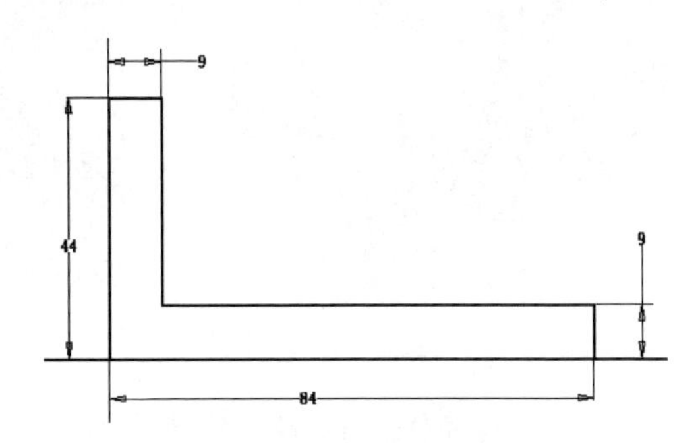

图 5-175　绘制草图 1

(3) 创建拉伸体。单击“三维模型”选项卡“创建”面板中的“拉伸”按钮，打开“拉伸”对话框，系统自动选取上步绘制的草图为拉伸截面轮廓，单击“对称”按钮，将拉伸距离设置为 146mm，然后单击“确定”按钮完成拉伸，如图 5-176 所示。

(4) 创建草图 2。单击“三维模型”选项卡“草图”面板中的“开始创建二维草图”按

Note

钮，选择拉伸体的下表面为草图绘制平面，进入草图绘制环境。单击“草图”选项卡“创建”面板中的“两点矩形”按钮，绘制草图轮廓。单击“约束”面板中的“尺寸”按钮，标注尺寸如图 5-177 所示。单击“草图”选项卡中的“完成草图”按钮，退出草图环境。

图 5-176　创建拉伸体

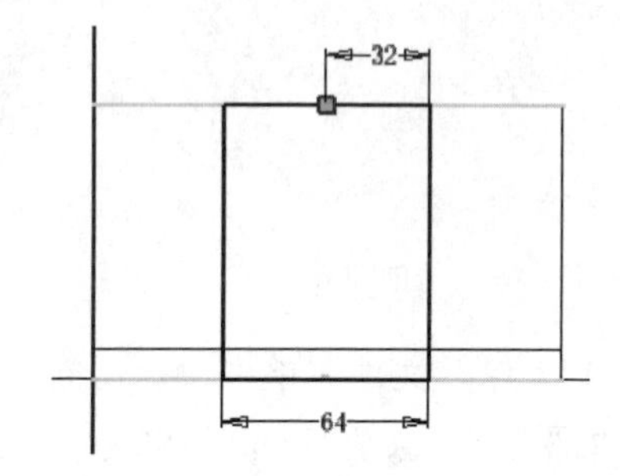

图 5-177　绘制草图 2

(5) 创建拉伸体。单击“三维模型”选项卡“创建”面板中的“拉伸”按钮，打开“拉伸”对话框，选取上步绘制的草图为拉伸截面轮廓，将拉伸距离设置为 4mm。单击“确定”按钮完成拉伸，如图 5-178 所示。

(6) 创建草图 3。单击“三维模型”选项卡“草图”面板中的“开始创建二维草图”按钮，选择上步创建的拉伸体上表面为草图绘制平面，进入草图绘制环境。单击“草图”选项卡“创建”面板中的“两点矩形”按钮，绘制草图轮廓。单击“约束”面板中的“尺寸”按钮，标注尺寸如图 5-179 所示。单击“草图”选项卡中的“完成草图”按钮，退出草图环境。

图 5-178　创建拉伸体

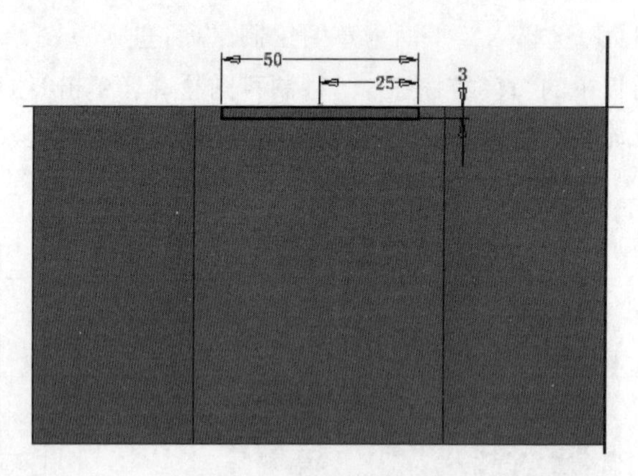

图 5-179　绘制草图 3

(7) 创建拉伸体。单击“三维模型”选项卡“创建”面板中的“拉伸”按钮，打开“拉伸”对话框，选取上步绘制的草图为拉伸截面轮廓，将拉伸终止方式设置为“贯通”。单击“确定”按钮完成拉伸，如图 5-180 所示。

(8) 创建草图 4。单击“三维模型”选项卡“草图”面板中的“开始创建二维草图”按钮，选择如图 5-181 所示的平面为草图绘制平面，进入草图绘制环境。单击“草图”选项卡“创建”面板中的“圆”按钮，绘制草图轮廓。单击“约束”面板中的“尺寸”按钮

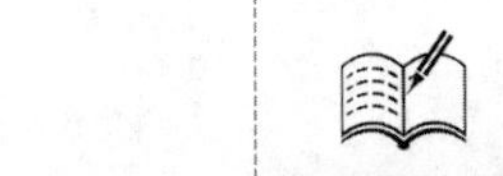

,标注尺寸如图 5-182 所示。单击“草图”选项卡中的“完成草图”按钮 ,退出草图环境。

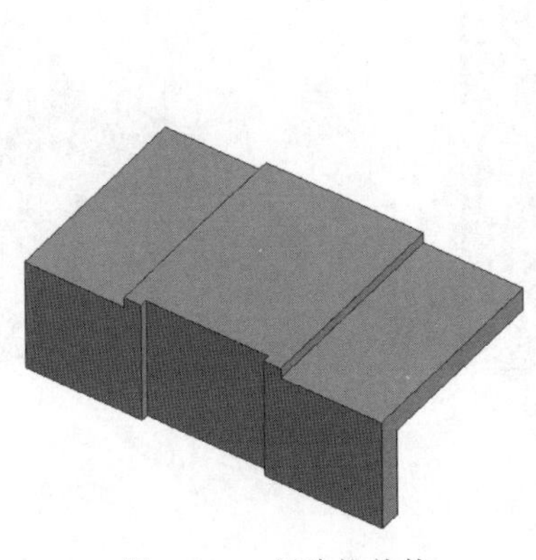

图 5-180 创建拉伸体

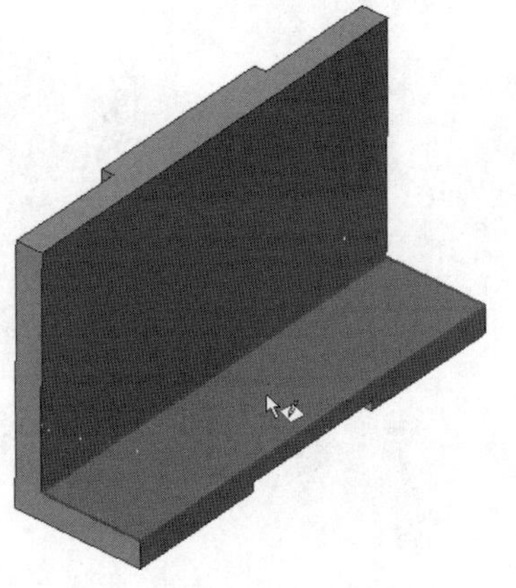

图 5-181 选择绘制平面

(9) 创建拉伸体。单击“三维模型”选项卡“创建”面板中的“拉伸”按钮 ,打开“拉伸”对话框,选取上步绘制的草图为拉伸截面轮廓,将拉伸距离设置为 3mm。单击“确定”按钮完成拉伸,如图 5-183 所示。

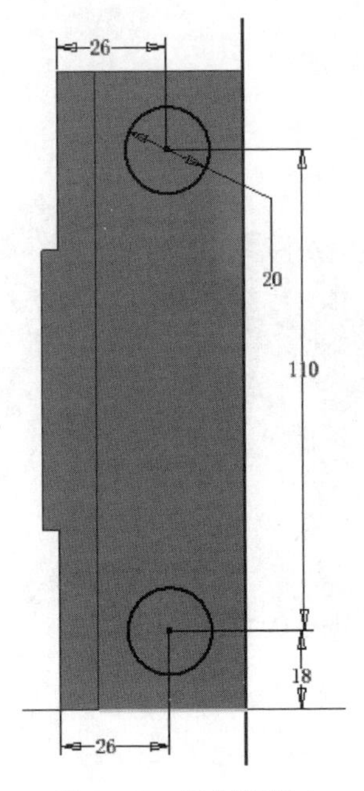

图 5-182 绘制草图 4

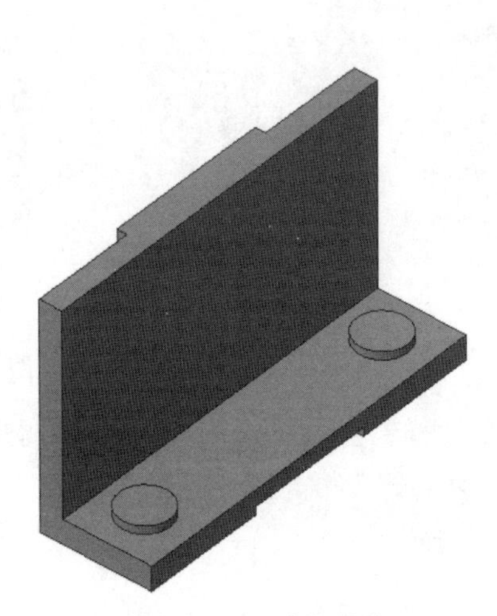

图 5-183 创建拉伸体

(10) 创建直孔 1。单击“三维模型”选项卡“修改”面板中的“孔”按钮 ,打开“孔”对话框。选取上步创建的拉伸体中一个凸台上表面为孔放置面,选取凸台边线为同心参考,选择“贯通” 终止方式,输入孔直径为 8mm,如图 5-184 所示,单击“应用”按钮。

5-14

采用相同的方法在另一侧凸台上创建相同尺寸的孔,结果如图 5-185 所示。

Note

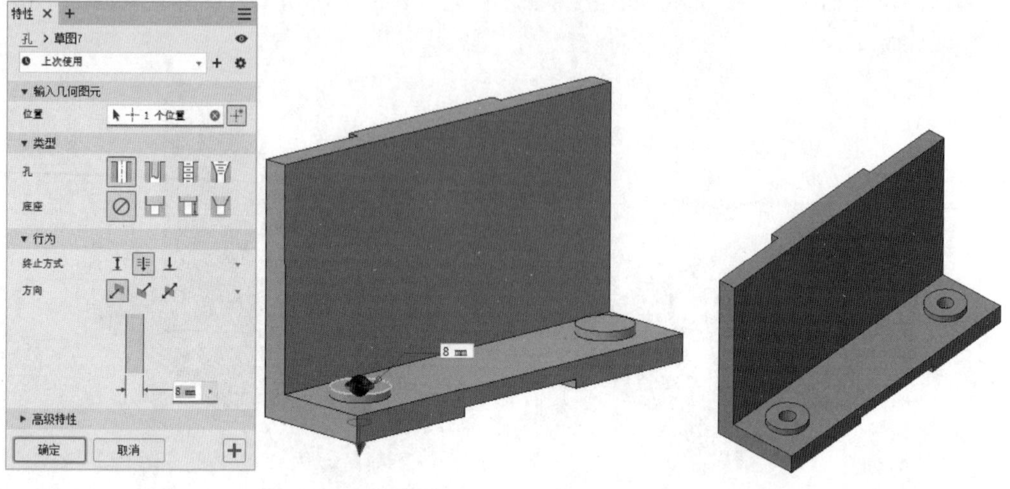

图 5-184 设置参数　　　　图 5-185 创建孔 1

(11) 创建直孔 2。单击“三维模型”选项卡“修改”面板中的“孔”按钮，打开“孔”对话框。选取如图 5-186 所示的面为孔放置面，选取边线 1 为参考 1，输入距离为 12mm，选取边线 2 为参考 2，输入距离为 12mm，选择“贯通”终止方式，输入孔直径为 8mm，如图 5-186 所示。单击“确定”按钮，结果如图 5-187 所示。

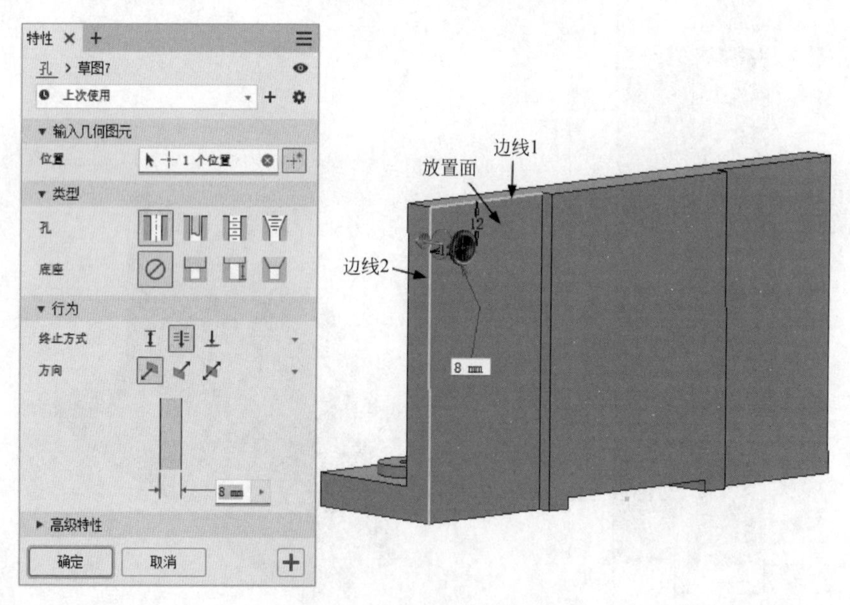

图 5-186 设置参数

(12) 矩形阵列孔。单击“三维模型”选项卡“阵列”面板中的“矩形阵列”按钮，打开“矩形阵列”对话框。在视图中选取上步创建的孔特征为阵列特征，选取如图 5-189 所示的边线 1 为阵列方向 1，输入阵列个数为 2，距离为 40mm；选取如图 5-188 所示的边线 2 为阵列方向 2，输入阵列个数为 2，距离为 122mm。单击“确定”按钮，结果如图 5-189 所示。

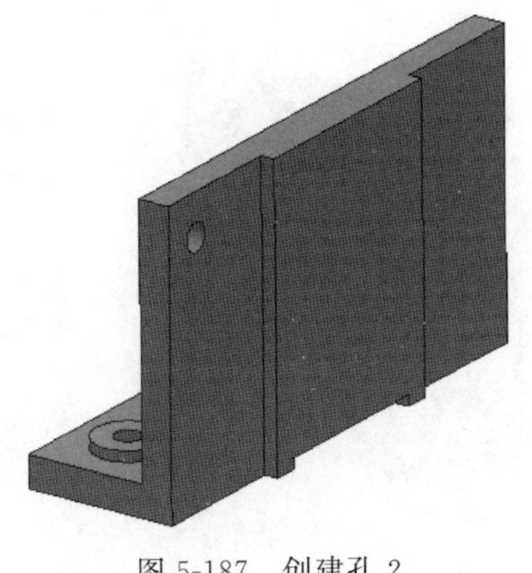

图 5-187　创建孔 2

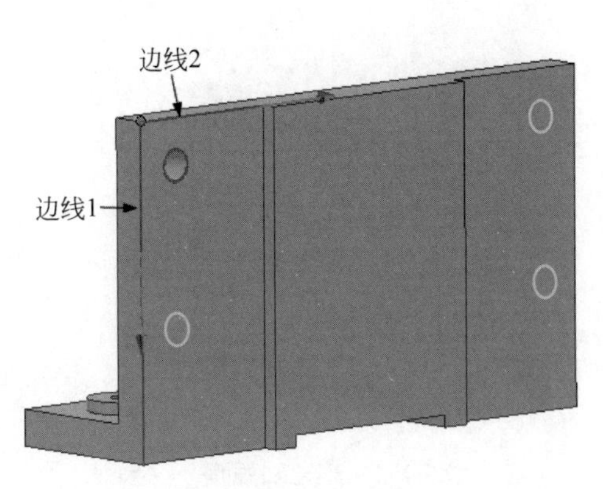

图 5-188　阵列示意图

(13) 创建草图 5。单击“三维模型”选项卡“草图”面板中的“开始创建二维草图”按钮，选择 XY 平面为草图绘制平面，进入草图绘制环境。单击“草图”选项卡“创建”面板中的“线”按钮，绘制如图 5-190 所示的草图。单击“草图”选项卡中的“完成草图”按钮，退出草图环境。

图 5-189　阵列孔

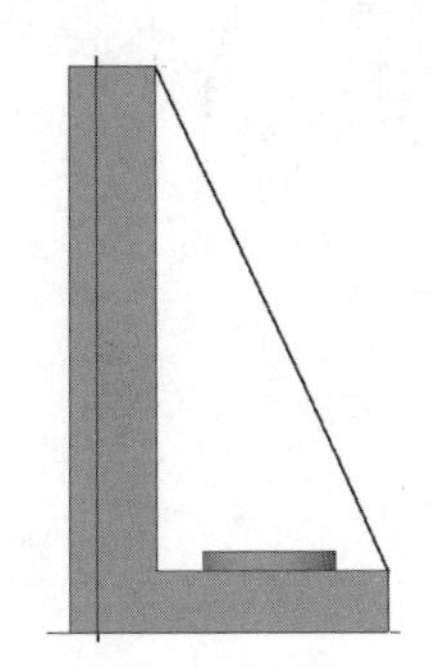

图 5-190　绘制草图 5

(14) 创建加强筋。单击“三维模型”选项卡“创建”面板中的“加强筋”按钮，打开“加强筋”对话框。单击“平行于草图平面”按钮，选取上步绘制的草图为截面轮廓，单击“方向 1”按钮，调整加强筋的创建方向，设置厚度为 9mm，选择“对称”方式，单击“到表面或平面”按钮使加强筋终止于下一个面。单击“确定”按钮完成加强筋的创建，结果如图 5-191 所示。

(15) 圆角处理。

① 单击“三维模型”选项卡“修改”面板中的“圆角”按钮，打开“圆角”对话框，输入半径为 18mm，选择如图 5-192 所示的边线倒圆角，单击“应用”按钮。

② 修改半径为 12mm，选择如图 5-193 所示的边线倒圆角，结果如图 5-194 所示。

(16) 保存文件。单击快速访问工具栏中的“保存”按钮，打开“另存为”对话框，输入文件名为“底座.ipt”，单击“保存”按钮，保存文件。

Note

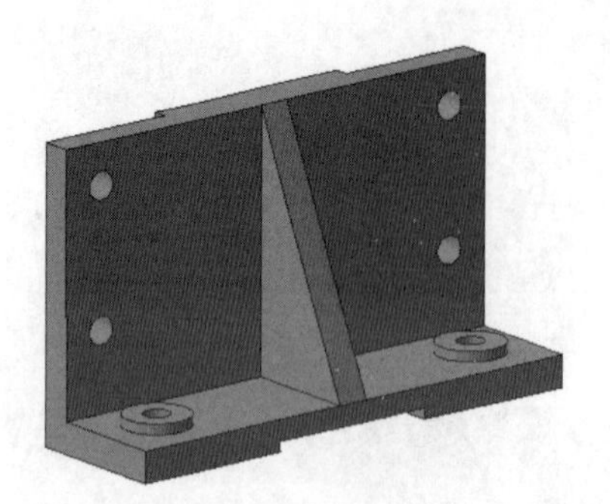

图 5-191　创建加强筋

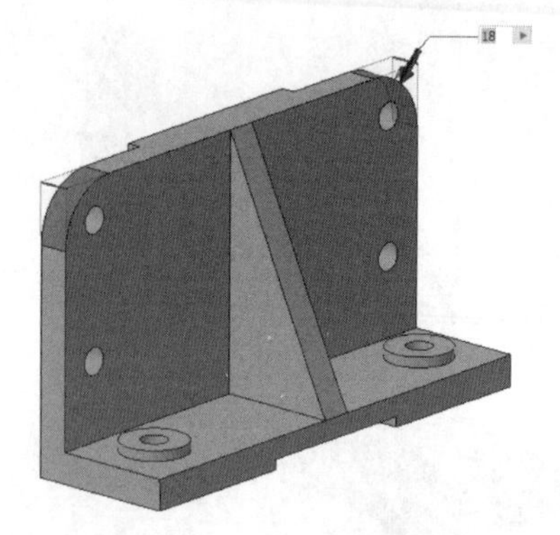

图 5-192　圆角示意图 1

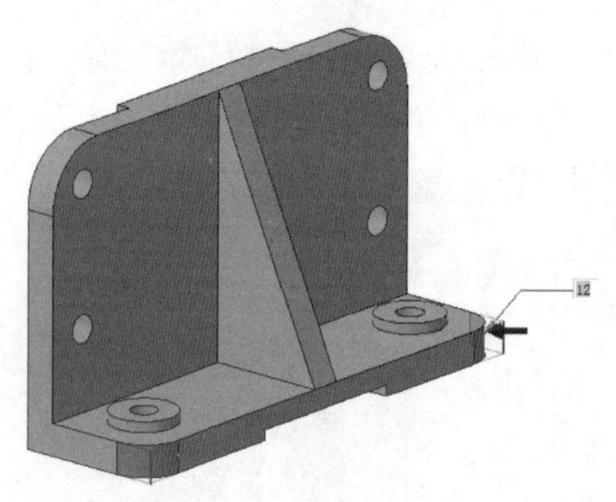

图 5-193　圆角示意图 2

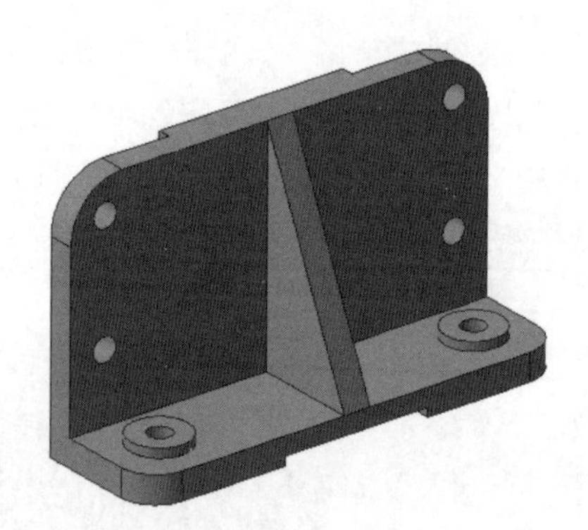

图 5-194　圆角处理

曲面造型

曲面是一种泛称，片体和实体的自由表面都可以称为曲面。平面表面是曲面的一种特例。其中，片体是由一个或多个表面组成，厚度为0的几何体。

6.1 编辑曲面

本节主要介绍曲面的加厚、缝合、延伸、修剪、替换等编辑方法。

6.1.1 加厚

加厚是指添加或删除零件或缝合曲面的厚度，或从零件面或曲面创建偏移曲面或创建新实体。

加厚曲面的操作步骤如下：

(1) 单击"三维模型"选项卡"曲面"面板中的"加厚/偏移"按钮，打开"加厚"对话框，如图6-1所示。

(2) 在视图中选择要加厚的面，如图6-2所示。

Note

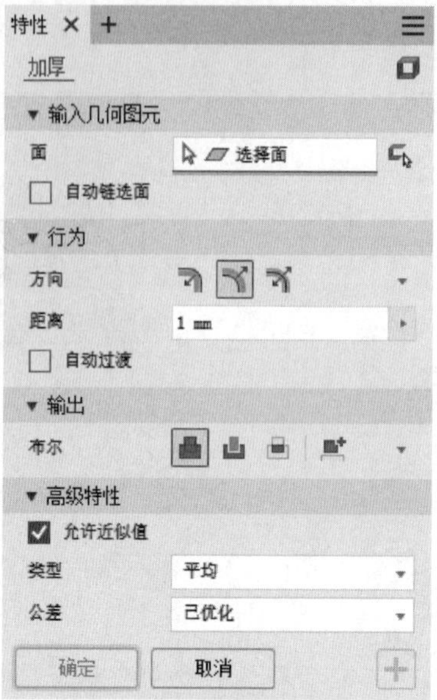

图 6-1 “加厚”对话框

(3) 在对话框中输入厚度,并为加厚特征指定求并、求差或求交操作,设置加厚方向。

(4) 在对话框中单击“确定”按钮,完成曲面加厚,结果如图 6-3 所示。

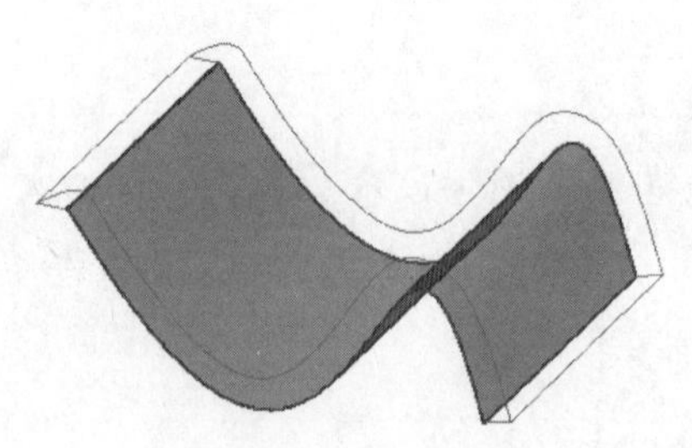

图 6-2 选择加厚面

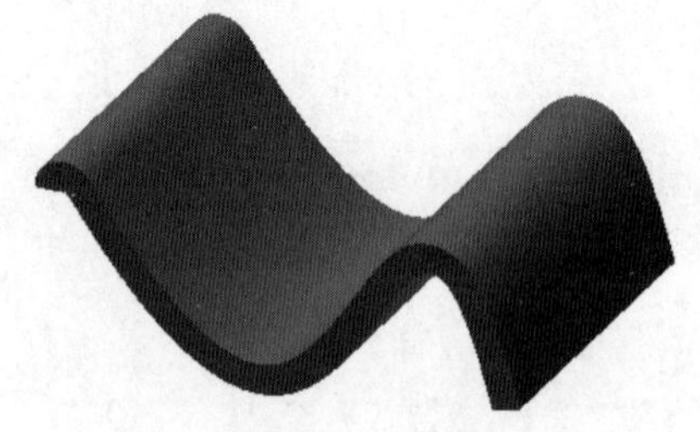

图 6-3 加厚面

“加厚”对话框中的选项说明如下:

1. 输入几何图元

(1) 面:指定要加厚的面或要从中创建偏移曲面的面。默认选择此选项,表示每单击一次,只能选择一个面。

(2) 缝合曲面:默认缝合曲面选择为“关”,单击按钮,将缝合曲面选择为“开”,选择缝合曲面为要加厚的面。

(3) 自动链选面:用于选择多个连续相切的面进行加厚,所有选中的面使用相同的布尔操作和方向加厚。

2. 行为

(1) 方向:将厚度或偏移特征沿一个方向延伸或在两个方向上同等延伸。

(2) 距离:指定加厚特征的厚度,或者指定偏移特征的距离。当输出为曲面时,偏

移距离可以为零。

(3) 自动过渡:选中此复选框,可自动移动相邻的相切面,还可以创建新过渡。

3. 输出

指定加厚特征与实体零件是进行求并、求差还是求交操作。

4. 高级特征

(1) 允许近似值:如果不存在精确方式,在计算偏移特征时,允许与指定的厚度有偏差。采用精确方式可以创建偏移曲面,该曲面中,原始曲面上的每一点在偏移曲面上都具有对应点。

(2) 类型。

① 平均:将偏差分为近似指定距离的两部分。

② 不要过薄:保留最小距离。

③ 不要过厚:保留最大距离。

(3) 公差。

① 已优化:使用合理公差和最短计算时间进行计算。

② 已指定:使用指定的公差进行计算。

6.1.2 边界嵌片

边界嵌片特征从闭合的二维草图或闭合的边界生成平面曲面或三维曲面。

边界嵌片的操作步骤如下:

(1) 单击"三维模型"选项卡"曲面"面板中的"面片"按钮,打开"边界嵌片"对话框,如图 6-4 所示。

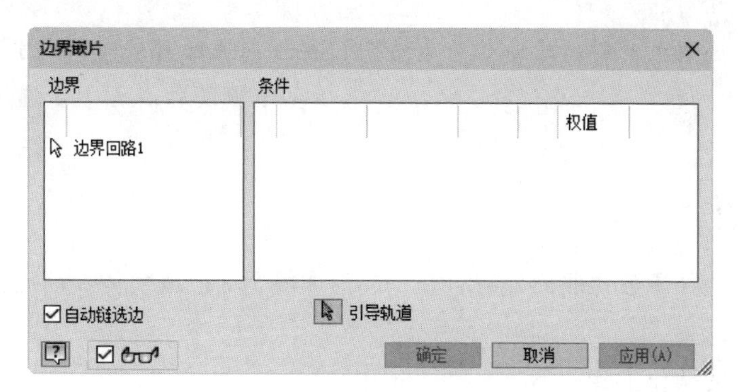

图 6-4 "边界嵌片"对话框

(2) 在视图中选择定义闭合回路的相切、连续的链选边,如图 6-5 所示。

(3) 在"条件"列表框中选择每条边或每组选定边的边界条件。

(4) 在对话框中单击"确定"按钮,创建边界嵌片特征,结果如图 6-6 所示。

"边界嵌片"对话框中的选项说明如下:

(1) 边界:指定嵌片的边界。选择闭合的二维草图或相切连续的链选边,来指定闭合面域。

Note

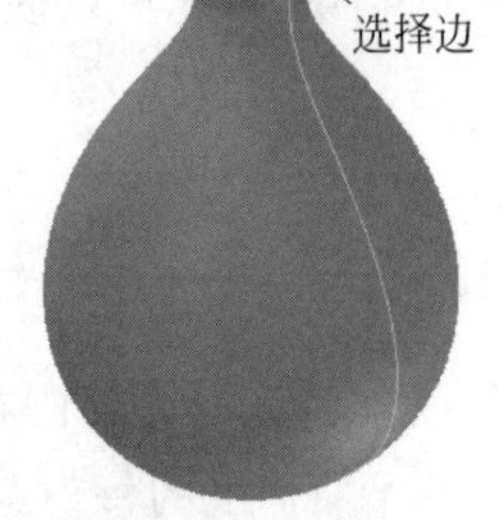

图 6-5　选择边

图 6-6　边界嵌片

（2）条件：列出选定边的名称和选择集中的边数，还指定边条件应用于边界嵌片的每条边，条件包括无条件、相切条件和平滑(G2)条件，如图 6-7 所示。

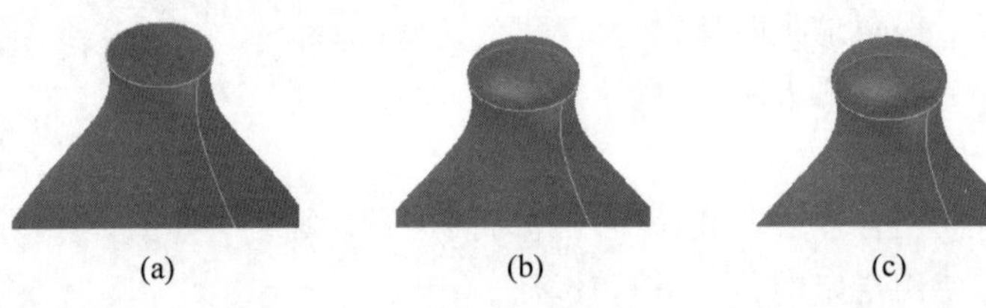

图 6-7　条件

(a) 无条件；(b) 相切条件；(c) 平滑(G2)条件

技巧：如何控制曲面的外观和可见性？

可以在"应用程序选项"对话框中将曲面的外观从"半透明"更改为"不透明"。在"零件"选项卡的"构造"类别中，选择"不透明曲面"选项。曲面在创建时为不透明，其颜色与定位特征相同。

在设置该选项之前创建的曲面为半透明。要改变曲面外观，可在浏览器中的曲面上右击，从弹出的快捷菜单中选择"半透明"选项。选中或取消选中复选标记可以打开或关闭不透明。

6.1.3　缝合

缝合用于选择参数化曲面以缝合在一起形成缝合曲面或实体。曲面的边必须相邻才能成功缝合。

缝合曲面的操作步骤如下：

（1）单击"三维模型"选项卡"曲面"面板中的"缝合"按钮，打开"缝合"对话框，如图 6-8 所示。

（2）在视图中选择一个或多个单独曲面，如图 6-9 所示。选中曲面后，将显示边条件，不具有公共边的边将变成红色，已成功缝合的边为黑色。

（3）输入公差。

（4）在对话框中单击"应用"按钮，将曲面结合在一起形成缝合曲面或实体，结果如图 6-10 所示。

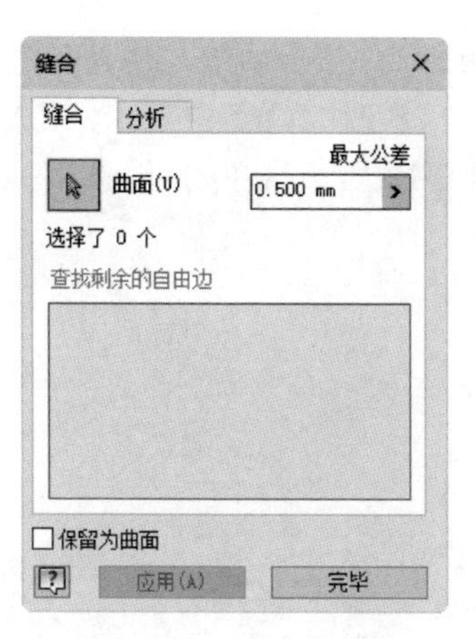

图 6-8　“缝合”对话框

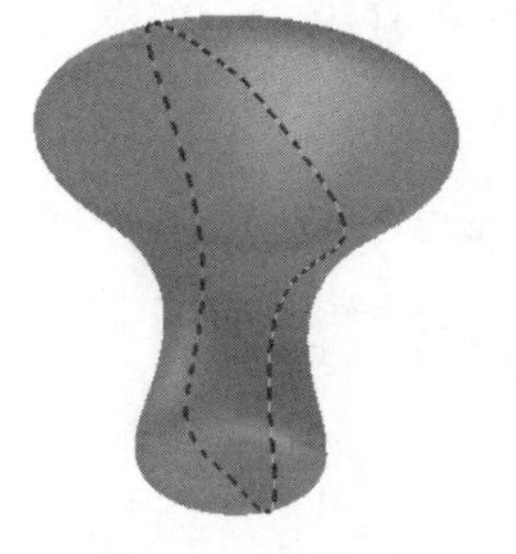

图 6-9　选择面

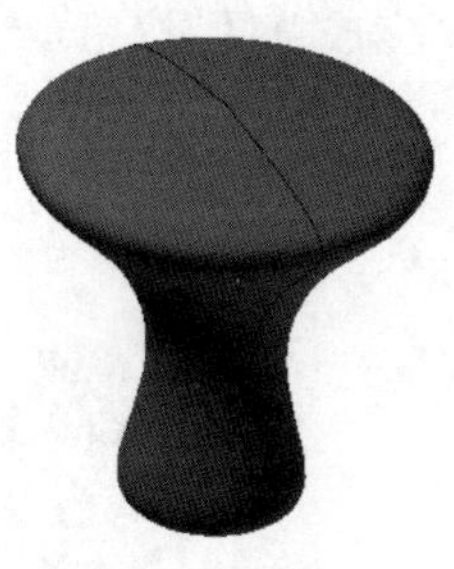

图 6-10　缝合

技巧：要缝合第一次未成功缝合的曲面，应在“最大公差”文本框中选择或输入值来使用公差控制。查看要缝合在一起的剩余边对和最小的关联“最大接缝”值。“最大接缝”值为使用“缝合”命令在选择公差边时所考虑的最大间隙。将最小“最大接缝”值用作输入“最大公差”值时的参考值。例如，如果“最大接缝”为 0.00362，则应在“最大公差”文本框中输入 0.004，以实现成功缝合。

“缝合”对话框中的选项说明如下：

1. “缝合”选项卡

(1) 曲面：用于选择单个曲面或所有曲面以缝合在一起形成缝合曲面或进行分析。

(2) 最大公差：用于选择或输入自由边之间的最大许用公差值。

(3) 查找剩余的自由边：用于显示缝合后剩余的自由边及它们之间的最大间隙。

(4) 保留为曲面：如果不选中此复选框，则具有有效闭合体积的缝合曲面将实体化；如果选中此复选框，则缝合曲面仍然为曲面。

2. “分析”选项卡(图 6-11)

(1) 显示边条件：选中该复选框，可以用颜色指示曲面边来显示分析结果。

(2) 显示接近相切：选中该复选框，可以显示接近相切条件。

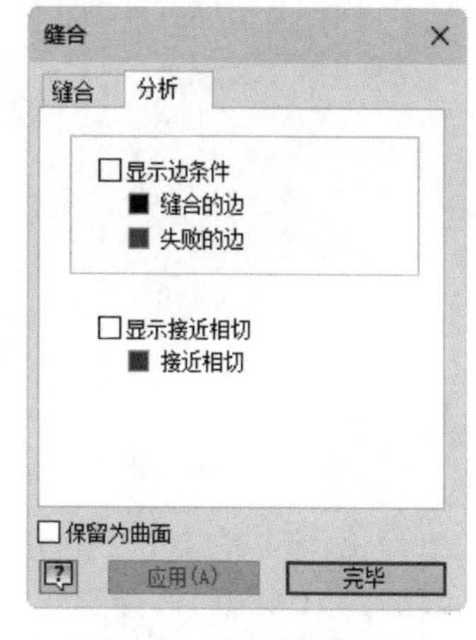

图 6-11　“分析”选项卡

6.1.4　实例——葫芦

6-1

本例绘制如图 6-12 所示的葫芦。

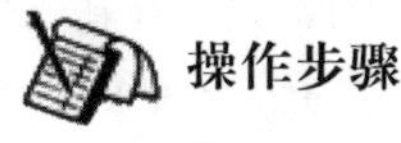

操作步骤

(1) 新建文件。运行 Inventor，单击快速访问工具栏中的“新建”按钮，在打开的“新建文件”对话框中选择 Standard.ipt 选项，单击“创建”按钮，新建一个零件文件。

Note

（2）创建草图 1。单击“三维模型”选项卡“草图”面板中的“开始创建二维草图”按钮，选择 XZ 平面为草图绘制平面，进入草图绘制环境。单击“草图”选项卡“绘图”面板中的“样条曲线(控制顶点)”按钮，绘制草图，如图 6-13 所示。单击“草图”选项卡中的“完成草图”按钮，退出草图环境。

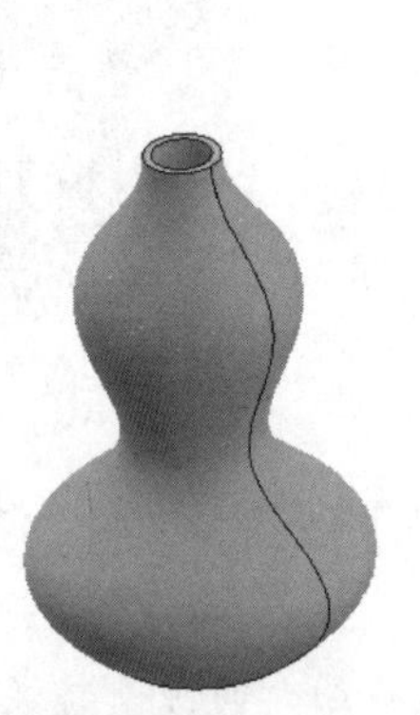

图 6-12　葫芦

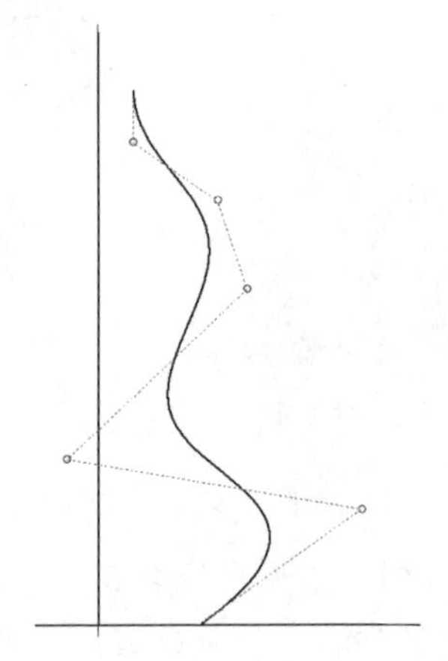

图 6-13　绘制草图 1

（3）创建旋转曲面。单击“三维模型”选项卡“创建”面板中的“旋转”按钮，打开“旋转”对话框，选取如图 6-13 所示的草图为旋转截面轮廓，选取竖直直线段为旋转轴，如图 6-14 所示。单击“确定”按钮完成旋转，如图 6-15 所示。

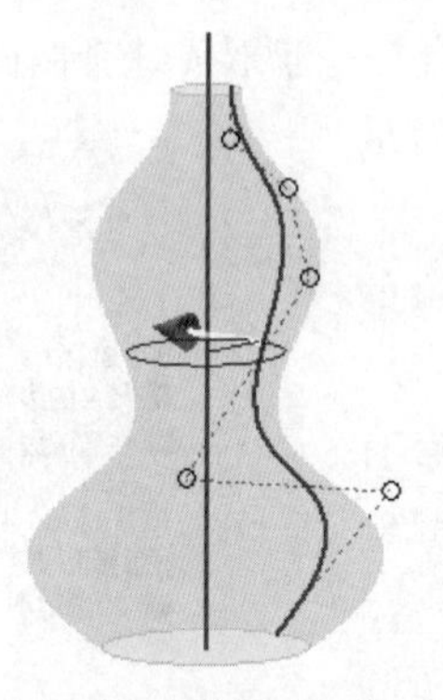

图 6-14　设置参数

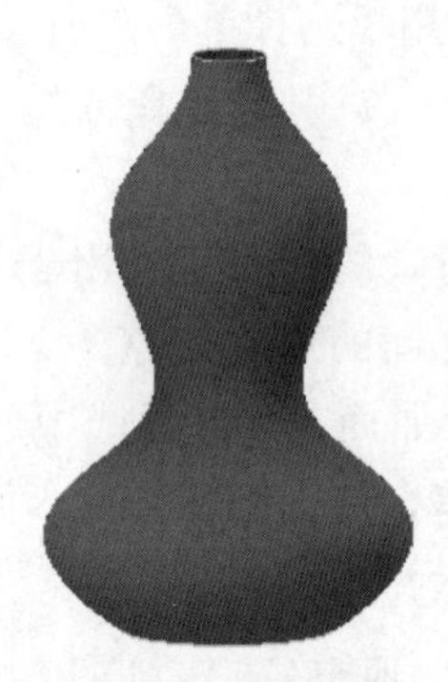

图 6-15　旋转曲面

（4）创建边界嵌片。单击“三维模型”选项卡“曲面”面板中的“面片”按钮，打开“边界嵌片”对话框，选择旋转曲面的底部边线，如图 6-16 所示。单击“确定”按钮，结果如图 6-17 所示。

（5）缝合曲面。单击“三维模型”选项卡“曲面”面板中的“缝合”按钮，打开“缝合”对话框，选择图中所有曲面，采用默认设置，如图 6-18 所示。单击“应用”按钮，再单击“完毕”按钮，关闭对话框。

（6）加厚曲面 1。单击“三维模型”选项卡“修改”面板中的“加厚”按钮，打开“加厚”对话框，单击按钮，使缝合曲面选择为“开”，选择上步创建的缝合曲面作为加厚对象，单击“居中”按钮，输入距离为 1mm，如图 6-19 所示。单击“确定”按钮，结果如图 6-12 所示。

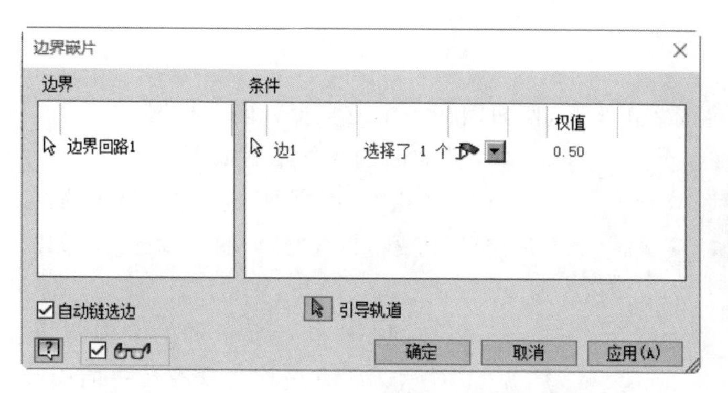

图 6-16　选取边线

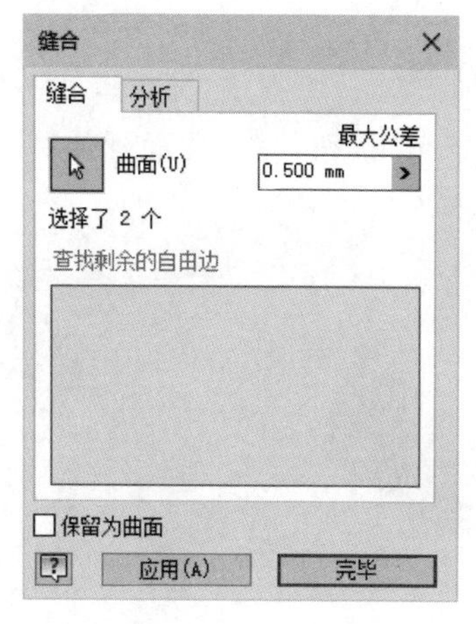

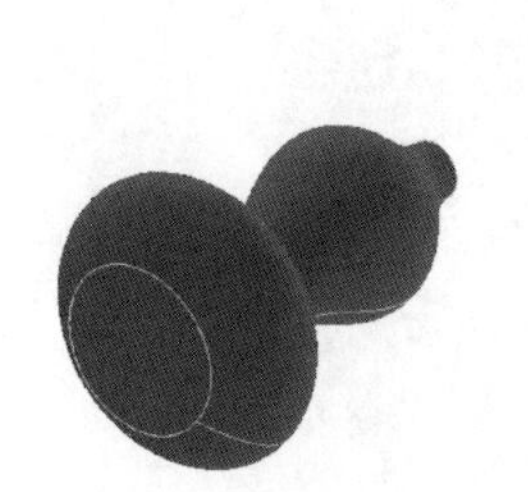

图 6-17　创建边界嵌片

图 6-18　完成缝合

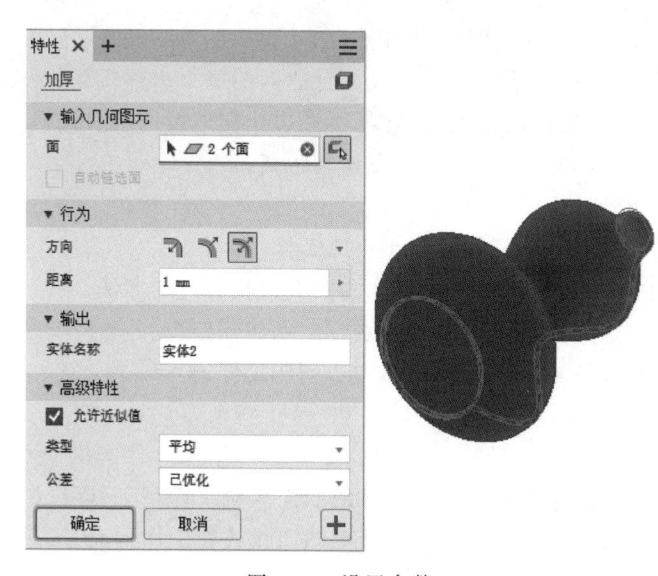

图 6-19　设置参数

(7) 保存文件。单击快速访问工具栏中的“保存”按钮，打开“另存为”对话框，输入文件名为“葫芦.ipt”，单击“保存”按钮，保存文件。

Note

6.1.5 延伸

延伸是通过设置距离或终止平面,使曲面在一个或多个方向上扩展。

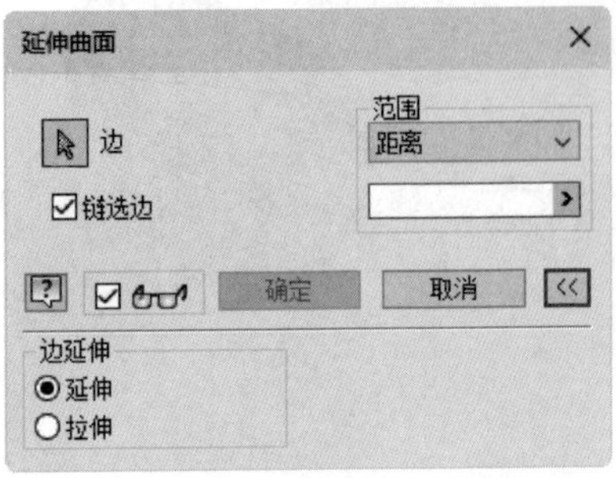

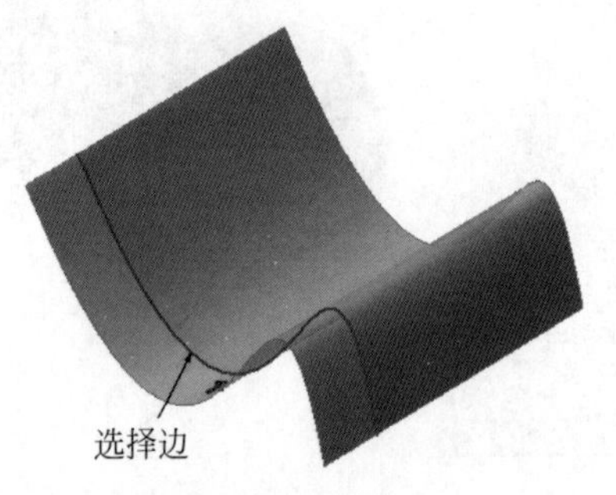

图 6-20 “延伸曲面”对话框

延伸曲面的操作步骤如下:

(1) 单击“三维模型”选项卡“曲面”面板中的“延伸”按钮,打开“延伸曲面”对话框,如图 6-20 所示。

(2) 在视图中选择要延伸的个别曲面边,如图 6-21 所示。所有边均必须在单一曲面或缝合曲面上。

(3) 在“范围”下拉列表框中选择延伸的终止方式,并设置相关参数。

(4) 在对话框中单击“确定”按钮,完成曲面延伸,结果如图 6-22 所示。

图 6-21 选择边

图 6-22 曲面延伸

“延伸曲面”对话框中的选项说明如下:

(1) 边:选择并高亮显示单一曲面或缝合曲面的每个边进行延伸。

(2) 链选边:自动延伸所选边,包含与所选边相切连续的所有边。

(3) 范围:确定延伸的终止方式并设置其距离。

① 距离:将边延伸指定的距离。

② 到:选择在其上终止延伸的终止面或工作平面。

(4) 边延伸:控制用于延伸或要延伸的曲面边相邻边的方法。

① 延伸:沿与选定的边相邻边的曲线方向创建延伸边。

② 拉伸:沿直线从与选定的边相邻的边创建延伸边。

6.1.6 修剪

修剪曲面可以删除通过切割命令定义的曲面区域。切割工具可以是形成闭合回路的曲面边、单个零件面、单个不相交的二维草图曲线或者工作平面。

修剪曲面的操作步骤如下:

(1) 单击“三维模型”选项卡“曲面”面板中的“修剪”按钮,打开“修剪曲面”对话框,如图 6-23 所示。

(2) 在视图中选择作为修剪工具的几何图元,如图 6-24 所示。

Note

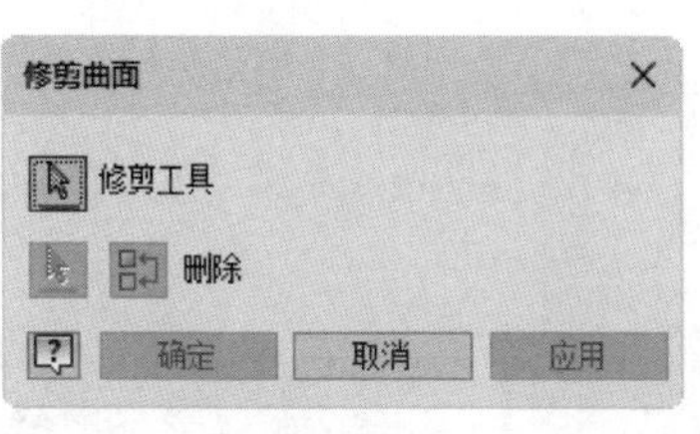

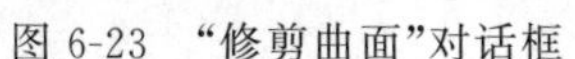

图 6-23 “修剪曲面”对话框

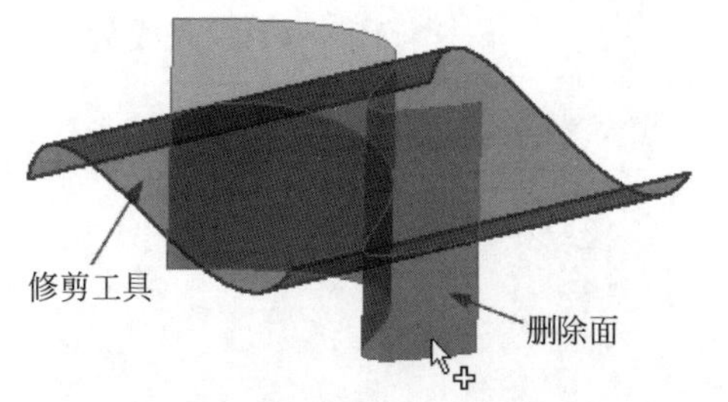

图 6-24 选择修剪工具和删除面

(3) 选择要删除的区域,要删除的区域包含与切割工具相交的任何曲面。如果要删除的区域多于要保留的区域,则应选择要保留的区域,然后单击“反向选择”按钮反转选择。

(4) 在对话框中单击“确定”按钮,完成曲面修剪,结果如图 6-25 所示。

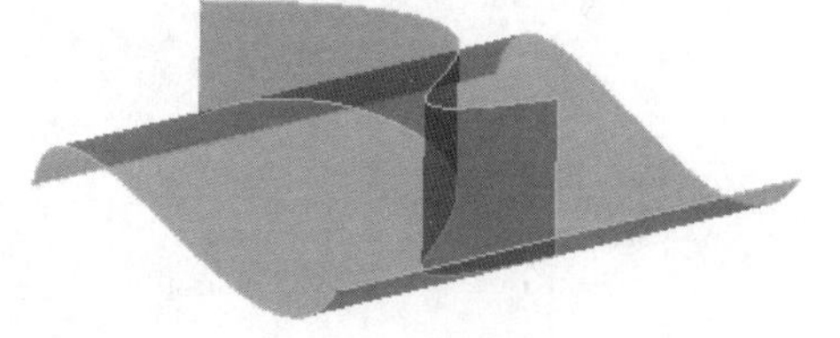

图 6-25 修剪曲面

“修剪曲面”对话框中的选项说明如下:

(1) 修剪工具:选择用于修剪曲面的几何图元。

(2) 删除:选择要删除的一个或多个区域。

(3) 反向选择按钮:取消当前选定的区域并选择先前取消的区域。

6.1.7 实例——旋钮

6-2

本例绘制如图 6-26 所示的旋钮。

操作步骤

(1) 新建文件。单击快速访问工具栏中的“新建”按钮,在打开的“新建文件”对话框中选择 Standard.ipt 选项,单击“创建”按钮,新建一个零件文件。

(2) 创建草图。单击“三维模型”选项卡“草图”面板中的“开始创建二维草图”按钮,选择 XZ 平面为草图绘制平面,进入草图绘制环境。单击“草图”选项卡“创建”面板中的“直线”按钮和“圆弧”按钮,绘制草图。单击“约束”面板中的“尺寸”按钮,标注尺寸如图 6-27 所示。单击“草图”选项卡中的“完成草图”按钮,退出草图环境。

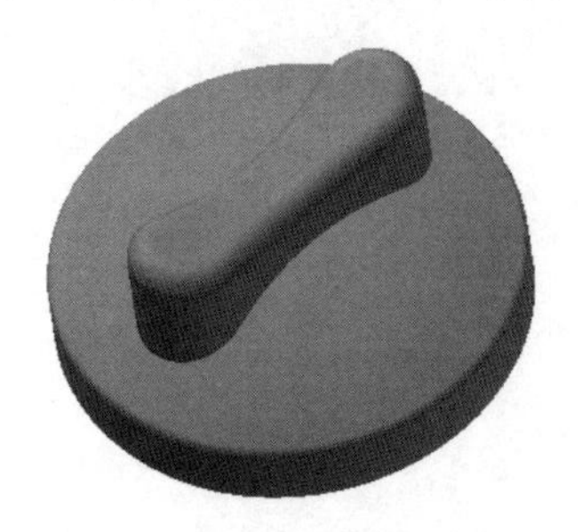

图 6-26 旋钮

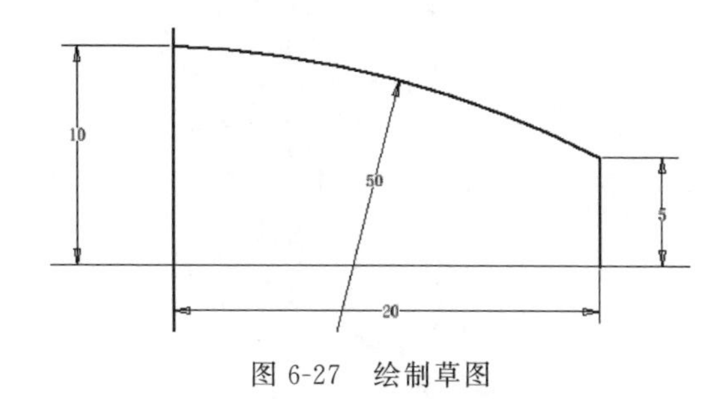

图 6-27 绘制草图

(3) 创建旋转曲面。单击“三维模型”选项卡“创建”面板中的“旋转”按钮,打开“旋转”对话框,选取如图 6-27 所示的草图为截面轮廓,选取竖直直线段为旋转轴,如

Note

图 6-28 所示。单击“确定”按钮，完成旋转，如图 6-29 所示。

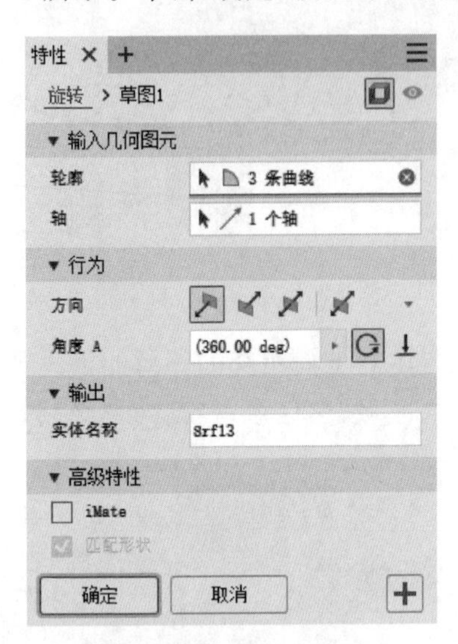

图 6-28 “旋转”对话框

图 6-29 创建旋转曲面

(4) 创建草图。单击“三维模型”选项卡“草图”面板中的“开始创建二维草图”按钮，选择 YZ 平面为草图绘制平面，进入草图绘制环境。单击“草图”选项卡“创建”面板中的“圆弧”按钮，绘制草图。单击“约束”面板中的“尺寸”按钮，标注尺寸如图 6-30 所示。单击“草图”选项卡中的“完成草图”按钮，退出草图环境。

(5) 创建拉伸曲面。单击“三维模型”选项卡“创建”面板中的“拉伸”按钮，打开“拉伸”对话框，选取上一步绘制的草图为拉伸截面轮廓，将拉伸距离设置为 18mm，单击“曲面模式已开启”按钮，如图 6-31 所示。单击“确定”按钮，完成拉伸，结果如图 6-32 所示。

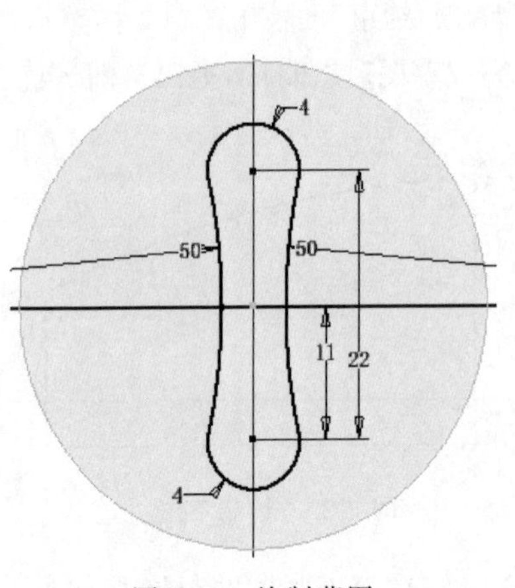

图 6-30 绘制草图

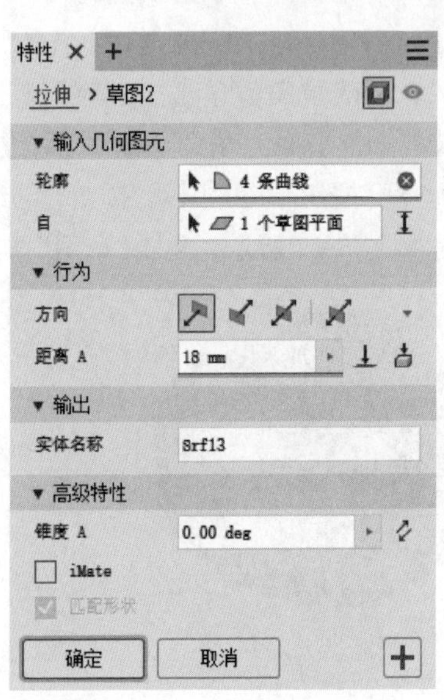

图 6-31 “拉伸”对话框

（6）创建草图。单击“三维模型”选项卡“草图”面板中的“开始创建二维草图”按钮，选择XY平面为草图绘制平面，进入草图绘制环境。单击“草图”选项卡“创建”面板中的“圆弧”按钮，绘制草图。单击“约束”面板中的“尺寸”按钮，标注尺寸如图6-33所示。单击“草图”选项卡中的“完成草图”按钮，退出草图环境。

图6-32 拉伸曲面

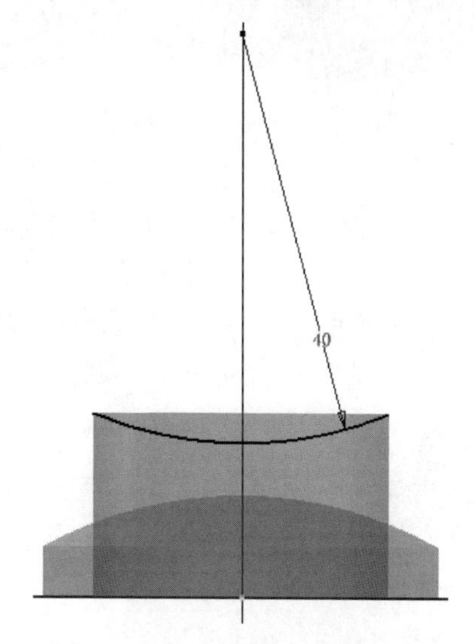

图6-33 绘制草图

（7）创建拉伸曲面。单击“三维模型”选项卡“创建”面板中的“拉伸”按钮，打开“拉伸”对话框，分别选取上一步创建的共享草图为拉伸截面轮廓，将拉伸距离设置为18mm，单击“对称”按钮，如图6-34所示。单击“确定”按钮，完成拉伸曲面的创建。

（8）修剪曲面1。单击“三维模型”选项卡“曲面”面板中的“修剪”按钮，打开“修剪曲面”对话框，选择如图6-35所示的修剪工具和删除面，单击“确定”按钮；重复“修剪曲面”命令，选择如图6-36所示的修剪工具和删除面，修剪曲面。

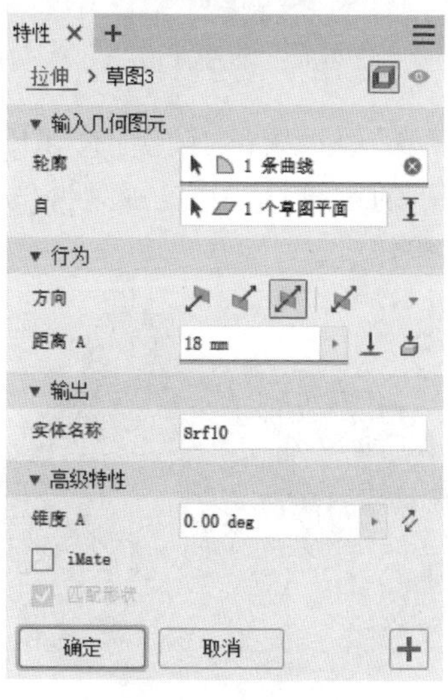

图6-34 “拉伸”对话框

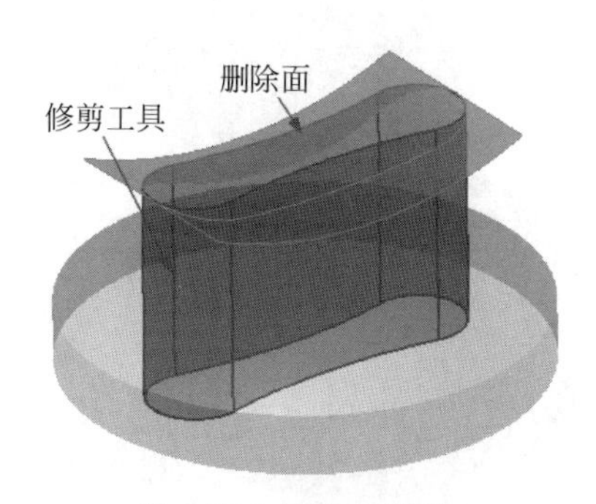

图6-35 修剪示意图1

Note

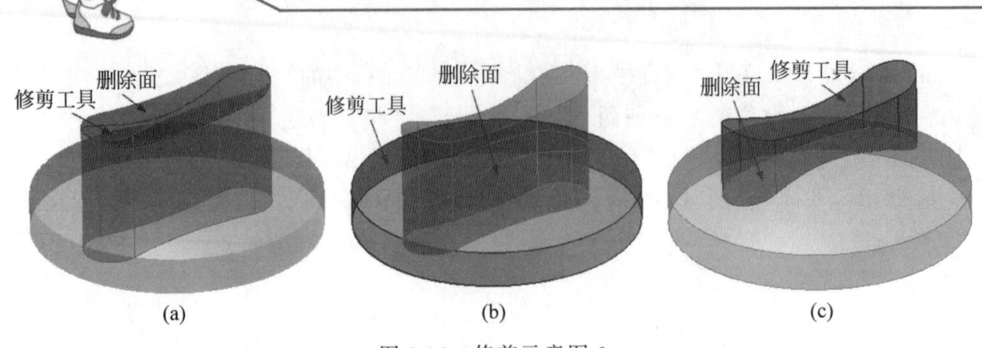

图 6-36　修剪示意图 2

(9) 缝合曲面。单击“三维模型”选项卡“曲面”面板中的“缝合”按钮，打开“缝合”对话框，选择所有曲面，采用默认设置，单击“应用”按钮，再单击“完毕”按钮，退出对话框。

(10) 加厚曲面 1。单击“三维模型”选项卡“修改”面板中的“加厚/偏移”按钮，打开“加厚”对话框。单击按钮，使缝合曲面选择为“开”，选择缝合曲面为要加厚的面，输入距离为 1mm，单击“方向 2”按钮，如图 6-37 所示。单击“确定”按钮，结果如图 6-38 所示。

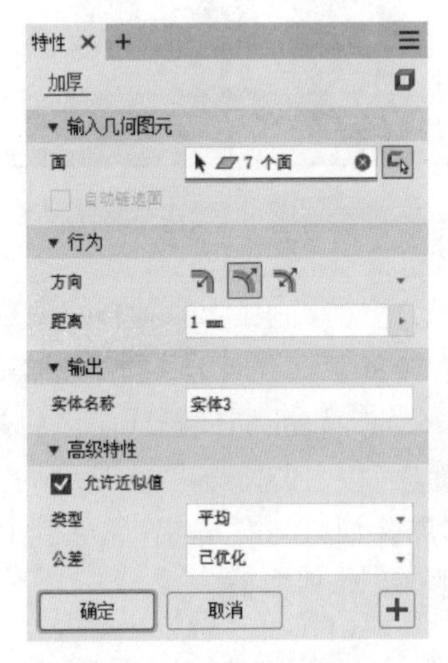

图 6-37　“加厚”对话框

图 6-38　加厚曲面

(11) 倒圆角处理。单击“三维模型”选项卡“修改”面板中的“圆角”按钮，打开“圆角”对话框，输入半径为 2mm，选择如图 6-39 所示的边线，单击“应用”按钮；选择如图 6-40 所示的边线，输入半径为 1mm，单击“确定”按钮。

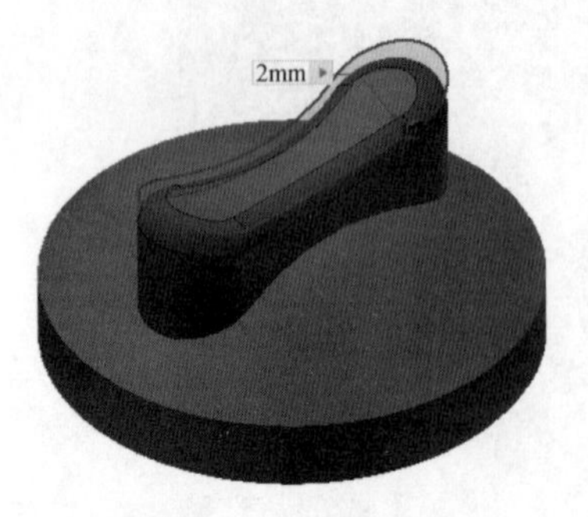

图 6-39　选择边线 1

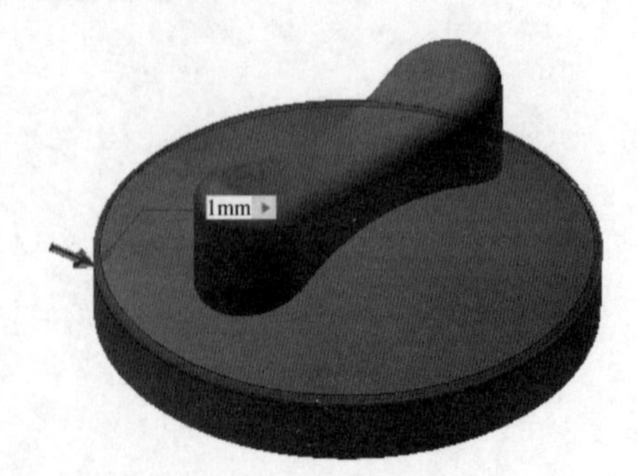

图 6-40　选择边线 2

（12）保存文件。单击快速访问工具栏中的“保存”按钮，打开“另存为”对话框，输入文件名为“旋钮.ipt”，单击“保存”按钮，保存文件。

6.1.8　替换面

替换面是指用不同的面替换一个或多个零件面，零件必须与新面完全相交。

替换面的操作步骤如下：

（1）单击“三维模型”选项卡“曲面”面板中的“替换面”按钮，打开“替换面”对话框，如图6-41所示。

（2）在视图中选择一个或多个要替换的零件面，如图6-42所示。

（3）单击“新建面”按钮，选择曲面、缝合曲面、一个或多个工作平面作为新建面。

（4）在对话框中单击“确定”按钮，完成替换面，结果如图6-43所示。

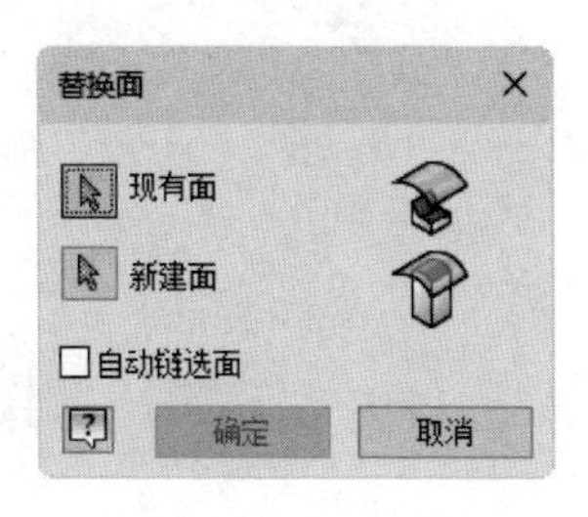

图6-41　“替换面”对话框

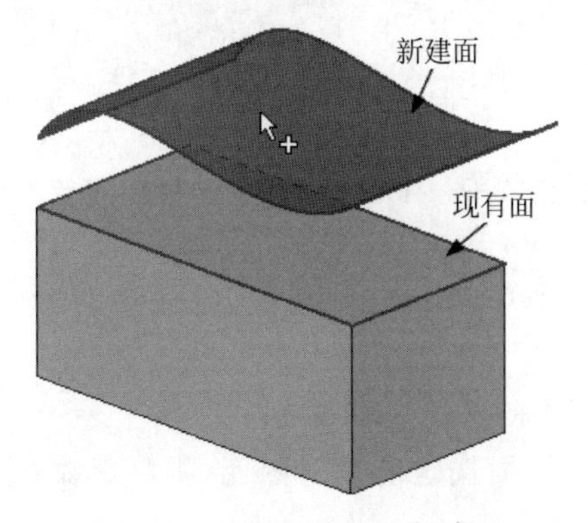

图6-42　选择现有面和新建面

图6-43　替换面

“替换面”对话框中的选项说明如下。

（1）现有面：选择要替换的单个面、相邻面的集合或不相邻面的集合。

（2）新建面：选择用于替换现有面的曲面、缝合曲面、一个或多个工作平面，零件将延伸以与新面相交。

（3）自动链选面：自动选择与选定面连续相切的所有面。

技巧：是否可以将工作平面用作替换面？

可以创建并选择一个或多个工作平面，以生成平面替换面。工作平面与选定平面的行为相似，但范围不同。无论图形显示如何，工作平面范围均为无限大。

编辑替换面特征时，如果从选择的单个工作平面更改为选择的替代单个工作平面，可保留从属特征。如果在选择的单个工作平面和多个工作平面（或替代多个工作平面）之间更改，则不会保留从属特征。

6.1.9　灌注

灌注是指根据选定的曲面几何图元，从实体模型或曲面特征添加或删除材料。

Note

灌注的操作步骤如下：

（1）单击“三维模型”选项卡“曲面”面板中的“灌注”按钮，打开“灌注”对话框，如图 6-44 所示。

（2）单击“曲面”按钮，在图形区域中选择形成区域边界的一个或多个曲面或工作平面进行添加，如图 6-45 所示。

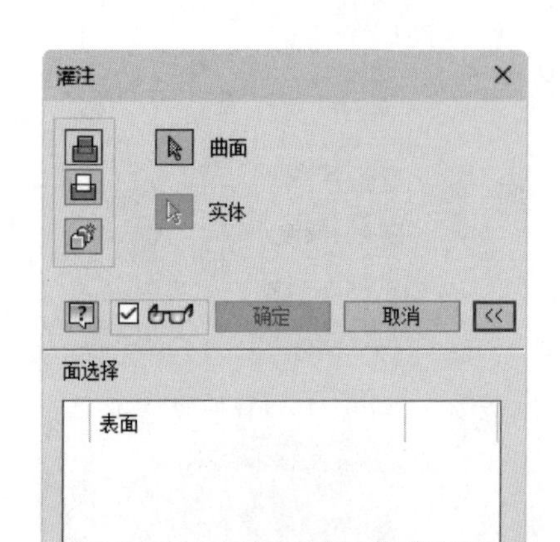

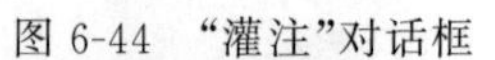

图 6-44 “灌注”对话框

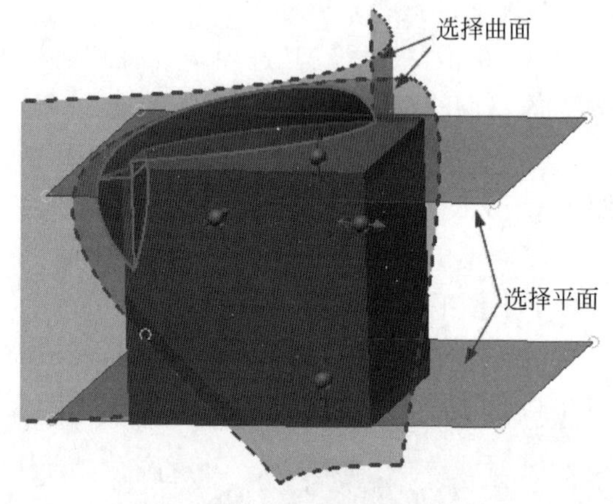

图 6-45 选择曲面和平面

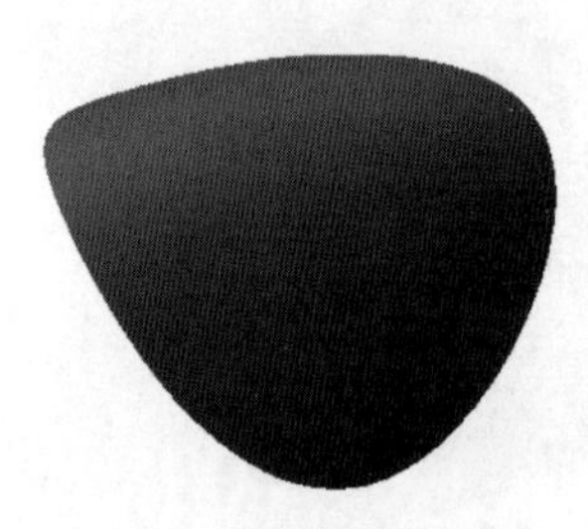

图 6-46 完成灌注

（3）如果文件中存在一个以上的实体，可以单击“实体”按钮来选择参与体。

（4）在对话框中单击“确定”按钮，完成灌注，结果如图 6-46 所示。

“灌注”对话框中的选项说明如下。

（1）添加：根据选定的几何图元，将材料添加到实体或曲面。

（2）删除：根据选定的几何图元，将材料从实体或曲面中删除。

（3）新建实体：如果灌注是零件文件中的第一个实体特征，则该选项为默认选择，选择该选项可在包含实体的零件文件中创建新实体。

（4）曲面：选择单独的曲面或工作平面作为灌注操作的边界几何图元。

6.1.10 规则曲面

可以为复杂曲面添加延伸，创建分型面，或者添加沿方向矢量延伸的拔模面。

创建规则曲面的操作步骤如下：

（1）单击“三维模型”选项卡“曲面”面板中的“规则曲面”按钮，打开“规则曲面”对话框，如图 6-47 所示。

（2）选择创建规则曲面的类型。

（3）在视图中选择边，如图 6-48 所示。

（4）输入距离和角度。

（5）在对话框中单击“确定”按钮，创建规则曲面，如图 6-49 所示。

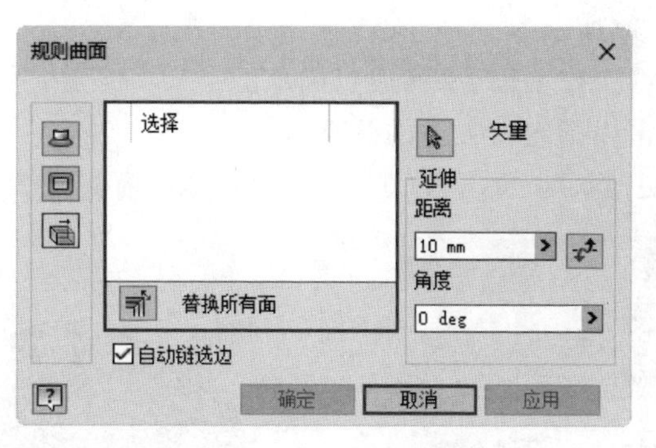

图 6-47　“规则曲面”对话框

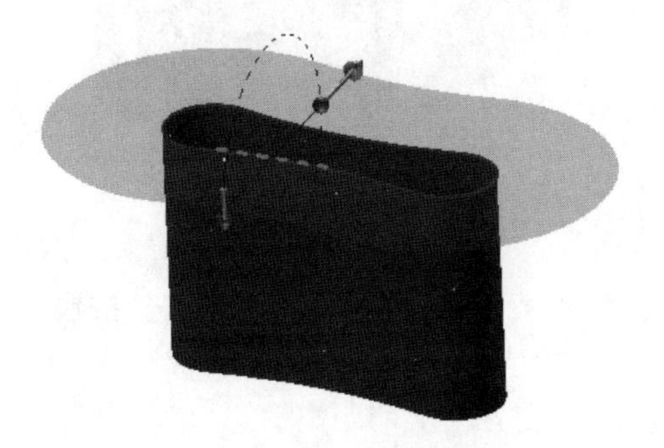

图 6-48　选择边

图 6-49　创建规则曲面

“规则曲面”对话框中的选项说明如下。

(1) 法向：创建与选定边垂直的曲面。

(2) 切向：创建与选定边相切的曲面。

(3) 矢量：创建沿着选定面、工作平面、边或顶点的曲面。

(4) 选择：选择替换面图标以更改边的源参考面。

(5) 替换所有面：更改所有选定边的源参考面。

(6) 矢量：当选择“矢量”类型时，单击此按钮，选择边、面或轴以指定方向矢量。

(7) 距离：设置距离以延伸曲面。

(8) 角度：指定曲面的角度。

6.2　创建自由造型

基本自由造型形状有 5 个，包括长方体、圆柱体、球体、圆环体和四边形球体，系统还提供了多个工具来编辑造型。连接多个实体以及与现有几何图元进行匹配，通过添加三维模型特征可以合并或生成自由造型实体。

6.2.1　长方体

可以在工作平面或平面上创建矩形实体。创建自由造型长方体的操作步骤如下：

(1) 单击“三维模型”选项卡“创建自由造型”面板中的“长方体”按钮，打开“长方体”对话框，如图 6-50 所示。

（2）在视图中选择工作平面、平面或二维草图。

（3）在视图中单击以指定长方体的基准点。

（4）在对话框中更改长度、宽度和高度值，或直接拖动箭头调整形状，如图 6-51 所示。

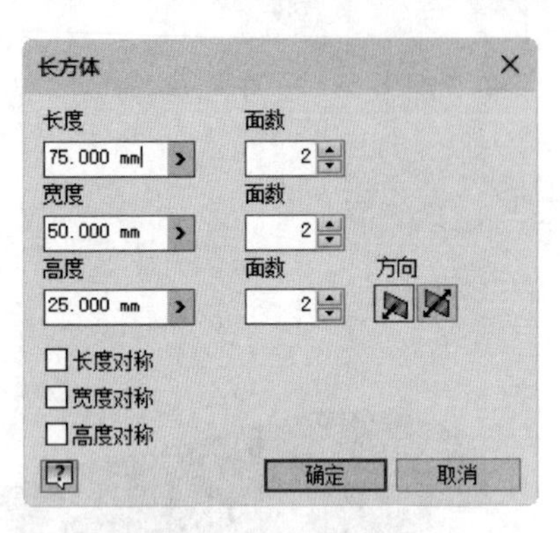

图 6-50 “长方体”对话框

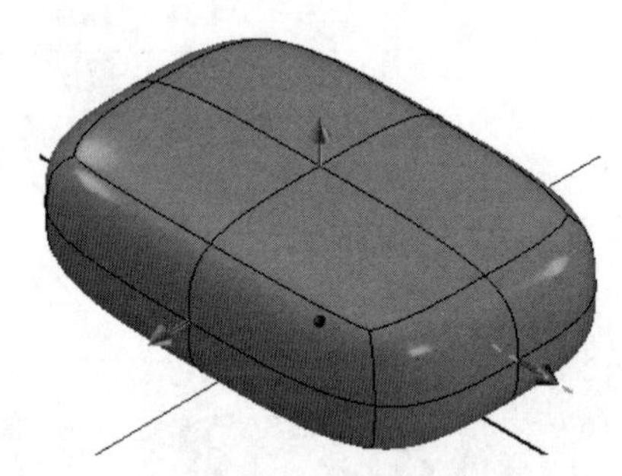

图 6-51 调整形状

（5）在对话框中还可以设置长方体的面数等参数，设置完成后单击“确定”按钮。

“长方体”对话框中的选项说明如下。

（1）长度、宽度、高度：分别设置长度、宽度、高度方向上的距离。

（2）长度、宽度、高度方向上的面数：分别设置长度、宽度、高度方向上的面数。

（3）高度方向：设置是在一个方向还是两个方向上应用高度值。

（4）长度对称、宽度对称、高度对称：选中对应的复选框，使长方体分别在长度、宽度、高度上对称。

6.2.2 圆柱体

创建自由造型圆柱体的操作步骤如下：

（1）单击“三维模型”选项卡“创建自由造型”面板中的“圆柱体”按钮，打开“圆柱体”对话框，如图 6-52 所示。

（2）在视图中选择工作平面、平面或二维草图。

（3）在视图中单击以指定圆柱体的基准点。

（4）在对话框中更改半径和高度值，或直接拖动箭头调整圆柱体形状，如图 6-53 所示。

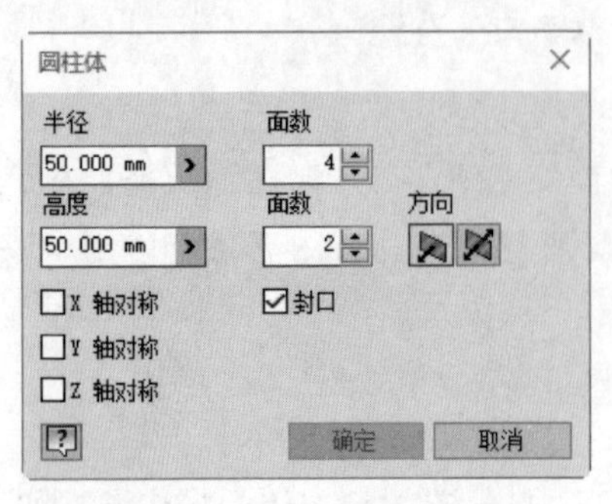

图 6-52 “圆柱体”对话框

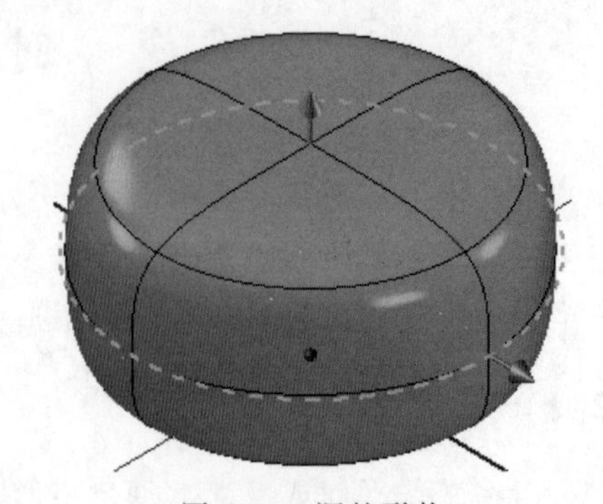

图 6-53 调整形状

(5) 在对话框中还可以设置圆柱体的面数等参数,设置完成后单击“确定”按钮。

“圆柱体”对话框中的选项说明如下。

(1) 半径:指定圆柱体的半径。

(2) 半径面数:指定围绕圆柱体的面数。

(3) 高度:指定高度方向上的距离。

(4) 高度面数:指定高度方向上的面数。

(5) 高度方向:指定是在一个方向还是两个方向上应用高度值。

(6) X 轴对称、Y 轴对称:选中复选框,圆柱体沿对应的轴线对称。

(7) Z 轴对称:选中此复选框,围绕圆柱体中心的边应用对称。

6.2.3 球体

创建自由造型球体的操作步骤如下:

(1) 单击“三维模型”选项卡“创建自由造型”面板中的“球体”按钮,打开“球体”对话框,如图 6-54 所示。

(2) 在视图中选择工作平面、平面或二维草图。

(3) 在视图中单击以指定球体的中心点。

(4) 在对话框中更改半径,或直接拖动箭头调整球体的半径,如图 6-55 所示。

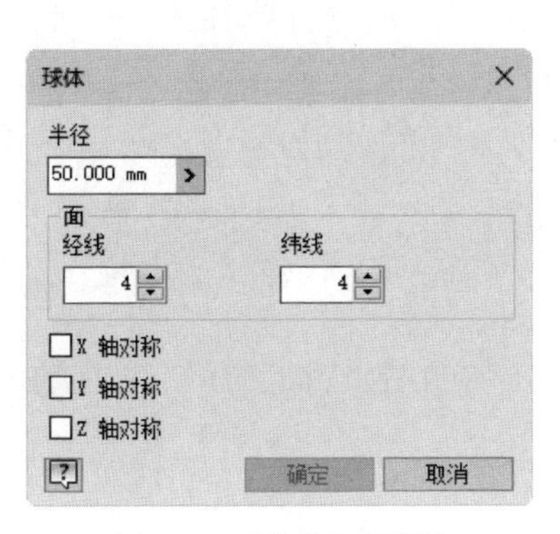

图 6-54 “球体”对话框

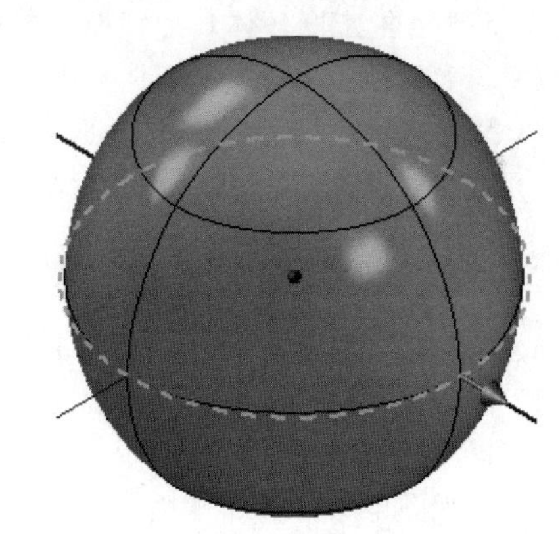

图 6-55 调整半径

(5) 在对话框中还可以设置球体的经线和纬线等参数,设置完成后单击“确定”按钮。

“球体”对话框中的选项说明如下。

(1) 半径:指定球体的半径。

(2) 经线:指定围绕球体的面数。

(3) 纬线:指定向上或向下的面数。

(4) X 轴对称、Y 轴对称:选中复选框,球体沿对应的轴线对称。

(5) Z 轴对称:选中此复选框,围绕球体中心的边应用对称。

6.2.4 圆环体

创建自由造型圆环体的操作步骤如下:

(1) 单击“三维模型”选项卡“创建自由造型”面板中的“圆环体”按钮,打开“圆

Note

环体”对话框，如图 6-56 所示。

(2) 在视图中选择工作平面、平面或二维草图。

(3) 在视图中单击以指定圆环体的中心点。

(4) 在对话框中更改半径和圆环，或直接拖动箭头调整圆环体的半径，如图 6-57 所示。

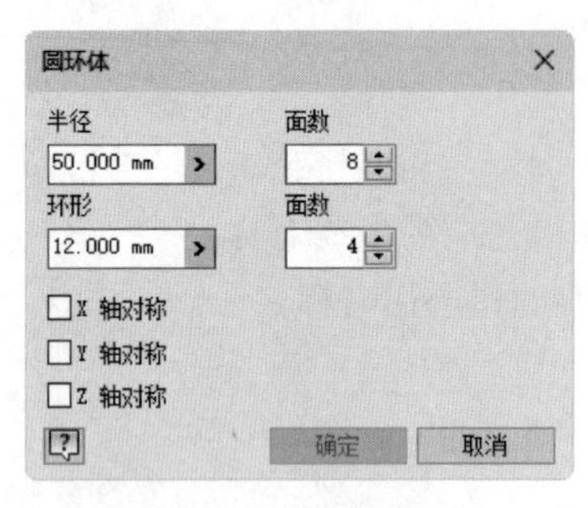

图 6-56 “圆环体”对话框

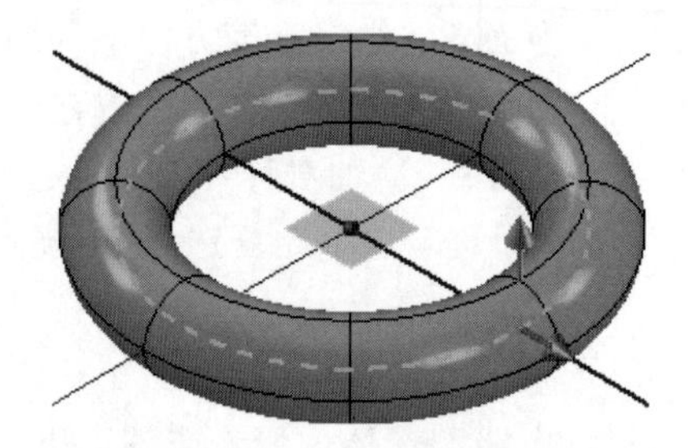

图 6-57 调整半径

(5) 在对话框中还可以设置圆环体的参数，设置完成后单击“确定”按钮。

“圆环体”对话框中的选项说明如下。

(1) 半径：指定圆环体内圆的半径。

(2) 半径面数：指定围绕圆环体的面数。

(3) 环形：指定圆环体环形截面的半径。

(4) 环上的面数：指定圆环体环上的面数。

(5) X 轴对称、Y 轴对称：选中此复选框，对圆环体的一半应用对称。

(6) Z 轴对称：选中此复选框，对圆环体的顶部和底部应用对称。

6.2.5 四边形球体

创建自由造型四边形球体的操作步骤如下：

(1) 单击“三维模型”选项卡“创建自由造型”面板中的“四边形球”按钮，打开“四边形球”对话框，如图 6-58 所示。

(2) 在视图中选择工作平面、平面或二维草图。

(3) 在视图中单击以指定四边形球的中心点。

(4) 在对话框中更改半径，或直接拖动箭头调整半径，如图 6-59 所示。

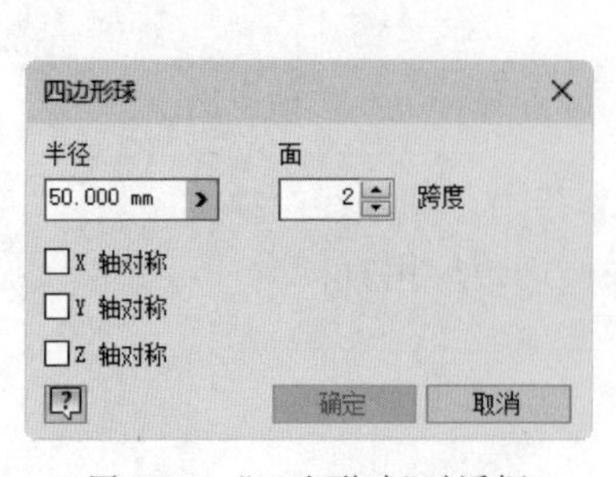

图 6-58 “四边形球”对话框

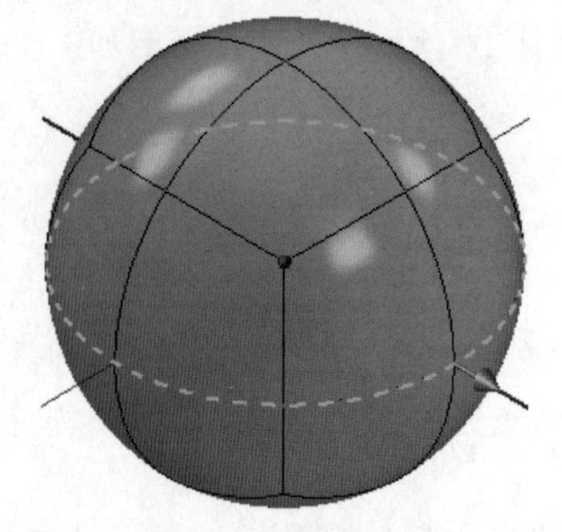

图 6-59 调整半径

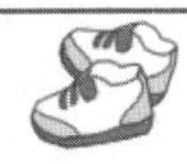

(5) 在对话框中还可以设置圆环体的参数，设置完成后单击“确定”按钮。

“四边形球”对话框中的选项说明如下。

(1) 半径：指定四边形球的半径。

(2) 跨度：指定跨度边上的面数。

(3) X 轴对称、Y 轴对称、Z 轴对称：选中相应的复选框，围绕四边形球应用对称。

6.3　编辑自由造型

创建完自由造型后，打开如图 6-60 所示的“自由造型”选项卡，利用该选项卡中的命令可以对自由造型进行编辑，编辑完成后单击“完成自由造型”按钮，完成自由造型。也可以在模型树中右击已经创建好的“形状”，在弹出的快捷菜单中选择“编辑自由造型”选项，打开“自由造型”选项卡，对自由造型进行编辑。

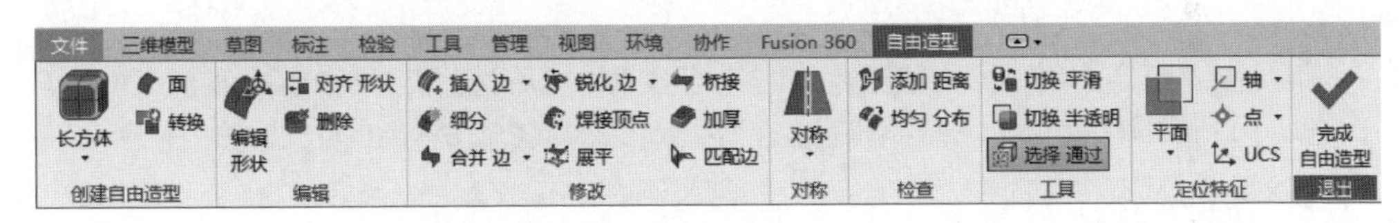

图 6-60　“自由造型”选项卡

6.3.1　编辑形状

编辑形状的操作步骤如下：

(1) 单击“自由造型”选项卡“编辑”面板中的“编辑形状”按钮，打开“编辑形状”对话框，如图 6-61 所示。

(2) 在视图中选择面、边或点，然后使用操纵器调整所需的形状。

(3) 在对话框中还可以设置参数，设置完成后单击“确定”按钮。

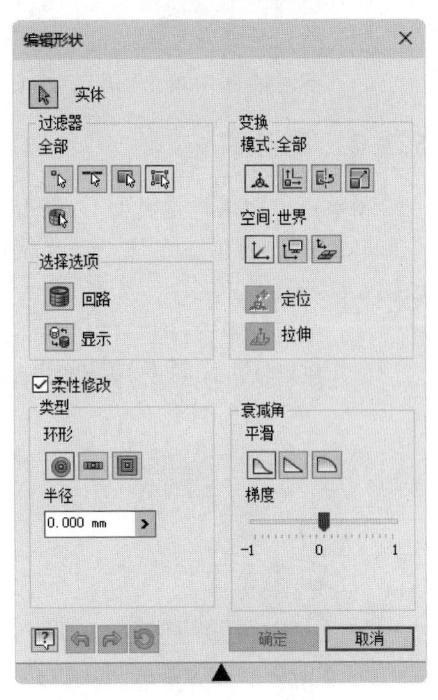

图 6-61　“编辑形状”对话框

“编辑形状”对话框中的选项说明如下。

(1) 过滤器：指定可供选择的几何图元类型。

① 点：仅点可供选择，点将会显示在模型上。

② 边：仅边可供选择。

③ 面：仅面可供选择。

④ 全部：点、边和面可供选择。

⑤ 实体：仅实体可供选择。

(2) 选择选项

① 回路：选择边或面的回路。

Note

② 显示：在“块状”和“平滑”显示模式之间切换。

(3) 变换：控制图形窗口中可用的操纵器类型。

① 全部：所有的操纵器都可用。

② 平动：只有平动操纵器可用。

③ 转动：只有转动操纵器可用。

④ 缩放比例：仅缩放操纵器可用。

(4) 空间：控制操纵器的方向。

① 世界：使用模型原点调整操纵器方向。

② 视图：相对于模型的当前视图调整操纵器方向。

③ 局部：相对于选定对象调整操纵器方向。

(5) 定位：将空间坐标轴重新定位到新位置。

(6) 拉伸：围绕原始面添加一列新面。

(7) 柔性修改：选中此复选框，可以修改类型和衰减角，这对相邻曲面的影响更平缓。

① 类型：指定为“圆形”、“矩形”或“扩大”类型，然后选择半径值或面值。

② 衰减角：指定为“平滑”、“线性”或“球体”，然后设置渐变比例。

6.3.2 对齐形状

对齐形状可从源对称平面或顶点到目标平面精确地重新定位模型，操作步骤如下。

(1) 单击“自由造型”选项卡“编辑”面板中的“对齐形状”按钮，打开“对齐形状”对话框，如图 6-62 所示。

(2) 在视图中选择基准几何图元。

(3) 选择基准顶点或基准平面。

(4) 在对话框中单击“确定”按钮。

6.3.3 删除

删除可以用来优化模型，以获得所需的形状，操作步骤如下。

(1) 单击“自由造型”选项卡“编辑”面板中的“删除”按钮，打开“删除”对话框，如图 6-63 所示。

(2) 在视图中选择要删除的对象。

(3) 在对话框中单击“确定”按钮。

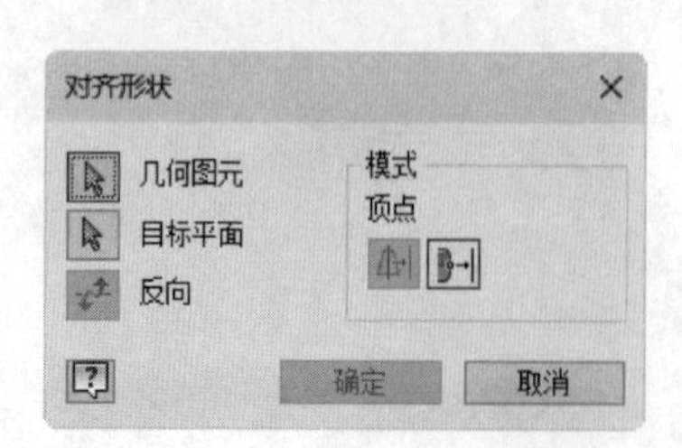

图 6-62 “对齐形状”对话框

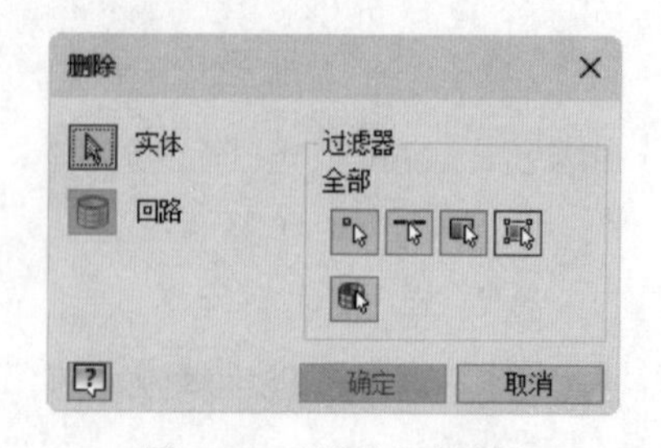

图 6-63 “删除”对话框

6.3.4 细分

细分可以将现有面分割为两个或多个面，从而为自由造型实体提供更多控制，操作步骤如下。

(1) 单击“自由造型”选项卡“修改”面板中的“细分”按钮，打开“细分”对话框，如图 6-64 所示。

(2) 在视图中选择一个面或按住 Ctrl 键添加多个面。

(3) 根据需要修改面的值，指定模式。

(4) 在对话框中单击“确定”按钮。

“细分”对话框中的选项说明如下。

(1) 面：允许选择面进行细分。

(2) 模式。

① 简单：仅添加指定的面数。

② 准确：添加其他面到相邻区域以保留当前的形状。

6.3.5 桥接

桥接可以在自由造型模型中连接实体或创建孔，操作步骤如下。

(1) 单击“自由造型”选项卡“修改”面板中的“桥接”按钮，打开“桥接”对话框，如图 6-65 所示。

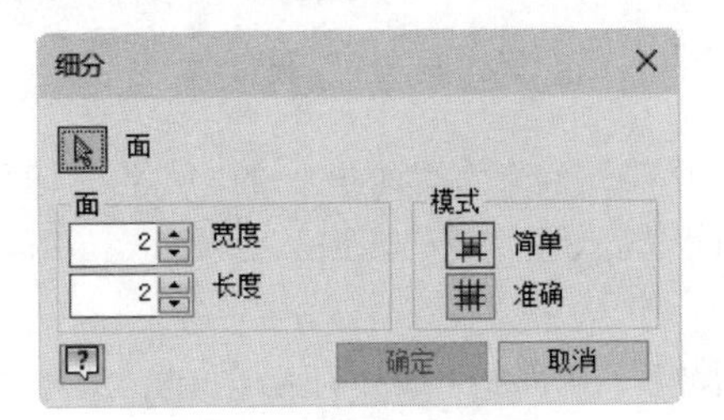

图 6-64 “细分”对话框

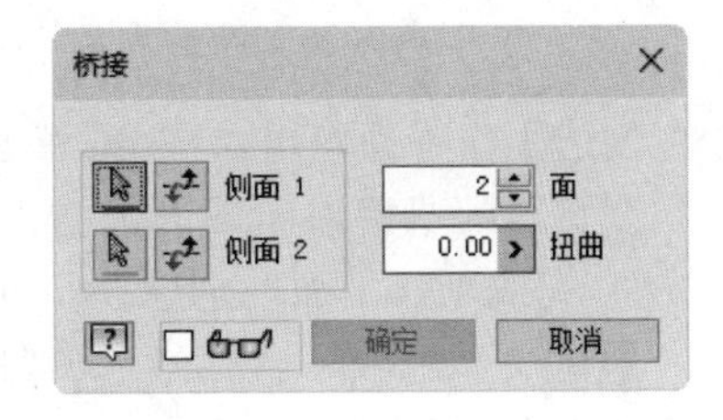

图 6-65 “桥接”对话框

(2) 在视图中选择桥接起始面。

(3) 在视图中选择桥接终止面。

(4) 单击“反向”按钮使围绕回路反转方向，或者选择箭头附近的一条边以反转方向。

(5) 在对话框中单击“确定”按钮。

“桥接”对话框中的选项说明如下。

(1) 侧面 1：选择一组面作为起始面。

(2) 侧面 2：选择另一组面作为终止面。

(3) 扭曲：指定侧面 1 和侧面 2 之间的桥接的完整旋转数量。

(4) 面：指定侧面 1 和侧面 2 之间创建的面数。

Note

6-3

6.4 综合实例——金元宝

本例绘制如图 6-66 所示的金元宝。

操作步骤

(1) 新建文件。运行 Inventor,单击快速访问工具栏中的“新建”按钮,在打开的“新建文件”对话框中选择 Standard.ipt 选项,单击“创建”按钮,新建一个零件文件。

(2) 创建草图 1。单击“三维模型”选项卡“草图”面板中的“开始创建二维草图”按钮,选择 XZ 平面为草图绘制平面,进入草图绘制环境。单击“草图”选项卡“绘图”面板中的“圆”按钮,绘制草图。单击“约束”面板中的“尺寸”按钮,标注尺寸如图 6-67 所示。单击“草图”选项卡中的“完成草图”按钮,退出草图环境。

图 6-66 金元宝

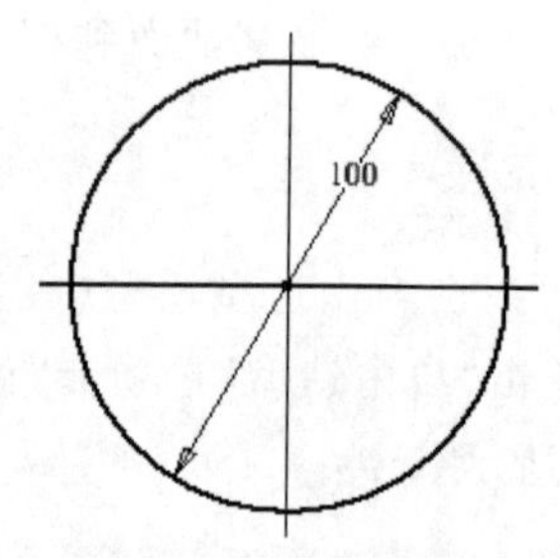

图 6-67 绘制草图 1

(3) 创建工作平面。单击“三维模型”选项卡“定位特征”面板中的“从平面偏移”按钮,在浏览器的原始坐标系下选择 XZ 平面,输入距离为 80mm,如图 6-68 所示,单击按钮,完成工作平面的创建。

(4) 创建草图 2。单击“三维模型”选项卡“草图”面板中的“开始创建二维草图”按钮,选择上步创建的工作平面 1 为草图绘制平面,进入草图绘制环境。单击“草图”选项卡“绘图”面板中的“椭圆”按钮,绘制草图。单击“约束”面板中的“尺寸”按钮,标注尺寸如图 6-69 所示。单击“草图”选项卡中的“完成草图”按钮,退出草图环境。

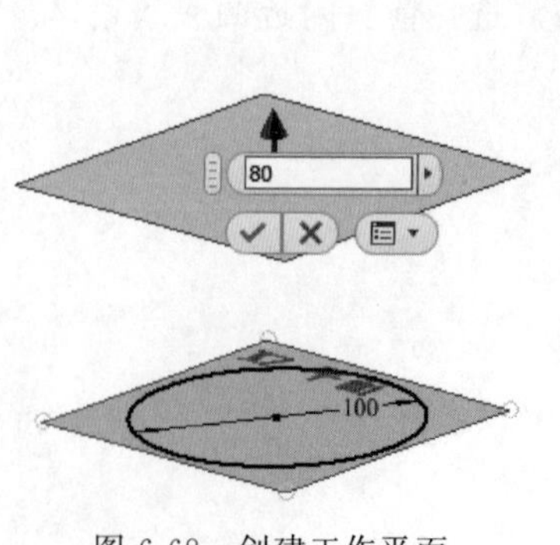

图 6-68 创建工作平面

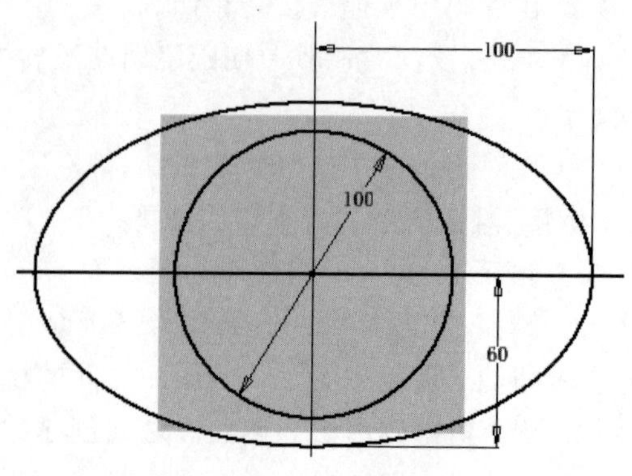

图 6-69 绘制草图 2

（5）放样曲面。单击“三维模型”选项卡“创建”面板中的“放样”按钮，打开“放样”对话框，单击“曲面”输出类型，在截面栏中单击“单击以添加”选项，如图 6-70 所示。选择如图 6-67 和图 6-69 所示的草图为截面，单击“确定”按钮完成放样，如图 6-71 所示。

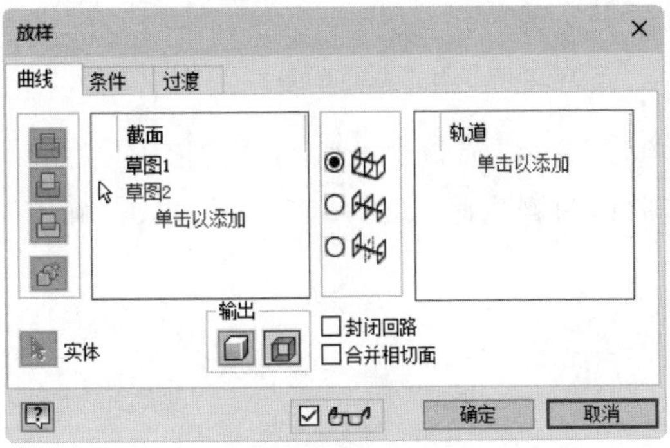

图 6-70　“放样”对话框

图 6-71　放样曲面

（6）创建草图 3。单击“三维模型”选项卡“草图”面板中的“开始创建二维草图”按钮，选择 YZ 平面为草图绘制平面，进入草图绘制环境。单击“草图”选项卡“绘图”面板中的“圆弧”按钮，绘制草图。单击“约束”面板中的“尺寸”按钮，标注尺寸如图 6-72 所示。单击“草图”选项卡中的“完成草图”按钮，退出草图环境。

（7）创建拉伸曲面。单击“三维模型”选项卡“创建”面板中的“拉伸”按钮，打开“拉伸”对话框，选取上步绘制的草图为拉伸截面轮廓，将拉伸距离设置为 200mm，单击“对称”按钮，如图 6-73 所示。单击“确定”按钮完成拉伸，结果如图 6-74 所示。

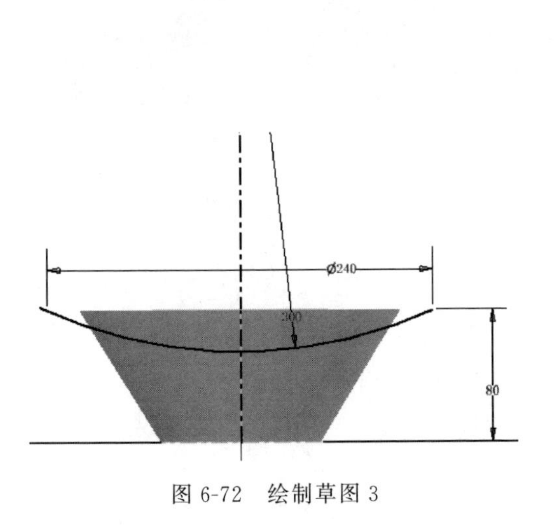

图 6-72　绘制草图 3

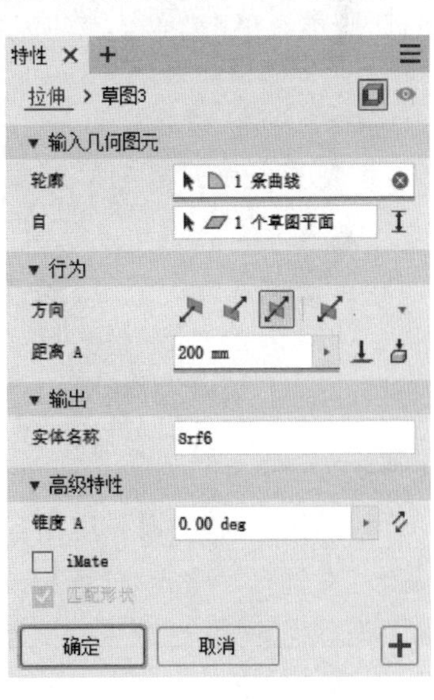

图 6-73　设置参数

（8）修剪曲面。单击“三维模型”选项卡“曲面”面板中的“修剪”按钮，打开“修剪曲面”对话框，选择如图 6-75 所示的拉伸面为修剪工具，选择放样曲面的上方为删除面，单击“确定”按钮。

Note

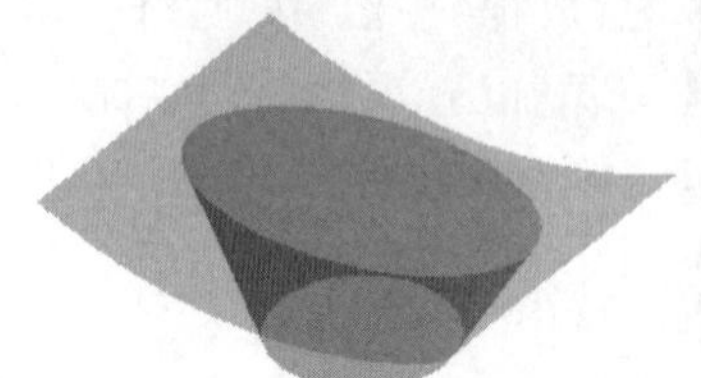

图 6-74　拉伸曲面

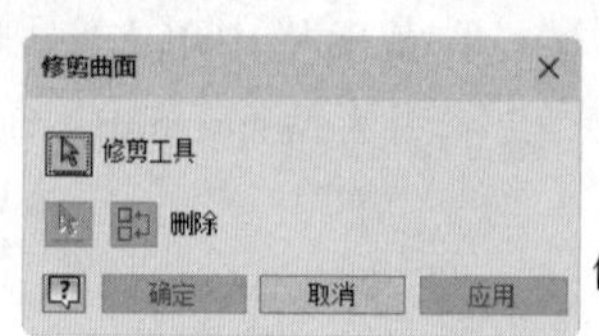

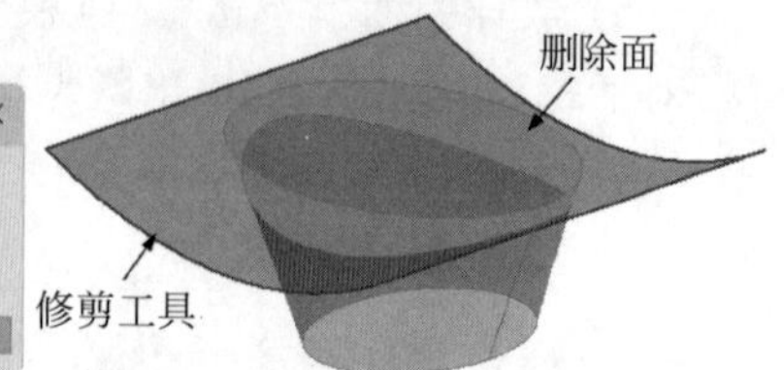

图 6-75　设置参数

（9）删除曲面。单击“三维模型”选项卡“修改”面板中的“删除”按钮，打开“删除面”对话框，如图 6-76 所示。选择拉伸曲面为删除面，如图 6-77 所示，单击“确定”按钮，结果如图 6-78 所示。

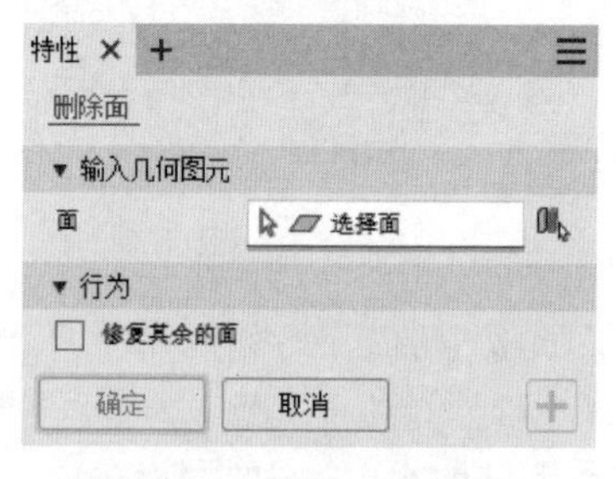

图 6-76　“删除面”对话框

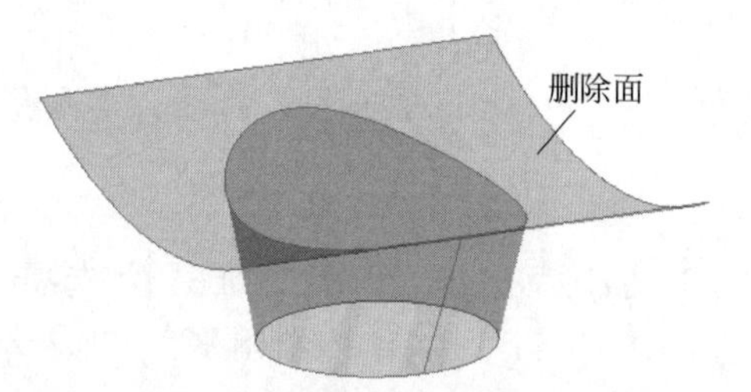

图 6-77　选取删除面

（10）创建草图 4。单击“三维模型”选项卡“草图”面板中的“开始创建二维草图”按钮，选择 XZ 平面为草图绘制平面，进入草图绘制环境。单击“草图”选项卡“绘图”面板中的“圆弧”按钮，绘制草图。单击“约束”面板中的“尺寸”按钮，标注尺寸如图 6-79 所示。单击“草图”选项卡中的“完成草图”按钮，退出草图环境。

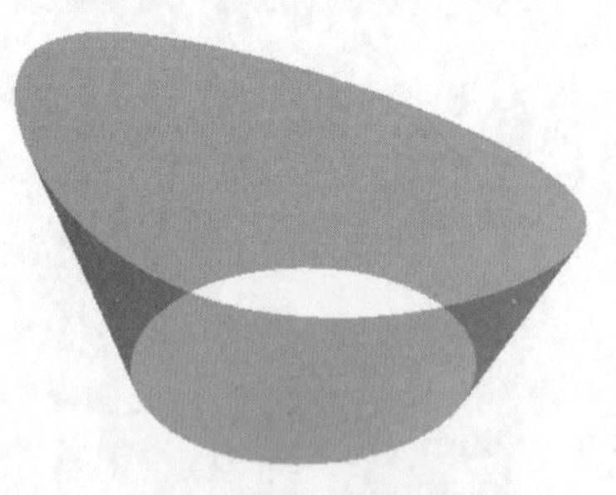

图 6-78　删除曲面

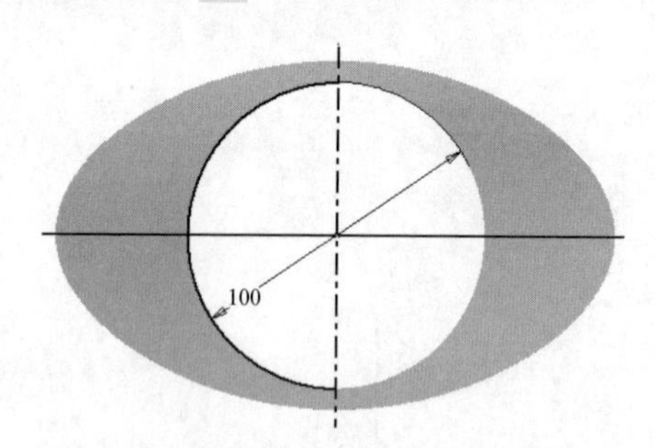

图 6-79　绘制草图 4

（11）创建旋转曲面。单击“三维模型”选项卡“创建”面板中的“旋转”按钮，打开“旋转”对话框。单击“曲面模式已开启”按钮，开启曲面模式，选取如图 6-79 所示的草图为截面轮廓，选取竖直直线段为旋转轴，如图 6-80 所示。单击“确定”按钮完成旋转，如图 6-81 所示。

（12）缝合曲面。单击“三维模型”选项卡“曲面”面板中的“缝合”按钮，打开“缝合”对话框，选择图中所有曲面，采用默认设置，单击“应用”按钮，再单击“完毕”按钮退出对话框。

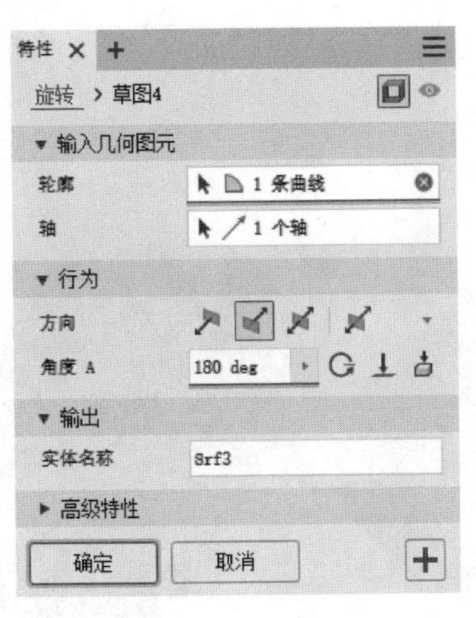

图 6-80　设置参数

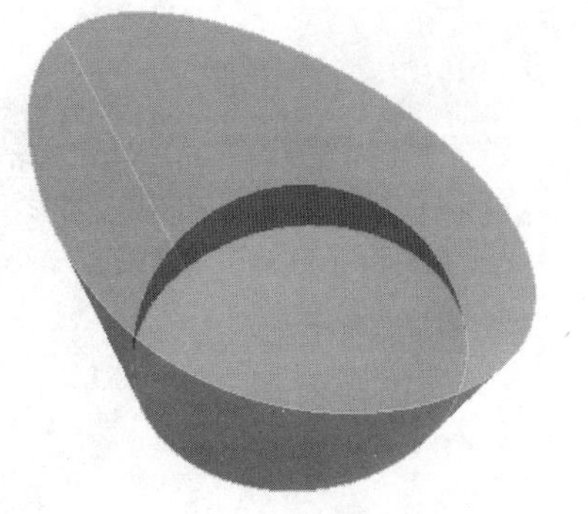

图 6-81　创建旋转曲面

(13) 加厚曲面 1。

① 单击“三维模型”选项卡“修改”面板中的“加厚”按钮，打开“加厚”对话框，选择“面”选项，选择如图 6-82 所示的曲面，输入距离为 10mm，单击“外部”按钮，调整加厚方向，如图 6-82 所示，单击“确定”按钮。

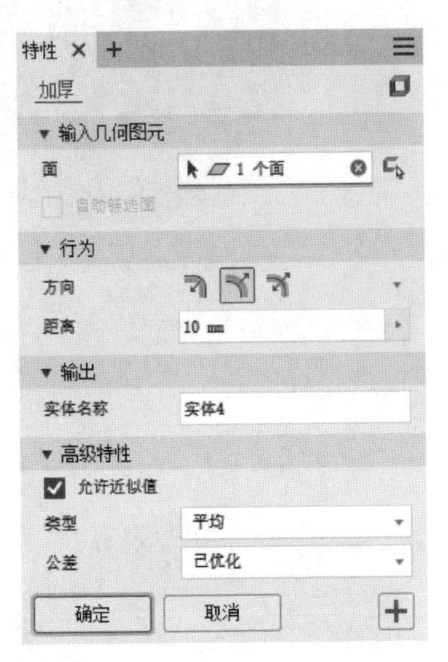

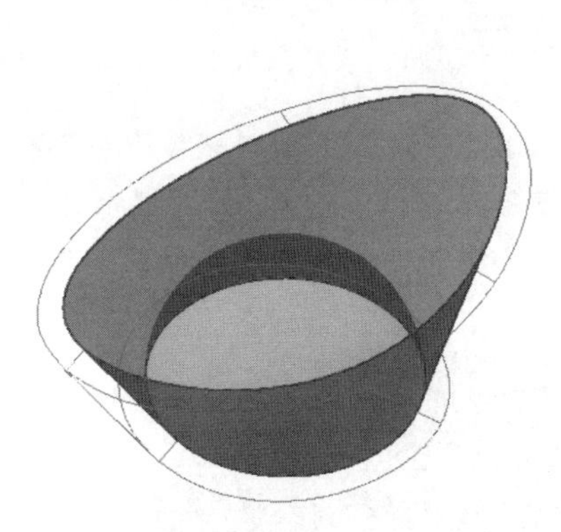

图 6-82　设置加厚参数

② 重复“加厚”命令，选择如图 6-83 所示的曲面，输入距离为 10mm，单击“内部”按钮，调整加厚方向，单击“确定”按钮，结果如图 6-84 所示。

(14) 圆角处理。

① 单击“三维模型”选项卡“修改”面板中的“圆角”按钮，打开“圆角”对话框，在视图中选择如图 6-85 所示的边线，输入圆角半径为 5mm，单击“应用”按钮。

② 选择如图 6-86 所示的边线，输入圆角半径为 5mm，单击“确定”按钮。

Note

图 6-83　设置加厚参数

图 6-84　加厚曲面

图 6-85　设置参数 1

图 6-86　设置参数 2

（15）全圆角处理。单击“三维模型”选项卡“修改”面板中“圆角”下拉列表框中的“全圆角”按钮，打开“全圆角”对话框，在视图中选择如图 6-87 所示的侧面和中心面，单击“确定”按钮，结果如图 6-88 所示。

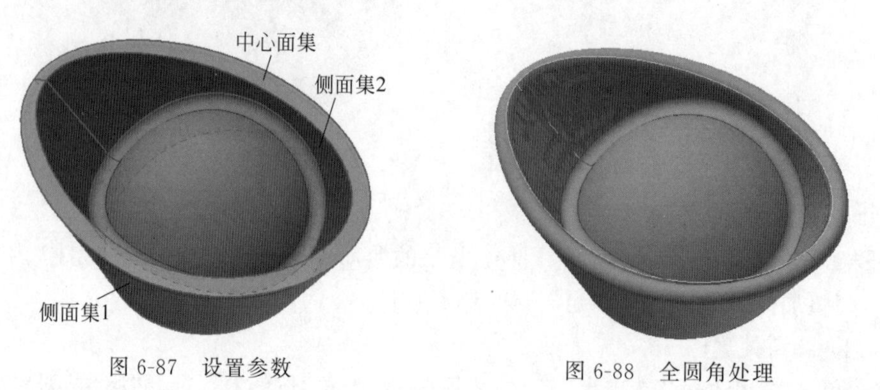

图 6-87　设置参数

图 6-88　全圆角处理

（16）添加材料。单击“工具”选项卡“材料和外观”面板中的“材料”按钮，打开材料浏览器，如图 6-89 所示。在 Inventor 材料库中选择金色金属，然后单击“将材质添加到文档中”按钮，将材料添加到零件，如图 6-90 所示。

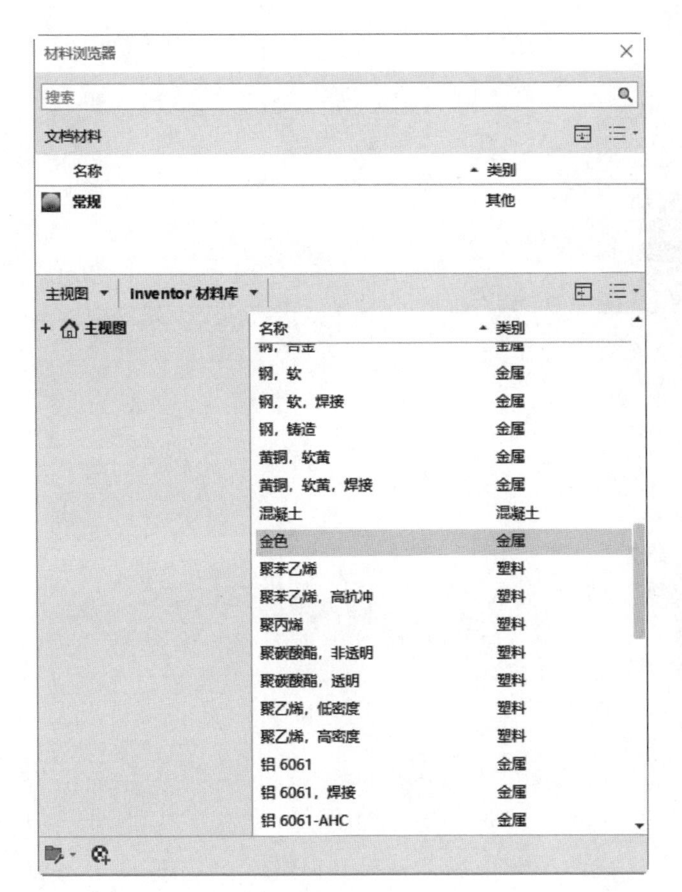

图 6-89　材料浏览器

图 6-90　添加材料

（17）保存文件。单击快速访问工具栏中的“保存”按钮，打开“另存为”对话框，输入文件名为“金元宝.ipt”，单击“保存”按钮，保存文件。

第7章

钣金设计

钣金零件通常用来作为零部件的外壳，在产品设计中的地位越来越重要。本章主要介绍如何运用 Inventor 2024 中的钣金特征创建钣金零件。

7.1 设置钣金环境

钣金零件的特点之一就是同一种零件都具有相同的厚度，所以它的加工方式和普通的零件不同。在三维 CAD 软件中，普遍将钣金零件和普通零件分开，并且提供不同的设计方法。在 Inventor 中，将零件造型和钣金作为零件文件的子类型。用户在任何时候通过单击“转换”菜单，然后选择子菜单中的“零件”选项或者“钣金”选项，即可在零件造型子类型和钣金子类型之间转换。零件子类型转换为钣金子类型后，零件被识别为钣金，并启用“钣金特征”面板和添加钣金参数。如果将钣金子类型改回为零件子类型，钣金参数还将保留，但系统会将其识别为零件造型子类型。

7.1.1 进入钣金环境

创建钣金件有以下两种方法。

Note

1. 启动新的钣金件

(1) 单击快速访问工具栏中的“新建”按钮，打开“新建文件”对话框，在对话框中选择 Sheet Metal. ipt 模板，如图 7-1 所示。

图 7-1　“新建文件”对话框

(2) 单击“创建”按钮，进入钣金环境。

2. 将零件转换为钣金件

(1) 打开要转换的零件文件。

(2) 单击“三维模型”选项卡“转换”面板中的“转换为钣金件”按钮，选择基础平面。

(3) 打开“钣金默认设置”对话框，设置钣金参数，单击“确定”按钮，进入钣金环境。

7.1.2　钣金默认设置

钣金零件具有描述其特性和制造方式的样式参数，可在已命名的钣金规则中获取这些参数，创建新的钣金零件时，将默认应用这些参数。

单击“钣金”选项卡“设置”面板中的“钣金默认设置”按钮，打开“钣金默认设置”对话框，如图 7-2 所示。

“钣金默认设置”对话框中的选项说明如下。

(1) 钣金规则：在下拉列表框中显示所有钣金规则。单击“编辑钣金规则”按钮，打开“样式和标准编辑器”对话框，对钣金规则进行修改。

Note

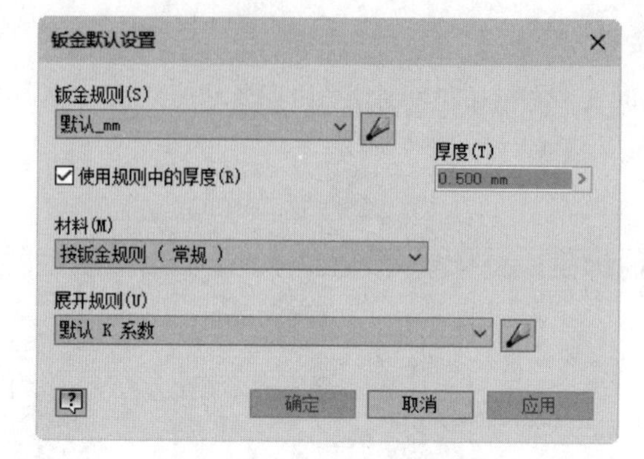

图 7-2 “钣金默认设置”对话框

（2）使用规则中的厚度：取消选中此复选框，在“厚度”文本框中输入厚度。

（3）材料：在下拉列表框中选择钣金材料。如果所需的材料位于其他库中，浏览该库，然后选择材料。

（4）展开规则：在下拉列表框中选择钣金展开规则，单击“编辑展开规则”按钮，打开“样式和标准编辑器”对话框，编辑线性展开方式和折弯表驱动的折弯及K系数值和折弯表公差等。

7.2 创建简单钣金特征

钣金模块是 Inventor 众多模块中的一个，提供基于参数、特征方式的钣金零件建模功能。

7.2.1 平板

通过为草图截面轮廓添加深度来创建钣金面，平板通常是钣金零件的基础特征。

平板的创建步骤如下：

（1）单击“钣金”选项卡“创建”面板中的“面”按钮，打开“面”对话框，如图 7-3 所示。

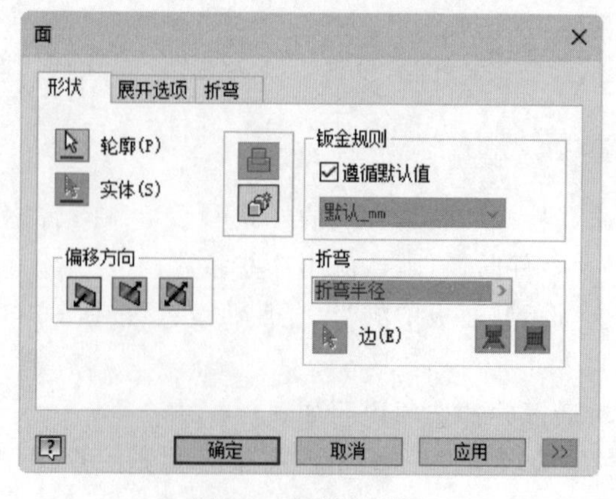

图 7-3 “面”对话框

（2）在视图中选择用于钣金平板的截面轮廓，如图 7-4 所示。

（3）在对话框中单击“偏移方向”组中的各个按钮，更改平板拉伸的方向。

（4）在对话框中单击“确定”按钮，完成平板的创建，结果如图 7-5 所示。

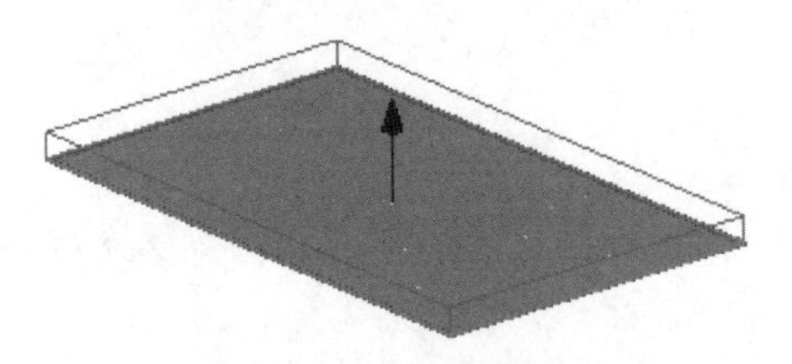

图 7-4　选择截面轮廓

图 7-5　平板

“面”对话框中的选项说明如下：

1. “形状”选项卡

（1）“形状”选项组。

① 轮廓：选择一个或多个截面轮廓，按钣金厚度进行拉伸。

② 实体：如果该零件文件中存在两个或两个以上的实体，单击“实体”按钮以选择参与的实体。

③ 偏移方向：单击此组中的方向按钮更改拉伸的方向。

（2）“折弯”选项组。

① 折弯半径：显示默认的折弯半径，包括测量、显示尺寸和列出参数选项。

② 边：选择要包含在折弯中的其他钣金面边。

2. “展开选项”选项卡

“展开选项”选项卡如图 7-6 所示。展开规则：允许选择先前定义的任意展开规则。

3. “折弯”选项卡

“折弯”选项卡如图 7-7 所示。

（1）释压形状。

① 线性过渡：由方形拐角定义的折弯释压形状。

② 水滴形：由材料故障引起的可接受的折弯释压形状。

③ 圆角：由使用半圆形终止的切割定义的折弯释压形状。

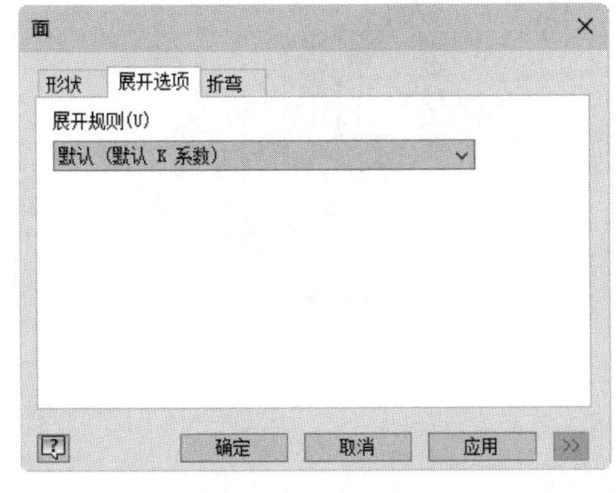

图 7-6　“展开选项”选项卡

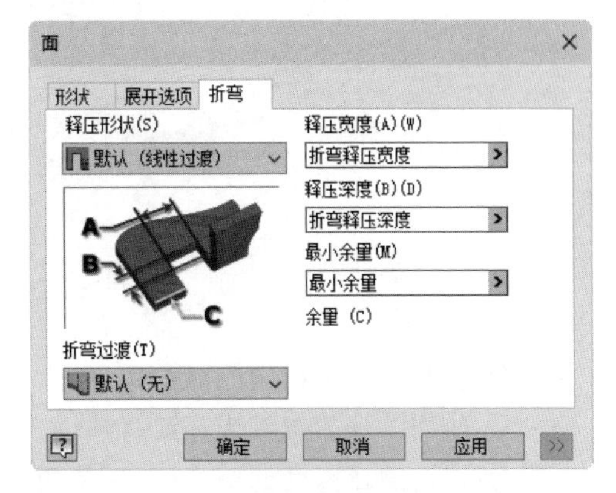

图 7-7　“折弯”选项卡

Note

(2) 折弯过渡。

① 无：根据几何图元，在选定折弯处相交的两个面的边之间会产生一条样条曲线。

② 交点：从与折弯特征的边相交的折弯区域的边上产生一条直线。

③ 直线：从折弯区域的一条边到另一条边产生一条直线。

④ 圆弧：根据输入的圆弧半径值，产生一条相应尺寸的圆弧，该圆弧与折弯特征的边相切且具有线性过渡。

⑤ 修剪到折弯：折叠模型中显示此类过渡，将垂直于折弯的特征对折弯区域进行切割。

(3) 释压宽度：定义折弯释压的宽度。

(4) 释压深度：定义折弯释压的深度。

(5) 最小余量：定义沿折弯释压切割允许保留的最小备料的可接受尺寸。

7.2.2 凸缘

凸缘特征包含一个面以及沿直边连接至现有面的折弯。通过选择一条或多条边并指定可确定添加材料位置和大小的一组选项来添加凸缘特征。

凸缘的创建步骤如下：

(1) 单击“钣金”选项卡“创建”面板中的“凸缘”按钮，打开“凸缘”对话框，如图 7-8 所示。

(2) 在钣金零件上选择一条边、多条边或回路来创建凸缘，如图 7-9 所示。

图 7-8 “凸缘”对话框

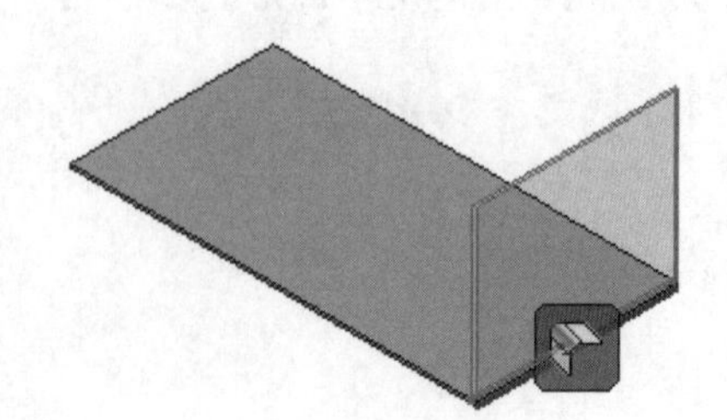

图 7-9 选择边

(3) 在对话框中指定凸缘的角度，默认为 90°。

(4) 使用默认的折弯半径或直接输入半径值。

(5) 指定测量高度的基准，包括从两个外侧面的交线折弯、从两个内侧面的交线折弯、从平面相切和对齐与正交。

(6) 指定相对于选定边的折弯位置，包括参考平面内、从相邻面折弯、参考平面外和与相邻面相切的折弯。

(7) 在对话框中单击“确定”按钮，完成凸缘的创建，如图 7-10 所示。

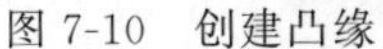

图 7-10　创建凸缘

“凸缘”对话框中的选项说明如下。

1. 边

选择用于凸缘的一条或多条边，或选择由选定面周围的边回路定义的所有边。

(1) 边选择模式：选择应用于凸缘的一条或多条独立边。

(2) 回路选择模式：选择一个边回路，然后将凸缘应用于选定回路的所有边。

2. 凸缘角度

定义相对于包含选定边的面的凸缘角度的数据字段。

3. 折弯半径

定义凸缘和包含选定边的面之间的折弯半径的数据字段。

4. 高度范围

确定凸缘高度。单击按钮，使凸缘反向。

5. 高度基准

(1) 从两个外侧面的交线：从外侧面的交线测量凸缘高度，如图 7-11(a)所示。

(2) 从两个内侧面的交线：从内侧面的交线测量凸缘高度，如图 7-11(b)所示。

(3) 从相切平面：测量平行于凸缘面且折弯相切的凸缘高度，如图 7-11(c)所示。

(4) 对齐/正交：可以确定高度测量是与凸缘面对齐还是与基础面正交。

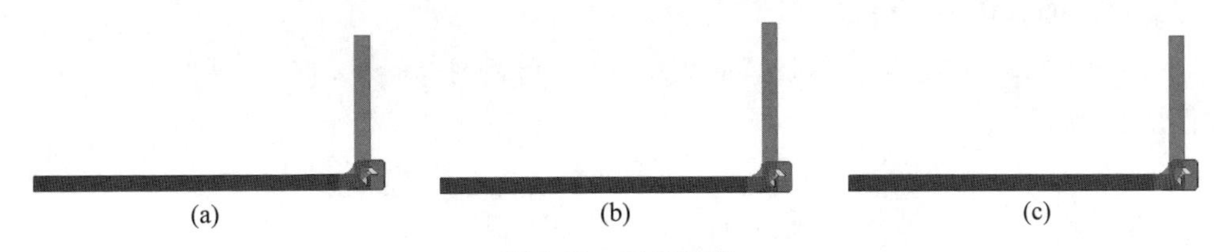

图 7-11　高度基准

(a) 从两个外侧面的交线；(b) 从两个内侧面的交线；(c) 从相切平面

6. 折弯位置

(1) 参考平面内：定位凸缘的外表面，使其保持在选定边的面范围之内，如图 7-12(a)所示。

(2) 从相邻面折弯：将折弯定位在从选定面的边开始的位置，如图 7-12(b)所示。

(3) 参考平面外：定位凸缘的内表面，使其保持在选定边的面范围之外，如图 7-12(c)所示。

(4) 与相邻面相切：将折弯定位在与选定边相切的位置，如图 7-12(d)所示。

Note

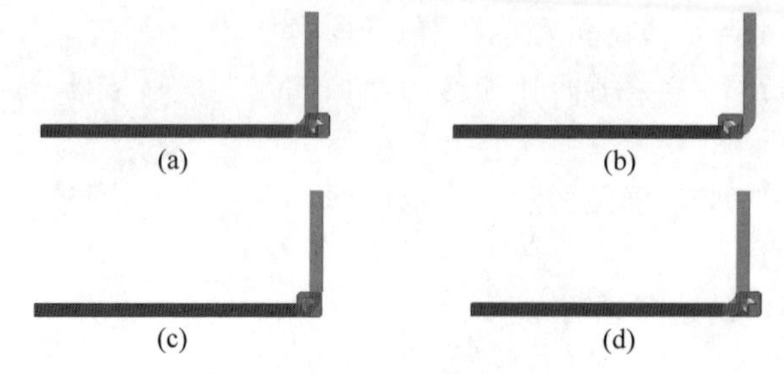

图 7-12　折弯位置

(a) 参考平面内；(b) 从相邻面折弯；(c) 参考平面外；(d) 与相邻面相切

7. 宽度范围—类型

(1) 边：创建选定面边的全长的凸缘。

(2) 宽度：从现有面的边上的单个选定顶点、工作点、工作平面或平面的指定偏移量来创建指定宽度的凸缘，还可以指定凸缘为居中选定边的中点的特定宽度。

(3) 偏移量：从现有面的边上的两个选定顶点、工作点、工作平面或平面的偏移量创建凸缘。

(4) 从表面到表面：创建通过选择现有零件几何图元定义其宽度的凸缘，该几何图元定义了凸缘的自/至范围。

7.2.3　异形板

通过使用截面轮廓草图和现有面上的直边来定义异形板。截面轮廓草图由线、圆弧、样条曲线和椭圆弧组成。截面轮廓中的连续几何图元会在轮廓中产生符合钣金样式的折弯半径值的折弯，可以通过使用特定距离、由现有特征定义的自/至位置和从选定边的任一端或两端偏移。

异形板的创建步骤如下：

(1) 单击"钣金"选项卡"创建"面板中的"异形板"按钮，打开"异形板"对话框，如图 7-13 所示。

图 7-13　"异形板"对话框

Note

(2) 在视图中选择已经绘制好的截面轮廓，如图 7-14 所示。

(3) 在视图中选择边或回路，如图 7-14 所示。

(4) 在对话框中设置参数，然后单击“确定”按钮，完成异形板，如图 7-15 所示。

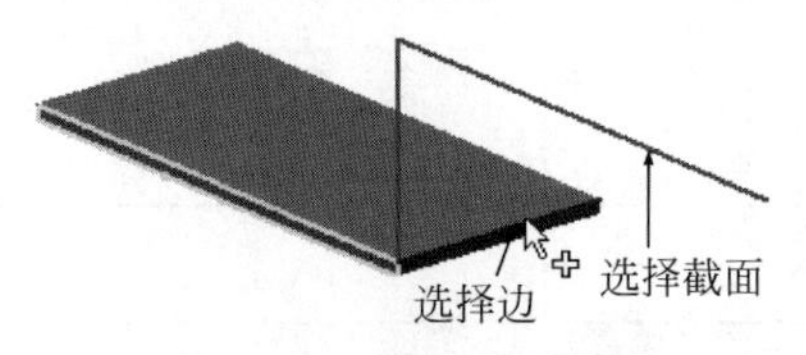

图 7-14　选择边和回路

图 7-15　异形板

“异形板”对话框中的选项说明如下。

1. 形状

(1) 截面轮廓：选择一个包括定义了异形板形状的开放截面轮廓的未使用的草图。

(2) 边选择模式：选择一条或多条独立边，边必须垂直于截面轮廓草图平面。当截面轮廓草图的起点或终点与选定的第一条边定义的无穷直线不重合或者选定的截面轮廓包含非直线或圆弧段的几何图元时不能选择多条边。

(3) 回路选择模式：选择一个边回路，然后将凸缘应用于选定回路的所有边。截面轮廓草图必须和回路的任一边重合或垂直。

2. 折弯范围

它确定折弯参与面的边之间的延伸材料，包括与侧面对齐的延伸折弯和与侧面垂直的延伸折弯。

(1) 与侧面对齐的延伸折弯：沿由折弯连接的侧边上的面延伸材料，而不是垂直于折弯轴。此选项在面的侧边不垂直的时候有用。

(2) 与侧面垂直的延伸折弯：与侧面垂直地延伸材料。

技巧：可以通过使用哪些条件创建异形板？

可以通过特定距离、由现有特征定义的自/至位置和从选定边的任一端或两端偏移来创建异形板。

7.2.4　实例——消毒柜顶后板

7-1

本例绘制如图 7-16 所示的消毒柜顶后板。

操作步骤

(1) 新建文件。单击快速访问工具栏中的“新建”按钮，在打开的“新建文件”对话框中选择 Sheet Metal.ipt 选项，单击“创建”按钮，新建一个钣金文件。

(2) 创建草图。单击“钣金”选项卡“草图”面板中的“开始创建二维草图”按钮，选择 XY 平面为草图绘制平面，进入草图绘制环境。单击“草图”选项卡“创建”面板中的“线”按钮，绘制草图。单击“约束”面板中的“尺寸”按钮，标注尺寸如图 7-17 所示。单击“草图”选项卡中的“完成草图”按钮，退出草图环境。

Note

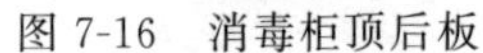

图 7-16　消毒柜顶后板

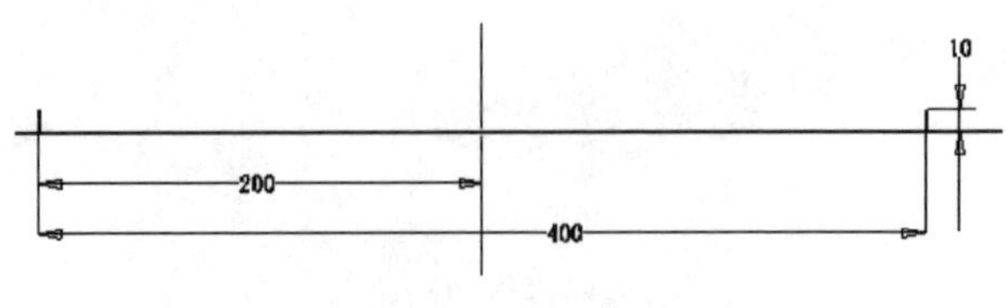

图 7-17　绘制草图

(3) 创建异形板。单击“钣金”选项卡“创建”面板中的“异形板”按钮，打开“异形板”对话框，选择如图 7-17 所示的草图为截面轮廓，输入距离为 300mm，如图 7-18 所示。单击“确定”按钮，结果如图 7-19 所示。

图 7-18　设置参数

(4) 创建凸缘。

① 单击“钣金”选项卡“创建”面板中的“凸缘”按钮，打开“凸缘”对话框。选择如图 7-20 所示的边 1，输入高度为 10mm，凸缘角度为 90°，选择“从两个内侧面的交线”选项和“从相邻面折弯”选项，如图 7-21 所示，单击“应用”按钮。

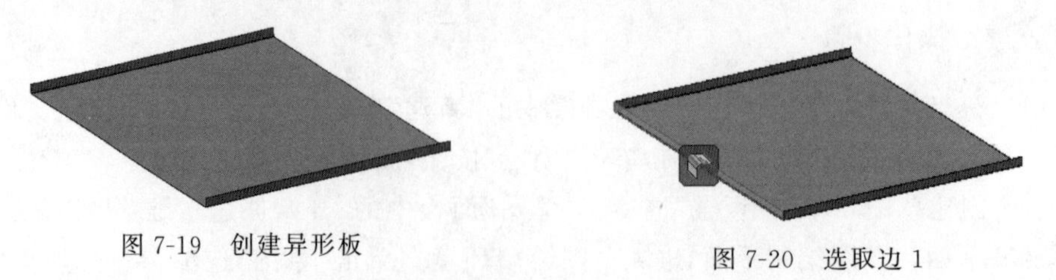

图 7-19　创建异形板

图 7-20　选取边 1

② 选择如图 7-22 所示的边 2，输入高度为 15mm，凸缘角度为 90°，选择“从两个外侧面的交线”选项和“参考平面外”选项，单击“应用”按钮。

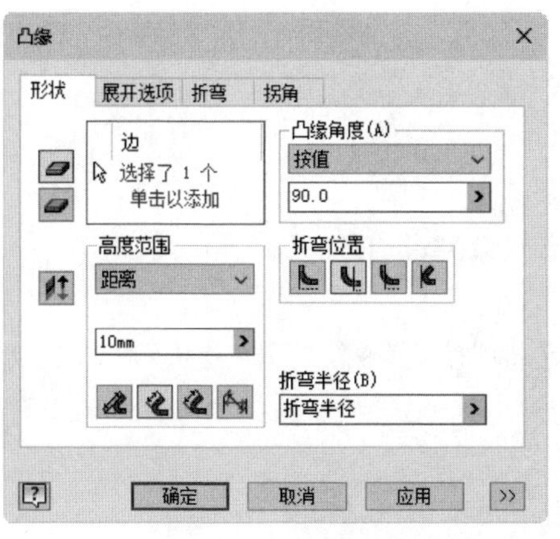

图 7-21　设置参数

图 7-22　选取边 2

③ 选择如图 7-23 所示的边 3，输入高度为 300mm，凸缘角度为 90°，选择“从两个外侧面的交线”选项和“参考平面外”选项，单击“应用”按钮。

④ 选择如图 7-24 所示的边 4，输入高度为 40mm，凸缘角度为 90°，选择“从两个外侧面的交线”选项和“参考平面外”选项，单击“应用”按钮。

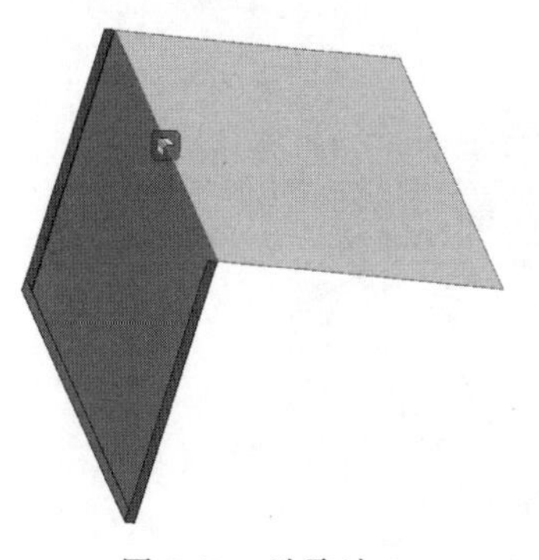

图 7-23　选取边 3

图 7-24　选取边 4

⑤ 选择如图 7-25 所示的边 5，输入高度为 8mm，凸缘角度为 90°，选择“从两个外侧面的交线”选项和“参考平面外”选项，单击“应用”按钮。

⑥ 选择如图 7-26 所示的边 6，输入高度为 20mm，凸缘角度为 90°，选择“从两个外侧面的交线”选项和“参考平面外”选项，单击“确定”按钮，结果如图 7-16 所示。

图 7-25　选取边 5

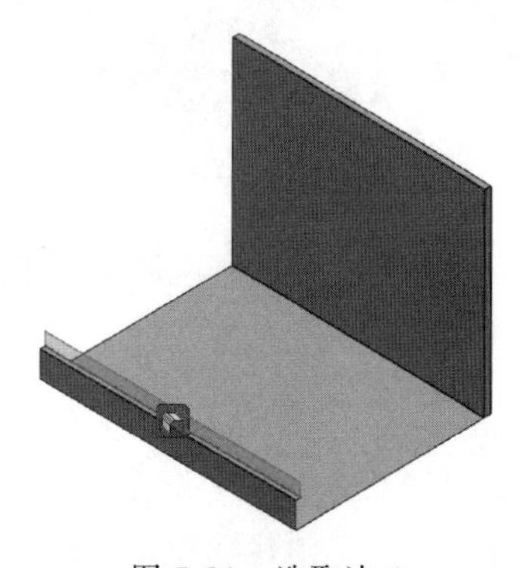

图 7-26　选取边 6

（5）保存文件。单击快速访问工具栏中的“保存”按钮，打开“另存为”对话框，输入文件名为“消毒柜顶后板.ipt”，单击“保存”按钮，保存文件。

Note

7.2.5 卷边

沿钣金边创建折叠的卷边可以加强零件或删除尖锐边。

卷边的创建步骤如下：

（1）单击“钣金”选项卡“创建”面板中的“卷边”按钮，打开“卷边”对话框，如图7-27所示。

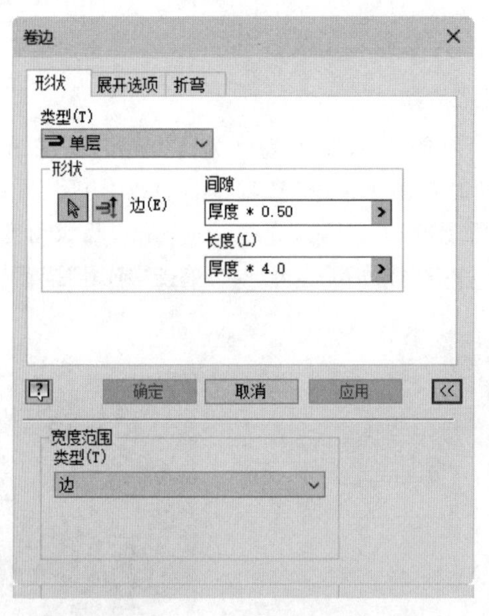

图7-27 “卷边”对话框

（2）在对话框中选择卷边类型。

（3）在视图中选择边，如图7-28所示。

（4）在对话框中根据所选类型设置参数，例如卷边的间隙、长度或半径等值。

（5）在对话框中单击“确定”按钮，完成卷边的创建，结果如图7-29所示。

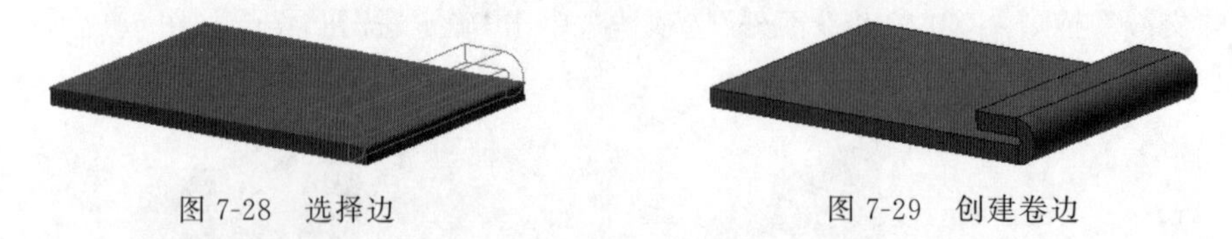

图7-28 选择边　　图7-29 创建卷边

“卷边”对话框中的选项说明如下。

1. 类型

（1）单层：创建单层卷边，如图7-30(a)所示。

（2）水滴形：创建水滴形卷边，如图7-30(b)所示。

（3）滚边形：创建滚边形卷边，如图7-30(c)所示。

（4）双层：创建双层卷边，如图7-30(d)所示。

Note

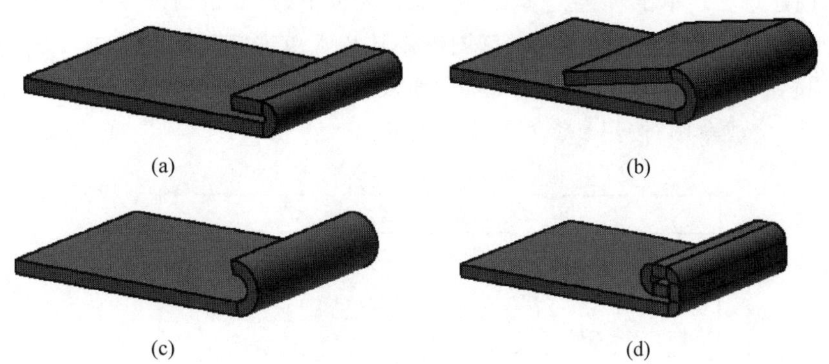

图 7-30　类型

(a) 单层；(b) 水滴形；(c) 滚边形；(d) 双层

2. 形状

(1) 选择边：用于选择钣金边以创建卷边。

(2) 反向：单击此按钮，反转卷边的方向。

(3) 间隙：指定卷边内表面之间的距离。

(4) 长度：指定卷边的长度。

7.2.6　实例——基座

7-2

本例绘制如图 7-31 所示的基座。

(1) 新建文件。单击快速访问工具栏中的“新建”按钮，在打开的“新建文件”对话框中选择 Sheet Metal. ipt 选项，单击“创建”按钮，新建一个钣金文件。

(2) 设置钣金厚度。单击“钣金”选项卡“设置”面板中的“钣金默认设置”按钮，打开“钣金默认设置”对话框。取消选中“使用规则中的厚度”复选框，输入钣金厚度为 0.4mm，其他采用默认设置，如图 7-32 所示，单击“确定”按钮。

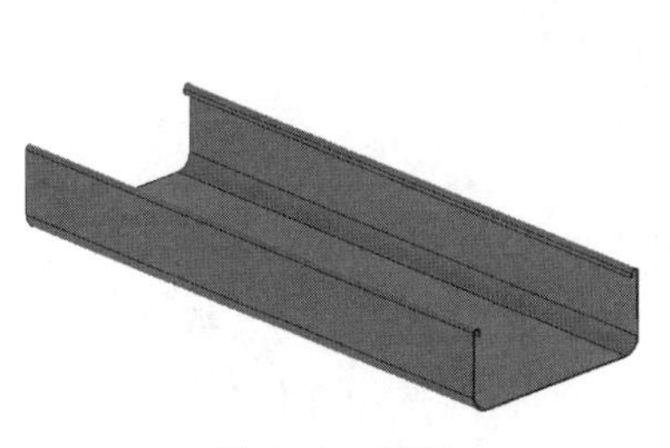

图 7-31　基座

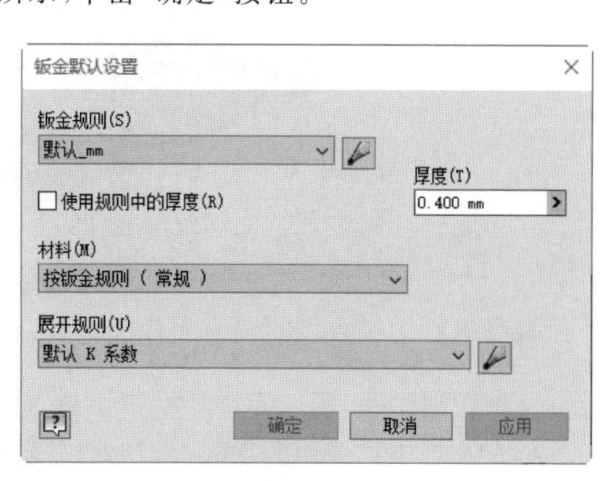

图 7-32　“钣金默认设置”对话框

Note

（3）创建草图。单击“钣金”选项卡“草图”面板中的“开始创建二维草图”按钮，选择XZ平面为草图绘制平面，进入草图绘制环境。单击“草图”选项卡“绘图”面板中的“矩形”按钮，绘制草图。单击“约束”面板中的“尺寸”按钮，标注尺寸如图7-33所示。单击“完成草图”按钮，退出草图环境。

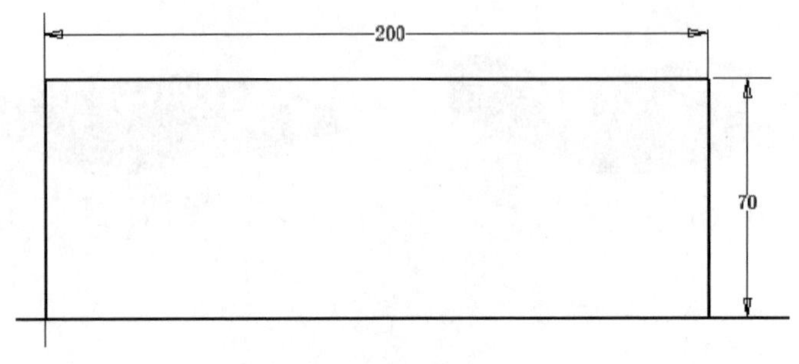

图7-33　绘制草图

（4）创建面。单击“钣金”选项卡“创建”面板中的“面”按钮，打开“面”对话框，系统自动选取上步绘制的草图为截面轮廓，如图7-34所示。单击“确定”按钮完成平板的创建，如图7-35所示。

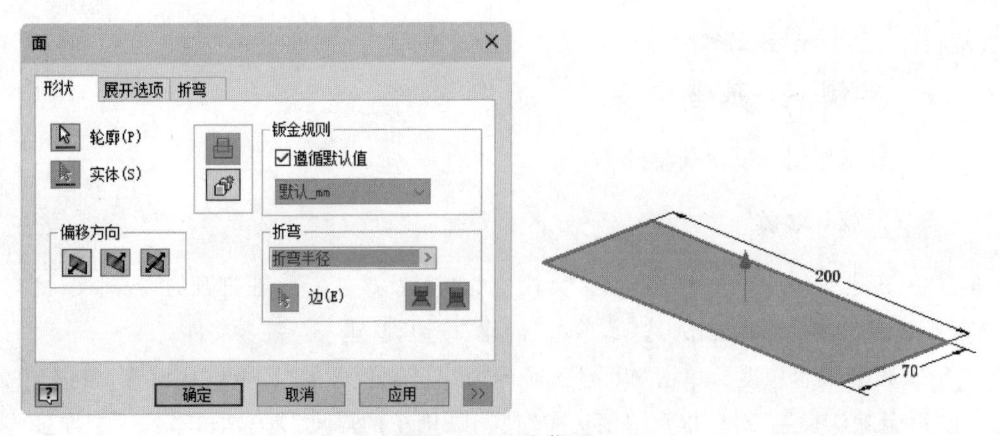

图7-34　选取截面

图7-35　创建平板

（5）创建凸缘。单击“钣金”选项卡“创建”面板中的“凸缘”按钮，打开“凸缘”对话框。选择如图7-36所示的边，输入高度为28mm，凸缘角度为90°，折弯半径为5mm，选择“从两个外侧面的交线折弯”选项和“参考平面外”选项，单击“应用”按钮完成一侧凸缘的创建，在另一侧创建参数相同的凸缘。

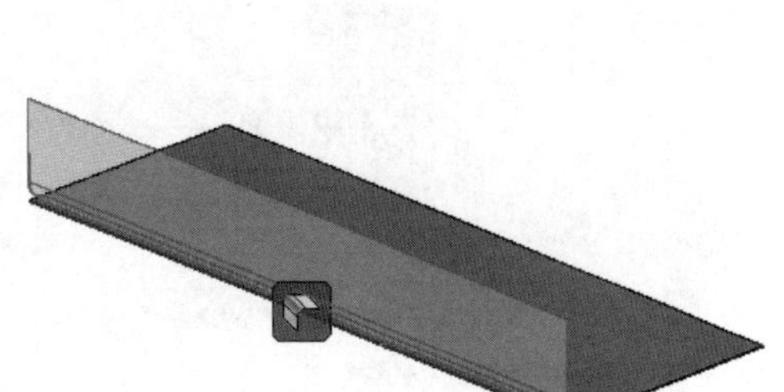

图 7-36　设置参数

(6) 创建卷边。单击“钣金”选项卡“创建”面板中的“卷边”按钮，打开“卷边”对话框。选择如图 7-37 所示的边，选择“单层”类型，输入间隙为 2mm，长度为 3mm，单击“应用”按钮完成一侧卷边的创建，在另一侧创建参数相同的卷边，如图 7-31 所示。

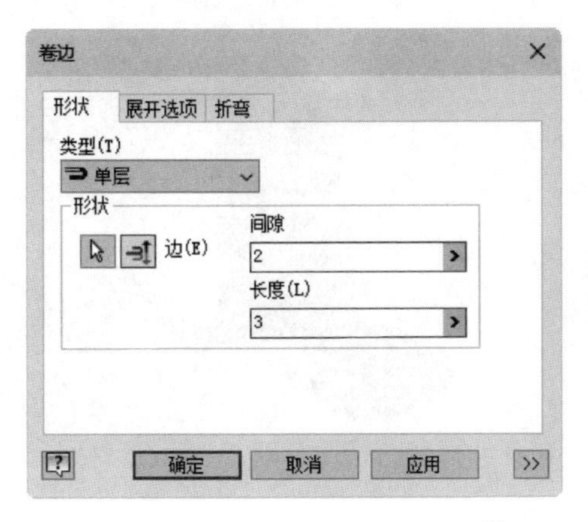

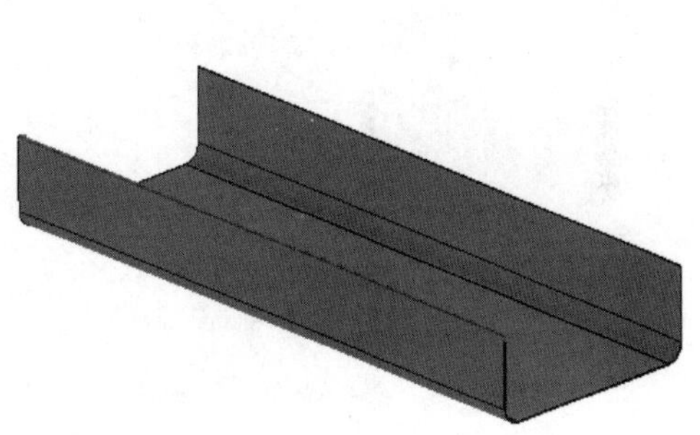

图 7-37　设置参数

(7) 保存文件。单击快速访问工具栏中的“保存”按钮，打开“另存为”对话框，输入文件名为“基座.ipt”，单击“保存”按钮，保存文件。

7.2.7　轮廓旋转

可以通过旋转由线、圆弧、样条曲线和椭圆弧组成的轮廓创建轮廓旋转特征。轮廓旋转特征可以是基础特征，也可以是钣金零件模型中的后续特征。利用此命令可以将轮廓旋转创建为常规特征或基础特征，与异形板一样，轮廓旋转将尖锐的草图拐角变换成静止零件中的圆角。

轮廓旋转的操作步骤如下：

(1) 单击“钣金”选项卡“创建”面板中的“轮廓旋转”按钮，打开“轮廓旋转”对话框，如图 7-38 所示。

Note

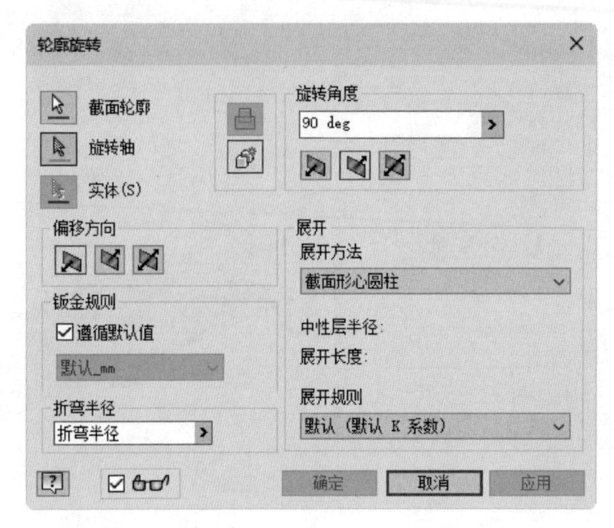

图 7-38 “轮廓旋转”对话框

(2) 在视图中选择截面轮廓和旋转轴,如图 7-39 所示。

(3) 在对话框中设置参数,单击“确定”按钮,完成轮廓旋转的创建,如图 7-40 所示。

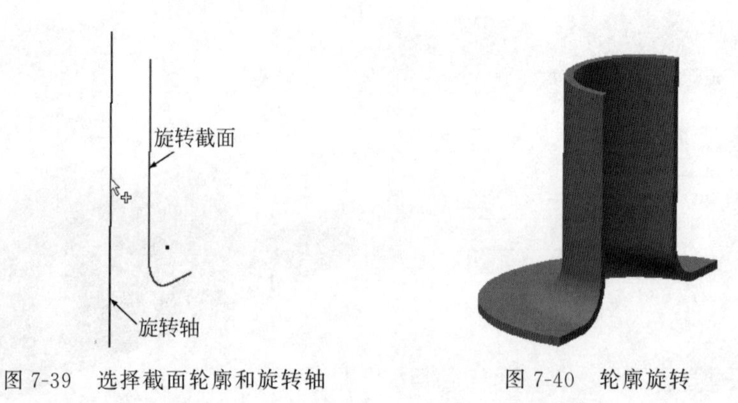

图 7-39 选择截面轮廓和旋转轴

图 7-40 轮廓旋转

7.2.8 实例——花盆

7-3

本例绘制如图 7-41 所示的花盆。

操作步骤

(1) 新建文件。单击快速访问工具栏中的“新建”按钮,在打开的“新建文件”对话框中选择 Sheet Metal. ipt 选项,单击“创建”按钮,新建一个钣金文件。

(2) 创建草图。单击“钣金”选项卡“草图”面板中的“开始创建二维草图”按钮,选择 XY 平面为草图绘制平面,进入草图绘制环境。单击“草图”选项卡“创建”面板中的“线”按钮,绘制草图。单击“约束”面板中的“尺寸”按钮,标注尺寸如图 7-42 所示。单击“草图”选项卡中的“完成草图”按钮,退出草图环境。

图 7-41　花盆

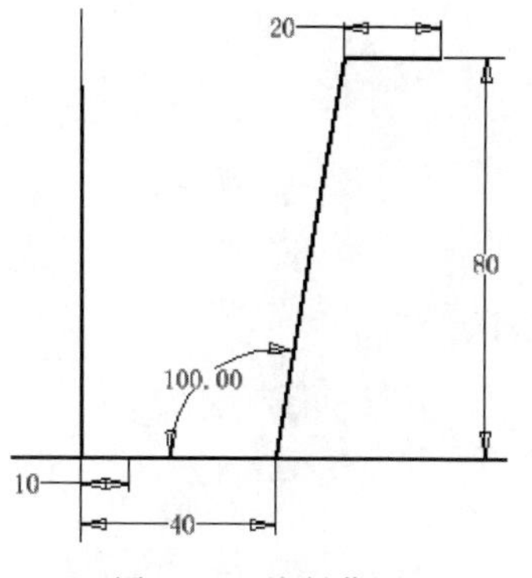

图 7-42　绘制草图

(3) 创建轮廓旋转。单击“钣金”选项卡“创建”面板中的“轮廓旋转”按钮，打开“轮廓旋转”对话框。选取上步绘制的草图为截面轮廓，选取竖直线段为旋转轴，输入旋转角度为 359.9°，折弯半径为 5mm，如图 7-43 所示。单击“确定”按钮完成花盆的创建，如图 7-44 所示。

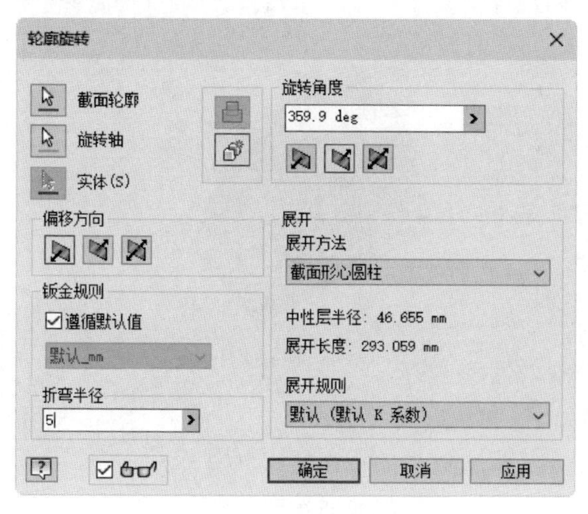

图 7-43　设置参数

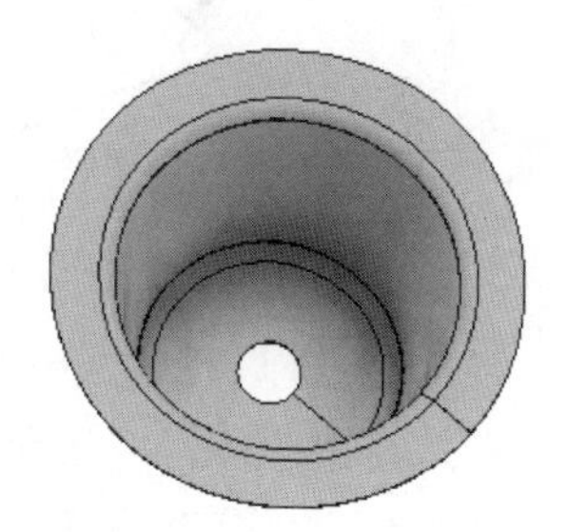

图 7-44　创建花盆

(4) 保存文件。单击快速访问工具栏中的“保存”按钮，打开“另存为”对话框，输入文件名为“花盆.ipt”，单击“保存”按钮，保存文件。

7.2.9　钣金放样

钣金放样特征允许使用两个截面轮廓草图定义形状。草图几何图元可以表示钣金材料的内侧面或外侧面，还可以表示材料中间平面。

钣金放样的创建步骤如下：

(1) 单击“钣金”选项卡“创建”面板中的“钣金放样”按钮，打开“钣金放样”对话框，如图 7-45 所示。

(2) 在视图中选择已经创建好的截面轮廓 1 和截面轮廓 2，如图 7-46 所示。

(3) 在对话框中设置轮廓方向、折弯半径和输出形式。

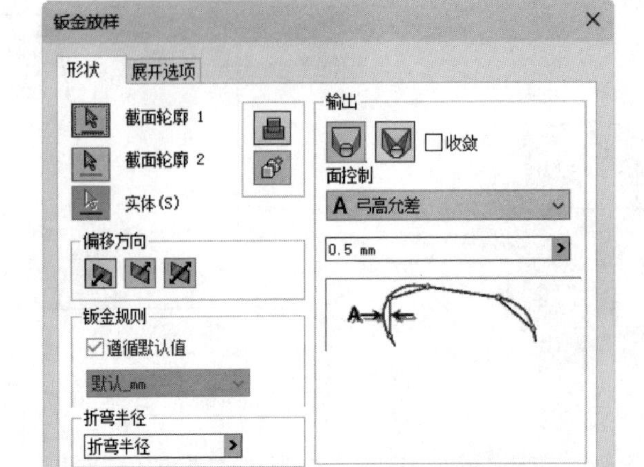

图 7-45 “钣金放样”对话框

（4）在对话框中单击“确定”按钮，创建钣金放样，如图 7-47 所示。

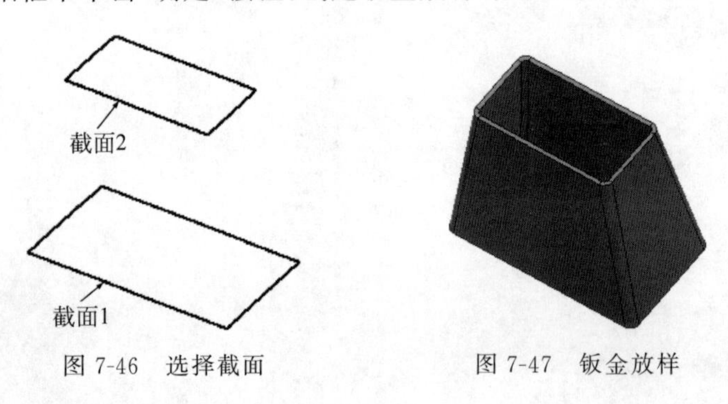

图 7-46 选择截面　　　　图 7-47 钣金放样

“钣金放样”对话框中的选项说明如下。

（1）截面轮廓 1：选择第一个用于定义钣金放样的截面轮廓草图。

（2）截面轮廓 2：选择第二个用于定义钣金放样的截面轮廓草图。

（3）反转到对侧、：单击其中一个按钮，将材料厚度偏移到选定截面轮廓的对侧。

（4）对称：单击此按钮，将材料厚度等量偏移到选定截面轮廓的两侧。

（5）冲压成型：单击此按钮，生成平滑的钣金放样。

（6）折弯成型：单击此按钮，生成镶嵌的折弯钣金放样。

（7）面控制：从下拉列表框中选择一种方法来控制所得面的大小，包括 A 弓高允差、B 相邻面角度和 C 面宽度 3 种方法。

7.3 创建高级钣金特征

在 Inventor 中可以生成复杂的钣金零件，并可以对其进行参数化编辑，能够定义和仿真钣金零件的制造过程，对钣金模型进行展开和重叠的模拟操作。

7.3.1　折弯

钣金折弯特征通常用于连接为满足特定设计条件而在某个特殊位置创建的钣金面。通过选择现有钣金特征上的边，使用由钣金样式定义的折弯半径和材料厚度将材料添加到模型。

折弯的操作步骤如下：

(1) 单击“钣金”选项卡“创建”面板中的“折弯”按钮，打开“折弯”对话框，如图 7-48 所示。

(2) 在视图中的面上选择边，如图 7-49 所示。

图 7-48　“折弯”对话框

图 7-49　选择边

(3) 在对话框中选择折弯类型，设置折弯参数，结果如图 7-50 所示。如果面平行但不共面，则可在双向折弯选项中选择折弯方式。

(4) 在对话框中单击“确定”按钮，完成折弯特征，结果如图 7-51 所示。

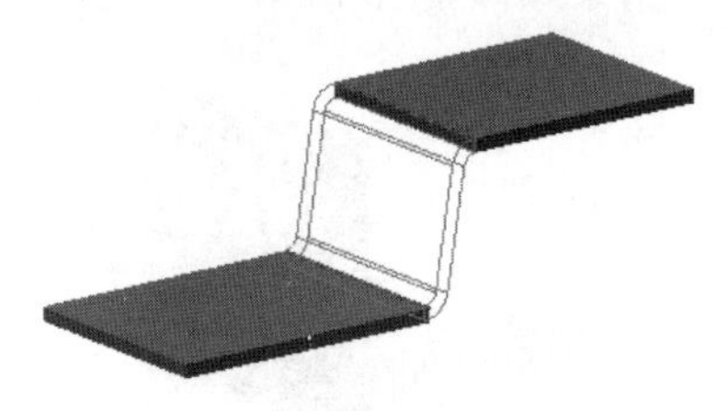

图 7-50　设置折弯参数

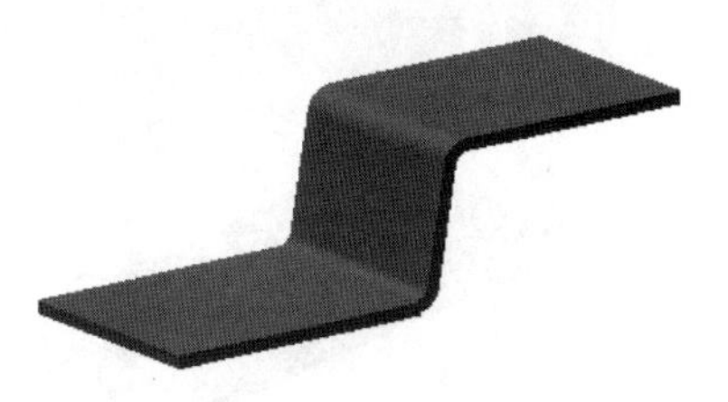

图 7-51　折弯特征

“折弯”对话框中的选项说明如下。

1. 折弯

(1) 边：在每个面上选择模型边，根据需要修剪或延伸面创建折弯。

(2) 折弯半径：显示默认的折弯半径。

2. 双向折弯

(1) 固定边：添加等长折弯到现有的钣金边。

(2) 45 度：对面根据需要进行修剪或延伸，并插入 45°折弯。

(3) 全半径：对面根据需要进行修剪或延伸，并插入半圆折弯，如图 7-52(b)所示。

(4) 90 度：对面根据需要进行修剪或延伸，并插入 90°折弯，如图 7-52(c)所示。

(5) 固定边反向：反转顺序。

Note

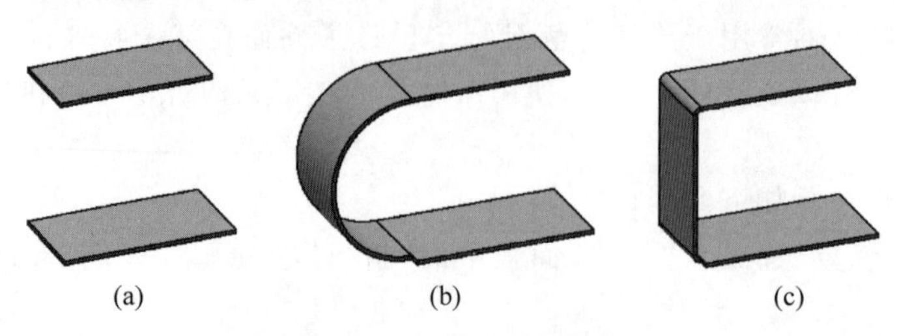

图 7-52　双向折弯示意图

(a) 原图；(b) 全半径；(c) 90 度

7.3.2　折叠

折叠是指在现有面上沿折弯草图线折弯钣金面。

图 7-53　“折叠”对话框

折叠的操作步骤如下：

(1) 单击“钣金”选项卡“创建”面板中的“折叠”按钮，打开“折叠”对话框，如图 7-53 所示。

(2) 在视图中选择用于折叠的折弯线，如图 7-54 所示。折弯线必须放置在要折叠的面上，并终止于面的边。

(3) 在对话框中设置折叠参数，或接受当前钣金样式中指定的默认折弯钣金和角度。

(4) 设置折叠的折叠侧和方向，单击“确定”按钮，结果如图 7-55 所示。

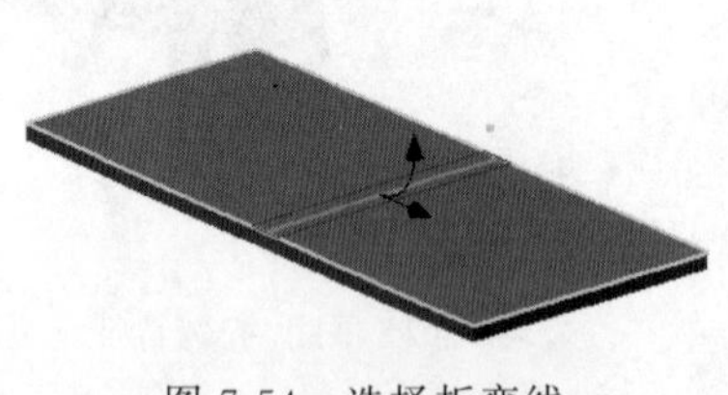

图 7-54　选择折弯线

图 7-55　折叠

“折叠”对话框中的选项说明如下。

1. 折弯线

指定用于折叠线的草图。草图直线端点必须位于边上，否则该线不能选作折弯线。

2. 反向控制

(1) 反转到对侧：将折弯线的折叠侧改为向上或向下，如图 7-56(a)所示。

(2) 反向：更改折叠的上下方向，如图 7-56(b)所示。

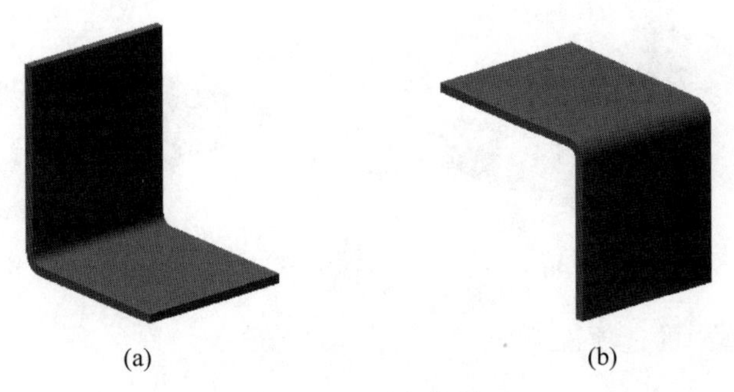

(a)　　　　(b)

图 7-56　反向控制

(a) 反转到对侧；(b) 反向

3. 折叠位置

(1) 折弯中心线：将草图线用作折弯的中心线，如图 7-57(a)所示。

(2) 折弯起始线：将草图线用作折弯的起始线，如图 7-57(b)所示。

(3) 折弯终止线：将草图线用作折弯的终止线，如图 7-57(c)所示。

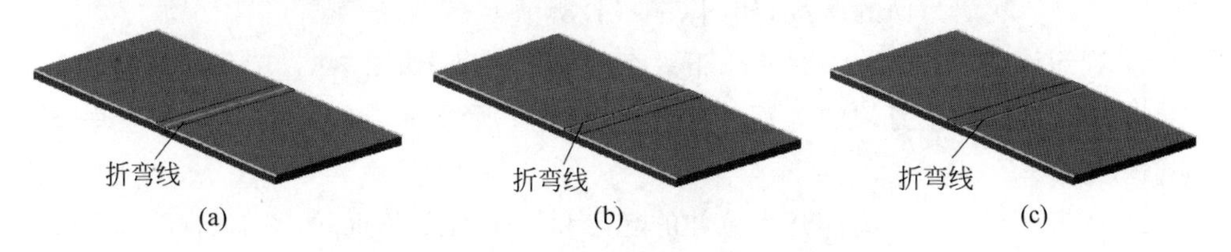

(a)　　　　(b)　　　　(c)

图 7-57　折叠位置

(a) 折弯中心线；(b) 折弯起始线；(c) 折弯终止线

4. 折叠角度

指定用于折叠的角度。

7.3.3　剪切

剪切就是从钣金面中删除材料，在钣金面上绘制截面轮廓，然后贯穿一个或多个面进行切割。

剪切钣金特征的操作步骤如下：

(1) 单击"钣金"选项卡"修改"面板中的"剪切"按钮，打开"剪切"对话框，如图 7-58 所示。

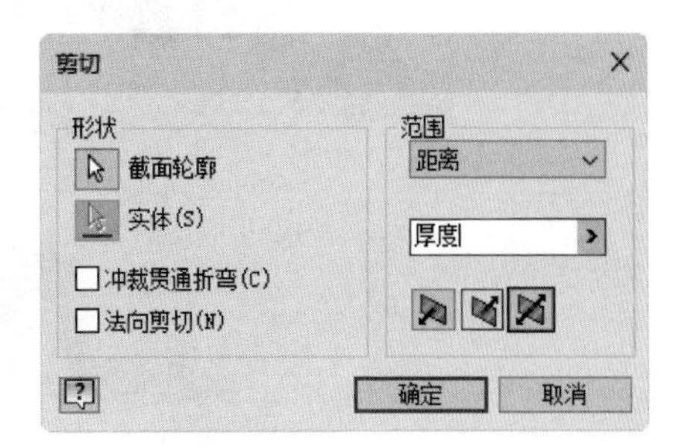

图 7-58　"剪切"对话框

(2) 如果草图中只有一个截面轮廓，系统将自动选择该截面轮廓；如果有多个截面轮廓，单击"截面轮廓"按钮，选择要切割的截面轮廓，如图 7-59 所示。

(3) 在"范围"区域选择终止方式，调整剪切方向。

(4) 在对话框中单击"确定"按钮，完成剪切，结果如图 7-60 所示。

Note

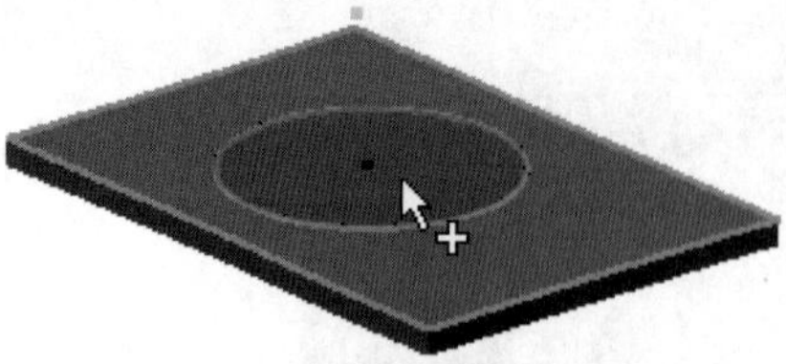

图 7-59　选择截面轮廓

图 7-60　完成剪切

“剪切”对话框中的选项说明如下。

1．形状

（1）截面轮廓：选择一个或多个截面作为要删除材料的截面轮廓。

（2）冲裁贯通折弯：选中此复选框，通过环绕截面轮廓贯通面以及一个或多个钣金折弯的截面轮廓来删除材料。

（3）法向剪切：将选定的截面轮廓投影到曲面，然后按垂直于投影面进行剪切。

2．范围

（1）距离：默认为面的厚度，如图 7-61(a)所示。

（2）到表面或平面：剪切终止于下一个表面或平面，如图 7-61(b)所示。

（3）到：选择终止剪切的表面或平面。可以在所选面或其延伸面上终止剪切，如图 7-61(c)所示。

（4）从表面到表面：选择终止拉伸的起始和终止面或平面，如图 7-61(d)所示。

（5）贯通：在指定方向上贯通所有特征和草图拉伸截面轮廓，如图 7-61(e)所示。

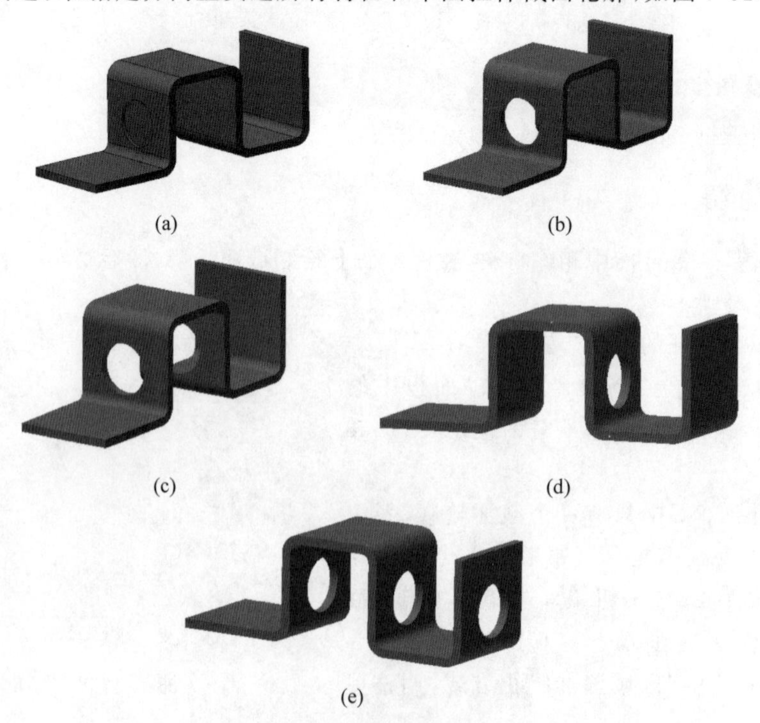

(a)　(b)　(c)　(d)　(e)

图 7-61　范围示意图

(a) 距离为厚度/2；(b) 到表面或平面；(c) 到(即选择终止剪切的表面或平面)；(d) 从表面到表面；(e) 贯通

7.3.4 实例——硬盘固定架

本例绘制如图 7-62 所示的硬盘固定架。

操作步骤

7-4

（1）新建文件。单击快速访问工具栏中的“新建”按钮，在打开的“新建文件”对话框中选择 Sheet Metal.ipt 选项，单击“创建”按钮，新建一个零件文件。

（2）创建草图。单击“钣金”选项卡“草图”面板中的“开始创建二维草图”按钮，选择 XZ 平面为草图绘制平面，进入草图绘制环境。单击“草图”选项卡“创建”面板中的“矩形”按钮，绘制草图。单击“约束”面板中的“尺寸”按钮，标注尺寸如图 7-63 所示。单击“草图”选项卡中的“完成草图”按钮，退出草图环境。

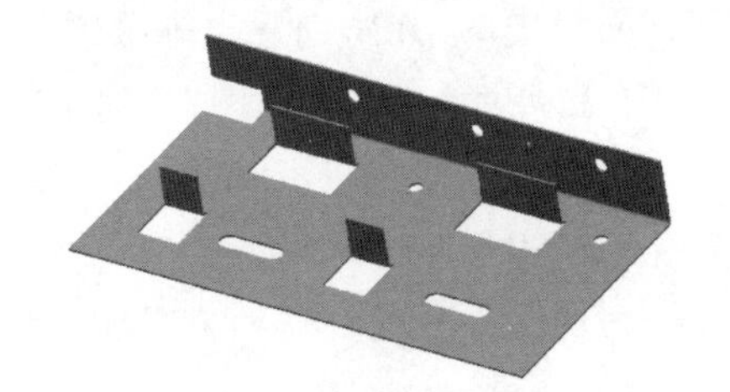

图 7-62 硬盘固定架

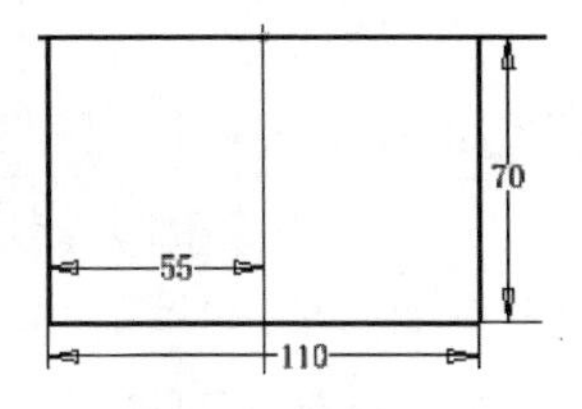

图 7-63 绘制草图

（3）创建平板。单击“钣金”选项卡“创建”面板中的“面”按钮，打开“面”对话框，系统自动选取上一步绘制的草图为截面轮廓，如图 7-64 所示。单击“确定”按钮，完成平板的创建，如图 7-65 所示。

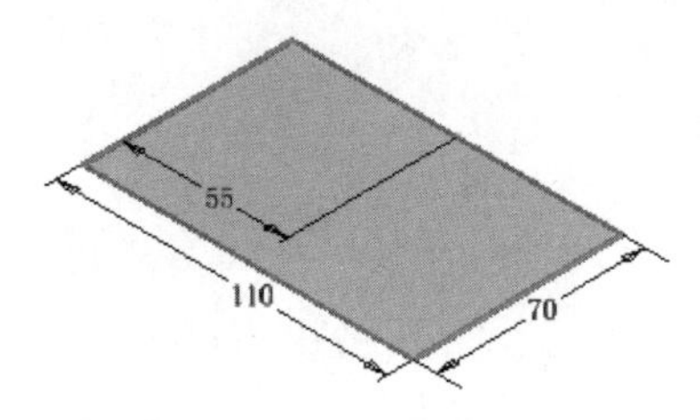

图 7-64 选择截面

图 7-65 创建平板

（4）创建草图。单击“钣金”选项卡“草图”面板中的“开始创建二维草图”按钮，选择平板的上表面为草图绘制平面，进入草图绘制环境。单击“草图”选项卡“创建”面板中的“矩形”按钮，绘制草图。单击“约束”面板中的“尺寸”按钮，标注尺寸如图 7-66 所示。单击“草图”选项卡中的“完成草图”按钮，退出草图环境。

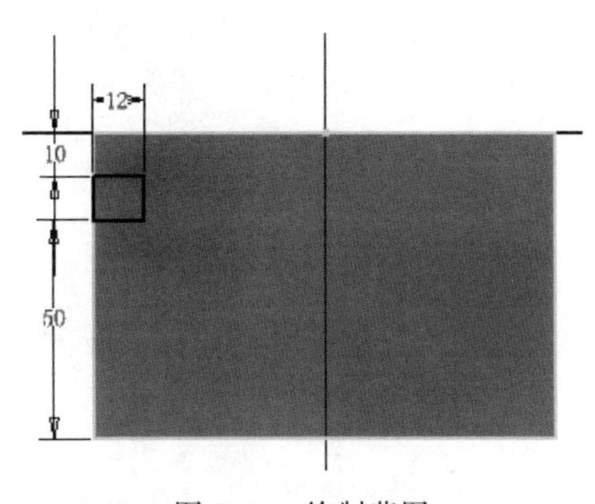

图 7-66 绘制草图

（5）创建剪切。单击“钣金”选项卡“修改”面板中的“剪切”按钮，打开“剪切”对话框，选择如图 7-67 所示的截面轮廓。采用默认设置，单击“确定”按钮。

Note

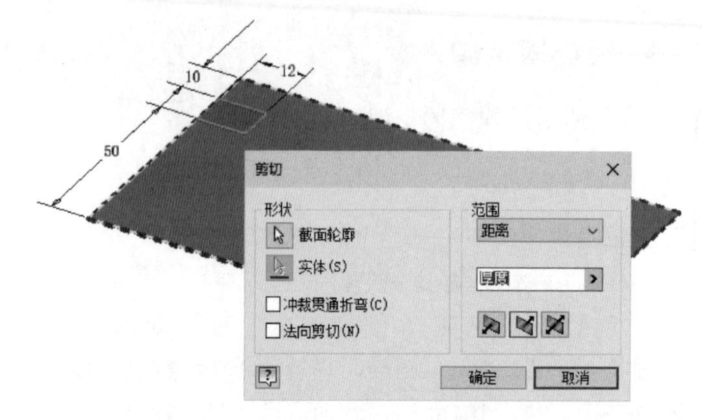

图 7-67 “剪切”对话框

(6) 创建草图。单击“钣金”选项卡“草图”面板中的“开始创建二维草图”按钮，选择平板的上表面为草图绘制平面，进入草图绘制环境。单击“草图”选项卡“创建”面板中的“圆”按钮，绘制草图。单击“约束”面板中的“尺寸”按钮，标注尺寸如图 7-68 所示。单击“草图”选项卡中的“完成草图”按钮，退出草图环境。

(7) 创建剪切。单击“钣金”选项卡“修改”面板中的“剪切”按钮，打开“剪切”对话框，选择如图 7-69 所示的草图为截面轮廓。采用默认设置，单击“确定”按钮。

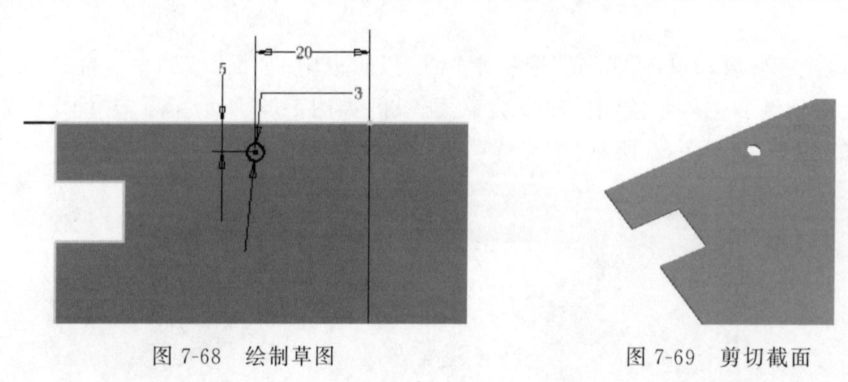

图 7-68 绘制草图 图 7-69 剪切截面

(8) 矩形阵列特征。单击“钣金”选项卡“阵列”面板中的“矩形阵列”按钮，打开“矩形阵列”对话框，选取上一步创建的剪切特征为阵列特征，选取如图 7-70 所示的边为参考并输入个数 3，距离为 30mm；单击“确定”按钮。

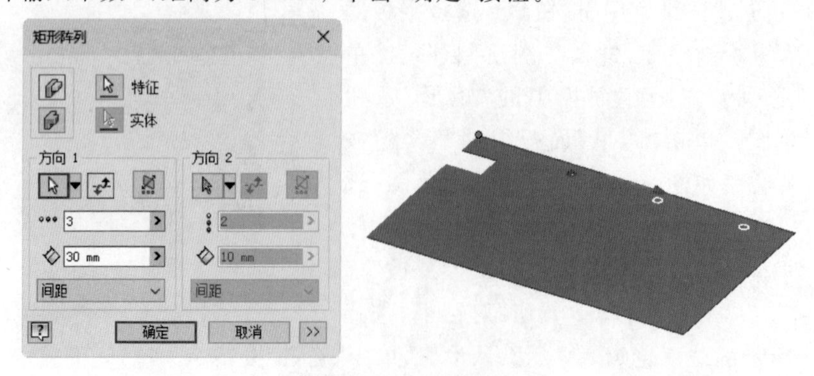

图 7-70 设置参数

Note

(9) 创建草图。单击“钣金”选项卡“草图”面板中的“开始创建二维草图”按钮，选择平板的上表面为草图绘制平面，进入草图绘制环境。单击“草图”选项卡“创建”面板中的“直线”按钮，绘制草图。单击“约束”面板中的“尺寸”按钮，标注尺寸如图 7-71 所示。单击“草图”选项卡中的“完成草图”按钮，退出草图环境。

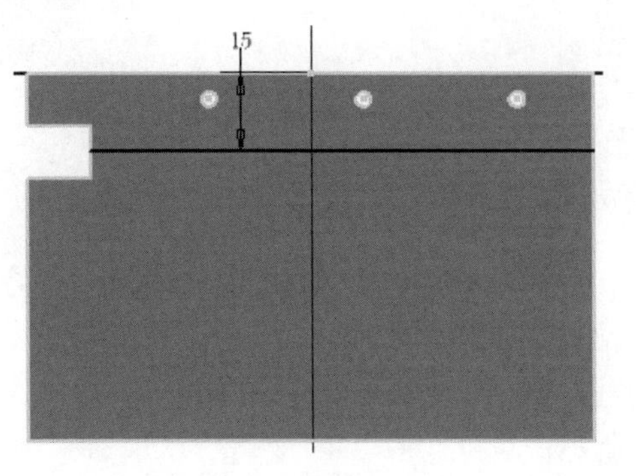

图 7-71 绘制草图

(10) 创建折叠。单击“钣金”选项卡“创建”面板中的“折叠”按钮，打开“折叠”对话框，选择如图 7-72 所示的草图线，输入折叠角度为 90°，选择“折弯中心线”选项，如图 7-72 所示。单击“确定”按钮，结果如图 7-73 所示。

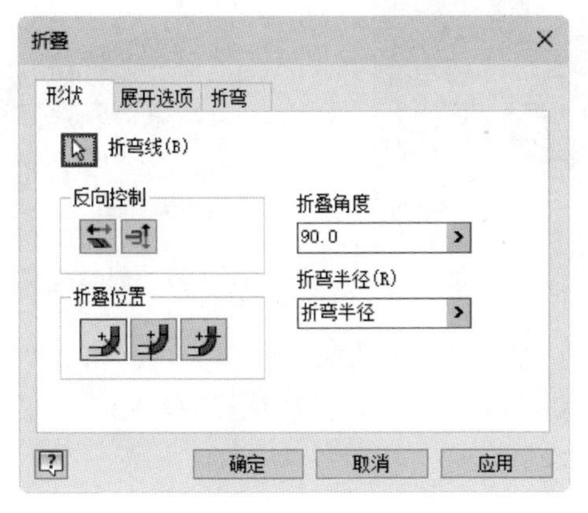

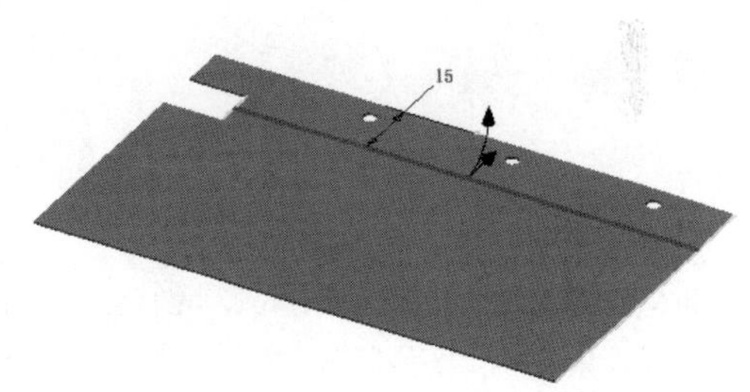

图 7-72 选择草图线并设置参数

(11) 创建草图。单击“钣金”选项卡“草图”面板中的“开始创建二维草图”按钮，选择平板的上表面为草图绘制平面，进入草图绘制环境。单击“草图”选项卡“创建”面板中的“矩形”按钮，绘制草图。单击“约束”面板中的“尺寸”按钮，标注尺寸如图 7-74 所示。单击“草图”选项卡中的“完成草图”按钮，退出草图环境。

图 7-73 创建折叠

(12) 创建剪切。单击“钣金”选项卡“修改”面板中的“剪切”按钮，打开“剪切”对话框，选择如图 7-74 所示的草图为截面轮廓。采用默认设置，单击“确定”按钮，结果如图 7-75 所示。

Note

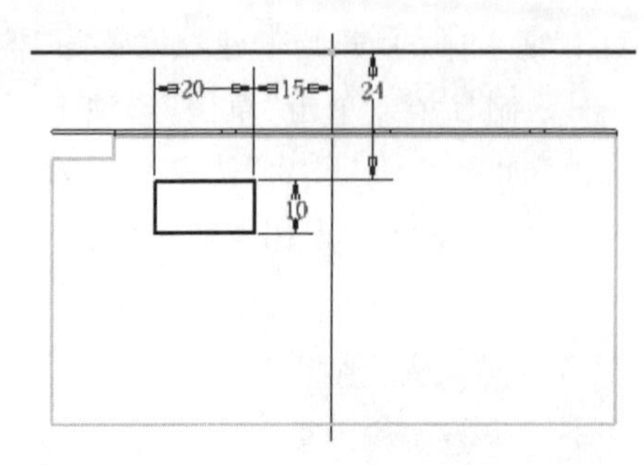

图 7-74　绘制草图

图 7-75　剪切实体

(13) 创建凸缘。单击"钣金"选项卡"创建"面板中的"凸缘"按钮，打开"凸缘"对话框。选择如图 7-76 所示的边，输入高度为 10mm，凸缘角度为 90°，选择"从两个外侧面的交线"选项和"参考平面内"选项，如图 7-76 所示。单击"确定"按钮，完成凸缘的创建，如图 7-77 所示。

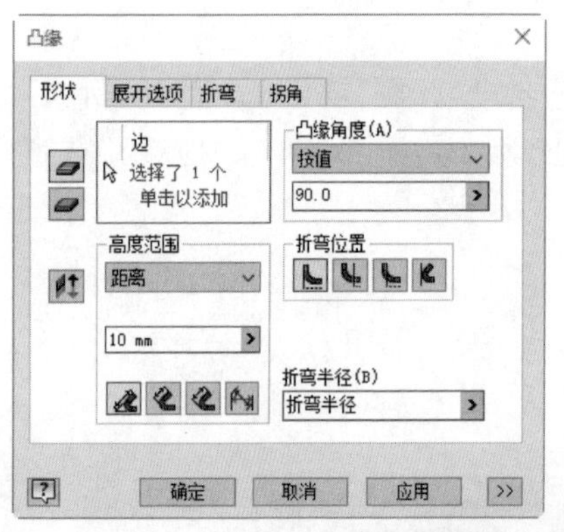

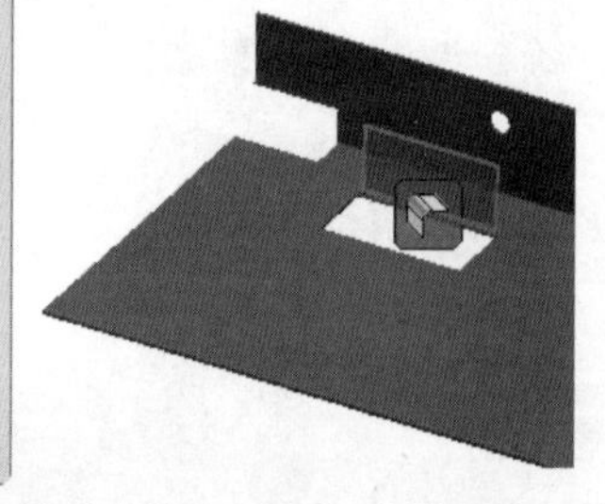

图 7-76　设置参数

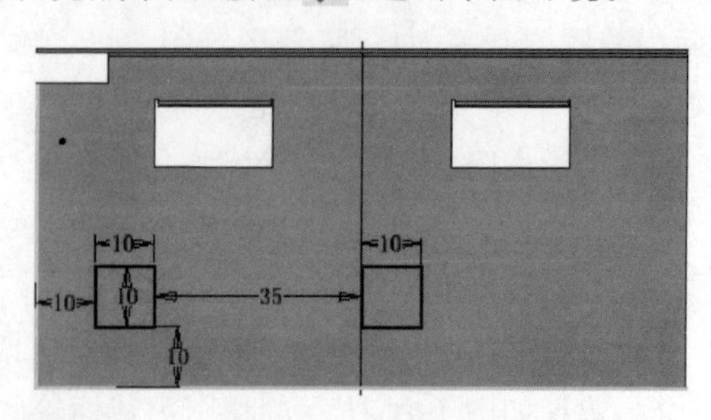

图 7-77　创建凸缘

(14) 镜像特征。单击"钣金"选项卡"阵列"面板中的"镜像"按钮，打开"镜像"对话框，选择步骤(12)和步骤(13)创建的剪切和凸缘特征为镜像特征，选择 XY 平面为镜像平面，单击"确定"按钮，结果如图 7-78 所示。

(15) 创建草图。单击"钣金"选项卡"草图"面板中的"开始创建二维草图"按钮，选择平板的上表面为草图绘制平面，进入草图绘制环境。单击"草图"选项卡"创建"面板中的"矩形"按钮，绘制草图。单击"约束"面板中的"尺寸"按钮，标注尺寸如图 7-79 所示。单击"草图"选项卡中的"完成草图"按钮，退出草图环境。

图 7-78　镜像特征

图 7-79　绘制草图

(16) 创建剪切。单击“钣金”选项卡“修改”面板中的“剪切”按钮，打开“剪切”对话框，选择如图 7-79 所示的草图为截面轮廓。采用默认设置，单击“确定”按钮，结果如图 7-80 所示。

Note

7-5

(17) 创建草图。单击“钣金”选项卡“草图”面板中的“开始创建二维草图”按钮，选择平板的上表面为草图绘制平面，进入草图绘制环境。单击“草图”选项卡“创建”面板中的“圆”按钮，绘制草图。单击“约束”面板中的“尺寸”按钮，标注尺寸如图 7-81 所示。单击“草图”选项卡中的“完成草图”按钮，退出草图环境。

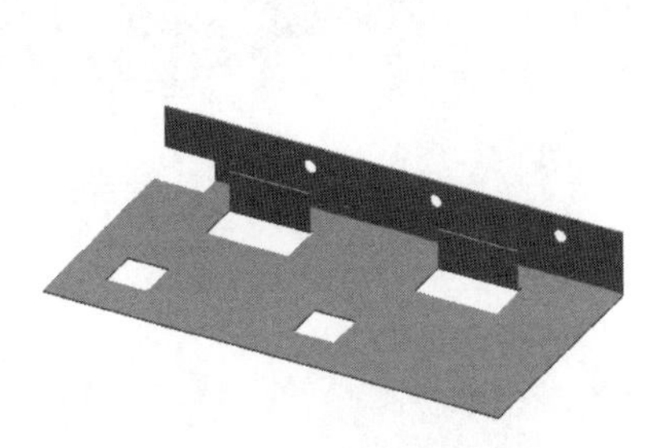

图 7-80　剪切钣金

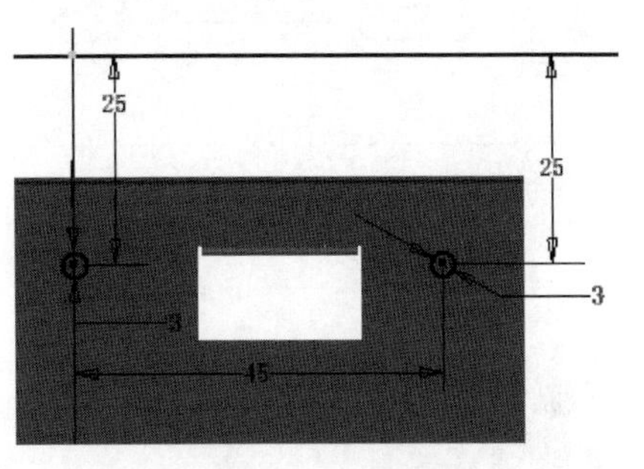

图 7-81　绘制草图

(18) 创建剪切。单击“钣金”选项卡“修改”面板中的“剪切”按钮，打开“剪切”对话框，选择如图 7-81 所示的截面轮廓。采用默认设置，如图 7-82 所示，单击“确定”按钮。

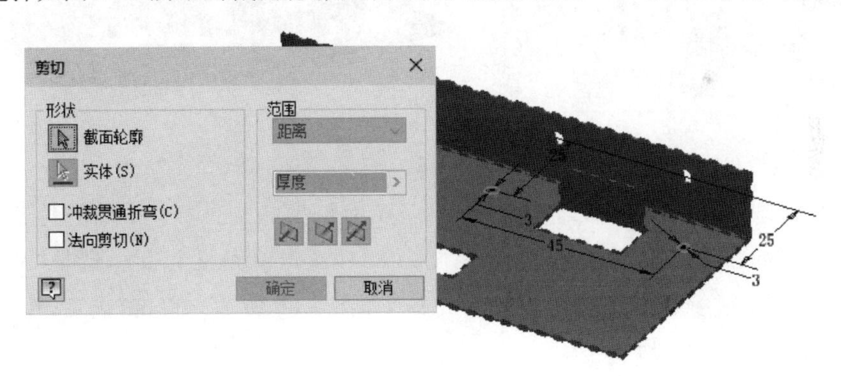

图 7-82　设置参数

(19) 创建草图。单击“钣金”选项卡“草图”面板中的“开始创建二维草图”按钮，选择平板的上表面为草图绘制平面，进入草图绘制环境。单击“草图”选项卡“创建”面板中的“槽 中心到中心”按钮，绘制草图。单击“约束”面板中的“尺寸”按钮，标注尺寸如图 7-83 所示。单击“草图”选项卡中的“完成草图”按钮，退出草图环境。

(20) 创建剪切。单击“钣金”选项卡“修改”面板中的“剪切”按钮，打开“剪切”对话框，选择如图 7-83 所示的截面轮廓。采用默认设置，单击“确定”按钮，结果如图 7-84 所示。

(21) 矩形阵列特征。单击“钣金”选项卡“阵列”面板中的“矩形阵列”按钮，打开“矩形阵列”对话框，选取上一步创建的剪切特征为阵列特征，选取如图 7-85 所示的边为参考并输入个数为 2，距离为 50mm；单击“确定”按钮。

Note

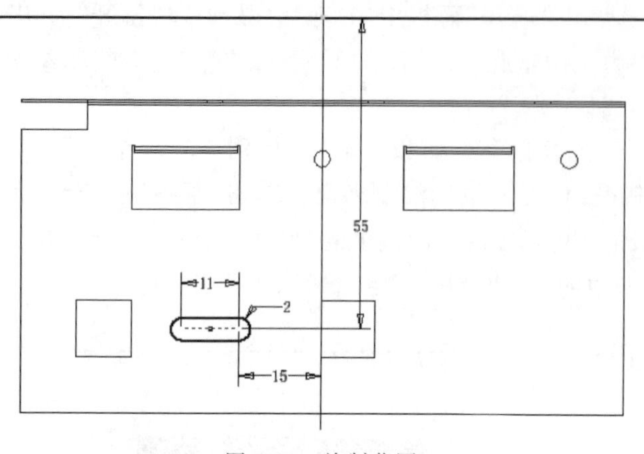

图 7-83 绘制草图

图 7-84 剪切钣金

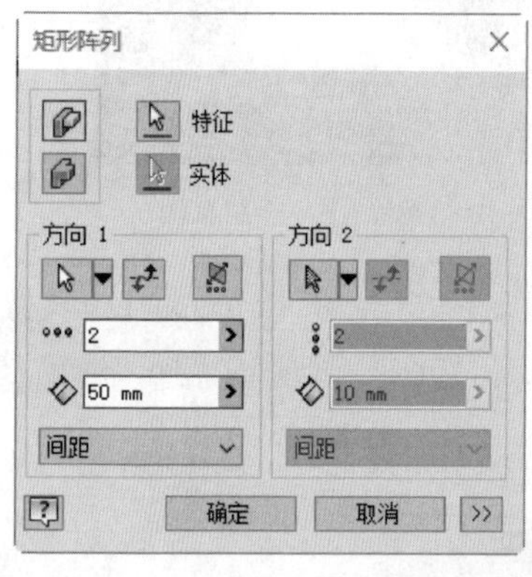

图 7-85 设置参数

(22) 创建凸缘。单击“钣金”选项卡“创建”面板中的“凸缘”按钮，打开“凸缘”对话框，选择如图 7-86 所示的边，输入高度为 10mm，凸缘角度为 90°，选择“从两个外侧面的交线”选项和“参考平面内”选项，如图 7-86 所示。单击“确定”按钮，完成凸缘的创建，如图 7-62 所示。

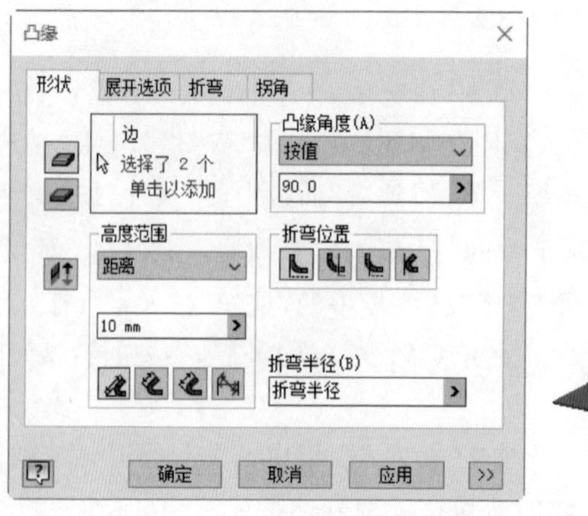

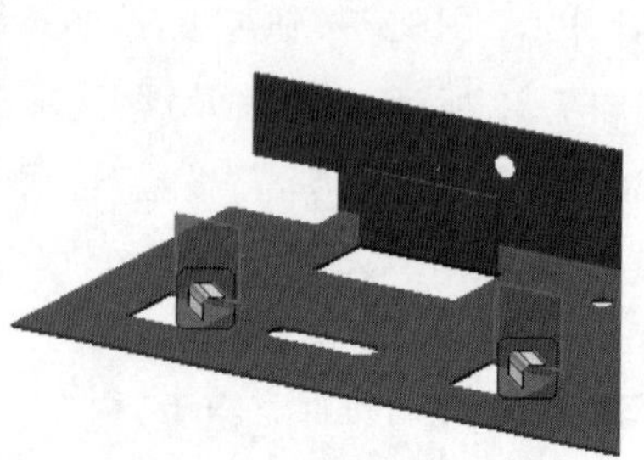

图 7-86 设置参数

(23) 保存文件。单击快速访问工具栏中的“保存”按钮，打开“另存为”对话框，输入文件名为“硬盘固定架.ipt”，单击“保存”按钮，保存文件。

7.3.5 拐角接缝

在钣金面中添加拐角接缝，可以在相交或共面的两个面之间创建接缝。

拐角接缝的创建步骤如下：

(1) 单击“钣金”选项卡“修改”面板中的“拐角接缝”按钮，打开“拐角接缝”对话框，如图 7-87 所示。

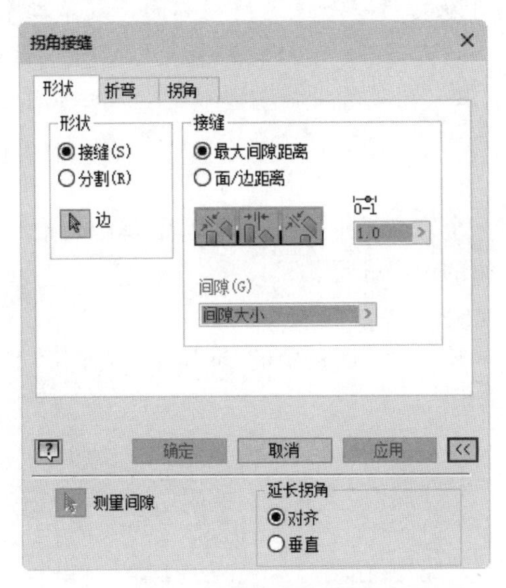

图 7-87 “拐角接缝”对话框

(2) 在相邻的两个钣金面上均选择模型边，如图 7-88 所示。

(3) 在对话框中采用默认接缝类型或选择其他接缝类型。

(4) 在对话框中单击“确定”按钮，完成拐角接缝，结果如图 7-89 所示。

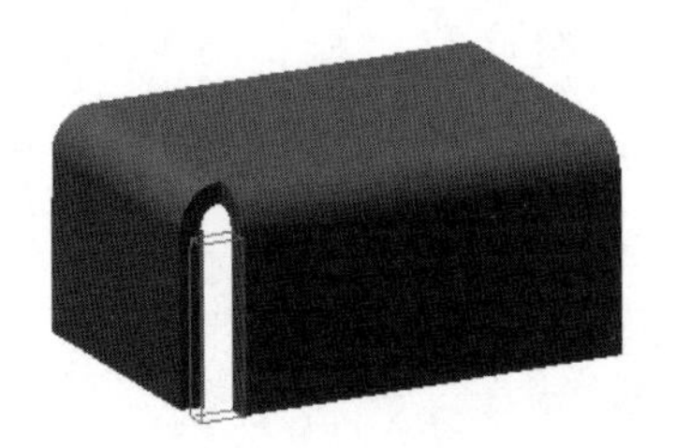

图 7-88 选择边

图 7-89 拐角接缝

“拐角接缝”对话框中的选项说明如下。

1. 形状

选择模型的边并指定是否创建接缝拐角。

(1) 接缝：指定现有的共面或相交钣金面之间的新拐角几何图元。

(2) 分割：此选项打开方形拐角以创建钣金拐角接缝。

(3) 边：在每个面上选择模型边。

2. 接缝

Note

(1) 最大间隙距离：使用该选项创建拐角接缝间隙，可以与使用物理检测标尺方式一致的方式对其进行测量。

(2) 面/边距离：使用该选项创建拐角接缝间隙，可以测量从与选定的第一条边相邻的面到选定的第二条边的距离。

技巧：可以使用哪两种方法来创建和测量拐角接缝间隙？

(1) 面/边方法：基于从与第一个选定边相邻的面到第二个选定边的尺寸来测量接缝间隙。

(2) 最大间隙距离方法：通过滑动物理检测厚薄标尺来测量接缝间隙。

7.3.6 冲压工具

冲压工具必须具有一个定义了中心标记的草图，即钣金面必须具有一个草图，该草图带有一个或多个未使用的中心标记。

冲压的操作步骤如下：

(1) 单击"钣金"选项卡"修改"面板中的"冲压工具"按钮，打开"冲压工具"对话框，如图 7-90 所示，选择冲压工具。

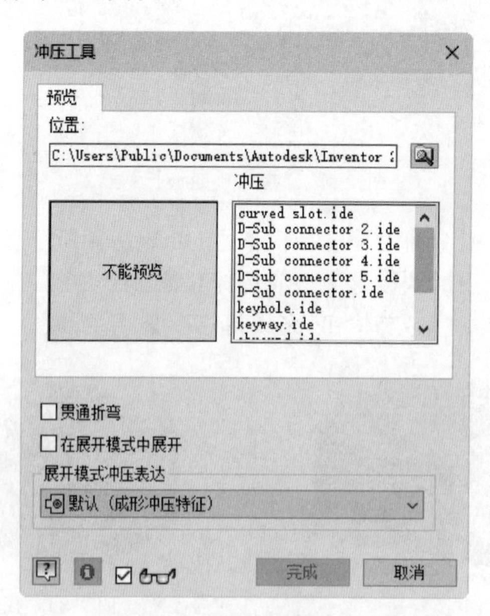

图 7-90 "冲压工具"对话框

(2) 可以单击"选择冲压工具文件夹"按钮，打开"冲压工具目录"对话框，在该对话框中浏览包含冲压形状的文件夹，选择冲压形状进行预览，如图 7-91 所示。选择好冲压工具后，单击"打开"按钮，返回"冲压工具"对话框。

(3) 如果草图中存在多个中心点，按住 Ctrl 键并单击任何不需要的点以防止在这些点处放置冲压工具。

图 7-91　“冲压工具目录”对话框

(4) 在“几何图元”选项卡中指定角度以使冲压相对于平面进行旋转。

(5) 在“规格”选项卡中双击参数值进行修改，单击“完成”按钮完成冲压，如图 7-92 所示。

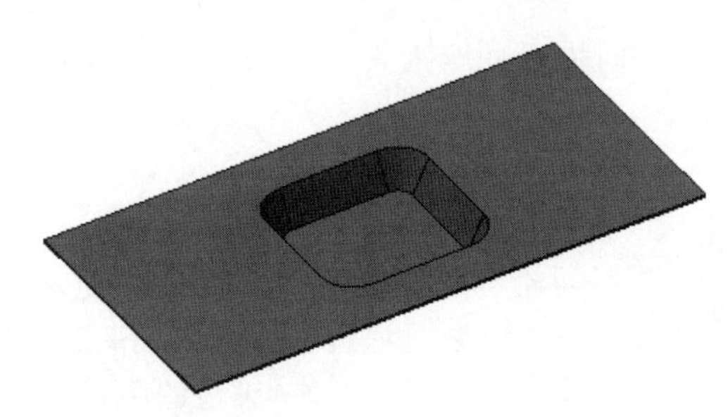

图 7-92　冲压

“冲压工具”对话框中的选项说明如下。

1. 预览

(1) 位置：允许选择包含钣金冲压 iFeature 的文件夹。

(2) 冲压：在选择列表左侧的图形窗格中预览选定的 iFeature。

2. “几何图元”选项卡(图 7-93)

(1) 中心：自动选择用于定位 iFeature 的孔中心。如果钣金面上有多个孔中心，则每个孔中心上都会放置 iFeature。

(2) 角度：指定用于定位 iFeature 的平面角度。

(3) 刷新：重新绘制满足几何图元要求的 iFeature。

3. “规格”选项卡(图 7-94)

修改冲压形状的参数以更改其大小。列表框中列出每个控制形状的参数的“名称”和“值”，双击修改值。

Note

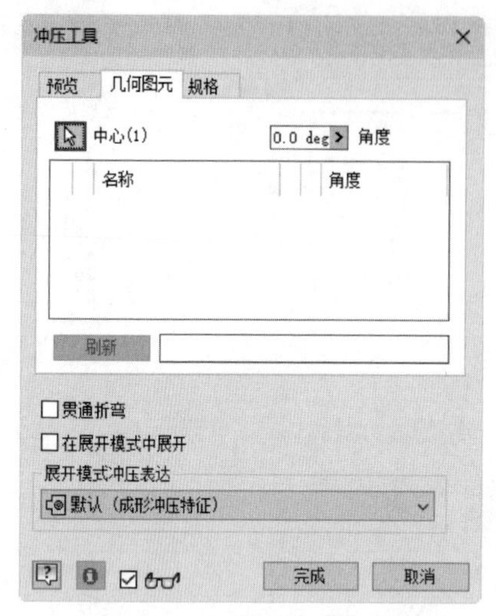

图 7-93 “几何图元”选项卡

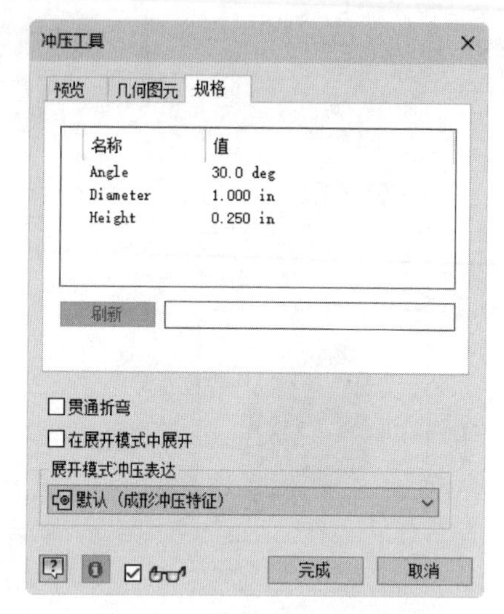

图 7-94 “规格”选项卡

4. 贯通折弯

指定是否贯通折弯来应用冲压特征。默认情况下不选中此复选框，冲压特征将在折弯处终止。

5. 在展开模式中展开

指定是否在展开钣金件时展开冲压工具。默认情况下不选中此复选框，冲压特征将在展开钣金件时保持原样。

7.3.7 接缝

接缝是指在使用封闭的截面轮廓草图创建的允许展平的钣金零件上创建一个间隙。点到点接缝类型需要选择一个模型面和两个现有的点来定义接缝的起始和结束位置，就像单点接缝类型一样，选择的点可以是工作点、边的中点、面顶点上的端点或先前所创建的草图点。

接缝的操作步骤如下：

（1）单击“钣金”选项卡“修改”面板中的“接缝”按钮，打开“接缝”对话框，如图 7-95 所示。

（2）在视图中选择要进行接缝的钣金模型的面，如图 7-96 所示。

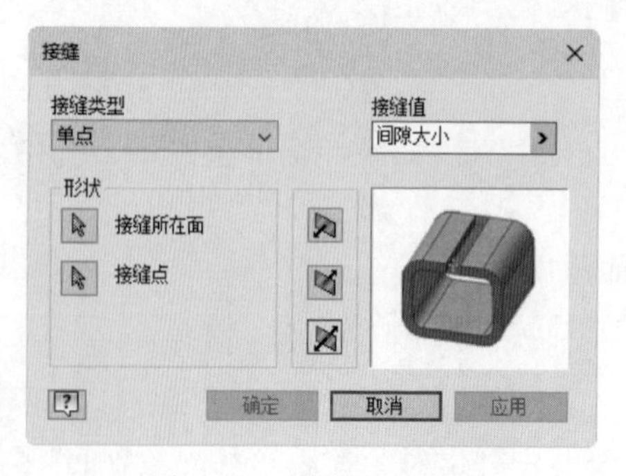

图 7-95 “接缝”对话框

图 7-96 选择接缝面

(3) 在视图中选择定义接缝起始位置的点和结束位置的点，如图 7-97 所示。

(4) 在对话框中设置接缝间隙位于选定点或者向右或向左偏移，单击“确定”按钮，完成接缝，结果如图 7-98 所示。

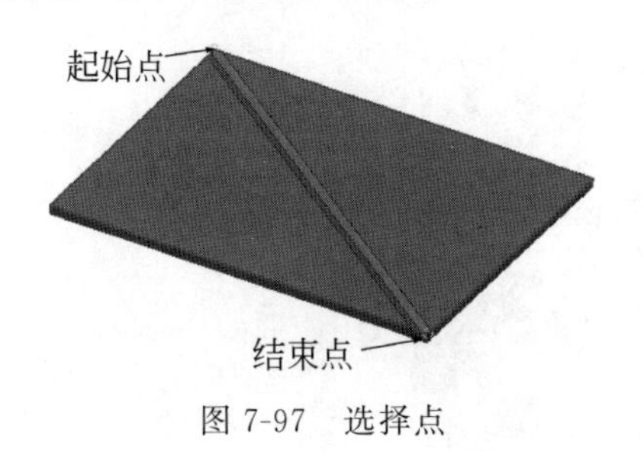

图 7-97 选择点

图 7-98 创建接缝

“接缝”对话框中的选项说明如下。

1. 接缝类型

(1) 单点：允许通过选择要创建接缝的面和该面某条边上的一个点来定义接缝特征。

(2) 点到点：允许通过选择要创建接缝的面和该面的边上的两个点来定义接缝特征。

(3) 面范围：允许通过选择要删除的模型面来定义接缝特征。

2. 形状

(1) 接缝所在面：选择将应用接缝特征的模型面。

(2) 接缝点：选择定义接缝位置的点。

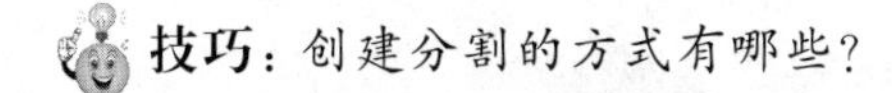

技巧：创建分割的方式有哪些?

(1) 选择曲面边上的点。选择的点可以是边的中点、面顶点上的端点、工作点或先前所创建草图上的草图点。

(2) 在选定面的相对侧上的两点之间分割。这两个点可以是工作点、面边的中点、面顶点上的端点或先前所创建草图上的草图点。

(3) 删除整个选定的面。

7.4 展开和折叠特征

本节主要介绍展开和重新折叠特征。重新折叠特征必须在展开状态下，并且至少包含一个展开特征时才能使用。

7.4.1 展开

展开特征是指展开一个或多个钣金折弯或相对参考面的卷曲。展开命令会向钣金零件浏览器中添加展开特征，并允许向模型的展平部分添加其他特征。用户可以展开不包含任何平面的折叠钣金模型。展开命令要求零件文件中包含单个实体。

Note

展开的操作步骤如下：

(1) 单击“钣金”选项卡“修改”面板中的“展开”按钮，打开“展开”对话框，如图 7-99 所示。

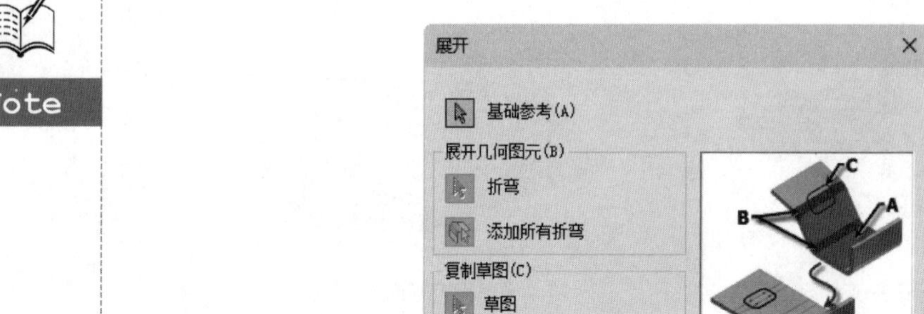

图 7-99 “展开”对话框

(2) 在视图中选择用于做展开参考的面或平面，如图 7-100 所示。

(3) 在视图中选择要展开的各个亮显的折弯或卷曲，如图 7-100 所示，也可以单击“添加所有折弯”按钮来选择所有亮显的几何图元。

(4) 预览展平的状态，并添加或删除折弯或卷曲以获得需要的平面。

(5) 在对话框中单击“确定”按钮，完成展开，结果如图 7-101 所示。

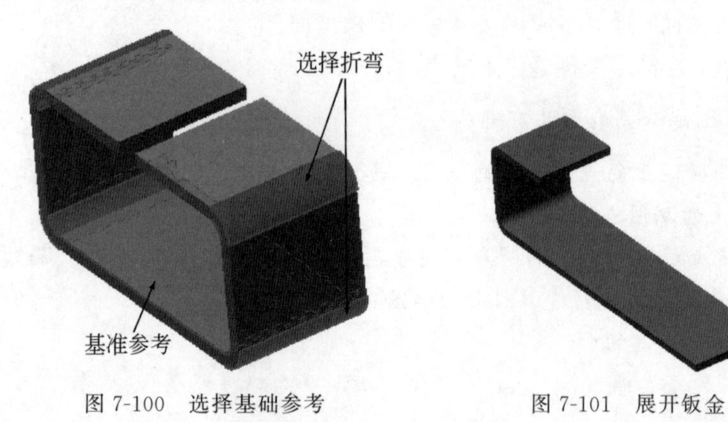

图 7-100 选择基础参考　　图 7-101 展开钣金

“展开”对话框中的选项说明如下。

1. 基础参考

选择用于定义展开或重新折叠折弯或旋转所参考的面或参考平面。

2. 展开几何图元

(1) 折弯：选择要展开或重新折叠的各个折弯或旋转特征。

(2) 添加所有折弯：选择要展开或重新折叠的所有折弯或旋转特征。

3. 复制草图

选择要展开或重新折叠的未使用的草图。

技巧：阵列钣金特征需要注意以下几点。

(1) 展开特征通常沿整条边进行拉伸，可能不适用于阵列。

(2) 钣金剪切类似于拉伸剪切。使用"完全相同"终止方式获得的结果可能与使用"根据模型调整"终止方式获得的结果不同。

(3) 冲裁贯通折弯特征阵列结果因折弯几何图元和终止方式的不同而不同。

(4) 不支持多边凸缘阵列。

(5) "完全相同"终止方式仅适用于面特征、凸缘、异形板和卷边特征。

7.4.2　重新折叠

用户可以重新折叠在展开状态下至少包含一个展开特征的特征，也可以重新折叠不包含平面且至少包含一个处于展开状态的卷曲特征的钣金特征。

重新折叠的操作步骤如下：

(1) 单击"钣金"选项卡"修改"面板中的"重新折叠"按钮，打开"重新折叠"对话框，如图 7-102 所示。

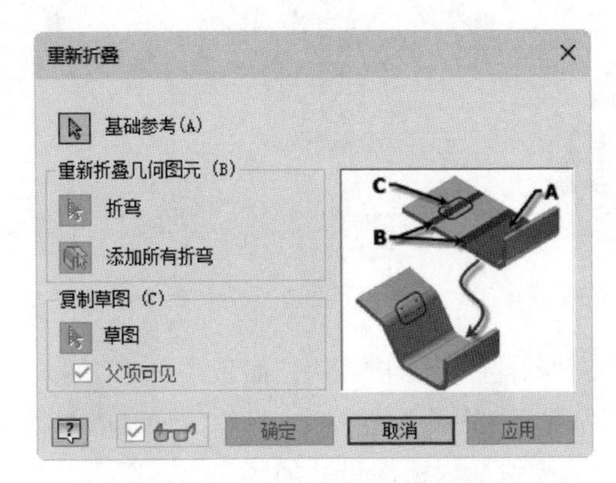

图 7-102　"重新折叠"对话框

(2) 在视图中选择用于做重新折叠参考的面或平面，如图 7-103 所示。

(3) 在视图中选择要重新折叠的各个亮显的折弯或卷曲，如图 7-103 所示，也可以单击"添加所有折弯"按钮来选择所有亮显的几何图元。

(4) 预览重新折叠的状态，并添加或删除折弯或卷曲以获得需要的折叠模型状态。

(5) 在对话框中单击"确定"按钮，完成折叠，结果如图 7-104 所示。

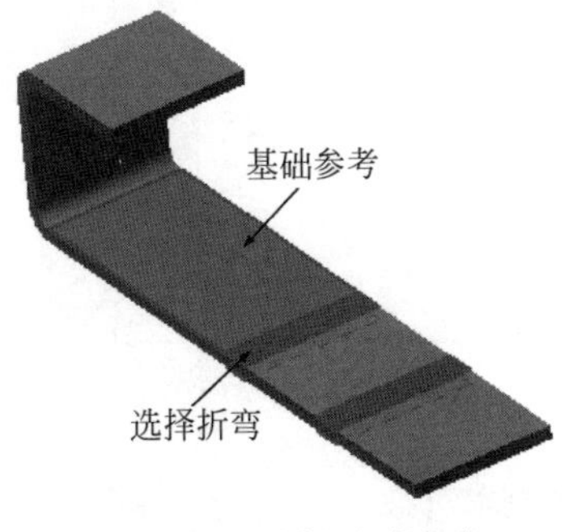

图 7-103　选择基础参考

图 7-104　重新折叠

7.4.3 实例——电气支架

本例绘制如图 7-105 所示的电气支架。

Note

7-6

操作步骤

(1) 新建文件。单击快速访问工具栏中的"新建"按钮，在打开的"新建文件"对话框中选择 Sheet Metal. ipt 选项，单击"创建"按钮，新建一个零件文件。

(2) 设置钣金厚度。单击"钣金"选项卡"设置"面板中的"钣金默认设置"按钮，打开"钣金默认设置"对话框。取消选中"使用规则中的厚度"复选框，输入钣金厚度为 5mm，其他采用默认设置，如图 7-106 所示，单击"确定"按钮。

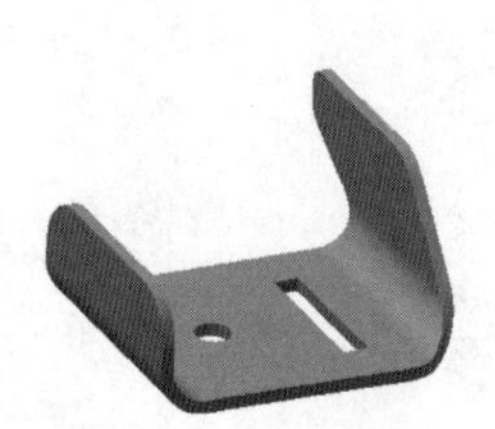

图 7-105　电气支架

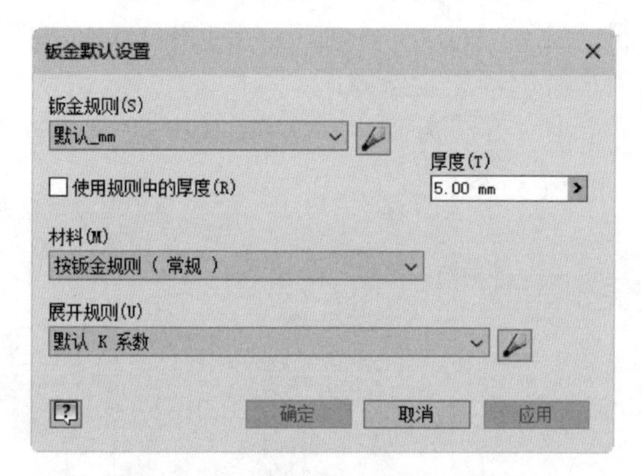

图 7-106　"钣金默认设置"对话框

(3) 创建草图。单击"钣金"选项卡"草图"面板中的"开始创建二维草图"按钮，选择 XZ 平面为草图绘制平面，进入草图绘制环境。利用草图绘制命令绘制草图。单击"约束"面板中的"尺寸"按钮，标注尺寸如图 7-107 所示。单击"草图"选项卡中的"完成草图"按钮，退出草图环境。

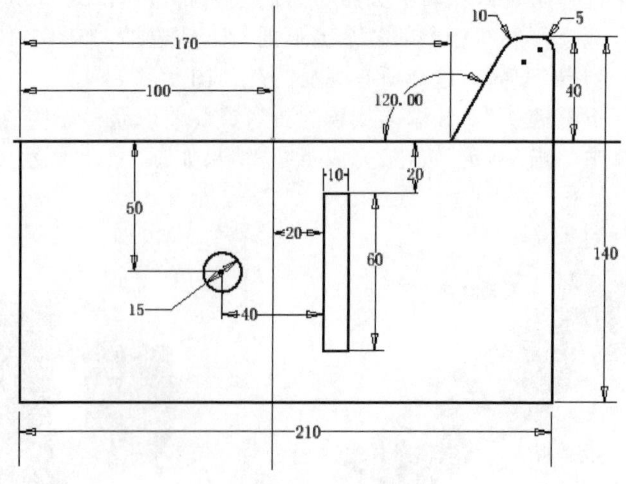

图 7-107　绘制草图

（4）创建平板。单击“钣金”选项卡“创建”面板中的“面”按钮，打开“面”对话框，系统自动选取上一步绘制的草图为截面轮廓。单击“确定”按钮，完成平板的创建，如图 7-108 所示。

（5）创建草图。单击“钣金”选项卡“草图”面板中的“开始创建二维草图”按钮，选择平板的上表面为草图绘制平面，进入草图绘制环境。单击“草图”选项卡“创建”面板中的“直线”按钮，绘制草图。单击“约束”面板中的“尺寸”按钮，标注尺寸如图 7-109 所示。单击“草图”选项卡中的“完成草图”按钮，退出草图环境。

图 7-108　创建平板

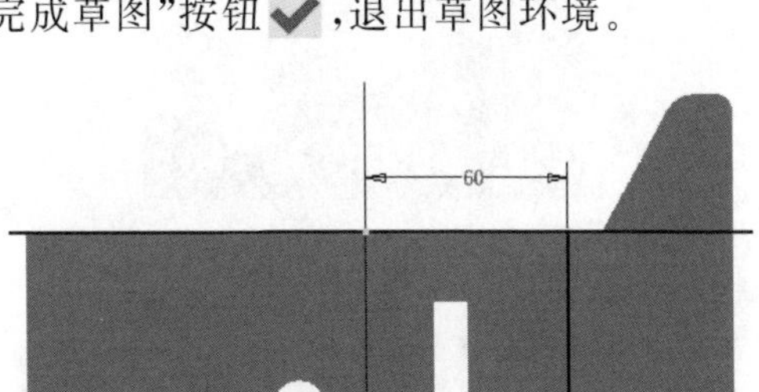

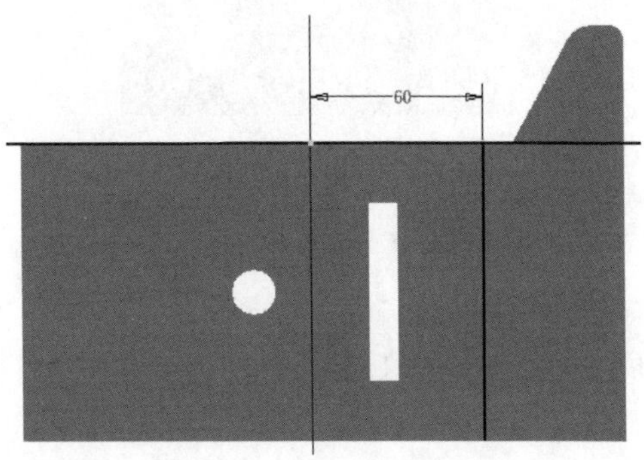

图 7-109　绘制直线

（6）创建折叠。单击“钣金”选项卡“创建”面板中的“折叠”按钮，打开“折叠”对话框，选择如图 7-110 所示的草图线，输入折叠角度为 90°，输入折弯半径为 15mm，选择“折弯中心线”选项，如图 7-110 所示。单击“确定”按钮，结果如图 7-111 所示。

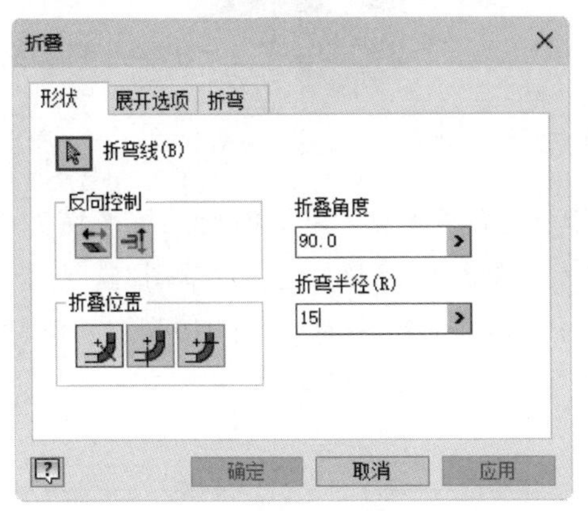

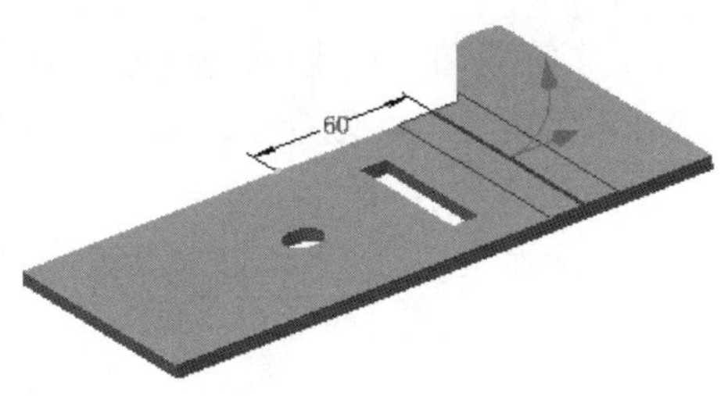

图 7-110　设置参数

（7）创建草图。单击“钣金”选项卡“草图”面板中的“开始创建二维草图”按钮，选择平板的上表面为草图绘制平面，进入草图绘制环境。单击“草图”选项卡“创建”面板中的“直线”按钮，绘制草图。单击“约束”面板中的“尺寸”按钮，标注尺寸如图 7-112 所示。单击“草图”选项卡中的“完成草图”按钮，退出草图环境。

图 7-111　创建折叠

Note

(8) 创建折叠。单击“钣金”选项卡“创建”面板中的“折叠”按钮，打开“折叠”对话框，选择如图7-112所示的草图线，输入折叠角度为90°，输入折弯半径为15mm，选择“折弯中心线”选项。单击“确定”按钮，结果如图7-113所示。

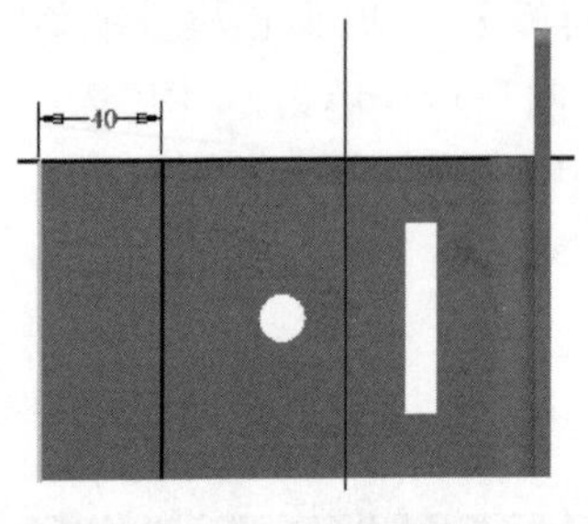

图7-112　绘制直线

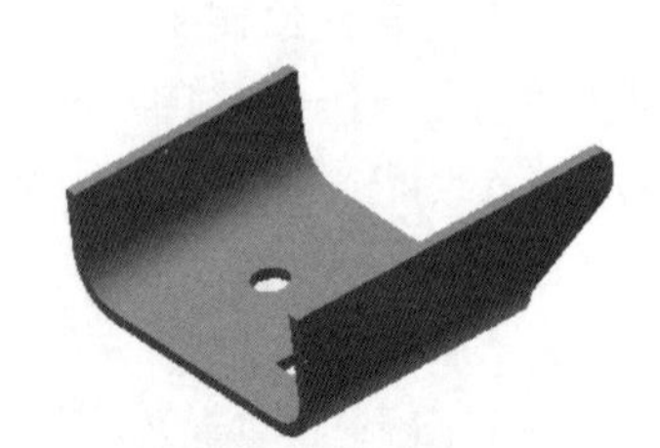

图7-113　创建折叠

(9) 创建展开。单击“钣金”选项卡“修改”面板中的“展开”按钮，打开“展开”对话框，选择如图7-114所示的基础平面，单击“添加所有折弯”按钮。单击“确定”按钮，展开钣金如图7-115所示。

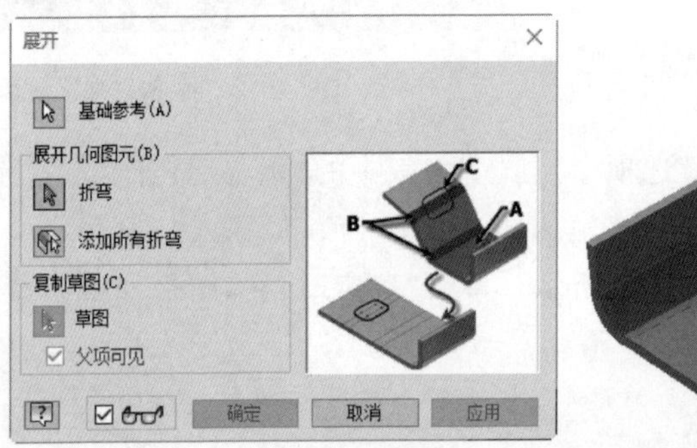

图7-114　展开钣金设置

(10) 创建草图。单击“钣金”选项卡“草图”面板中的“开始创建二维草图”按钮，选择平板的上表面为草图绘制平面，进入草图绘制环境。单击“草图”选项卡“创建”面板中的“直线”按钮，绘制草图。单击“约束”面板中的“尺寸”按钮，标注尺寸如图7-116所示。单击“草图”选项卡中的“完成草图”按钮，退出草图环境。

图7-115　展开钣金

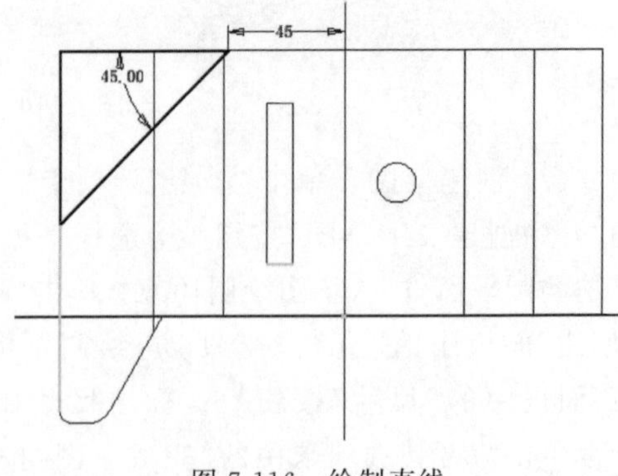

图7-116　绘制直线

(11) 创建剪切。单击“钣金”选项卡“修改”面板中的“剪切”按钮，打开“剪切”对话框，选择如图 7-116 所示的截面轮廓。采用默认设置，单击“确定”按钮，结果如图 7-117 所示。

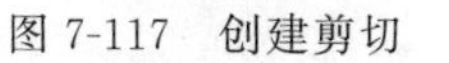
图 7-117 创建剪切

(12) 圆角处理。单击“钣金”选项卡“修改”面板中的“拐角圆角”按钮，打开“拐角圆角”对话框，输入半径为 20mm，选择如图 7-118 所示的边线倒圆角。单击“确定”按钮，完成圆角操作，结果如图 7-119 所示。

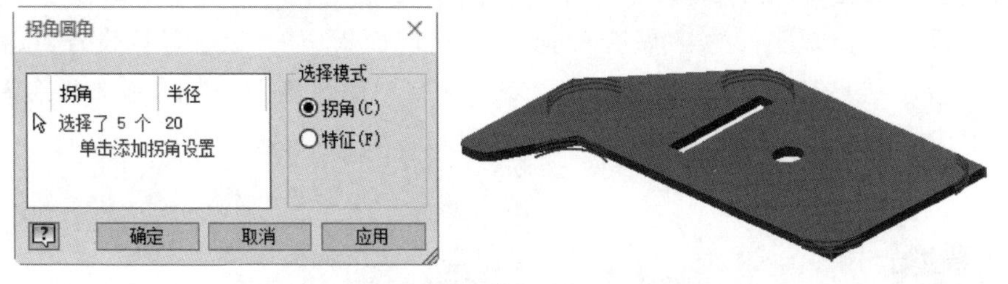

图 7-118 选择边线

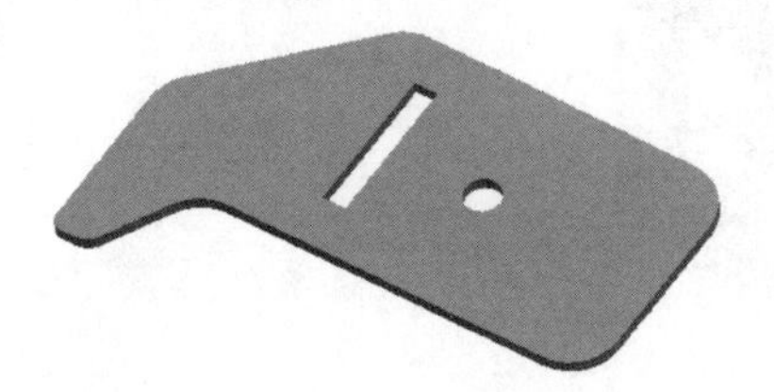

图 7-119 圆角处理

(13) 创建重新折叠。单击“钣金”选项卡“修改”面板中的“重新折叠”按钮，打开“重新折叠”对话框。选择如图 7-120 所示的面为基础参考，单击“添加所有折弯”按钮，选择所有的折弯，如图 7-120 所示。单击“确定”按钮，结果如图 7-105 所示。

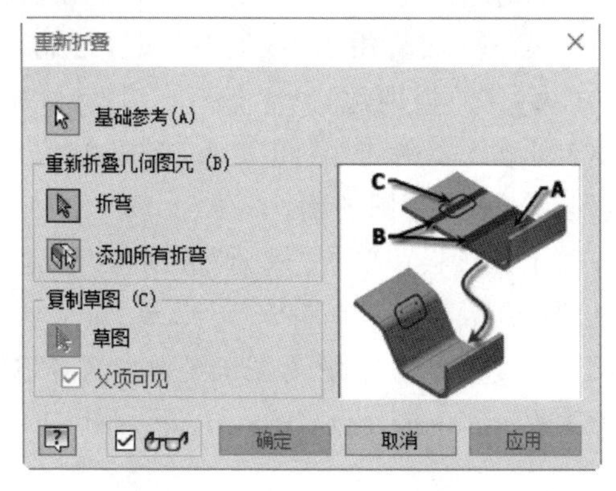

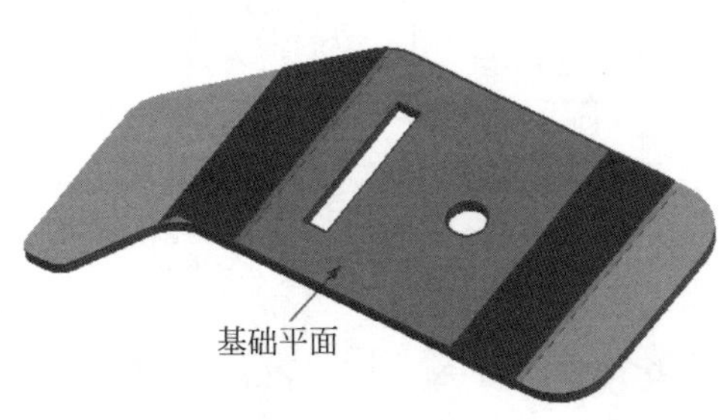

图 7-120 选择基础平面及设置折弯选项

(14) 保存文件。单击快速访问工具栏中的“保存”按钮，打开“另存为”对话框，输入文件名为“电气支架.ipt”，单击“保存”按钮，保存文件。

7.5 综合实例——硬盘支架

Note

7-7

本例绘制如图 7-121 所示的硬盘支架。

操作步骤

(1) 新建文件。单击快速访问工具栏中的“新建”按钮，在打开的“新建文件”对话框中选择 Sheet Metal.ipt 选项，单击“创建”按钮，新建一个钣金文件。

(2) 设置钣金厚度。单击“钣金”选项卡“设置”面板中的“钣金默认设置”按钮，打开“钣金默认设置”对话框。取消选中“使用规则中的厚度”复选框，输入钣金厚度为 0.5mm，其他采用默认设置，如图 7-122 所示，单击“确定”按钮。

图 7-121 硬盘支架

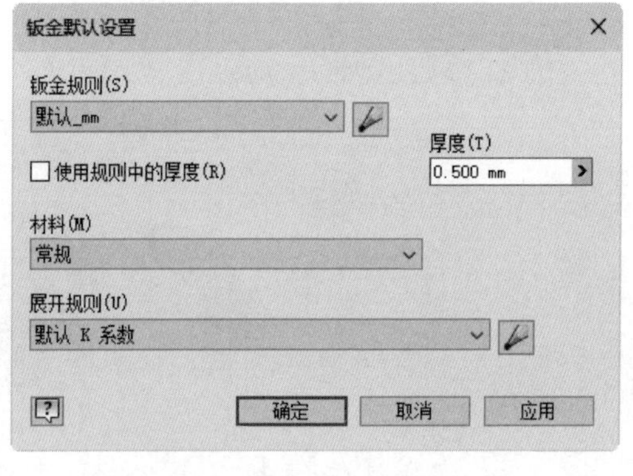

图 7-122 “钣金默认设置”对话框

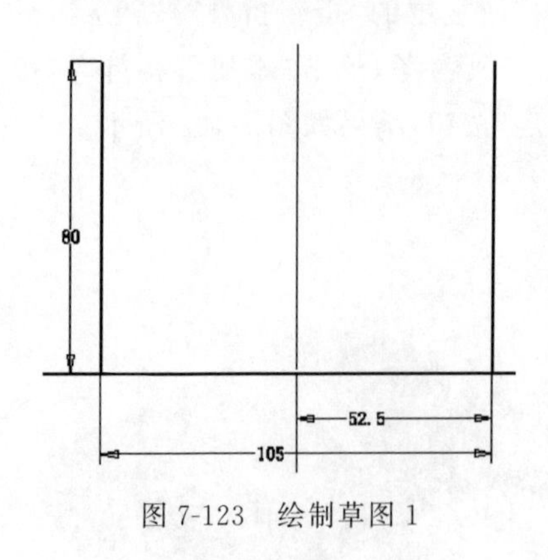

图 7-123 绘制草图 1

(3) 创建草图 1。单击“钣金”选项卡“草图”面板中的“开始创建二维草图”按钮，选择 XY 平面为草图绘制平面，进入草图绘制环境。单击“草图”选项卡“创建”面板中的“线”按钮，绘制草图。单击“约束”面板中的“尺寸”按钮，标注尺寸如图 7-123 所示。单击“草图”选项卡中的“完成草图”按钮，退出草图环境。

(4) 创建异形板。单击“钣金”选项卡“创建”面板中的“异形板”按钮，打开“异形板”对话框，选择如图 7-124 所示的草图为截面轮廓，单击“对称”偏移方向，输入距离为 110mm，如图 7-124 所示。单击“确定”按钮，结果如图 7-125 所示。

(5) 创建卷边。

① 单击“钣金”选项卡“创建”面板中的“卷边”按钮，打开“卷边”对话框，选择如图 7-126 所示的边，选择“单层”类型，输入长度为 10mm，单击“应用”按钮。

② 选择如图 7-127 所示的边线，创建尺寸相同的卷边，如图 7-128 所示。

图 7-124　设置参数

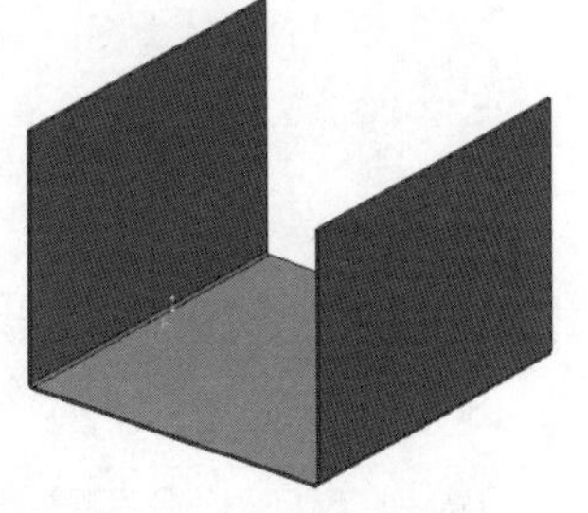

图 7-125　创建异形板

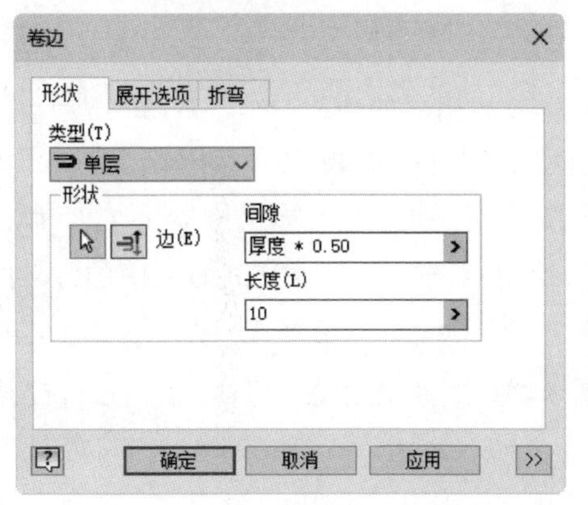

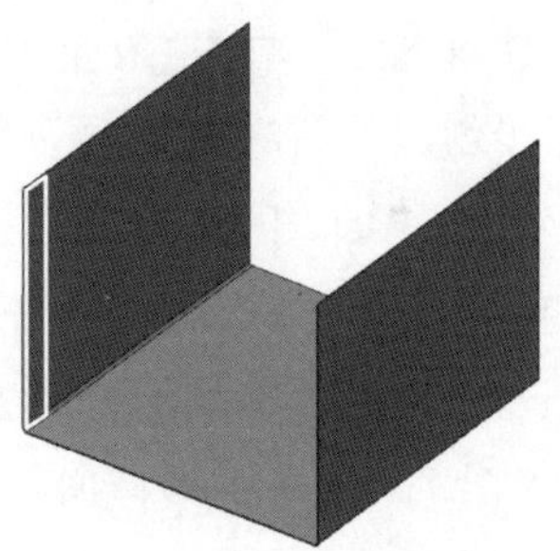

图 7-126　设置参数

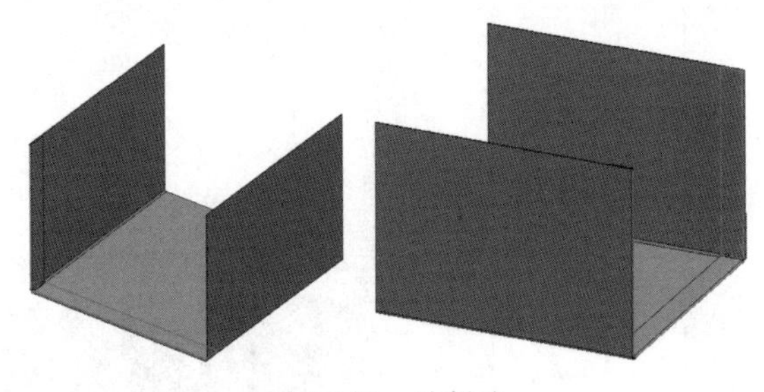

图 7-127　选择边

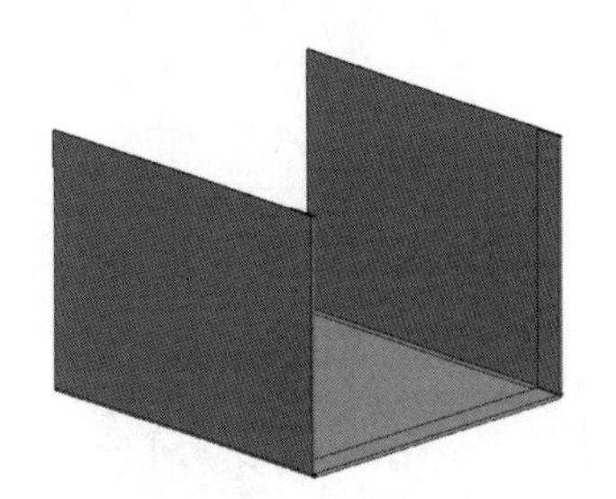

图 7-128　创建卷边

（6）创建凸缘。

① 单击“钣金”选项卡“创建”面板中的“凸缘”按钮，打开“凸缘”对话框。选择如图 7-129 所示的边，输入高度为 10mm，凸缘角度为 90°，选择“从两个外侧面的交线折弯”选项和“从相邻面折弯”选项，单击 >> 按钮展开对话框。选择“偏移量”类型，输入偏移 1 为 0mm，输入偏移 2 为 10mm，如图 7-129 所示，单击“应用”按钮。

Note

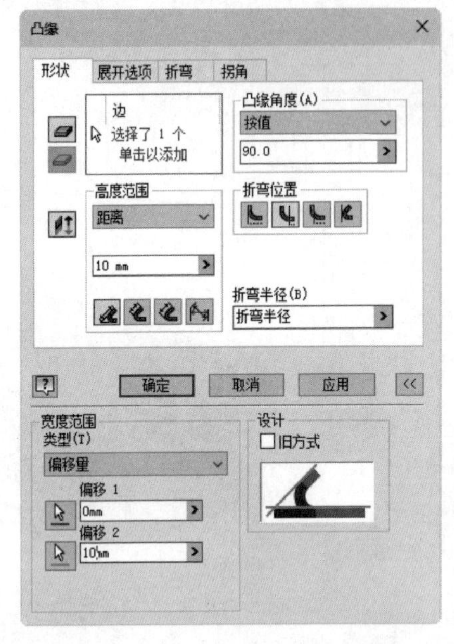

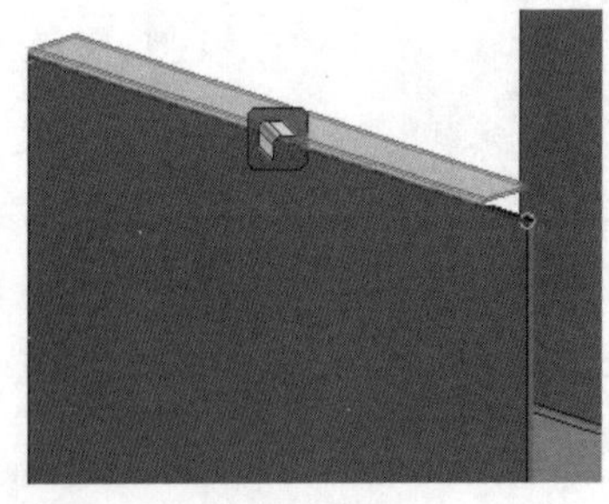

图 7-129　设置参数

② 采用相同的方法，在另一侧创建参数相同的凸缘，如图 7-130 所示。

(7) 创建草图 2。单击“钣金”选项卡“草图”面板中的“开始创建二维草图”按钮，选择上步创建的凸缘上表面为草图绘制平面，进入草图绘制环境。单击“草图”选项卡“创建”面板中的“矩形”按钮，绘制草图。单击“约束”面板中的“尺寸”按钮，标注尺寸如图 7-131 所示。单击“草图”选项卡中的“完成草图”按钮，退出草图环境。

(8) 创建剪切。单击“钣金”选项卡“修改”面板中的“剪切”按钮，打开“剪切”对话框，选择如图 7-131 所示的截面轮廓。输入距离为 1.5mm，单击“确定”按钮，结果如图 7-132 所示。

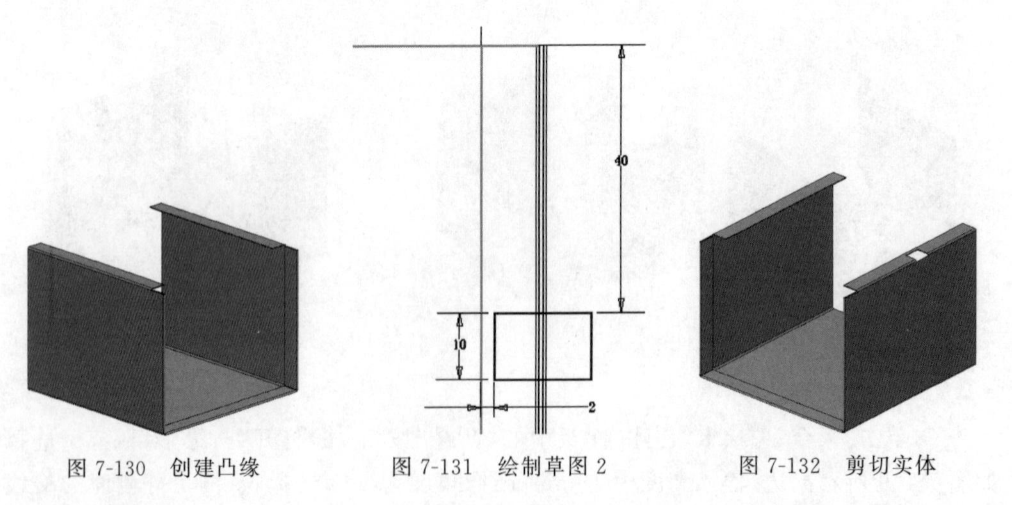

图 7-130　创建凸缘　　图 7-131　绘制草图 2　　图 7-132　剪切实体

(9) 创建凸缘。单击“钣金”选项卡“创建”面板中的“凸缘”按钮，打开“凸缘”对话框。选择如图 7-133 所示的边，输入高度为 6mm，凸缘角度为 90°，选择“从两个外侧

面的交线折弯”选项和“从相邻面折弯”选项，如图 7-133 所示。单击“确定”按钮完成凸缘的创建，结果如图 7-134 所示。

图 7-133　设置参数

(10) 创建草图 3。单击“钣金”选项卡“草图”面板中的“开始创建二维草图”按钮，选择上步创建的凸缘上表面为草图绘制平面，进入草图绘制环境。单击“草图”选项卡“创建”面板中的“圆心圆”按钮，绘制草图。单击“约束”面板中的“尺寸”按钮，标注尺寸如图 7-135 所示。单击“草图”选项卡中的“完成草图”按钮，退出草图环境。

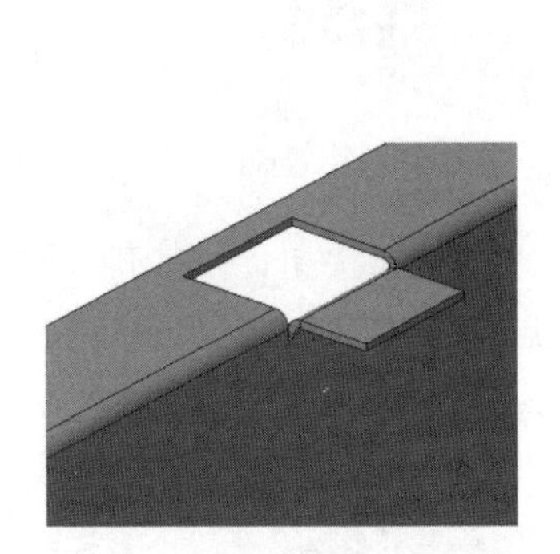

图 7-134　创建凸缘

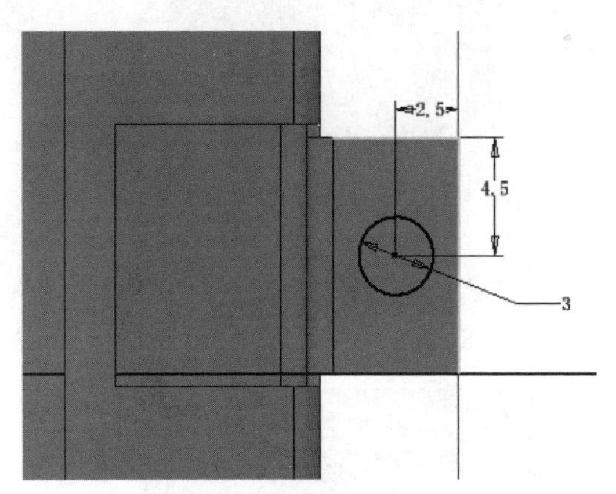

图 7-135　绘制草图 3

(11) 创建剪切。单击“钣金”选项卡“修改”面板中的“剪切”按钮，打开“剪切”对话框，选择如图 7-136 所示的截面轮廓。采用默认设置，单击“确定”按钮。

(12) 创建草图 4。单击“钣金”选项卡“草图”面板中的“开始创建二维草图”按钮，选择如图 7-136 所示的面 1 为草图绘制平面，进入草图绘制环境。单击“草图”选项卡“创建”面板中的“矩形”按钮，绘制草图。单击“约束”面板中的“尺寸”按钮，标注尺寸如图 7-137 所示。单击“草图”选项卡中的“完成草图”按钮，退出草图环境。

(13) 创建剪切。单击“钣金”选项卡“修改”面板中的“剪切”按钮，打开“剪切”对话框，选择如图 7-138 所示的截面轮廓。采用默认设置，单击“确定”按钮。

Note

7-8

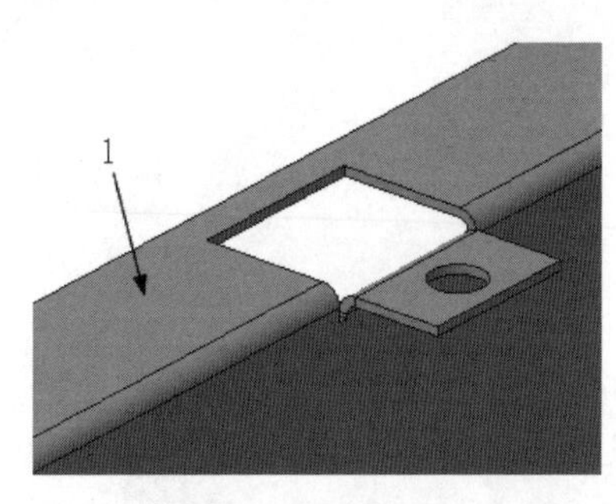

图 7-136　创建剪切特征

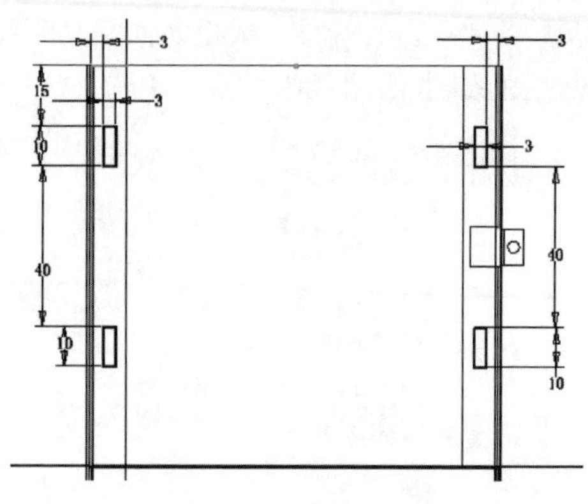

图 7-137　绘制草图 4

(14) 创建草图5。单击"钣金"选项卡"草图"面板中的"开始创建二维草图"按钮，选择如图 7-139 所示的面 2 为草图绘制平面，进入草图绘制环境。利用"圆"命令、"直线"命令和"修剪"命令绘制草图。单击"约束"面板中的"尺寸"按钮，标注尺寸如图 7-140 所示。单击"草图"选项卡中的"完成草图"按钮，退出草图环境。

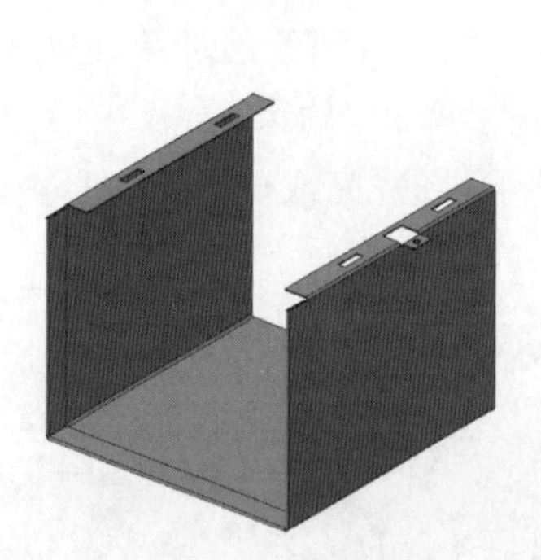

图 7-138　创建剪切特征

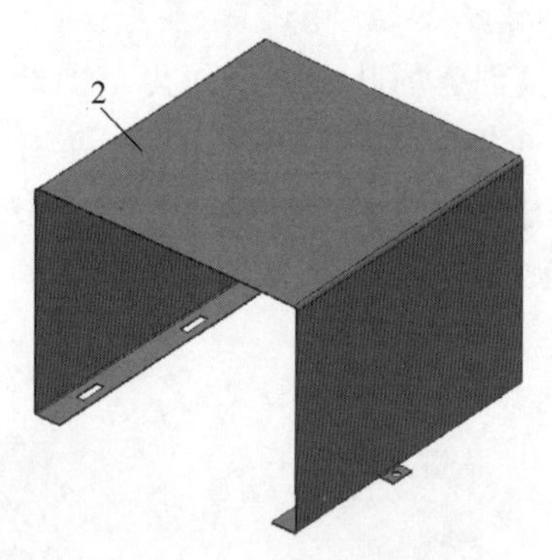

图 7-139　选取草图放置面

(15) 创建剪切。单击"钣金"选项卡"修改"面板中的"剪切"按钮，打开"剪切"对话框，选择如图 7-141 所示的截面轮廓。采用默认设置，单击"确定"按钮。

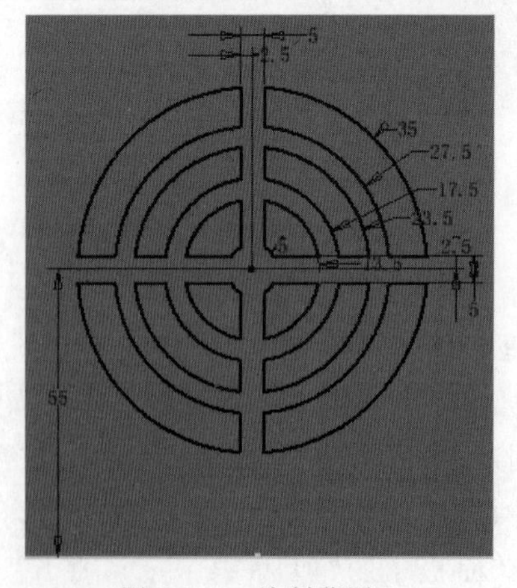

图 7-140　绘制草图 5

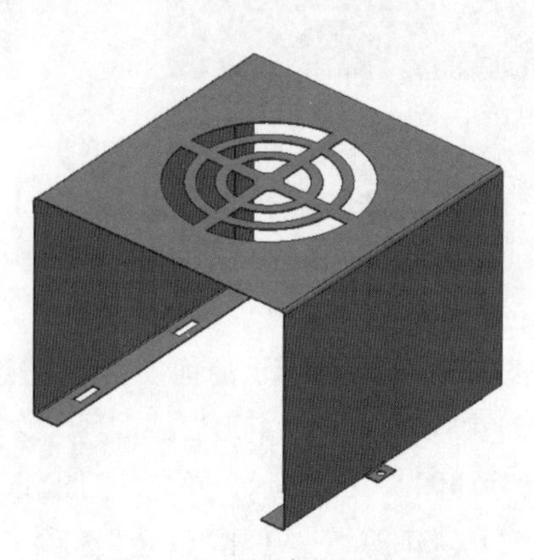

图 7-141　创建剪切特征

(16) 创建凸缘。单击“钣金”选项卡“创建”面板中的“凸缘”按钮，打开“凸缘”对话框。选择如图 7-142 所示的边，输入高度为 10mm，凸缘角度为 90°，选择“从两个外侧面的交线”选项和“从相邻面折弯”选项，如图 7-142 所示。单击“确定”按钮完成凸缘的创建，结果如图 7-143 所示。

图 7-142　设置参数

(17) 创建直孔。

① 单击“三维模型”选项卡“修改”面板中的“孔”按钮，打开“孔”对话框。选取上步创建的凸缘表面为孔放置面，选取边线 1 为参考 1，输入距离为 5mm，选取边线 2 为参考 2，输入距离为 15mm，选择“贯通”终止方式，输入孔直径为 3.5mm，如图 7-144 所示，单击“确定”按钮。

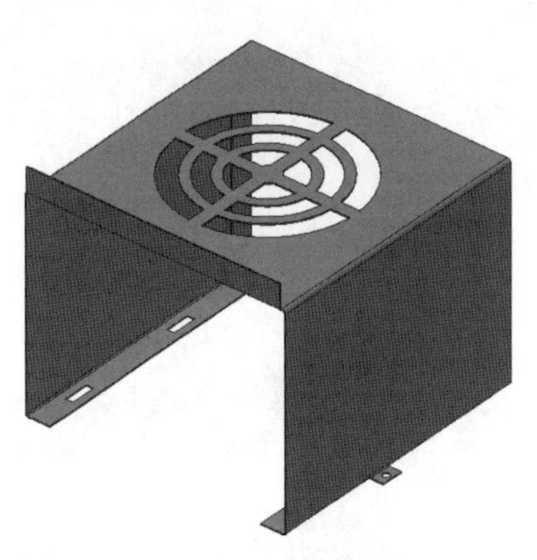

图 7-143　创建凸缘

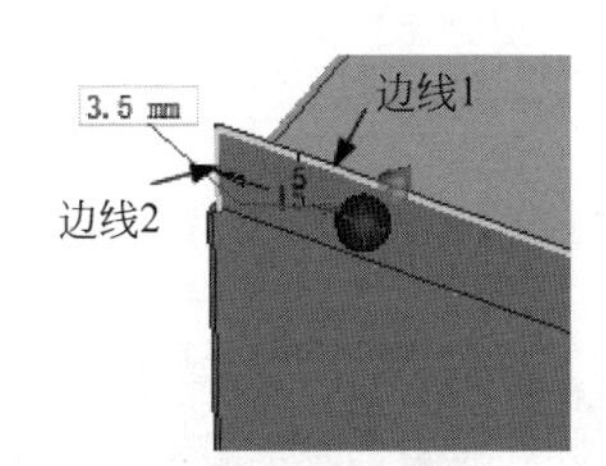

图 7-144　设置参数

② 采用相同的参数在另一侧创建孔，如图 7-145 所示。

图 7-145　创建孔

Note

(18) 创建拐角圆角。单击“钣金”选项卡“修改”面板中的“拐角圆角”按钮，打开“拐角圆角”对话框，选择如图 7-146 所示的边进行圆角处理，输入半径为 6mm。单击“确定”按钮，完成圆角处理，结果如图 7-147 所示。

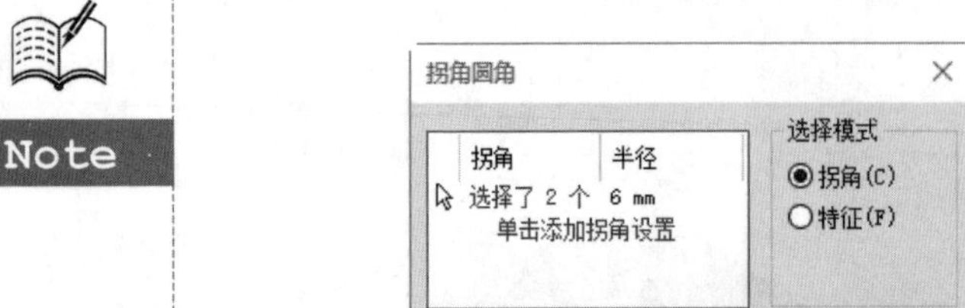

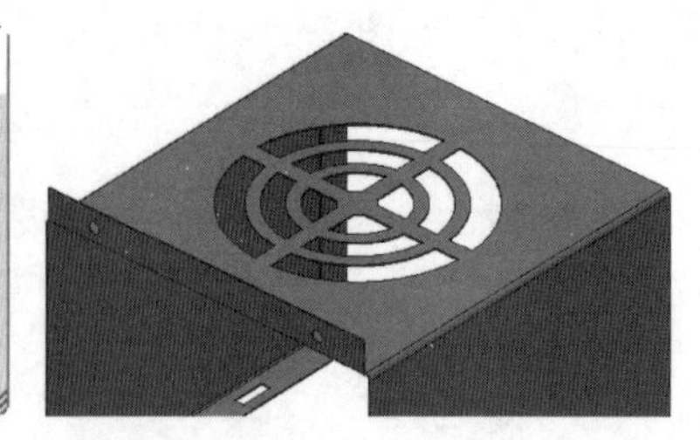

图 7-146　设置参数

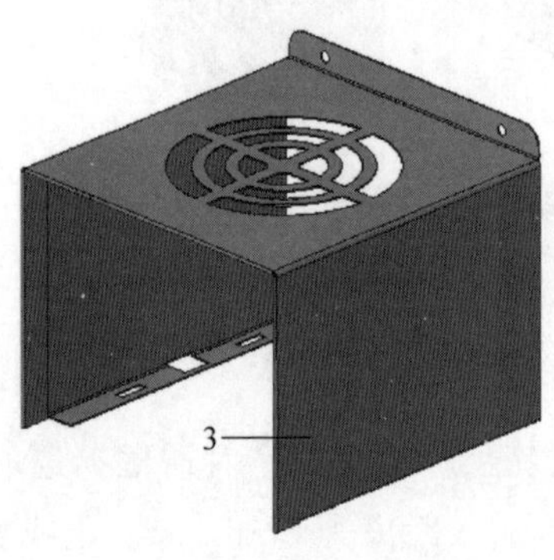

图 7-147　圆角处理

(19) 创建草图 6。单击“钣金”选项卡“草图”面板中的“开始创建二维草图”按钮，选择如图 7-147 所示的面 3 为草图绘制平面，进入草图绘制环境。单击“草图”选项卡“创建”面板中的“点”按钮，创建一个草图点。单击“约束”面板中的“尺寸”按钮，标注尺寸如图 7-148 所示。单击“草图”选项卡中的“完成草图”按钮，退出草图环境。

(20) 冲压成形。单击“钣金”选项卡“修改”面板中的“冲压工具”按钮，打开“冲压工具”对话框，选择 obround. ide 工具，如图 7-149 所示。单击“完成”按钮，完成冲压的创建，结果如图 7-150 所示。

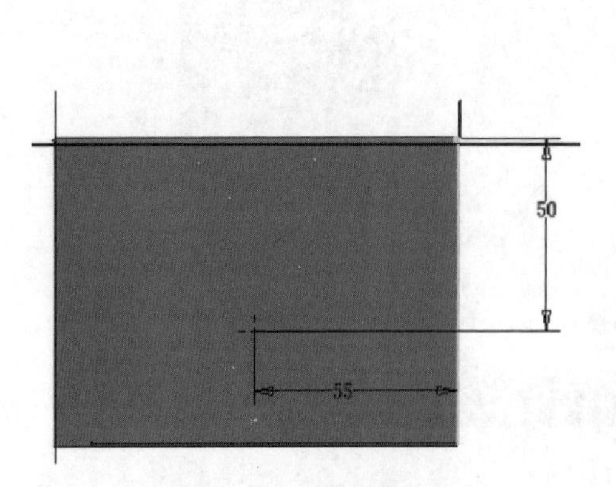

图 7-148　绘制草图 6

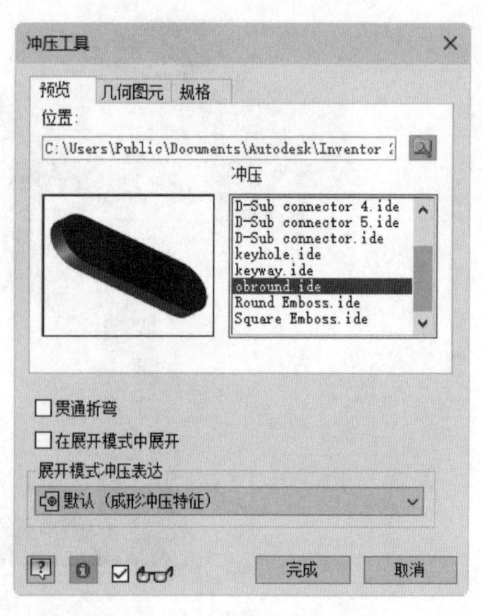

图 7-149　“冲压工具”对话框

(21) 矩形阵列孔。单击“三维模型”选项卡“阵列”面板中的“矩形阵列”按钮，打开“矩形阵列”对话框。在视图中选取上步创建的孔特征为阵列特征，选取如图 7-151 所

示的边线 1 为阵列方向，输入阵列个数为 2，距离为 20mm，选取边线 2 为阵列方向，输入阵列个数为 2，距离为 105mm，单击“确定”按钮，结果如图 7-121 所示。

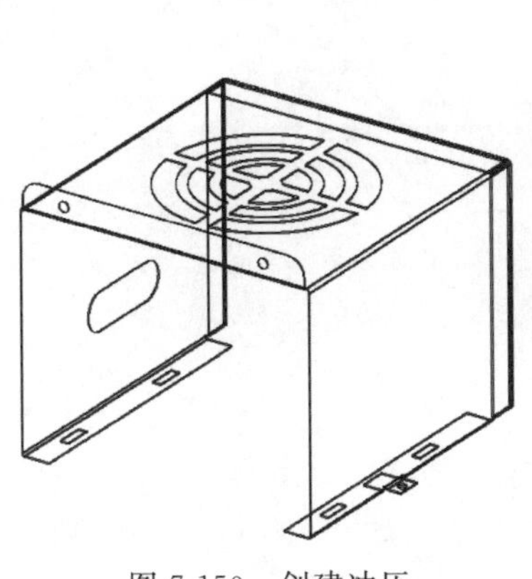

图 7-150 创建冲压

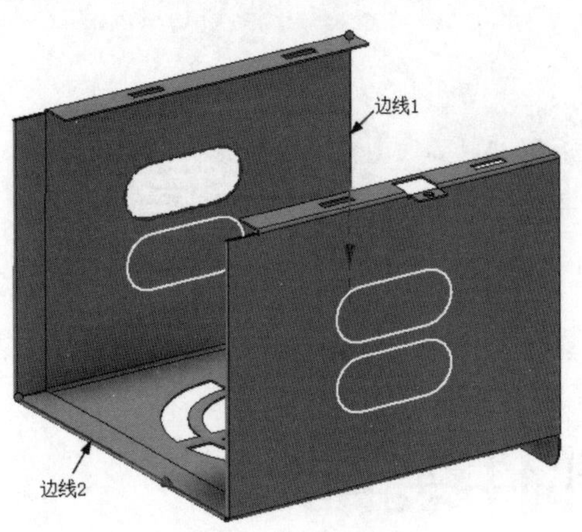

图 7-151 设置参数

(22) 保存文件。单击快速访问工具栏中的“保存”按钮，打开“另存为”对话框，输入文件名为“硬盘支架.ipt”，单击“保存”按钮，保存文件。

部件装配

Inventor 提供将单独的零件或者子部件装配成部件的功能，本章将扼要介绍部件装配的方法和过程。

8.1 Inventor 的装配概述

在 Inventor 中，可以将现有的零件或者部件按照一定的装配约束条件装配成一个完整的部件，同时这个部件也可以作为子部件装配到其他的部件中，最后零件和子部件构成一个符合设计构想的整体部件。

按照通常的设计思路，设计者和工程师首先创建布局，然后设计零件，最后把所有零件组装为部件，这种方法称为自下而上的设计方法。使用 Inventor，创建部件时可以在位创建零件（在位创建零件就是在装配环境中新建零件，新建的零件是一个独立的零件，在位创建零件时需要指定所创建零件的文件名和位置，以及使用的模板等。）或者放置现有零件，从而使设计过程更加简单有效，称为自上而下的设计方法。这种自上而下的设计方法的优点如下：

（1）这种以部件为中心的设计方法支持自上而下、自下而上和混合的设计策略。Inventor 可以在设计过程中的任何环节创建部件，而不是在最后才创建部件。

（2）如果用户正在做一个全新的设计方案，可以从一个空的部件开始，然后在具体设计时创建零件。

（3）如果要修改部件，可以在位创建新零件，以使它们与现有的零件配合。对外部零部件所作的更改将自动反映到部件模型和用于说明它们的工程图中。

Note

在 Inventor 中，可以自由地使用自下而上的设计方法、自上而下的设计方法以及二者同时使用的混合设计方法。下面分别简要介绍。

1. 自下而上的设计方法

对于从零件到部件的设计方法，也就是自下而上的部件设计方法，在进行设计时，需要向部件文件中放置现有的零件和子部件，并通过应用装配约束（例如配合和表面齐平约束）将其定位。如果可能，应按照制造过程中的装配顺序放置零部件，除非零部件在它们的零件文件中是以自适应特征创建的，否则它们有可能无法满足部件设计的要求。

在 Inventor 中，可以在部件中放置零件，然后在部件环境中使零件自适应功能。当零件的特征被约束到其他的零部件中时，在当前设计中零件将自动调整本身大小以适应装配尺寸。如果希望所有欠约束的特征在被装配约束定位时自适应，可以将子部件指定为自适应。如果子部件中的零件被约束到固定几何图元，它的特征将根据需要调整大小。

2. 自上而下的设计方法

对于从部件到零件的设计方法，也就是自上而下的部件设计方法，用户在进行设计时，会遵循一定的设计标准并创建满足这些标准的零部件。设计者列出已知的参数，并且会创建一个工程布局（贯穿并推进整个设计过程的二维设计）。布局可能包含一些关联项目，例如部件靠立的墙和底板、从部件设计中传入或接受输出的机械以及其他固定数据。布局中也可以包含其他标准，例如机械特征。可以在零件文件中绘制布局，然后将它放置到部件文件中。在设计进程中，草图将不断地生成特征。最终的部件是专门设计用来解决当前设计问题的相关零件的集合体。

3. 混合设计方法

混合部件设计的方法结合了自下而上的设计策略和自上而下的设计策略的优点。在这种设计思路下，用户可以知道某些需求，也可以使用一些标准零部件，但仍应给出满足特定目的的新设计。通常，从一些现有的零部件开始设计所需的其他零件，首先分析设计意图，接着插入或创建固定（基础）零部件。设计部件时，可以添加现有的零部件，或根据需要在位创建新的零部件。这样部件的设计过程就会十分灵活，用户可以根据具体的情况，选择自下而上或自上而下的设计方法。

8.2 装配工作区环境

在进行部件装配前首先应进入装配环境，并对装配环境进行配置。

8.2.1 进入装配环境

（1）单击快速访问工具栏中的“新建”按钮，打开“新建文件”对话框，在对话框

Note

中选择 Standard. iam 模板，如图 8-1 所示。

图 8-1 “新建文件”对话框

(2) 单击“创建”按钮，进入装配环境。

8.2.2 配置装配环境

单击“工具”选项卡“选项”面板中的“应用程序选项”按钮，打开“应用程序选项”对话框，在对话框中选择“部件”选项卡，如图 8-2 所示。

“部件”选项卡中的选项说明如下。

(1) 延时更新：利用该选项在编辑零部件时设置更新零部件的优先级。选中该复选框则延迟部件更新，直到单击该部件文件的“更新”按钮为止；取消选中该复选框则在编辑零部件后自动更新部件。

(2) 删除零部件阵列源：该选项设置删除阵列元素时的默认状态。选中该复选框则在删除阵列时删除源零部件；取消选中该复选框则在删除阵列时保留源零部件引用。

(3) 启用关系冗余分析：该选项用于指定 Inventor 是否检查所有装配零部件，以进行自适应调整，默认设置为未选中。如果未选中该复选框，则 Inventor 将跳过辅助检查，辅助检查通常会检查是否有冗余约束并检查所有零部件的自由度。系统仅在显示自由度符号时才会更新自由度检查。选中该复选框后，Inventor 将进行辅助检查，并在发现冗余约束时通知用户。即使没有显示自由度，系统也将对其进行更新。

图 8-2 “部件”选项卡

(4) 特征的初始状态为自适应：控制新创建的零件特征是否可以自动设为自适应。

(5) 剖切所有零件：控制是否剖切部件中的零件。子零件的剖视图方式与父零件相同。

(6) 使用上一引用方向放置零部件：控制放置在部件中的零部件是否继承与上一个引用的浏览器中的零部件相同的方向。

(7) 关系音频通知：选中此复选框以在创建约束时播放提示音，取消选中该复选

框则关闭声音。

(8) 在关系名称后显示零部件名称：指定是否在浏览器中的约束后附加零部件实例名称。

(9) 在原点处固定放置第一个零部件：指定是否将在部件中装入的第一个零部件固定在原点处。

(10) “在位特征”选项组：当在部件中创建在位零件时，可以通过设置该选项组来控制在位特征。

① 配合平面：选中此复选框，则设置构造特征得到所需的大小并使之与平面配合，但不允许它调整。

② 自适应特征：选中此复选框，则当其构造的基础平面改变时，自动调整在位特征的大小或位置。

③ 在位造型时启用关联的边/回路几何图元投影：选中此复选框，则当在部件中新建零件的特征时，将所选的几何图元从一个零件投影到另一个零件的草图来创建参考草图。投影的几何图元是关联的，并且会在父零件改变时更新。投影的几何图元可以用来创建草图特征。

④ 在位造型时启用关联草图几何图元投影：当在部件中创建或编辑零件时，可以将其他零件中的草图几何图元投影到激活的零件。选中此复选框，则投影的几何图元与原始几何图元是关联的，并且会随原始几何图元的更改而更新，包含草图的零件将自动设置为自适应。

(11) “零部件不透明性”选项组：该选项组用来设置当显示部件截面时，哪些零部件以不透明的样式显示。

① 全部：选择此单选按钮，则所有的零部件都以不透明样式显示(当显示模式为着色或带显示边着色时)。

② 仅激活零部件：选择此单选按钮，则以不透明样式显示激活的零件，暗显未激活的零件。

(12) “缩放目标以便放置具有 iMate 的零部件”选项列表：该选项列表设置当使用 iMate 放置零部件时，图形窗口的默认缩放方式。

① 无：选择此选项，则使视图保持原样，不进行任何缩放。

② 装入的零部件：选择此选项将放大放置的零件，使其填充图形窗口。

③ 全部：选择此选项则缩放部件，使模型中的所有元素适合图形窗口。

(13) “快速模式设置”选项组：指定是否在“部件”选项卡中启用“快速模式”命令以及是否将数据快速保存在部件文件中。

① 启用快速模式工作流：选中该复选框可在部件文件中保存增强的显示数据和模型数据。

② 当参考的唯一文件数超过该数目时，启用快速模式：设置阈值以确定打开部件文件(快速与完整)的默认模式。

③ 启用完整模式：选择该单选按钮，可在加载所有零部件数据的情况下打开部件文件。

8.3　零部件基础操作

本节介绍在部件环境中装入、替换、旋转和移动、阵列零部件等基本的操作技巧，这些是在部件环境中进行设计的必要技能。

8.3.1　添加零部件

将已有的零部件装入部件装配环境，是利用已有零部件创建装配体的第一步，体现了“自下而上”的设计步骤。

（1）单击“装配”选项卡“零部件”面板中的“放置”按钮，打开“装入零部件”对话框，如图 8-3 所示。

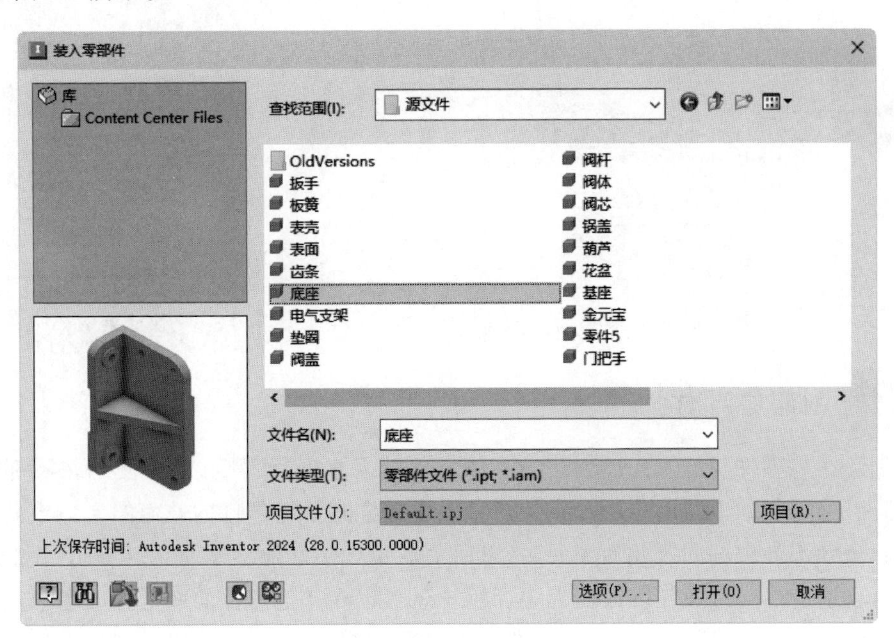

图 8-3　“装入零部件”对话框

（2）在对话框中选择要装配的零件，然后单击“打开”按钮，将零件放置视图中，如图 8-4 所示。

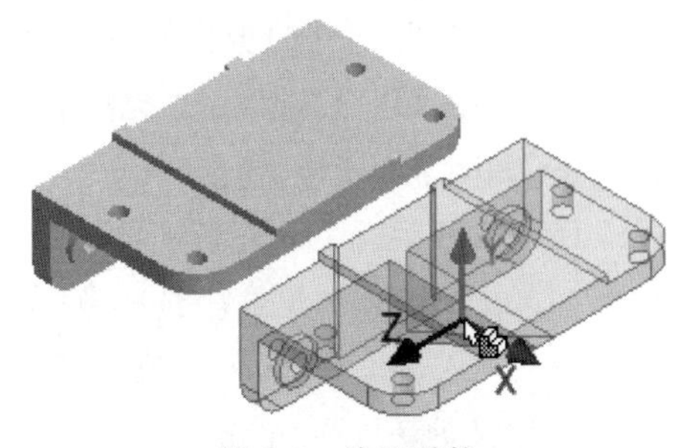

图 8-4　放置零件

（3）继续放置零件，完成后右击，在弹出的快捷菜单中选择“确定”选项，如图 8-5 所示，完成零件的放置。

技巧：如果在快捷菜单中选择“在原点处固定放置”选项，则零部件原点及坐标轴与部件的原点及坐标轴完全重合。要恢复零部件的自由度，可以在图形窗口或浏览器中的零部件上右击，在弹出的如图 8-6 所示的快捷菜单中取消选中“固定”复选框。

Note

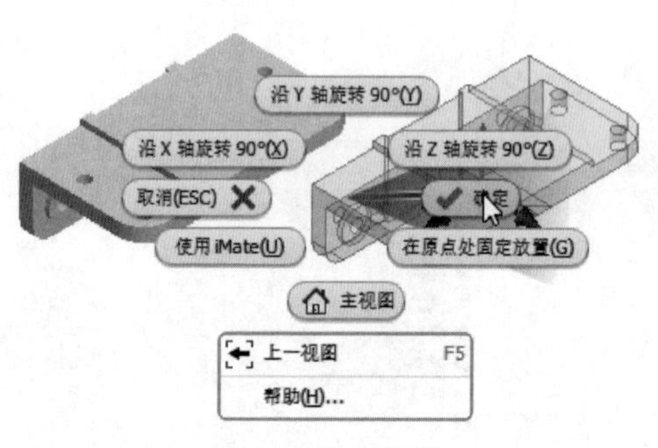

图 8-5　快捷菜单

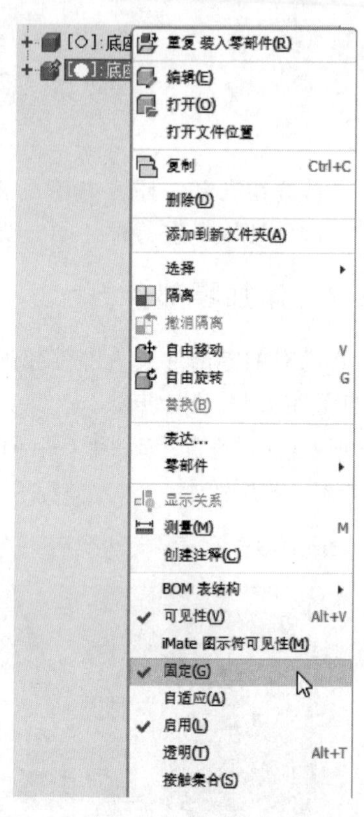

图 8-6　快捷菜单

8.3.2　创建零部件

创建在位零件与插入先前创建的零件文件结果相同，而且可以方便地在零部件面(或部件工作平面)上绘制草图和在特征草图中包含其他零部件的几何图元。当创建的零件约束到部件中的固定几何图元时，可以关联包含于其他零件的几何图元，并把零件指定为自适应以允许新零件改变大小。用户还可以在其他零件的面上开始和终止拉伸特征。默认情况下，这种方法创建的特征是自适应的。另外，还可以在部件中创建草图和特征，但它们不是零件。它们包含在部件文件(.iam)中。

创建在位零部件的步骤如下：

(1) 单击"装配"选项卡"零部件"面板中的"创建"按钮，打开"创建在位零部件"对话框，如图 8-7 所示。

(2) 在对话框中设置新零部件的名称及位置，单击"确定"按钮。

(3) 在视图或浏览器中选择草图平面创建零部件特征。

(4) 进入造型环境，创建完零件后右击，在弹出的快捷菜单中选择"完成编辑"选项，如图 8-8 所示。或单击"三维模型"选项卡中的"返回"按钮，返回装配环境。

将草图平面约束到选定的面或平面：选中该复选框，在所选零件面和草图平面之间创建配合约束。如果新零部件是部件中的第一个零部件，则该选项不可用。

Note

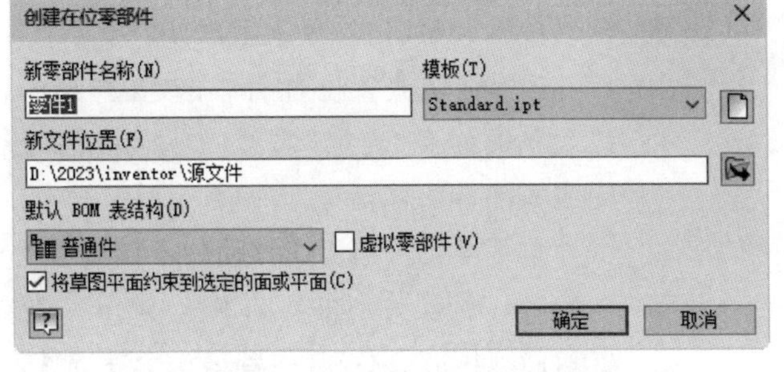

图 8-7　"创建在位零部件"对话框

图 8-8　快捷菜单

注意：当在位创建零部件时，可以执行以下操作步骤：

(1) 在某一部件基准平面上绘制草图。

(2) 在空白空间中单击以将草图平面设定为当前照相机平面。

(3) 将草图约束到现有零部件的面上。

(4) 当一个零部件处于激活状态时，部件的其他部分将在浏览器和图形窗口中暗显。一次只能激活一个零部件。

如果在位零部件的草图截面轮廓使用部件中其他零部件的投影回路，它将与投影零部件关联约束。

8.3.3　替换零部件

替换零部件的操作步骤如下：

(1) 单击"装配"选项卡"零部件"展开面板中的"替换"按钮，选择要进行替换的零部件，按 Enter 键。

(2) 打开"装入零部件"对话框，选择替换零部件，单击"打开"按钮，完成零部件替换。

技巧：如果替换零部件具有与原始零部件不同的形状，则系统弹出如图 8-9 所示的提示对话框，单击"确定"按钮，原始零部件的所有装配约束都将丢失，必须添加新的装配约束以正确定位零部件。如果装入的零件为原始零件的继承零件(包含编辑内容的零件副本)，则替换时约束就不会丢失。

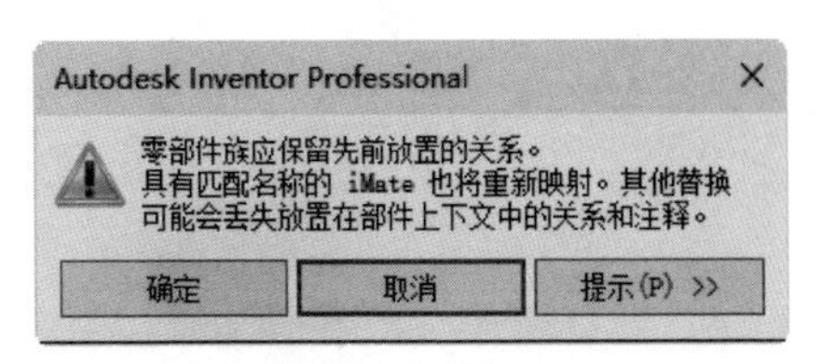

图 8-9　提示对话框

8.3.4　移动零部件

约束零部件时，可能需要暂时移动或旋转约束的零部件，以便更好地查看其他零部件或定位某个零部件以便放置约束。

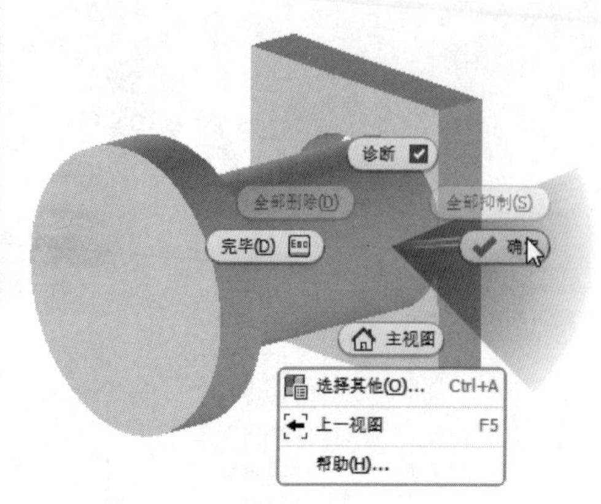

图 8-10　快捷菜单

移动零部件的步骤如下：

（1）单击“装配”选项卡“位置”面板中的“自由移动”按钮。

（2）在视图中选择零部件，并将其拖动到新位置，释放鼠标放下零部件。

（3）确认放置位置后右击，在弹出的快捷菜单中选择“确定”选项，如图 8-10 所示，完成零部件的移动。

以下准则适用于所移动的零部件：

（1）没有关系的零部件仍保留在新位置，直到将其约束或连接到另一个零部件。

（2）有自由度的零部件可以调整位置以满足关系。

（3）当更新部件时，零部件将捕捉回由其与其他零部件之间的关系所定义的位置。

8.3.5　旋转零部件

旋转零部件的步骤如下：

（1）单击“装配”选项卡“位置”面板中的“自由旋转”按钮，在视图中选择要旋转的零部件。

（2）显示三维旋转符号，如图 8-11 所示。

- 要进行自由旋转，可在三维旋转符号内单击，并将其拖动到要查看的方向。
- 要围绕水平轴旋转，可以单击三维旋转符号的顶部或底部控制点并竖直拖动。
- 要围绕竖直轴旋转，可以单击三维旋转符号的左边或右边控制点并水平拖动。
- 要平行于屏幕旋转，可以在三维旋转符号的边缘上移动，直到符号变为圆，然后单击边框并在环形方向拖动。
- 要改变旋转中心，可以在边缘内部或外部单击以设置新的旋转中心。

（3）拖动零部件到适当位置，释放鼠标，在旋转位置放下零部件，如图 8-12 所示。

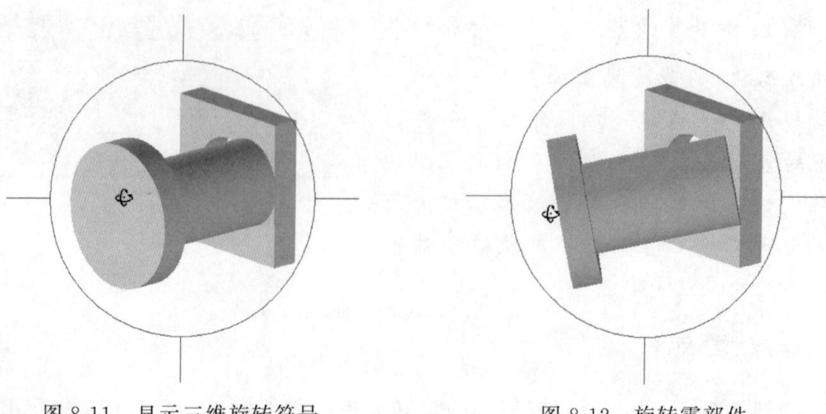

图 8-11　显示三维旋转符号　　　　图 8-12　旋转零部件

8.4　约束零部件

Note

本节主要介绍如何正确地使用装配约束来装配零部件。

除了添加装配约束以组合零部件以外，Inventor 还可以添加运动约束以驱动部件的转动部分转动，方便进行部件运动动态的观察，甚至可以录制部件运动的动画视频文件；还可以添加过渡约束，使得零部件之间的某些曲面始终保持一定的关系。

在部件文件中装入或创建零部件后，可以使用装配约束设置部件中的零部件的方向并模拟零部件之间的机械关系。例如，可以使两个平面配合，将两个零件上的圆柱特征指定为保持同心关系，或约束一个零部件上的球面，使其与另一个零部件上的平面保持相切关系。装配约束决定了部件中的零部件如何配合在一起。当应用了约束，就删除了自由度，限制了零部件移动的方式。

装配约束不仅仅是将零部件组合在一起，正确应用装配约束还可以为 Inventor 提供执行干涉检查、冲突和接触动态及分析以及质量特性计算所需的信息。当正确应用约束时，可以驱动基本约束的值并查看部件中零部件的移动情况。

8.4.1　部件约束

部件约束包括配合、角度、相切、插入和对称约束。

1. 配合约束

配合约束将零部件面对面放置或使这些零部件表面齐平相邻，该约束将删除平面之间的一个线性平移自由度和两个角度旋转自由度。

通过配合约束装配零部件的步骤如下：

（1）单击“装配”选项卡“约束”面板中的“约束”按钮，打开“放置约束”对话框，单击“配合”类型，如图 8-13 所示。

（2）在视图中选择要配合的两个平面、轴线或者曲面，如图 8-14 所示。

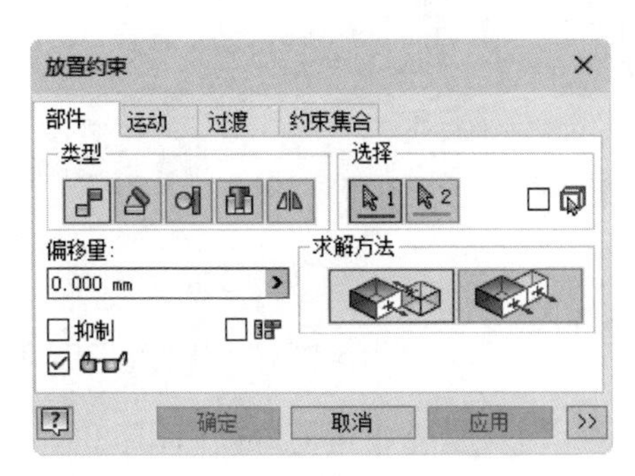

图 8-13　“放置约束”对话框

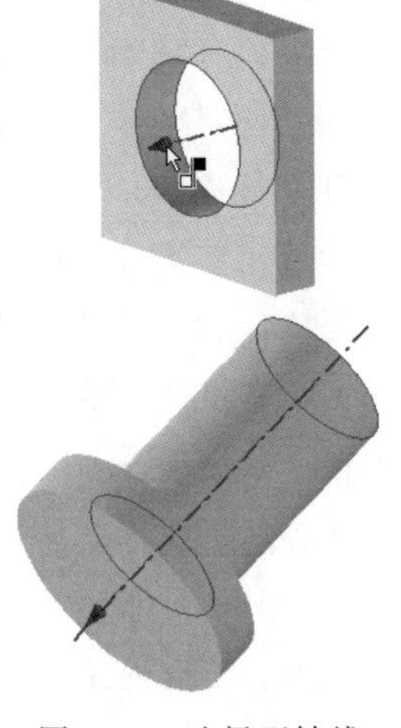

图 8-14　选择两轴线

Note

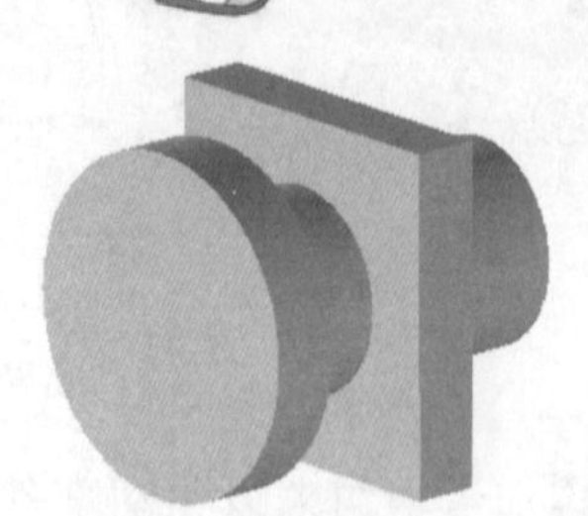

图 8-15　配合约束

（3）在对话框中选择求解方法，并设置偏移量，单击“确定”按钮，完成配合约束，结果如图 8-15 所示。

“配合”约束能产生的约束结果如下。

- 对于两个平面：选取两个零件上的平面（包括特征上的平面、工作面、坐标面），两面朝向可以相反，也可以相同，朝向相同也称为“齐平”。可以为零间距，也可以有间隙。
- 对于平面和线：选取一个零件上的平面和另一个零件上的直线（包括棱边、未退化的草图直线、工作轴、坐标轴），将线约束为面的平行线。
- 对于平面和点：选取一个零件上的平面和另一个零件上的点（工作点），将点约束在面上。
- 对于线和线：选取两个零件上的线（包括棱边、未退化的草图直线、工作轴、坐标轴），将两线约束为平行。
- 对于点和点：选取两个零件上的点（工作点），将两点约束为重合。

“放置约束”对话框中的配合约束说明如下。

（1）配合：将选定面彼此垂直放置且面发生重合。

（2）表面齐平：用来对齐相邻的零部件，可以通过选中的面、线或点来对齐零部件，使其表面法线指向相同方向。

（3）先单击零件：选中此复选框，将可选几何图元限制为单一零部件。这个功能适合在零部件处于紧密接近或部分相互遮挡时使用。

（4）偏移量：用来指定零部件相互之间偏移的距离。

（5）显示预览：选中此复选框，预览装配后的图形。

（6）预计偏移量和方向：装配时由系统自动预测合适的装配偏移量和偏移方向。

2. 角度约束

角度约束可以使零部件上平面或者边线按照一定的角度放置，该约束删除平面之间的一个旋转自由度或两个角度旋转自由度。

通过角度约束装配零部件的步骤如下：

（1）单击“装配”选项卡“约束”面板中的“约束”按钮，打开“放置约束”对话框，单击“角度”类型，如图 8-16 所示。

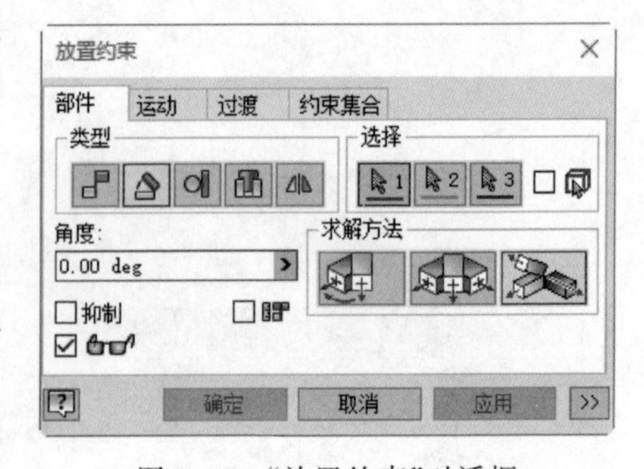

图 8-16　“放置约束”对话框

（2）在对话框中选择求解方法，并在视图中选择平面，如图 8-17 所示。

（3）在对话框中输入角度值，单击“确定”按钮，完成角度约束，如图 8-18 所示。

“角度”约束能产生的约束结果如下。

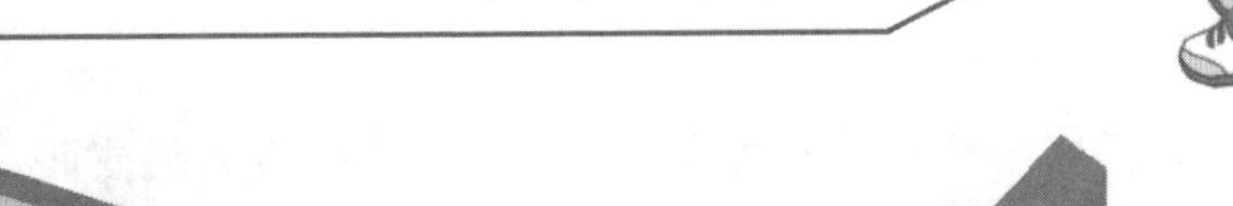

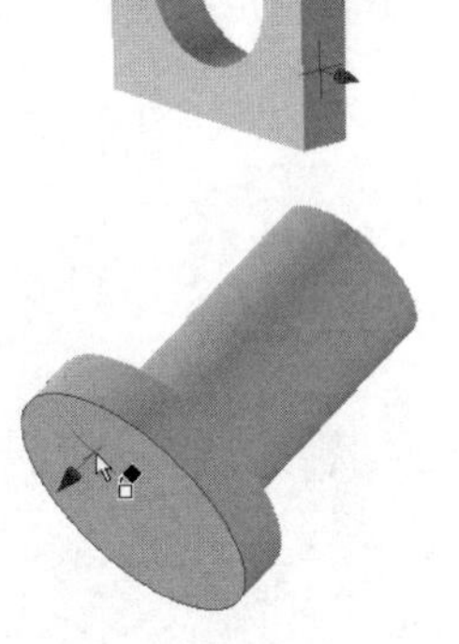

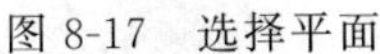

图 8-17　选择平面

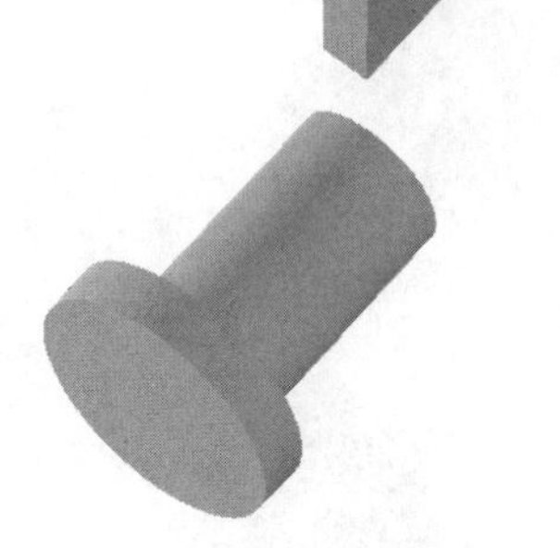

图 8-18　角度约束

- 对于两个平面：选取两个零件上的平面(包括特征上的平面、工作面、坐标面)，将两面约束为具有一定角度。当夹角为 0°时，成为平行面。
- 对于平面和线：选取一个零件上的平面和另一个零件上的直线(包括棱边、未退化的草图直线、工作轴、坐标轴)。它使平面法线与直线产生夹角，将线约束为面的夹定角的线，当夹角为 0°时，成为垂直线。
- 对于线和线：选取两个零件上的线(包括棱边、未退化的草图直线、工作轴、坐标轴)，将两线约束为夹定角的线，当夹角为 0°时，成为平行线。

“放置约束”对话框中的角度约束说明如下。

(1) 定向角度：始终应用右手规则，也就是说右手除拇指外的四指指向旋转的方向，拇指指向旋转轴的正向。当设定了一个对准角度之后，需要对准角度的零件总是沿一个方向旋转，即旋转轴的正向。

(2) 非定向角度：这是默认的方式，在该方式下可以选择任意一种旋转方式。如果解出的位置近似于上次计算出的位置，则自动应用左手定则。

(3) 明显参考矢量：通过添加第三次选择来定义 Z 轴矢量的方向。约束驱动或拖动时，减小角度约束的角度以切换至替换方式。

(4) 角度：设置应用约束的线、面之间的角度值。

3. 相切约束

相切约束定位面、平面、圆柱面、球面、圆锥面和规则的样条曲线在相切点处相切。相切约束将删除线性平移的一个自由度，或在圆柱和平面之间删除一个线性自由度和一个旋转自由度。

通过相切约束装配零部件的步骤如下：

(1) 单击“装配”选项卡“约束”面板中的“约束”按钮，打开“放置约束”对话框，单击“相切”类型，如图 8-19 所示。

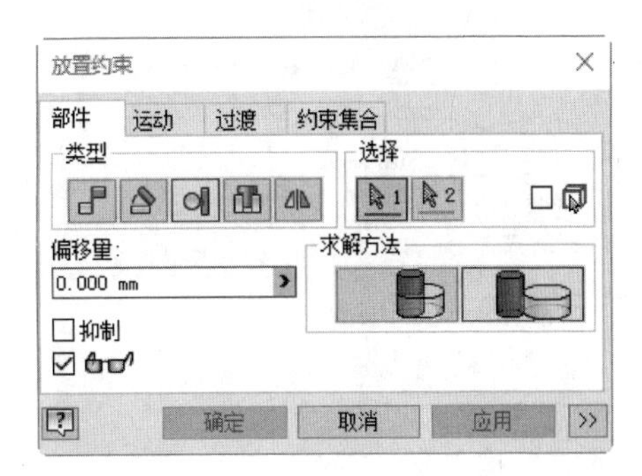

图 8-19　“放置约束”对话框

（2）在对话框中选择求解方法，在视图中选择两个圆柱面，如图 8-20 所示。

（3）在对话框中设置偏移量，单击“确定”按钮，完成相切约束，结果如图 8-21 所示。

Note

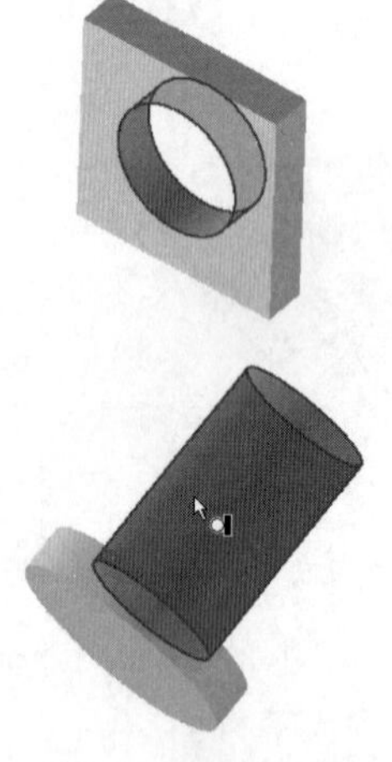

图 8-20　选择面

图 8-21　相切约束

“相切”约束能产生的约束结果如下：

选取两个零件上的面，其中一个可以是平面（包括特征上的平面、工作面、坐标面），另一个是曲面（包括柱面、球面和锥面），或者都是曲面（包括柱面、球面和锥面）。将两面约束为相切，可以输入偏移量使二者在法向上有距离，相当于在两者之间“垫上”一层有厚度的虚拟实体。

“放置约束”对话框中的相切约束说明如下。

（1）内部 ：在第二个选中零件内部的切点处放置第一个选中零件。

（2）外部 ：在第二个选中零件外部的切点处放置第一个选中零件。默认方式为外边框方式。

4．插入约束

插入约束是平面之间的面对面配合约束和两个零部件的轴之间的配合约束的组合，它将配合约束放置于所选面之间，同时将圆柱体沿轴向同轴放置。插入约束保留旋转自由度，平动自由度将被删除。

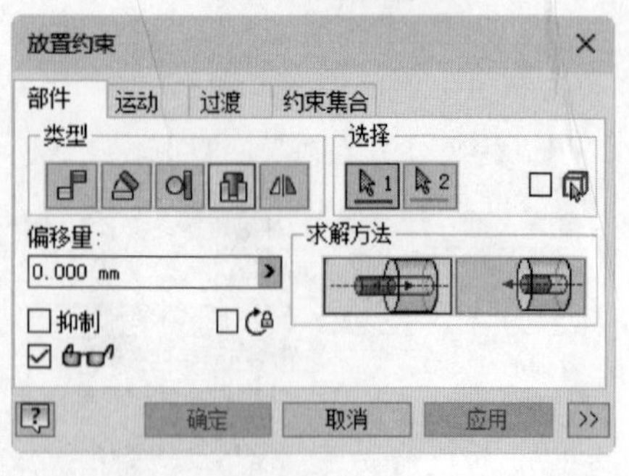

图 8-22　“放置约束”对话框

通过插入约束装配零部件的步骤如下：

（1）单击“装配”选项卡“约束”面板中的“约束”按钮 ，打开“放置约束”对话框，单击“插入”类型 ，如图 8-22 所示。

（2）在对话框中选择求解方法，在视图中选择圆形边线，如图 8-23 所示。

（3）在对话框中设置偏移量，单击“确定”按钮，完成插入约束，结果如图 8-24 所示。

Note

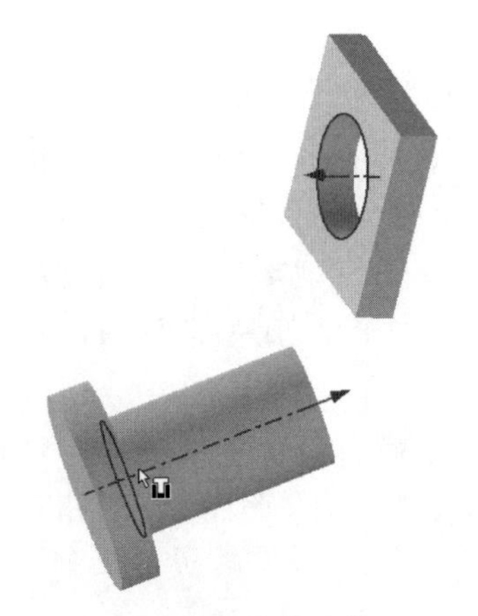

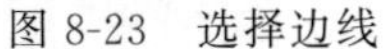

图 8-23　选择边线

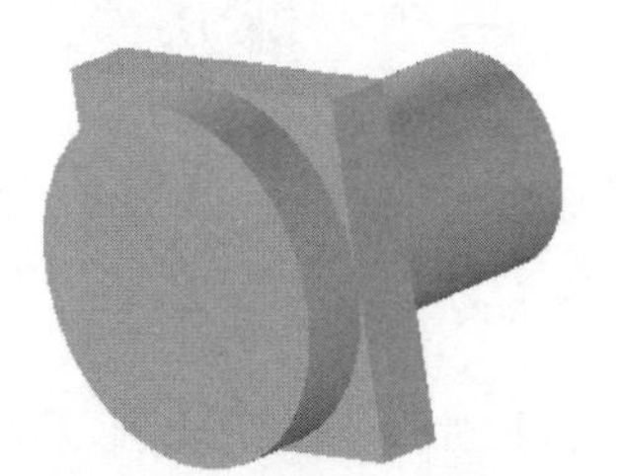

图 8-24　插入约束

“放置约束”对话框中的插入约束说明如下。

（1）反向：两圆柱的轴线方向相反，即“面对面”配合约束与轴线重合约束的组合。

（2）对齐：两圆柱的轴线方向相同，即“肩并肩”配合约束与轴线重合约束的组合。

5. 对称约束

对称约束根据平面或平整面对称地放置两个对象。

通过对称约束装配零部件的步骤如下：

（1）单击“装配”选项卡“约束”面板中的“约束”按钮，打开“放置约束”对话框，单击“对称”类型，如图 8-25 所示。

（2）在视图中选择如图 8-23 所示的零件 1 和零件 2。

（3）在浏览器的原始坐标系中选择 XY 平面为对称平面。

（4）单击“确定”按钮完成约束的创建，如图 8-26 所示。

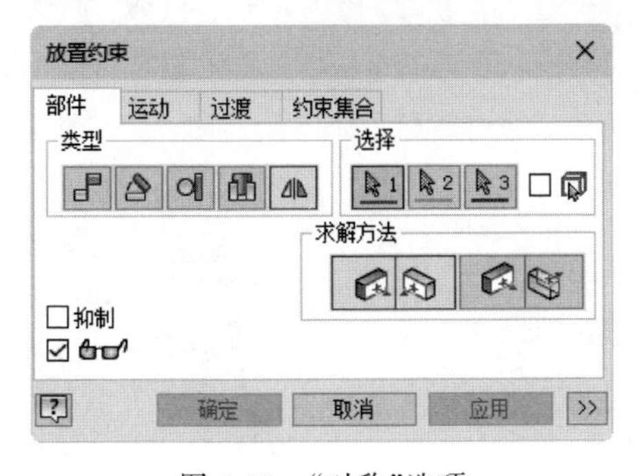

图 8-25　“对称”选项

图 8-26　对称配合后的图形

8.4.2　运动约束

运动约束主要用来表达两个对象之间的相对运动关系，如图 8-27 所示，因此不要求两者有具体的几何表达，如接触等。可见用常用的相对运动来表达设计意图是非常

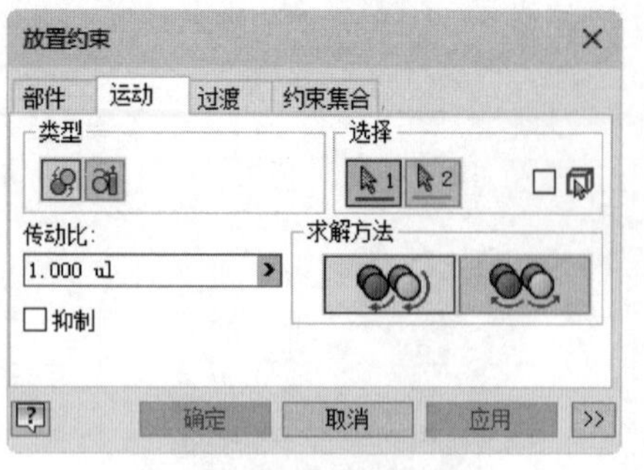

图 8-27 “运动”选项卡

方便的。

“运动”选项卡中的约束说明如下。

（1）转动：表达两者相对转动的运动关系，比如常见的齿轮副。

（2）转动-平动：相对运动的一方作转动，另一方作平动，比如常见的齿轮齿条的运动关系。

（3）求解方法：两者相对转动的方向可以相同，比如一副皮带轮；两者相对转动的方向也可相反，比如典型的齿轮副。

（4）传动比：用于模拟两个对象转速不同的情况。

8.4.3 过渡约束

过渡约束用来表达诸如凸轮和从动件这种类型的装配关系，是一种面贴合的配合，即在行程内，两个约束的面始终保持贴合。“过渡”选项卡如图 8-28 所示。

过渡约束指定了圆柱形零件面和另一个零件的一系列邻近面之间的预定关系，例如插槽中的滚轮，如图 8-29 所示。当零部件沿着开放的自由度滑动时，过渡约束会保持面与面之间的接触。

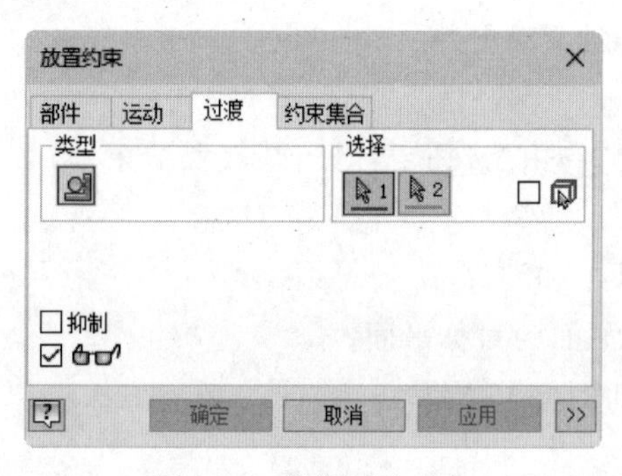

图 8-28 “过渡”选项卡

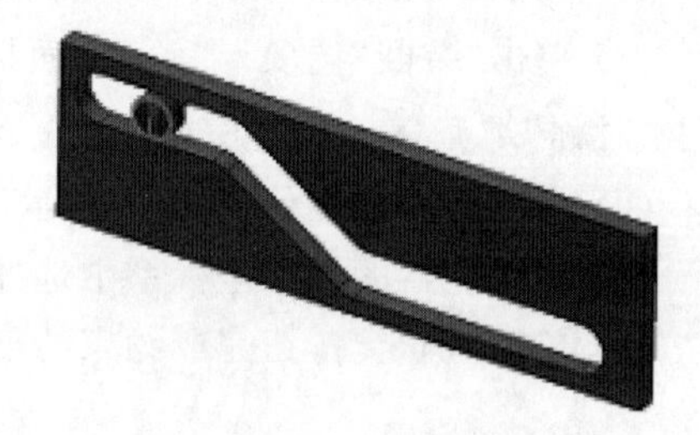

图 8-29 过渡约束

8.4.4 约束集合

Inventor 支持用户坐标系（UCS），此选项卡即通过将两个零部件上的用户坐标系完全重合来实现快速定位，如图 8-30 所示。因为两个坐标系是完全重合的，所以一旦添加此约束，即表明两个部件已实现完全的相对定位。

另外，系统仅支持两个 UCS 的重合，而不支持约束的偏移（量）。

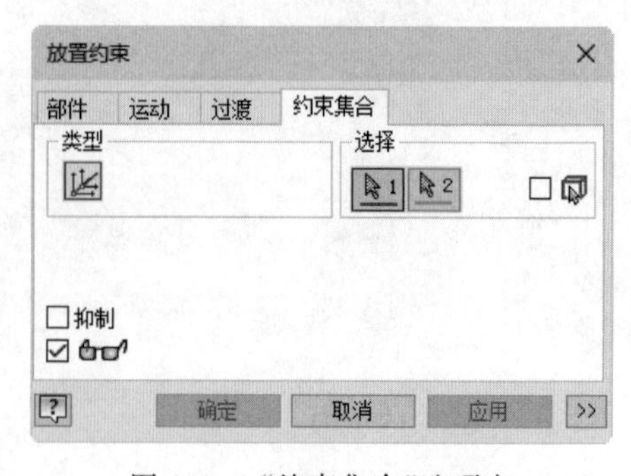

图 8-30 “约束集合”选项卡

8.4.5 编辑约束

编辑约束的步骤如下：

(1) 在浏览器中的约束上右击，在弹出的快捷菜单中选择“编辑”命令，如图 8-31 所示，打开如图 8-32 所示的“编辑约束”对话框，在该对话框中指定新的约束类型（配合、角度、相切、插入或对称）。

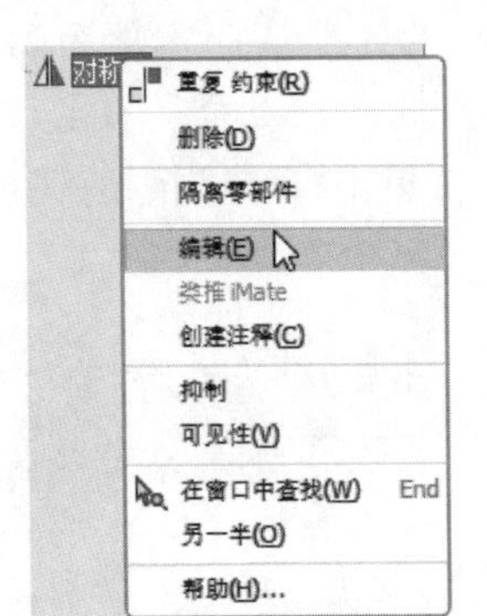

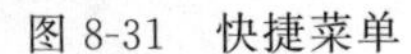

图 8-31 快捷菜单

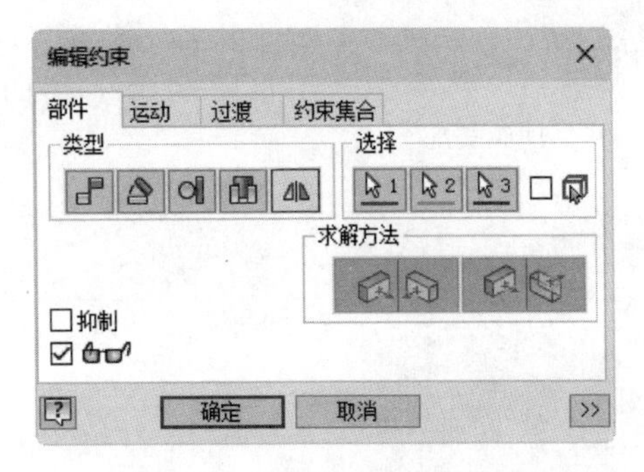

图 8-32 “编辑约束”对话框

(2) 输入被约束的零部件彼此之间的偏移距离。

如果应用的是对准角度约束，应输入两组几何图元之间的角度。可以输入正值或负值，默认值为零。

如果在“编辑约束”对话框中选中“显示预览”复选框☑，则会调整零部件的位置以匹配偏移值或角度值。

(3) 通过“编辑约束”对话框或快捷菜单应用约束。

若不用“编辑约束”对话框，有以下两种方法可以改变约束的偏置值或角度。

(1) 选择约束，编辑栏将会在浏览器下方出现。输入新的偏置值或者角度，如图 8-33 所示，然后按 Enter 键。

(2) 在浏览器中双击约束，在弹出的对话框中输入新的偏移量值或者角度，如图 8-34 所示，然后单击✔按钮。

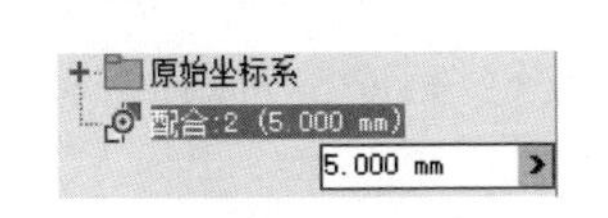

图 8-33 编辑装配约束的尺寸

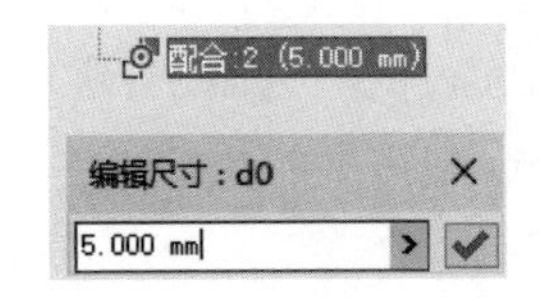

图 8-34 使用“编辑尺寸”对话框

8-1

8.4.6 实例——球阀装配

本例绘制如图 8-35 所示的球阀装配体。

操作步骤

(1) 新建文件。单击快速访问工具栏中的“新建”按钮，在打开的“新建文件”对

话框中选择 Standard. iam 选项，单击"创建"按钮，新建一个装配文件。

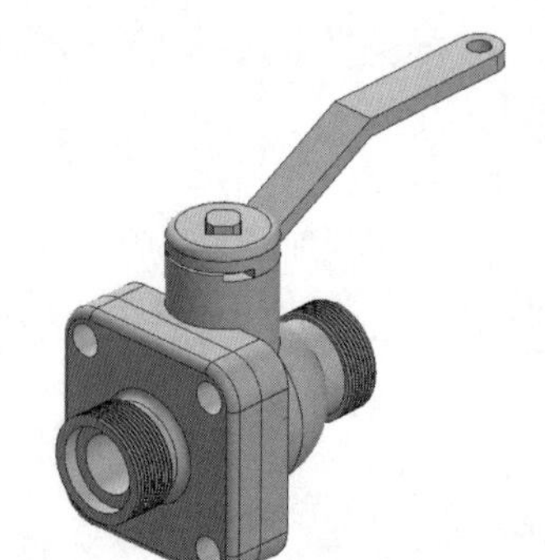

图 8-35　球阀装配

（2）装入阀体。单击"装配"选项卡"零部件"面板中的"放置"按钮，打开如图 8-36 所示的"装入零部件"对话框，选择"阀体"零件，单击"打开"按钮，进入装配环境；右击，在弹出的如图 8-37 所示的快捷菜单中选择"在原点处固定放置"选项，装入阀体，系统默认此零件为固定零件，零件的坐标原点与部件的坐标原点重合。右击，在弹出的如图 8-38 所示的快捷菜单中单击"确定"按钮，完成阀体的装配。

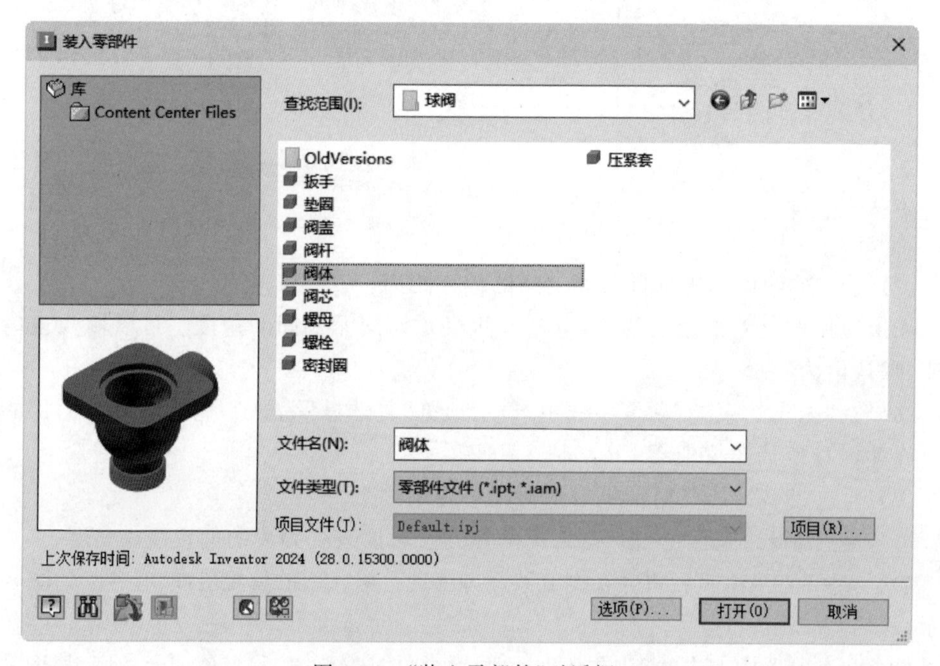

图 8-36　"装入零部件"对话框

（3）放置密封圈。单击"装配"选项卡"零部件"面板中的"放置"按钮，打开"装入零部件"对话框，选择"密封圈"零件，单击"打开"按钮，装入密封圈，将其放置到视图中适当位置。右击，在弹出的快捷菜单中单击"确定"按钮，完成密封圈的放置，如图 8-39 所示。

（4）阀体与密封圈的装配。单击"装配"选项卡"关系"面板中的"约束"按钮，打开"放置约束"对话框，选择"插入"类型；在视图中选取如图 8-40 所示的两个圆形边线，设置偏移量为 0，选择"反向"选项，单击"确定"按钮，结果如图 8-41 所示。

（5）放置阀芯。单击"装配"选项卡"零部件"面板中的"放置"按钮，打开"装入零部件"对话框，选择"阀芯"零件，单击"打开"按钮，装入阀芯，将其放置到视图中适当位置。右击，在弹出的快捷菜单中单击"确定"按钮，完成阀芯的放置，如图 8-42 所示。

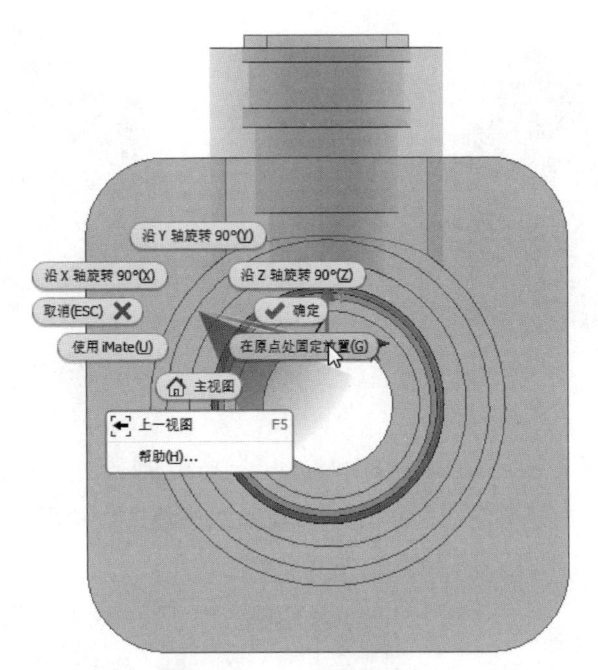

图 8-37　快捷菜单 1

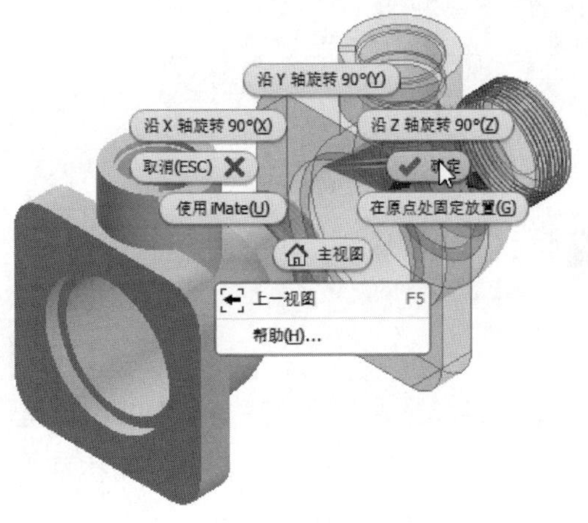

图 8-38　快捷菜单 2

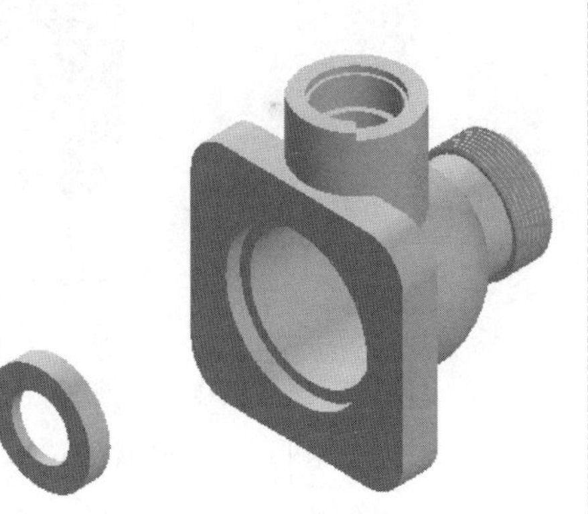

图 8-39　放置密封圈

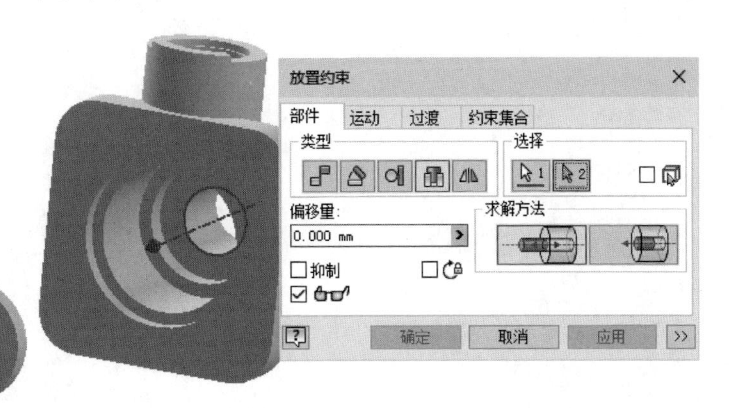

图 8-40　插入约束

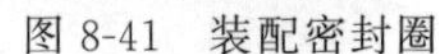

图 8-41　装配密封圈　　　　图 8-42　放置阀芯

(6) 阀体与阀芯的装配。

① 单击“装配”选项卡“关系”面板中的“约束”按钮，打开“放置约束”对话框，选择“配合”类型；在视图中选取如图 8-43 所示的阀体的内孔面和阀芯的内孔面，设置偏移量为 0，选择“配合”选项，单击“应用”按钮。

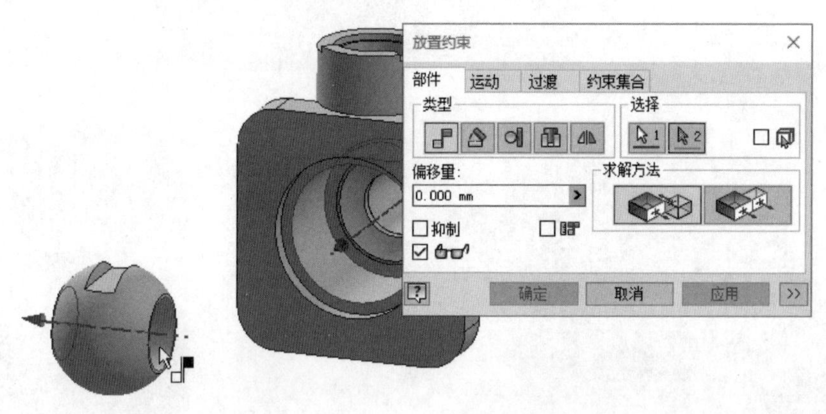

图 8-43　配合约束

② 单击“装配”选项卡“关系”面板中的“约束”按钮，打开“放置约束”对话框，选择“配合”类型；在浏览器中选取阀体的 XY 平面和阀芯的 YZ 平面，设置偏移量为 −9mm，选择“配合”选项，如图 8-44 所示，单击“确定”按钮。

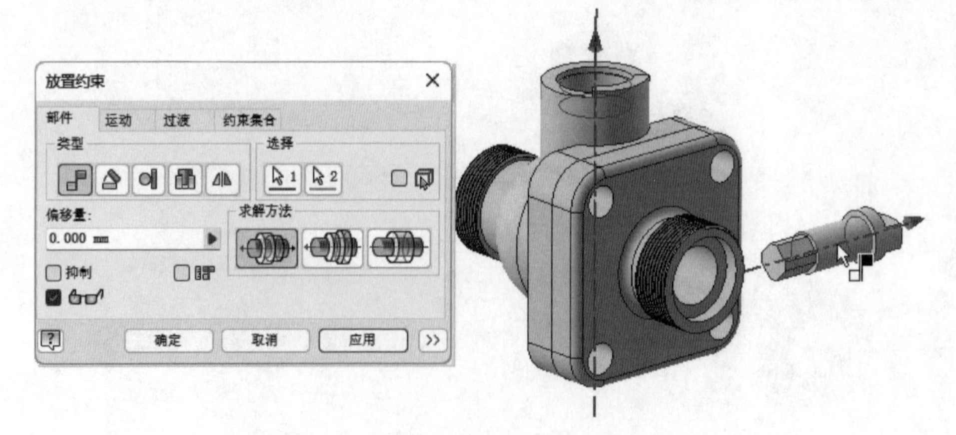

图 8-44　配合约束

③ 单击“装配”选项卡“关系”面板中的“约束”按钮，打开“放置约束”对话框，选择“角度”类型；选择“定向角度”选项，在浏览器中选取阀体的 XZ 平面和阀芯的 XZ 平面，设置角度为 0，如图 8-45 所示。单击“确定”按钮，完成阀芯的装配，如图 8-46 所示。

图 8-45　角度约束

图 8-46　阀体与阀芯的装配

(7) 放置阀盖。单击“装配”选项卡“零部件”面板中的“放置”按钮，打开“装入零部件”对话框；选择“阀盖”零件，单击“打开”按钮，装入阀盖，将其放置到视图中适当位置。右击，在弹出的快捷菜单中单击“确定”按钮，完成阀盖的放置，如图 8-47 所示。

(8) 放置密封圈。单击“装配”选项卡“零部件”面板中的“放置”按钮，打开“装入零部件”对话框；选择“密封圈”零件，单击“打开”按钮，装入密封圈，将其放置到视图中适当位置。右击，在弹出的快捷菜单中单击“确定”按钮，完成密封圈的放置，如图 8-48 所示。

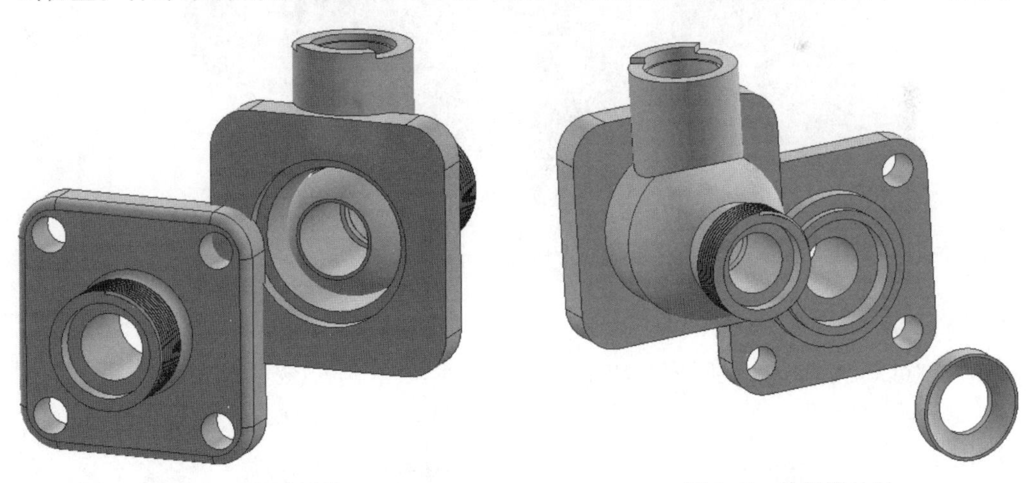

图 8-47　放置阀盖

图 8-48　放置密封圈

(9) 阀盖与密封圈的装配。单击“装配”选项卡“关系”面板中的“约束”按钮，打开“放置约束”对话框；选择“插入”类型，在视图中选取如图 8-49 所示的两个圆形边线，设置偏移量为 0，选择“反向”选项，单击“确定”按钮。

(10) 阀盖与阀体的装配。单击“装配”选项卡“关系”面板中的“约束”按钮，打开“放置约束”对话框；选择“插入”类型，在视图中选取如图 8-50 所示的两个圆形边线，设置偏移量为 0，选择“反向”选项，单击“确定”按钮，添加阀盖与阀体的两个工作平面的配合约束，结果如图 8-51 所示。

Note

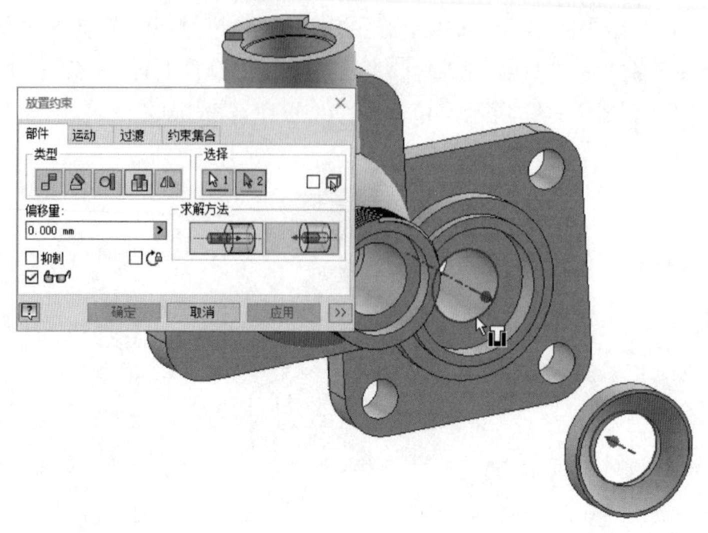

图 8-49　插入约束

图 8-50　选取边线

(11) 放置阀杆。单击“装配”选项卡“零部件”面板中的“放置”按钮，打开“装入零部件”对话框；选择“阀杆”零件，单击“打开”按钮，装入阀杆，将其放置到视图中适当位置。右击，在弹出的快捷菜单中单击“确定”按钮，完成阀杆的放置，如图 8-52 所示。

图 8-51　阀盖与阀体装配

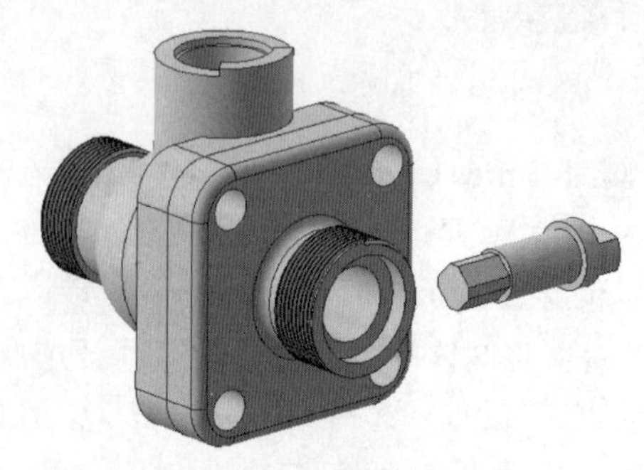

图 8-52　放置阀杆

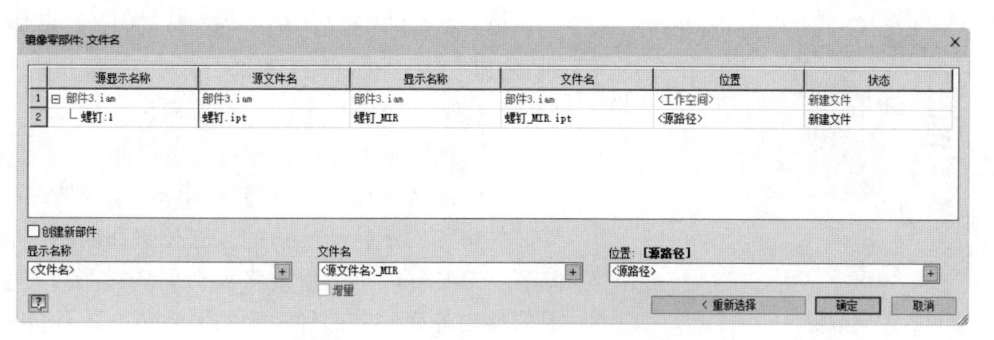

图 8-67　“镜像零部件：文件名”对话框

“镜像零部件：状态”对话框中的选项说明如下。

(1) 镜像选定的对象：表示在新部件文件中创建镜像的引用，引用和源零部件关于镜像平面对称。

(2) 重用选定的对象：表示在当前或新部件文件中创建重复使用的新引用，引用将围绕最靠近镜像平面的轴旋转并相对于镜像平面放置在相对的位置。

(3) 排除选定的对象：表示子部件或零件不包含在镜像操作中。

(4) 如果部件包含重复使用的和排除的零部件，或者重复使用的子部件不完整，则显示图标。该图标不会出现在零件图标左侧，仅出现在部件图标左侧。

对零部件进行镜像复制需要注意以下事项：

(1) 镜像产生的零部件与源零部件间保持关联关系，若对源零部件进行编辑，则由源零部件镜像产生的零部件也会随之发生变化。

(2) 装配特征(包含工作平面)不会从源部件复制到镜像的部件中。

(3) 焊接不会从源部件复制到镜像的部件中。

(4) 零部件阵列中包含的特征将作为单个元素(而不是作为阵列)被复制。

(5) 镜像的部件使用与原始部件相同的设计视图。

(6) 仅当镜像或重复使用约束关系中的两个引用时才会保留约束关系，如果仅镜像其中一个引用，则不会保留。

(7) 镜像的部件中维持了零件或子部件中的工作平面间的约束；如果有必要，则必须重新创建零件和子部件间的工作平面以及部件的基准工作平面。

8.5.3　阵列

Inventor 可以在部件中将零部件排列为矩形或环形阵列。使用零部件阵列可以提高生产效率，并且可以更有效地实现用户的设计意图。比如，用户可能需要放置多个螺栓以便将一个零部件固定到另一个零部件上，或者将多个零件或子部件装入一个复杂的部件中。在零件特征环境中已经介绍了关于阵列特征的内容，在部件环境中的阵列操作与其类似，这里仅重点介绍不同点。

1. 关联阵列

关联阵列是以零部件上已有的阵列特征作为参照进行阵列。

关联阵列零部件的步骤如下：

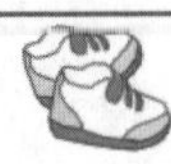

Note

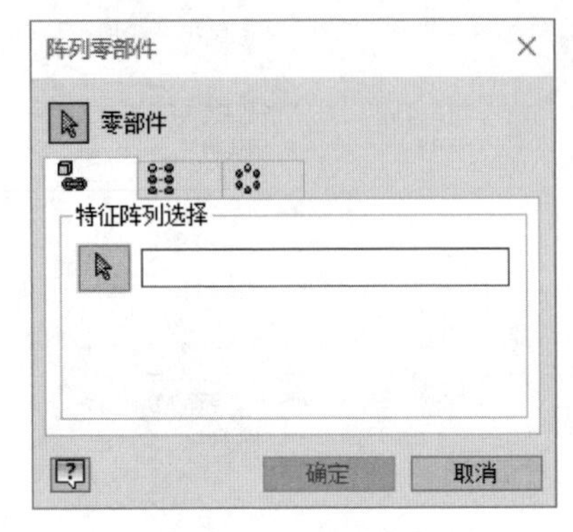

图 8-68 "关联阵列"选项卡

(1) 单击"装配"选项卡"阵列"面板中的"阵列"按钮，打开"阵列零部件"对话框，切换至"关联阵列"选项卡，如图 8-68 所示。

(2) 在视图中选择要阵列的零部件。

(3) 选择已有的阵列特征，单击"确定"按钮，零部件将相对于特征阵列的放置位置和间距进行阵列。对特征阵列的修改将自动更新部件阵列中零部件与阵列的零部件关联的关系将在部件阵列中被复制和保留。

零部件：选择需要被阵列的零部件，可选择一个或多个零部件进行阵列。

特征阵列选择：选择零部件上已有的特征作为阵列的参照。

2. 矩形阵列

矩形阵列是指通过指定数量和间距或匹配零件上的阵列特征，按列和行排列选定的零部件。

矩形阵列零部件的步骤如下：

(1) 单击"装配"选项卡"阵列"面板中的"阵列"按钮，打开"阵列零部件"对话框，切换至"矩形阵列"选项卡，如图 8-69 所示。

(2) 在视图中选择要阵列的零部件，选择阵列方向。

(3) 在对话框中设置行和列的个数和间距，单击"确定"按钮。

3. 环形阵列

环形阵列是指通过指定数量和角度间距或匹配零件上的阵列特征，以圆形或弧形阵列排列选定的零部件。

环形阵列零部件的步骤如下：

(1) 单击"装配"选项卡"阵列"面板中的"阵列"按钮，打开"阵列零部件"对话框，切换至"环形阵列"选项卡，如图 8-70 所示。

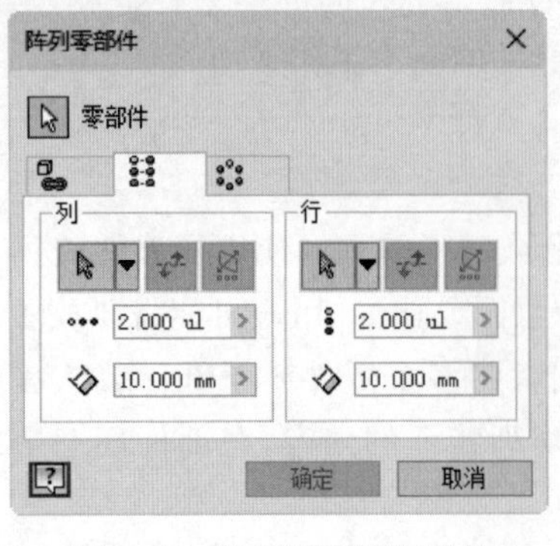

图 8-69 "矩形阵列"选项卡

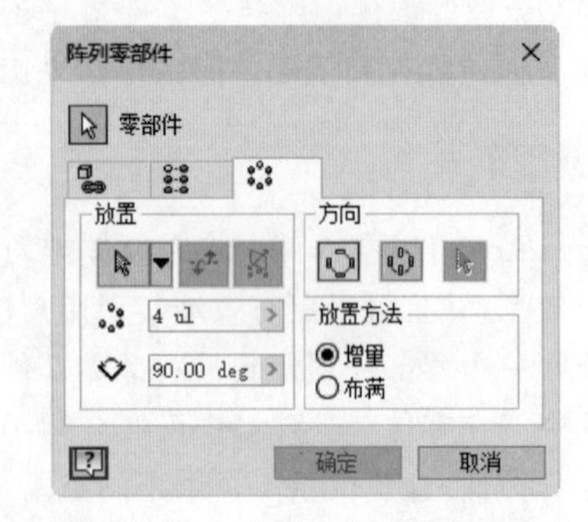

图 8-70 "环形阵列"选项卡

(2) 在视图中选择要阵列的零部件，选择阵列轴向。

(3) 在对话框中设置阵列个数和角度，单击"确定"按钮。

☎ **注意**：阵列后生成的零部件与源零部件相互关联，并继承了源零部件的装配约束关系。也就是说，对阵列零部件当中的任意一个进行修改，其结果都会影响到其他零部件。

若需使某一零部件中断与阵列的链接，以便移动或删除它，可在浏览器中将代表该零部件的元素选中，并在其上右击，选择弹出的快捷菜单中的“独立”命令，此零件便将被独立。

8.6 装配分析检查

在 Inventor 中，可以利用系统提供的工具方便地观察和分析零部件，如创建各个方向的剖视图以观察部件的装配是否合理；分析零件的装配干涉以修正错误的装配关系；更加直观地观察部件的装配是否可以达到预定的要求等。下面分别说明如何实现上述功能。

8.6.1 部件剖视图

部件剖视图可以帮助用户更加清楚地了解部件的装配关系，因为在剖切视图中，腔体内部或被其他零部件遮挡的部件部分完全可见。在剖切部件时，仍然可以使用零件和部件工具在部件环境中创建或修改零件。

1. 半剖视图

创建半剖视图的步骤如下：

(1) 单击“视图”选项卡“可见性”面板中的“半剖视图”按钮。

(2) 在视图或浏览器中选择作为剖切的平面，如图 8-71 所示。

(3) 在小工具栏中输入偏移距离，如图 8-72 所示，单击“确定”按钮，完成半剖视图的创建，如图 8-73 所示。

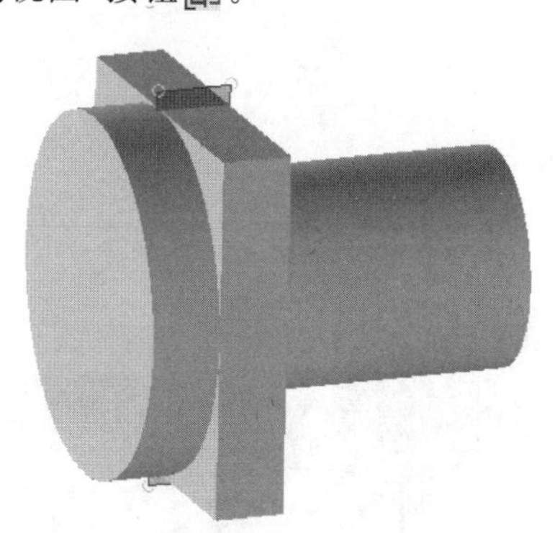

图 8-71 选择剖切面

2. 1/4 或 3/4 剖视图

创建 1/4 或 3/4 剖视图的步骤如下：

(1) 单击“视图”选项卡“可见性”面板中的“1/4 剖视图”按钮。

(2) 在视图或浏览器中选择作为第一个剖切的平面，并输入偏移距离，如图 8-74 所示。

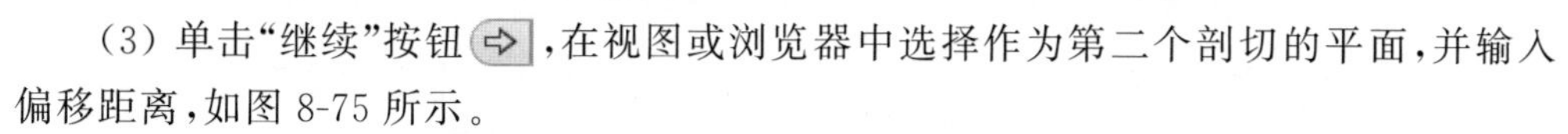

(3) 单击“继续”按钮，在视图或浏览器中选择作为第二个剖切的平面，并输入偏移距离，如图 8-75 所示。

(4) 单击“确定”按钮，完成 1/4 剖视图的创建，如图 8-76 所示。

(5) 右击，在弹出的快捷菜单中选择“反向剖切”选项，如图 8-77 所示，显示在相反方向上进行剖切的结果，如图 8-78 所示。

Note

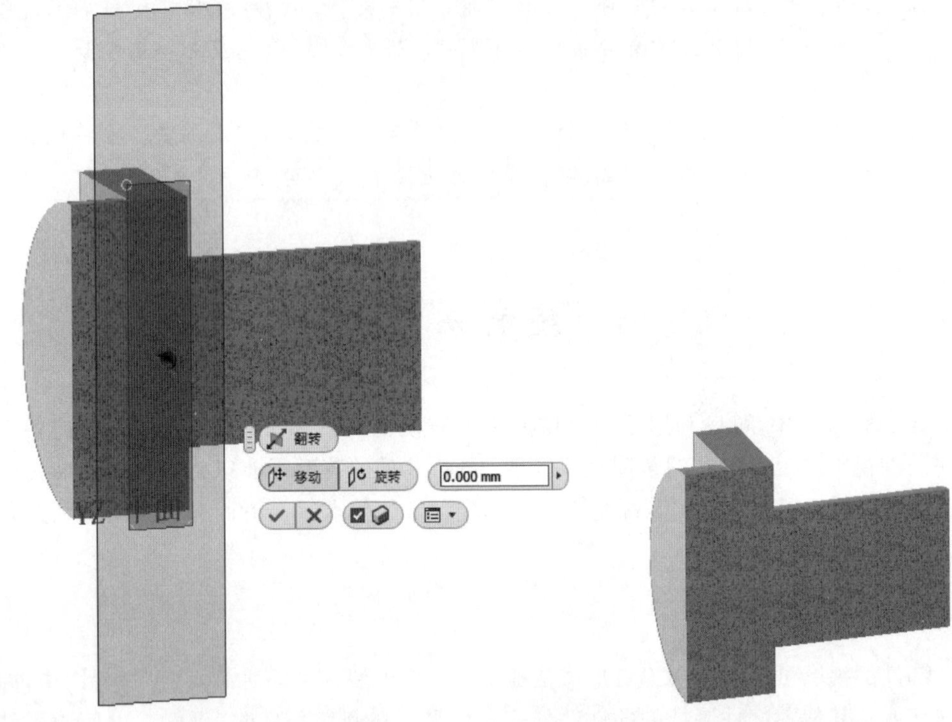

图 8-72　小工具栏　　　　图 8-73　半剖视图

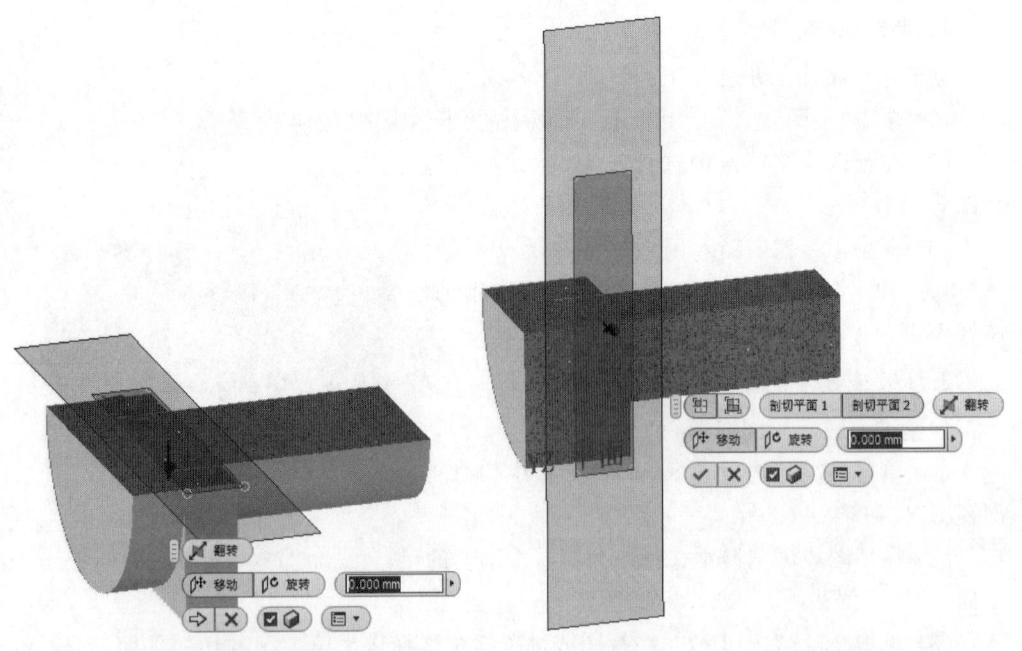

图 8-74　输入偏移距离 1　　　　图 8-75　输入偏移距离 2

（6）在快捷菜单中选择“3/4 剖”选项，则部件被 1/4 剖切后的剩余部分即部件的 3/4 将成为剖切结果显示，剖切结果如图 8-79 所示。同样，在 3/4 剖视图的快捷菜单中也会出现“1/4 剖”选项，作用与此相反。

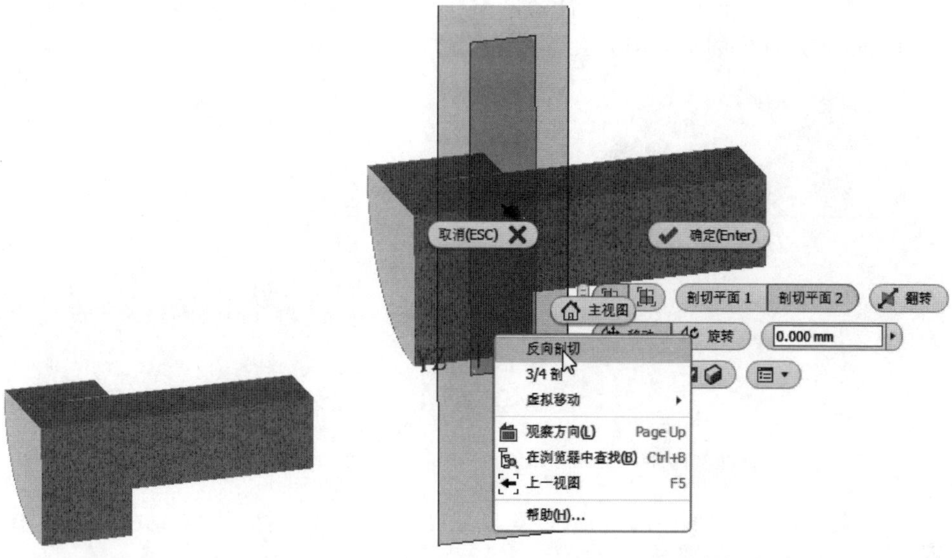

图 8-76　1/4 剖视图　　　　图 8-77　快捷菜单

图 8-78　1/4 反向剖切

图 8-79　3/4 剖切

8.6.2　干涉分析

在部件中，如果两个零件同时占据了相同的空间，则称部件发生了干涉。Inventor的装配功能本身不提供智能检测干涉的功能，也就是说如果装配关系使得某个零部件发生了干涉，那么也会按照约束照常装配，不会提示用户或者自动更改。所以，Inventor在装配之外提供了干涉检查的工具，利用这个工具可以很方便地检查到两组零部件之间以及一组零部件内部的干涉部分，并且将干涉部分暂时显示为红色实体，以方便用户观察。同时还会给出干涉报告列出干涉的零件或者子部件，显示干涉信息，如干涉部分的质心坐标或干涉的体积等。

干涉检查的步骤如下：

(1) 单击“检验”选项卡“干涉”面板中的“干涉检查”按钮，打开“干涉检查”对话框，如图 8-80 所示。

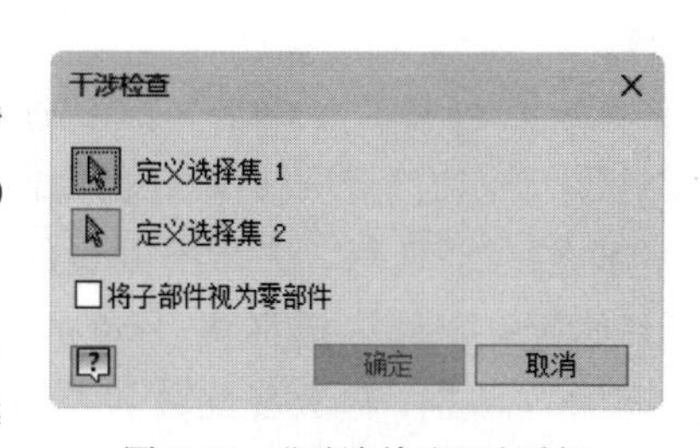

图 8-80　“干涉检查”对话框

(2) 在视图中选择定义为选择集 1 的零部件，单击“定义选择集 2”按钮，在视图中选择定义为选择集 2 的零部件，如图 8-81 所示。

(3) 单击“确定”按钮,若零部件之间有干涉,将打开如图 8-82 所示的“检测到干涉”对话框,零部件中的干涉部分会高亮显示,如图 8-83 所示。

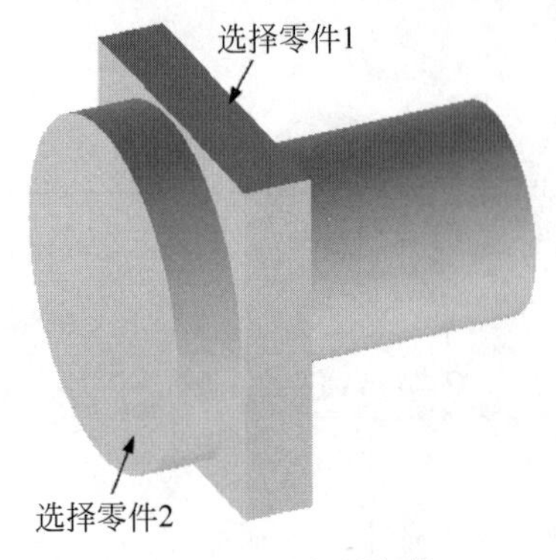

图 8-81 选择零部件

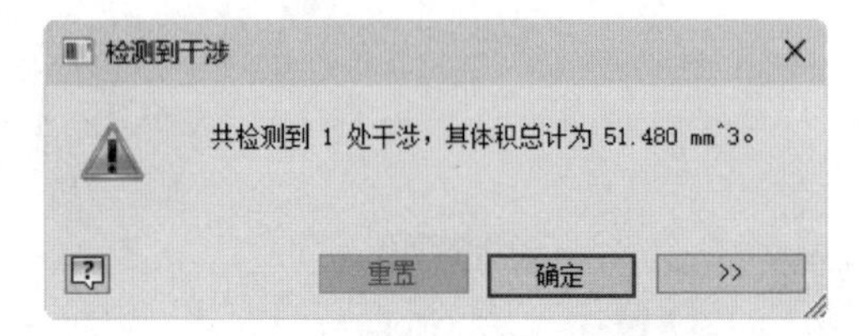

图 8-82 “检测到干涉”对话框

(4) 调整视图中零部件的位置,重复步骤(1)～(3),直到打开的对话框提示没有检测到干涉为止,如图 8-84 所示。

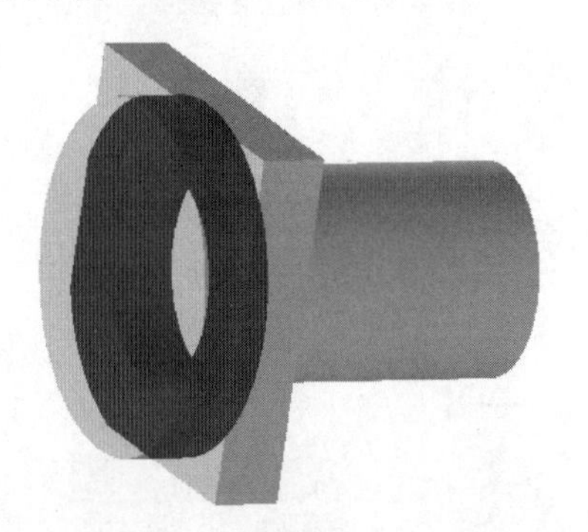

图 8-83 干涉部分高亮显示

图 8-84 提示对话框

8-2

8.6.3 实例——球阀装配检查

本例检查 3/4 球阀的装配体,如图 8-85 所示。

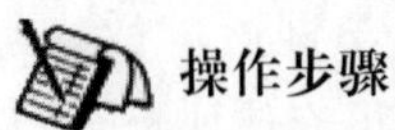

(1) 打开文件。单击快速访问工具栏中的“打开”按钮,在打开的“打开”对话框中选择“球阀.iam”装配体,单击“打开”按钮,打开球阀装配体。

(2) 干涉检查。单击“检验”选项卡“干涉”面板中的“干涉检查”按钮,打开如图 8-86 所示的“干涉检查”对话框;选择阀体零件为选择集 1,选择其他所有零件为选择集 2,单击“确定”按钮,弹出提示对话框,显示装配体没有干涉,如图 8-87 所示。

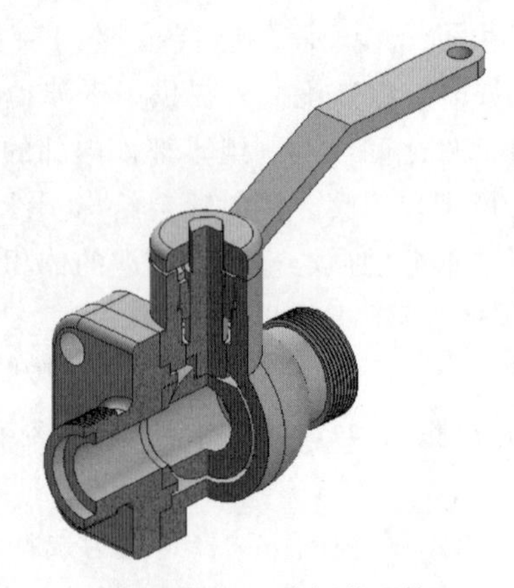

图 8-85 3/4 球阀装配体

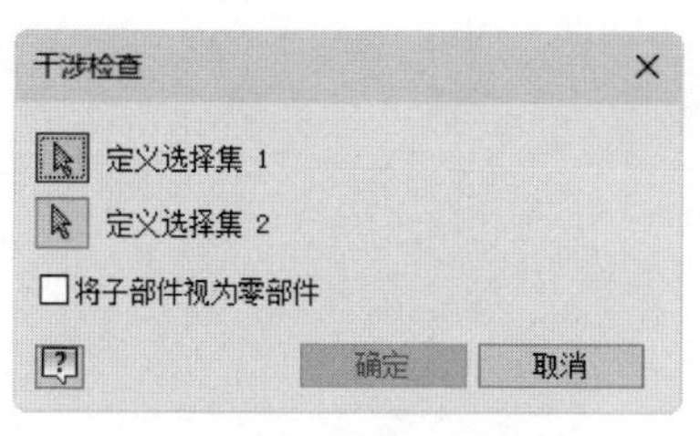

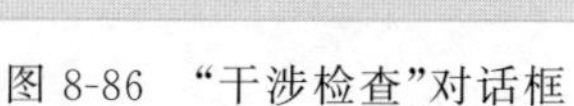

图 8-86　“干涉检查”对话框

图 8-87　提示对话框

（3）3/4 剖视。单击“视图”选项卡“可见性”面板中的“3/4 剖视图”按钮，根据提示选择 YZ 平面作为剖视的工作平面，如图 8-88 所示；单击“继续”按钮，继续选择 XY 平面作为剖视的工作平面，输入偏移距离为－9mm，单击“确定”按钮，完成剖视图的创建。

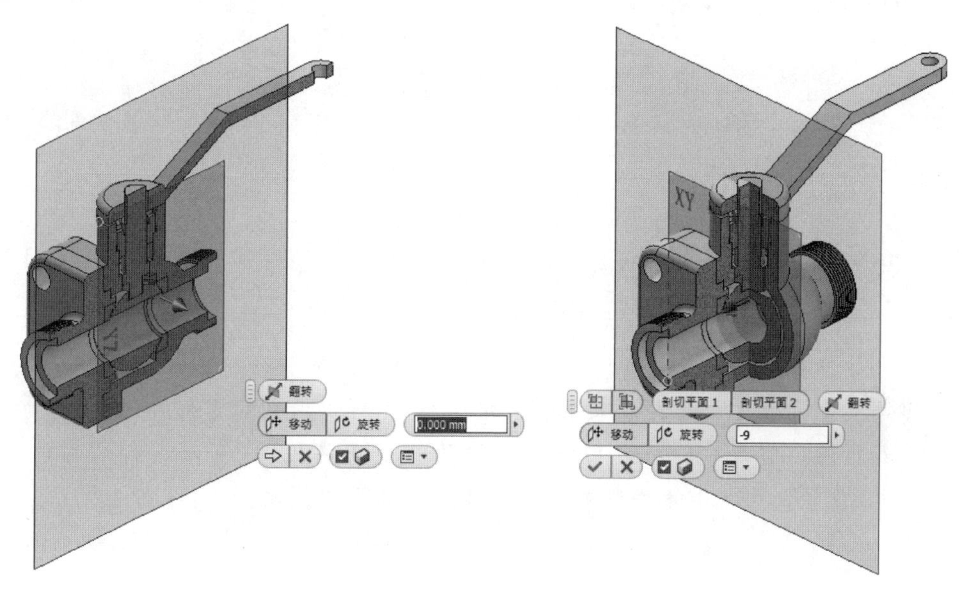

图 8-88　创建剖视图

（4）保存文件。单击“文件”主菜单中的“另存为”→“另存为”命令，打开“另存为”对话框，输入文件名为“球阀检查.iam”，单击“保存”按钮，保存文件。

零部件生成器

零部件生成器是在装配模式中运行的，可以用来对零部件进行设计和计算。它是 Inventor 功能设计中的一个重要组件，可以进行工程计算、设计使用标准零部件或创建基于标准的几何图元。

9.1 紧固件生成器

紧固包括螺栓连接和各种销连接，可以通过设置简单或详细的机械属性来自动创建符合机械原理的零部件。例如，使用螺栓连接生成器一次插入一个螺栓连接。通过主动选择正确的零件插入螺栓连接，选择孔，然后将零部件装配在一起。

9.1.1 螺栓连接

使用螺栓连接零部件生成器可以设计和检查承受轴向力或切向力载荷的预应力螺栓连接，在指定要求的工作载荷后选择适当的螺栓连接。强度计算执行螺栓连接校核(例如，连接紧固和操作过程中螺纹的压力和螺栓应力)。

1. 插入螺栓连接的操作步骤

(1) 单击“设计”选项卡“紧固”面板中的“螺栓连接”按钮，打开“螺栓连接零部

件生成器”对话框，如图 9-1 所示。

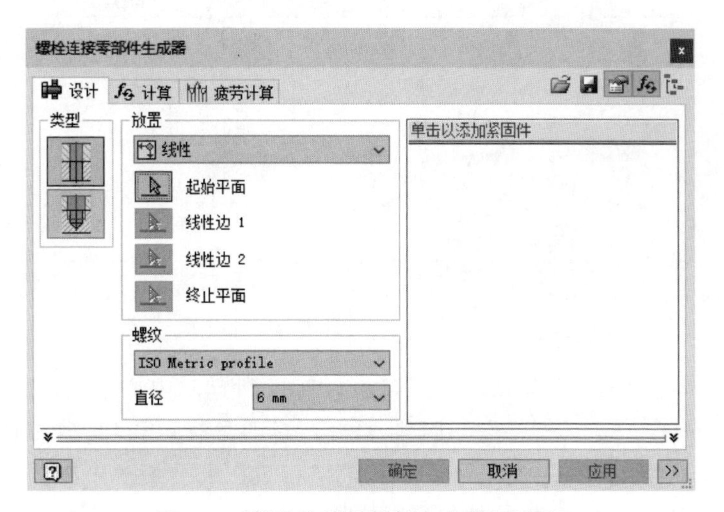

图 9-1　“螺栓连接零部件生成器”对话框

注意： 若要使用螺栓连接生成器插入螺栓连接，部件必须至少包含一个零部件(这是放置螺栓连接所必需的条件)。

(2) 在“类型”区域中，选择螺栓连接的类型(如果部件仅包含一个零部件，则选择“贯通”连接类型)。

(3) 在“放置”区域的下拉列表框中选择放置类型。

① “线性”通过选择两条线性边来指定放置。

② “同心”通过选择环形边来指定放置。

③ “参考点”通过选择一个点来指定放置。

④ “随孔”通过选择孔来指定放置。

(4) 指定螺栓连接的位置。根据选择的放置，系统会提示指定起始平面、边、点、孔和终止平面。显示的选项取决于所选的放置类型，如图 9-2 所示。

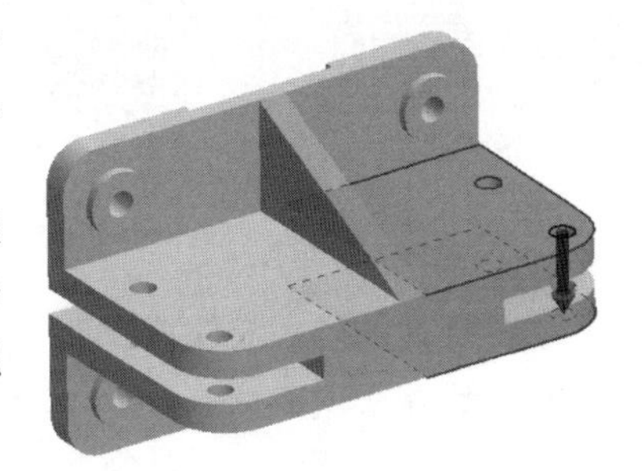

图 9-2　指定螺栓连接的位置

(5) 指定螺栓连接的放置，以选择用于螺栓连接的紧固件。螺栓连接生成器根据在“设计”选项卡左侧指定的放置过滤紧固件选择。当未确立放置规格时，“设计”选项卡右侧的紧固件选项不会启用。

(6) 将螺栓连接插入到包含两个或多个零部件的部件中，并选择“盲孔”连接类型。在“放置”区域中，系统将提示选择“盲孔起始平面”(而不是终止平面)来指定盲孔的起始位置。

(7) 在“螺纹”区域中，在“螺纹”下拉列表框中选择螺纹类型，然后选择直径尺寸。

(8) 单击“单击以添加紧固件”选项以连接到可从中选择零部件的资源中心，选择螺栓类型，如图 9-3 所示。

注意： 必须连接到资源中心服务器，并且必须在计算机上对资源中心进行配置，才能选择螺栓。

Note

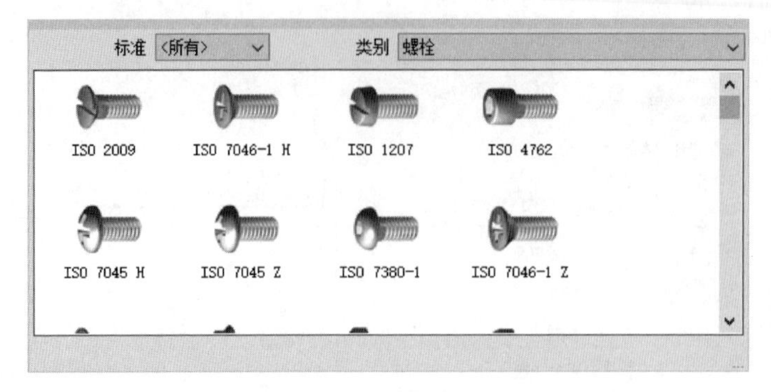

图 9-3　资源中心

（9）继续单击"单击以添加紧固件"选项，连接到资源中心，选择垫片和螺母，如图 9-4 所示。单击"自定义特性"按钮...，打开"表"对话框，可以更改零件参数；单击"删除"按钮✕，删除零部件；单击"更改标准件"按钮·，打开资源中心，选择标准件。

（10）单击"确定"按钮，生成的螺栓结构如图 9-5 所示。

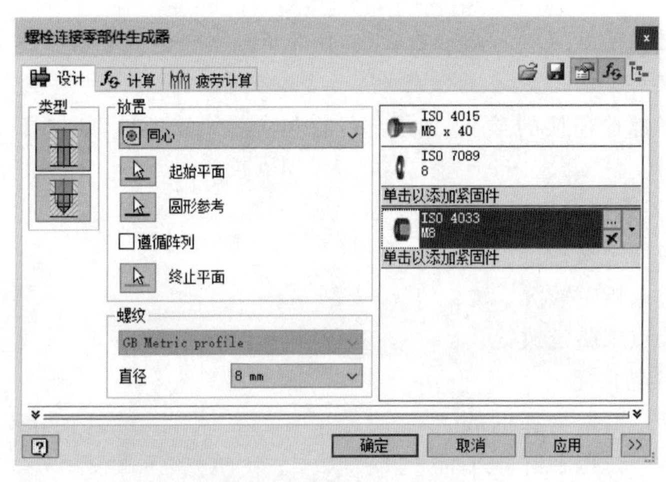

图 9-4　添加垫片和螺母

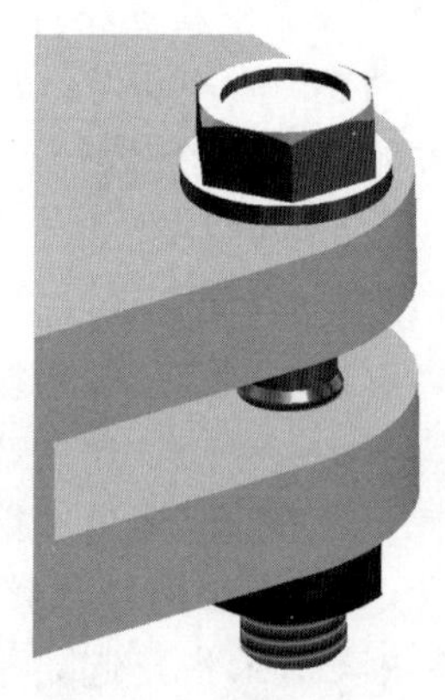

图 9-5　创建螺栓连接

2. 编辑螺栓连接

（1）打开已插入设计加速器带螺栓连接的 Inventor 部件。

（2）选择连接螺栓，右击以显示关联菜单，然后选择"使用设计加速器进行编辑"命令，如图 9-6 所示。

图 9-6　关联菜单

（3）编辑螺栓连接。可以更改螺栓连接的尺寸或更改计算参数。如果更改了计算值，则需切换至"计算"选项卡查看是否通过强度校核，如图 9-7 所示。计算结果会显示在"结果"区域中。导致计算失败的输入将以红色显示（它们的值与插入的其他值或计算标准不符）。计算报告会显示在"消息摘要"区域中，单击"计算"和"设计"选项卡右下部分中的¥按钮即可显示该区域。

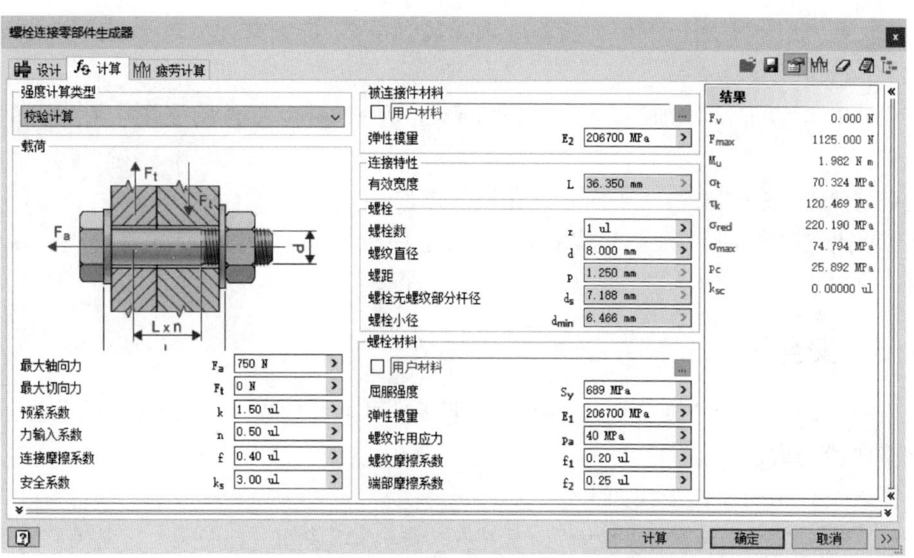

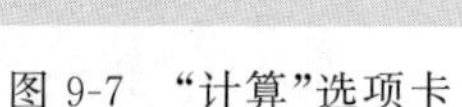

图 9-7　“计算”选项卡

(4) 单击“确定”按钮完成修改。

9.1.2　带孔销

可以计算、设计和校核带孔销强度、最小直径和零件材料的带孔销连接。

带孔销用于机器零件的可分离、旋转连接。通常，这些连接仅传递垂直作用于带孔销轴上的横向力。带孔销通常为间隙配合以构成耦合连接(杆-U形夹耦合)。H11/h11、H10/h8、H8/f8、H8/h8、D11/h11、D9/h8是最常用的配合方式。带孔销的连接应通过开口销、软质安全环、螺母、调整环等来确保无轴向运动。标准化的带孔销可以加工头也可以不加工头，无论哪种情况，都应为开口销提供孔。

插入带孔销的操作步骤如下：

(1) 单击“设计”选项卡“紧固”面板中的“带孔销”按钮，打开“带孔销零部件生成器”对话框，如图9-8所示。

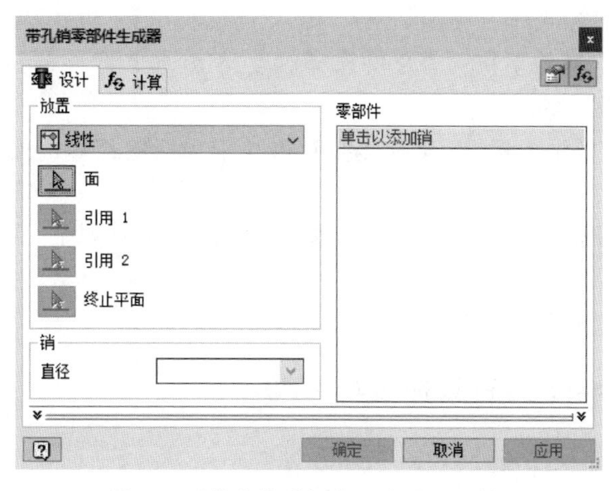

图 9-8　“带孔销零部件生成器”对话框

（2）在“放置”区域的下拉列表框中选择放置类型，放置方式与螺栓连接方式相同。

（3）指定销直径。

（4）单击“单击以添加销”选项以连接到可从中选择零部件的资源中心，选择带孔销类型。

（5）单击“确定”按钮完成插入带孔销的操作。

Note

注意： 可以切换至“计算”选项卡，以进行计算和强度校核。单击“计算”按钮即可进行计算。

9.1.3 安全销

安全销用于使两个机械零件之间形成牢靠且可拆开的连接，确保零件的位置正确，消除横向滑动力。

插入安全销的操作步骤如下：

（1）单击“设计”选项卡“紧固”面板中的“安全销”按钮，打开“安全销零部件生成器”对话框，如图 9-9 所示。

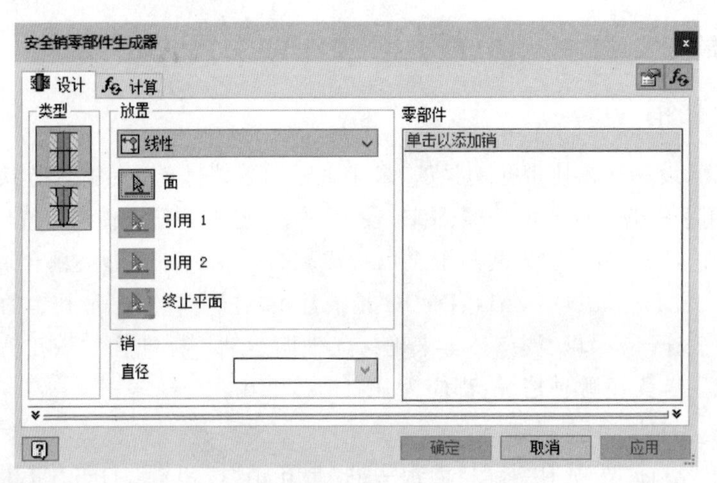

图 9-9 “安全销零部件生成器”对话框

（2）在“类型”框中选择孔类型，包括“贯通”连接类型和“盲孔”连接类型。

（3）在“放置”区域的下拉列表框中选择放置类型，包括线性、同心、参考点和随孔。

（4）输入销直径。

（5）单击“单击以添加销”选项以连接到可从中选择零部件的资源中心，选择安全销类型。

注意： 必须连接到资源中心服务器，并且必须在计算机上对资源中心进行配置，才能选择安全销。

（6）单击“确定”按钮完成插入安全销的操作。

9.1.4 实例——为球阀添加螺栓连接

9-1

本例为球阀添加螺栓连接，如图 9-10 所示。

（1）打开文件。运行 Inventor，单击快速访问工具栏中的“打开”按钮，在打开

的“打开”对话框中选择“球阀.iam”装配文件，单击“打开”按钮，打开球阀装配文件，如图 9-11 所示。

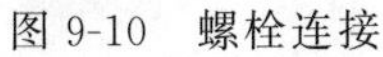
图 9-10　螺栓连接

图 9-11　球阀装配体

（2）添加螺栓、垫片和螺母。

① 单击“设计”选项卡“紧固”面板中的“螺栓连接”按钮，打开“螺栓连接零部件生成器”对话框，选择“贯通”连接类型，选择“同心”放置方式，如图 9-12 所示。

② 在视图中选择阀盖的表面为起始平面，选择孔的圆形边线为圆形参考，选择阀体的表面为终止平面，如图 9-13 所示。

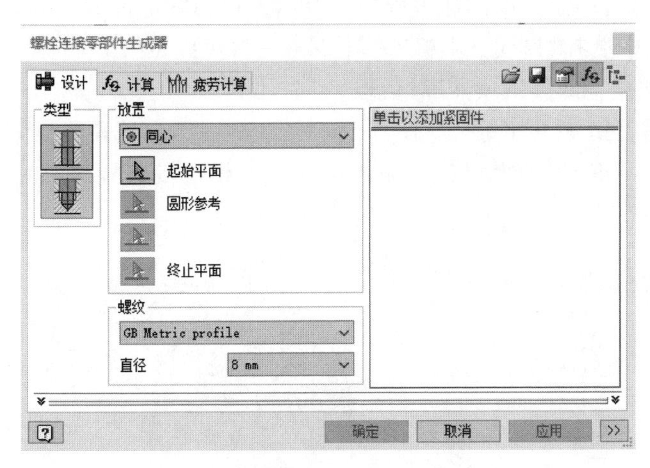

图 9-12　“螺栓连接零部件生成器”对话框

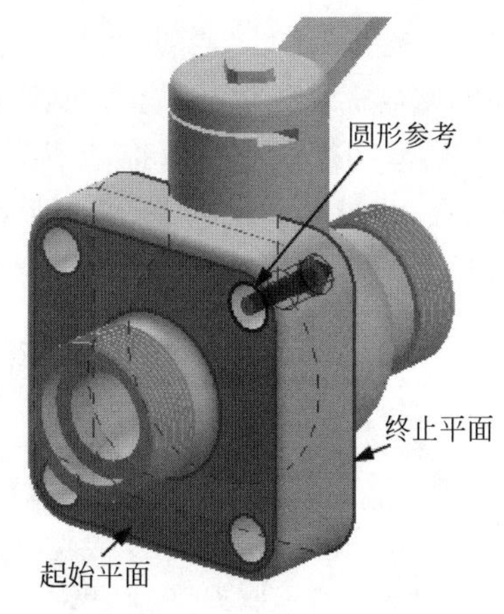

图 9-13　选择放置面

③ 在对话框中选择 GB Metric profile 螺纹类型，直径为 10mm，单击“单击以添加紧固件”选项，连接到零部件的资源中心，选择“六角头螺栓”类别，在列表中选择“螺栓 GB/T 5785-2000”类型，默认尺寸为 M10×40，如图 9-14 所示完成螺栓的选择，返回“螺栓连接零部件生成器”对话框。

④ 在对话框的 ISO 钻孔下方单击“单击以添加紧固件”选项，连接到零部件的资源中心，选择“垫圈 GB/T 95-2002”类型，如图 9-15 所示，完成垫圈的选择，返回“螺栓连接零部件生成器”对话框。

Note

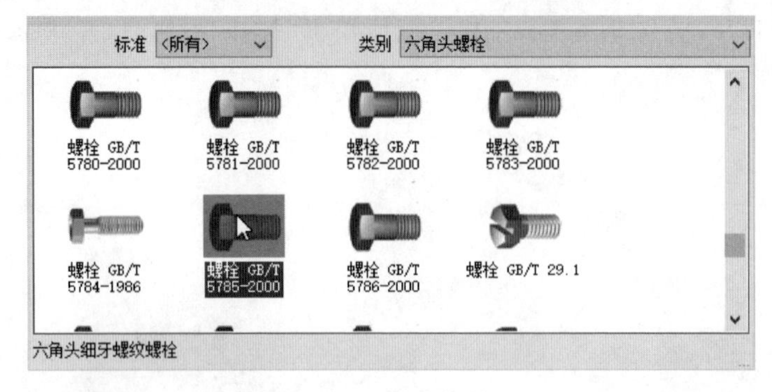

图 9-14 选择螺栓

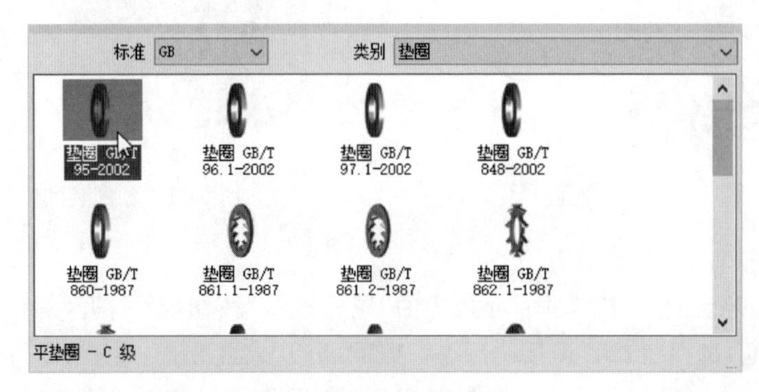

图 9-15 选择垫圈

⑤ 在对话框添加的垫圈下方单击“单击以添加紧固件”选项，连接到零部件的资源中心，选择“螺母”类别，在列表框中选择“螺母 GB/T 6171-2000”[①]类型，如图 9-16 所示，完成螺母的选择，返回“螺栓连接零部件生成器”对话框。

⑥ 在视图中可以拖动箭头调整螺栓的长度，如图 9-17 所示，在本例中采用默认设置，此时对话框如图 9-18 所示。单击“确定”按钮，完成第一个螺栓连接的添加，如图 9-19 所示。

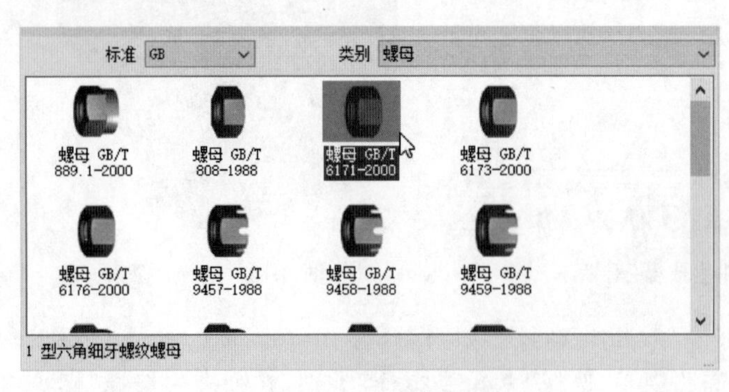

图 9-16 选择螺母

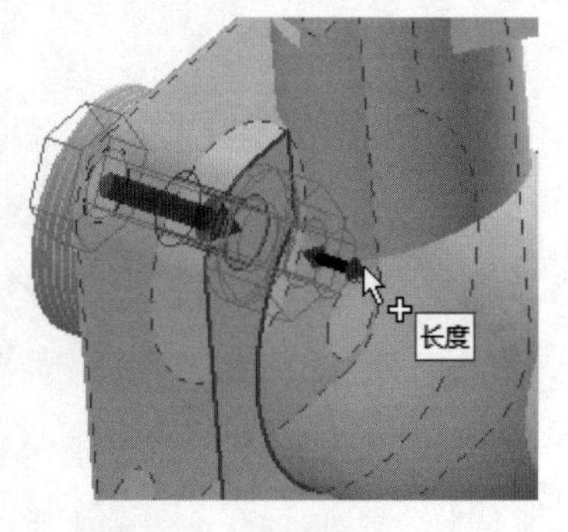

图 9-17 调整螺栓长度

(3) 重复步骤(2)，在球阀上添加其他三个螺栓连接，结果如图 9-10 所示。

(4) 保存文件。单击快速访问工具栏中的“保存”按钮，保存文件。

① 该标准已经作废，被 GB/T 6171—2016 代替。

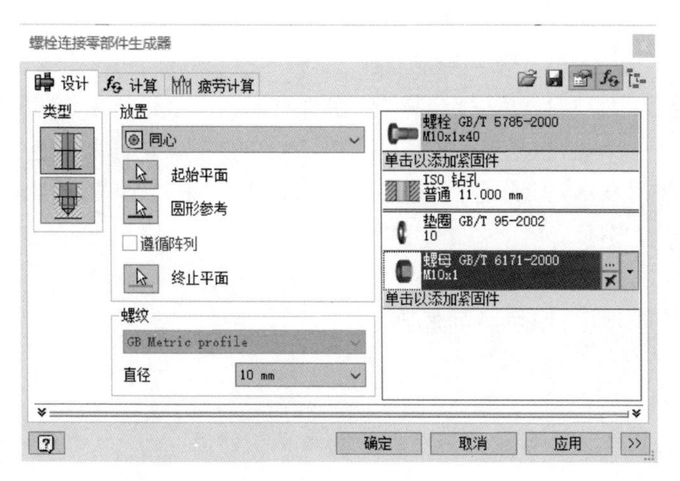

图 9-18　“螺栓连接零部件生成器”对话框

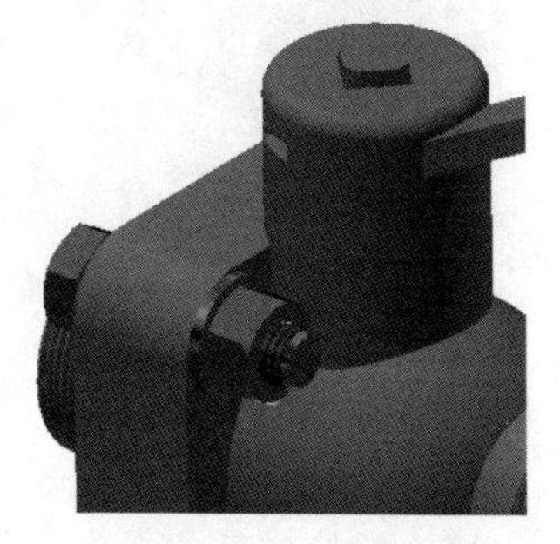

图 9-19　添加第一个螺栓连接

Note

9.2　弹　　簧

9.2.1　压缩弹簧

压缩弹簧零部件生成器可以计算具有其他弯曲修正的水平压缩。

插入压缩弹簧的操作步骤如下：

（1）单击“设计”选项卡“弹簧”面板中的“压缩”按钮，打开如图 9-20 所示的“压缩弹簧零部件生成器”对话框。

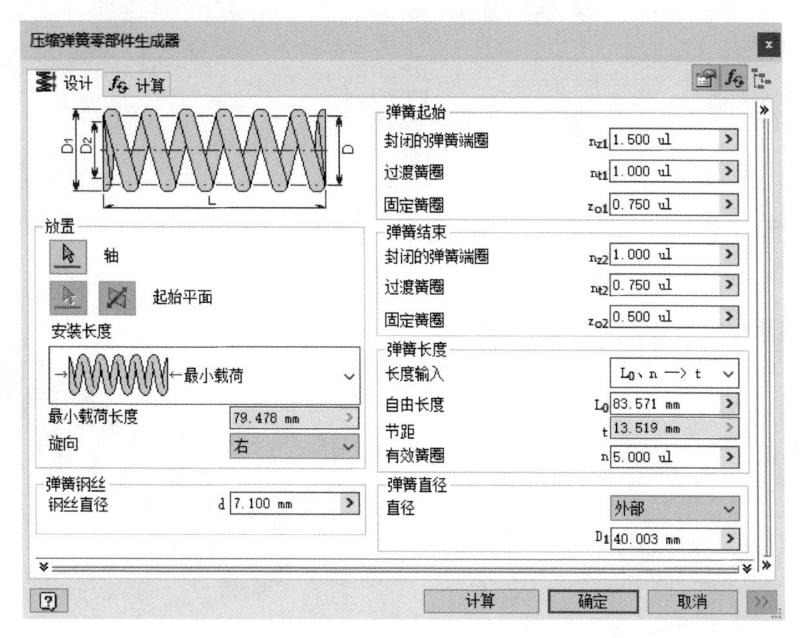

图 9-20　“压缩弹簧零部件生成器”对话框

图 9-21　压缩弹簧

（2）选择轴和起始平面放置弹簧。

（3）输入弹簧参数。

（4）单击“计算”按钮进行计算，计算结果会显示在“结果”区域中，导致计算失败的输入将以红色显示，表明它们的值与插入的其他值或计算标准不符。

（5）单击“确定”按钮，将弹簧插入 Inventor 部件中，如图 9-21 所示。

9.2.2　拉伸弹簧

拉伸弹簧零部件生成器专门用于计算带其他弯曲修正的水平拉伸。

插入拉伸弹簧的操作步骤如下：

（1）单击“设计”选项卡“弹簧”面板中的“拉伸”按钮，打开如图 9-22 所示的“拉伸弹簧零部件生成器”对话框。

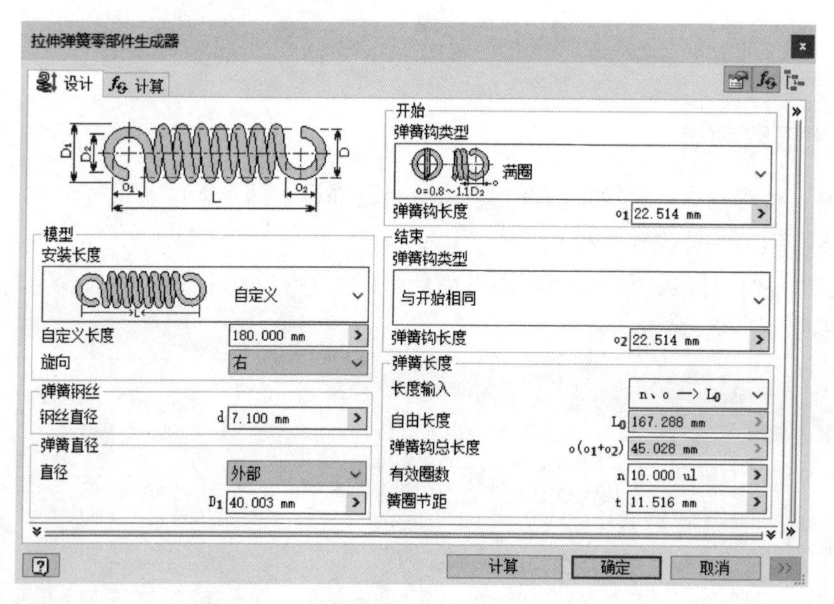

图 9-22　“拉伸弹簧零部件生成器”对话框

（2）选择相应的选项，输入弹簧参数。

（3）在“计算”选项卡中选择强度计算类型并设置载荷与弹簧材料。

（4）单击“计算”按钮进行计算，计算结果会显示在“结果”区域中。导致计算失败的输入将以红色显示，表明它们的值与插入的其他值或计算标准不符。

（5）单击“确定”按钮，将弹簧插入 Inventor 部件中，如图 9-23 所示。

图 9-23　拉伸弹簧

Note

9.2.3　碟形弹簧

碟形弹簧可用于承载较大的载荷而只产生较小的变形。它们可以单独使用，也可以成组使用。组合弹簧具有以下装配方式：

- 叠合组合(依次装配弹簧)
- 对合组合(反向装配弹簧)
- 复合组合(反向部件依次装配的组合弹簧)

1. 插入独立弹簧

(1) 单击“设计”选项卡“弹簧”面板中的“碟形”按钮，打开如图 9-24 所示的“碟形弹簧生成器”对话框。

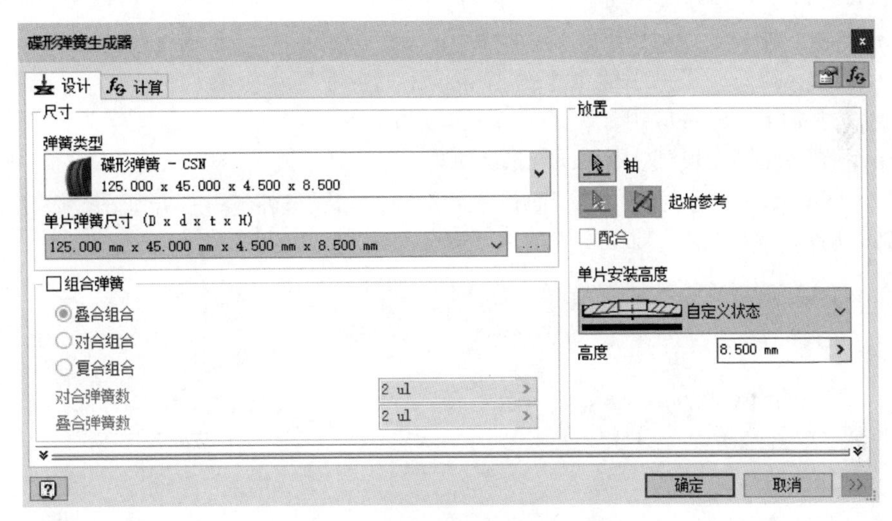

图 9-24　“碟形弹簧生成器”对话框

(2) 从“弹簧类型”下拉列表框中选择适当的标准弹簧类型。

(3) 从“单片弹簧尺寸”下拉列表框中选择弹簧尺寸。

(4) 选择轴和起始平面放置弹簧。

(5) 单击“确定”按钮，将弹簧插入 Inventor 部件中，如图 9-25 所示。

2. 插入组合弹簧

(1) 单击“设计”选项卡“弹簧”面板中的“碟形”按钮，打开如图 9-24 所示的“碟形弹簧生成器”对话框。

(2) 从“弹簧类型”下拉列表框中选择适当的标准弹簧类型。

(3) 从“单片弹簧尺寸”下拉列表框中选择弹簧尺寸。

(4) 选择轴和起始平面放置弹簧。

(5) 选中“组合弹簧”复选框，选择组合弹簧类型，然后输入对合弹簧数和叠合弹簧数。

(6) 单击“确定”按钮，将弹簧插入 Inventor 部件中，如图 9-26 所示。

Note

图 9-25　碟形弹簧

图 9-26　组合弹簧

9.2.4　扭簧

扭簧零部件生成器可以计算用于设计和校核由冷成形线材或由环形剖面的钢条制成的螺旋扭簧。

扭簧有以下四种基本弹簧状态。

- 自由：弹簧未加载(指数 0)。
- 预载：弹簧应用最小的工作扭矩(指数 1)。
- 完全加载：弹簧应用最大的工作扭矩(指数 8)。
- 限制：弹簧变形到实体长度(指数 9)。

(1) 单击"设计"选项卡"弹簧"面板中的"扭转弹簧"按钮，打开如图 9-27 所示的"扭簧零部件生成器"对话框。

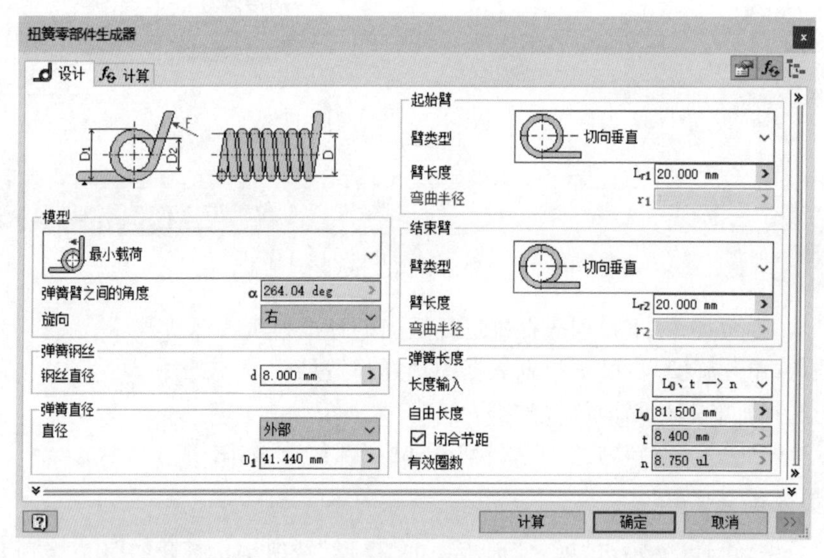

图 9-27　"扭簧零部件生成器"对话框

(2) 在"设计"选项卡中输入弹簧的钢丝直径、臂类型等参数。

(3) 在"计算"选项卡中输入载荷、弹簧材料等用于扭簧计算的参数。

(4) 单击"计算"按钮进行计算，计算结果会显示在"结果"区域中。导致计算失败的输入将以红色显示，表明它们的值与插入的其他值或计算标准不符。

(5) 单击"确定"按钮，将弹簧插入 Inventor 部件中，如图 9-28 所示。

图 9-28　扭簧

9-2

9.2.5　实例——避震器安装弹簧

本例安装避震器组件，如图 9-29 所示，安装过程中利用设计加速器安装弹簧。

图 9-29　避震器

操作步骤

(1) 运行 Inventor，单击快速访问工具栏中的“新建”按钮，在打开的“新建文件”对话框中选择 Standard. iam 选项，单击“创建”按钮，新建一个装配文件。

(2) 保存文件。单击快速访问工具栏中的“保存”按钮，打开“另存为”对话框，输入文件名为“避震器. iam”，单击“保存”按钮，保存文件。

(3) 装入避震杆 1。单击“装配”选项卡“零部件”面板中的“放置”按钮，打开“装入零部件”对话框，选择“避震杆 1”零件，单击“打开”按钮，装入避震杆 1。右击，在弹出的如图 9-30 所示的快捷菜单中选择“在原点处固定放置”选项，则零件的坐标与部件的坐标原点重合。再次右击，在弹出的如图 9-31 所示的快捷菜单中单击“确定”按钮，完成避震杆 1 的装配，如图 9-32 所示。

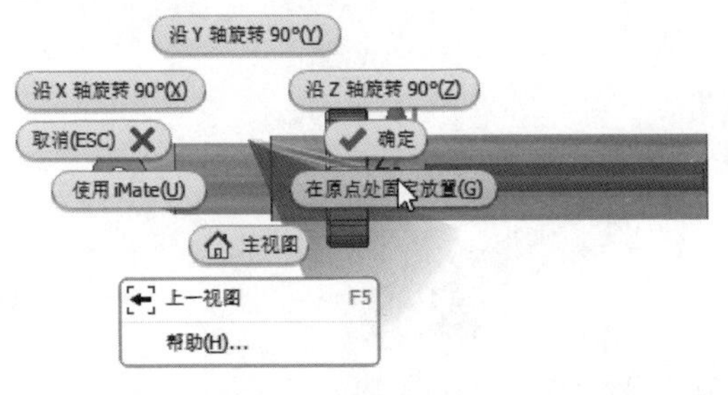

图 9-30　快捷菜单 1

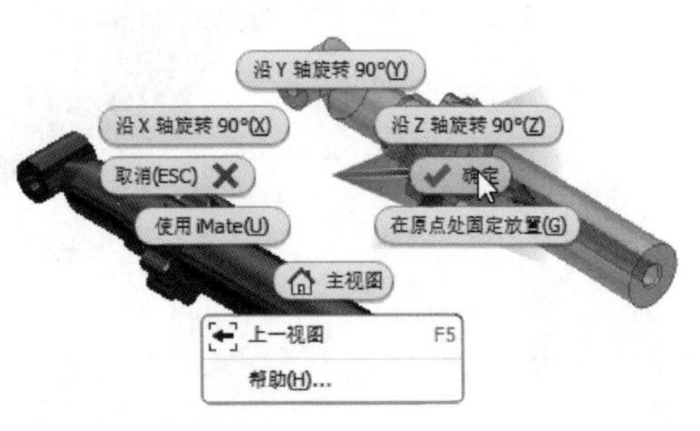

图 9-31　快捷菜单 2

(4) 放置避震杆 2。单击“装配”选项卡“零部件”面板中的“放置”按钮，打开“装入零部件”对话框，选择“避震杆 2”零件，单击“打开”按钮，装入避震杆 2，将其放置到视图中的适当位置。右击，在弹出的快捷菜单中单击“确定”按钮，完成阀杆的放置，如图 9-33 所示。

图 9-32　放置避震杆 1

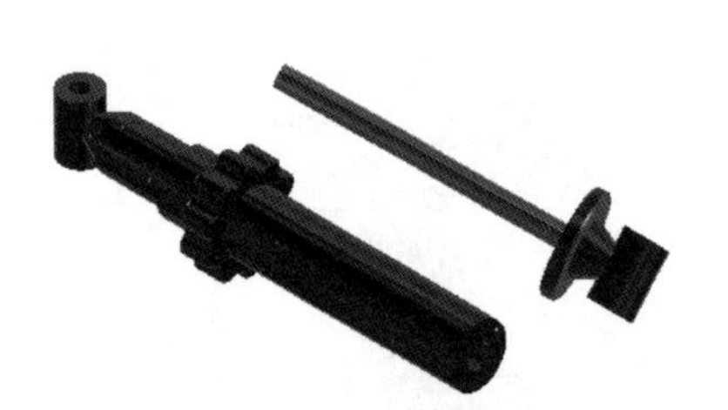

图 9-33　安装避震杆 2

(5) 装配避震杆 2。单击“装配”选项卡“关系”面板中的“约束”按钮，打开“放置约束”对话框，选择“配合”类型，在视图中选取如图 9-34 所示的两个圆柱面，设置偏移量为 0mm，设置“求解方法”为“反向”，单击“确定”按钮。

Note

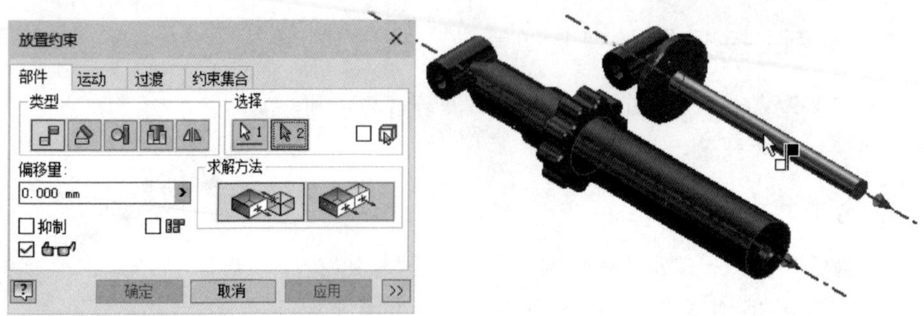

图 9-34　选择面

（6）添加弹簧。单击“设计”选项卡“弹簧”面板中的“压缩”按钮，打开“压缩弹簧零部件生成器”对话框，选择如图 9-35 所示的两个面作为轴和起始平面放置弹簧。在“压缩弹簧零部件生成器”对话框中设置“钢丝直径”为 6mm，设置“自由长度”为 250mm，“有效簧圈”为 12，单击“计算”按钮，查看设计参数是否有误，如图 9-36 所示。若无误则单击“确定”按钮，生成弹簧，如图 9-37 所示。

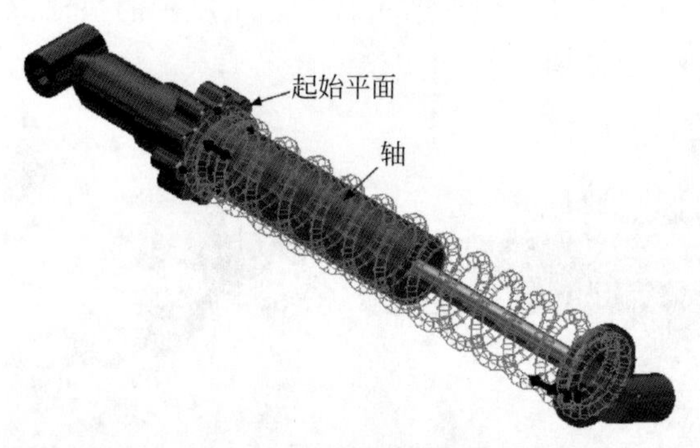

图 9-35　选择轴和起始平面

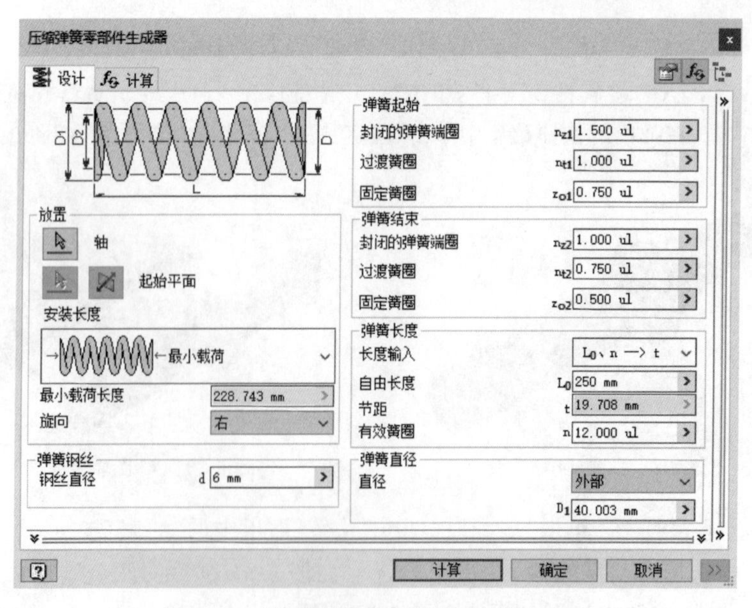

图 9-36　“压缩弹簧零部件生成器”对话框

图 9-37　生成弹簧

(7) 装配弹簧。单击“装配”选项卡“位置”面板中的“约束”按钮，打开“放置约束”对话框，选择“配合”类型，在视图中选取弹簧的另一个端面和避震杆 2 的平面，设置偏移量为 0mm。单击“确定”按钮，完成避震器的安装，如图 9-29 所示。

(8) 保存文件。单击快速访问工具栏中的“保存”按钮，保存文件。

9.3　动力传动生成器

利用动力传动生成器可以直接生成轴、圆柱齿轮、蜗轮、轴承、V 型皮带和凸轮等动力传动部件。

9.3.1　轴生成器

使用轴生成器可以直接设计轴的形状、计算校核及在 Inventor 中生成轴的模型。创建的轴需要由不同的特征(倒角、圆角、颈缩等)和截面类型(圆柱、圆锥和多边形)装配而成。

使用轴生成器可执行以下操作：

- 设计和插入带有无限多个截面(圆柱、圆锥、多边形)和特征(圆角、倒角、螺纹等)的轴。
- 设计空心形状的轴。
- 将特征(倒角、圆角、螺纹)插入内孔。
- 分割轴圆柱并保留轴截面的长度。
- 将轴保存到模板库。
- 向轴添加无限多个载荷和支承。

1. 设计轴的步骤

(1) 单击“设计”选项卡“动力传动”面板中的“轴”按钮，打开如图 9-38 所示的“轴生成器”对话框。

(2) 在“放置”区域中，可以根据需要指定轴在部件中的放置。使用轴生成器设计轴时不需要放置。

Note

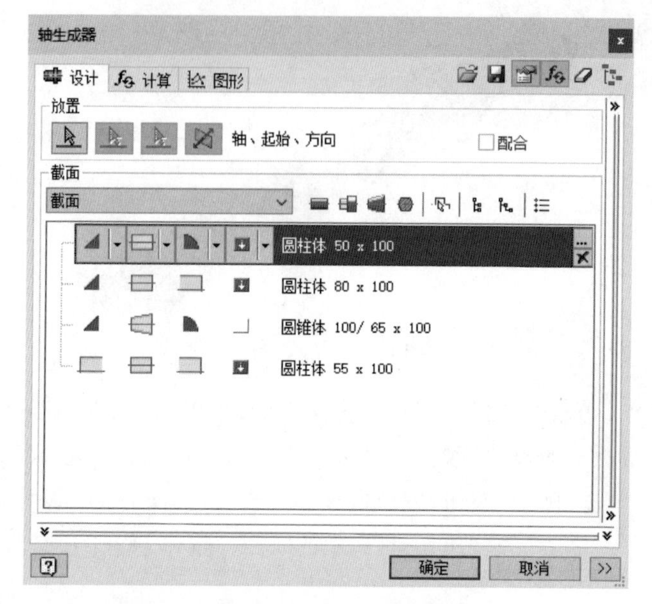

图 9-38 “轴生成器”对话框

(3) 在“截面”区域中，使用下拉列表框设计轴的形状。根据所作选择，工具栏中将显示相应命令。

① 选择“截面”选项以插入轴特征和截面。

② 选择“右侧的内孔”或“左侧的内孔”选项可以设计中空轴形状。

(4) 从“轴生成器”对话框的中部区域工具栏中选择命令(“插入圆锥”、“插入圆柱”、“插入多边形”等)以插入轴截面。选定的截面将显示在下方。

(5) 可以在工具栏中单击“选项”按钮，以设定三维图形预览和二维图形预览的选项。

(6) 单击“确定”按钮，将轴插入 Inventor 部件中。

注意：可以切换至“计算”选项卡，设置轴材料和添加载荷及支承。

2. 设计空心轴形状的步骤

(1) 单击“设计”选项卡“动力传动”面板中的“轴”按钮，打开“轴生成器”对话框。

(2) 在“放置”区域中，指定轴在部件中的放置方式。使用轴生成器设计轴时不需要放置。

(3) 在“截面”区域的下拉列表框中选择“右侧的内孔”或“左侧的内孔”选项，工具栏上将显示“插入圆柱内孔”和“插入圆锥内孔”选项。单击相应选项以插入适当形状的空心轴，如图 9-39 所示。

(4) 在树控件中选择内孔，然后单击“更多”按钮编辑尺寸，或在树控件中选择内孔，然后单击“删除”按钮删除内孔。

(5) 单击“确定”按钮，将轴插入 Inventor 部件中。

Note

图 9-39　设计空心轴

9.3.2　正齿轮

利用正齿轮零部件生成器，可以计算外部和内部齿轮传动装置（带有直齿和螺旋齿）的尺寸并校核其强度。它包含的几何计算可设计不同类型的变位系数，包括滑动补偿变位系数。正齿轮零部件生成器可以计算、检查尺寸和载荷，并可以进行强度校核。

1. 插入一个正齿轮的步骤

（1）单击“设计”选项卡“动力传动”面板中的“正齿轮”按钮，打开如图 9-40 所示的“正齿轮零部件生成器”对话框。

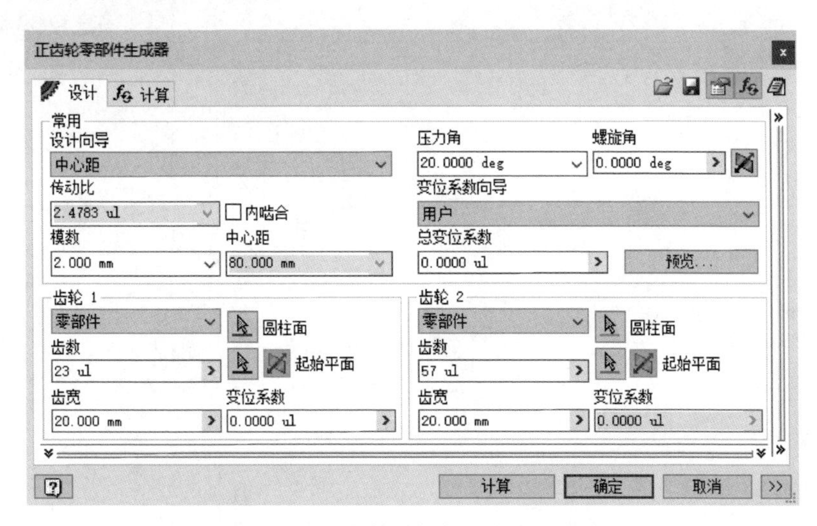

图 9-40　“正齿轮零部件生成器”对话框

（2）在“常用”区域中输入相应的值。

（3）在“齿轮 1”区域中，在下拉列表框中选择“零部件”，输入齿轮参数。

(4) 在“齿轮 2”区域中，在下拉列表框中选择“无模型”。

(5) 单击“确定”按钮完成插入一个正齿轮的操作。

注意：用于计算齿形的曲线被简化。

Note

2. 插入两个正齿轮的步骤

使用圆柱齿轮生成器，一次最多可以插入两个齿轮。

(1) 单击“设计”选项卡“动力传动”面板中的“正齿轮”按钮，打开“正齿轮零部件生成器”对话框。

(2) 在“常用”区域中输入相应的值。

(3) 在“齿轮 1”区域中，在下拉列表框中选择“零部件”，输入齿轮参数。

(4) 在“齿轮 2”区域中，在下拉列表框中选择“零部件”，输入齿轮参数。

(5) 单击“确定”按钮完成插入两个正齿轮的操作。

3. 计算圆柱齿轮的步骤

(1) 单击“设计”选项卡“动力传动”面板中的“正齿轮”按钮，打开“正齿轮零部件生成器”对话框。

(2) 在“设计”选项卡中选择要插入的齿轮类型(零部件或特征)。

(3) 在下拉列表框中选择相应的“设计向导”选项，然后输入值。可以在编辑字段中直接更改值和单位。

注意：单击“设计”选项卡右下角的“更多”按钮 >>，打开“更多选项”区域，可以在其中选择其他计算选项。

(4) 在“计算”选项卡中，在下拉列表框中选择强度计算方法，并输入值以进行强度校核，如图 9-41 所示。

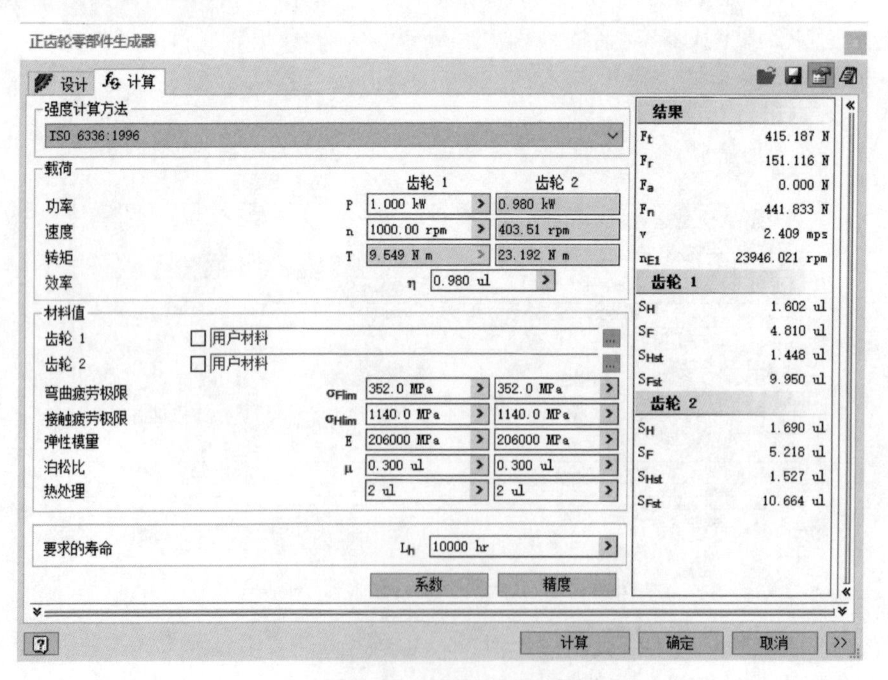

图 9-41 “计算”选项卡

(5) 单击“系数”按钮打开一个对话框，可以在其中更改选定的强度计算方法的系数。

(6) 单击“精度”按钮打开一个对话框，可以在其中更改精度设置。

(7) 单击“计算”按钮进行计算。

(8) 计算结果会显示在“结果”区域中。导致计算失败的输入将以红色显示(它们的值与插入的其他值或计算标准不符)。计算报告会显示在“消息摘要”区域中，单击“计算”选项卡右下部分中的 ︾ 按钮即可显示该区域。

(9) 单击“结果”按钮以显示含有计算的值的 HTML 报告。

(10) 单击“确定”按钮，完成计算圆柱齿轮的操作。

4. 根据已知的参数设计齿轮组

使用正齿轮生成器将齿轮模型插入到部件中。当已知所有参数，并且希望仅插入模型而不执行任何计算或重新计算值时，可以使用这些已知参数。

(1) 单击“设计”选项卡“动力传动”面板中的“正齿轮”按钮，打开“正齿轮零部件生成器”对话框。

(2) 在“常用”区域中，在“设计向导”下拉列表框中选择“中心距”或“总变位系数”选项。根据所作选择，“设计”选项卡上相应的选项将处于启用状态。这两个选项可以启用大多数逻辑选项以便插入齿轮模型。

(3) 设定需要的值，例如压力角、螺旋角或模量。

(4) 在“齿轮 1”和“齿轮 2”区域中，从下拉列表框中选择“零部件”、“特征”或“无模型”。

(5) 单击右下角的“更多”按钮 >> ，以插入更多计算值和标准。

(6) 单击“确定”按钮，将齿轮组插入到部件中。

9.3.3 蜗轮

利用蜗轮零部件生成器可以计算蜗轮传动装置(普通齿或螺旋齿)的尺寸和载荷，包括对中心距的几何计算或基于中心距的计算，以及齿轮传动比的计算，以此来进行齿轮变位系数设计。

生成器可计算主要产品并校核尺寸、载荷力的大小、蜗轮与蜗杆材料的最小要求，并基于 CSN 与 ANSI 标准进行强度校核。

1. 插入一个蜗轮的步骤

(1) 单击“设计”选项卡“动力传动”面板中的“蜗轮”按钮，打开如图 9-42 所示的“蜗轮零部件生成器”对话框。

(2) 在“常用”区域中输入值。

(3) 在“蜗轮”区域中，在下拉列表框中选择“零部件”，输入齿轮参数。

(4) 在“蜗杆”区域中，在下拉列表框中选择“无模型”。

(5) 单击“确定”按钮，完成插入一个蜗轮的操作。

2. 计算蜗轮的步骤

(1) 单击“设计”选项卡“动力传动”面板中的“蜗轮”按钮，打开如图 9-42 所示的“蜗轮零部件生成器”对话框。

Note

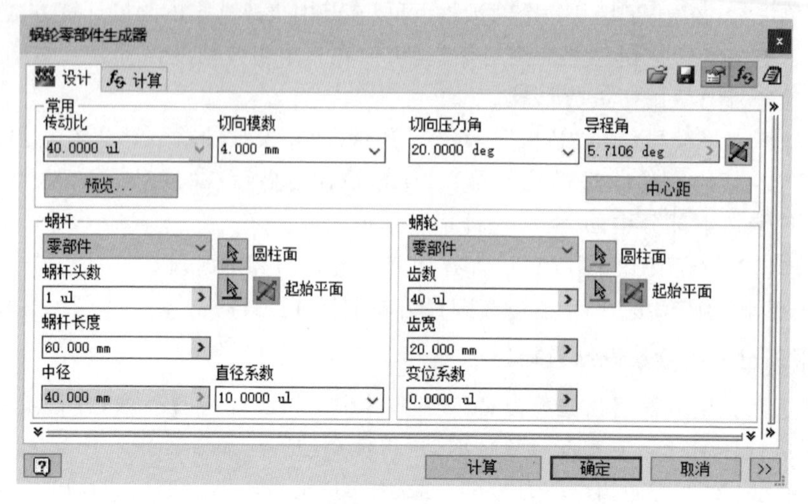

图 9-42 “蜗轮零部件生成器”对话框

(2) 在生成器的“设计”选项卡中,选择要插入的齿轮类型(零部件、无模型)并指定齿轮数。

(3) 在“计算”选项卡中,输入值以进行强度校核,如图 9-43 所示。

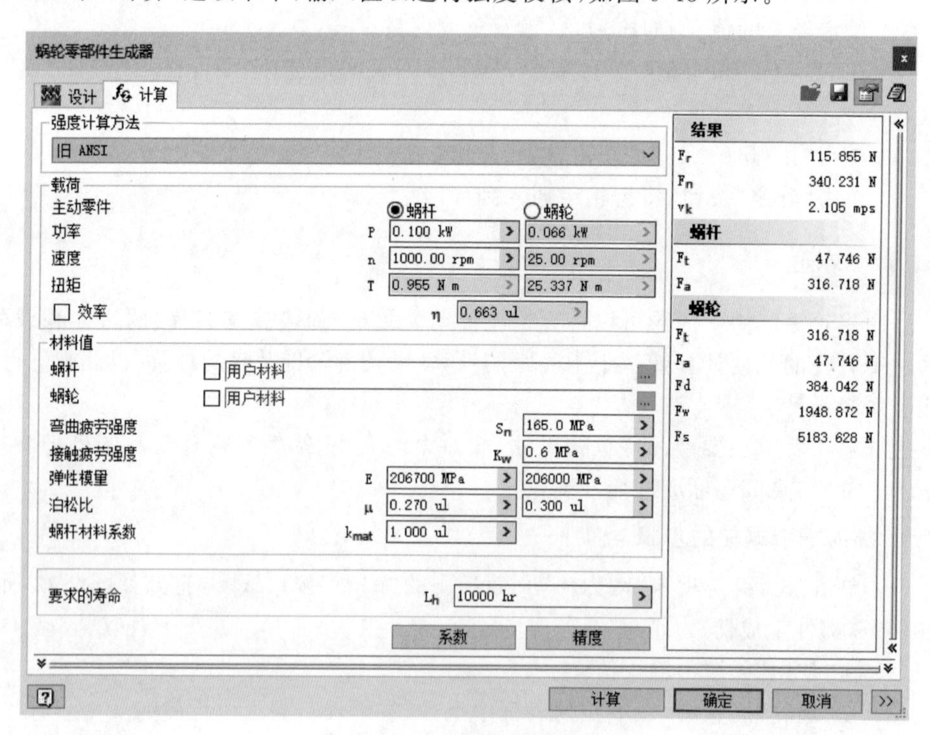

图 9-43 “计算”选项卡

(4) 单击“系数”按钮打开一个对话框,可以在其中更改选定的强度计算方法的系数。

(5) 单击“精度”按钮打开一个对话框,可以在其中更改精度设置。

(6) 单击“计算”按钮,开始计算。

(7) 计算结果会显示在“结果”区域中。导致计算失败的输入将以红色显示(它们的值与插入的其他值或计算标准不符)。计算报告会显示在“消息摘要”区域中,单击“计算”选项卡右下部分中的 ≽ 按钮即可显示该区域。

(8) 单击“结果”按钮 ,以显示含有计算的值的 HTML 报告。

(9) 单击“确定”按钮,完成计算蜗轮的操作。

Note

9.3.4 锥齿轮

锥齿轮零部件生成器用于计算锥齿轮传动装置(带有直齿和螺旋齿)的尺寸,并可以进行强度校核。它包含的几何计算可设计不同类型的变位系数,其中包括滑动补偿变位系数。该生成器将根据 Bach、Merrit、CSN 01 4686、ISO 6336、DIN 3991、ANSI/AGMA 2001-D04:2005 或旧 ANSI 计算所有主要产品、校核尺寸以及载荷力大小,并进行强度校核。

1. 插入一个锥齿轮的步骤

(1) 单击“设计”选项卡“动力传动”面板中的“锥齿轮”按钮 ,打开如图 9-44 所示的“锥齿轮零部件生成器”对话框。

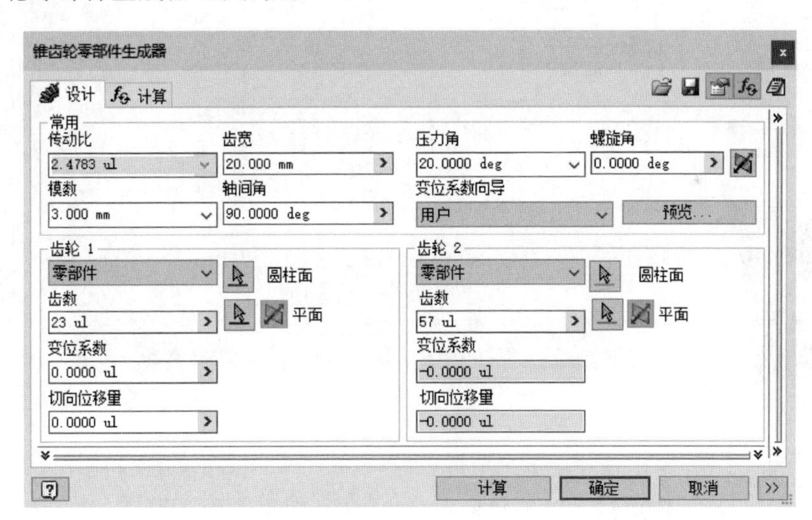

图 9-44 “锥齿轮零部件生成器”对话框

(2) 在“常用”区域中输入值。

(3) 使用选择列表,在“齿轮 1”区域中选择“零部件”选项,输入齿轮参数。

(4) 使用选择列表,在“齿轮 2”区域中选择“无模型”选项。

(5) 单击“确定”按钮,完成插入一个锥齿轮的操作。

2. 插入两个锥齿轮的步骤

(1) 单击“设计”选项卡“动力传动”面板中的“锥齿轮”按钮 ,打开“锥齿轮零部件生成器”对话框。

(2) 在“常用”区域中插入值。

(3) 使用选择列表,在“齿轮 1”区域中选择“零部件”选项,输入齿轮参数。

(4) 使用选择列表,在“齿轮 2”区域中选择“零部件”选项,输入齿轮参数。

(5) 分别选择两个圆柱面为放置面。

(6) 单击“确定”按钮,完成插入两个锥齿轮的操作。

Note

3. 计算锥齿轮的步骤

(1) 单击“设计”选项卡“动力传动”面板中的“锥齿轮”按钮,打开“锥齿轮零部件生成器”对话框。

(2) 在“设计”选项卡中,选择要插入的齿轮类型(零部件、无模型)并指定齿轮数。

(3) 在“计算”选项卡中,输入值以进行强度校核,如图 9-45 所示。

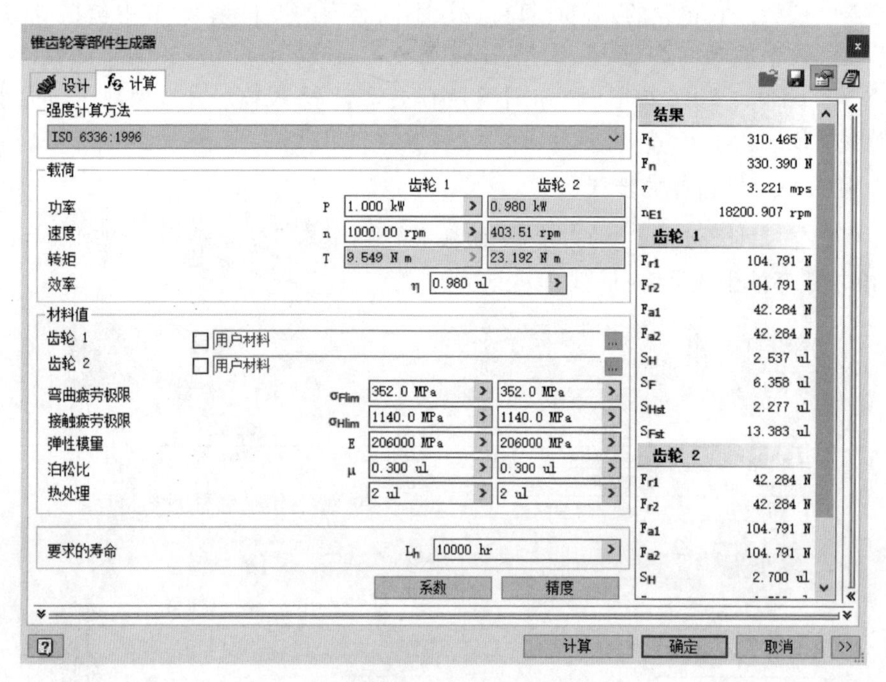

图 9-45 “计算”选项卡

(4) 单击“系数”按钮打开一个对话框,可以在其中更改选定的强度计算方法的系数。

(5) 单击“精度”按钮打开一个对话框,可以在其中更改精度设置。

(6) 单击“计算”按钮,开始计算。

(7) 计算结果会显示在“结果”区域中。导致计算失败的输入将以红色显示(它们的值与插入的其他值或计算标准不符)。计算报告会显示在“消息摘要”区域中,单击“计算”选项卡右下部分中的 ≫ 按钮即可显示该区域。

(8) 单击“结果”按钮,以显示含有计算的值的 HTML 报告。

(9) 单击“确定”按钮,完成计算锥齿轮的操作。

9.3.5 轴承

轴承生成器用于计算滚子轴承和球轴承,包括完整的轴承参数设计和计算。计算参数保存在工程图中,可以随时重新开始计算。使用轴承生成器,可以在“设计”选项卡中根据输入条件(轴承类型、外径、轴直径、轴承宽度)选择轴承,也可以在“计算”选项卡

Note

中设置计算轴承的参数。例如，进行强度校核（静态和动态载荷）、计算轴承寿命，选择符合计算标准和要求的寿命的轴承。

1. 插入轴承的步骤

（1）单击"设计"选项卡"动力传动"面板中的"轴承"按钮，打开如图9-46所示的"轴承生成器"对话框。

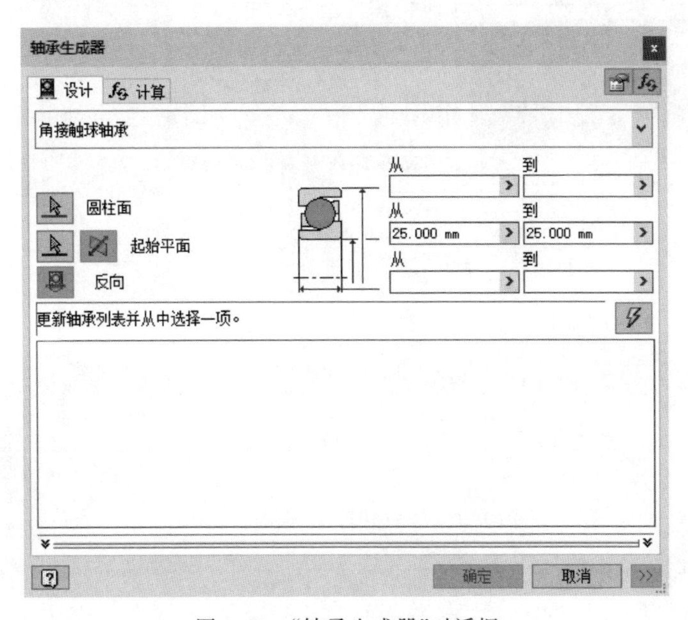

图9-46 "轴承生成器"对话框

（2）选择轴的圆柱面和起始平面。轴的直径值将自动插入到"设计"选项卡中。

（3）在"资源中心"中选择轴承的类型。单击"浏览轴承"按钮可以打开资源中心。

（4）根据选择（族/类别）指定轴承过滤器值，与标准相符的轴承列表显示在"设计"选项卡的下半部分。

（5）在列表中单击适当的轴承，选择的结果将显示在选择列表上方的字段中，单击"确定"按钮可以使用。

（6）单击"确定"按钮，完成插入轴承的操作。

2. 计算轴承的步骤

（1）单击"设计"选项卡"动力传动"面板中的"轴承"按钮，打开 "轴承生成器"对话框。

（2）在"设计"选项卡中选择轴承。

（3）切换到"计算"选项卡，如图9-47所示，选择强度计算的方法。

（4）输入计算值。可以在编辑字段中直接更改值和单位。

（5）单击"计算"按钮进行计算。

（6）计算结果会显示在"结果"区域中。导致计算失败的输入将以红色显示（它们的值与插入的其他值或计算标准不符）。不满足条件的结果说明显示在"消息摘要"区域中，单击"计算"选项卡右下角的 ≫ 按钮即可显示该区域。

Note

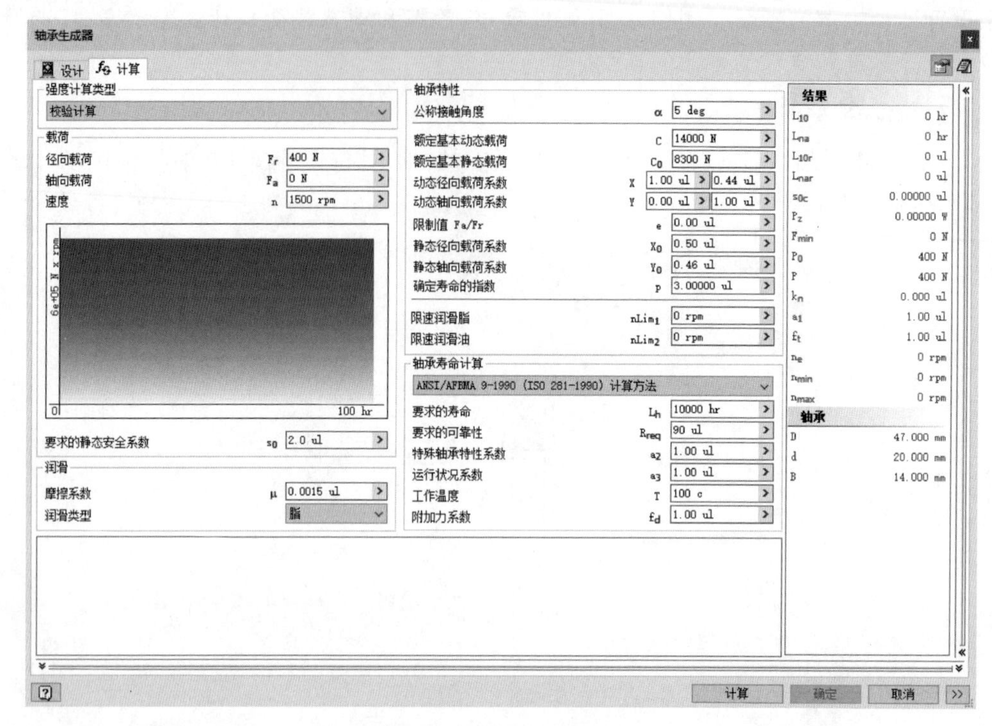

图 9-47 “计算”选项卡

(7) 单击“确定”按钮，完成计算轴承的操作。

9.3.6 V 型皮带

使用 V 型皮带零部件生成器可设计和分析在工业生产中使用的机械动力传动装置。V 型皮带零部件生成器用于设计两端连接的 V 型皮带，这种传动只能是所有皮带轮毂都平行于中间平面的传动，皮带中间平面是皮带坐标系的 XY 平面。

动力传动理论上可由无限多个皮带轮组成。皮带轮可以是带槽的，也可以是平面的。相对于坐标系，皮带可以沿顺时针方向或逆时针方向旋转。带凹槽皮带轮必须位于皮带回路内部。张紧轮可以位于皮带回路内部或外部。

第一个皮带轮被视为驱动皮带轮，其余皮带轮为从动轮或空转轮。可以使用每个皮带轮的功率比系数在多个从动皮带轮之间分配输入功率，并相应地计算力和转矩。

1. 设计使用两个皮带轮的皮带传动的步骤

(1) 单击“设计”选项卡“动力传动”面板中的“V 型皮带”按钮，打开如图 9-48 所示的“V 型皮带零部件生成器”对话框。

(2) 选择皮带轨迹的基础中间平面。

(3) 单击“皮带”编辑字段旁边的向下箭头以选择皮带。

(4) 添加两个皮带轮。第一个皮带轮始终为驱动轮。

(5) 通过拖动皮带轮中心处的夹点来指定每个皮带轮的位置。

(6) 通过拖动夹点或使用“皮带轮特性”对话框指定皮带轮直径。

(7) 单击“确定”按钮以生成皮带传动。

Note

图 9-48　“V 型皮带零部件生成器”对话框

2. 设计使用三个皮带轮的皮带传动的步骤

(1) 单击“设计”选项卡“动力传动”面板中的“V 型皮带”按钮，打开如图 9-48 所示的“V 型皮带零部件生成器”对话框。

(2) 选择皮带轨迹的基础中间平面。

(3) 单击“皮带”编辑字段旁边的向下箭头以选择皮带。

(4) 添加 3 个皮带轮。第一个皮带轮始终为驱动轮。

(5) 通过拖动皮带轮中心处的夹点来指定每个皮带轮的位置。

(6) 通过拖动夹点或使用“皮带轮特性”对话框指定皮带轮直径。

(7) 打开“皮带轮特性”对话框以确定功率比。如果皮带轮的功率比为 0.0，则认为该皮带轮是空转轮。

(8) 单击“确定”按钮以生成皮带传动。

9.3.7　凸轮

可以设计和计算平动臂或摆动臂类型从动件的盘式凸轮、线性凸轮和圆柱凸轮。可以完整地计算和设计凸轮参数，并可使用运动参数的图形结果。

这些生成器可根据最大行程、加速度、速度或压力角等凸轮特性来设计凸轮。

1. 插入盘式凸轮的步骤

(1) 单击“设计”选项卡“动力传动”面板中的“盘式凸轮”按钮，打开如图 9-49 所示的“盘式凸轮零部件生成器”对话框。

(2) 在“凸轮”选项组的下拉列表框中选择“零部件”选项。

(3) 在部件中选择圆柱面和起始平面。

(4) 输入基本半径和凸轮宽度值。

(5) 在“从动件”分组框中，输入从动轮的值。

Note

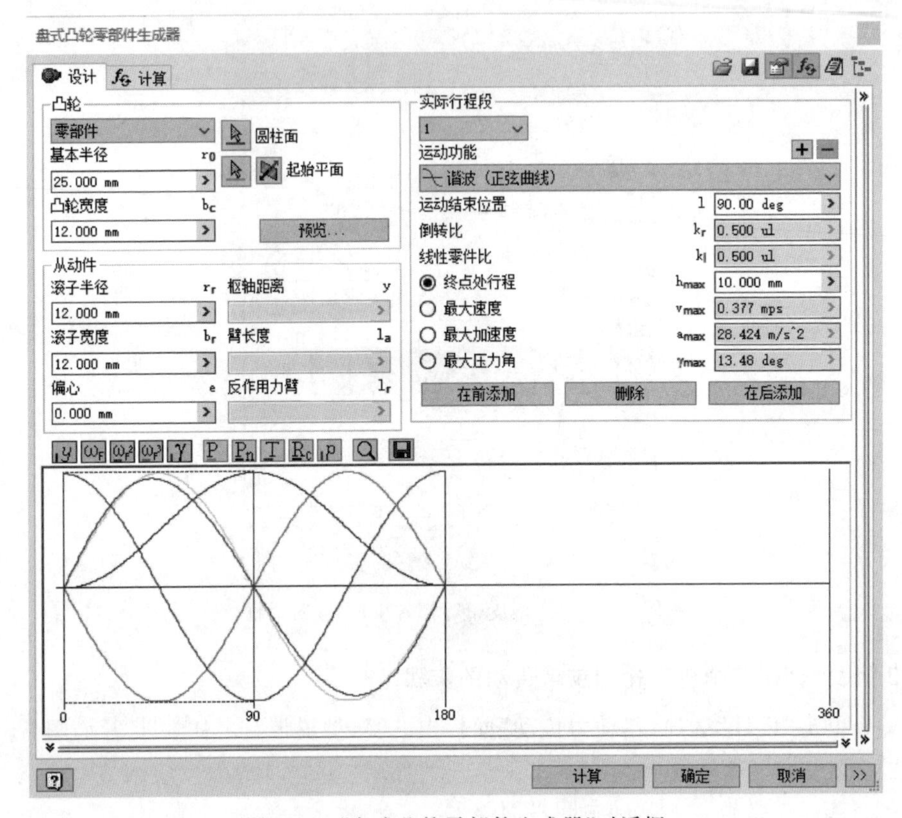

图 9-49 “盘式凸轮零部件生成器”对话框

(6) 在“实际行程段”分组框中选择实际行程段为“1”，或通过在图形区域单击选择，然后输入图形值。

(7) 在下拉列表框中选择运动类型。单击“加”按钮 + (“添加”)可以添加自己的运动，并在“添加运动”对话框中指定运动名称和值。新运动即会添加到运动列表中。若要从列表中删除任何运动，请单击“减”按钮 − (“删除”)。

(8) 单击“设计”选项卡右下角的 ≫ 按钮，为凸轮设计设定其他选项。

(9) 单击图形区域上方的“保存到文件”按钮，将图形数据保存到文本文件。

(10) 单击“确定”按钮，完成插入盘式凸轮的操作。

2. 计算盘式凸轮的步骤

(1) 单击“设计”选项卡“动力传动”面板中的“盘式凸轮”按钮，打开“盘式凸轮零部件生成器”对话框。

(2) 在“凸轮”区域中，选择要插入的凸轮类型(包括“零部件”“无模型”)。

(3) 插入凸轮和从动轮的值以及凸轮行程段。

(4) 切换到“计算”选项卡，输入计算值，如图 9-50 所示。

(5) 单击“计算”按钮进行计算。

(6) 计算结果会显示在“结果”区域中。导致计算失败的输入将以红色显示(它们的值与插入的其他值或计算标准不符)。计算报告会显示在“消息摘要”区域中，单击“计算”选项卡右下部分中的 ≫ 按钮即可显示该区域。

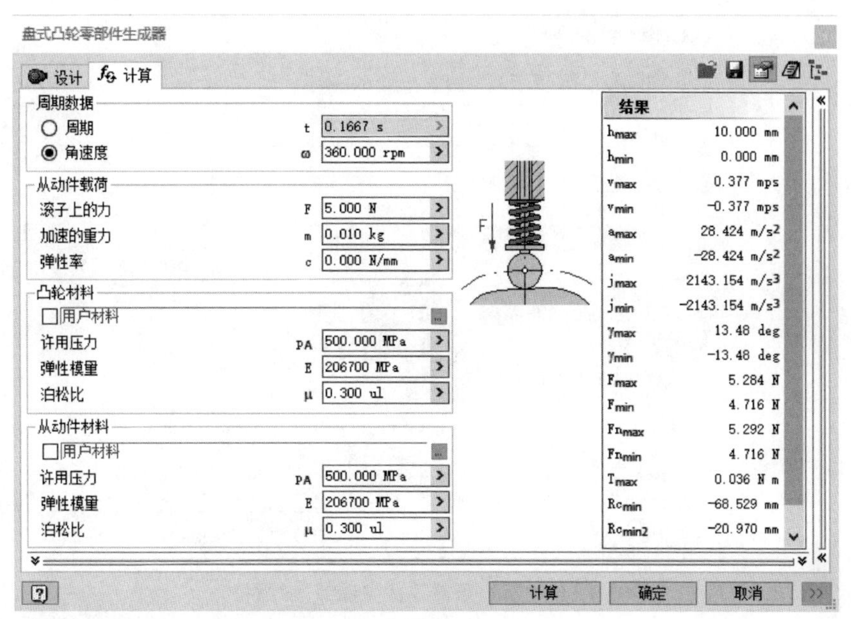

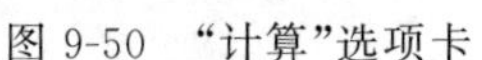
图 9-50　“计算”选项卡

(7) 单击图形区域上方“设计”选项卡中的“保存到文件”按钮，将图形数据保存到文本文件。

(8) 单击右上角的“结果”按钮，打开 HTML 报告。

(9) 如果计算结果与设计相符，则单击“确定”按钮完成计算盘式凸轮的操作。

9.3.8　矩形花键

矩形花键连接生成器用于矩形花键的计算和设计。可以设计花键轴以及进行强度校核。使用花键连接计算，可以根据指定的传递转矩确定有效的轮毂长度。通过轴上的键对内花键的侧面压力传递切向力，反之亦然。所需的轮毂长度由不能超过槽轴承区域的许用压力这一条件决定。

矩形花键适于传递大的循环冲击扭矩。实际上，这类连接器是最常用的一种花键(约占 80%)。这种类型的花键可以用于带轮毂圆柱轴的固定连接器和滑动连接器。定心方式是根据工艺、操作及精度要求进行选择的，可以根据内径(很少用)或齿侧面进行定心。直径定心适用于需要较高精度轴承的场合。以侧面定心的连接器显示出大的载荷能力，适合于承受可变力矩和冲击。

1. 设计矩形花键的步骤

(1) 单击“设计”选项卡“动力传动”面板中的“矩形花键”按钮，打开如图 9-51 所示的“矩形花键连接生成器”对话框。

(2) 单击“花键类型”编辑字段旁边的箭头以选择花键。

(3) 输入花键尺寸。

(4) 指定轴槽的位置。用户既可以创建新的轴槽，也可以选择现有的槽。根据用户的选择，系统将启用“轴槽”区域中的放置选项。

图 9-51 “矩形花键连接生成器”对话框

(5) 指定轮毂槽的位置。

(6) 在“选择要生成的对象”区域中选择要插入的对象,默认情况下会启用这两个选项。

(7) 单击“确定”按钮,生成矩形花键。

2. 计算矩形花键的步骤

(1) 单击“设计”选项卡“动力传动”面板中的“矩形花键”按钮,打开如图 9-51 所示的“矩形花键连接生成器”对话框。

(2) 在“设计”选项卡中单击“花键类型”编辑字段旁边的箭头,选择花键并输入花键尺寸。

(3) 切换到“计算”选项卡,选择强度计算类型,输入计算值,如图 9-52 所示。

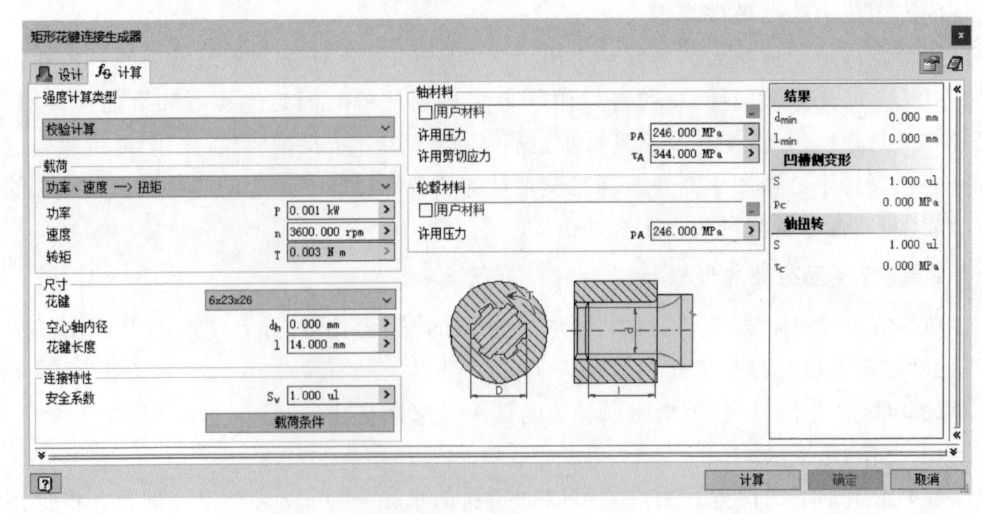

图 9-52 “计算”选项卡

(4) 单击"计算"按钮进行计算。

(5) 计算结果会显示在"结果"区域中。导致计算失败的输入将以红色显示(它们的值与插入的其他值或计算标准不符)。计算报告会显示在"消息摘要"区域中,单击"计算"和"设计"选项卡右下部分中的 ≫ 按钮即可显示该区域。

(6) 单击"确定"按钮完成计算操作。

Note

9.3.9　O 形密封圈

O 形密封圈零部件生成器可以在圆柱和平面(轴向密封)上创建密封和凹槽。如果在柱面上插入密封,则要求杆和内孔具有精确直径。必须创建圆柱曲面才能使用 O 形密封圈生成器。

O 形密封圈可以在多种材料和横截面上使用,系统仅支持具有圆形横截面的 O 形密封圈。不能将材料添加到资源中心现有的 O 形密封圈上。

插入 O 形密封圈的步骤如下:

(1) 单击"设计"选项卡"动力传动"面板中的"O 形密封圈"按钮,打开如图 9-53 所示的"O 形密封圈零部件生成器"对话框。

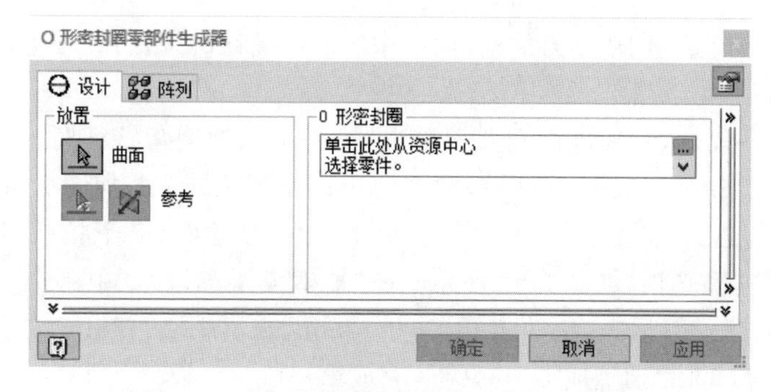

图 9-53　"O 形密封圈零部件生成器"对话框

(2) 选择圆柱面为放置参考面。

(3) 选择要放置凹槽的平面或工作平面。单击"反向"按钮 以更改方向。

(4) 输入从参考边到凹槽的距离。

(5) 在"O 形密封圈"区域中,单击"单击此处从资源中心选择零件"选项以选择 O 形密封圈。在"类别"下拉列表框中,选择"径向朝外"或"径向朝内"选项,然后选择 O 形密封圈。

(6) 单击"确定"按钮,向部件中插入径向 O 形密封圈。

如果选择平面或工作平面为放置参考面,选择参考边(圆或弧)、垂直面或垂直工作平面以定位槽,则插入轴向 O 形密封圈。

9.3.10　实例——齿轮轴组件

本例创建如图 9-54 所示的齿轮轴组件。

Note

9-3

图 9-54 齿轮轴组件

操作步骤

(1) 新建文件。单击快速访问工具栏中的"新建"按钮，在打开的"新建文件"对话框中选择 Standard. iam 选项，单击"创建"按钮，新建一个装配体文件。

(2) 保存文件。单击"文件"→"保存"命令，打开"另存为"对话框，输入文件名为"齿轮轴组件. iam"，单击"保存"按钮，保存文件。

(3) 创建轴。

① 单击"设计"选项卡"动力传动"面板中的"轴"按钮，打开"轴生成器"对话框，如图 9-55 所示。

② 选择第一段轴，对其进行配置。单击"第一条边的倒角特征"按钮，打开"倒角"对话框，单击"倒角边长"按钮，输入倒角边长为 1.5mm，如图 9-56 所示。单击"确定"按钮，返回"轴生成器"对话框。单击"第二条边特征"下拉按钮，打开下拉菜单，选择"无特征"选项，如图 9-57 所示；在"轴生成器"对话框中单击"截面特性"按钮，打开"圆柱体"对话框，更改直径 D 为 40mm，长度 L 为 18mm，如图 9-58 所示。单击"确定"按钮，返回"轴生成器"对话框，完成第一段轴的设计。

图 9-55 "轴生成器"对话框

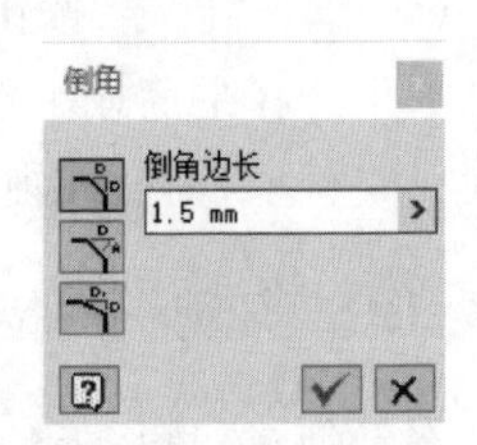

图 9-56 "倒角"对话框

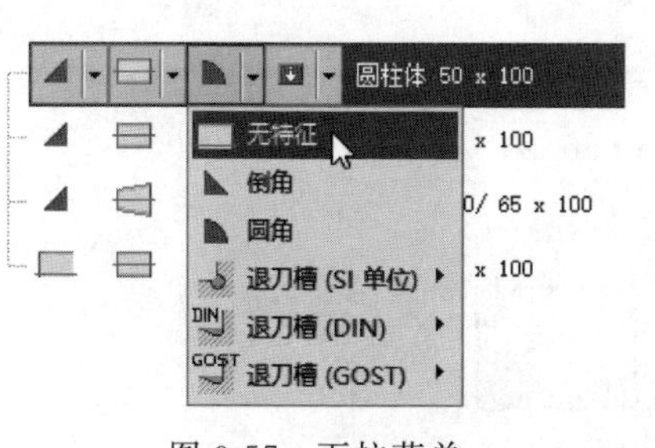

图 9-57　下拉菜单

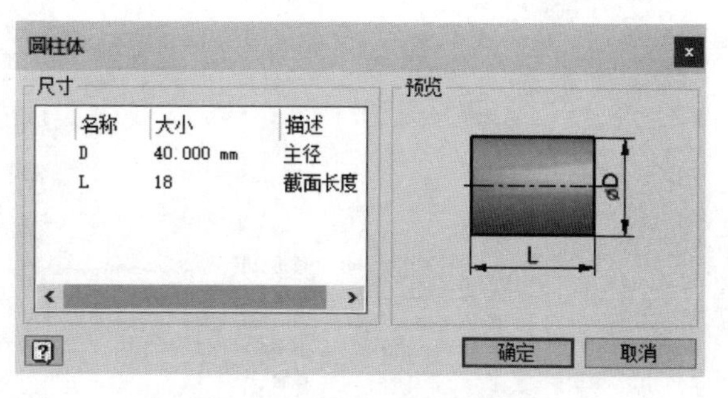

图 9-58　“圆柱体”对话框

③ 选择第二段轴，对其进行配置。将第一条边特征设置为“无特征”，单击“截面特性”按钮，打开“圆柱体”对话框，更改直径 D 为 48mm，长度 L 为 85mm，其他采用默认设置。单击“确定”按钮，返回“轴生成器”对话框。

④ 选择第三段轴，对其进行配置。将第一条边特征设置为“无特征”，单击“截面类型”下拉按钮，打开如图 9-59 所示的下拉菜单，选择“圆柱”截面类型；单击“截面特性”按钮，打开“圆柱体”对话框，更改直径 D 为 40mm，长度 L 为 20mm。单击“确定”按钮，返回“轴生成器”对话框。

⑤ 选择第四段轴，对其进行配置。单击“截面特性”按钮，打开“圆柱体”对话框，更改直径 D 为 38mm，长度 L 为 70mm，其他采用默认设置。单击“确定”按钮，返回“轴生成器”对话框。

⑥ 单击“插入圆柱”按钮，添加第五段轴。单击“第二条边特征”下拉按钮，打开下拉菜单，选择“倒角”选项，打开“倒角”对话框，单击“倒角边长”按钮，输入倒角边长为 1.5mm。单击“确定”按钮，返回“轴生成器”对话框。单击“截面特征”下拉按钮，打开如图 9-60 所示的下拉菜单，选择“添加键槽”选项，添加键槽；然后单击“键槽特征特性”按钮，打开“键槽”对话框，选择“键 GB/T 1566-2003 A 型”，更改键槽长度 L 为 50mm，更改键槽距轴端的距离 X 为 5mm，如图 9-61 所示。单击“确定”按钮，返回“轴生成器”对话框。单击“截面特性”按钮，打开“圆柱体”对话框，更改直径 D 为 30mm，长度 L 为 60mm。

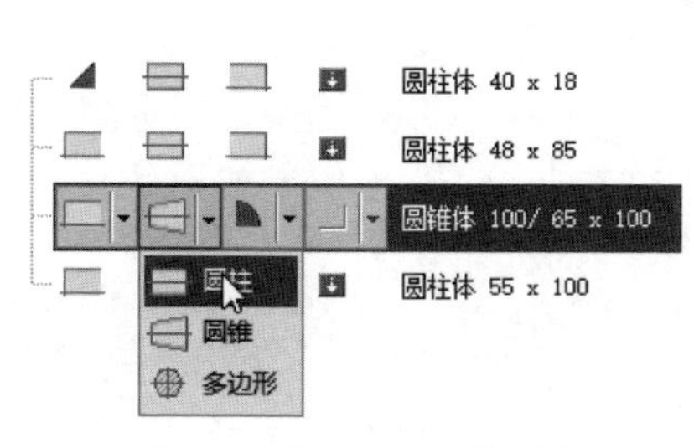

图 9-59　截面类型下拉菜单

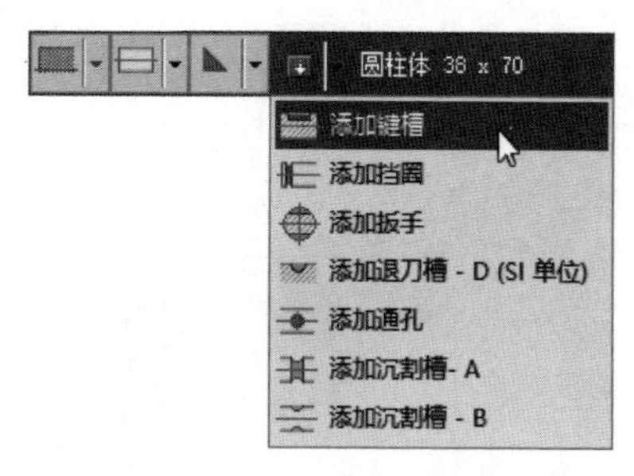

图 9-60　下拉菜单

⑦ 设置完五段轴参数，其他采用默认设置，单击“确定”按钮，将轴放置在适当位置，完成轴的设计，如图 9-62 所示。

Note

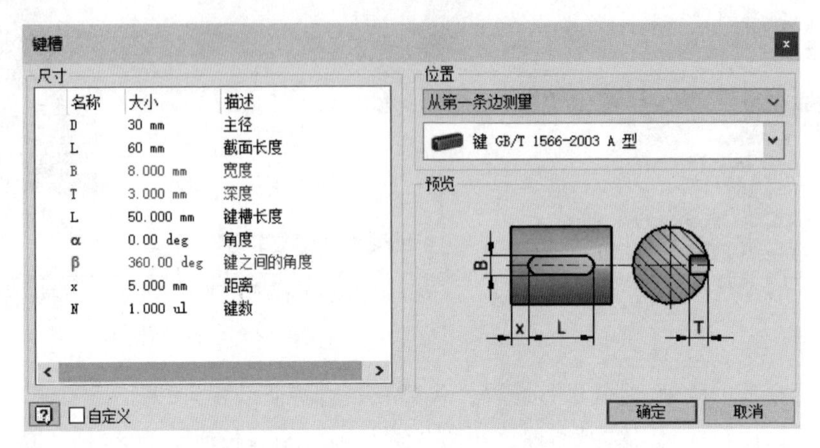

图 9-61 “键槽”对话框

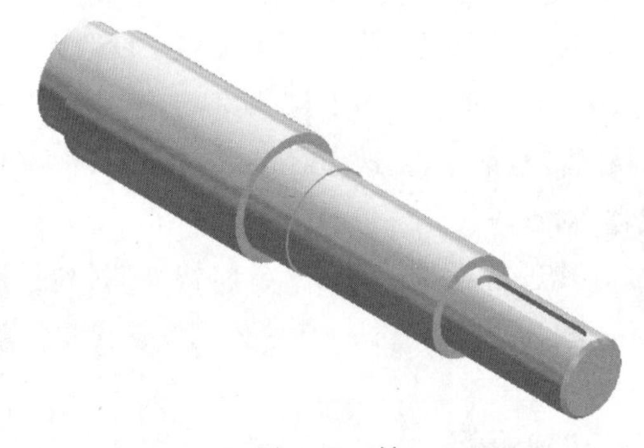

图 9-62 轴

9-4

(4) 创建齿轮。

① 单击“设计”选项卡“动力传动”面板中的“正齿轮”按钮，打开“正齿轮零部件生成器”对话框。

② 在对话框中输入模数为 3，输入齿轮 1 的齿数为 19，齿宽为 65，在“齿轮 2”选项组中设置齿轮 2 为无模型。在视图中选择第二段轴的圆柱面为齿轮的放置参考，选择轴端面为起始参考，单击“反转到对侧”按钮，调整齿轮的生成方向，如图 9-63 所示，其他采用默认设置。

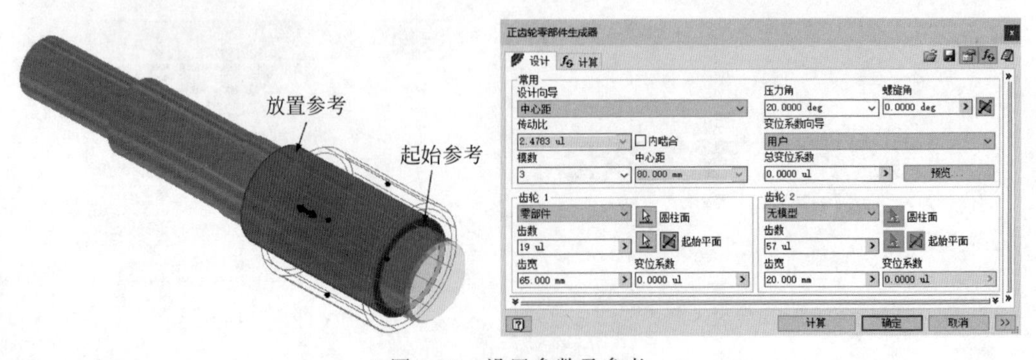

图 9-63 设置参数及参考

Note

③ 在对话框中单击“确定”按钮，生成如图 9-64 所示的齿轮。由于齿轮不符合设计要求，因此下面对其进行编辑。

④ 在模型树中单击“正齿轮”节点，在展开的根目录下单击“表面齐平”选项，输入距离为“－10”，如图 9-65 所示，按 Enter 键确认，结果如图 9-66 所示。

⑤ 在模型树中选择“正齿轮：1”零部件，右击，在弹出的快捷菜单中选择“打开”选项，打开正齿轮零件，进入三维模型创建环境。在模型树中选择“正齿轮:1:1”零部件，右击，在弹出的快捷菜单中选择“编辑”选项，即可对正齿轮进行编辑。

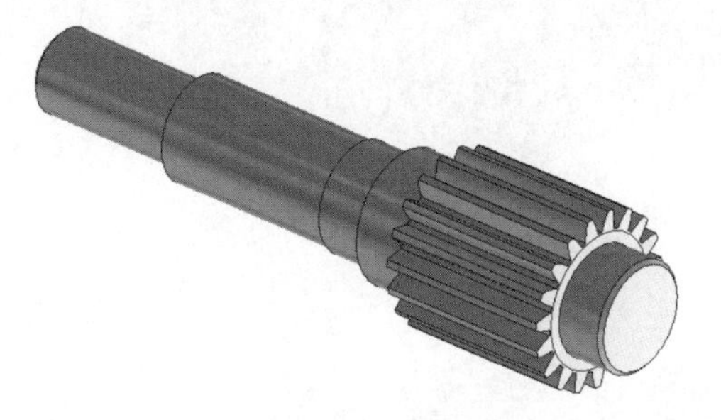

图 9-64 齿轮

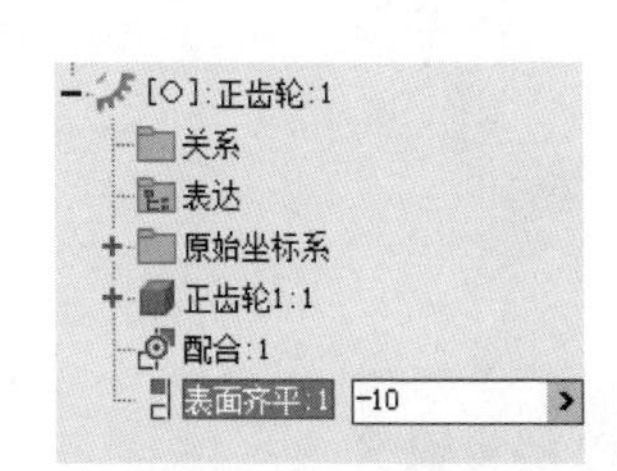

图 9-65 输入距离

⑥ 单击“三维模型”选项卡“草图”面板中的“开始创建二维草图”按钮，选择齿轮端面为草图绘制平面，进入草图绘制环境。单击“草图”选项卡“创建”面板中的“圆”按钮，绘制草图轮廓。单击“约束”面板中的“尺寸”按钮，标注尺寸如图 9-67 所示。单击“草图”选项卡中的“完成草图”按钮，退出草图环境。

图 9-66 调整齿轮到轴端的距离

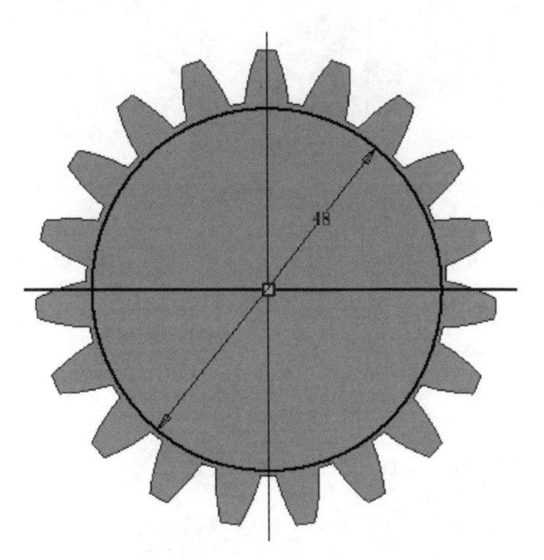

图 9-67 绘制轴孔草图

⑦ 单击“三维模型”选项卡“创建”面板中的“拉伸”按钮，打开“拉伸”对话框，系统自动选取上一步绘制的草图为拉伸截面轮廓，将拉伸范围设置为贯通，选择“求差”方式，单击“方向 2”按钮，调整拉伸方向，如图 9-68 所示。单击“确定”按钮，完成轴孔创建，如图 9-69 所示。

⑧ 将文件保存，单击“三维模型”选项卡中“返回”面板中的“返回”按钮，关闭正齿轮文件返回到齿轮轴组件界面，完成齿轮的修改，结果如图 9-70 所示。

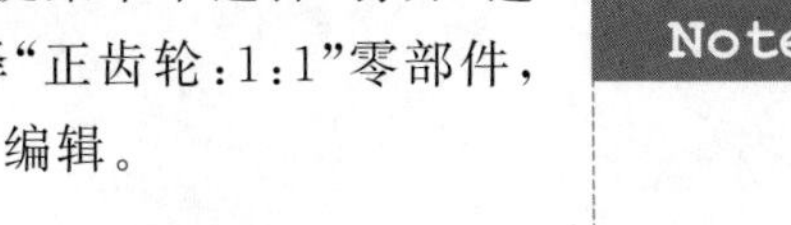

Note

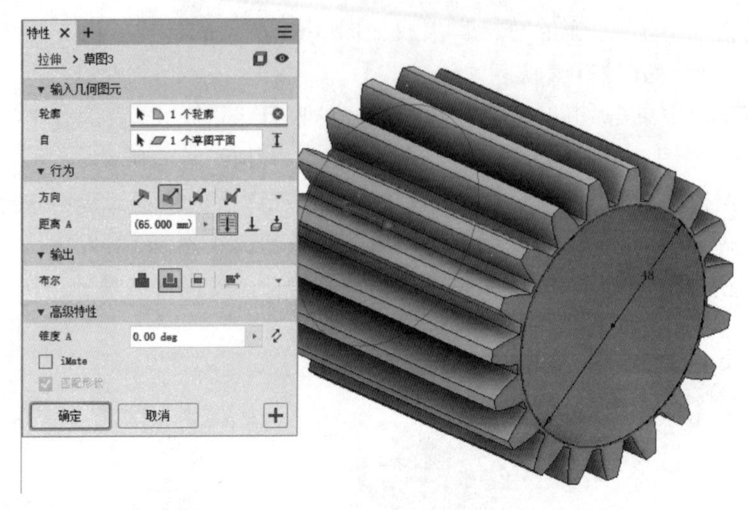

图 9-68　设置参数

(5) 创建轴承。

① 单击“设计”选项卡“动力传动”面板中的“轴承”按钮，打开“轴承生成器”对话框。

图 9-69　创建轴孔

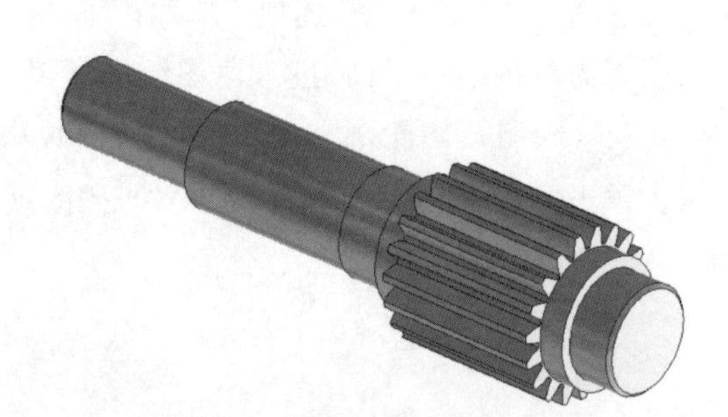

图 9-70　更改齿轮

② 选择第一段轴的圆柱面为轴承放置面，选择大轴端面为起始平面，如图 9-71 所示。单击“浏览轴承”按钮，在资源环境中加载轴承，选择“圆锥滚子轴承”类型，在列表框中选择“滚动轴承 GB/T 297-1994”[①]型，如图 9-72 所示。

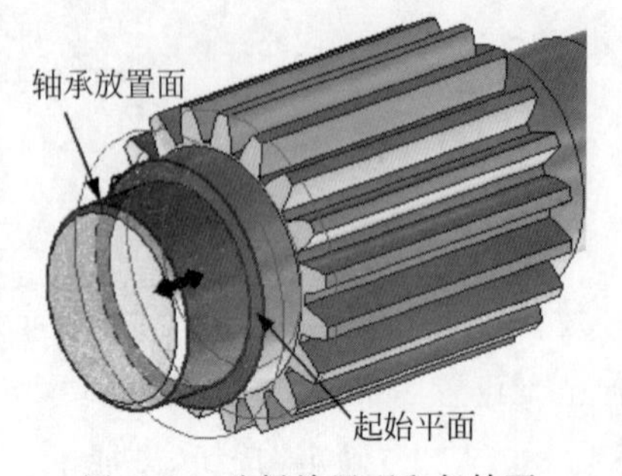

图 9-71　选择放置面和起始面

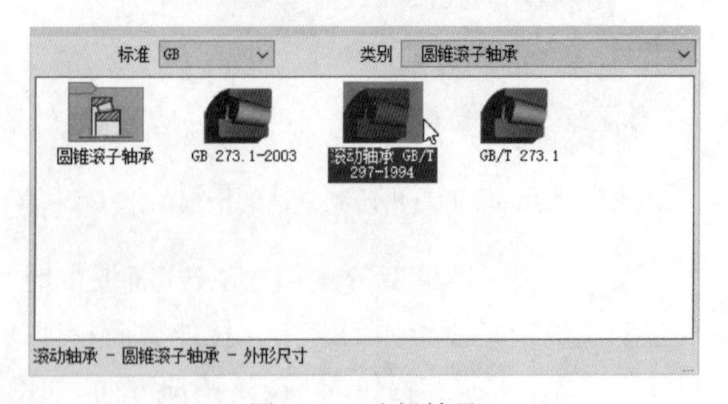

图 9-72　选择轴承

① 该标准已作废，被 GB/T 297—2015 代替。

③ 在对话框的轴承规格列表中选择“30208”型，如图 9-73 所示。单击“确定”按钮，完成第一个轴承的设计，如图 9-74 所示。

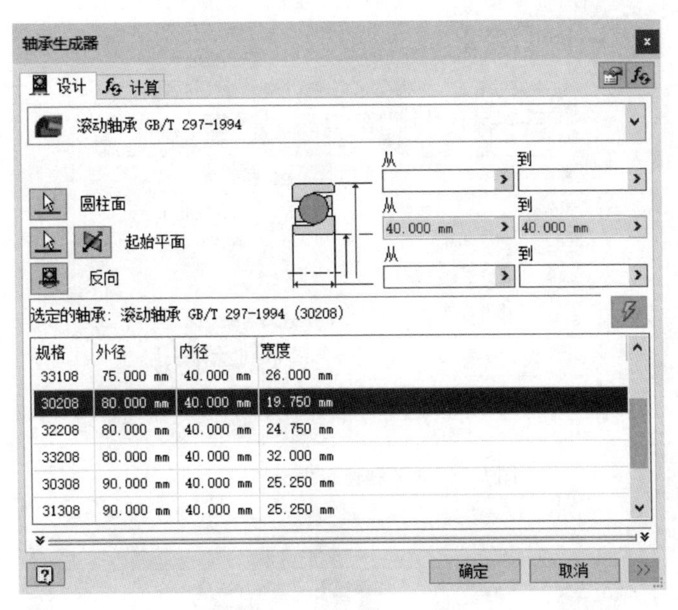

图 9-73 设计轴承参数

④ 采用相同的方法在第三段轴上设计参数相同的轴承，如图 9-75 所示。

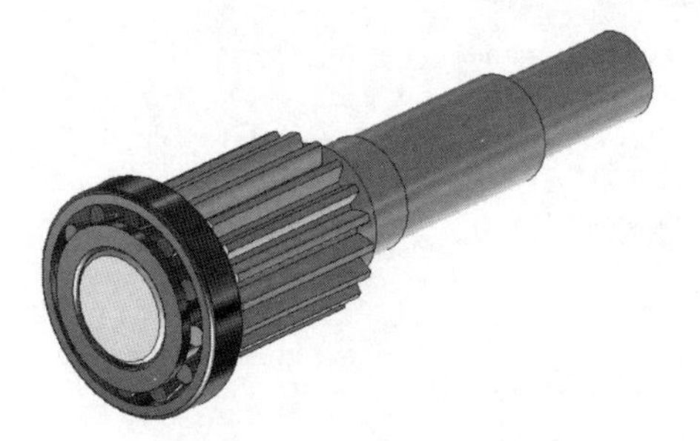

图 9-74 创建轴承

图 9-75 创建另一个轴承

(6) 创建平键。

① 单击“设计”选项卡“动力传动”面板中的“键”按钮，打开“平键连接生成器”对话框，如图 9-76 所示。

② 单击“浏览键”按钮，加载资源中心，选择“键 GB/T 1566-2003 A 型”，如图 9-77 所示，返回“平键连接生成器”对话框。

③ 在轴槽选项组中选择“选择现有的”选项，在视图中选择第五段轴上的键槽，然后选择第五段轴的圆柱面为圆柱面参考，选择轴端面为起始面并单击“反转到对侧”按钮，调整键的放置方向。在对话框中单击“插入键”按钮，取消“开轮毂槽”按钮的选择，其他采用默认设置，如图 9-78 所示。

④ 单击“确定”按钮，结果如图 9-54 所示。

(7) 保存文件。单击快速访问工具栏中的“保存”按钮，保存文件。

Note

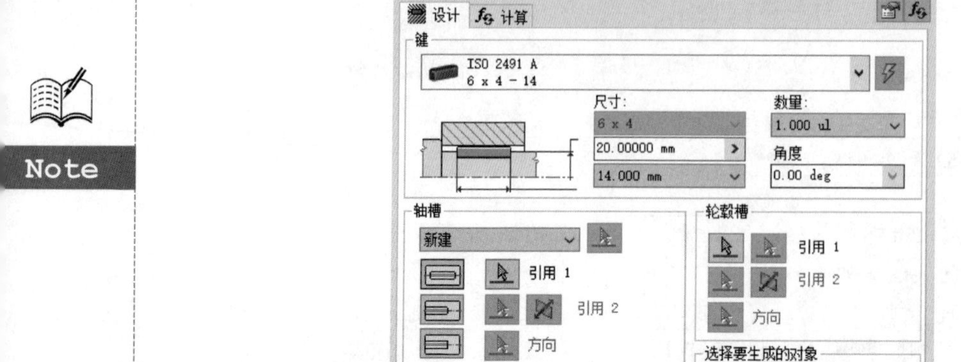

图 9-76 “平键连接生成器”对话框

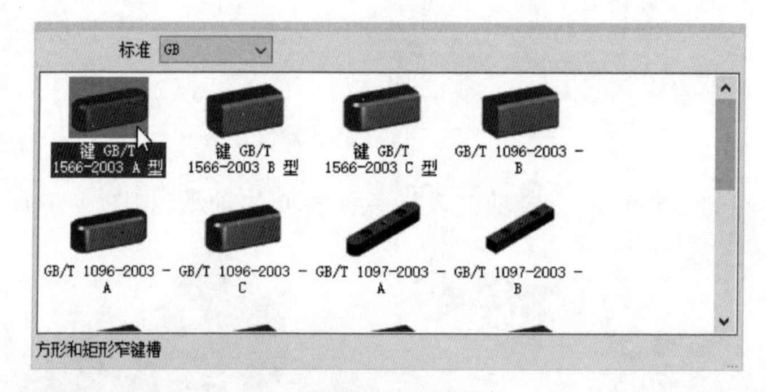

图 9-77 加载键

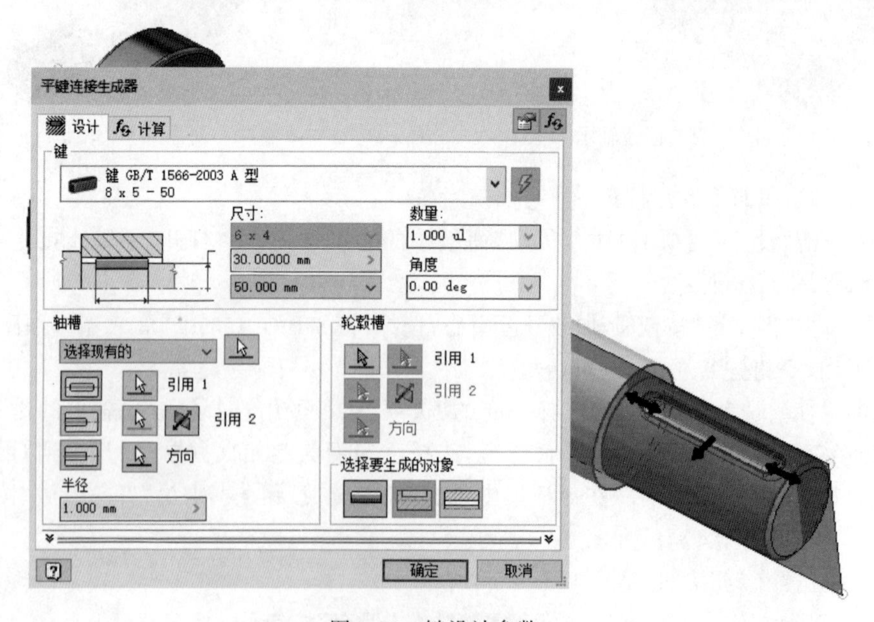

图 9-78 键设计参数

9.4　机械计算器

零部件生成器中包含一组工具用于机械工程的计算。可以使用计算器检查和验证常见工程问题。

9.4.1　夹紧接头计算器

使用夹紧接头计算器可以计算和设计夹紧连接，并可以设置计算夹紧连接的参数。可用的夹紧接头有三种，分别是分离轮毂连接、开槽轮毂连接和圆锥连接。

计算分离轮毂连接的操作步骤如下。

(1) 单击“设计”选项卡“动力传动”面板中的“分离轮毂计算器”按钮，打开“分离轮毂连接计算器”对话框，如图 9-79 所示。

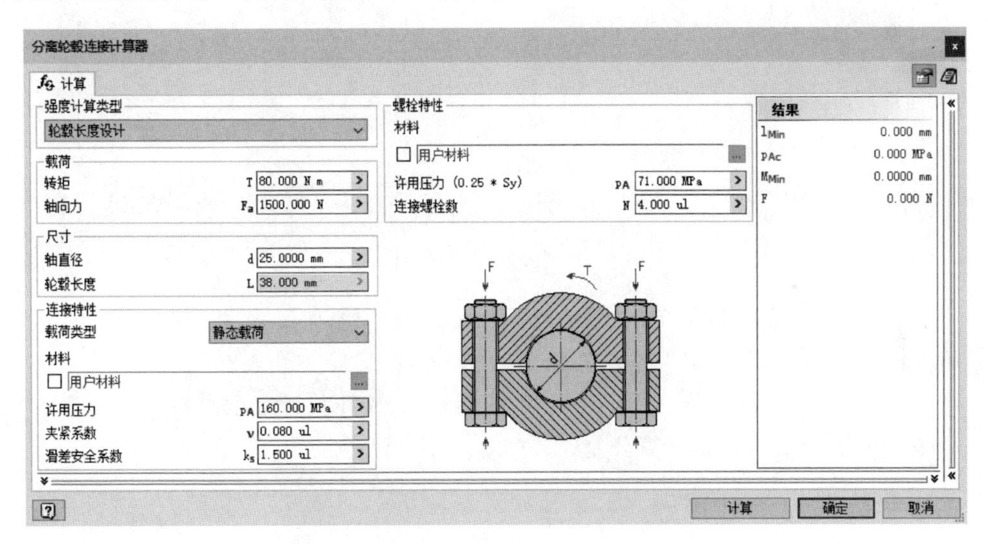

图 9-79　“分离轮毂连接计算器”对话框

(2) 在“计算”选项卡中输入计算参数。

(3) 单击“计算”按钮进行计算，计算结果将显示在“结果”区域中。

(4) 如果计算结果符合要求，单击“确定”按钮，将分离轮毂连接计算插入 Inventor 部件中。

9.4.2　公差计算器

公差计算器可以计算各个零件或部件中闭合的线性尺寸链。尺寸链包含各个元素，例如各零件之间的尺寸与间距(齿隙)。所有尺寸链元素都可以增加、减小或闭合。闭合尺寸链元素是在装配给定零件(部件结果元素，如齿隙)时或是在生成过程(产品结果元素)中形成的参数。公差计算器可在两种基本模式中进行操作，分别是计算最终尺寸的公差(校核计算)和计算闭合链元素的公差(设计计算)。本计算器可以计算三种类型的机械零件公差，分别是公差、公差/配合和过盈配合。下面以计算公差为例说明公

Note

差机械零件计算器的计算步骤。

计算公差的操作步骤如下。

(1) 单击“设计”选项卡“动力传动”面板中的“公差计算器”按钮，打开“公差计算器”对话框，如图 9-80 所示。

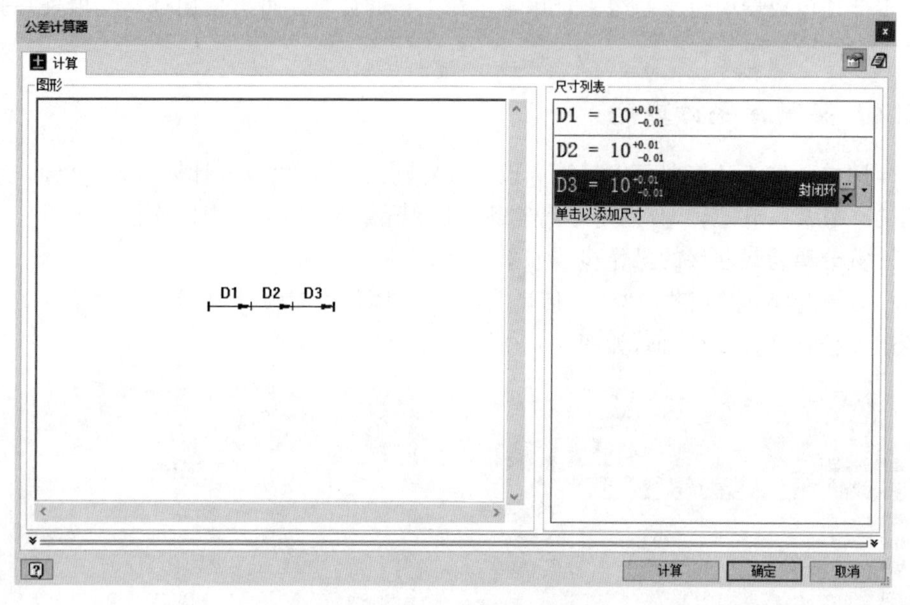

图 9-80 “公差计算器”对话框

(2) 在“尺寸列表”区域单击“单击以添加尺寸”选项添加尺寸。

(3) 单击 ... 按钮，打开“公差”对话框，设置公差。

(4) 单击 按钮设定链中的元素类型，包括增环、减环和封闭环。

(5) 单击“计算”按钮，计算公差。

9.4.3 螺杆传动计算器

该计算器可以选择与螺纹中要求的载荷以及许用压力相匹配的螺杆直径来计算螺杆传动，然后校核螺杆传动强度。操作步骤如下：

(1) 单击“设计”选项卡“动力传动”面板中的“螺杆传动计算器”按钮，打开“螺杆传动计算器”对话框，如图 9-81 所示。

(2) 在对话框中输入相应的参数。

(3) 单击“计算”按钮计算螺杆传动。结果值将显示在“计算”选项卡右边的“结果”区域中。

(4) 单击“确定”按钮，将螺杆传动计算插入 Inventor 部件中。

9.4.4 制动机械零件计算器

使用这些计算器可以设计和计算锥形闸、盘式闸、鼓式闸和带闸，包括计算制动转矩、力、压力、基本尺寸以及停止所需的时间和转数，计算中只考虑恒定的制动转矩。下面以计算锥形闸为例说明计算制动机械零件的步骤。

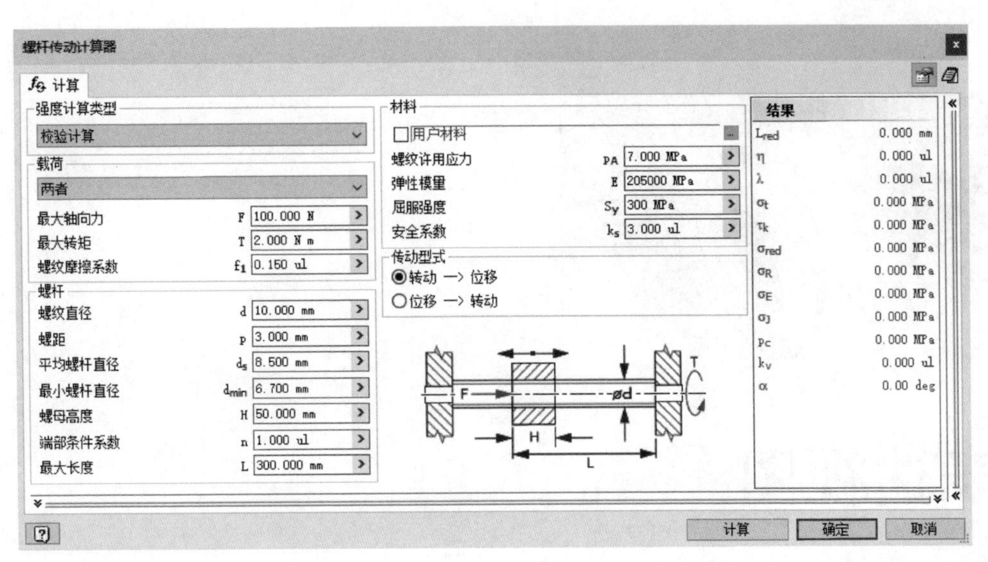

图 9-81 “螺杆传动计算器”对话框

计算锥形闸可进行以下操作：

（1）单击“设计”选项卡“动力传动”面板中的“锥形闸计算器”按钮，打开如图 9-82 所示的“锥形闸计算器”对话框。

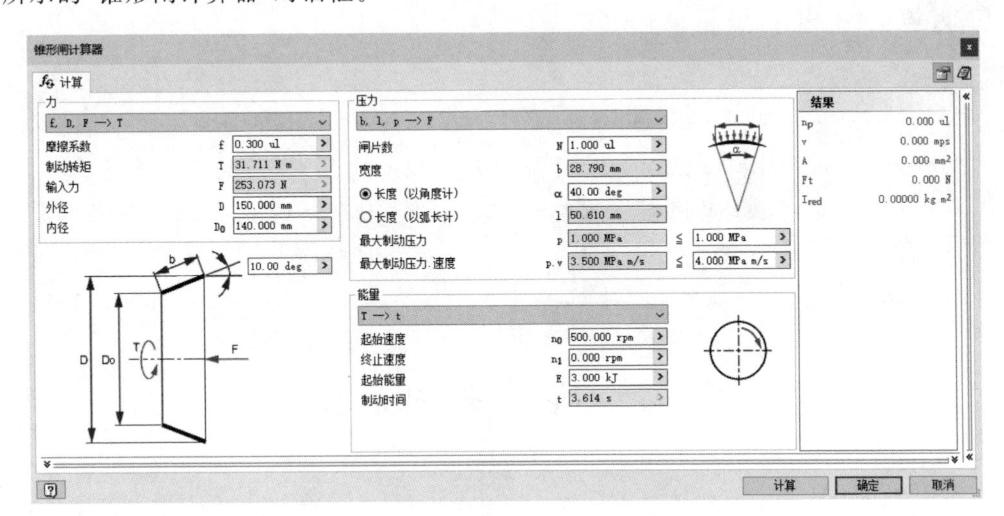

图 9-82 “锥形闸计算器”对话框

（2）在“计算”选项卡中输入相应的参数。

（3）单击“计算”按钮进行计算，结果值将显示在“计算”选项卡右边的“结果”区域中。

（4）单击“确定”按钮，将锥形闸计算结果插入 Inventor 部件中。

第10章 表达视图

传统的设计方法对设计结果的表达以静态的、二维的方式为主，表达效果受到很大的限制。随着计算机辅助设计软件的发展，表达方法逐渐向着三维、动态的方向发展，并进入数字样机时代。

10.1 表达视图概述

表达视图是动态显示部件装配过程的一种特定视图，在表达视图中，通过给零件添加位置参数和轨迹线，使其成为动画，动态演示部件的装配过程。表达视图不仅说明了模型中零件和部件之间的相互关系，还说明了零部件以何种安装顺序组成总装。还可将表达视图用在工程图文件中来创建分解视图，也就是俗称的爆炸图。

使用表达视图有以下优势。

(1) 可视化：可以保存和恢复零部件不同的着色方案。

(2) 视觉清晰：在装配环境中可以先快速地关闭所有零部件的可见性，再选择仅与当前设计任务有关的零部件显示，然后保存设计表达视图。

(3) 增强的性能：在大装配体中保存和控制零部件的可见性，使其仅显示必须使用的零部件。

(4) 团队设计的途径：在 Inventor 中，若干名工程师可以同时在同一装配环境中工作，设计师们可以使用设计表达视图来保存或恢复完成自己设计任务所需的显示状况。每个设计师也可以访问其他设计师在装配环境中创建的公用设计表达视图。

(5) 表达视图的基础：如果在设计表达视图中保存有零部件的可视属性，那么在表达视图中很容易复制这些设置。

(6) 工程图的基础：可以保留和取消装配的显示属性，以用于创建工程图。

在 Inventor 中可以创建以下两种类型的设计表达视图。

(1) 公用的设计表达视图：设计表达视图的信息存储在装配(*.iam)文件中。

(2) 专用的设计表达视图：设计表达视图的信息存储在单独(*.idv)文件中。在默认情况下，所有的设计表达视图都存储为公用的。早期版本的 Inventor 是将所有的设计表达视图存储在单独(*.idv)文件中。当打开用早期版本的 Inventor 创建的装配文件时，存储设计表达视图的(*.idv)文件同时被输入，并保存为公共的设计表达视图。

10.2　进入表达视图环境

(1) 单击快速访问工具栏中的“新建”按钮，打开“新建文件”对话框，在对话框中选择 Standard.ipn 选项，如图 10-1 所示。

图 10-1　“新建文件”对话框

(2) 单击“创建”按钮,打开“插入”对话框,选择创建表达视图的零部件,单击“打开”按钮,进入表达视图环境。

Note

10.3 插入模型

每个表达视图文件可以包含指定部件所需的任意多个表达视图。当对部件进行改动时,表达视图会自动更新。

插入模型的步骤如下:

(1) 单击“表达视图”选项卡“模型”面板上的“插入模型”按钮,打开“插入”对话框,如图 10-2 所示。

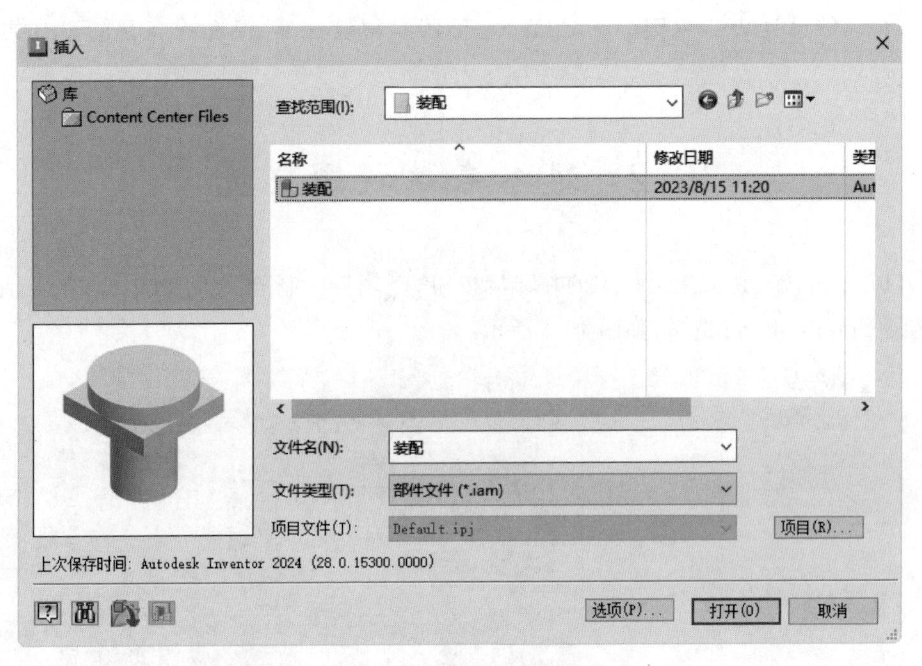

图 10-2 “插入”对话框

(2) 在对话框中选择要创建表达视图的零部件,单击“打开”按钮,插入模型。

10.4 调整零部件位置

合理调整零部件的位置对表达零部件造型及零部件之间的装配关系具有重要作用。表达视图创建完成后,设计人员应首先根据需要调整各零部件的位置。即使选择“自动”方式创建表达视图,这一过程通常也不可避免。通过调整零部件的位置可以使零部件作直线运动或绕某一直线作旋转运动,并可以显示零部件从装配位置到调整后位置的运动轨迹,以便设计人员更好地观察零部件的拆装过程。

调整零部件位置的步骤如下:

（1）单击“表达视图”选项卡“零部件”面板上的“调整零部件位置”按钮，打开“调整零部件位置”小工具栏，如图10-3所示。

（2）在视图中选择要分解的零部件，显示空间坐标轴，如图10-4所示。

图10-3　“调整零部件位置”小工具栏

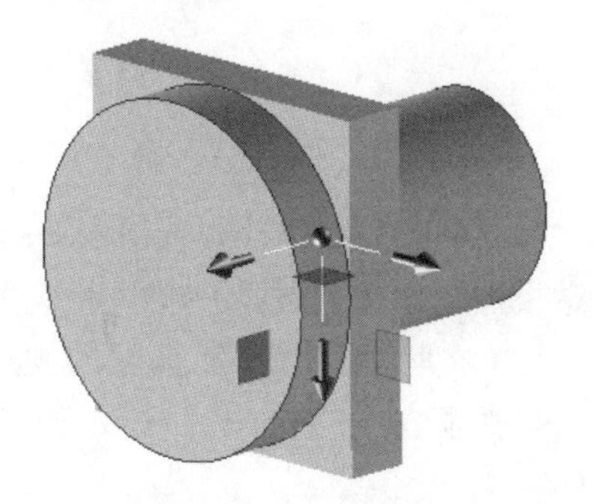

图10-4　空间坐标轴

（3）选择和指定分解方向，输入偏移距离和旋转角度，如图10-5所示。

（4）继续指定分解方向和距离，对零件位置进行调整。调整完成后，单击“确定”按钮，完成零部件位置的调整，结果如图10-6所示。

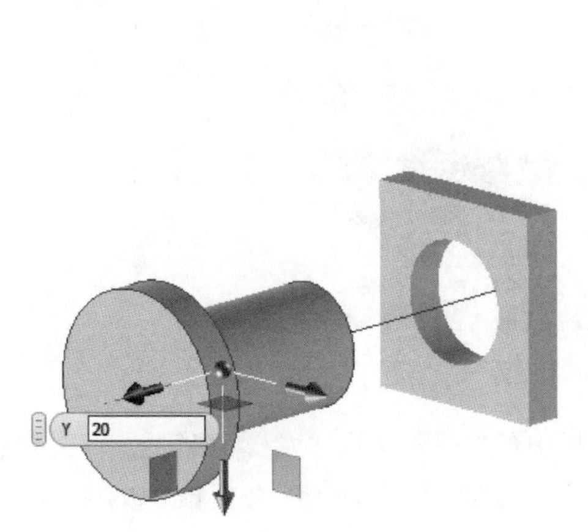

图10-5　指定方向和距离

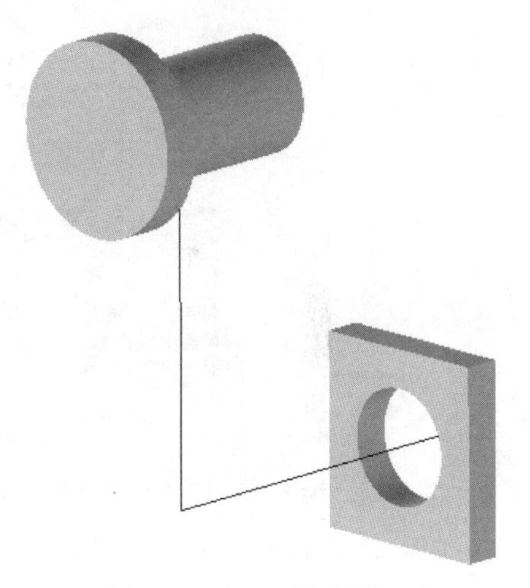

图10-6　调整零部件位置

“调整零部件位置”小工具栏中的选项说明如下。

（1）移动：创建平动位置参数。

（2）旋转：创建旋转位置参数。

（3）选择过滤器。

① 零部件：选择部件或零件。

② 零件：选择零件。

（4）定位：放置或移动空间坐标轴。将光标悬停在模型上以显示零部件夹点，然后单击一个点来放置空间坐标轴。

（5）空间坐标轴的方向。

① 局部：使空间坐标轴的方向与附着空间坐标轴的零部件坐标系一致。

② 世界：使空间坐标轴的方向与表达视图中的世界坐标系一致。

(6) 添加新轨迹：为当前位置参数创建另一条轨迹。

(7) 删除现有轨迹：删除为当前位置参数创建的轨迹。

Note

10.5 快照视图

(1) 单击“表达视图”选项卡“专题研习”面板中的“新建快照视图”按钮，新建的表达视图会添加到“快照视图”面板中，如图 10-7 所示。

(2) 在“快照视图”面板中的视图上右击，弹出如图 10-18 所示的快捷菜单，选择“编辑”选项，打开如图 10-9 所示的“编辑视图”选项卡，对视图进行编辑。

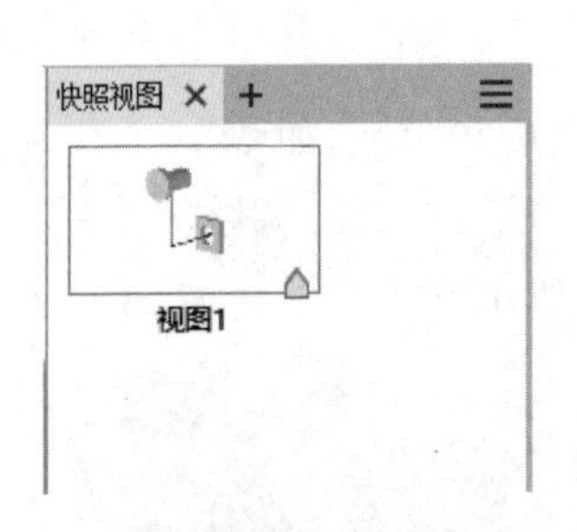

图 10-7　新建视图

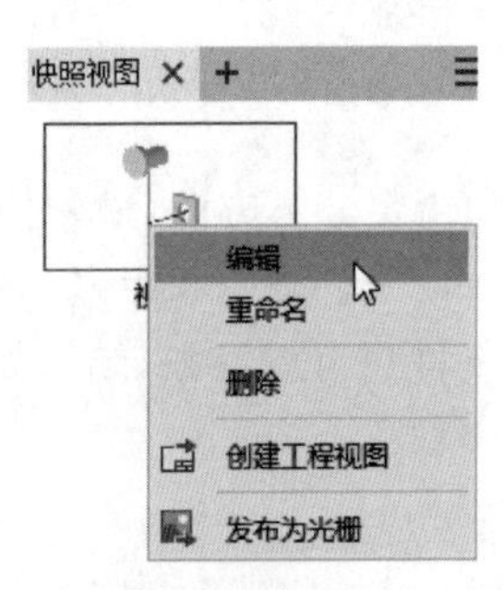

图 10-8　快捷菜单

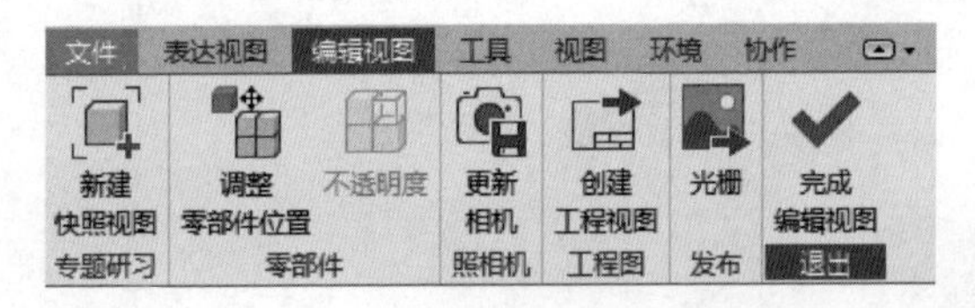

图 10-9　“编辑视图”选项卡

(3) 单击“编辑视图”选项卡“零部件”面板中的“调整零部件位置”按钮，对视图中的零部件位置进行调整，此时“快照视图”面板中视图也会随之更改，如图 10-10 所示。

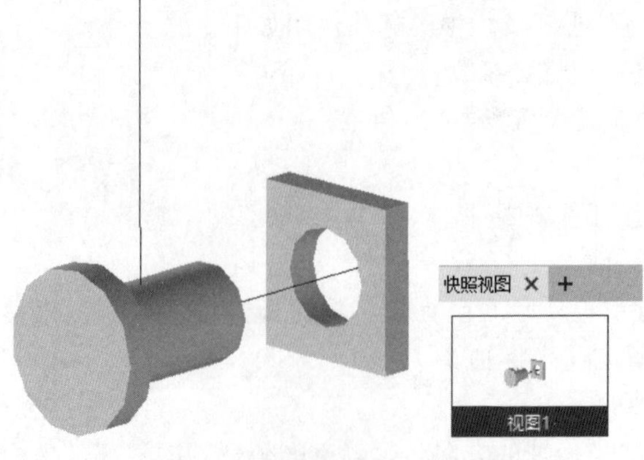

图 10-10　调整视图中的零件位置

(4) 还可以编辑视图的可见性、透明度等,完成后单击"完成编辑视图"按钮✔,退出编辑视图环境,返回表达视图环境。

10.6 故事板面板

利用 Inventor 的动画功能可以创建部件表达视图的装配动画,并且可以创建动画的视频文件,如 AVI 文件,以便随时随地地动态重现部件的装配过程。

创建动画的步骤如下:

(1) 单击"视图"选项卡"窗口"面板中的"用户界面"按钮,选中"故事板面板"选项,打开故事板面板,如图 10-11 所示。

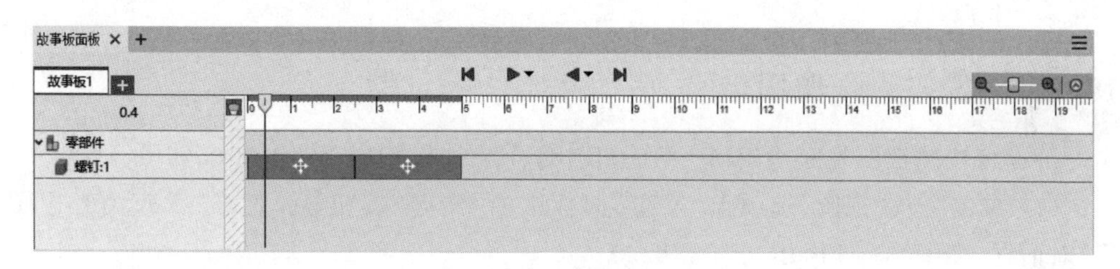

图 10-11 故事板面板

(2) 单击"表达视图"选项卡"专题研习"面板中的"新建故事板"按钮,或单击故事板面板旁的 + 按钮,或者在"故事板面板"选项卡上右击,在弹出的快捷菜单中选择"新建故事板"选项,打开"新建故事板"对话框,如图 10-12 所示。选择故事板类型,输入故事板名称,单击"确定"按钮,新建故事板,如图 10-13 所示。

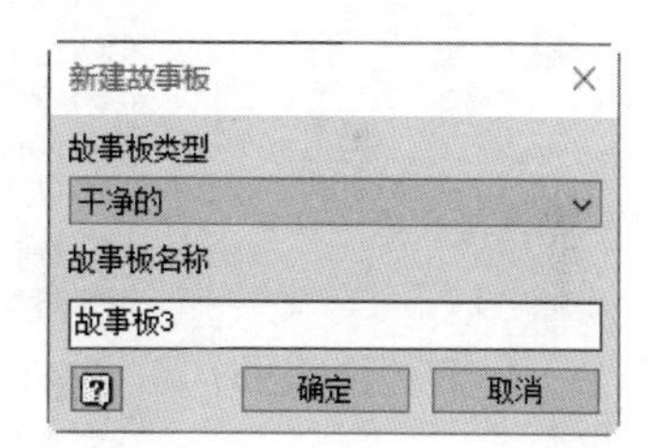

图 10-12 "新建故事板"对话框

图 10-13 新建故事板

(3) 可以通过移动或旋转零部件,或者更改零部件的不透明以及捕获照相机在故事板面板中添加动作。

(4) 在动作上右击,弹出如图 10-14 所示的快捷菜单,选择"编辑时间"选项,打开如图 10-11 所示的小工具栏,精确设置动作的开始时间或结束时间。

(5) 单击故事板面板工具栏中的"播放当前故事板"按钮▶或"播放所有故事板"按钮,可以预览动画效果。单击▮▮按钮暂停当前故事板或单击按钮暂停所有故

Note

图 10-14　快捷菜单及小工具栏

事板。单击"反向播放当前故事板"按钮◀或"反向播放所有故事板"按钮，可以反向顺序播放动画。

10.7　发布表达视图

10.7.1　发布为光栅图像

可以将快照视图发布为 BMP、GIF、JPEG、PNG 或 TIFF 图像，步骤如下。

(1) 单击"表达视图"选项卡"发布"面板中的"光栅"按钮，打开"发布为光栅图像"对话框，如图 10-15 所示。

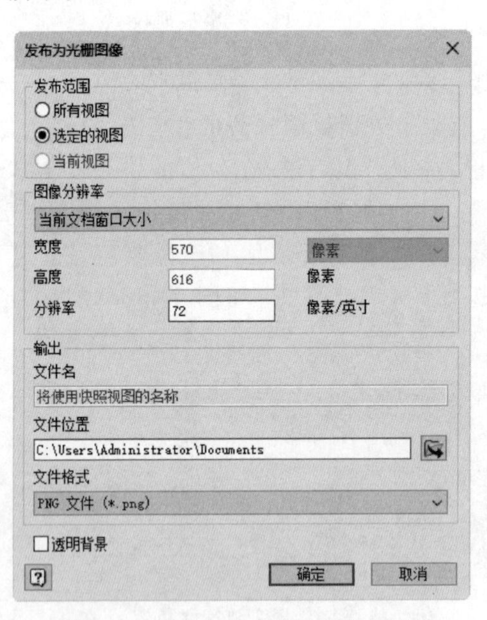

图 10-15　"发布为光栅图像"对话框

(2) 选择发布范围。如果选择"所有视图"单选按钮，则发布 IPN 文件中所有可用的快照视图；选择"选定的视图"单选按钮，则发布在"快照视图"面板中选择的视图；如果选择"当前视图"单选按钮，则发布"编辑视图"模式中的快照视图。

(3) 在"图像分辨率"下拉列表框中选择预定义的图像大小。如果选择"自定义"选项，则自定义宽度和高度。

(4) 输入文件名称，指定文件位置。

（5）在“文件格式”下拉列表框中选择要发布的格式，除.jpg 和.gif 格式外，均支持“透明背景”选项。

（6）单击“确定”按钮，发布图像。

10.7.2　发布为视频

可以将故事板发布为 AVI 和 WMV 视频文件，步骤如下。

（1）单击“表达视图”选项卡“发布”面板中的“视频”按钮，打开“发布为视频”对话框，如图 10-16 所示

（2）指定发布范围，设置视频分辨率。

（3）输入文件名，选择保存文件的位置。

（4）在“文件格式”下拉列表框中选择文件格式，如果选择文件格式为 AVI 文件，单击“确定”按钮，则弹出“视频压缩”对话框，采用默认设置，如图 10-17 所示。单击“确定”按钮，开始生成动画。

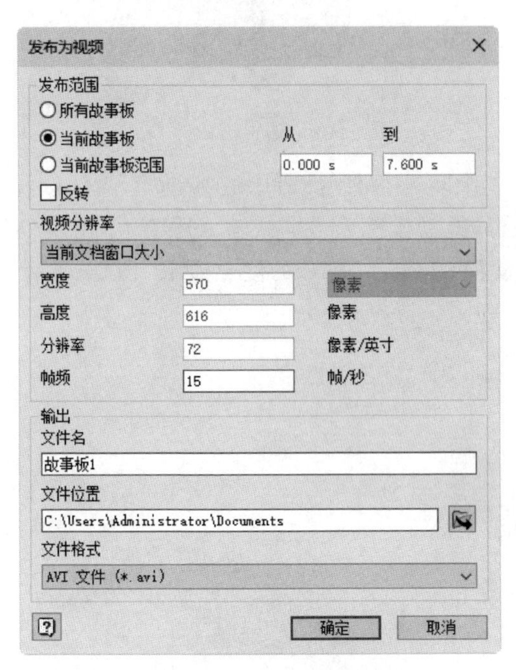

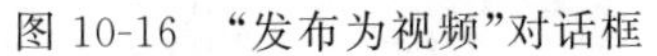
图 10-16　“发布为视频”对话框

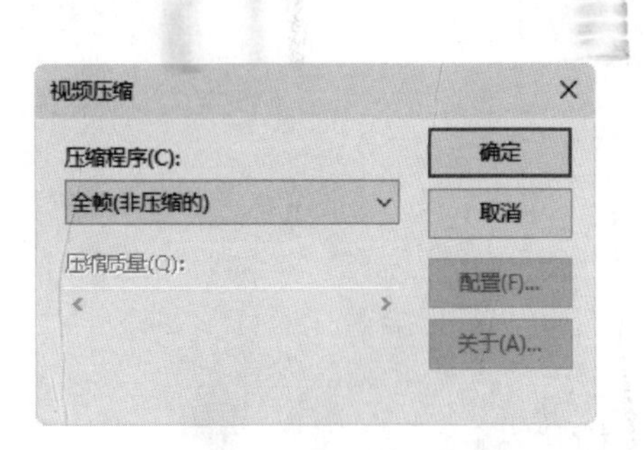

图 10-17　“视频压缩”对话框

注意：必须在计算机上安装 WMV 视频播放器才能发布为 WMV 格式。

10.8　实例——创建球阀分解视图

10-1

本例创建球阀分解视图，如图 10-18 所示。

操作步骤

（1）新建文件。运行 Inventor，单击快速访问工具栏中的“新建”按钮，打开“新

建文件”对话框，在对话框中选择 Standard. ipn 选项，单击“创建”按钮，新建一个表达视图文件并打开“插入”对话框，选择“球阀. iam”文件，单击“打开”按钮，插入球阀装配文件，如图 10-19 所示。

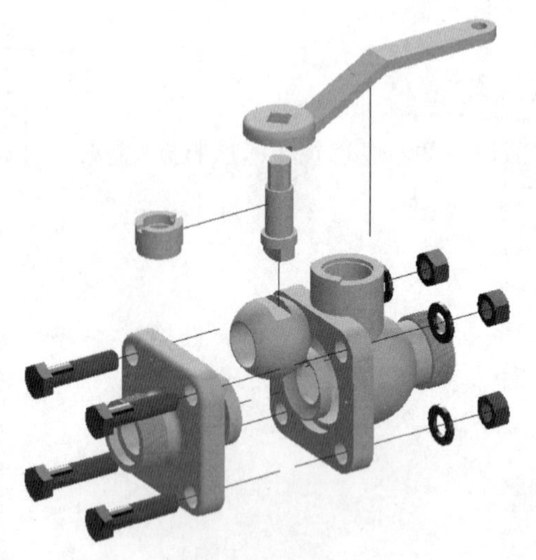

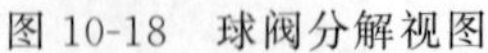

图 10-18　球阀分解视图

图 10-19　球阀

（2）调整螺母位置。单击“表达视图”选项卡“零部件”面板中的“调整零部件位置”按钮，打开小工具栏。在视图中选择螺母，拖动坐标系方向或输入距离，单击按钮，结果如图 10-20 所示。采用相同的方法，调整其他三个螺母的位置，如图 10-21 所示。

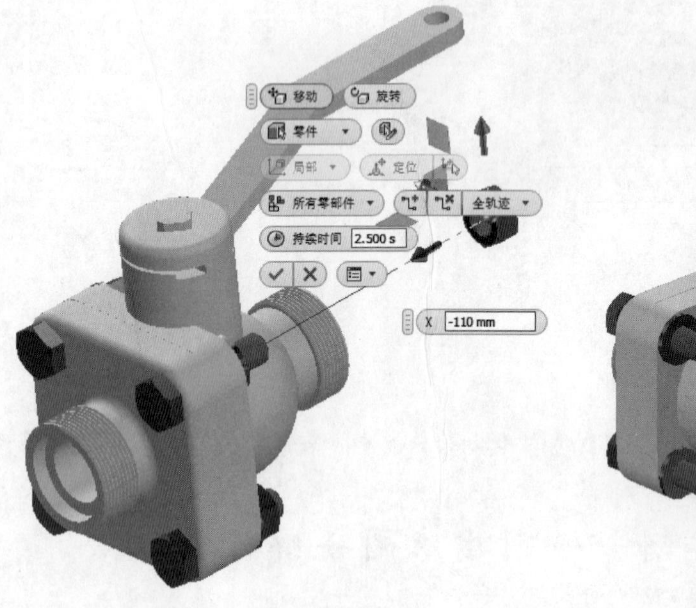

图 10-20　设置参数

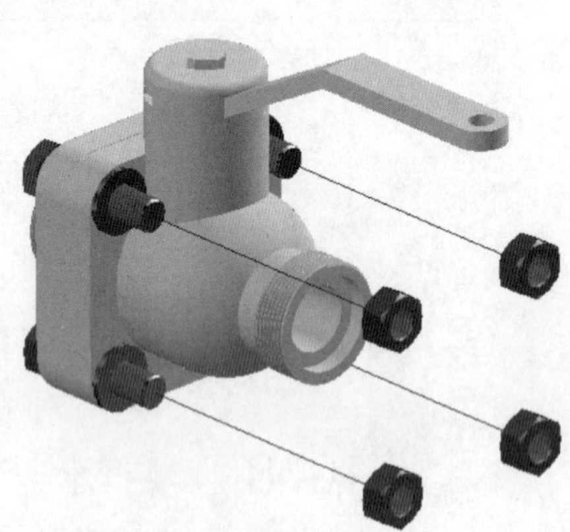

图 10-21　调整螺母位置

（3）调整垫圈位置。单击“表达视图”选项卡“零部件”面板中的“调整零部件位置”按钮，打开小工具栏。在视图中按住 Ctrl 键选择四个垫圈，拖动坐标系方向或输入距离，如图 10-22 所示，单击按钮。

Note

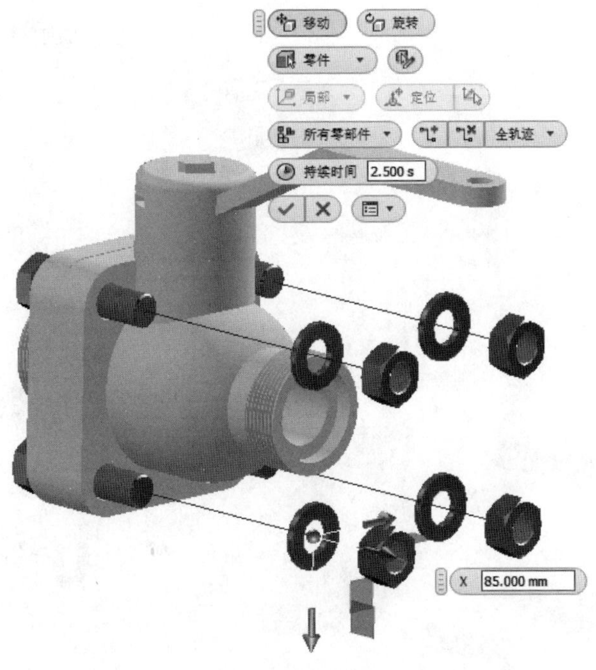

图 10-22　调整垫圈位置

（4）调整螺栓位置。单击“表达视图”选项卡“零部件”面板中的“调整零部件位置”按钮，打开小工具栏。在视图中按住 Ctrl 键选择四个螺栓，拖动坐标系方向或输入距离，如图 10-23 所示，单击按钮。

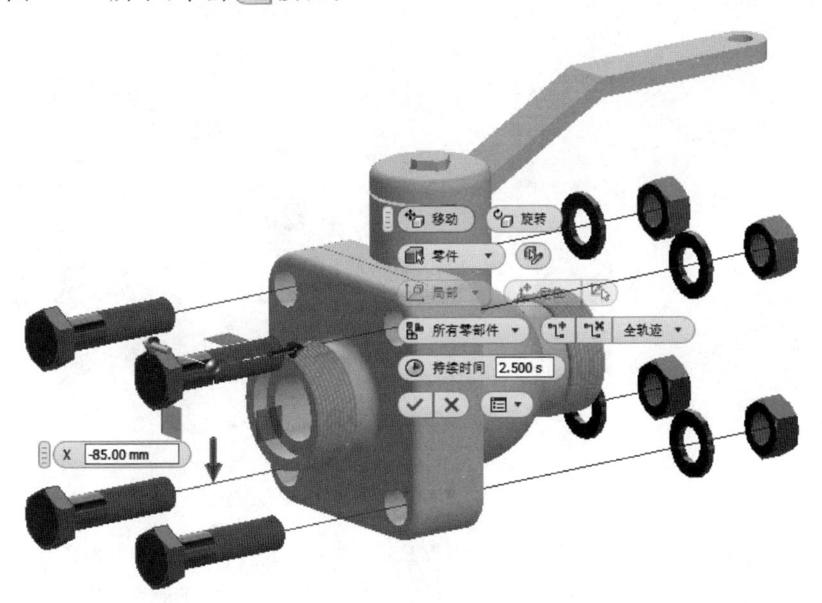

图 10-23　调整螺栓位置

（5）调整扳手位置。单击“表达视图”选项卡“零部件”面板中的“调整零部件位置”按钮，打开小工具栏。在视图中选择扳手，拖动坐标系方向或输入距离，如图 10-24 所示，单击按钮。

Note

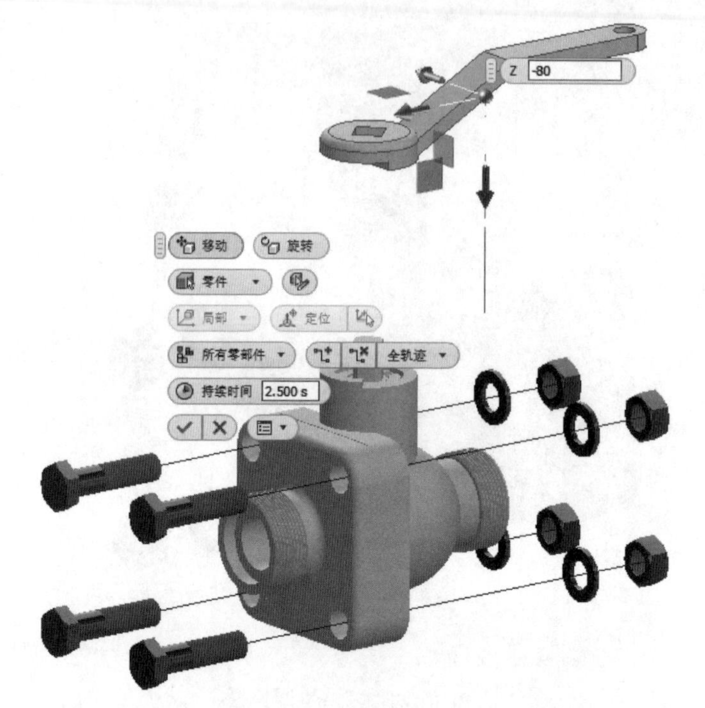

图 10-24　调整扳手位置

（6）调整压紧套位置。单击“表达视图”选项卡“零部件”面板中的“调整零部件位置”工具按钮，打开“调整零部件位置”小工具栏。在视图中选择压紧套，拖动坐标系方向或输入距离，如图 10-25 所示，单击按钮。

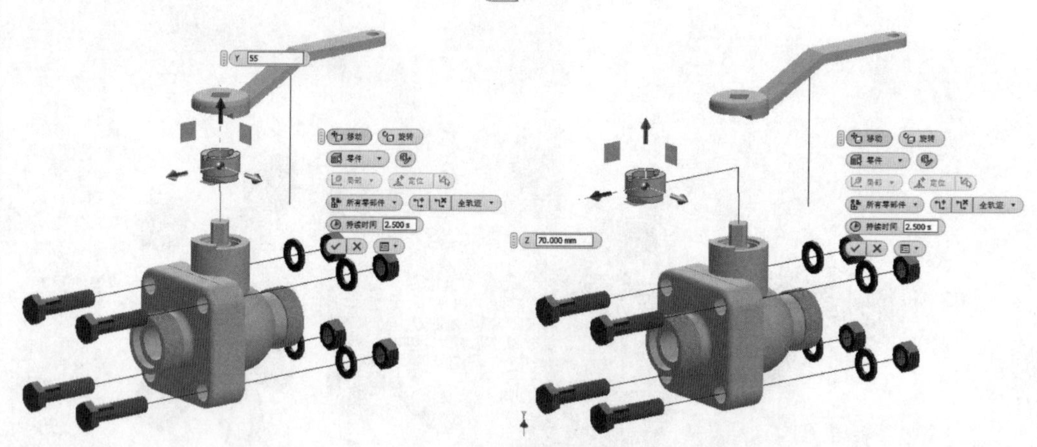

图 10-25　调整压紧套位置

（7）调整阀杆位置。单击“表达视图”选项卡“零部件”面板中的“调整零部件位置”工具按钮，打开“调整零部件位置”小工具栏。在视图中选择阀杆，拖动坐标系方向或输入距离，如图 10-26 所示，单击按钮。

（8）调整阀盖位置。单击“表达视图”选项卡“零部件”面板中的“调整零部件位置”工具按钮，打开“调整零部件位置”小工具栏。在视图中选择阀盖，拖动坐标系方向或输入距离，如图 10-27 所示，单击按钮。

Note

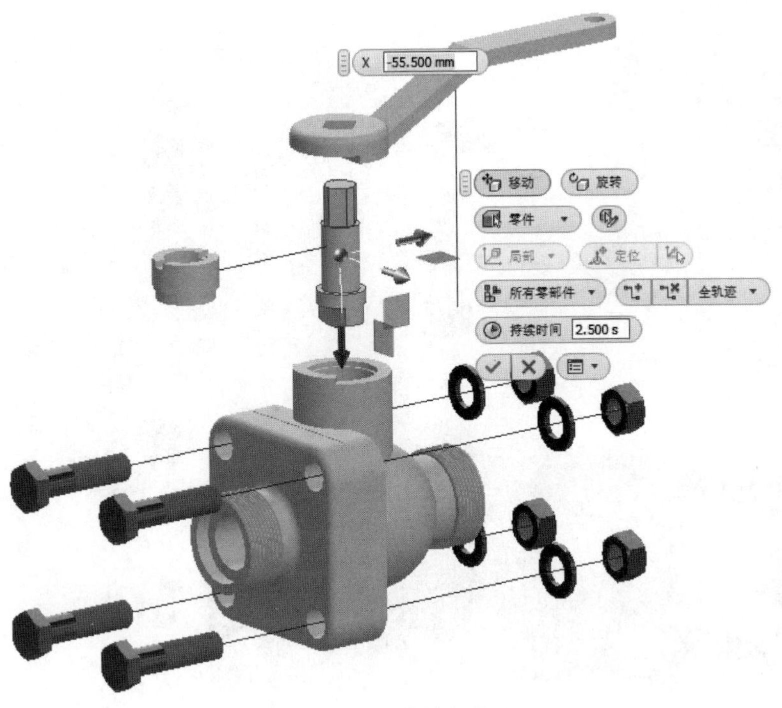

图 10-26　调整阀杆位置

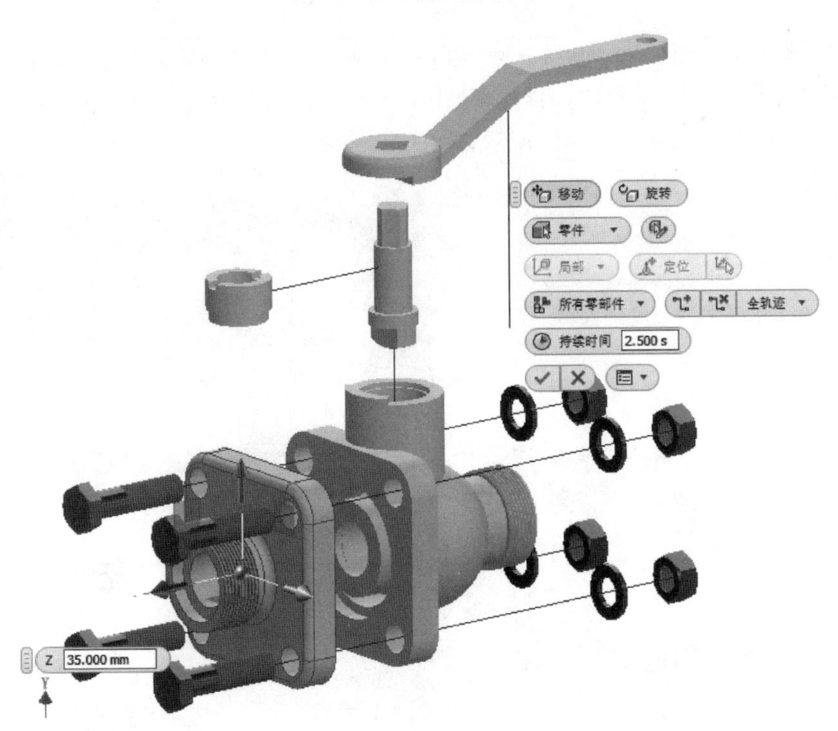

图 10-27　调整阀盖位置

(9) 调整阀体位置。单击“表达视图”选项卡“零部件”面板中的“调整零部件位置”工具按钮，打开“调整零部件位置”小工具栏。在视图中选择上阀体，拖动坐标系方向或输入距离方向，如图 10-28 所示，单击按钮。

Note

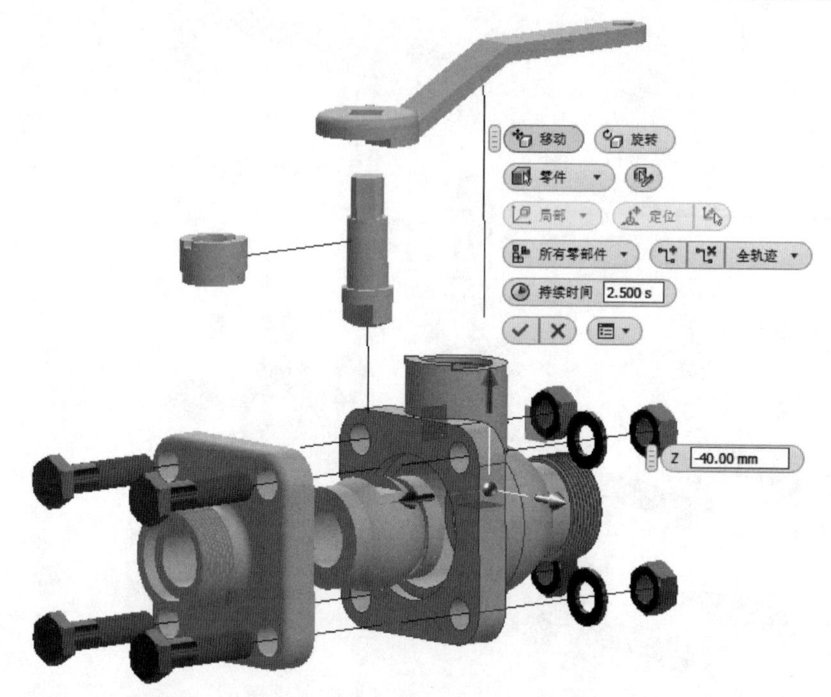

图 10-28　调整阀体位置

（10）调整密封圈位置。单击“表达视图”选项卡“零部件”面板中的“调整零部件位置”工具按钮，打开“调整零部件位置”小工具栏。在视图中选择密封圈，拖动坐标系方向或输入距离方向，如图 10-29 所示，单击按钮。

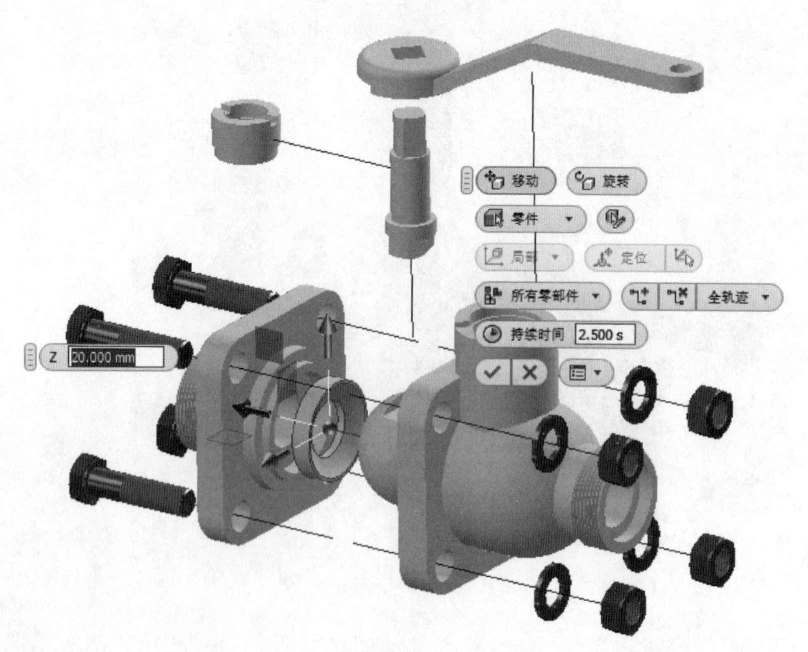

图 10-29　调整密封圈位置

(11) 调整阀芯位置。单击“表达视图”选项卡“零部件”面板中的“调整零部件位置”工具按钮，打开“调整零部件位置”小工具栏。在视图中选择阀芯，拖动坐标系方向或输入距离方向，如图 10-30 所示，单击按钮。

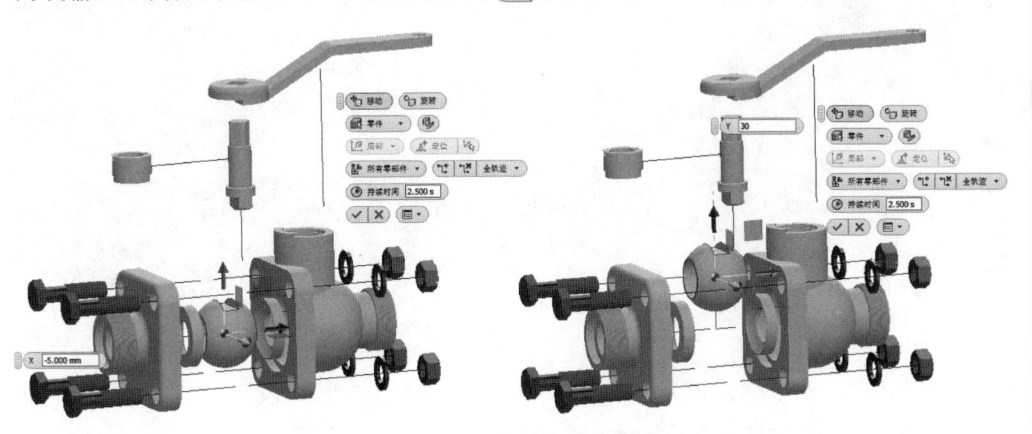

图 10-30　调整阀芯位置

(12) 创建动画。单击“视图”选项卡“窗口”面板中的“用户界面”按钮，选中“故事板面板”选项，则打开故事板面板，如图 10-31 所示。单击“播放当前故事板”按钮，预览分解球阀的分解动画。

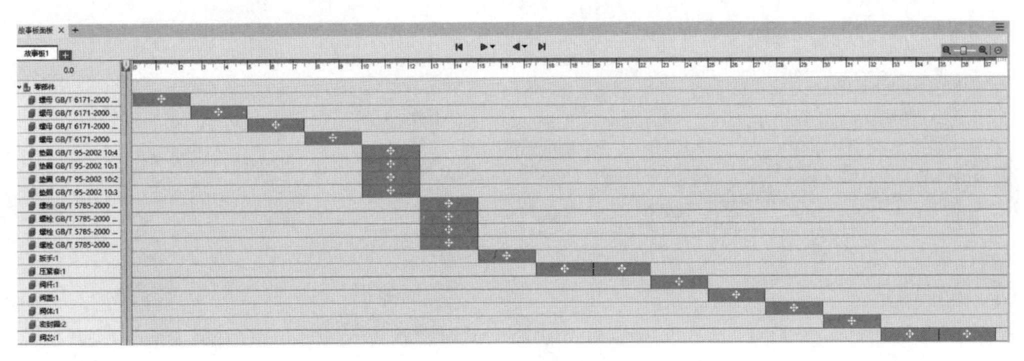

图 10-31　故事板面板

(13) 调整动作位置。从上一步的动画中可以看出螺母是一个接一个地分解，现在想要将四个螺母一起分解。在故事板面板中选取第二个螺母对应的动作，将其拖动，使其与第一个螺母的动作时间对齐，如图 10-32 所示。采用相同的方法，调整其他两个螺母的动作，使其与第一个螺母的动作对齐。然后按住 Shift 键，选取其他的所有动作将其移动，如图 10-33 所示。

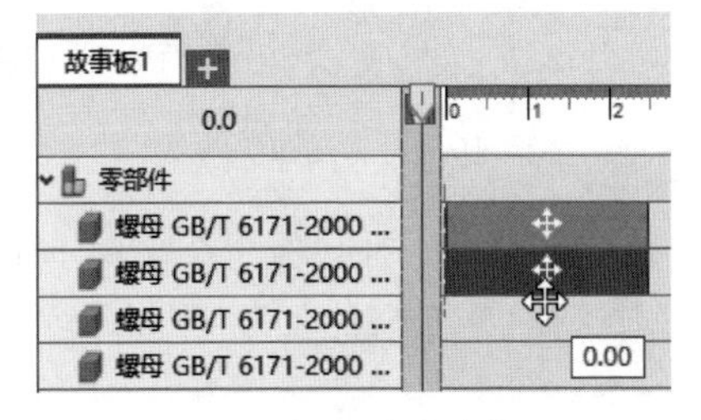

图 10-32　移动动作

(14) 发布视频。单击“表达视图”选项卡“发布”面板中的“视频”按钮，打开“发布为视频”对话框，设置发布范围为“当前故事板”，输入文件名为“球阀分解”，选择保存文件的位置，选择文件格式为 AVI 文件，如图 10-34 所示。单击“确定”按钮，弹出“视

Note

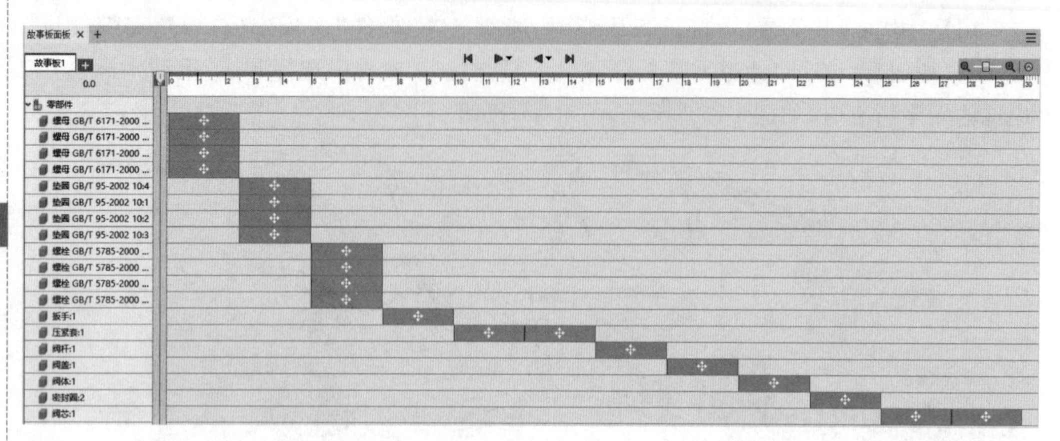

图 10-33　调整动作

频压缩”对话框，采用默认设置，如图 10-35 所示。单击“确定”按钮，开始生成发布视频，发布完后，系统会提示发布完成。

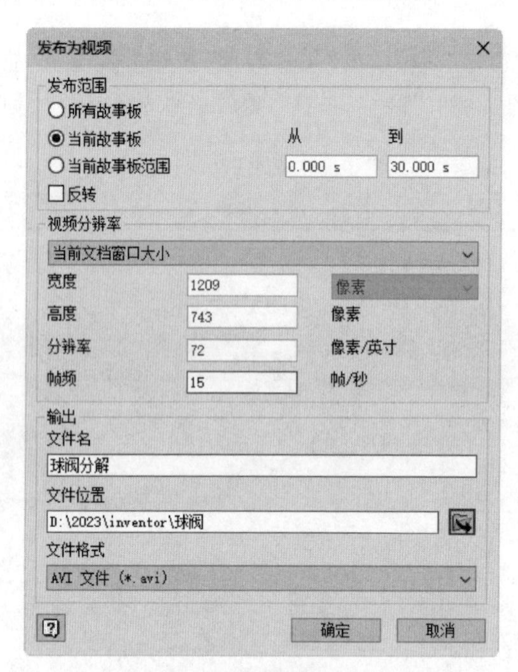

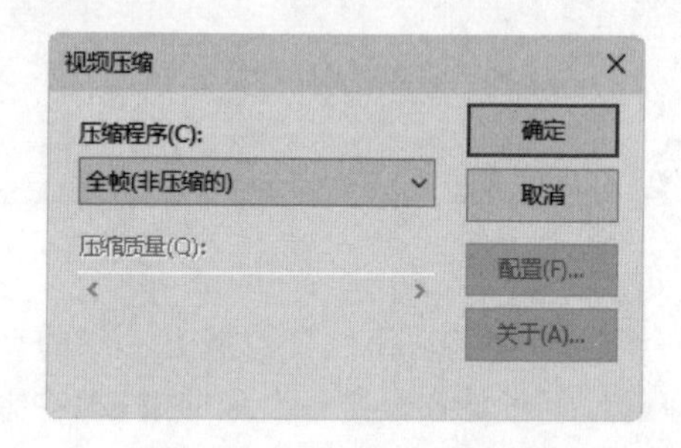

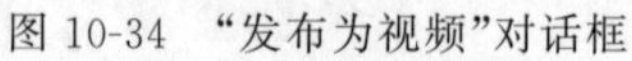

图 10-34　“发布为视频”对话框　　　　图 10-35　“视频压缩”对话框

（15）保存文件。在主菜单中单击“文件”→“另存为”→“另存为”命令，打开“另存为”对话框，输入文件名为“球阀分解视图. ipn”，单击“保存”按钮，保存文件。

第11章

创建工程图

工程图由一张或多张图纸构成，每张图纸包含一个或多个二维工程视图和标注。在实际生产中，二维工程图仍然是表达零件和部件信息的一种重要方式。本章重点介绍 Inventor 中二维工程图的创建和编辑等相关知识。

11.1 工程图环境

在 Inventor 中完成了三维零部件的设计造型后，接下来的工作就是生成零部件的二维工程图。Inventor 与 AutoCAD 同出于 Autodesk 公司，Inventor 不仅继承了 AutoCAD 的众多优点，并且具有更多强大和人性化的功能。

(1) Inventor 自动生成二维视图，用户可自由选择视图的格式，如标准三视图(主视图、俯视图、侧视图)、局部视图、打断视图、剖面图、轴测图等。Inventor 还支持生成零件的当前视图，也就是说可从任何方向生成零件的二维视图。

(2) 用三维图生成的二维图是参数化的，同时二维、三维可双向关联，也就是说当改变三维实体尺寸时，对应的二维工程图的尺寸会自动更新；当改变二维工程图的某个尺寸时，对应的三维实体的尺寸也随之改变。这样就可以大大提高设计效率。

Note

11.1.1 进入工程图环境

(1) 单击快速访问工具栏中的“新建”按钮 ，打开“新建文件”对话框，在对话框中选择 Standard.idw 选项，如图 11-1 所示。

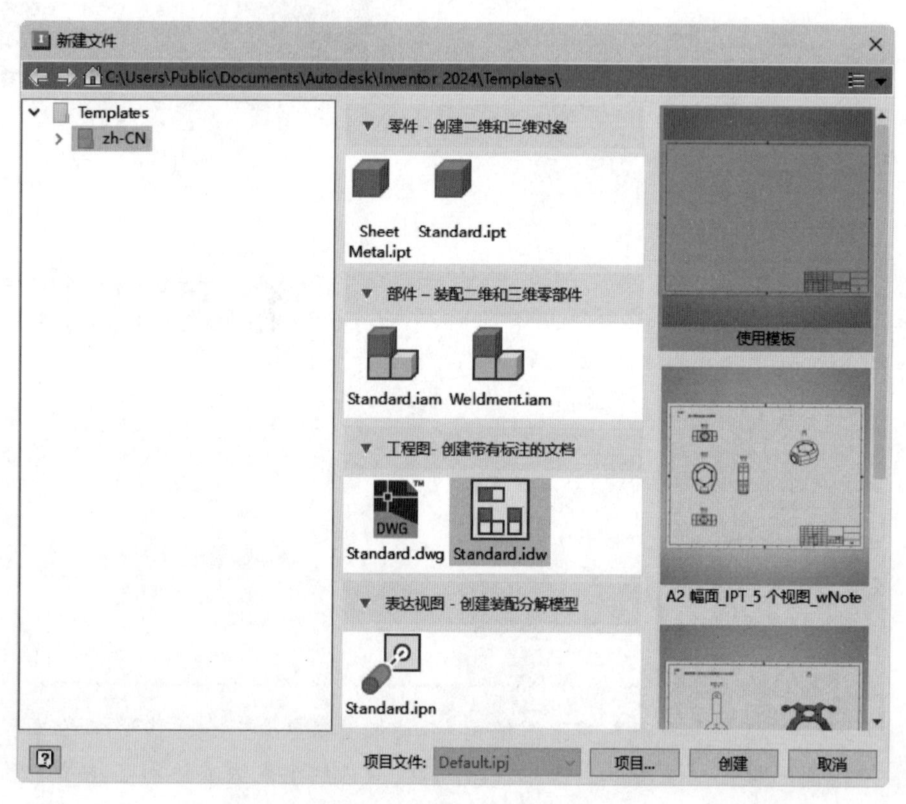

图 11-1 “新建文件”对话框

(2) 单击“创建”按钮，进入工程图环境。

11.1.2 工程图模板

新工程图都要通过模板创建。通常使用默认模板创建工程图，也可以使用自己创建的模板。

任何工程图文件都可以做成模板。当把工程图文件保存到 Templates 文件夹中时，该文件转换为模板文件。

创建工程图模板的步骤如下：

(1) 新建文件。运行 Inventor，单击快速访问工具栏中的“新建”按钮 ，在打开的“新建文件”对话框中选择 Standard.idw 模板，然后单击“创建”按钮新建一个工程图文件。Standard.idw 是基于 GB 标准，其中大多数设置是可以使用的。

(2) 文本、尺寸样式。单击“管理”选项卡“样式和标准”面板中的“样式编辑器”按钮 ，打开“样式和标准编辑器”对话框，单击“标准”项目下的“默认标准(GB)”，在右侧“预设值”区域的下拉列表框中选择“线宽”选项，如图 11-2 所示。单击“新建”按钮，

打开如图 11-3 所示的“添加新线宽”对话框，输入线宽为 0.2mm，单击“确定”按钮，返回“样式和标准编辑器”对话框。单击“保存”按钮，保存新线宽。

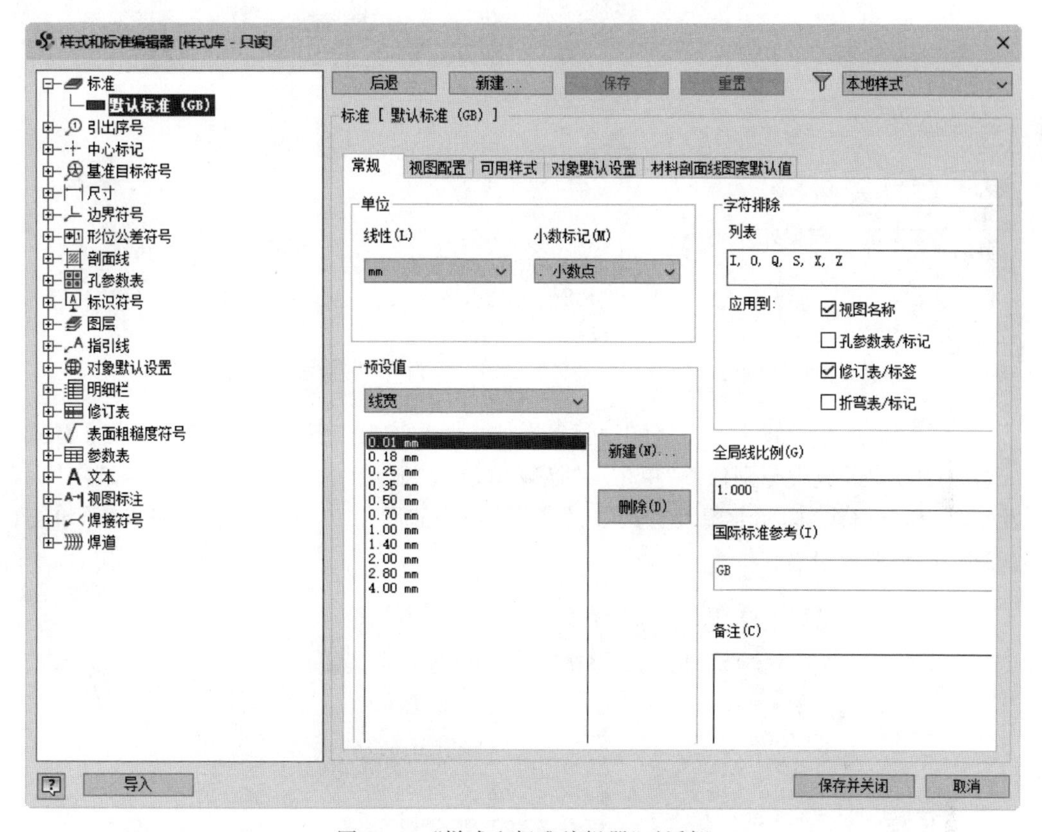

图 11-2　“样式和标准编辑器”对话框

(3) 新建文本样式。在“样式和标准编辑器”对话框左侧右击“A 文本”项目下的“注释文本(ISO)”选项，在弹出的快捷菜单中选择“新建样式”选项，如图 11-4 所示，打开如图 11-5 所示的“新建本地样式”对话框。在“名称”文本框中输入“注释文本(GB)”，单击“确定”按钮，返回“样式和标准编辑器”对话框，设置字符格式、文本高度、段落间距和颜色等，修改如图 11-6 所示。单击“保存”按钮，保存新样式。

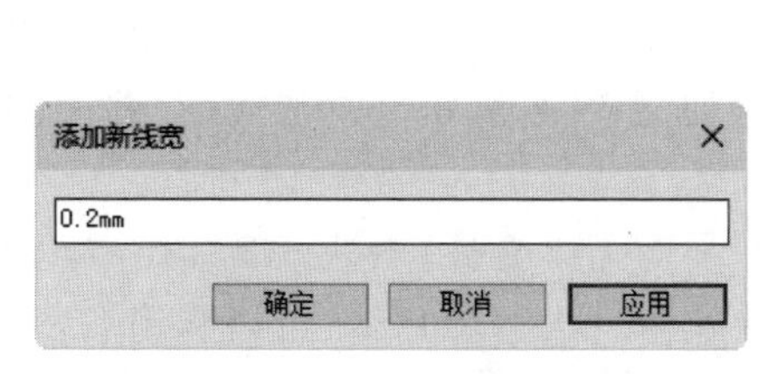

图 11-3　“添加新线宽”对话框

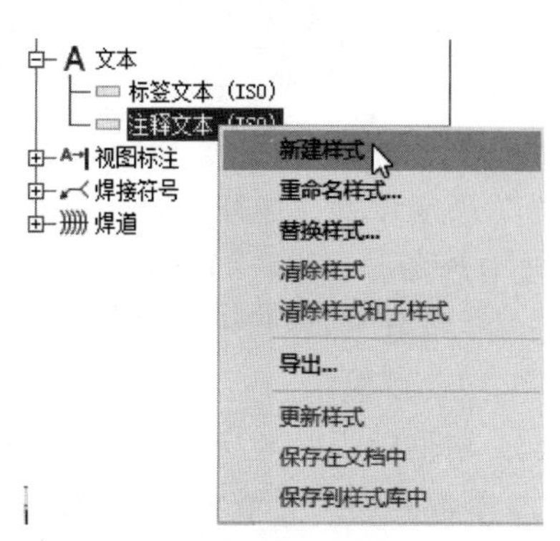

图 11-4　快捷菜单

Note

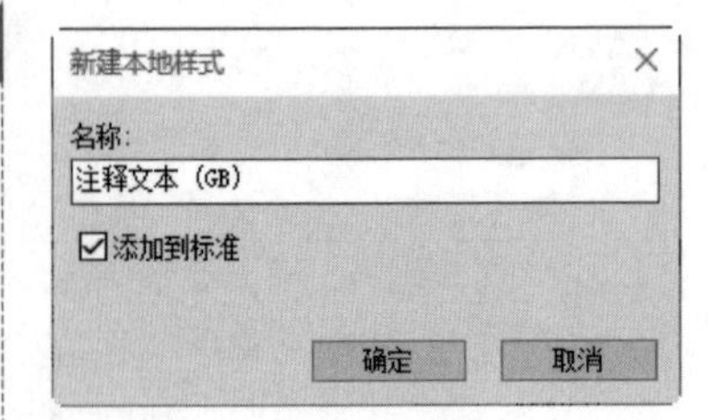

图 11-5 “新建本地样式”对话框

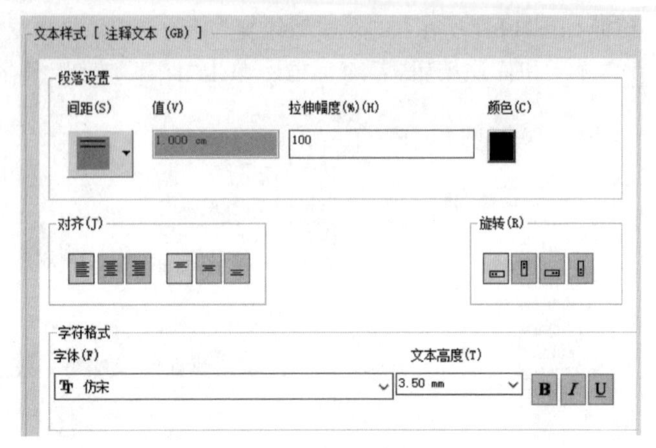

图 11-6 设置新文本样式

(4) 设置尺寸样式。在“尺寸”项目下单击“默认(GB)” 选项，在右侧的“尺寸样式[默认(GB)]”区域中分别修改“单位”、“换算单位”、“显示”、“文本”、“公差”、“选项”以及“注释和指引线”选项卡中设置尺寸的各个参数，如图 11-7 所示。设置完成后，单击“保存”按钮保存设置。

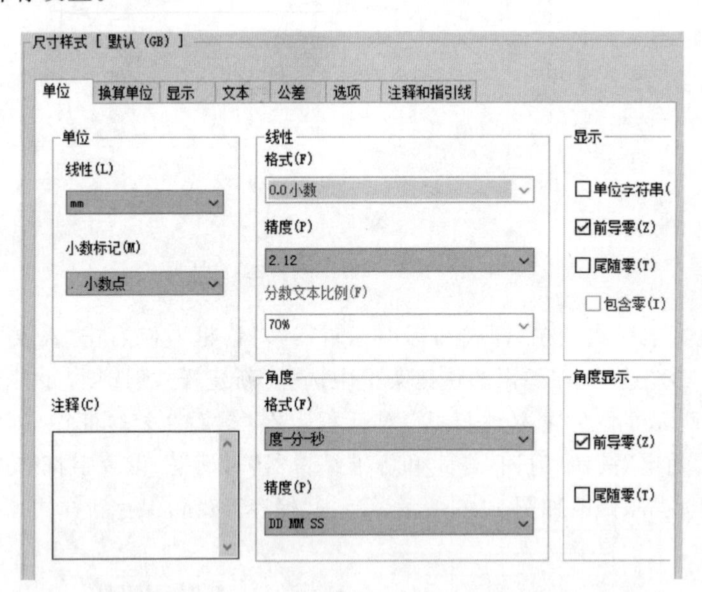

图 11-7 尺寸样式[默认(GB)]

(5) 图层设置。展开“图层”项目，单击任一图层名称，激活“图层样式”列表框，在列表框中选择需要修改的图层外观颜色，打开“颜色”对话框，选择“红色”，单击“确定”按钮。在“线宽”列表框中选择线宽为 0.2mm，如图 11-8 所示。单击“保存并关闭”按钮，退出样式设置。

(6) 编辑标题栏。展开“模型”浏览器中“标题栏”文件，右击 GB2，在弹出的如图 11-9 所示的快捷菜单中选择“编辑”命令，标题栏进入草图环境，可以利用草图工具对标题栏的图线、文字和特性字段等进行修改，如图 11-10 所示。修改完成后在界面上右击，在弹出的如图 11-11 所示的快捷菜单中选择“保存标题栏”选项。

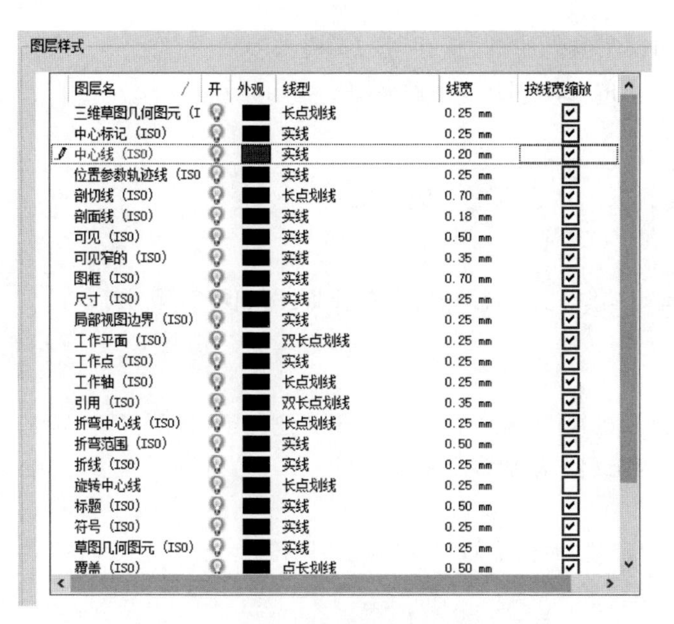
图层样式

图层名	开	外观	线型	线宽	按线宽缩放
三维草图几何图元（I			长点划线	0.25 mm	☑
中心标记（ISO）			实线	0.25 mm	☑
中心线（ISO）			实线	0.20 mm	☑
位置参数轨迹线（ISO			实线	0.25 mm	☑
剖切线（ISO）			长点划线	0.70 mm	☑
剖面线（ISO）			实线	0.18 mm	☑
可见（ISO）			实线	0.50 mm	☑
可见窄的（ISO）			实线	0.35 mm	☑
图框（ISO）			实线	0.70 mm	☑
尺寸（ISO）			实线	0.25 mm	☑
局部视图边界（ISO）			实线	0.25 mm	☑
工作平面（ISO）			双长点划线	0.25 mm	☑
工作点（ISO）			实线	0.25 mm	☑
工作轴（ISO）			长点划线	0.25 mm	☑
引用（ISO）			双长点划线	0.35 mm	☑
折弯中心线（ISO）			长点划线	0.25 mm	☑
折弯范围（ISO）			实线	0.50 mm	☑
折线（ISO）			实线	0.25 mm	☑
旋转中心线			长点划线	0.25 mm	☐
标题（ISO）			实线	0.50 mm	☑
符号（ISO）			实线	0.25 mm	☑
草图几何图元（ISO）			实线	0.25 mm	☑
覆盖（ISO）			点长划线	0.50 mm	☑

图 11-8　设置图层样式

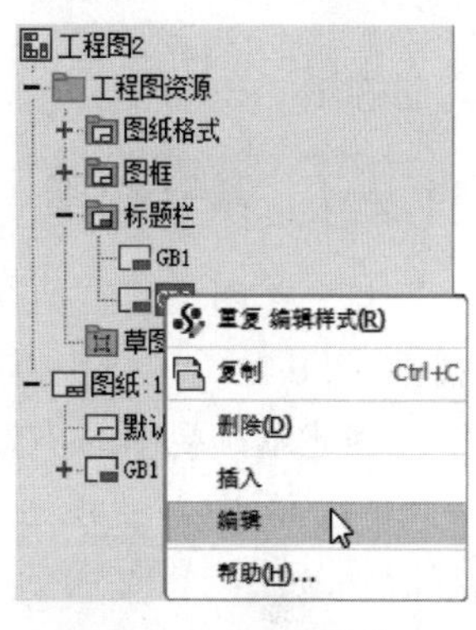

图 11-9　快捷菜单

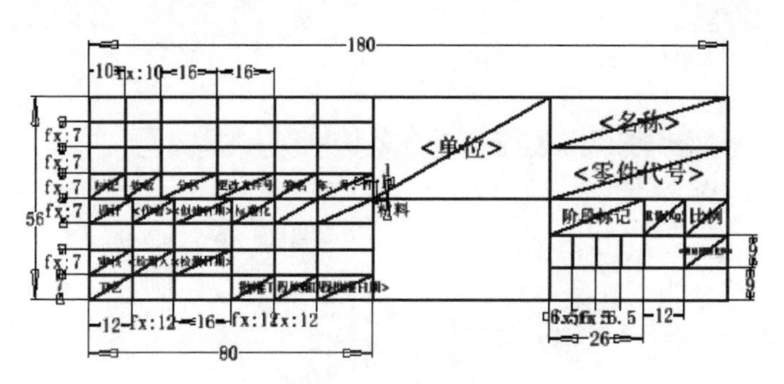

图 11-10　编辑标题栏

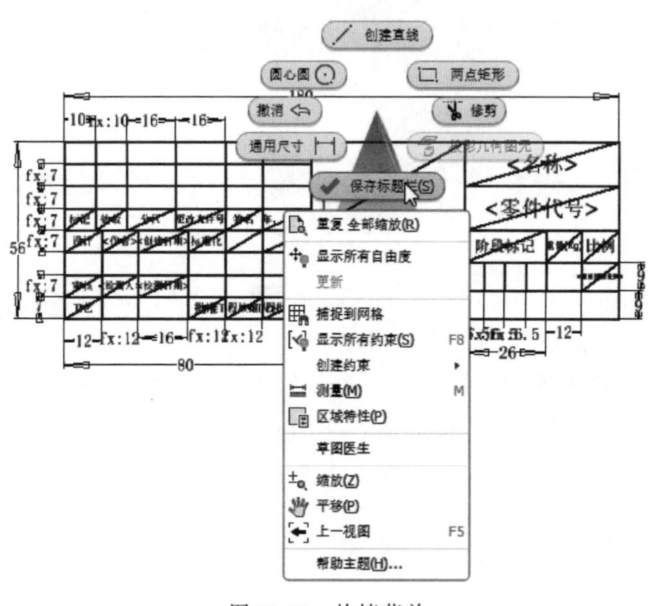

图 11-11　快捷菜单

(7) 保存模板。单击快速访问工具栏中的“保存”按钮，打开“另存为”对话框，将自定义的模板保存在安装目录下的 Templates 文件夹中。

Note

11.2 创建视图

在 Inventor 中，可以创建基础视图、投影视图、斜视图、剖视图和局部视图等。

11.2.1 基础视图

新工程图中的第一个视图是基础视图，基础视图是创建其他视图(如剖视图、局部视图)的基础。用户也可以随时为工程图添加多个基础视图。

创建基础视图的步骤如下：

(1) 单击“放置视图”选项卡“创建”面板中的“基础视图”按钮，打开“工程视图”对话框，如图 11-12 所示。

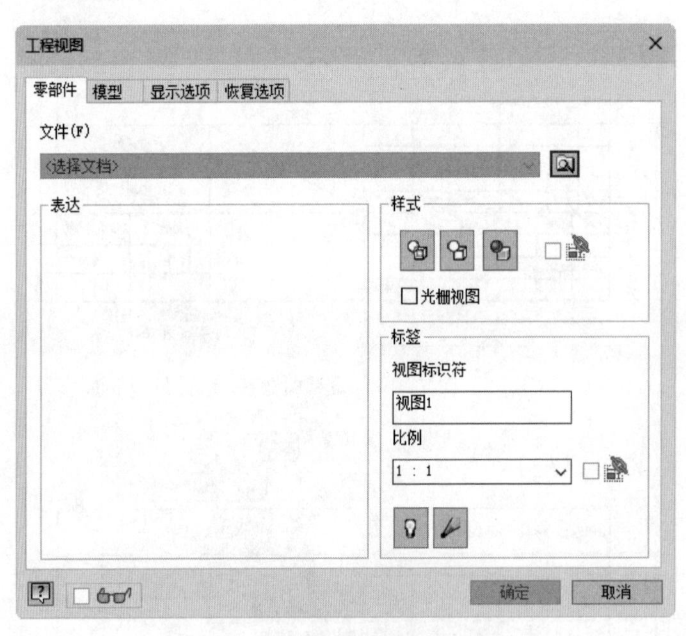

图 11-12 “工程视图”对话框

(2) 在对话框中单击“打开现有文件”按钮，打开“打开”对话框，选择需要创建视图的零件，这里选择“底座.ipt”零件，如图 11-13 所示。

(3) 单击“打开”按钮，返回“工程视图”对话框，系统默认视图方向为前视图，如图 11-14 所示。在视图中单击 ViewCube 的，旋转视图，如图 11-15 所示。

(4) 在“工程视图”对话框中设置缩放比例为 2∶1，单击“不显示隐藏线”按钮，单击“确定”按钮完成基础视图的创建，如图 11-16 所示。

“工程视图”对话框中的选项说明如下。

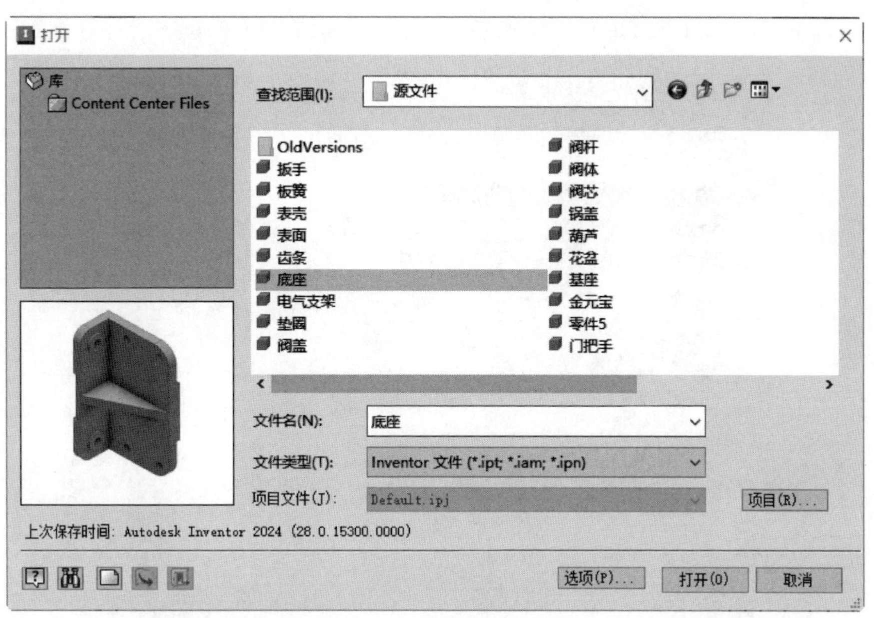

图 11-13 “打开”对话框

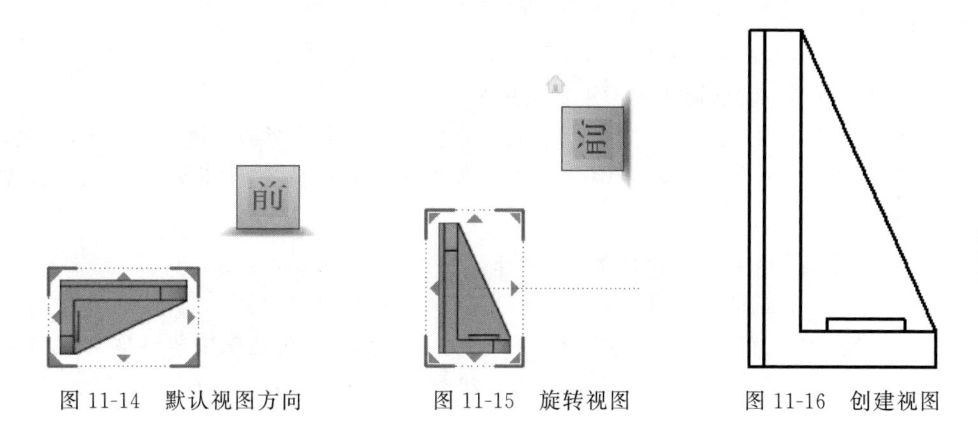

图 11-14 默认视图方向　　图 11-15 旋转视图　　图 11-16 创建视图

1. “零部件”选项卡

(1) 文件：用来指定要用于工程视图的零件、部件或表达视图文件。单击“打开现有文件”按钮，打开“打开”对话框，在对话框中选择文件。

(2) 样式：用来定义工程图视图的显示样式。可以选择 3 种显示样式：显示隐藏线、不显示隐藏线和着色。

(3) 比例：设置生成的工程视图相对于零件或部件的比例。另外，在编辑从属视图时，该选项可以用来设置视图相对于父视图的比例，可以在文本框中输入所需的比例，或者单击箭头从常用比例列表中选择。

(4) 视图标识符：输入视图的名称。默认的视图名称由激活的绘图标准所决定。

(5) 切换选项卡可见性：显示或隐藏视图名称。

2. “模型”选项卡

“模型”选项卡如图 11-17 所示。在该选项卡中设置要在工程视图中使用的焊接件

Note

状态和 iAssembly 或 iPart 成员；设置参考数据，例如线样式和隐藏线计算配置。

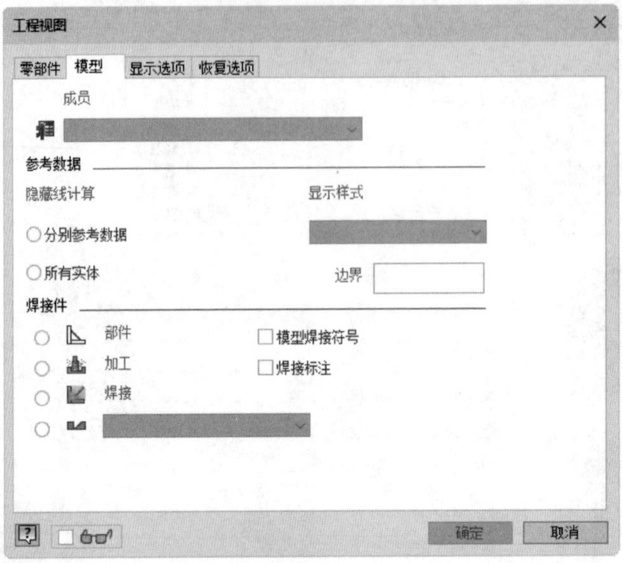

图 11-17 “模型”选项卡

（1）成员：对于 iAssembly 工厂，选择要在视图中表达的成员。

（2）参考数据：设置视图中参考数据的显示。

① 分别参考数据：不计算用于显示隐藏线的参考数据，且参考数据透过模型数据可见。

② 所有实体：计算用于显示隐藏线的参考数据和模型数据，并且参考数据被模型数据隐藏。

③ 显示样式：设置用于创建参考零件的着色视图的样式。

④ 边界：设置视图边界在常规视图边界外延伸的区域大小。

（3）焊接件：仅在所选文件包含焊接件时可用，单击要在视图中表达的焊接件状态。“准备”分隔符行下列出了所有处于准备状态的零部件。

3. “显示选项”选项卡

“显示选项”选项卡如图 11-18 所示。该选项卡设置工程视图的元素是否显示，注意只有适用于指定模型和视图类型的选项才可用。可以选中或者取消选中一个选项来决定该选项对应的元素是否可见。

技巧：将鼠标指针移动到创建的基础视图上面，则视图周围出现红色虚线形式的边框。当把鼠标指针移动到边框的附近时，指针旁边出现移动符号，此时按住鼠标左键就可以拖动视图，以改变视图在图纸中的位置。

在视图上右击，则会弹出如图 11-19 所示的快捷菜单。

（1）选择快捷菜单中的“复制”和“删除”命令可以复制和删除视图。

（2）选择“打开”命令，则会在新窗口中打开要创建工程图的源零部件。

（3）在视图上双击，则重新打开“工程视图”对话框，用户可以修改其中可以进行修改的选项。

（4）选择“对齐视图”或者“旋转”选项可以改变视图在图纸中的位置。

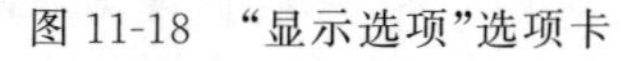

图 11-18　“显示选项”选项卡

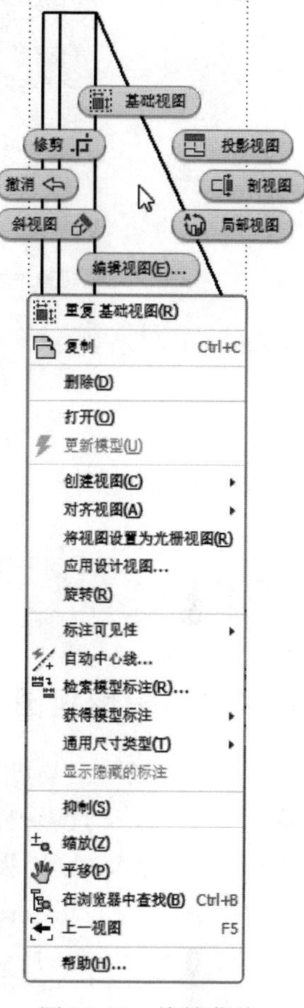

图 11-19　快捷菜单

4. “恢复选项”选项卡

“恢复选项”选项卡如图 11-20 所示。该选项卡用于定义在工程图中对曲面和网格实体以及模型尺寸和定位特征的访问。该选项卡中的选项说明如下。

(1) 混合实体类型的模型

① 包含曲面体：可控制工程视图中曲面体的显示。该选项默认情况下处于选中状态，用于包含工程视图中的曲面体。

② 包含网格体：可控制工程视图中网格实体的显示。该选项默认情况下处于选中状态，用于包含工程视图中的网格实体。

(2) 所有模型尺寸：选中该复选框以检索所有模型尺寸，只显示与视图平面平行并且没有被图纸上现有视图使用的尺寸。取消选中该复选框，则在放置视图时不带模型尺寸。

如果模型中定义了尺寸公差，则模型尺寸中会包括尺寸公差。

(3) 用户定位特征：从模型中恢复定位特征，并在基础视图中将其显示为参考线。选中该复选框来包含定位特征。若要从工程图中排除定位特征，在单个定位特征上右击，在弹出的快捷菜单中取消选中“包含”复选框。

Note

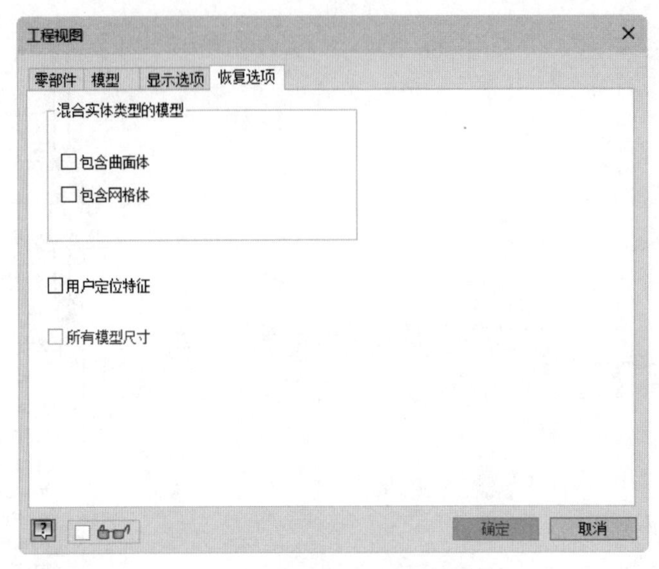

图 11-20 “恢复选项”选项卡

11.2.2 投影视图

用投影视图工具可以创建以现有视图为基础的其他从属视图，如正交视图或等轴测视图等。正交投影视图的特点是默认与父视图对齐，并且继承父视图的比例和显示方式；若移动父视图，从属的正交投影视图仍保持与它的正交对齐关系；若改变父视图的比例，正交投影视图的比例也随之改变。

创建投影视图的步骤如下：

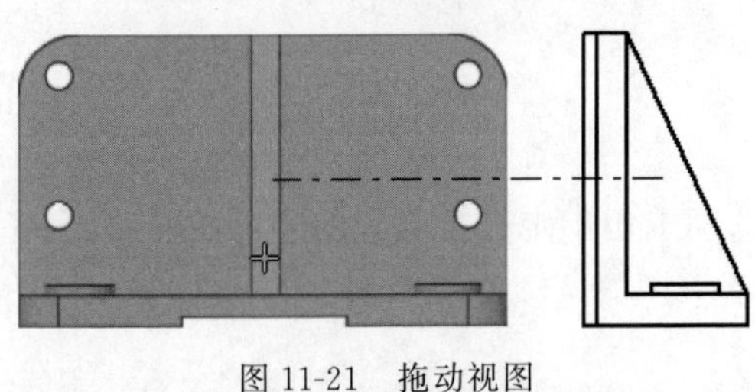

图 11-21 拖动视图

(1) 单击“放置视图”选项卡“创建”面板中的“投影视图”按钮，在视图中选择要投影的视图，并将其拖动到投影位置，如图 11-21 所示。

(2) 单击放置视图，然后右击，在弹出的快捷菜单中选择“创建”选项，如图 11-22 所示，完成投影视图的创建，如图 11-23 所示。

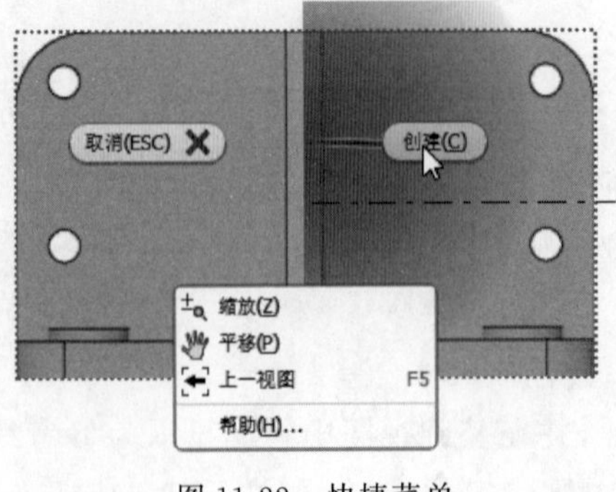

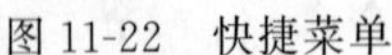

图 11-22 快捷菜单

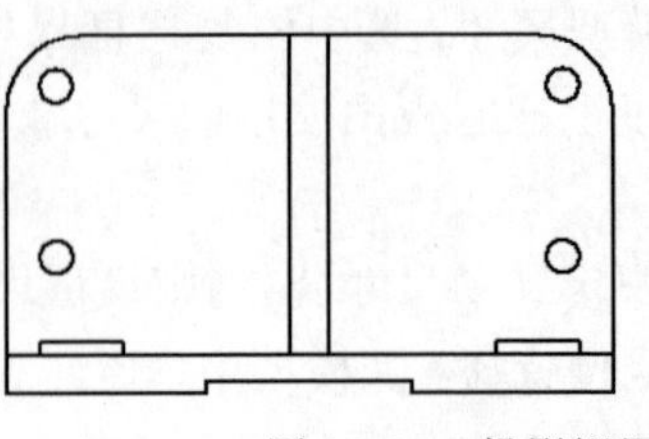

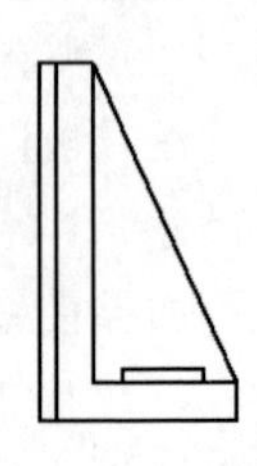

图 11-23 投影视图

技巧：由于投影视图是基于基础视图创建的，因此常称基础视图为父视图，称投影视图以及其他以基础视图为基础创建的视图为子视图。在默认情况下，子视图的很多特性继承自父视图。

(1) 如果拖动父视图，则子视图的位置随之改变，以保持和父视图之间的位置关系。

(2) 如果删除了父视图，则子视图也同时被删除。

(3) 子视图的比例和显示方式同父视图保持一致，当修改父视图的比例和显示方式时，子视图的比例和显示方式也随之改变。

向不同的方向拖曳鼠标以预览不同方向的投影视图。如果竖直向上或者向下拖曳鼠标，则可以创建仰视图或者俯视图；水平向左或者向右拖曳鼠标则可以创建左视图或者右视图；如果向图纸的四个角落处拖曳鼠标则可以创建轴侧视图，如图11-24所示。

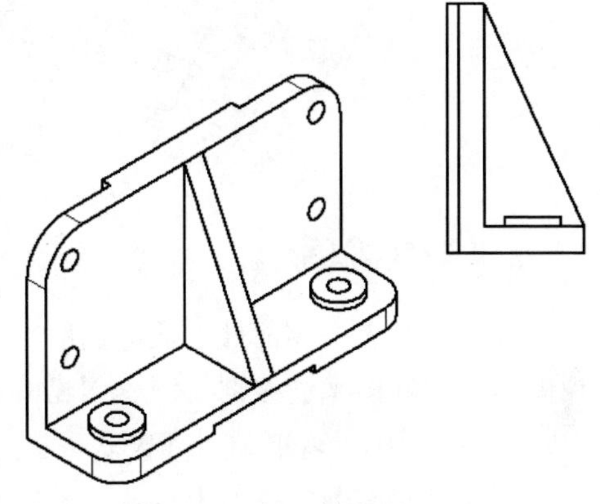

图11-24　创建轴侧视图

11.2.3　斜视图

通过父视图中的一条边或直线投影来放置斜视图，得到的视图将与父视图在投影方向上对齐。光标相对于父视图的位置决定了斜视图的方向，斜视图继承父视图的比例和显示设置。斜视图可以看作机械设计中的向视图。

创建斜视图的步骤如下：

(1) 单击"放置视图"选项卡"创建"面板中的"斜视图"按钮，在视图中选择父视图。

(2) 此时系统打开"斜视图"对话框，如图11-25所示，在对话框中设置视图参数。

(3) 在视图中选择模型的线性边定义视图方向，如图11-26所示。

(4) 沿着投影方向拖动视图到适当位置，单击放置视图，如图11-27所示。

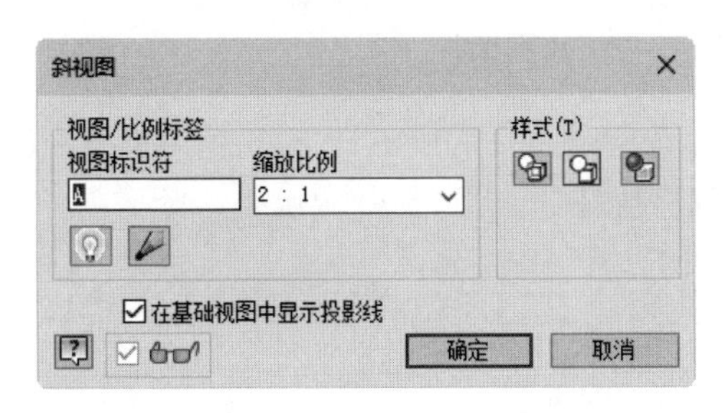

图11-25　"斜视图"对话框

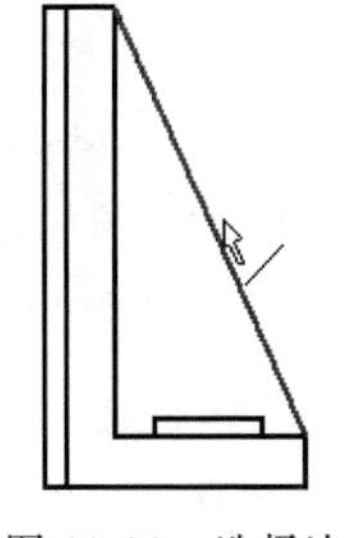

图11-26　选择边

Note

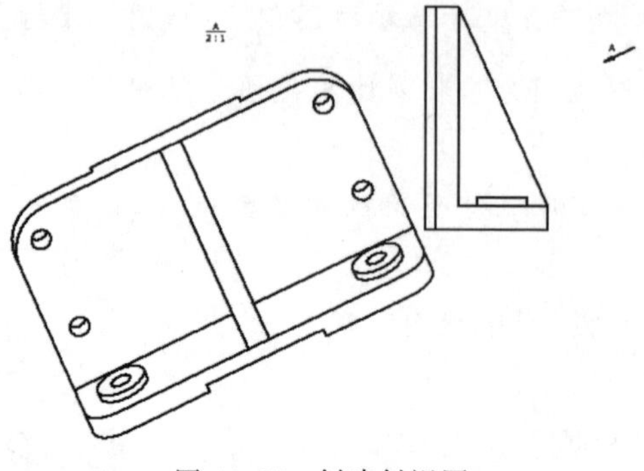

图 11-27　创建斜视图

11.2.4　剖视图

剖视图是表达零部件上被遮挡的特征以及部件装配关系的有效方式。系统将已有视图作为父视图来创建剖视图。创建的剖视图默认与其父视图对齐，若在放置剖视图时按 Ctrl 键，则可以取消对齐关系。

创建剖视图的步骤如下：

(1) 单击"放置视图"选项卡"创建"面板中的"剖视"按钮，在视图中选择父视图。

(2) 在父视图上绘制剖切线，剖切线绘制完成后右击，在弹出的快捷菜单中选择"继续"选项，如图 11-28 所示。

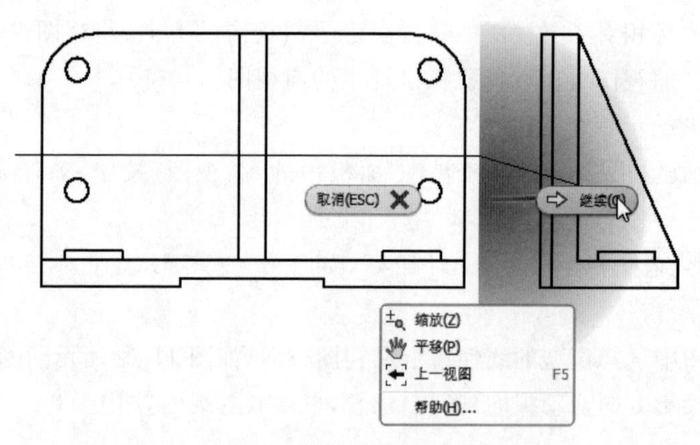

图 11-28　快捷菜单

(3) 此时系统打开"剖视图"对话框，如图 11-29 所示，在对话框中设置视图参数。

(4) 拖动视图到适当位置，单击放置视图，如图 11-30 所示。

"剖视图"对话框中的选项说明如下。

1. 视图/比例选项卡

(1) 视图标识符：编辑视图标识符号字符串。

(2) 比例：设置相对于零件或部件的视图比例。在文本框中输入比例，或者单击向下箭头从常用比例列表中选择。

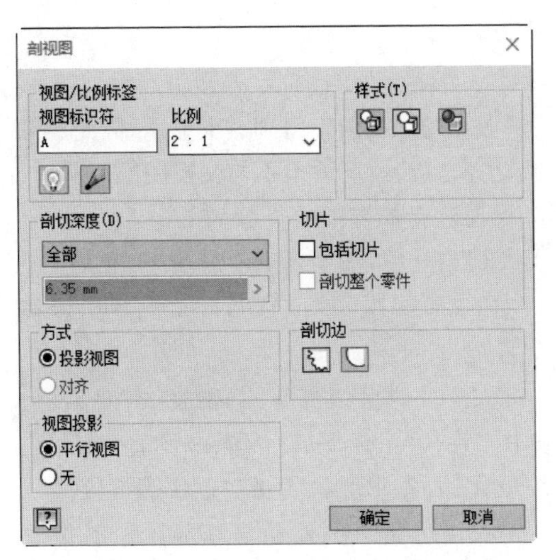

图 11-29　“剖视图”对话框

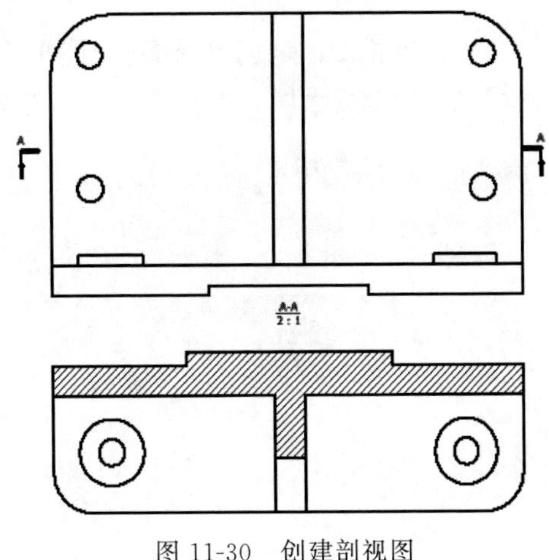

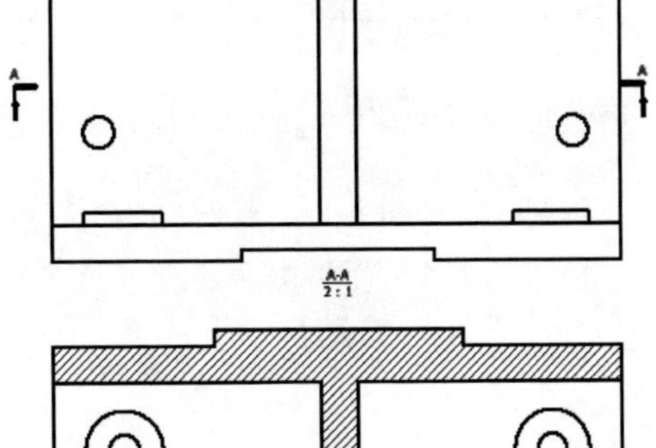

图 11-30　创建剖视图

2. 剖切深度

(1) 全部：零部件被完全剖切。

(2) 距离：按照指定的深度进行剖切。

3. 切片

(1) 包括切片：如果选中此复选框，则会根据浏览器属性创建包含一些切割零部件和剖视零部件的剖视图。

(2) 剖切整个零件：如果选中此复选框，则会取代浏览器属性，并会根据剖视线几何图元切割视图中的所有零部件。

4. 方式

(1) 投影视图：根据绘制的剖切线创建投影视图。

(2) 对齐：选择此单选按钮，生成的剖视图将垂直于投影线。

5. 视图投影

(1) 平行视图：选择此单选按钮，剖视图与父视图对齐。

(2) 无：选择此单选按钮，剖视图不再与父视图对齐。

技巧：

(1) 一般来说，剖切面由绘制的剖切线决定，剖切面过剖切线且垂直于屏幕方向。对于同一个剖切面，采用不同的投影方向生成的剖视图也不相同。因此在创建剖面图时，一定要选择合适的剖切面和投影方向。在具有内部凹槽的零件中，要表达零件内壁的凹槽，必须使用剖视图。为了表现方形和圆形的凹槽特征，必须创建不同的剖切平面。

(2) 需要特别注意的是，剖切的范围完全由剖切线的范围决定，剖切线在其长度方向上延展的范围决定了所能剖切的范围。

(3) 剖视图中投影的方向就是观察剖切面的方向，它也决定了所生成的剖视图的外观。可以选择任意的投影方向生成剖视图，投影方向既可以与剖切面垂直，也可以不垂直。

Note

11.2.5 局部视图

对已有视图区域创建局部视图,可以使该区域在局部视图上得到放大显示,因此局部视图也称局部放大图。局部视图并不与父视图对齐,默认情况下也不与父视图同比例。

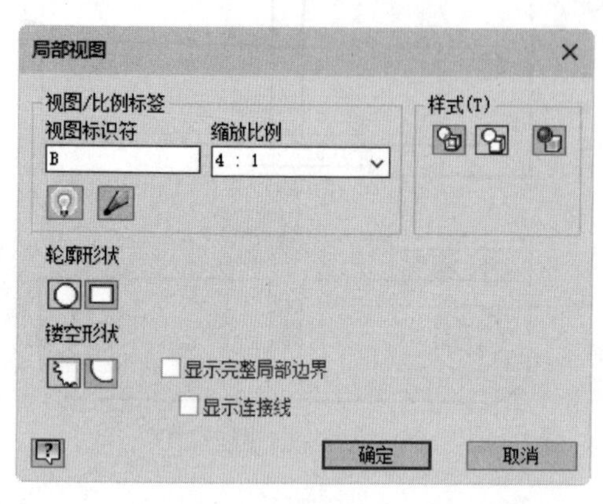

图 11-31 “局部视图”对话框

创建局部视图的步骤如下:

(1) 单击“放置视图”选项卡“创建”面板中的“局部视图”按钮,在视图中选择父视图。

(2) 此时系统打开“局部视图”对话框,如图 11-31 所示,在对话框中设置标识符、缩放比例、轮廓形状和镂空形状等参数。

(3) 在视图中要创建局部视图的位置绘制边界,如图 11-32 所示。

(4) 拖动视图到适当位置,单击放置,如图 11-33 所示。

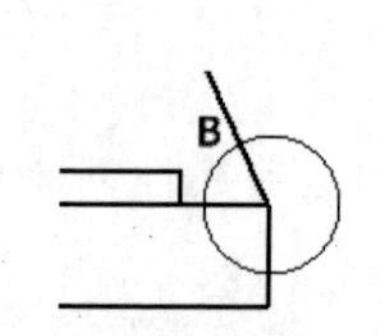

图 11-32 绘制边界

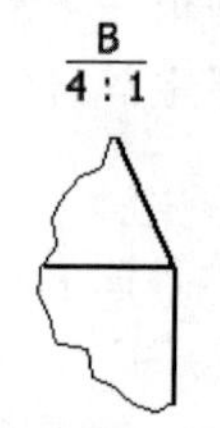

图 11-33 创建局部视图

“局部视图”对话框中的选项说明如下。

(1) 轮廓形状:为局部视图设置圆形或矩形轮廓形状。父视图和局部视图的轮廓形状相同。

(2) 镂空形状:可以将切割线型设置为“锯齿状”或“平滑”。

(3) 显示完整局部边界:选中此复选框,会在产生的局部视图周围显示全边界(环形或矩形)。

(4) 显示连接线:选中此复选框,会显示局部视图中轮廓和全边界之间的连接线。

技巧: 局部视图创建以后,可以通过局部视图快捷菜单中的“编辑视图”选项来进行编辑以及复制、删除等操作。

如果要调整父视图中创建局部视图的区域,可以在父视图中将鼠标指针移动到创建局部视图时拉出的圆形或者矩形上,则圆形或者矩形的中心和边缘上出现绿色小圆点,在中心的小圆点上按住鼠标左键,移动鼠标可以拖动区域的位置;在边缘的小圆点上按住鼠标左键拖动,则可以改变区域的大小。当改变区域的大小或者位置后,局部视图会自动随之更新。

11-1

11.2.6 实例——创建阀盖工程视图

本例绘制阀盖工程视图,如图 11-34 所示。

Note

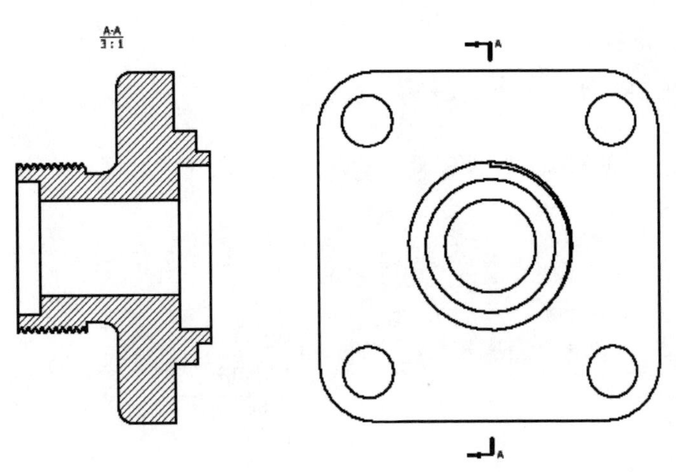

图 11-34 阀盖工程图

操作步骤

(1) 新建文件。单击快速访问工具栏中的“新建”按钮，在打开的“新建文件”对话框中选择 Standard.idw 选项，然后单击“创建”按钮，新建一个工程图文件。

(2) 创建基础视图。单击“放置视图”选项卡“创建”面板中的“基础视图”按钮，打开“工程视图”对话框，单击“打开现有文件”按钮，打开如图 11-35 所示的“打开”对话框。选择“阀盖”零件，单击“打开”按钮，将其打开。默认视图方向为“前视图”，输入比例为 3∶1，选择显示方式为“不显示隐藏线”，如图 11-36 所示。单击“确定”按钮，完成基础视图的创建，如图 11-37 所示。

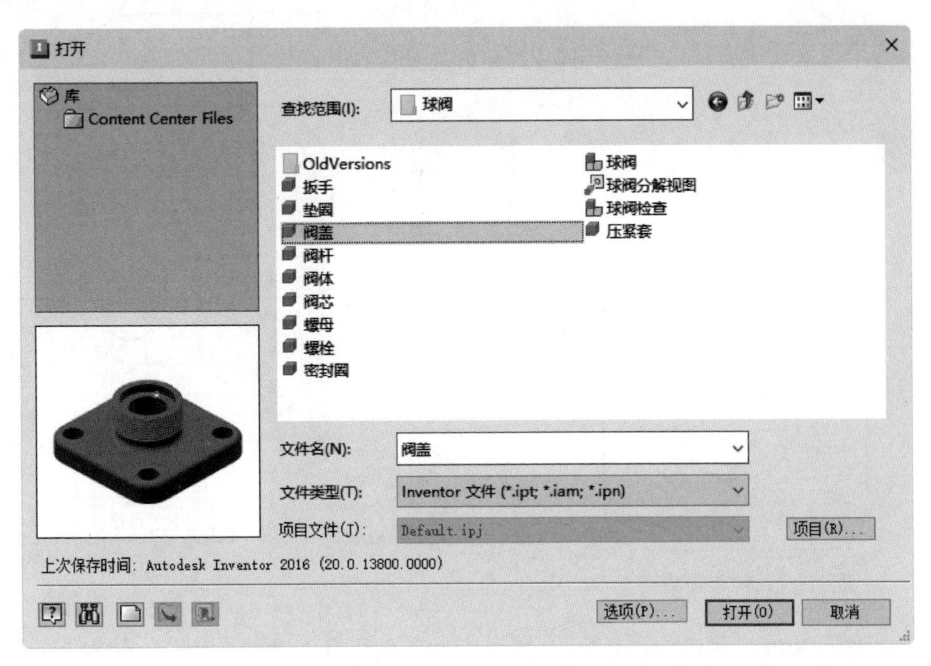

图 11-35 “打开”对话框

Note

图 11-36　设置参数

(3) 创建剖视图。单击“放置视图”选项卡“创建”面板中的“剖视”按钮，选择基础视图，在视图中绘制剖切线，右击，在弹出的快捷菜单中单击“继续”按钮，如图 11-38 所示，打开“剖视图”对话框和剖视图，如图 11-39 所示。采用默认设置，将剖视图放置到图纸中适当位置单击，结果如图 11-34 所示。

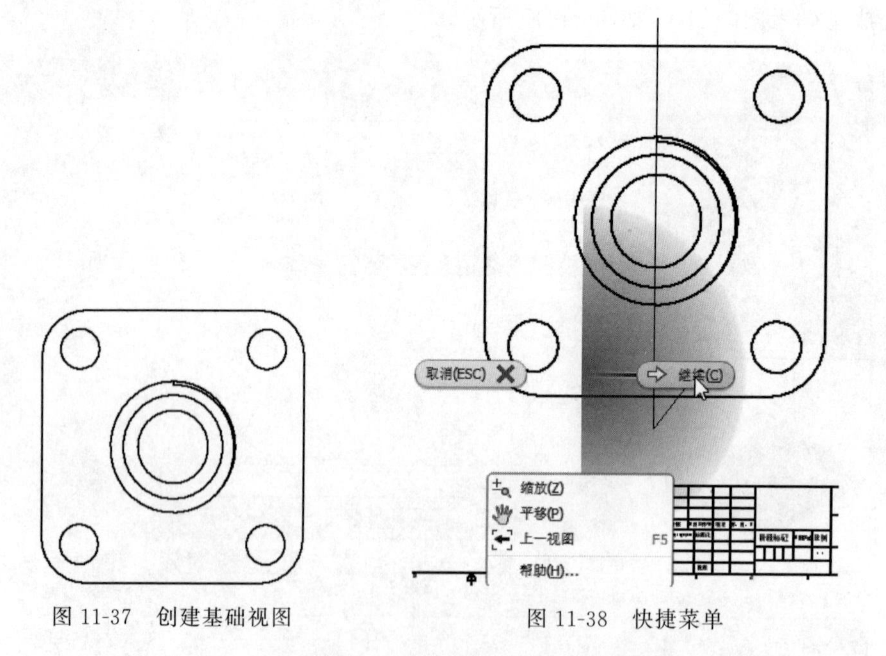

图 11-37　创建基础视图　　　　图 11-38　快捷菜单

(4) 保存文件。单击快速访问工具栏中的“保存”按钮，打开“另存为”对话框，输入文件名为“阀盖工程图.idw”，单击“保存”按钮，保存文件。

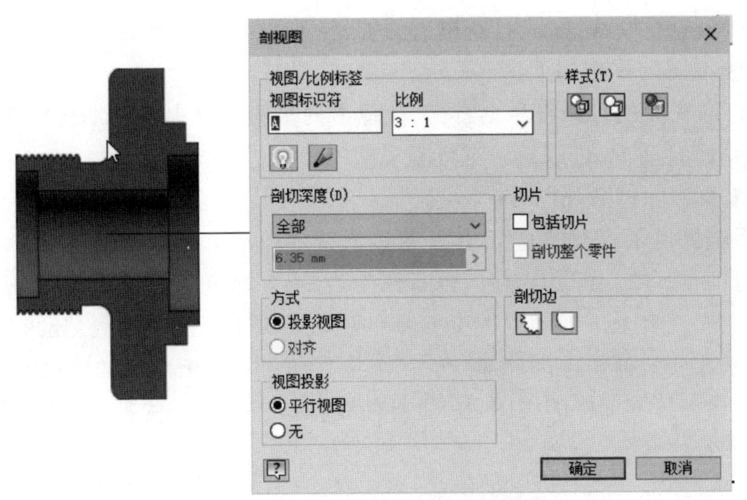

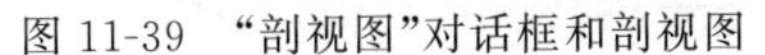

图 11-39 “剖视图”对话框和剖视图

11.3 修改视图

本节主要介绍打断视图、局部剖视图、断面视图的创建方法,以及如何对视图进行修剪。

11.3.1 打断视图

通过删除或“打断”不相关部分可以减小模型的尺寸。如果零部件视图超出工程图长度,或者包含大范围的非明确几何图元,则可以在视图中创建打断。

创建打断视图的步骤如下:

(1) 单击“放置视图”选项卡“修改”面板中的“断开”按钮,选择要打断的视图。

(2) 此时系统打开“断开”对话框,如图 11-40 所示,在对话框中设置打断样式、打断方向以及间隙等参数。

(3) 在视图中放置一条打断线,拖动第二条打断线到适当位置,如图 11-41 所示。

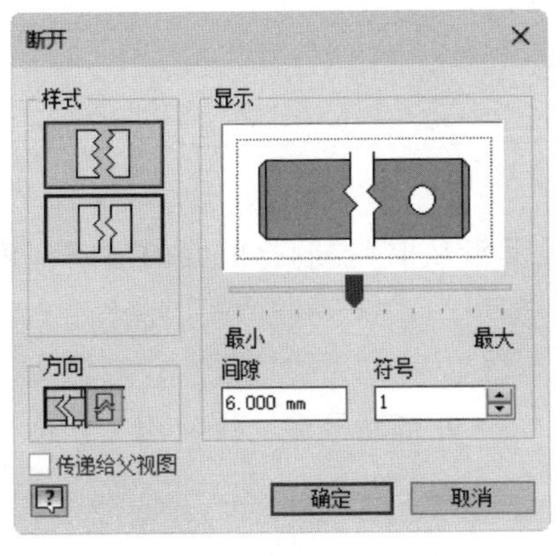

图 11-40 “断开”对话框

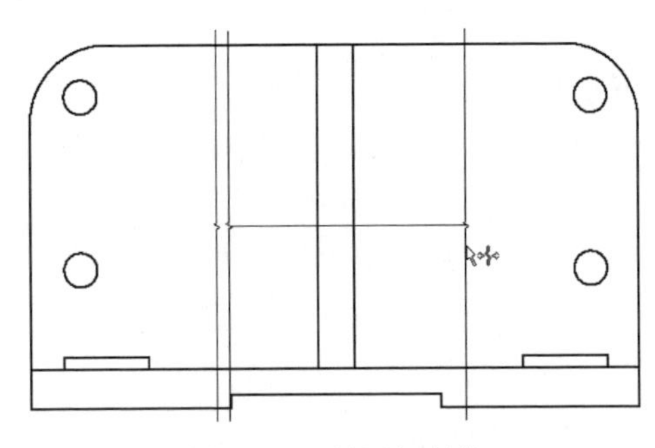

图 11-41 放置打断线

Note

(4) 单击放置打断线,完成打断视图的创建,如图 11-42 所示。

编辑打断视图的操作如下:

(1) 在打断视图的打断符号上右击,在弹出的快捷菜单中选择"编辑打断"选项,则重新打开"断开"对话框,可以重新对打断视图的参数进行定义。

(2) 如果要删除打断视图,选择快捷菜单中的"删除"选项即可。

另外,系统提供了打断控制器,用户可以直接在图纸上对打断视图进行修改。当鼠标指针位于打断视图符号的上方时,打断控制器(一个绿色的小圆形)即会显示,可以按住该控制器左右或者上下拖动以改变打断的位置,如图 11-43 所示。还可以通过拖动两条打断线来改变去掉的零部件部分的视图量。如果将打断线从初始视图的打断位置移走,则会增加去掉零部件的视图量;将打断线移向初始视图的打断位置,会减少去掉零部件的视图量。

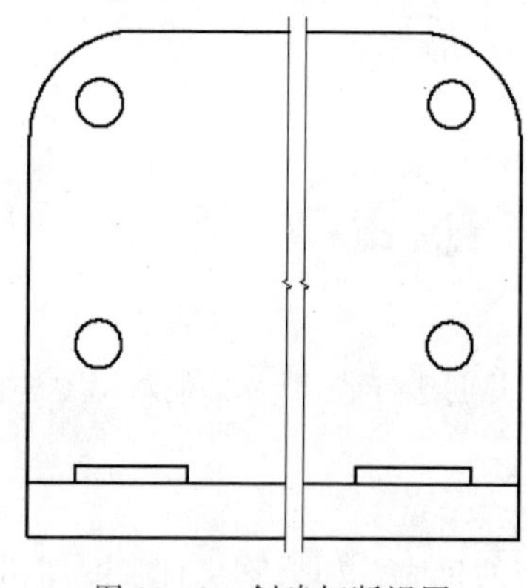

图 11-42　创建打断视图

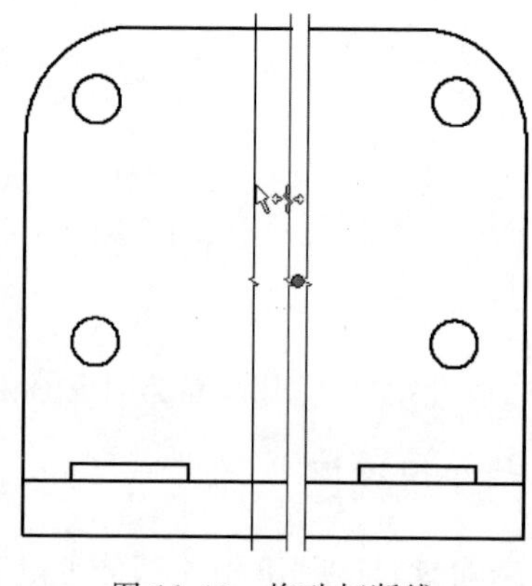

图 11-43　拖动打断线

"断开"对话框中的选项说明如下。

1. 样式

(1) 矩形样式 :使用锯齿形的打断线创建打断。

(2) 构造样式 :使用固定格式的打断线创建打断。

2. 方向

(1) 水平 :设置打断方向为水平方向。

(2) 竖直 :设置打断方向为竖直方向。

3. 显示

(1) 显示栏:设置每个打断类型的外观。当拖动滑块时,控制打断线的波动幅度,表示为打断间隙的百分比。

(2) 间隙:指定打断视图中打断之间的距离。

(3) 符号:指定所选打断处的打断符号的数目。每处打断最多允许使用 3 个符号,并且只能在"结构样式"的打断中使用。

4. 传递给父视图

如果选中此复选框,则打断操作将扩展到父视图。此选项的可用性取决于视图类

型和“打断继承”选项的状态。

11.3.2　局部剖视图

局部剖是去除已定义区域的材料以显示现有工程视图中被遮挡的零件或特征的操作。局部剖视图需要依赖于父视图，所以要创建局部剖视图必须先放置父视图，然后创建与一个或多个封闭的截面轮廓相关联的草图，来定义局部剖区域的边界。

注意：父视图必须与包含定义局部剖边界的截面轮廓的草图相关联。

创建局部剖视图的步骤如下：

（1）在视图中选择要创建局部剖视图的视图。

（2）单击“放置视图”选项卡“草图”面板中的“开始创建草图”按钮，进入草图环境。

（3）绘制局部剖视图边界，如图 11-44 所示，完成边界绘制，单击“完成草图”按钮，返回工程图环境。

（4）单击“放置视图”选项卡“修改”面板中的“局部剖视图”按钮，打开“局部剖视图”对话框，如图 11-45 所示。

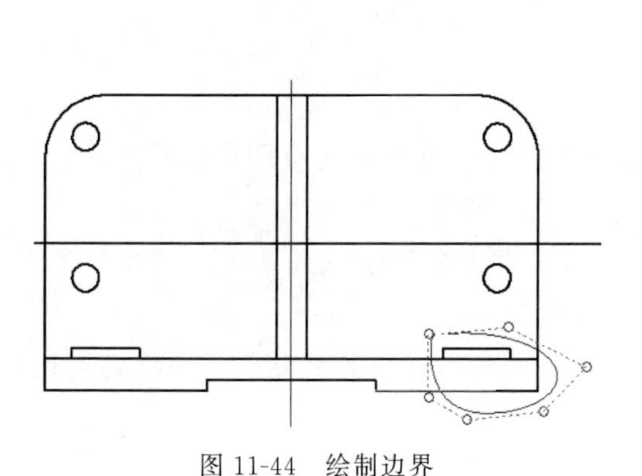

图 11-44　绘制边界

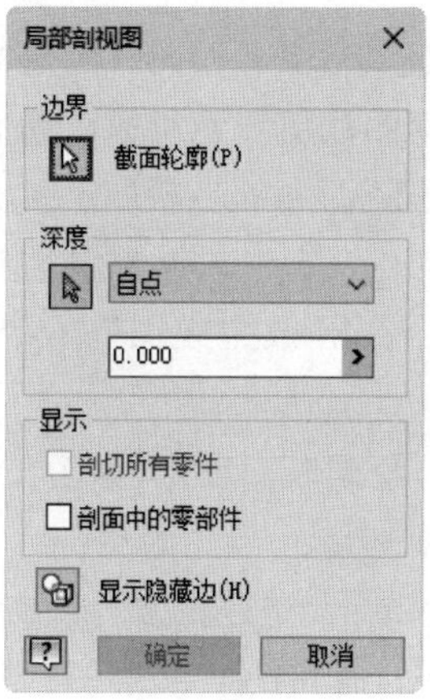

图 11-45　“局部剖视图”对话框

（5）捕捉如图 11-46 所示的端点为深度点，输入距离为 18mm，其他采用默认设置，单击“确定”按钮，完成局部剖视图的创建，如图 11-47 所示。

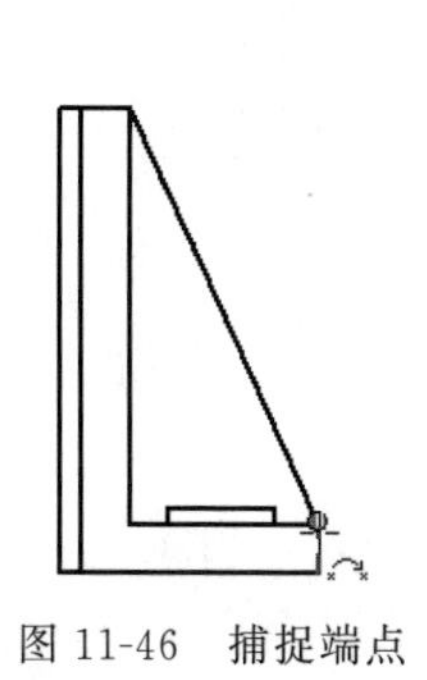

图 11-46　捕捉端点

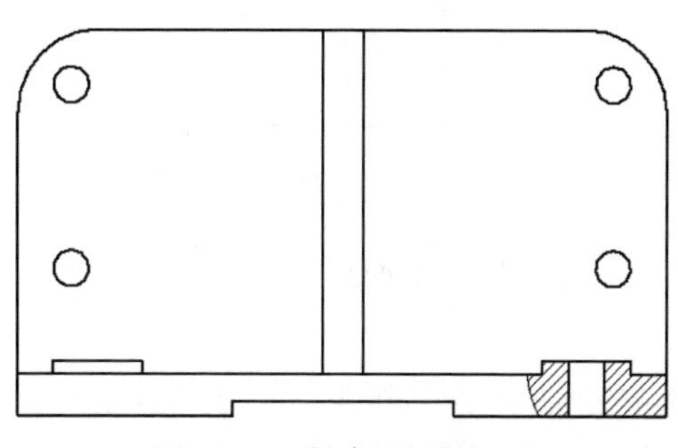

图 11-47　创建局部剖视图

Note

“局部剖视图”对话框中的选项说明如下。

1. 深度

(1) 自点：为局部剖的深度设置数值。

(2) 至草图：使用与其他视图相关联的草图几何图元定义局部剖的深度。

(3) 至孔：使用视图中孔特征的轴定义局部剖的深度。

(4) 贯通零件：使用零件的厚度定义局部剖的深度。

2. 显示

(1) 剖切所有零件：选中此复选框，以剖切当前未在局部剖视图区域中剖切的零件。

(2) 剖面中的零部件：选中此复选框，显示切除体积内的零部件。

3. 显示隐藏边

单击此按钮，临时显示视图中的隐藏线，可以在隐藏线几何图元上拾取一点来定义局部剖深度。

注意：若有多个封闭轮廓的关联草图，亦可同时创建多个局部剖视图。

11.3.3 断面图

断面图是在工程图中创建的真正的零深度剖视图，剖切截面轮廓由所选源视图中的关联草图几何图元组成。断面操作将在所选的目标视图中进行。

创建断面图的步骤如下：

(1) 在视图中选择要创建断面图的视图。

(2) 单击“放置视图”选项卡“草图”面板中的“开始创建草图”按钮，进入草图环境。

(3) 绘制断面草图，如图 11-48 所示，单击“完成草图”按钮，完成草图绘制，返回工程图环境。

(4) 单击“放置视图”选项卡“修改”面板中的“断面图”按钮，选择要剖切的视图，如图 11-49 所示。

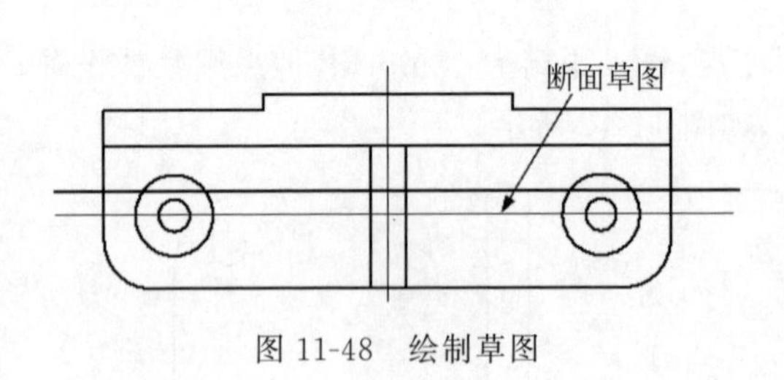

图 11-48　绘制草图

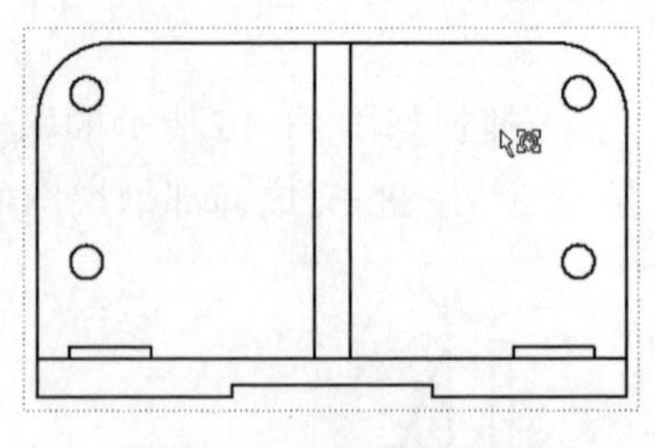

图 11-49　选择剖切视图

(5) 此时系统打开“断面图”对话框，如图 11-50 所示。在视图中选择图 11-48 中绘制的草图。

(6) 在对话框中单击“确定”按钮，完成断面图的创建，如图 11-51 所示。

剖切整个零件：选中此复选框，断面草图几何图元穿过的所有零部件都参与断面，与断面草图几何图元不相交的零部件不会参与断面操作。

Note

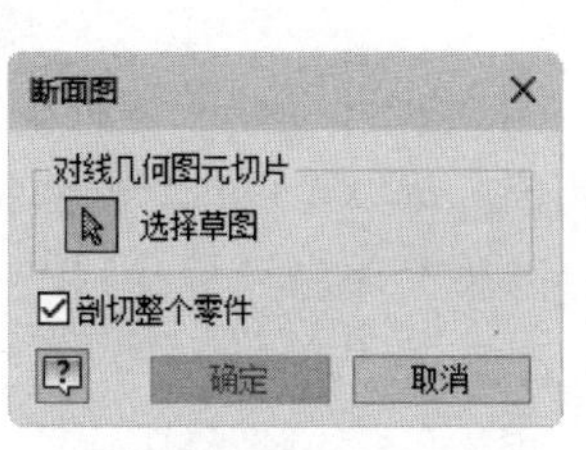
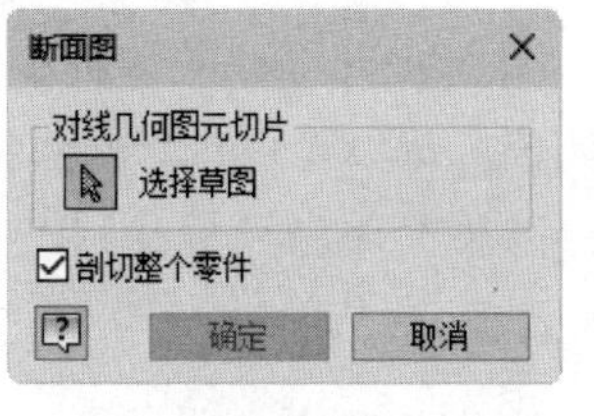

图 11-50 “断面图”对话框

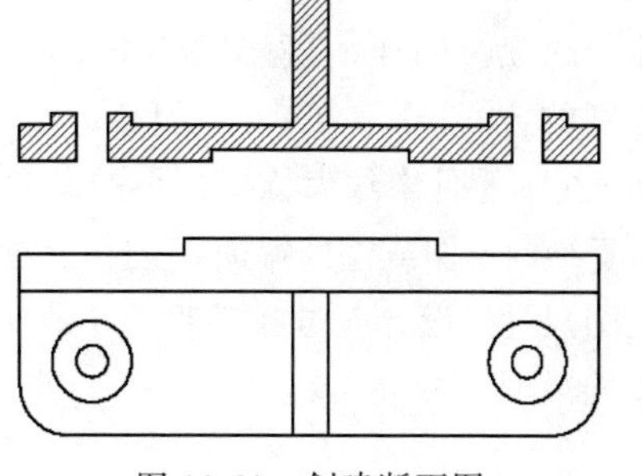

图 11-51 创建断面图

注意：断面图主要用于表示零件上一个或多个切面的形状，它与国家标准中的断面图有区别，如缺少剖切部位尺寸不详的标注，虽然草图中绘制了表示剖切位置的剖切路径线，但创建剖面图时草图已退化。即使在浏览器中通过鼠标右键编辑草图为可见，标注也是不符合规范的。

11.3.4 修剪

修剪操作是修剪包含已定义边界的工程视图，用户可以通过用拖曳鼠标拉出的环形、矩形或预定义视图草图来进行修剪操作。

注意：不能对包含断开视图的视图、包含重叠的视图、抑制的视图和已经被修剪过的视图进行修剪操作。

修剪视图的步骤如下：

(1) 单击“放置视图”选项卡“修改”面板中的“修剪”按钮，选择要修剪的视图。

(2) 选择要保留的区域，如图 11-52 所示。

(3) 单击完成视图修剪，结果如图 11-53 所示。

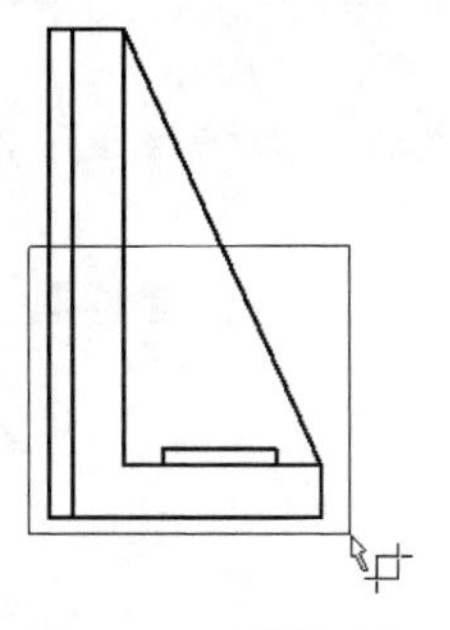

图 11-52 选择区域

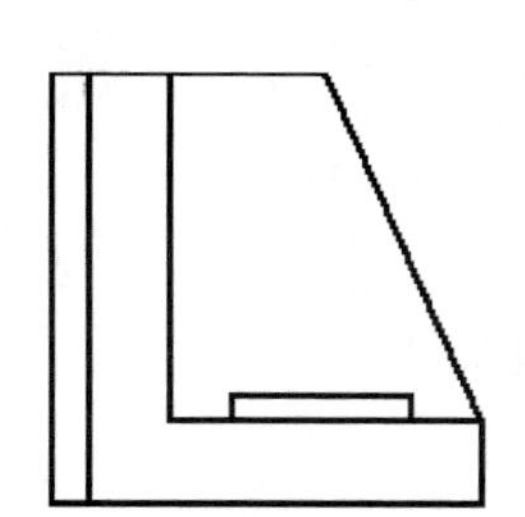

图 11-53 修剪视图

11.4 尺寸标注

创建完视图后，需要对工程图进行尺寸标注。尺寸标注是工程图设计中的重要环节，它关系到零件的加工、检验和使用各个环节。只有配合合理的尺寸标注，才能帮助设计者更好地表达其设计意图。

Note

工程视图中的尺寸标注是与模型中的尺寸相关联的，模型尺寸的改变会导致工程图中尺寸的改变。同样，工程图中尺寸的改变会导致模型尺寸的改变。但是两者还是有很大区别的。

模型尺寸：零件中约束特征大小的参数化尺寸。这类尺寸创建于零件建模阶段，它们被应用于绘制草图或添加特征，由于是参数化尺寸，因此可以实现与模型的相互驱动。

工程图尺寸：设计人员在工程图中新标注的尺寸，作为图样的标注，用于对模型进行进一步的说明。标注工程图尺寸不会改变零件的大小。

11.4.1 尺寸

可标注的尺寸包括以下几种。

- 为选定图线添加线性尺寸。
- 为点与点、线与线或线与点之间添加线性尺寸。
- 为选定圆弧或圆形图线标注半径或直径尺寸。
- 选两条直线标注角度。
- 虚交点尺寸。

标注尺寸的步骤如下：

(1) 单击“标注”选项卡“尺寸”面板中的“尺寸”按钮，依次选择几何图元的组成要素。例如：

① 要标注直线的长度，可以依次选择直线的两个端点，或者直接选择整条直线。

② 要标注角度，可以依次选择角的两条边。

③ 要标注圆或者圆弧的半径(直径)，选取圆或者圆弧即可。

(2) 选择图元后，显示尺寸，在适当位置单击，放置尺寸。

(3) 此时系统打开“编辑尺寸”对话框，如图 11-54 所示。在对话框中设置尺寸参数，单击“确定”按钮，完成尺寸标注。

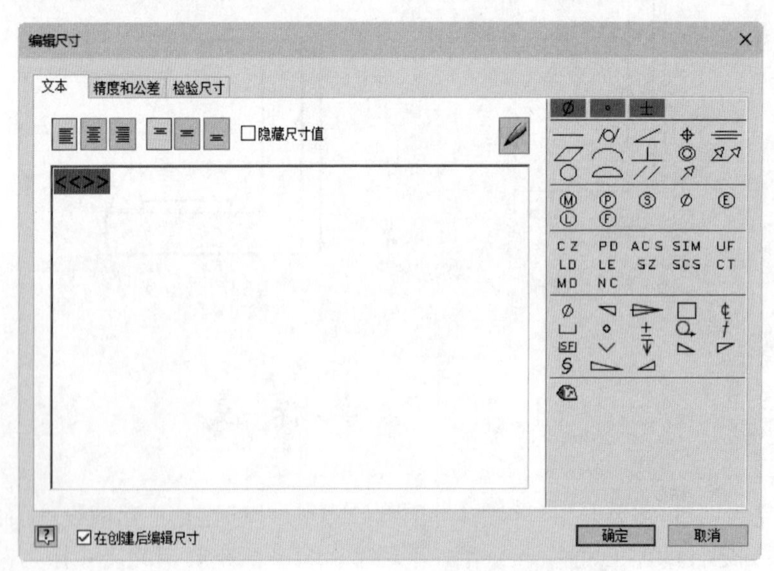

图 11-54 “编辑尺寸”对话框

Note

“编辑尺寸”对话框中的选项说明如下。

1. “文本”选项卡

(1) ：设置文本位置。

(2) 隐藏尺寸值：选中此复选框，可以编辑尺寸的计算值，也可以直接输入尺寸值。取消选中此复选框，恢复计算值。

(3) 启动文本编辑器：单击此按钮，打开“文本格式”对话框，对文字进行编辑。

(4) 在创建后编辑尺寸：选中此复选框，每次插入新的尺寸时都会打开“编辑尺寸”对话框，编辑尺寸。

(5) “符号”列表：在列表中选择符号插入到光标位置。

2. “精度和公差”选项卡(如图 11-55 所示)

(1) 模型值：显示尺寸的模型值。

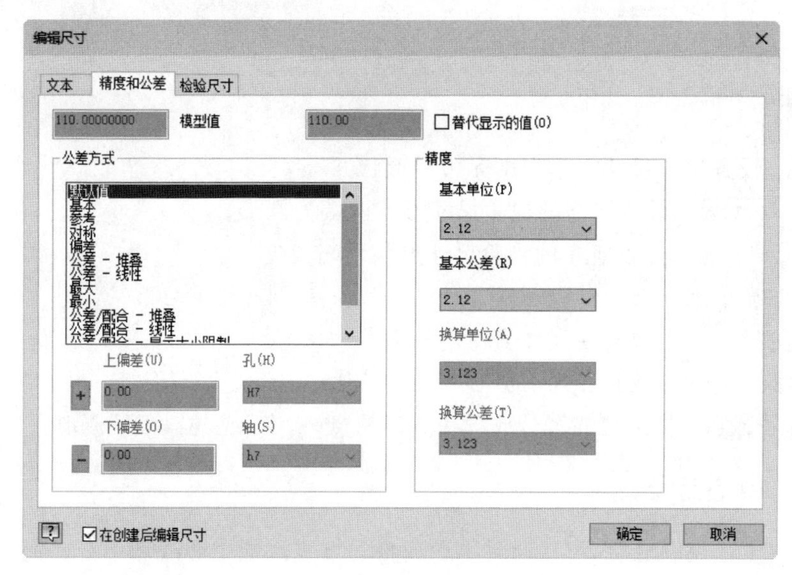

图 11-55　“精度和公差”选项卡

(2) 替代显示的值：选中此复选框，关闭模型值，输入替代值。

(3) 公差方式：在列表中指定选定尺寸的公差方式。

① 上偏差：设置上偏差的值。

② 下偏差：设置下偏差的值。

③ 孔：当选择“公差与配合”公差方式时，设置孔尺寸的公差值。

④ 轴：当选择“公差与配合”公差方式时，设置轴尺寸的公差值。

(4) 精度：数值将按指定的精度四舍五入。

① 基本单位：设置选定尺寸的基本单位的小数位数。

② 基本公差：设置选定尺寸的基本公差的小数位数。

③ 换算单位：设置选定尺寸的换算单位的小数位数。

④ 换算公差：设置选定尺寸的换算公差的小数位数。

3. “检验尺寸”选项卡(如图 11-56 所示)

(1) 检验尺寸：选中此复选框，将选定的尺寸指定为检验尺寸并激活检验选项。

Note

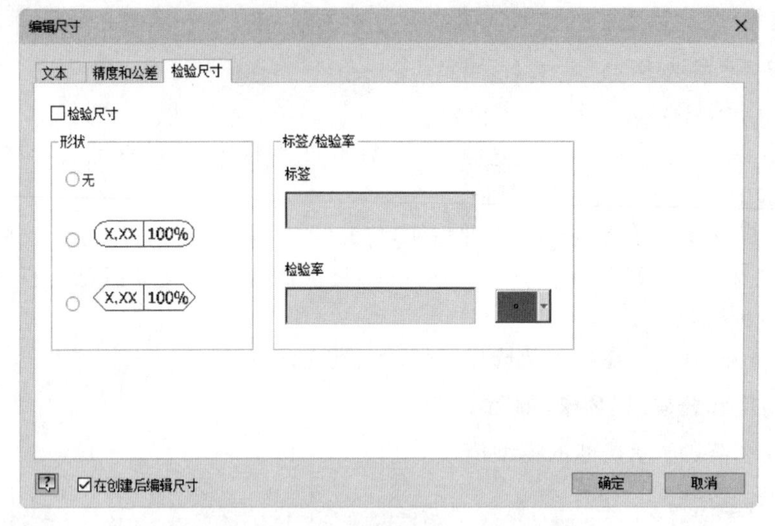

图 11-56 “检验尺寸”选项卡

(2) 形状。

① 无：设置检验尺寸文本周围无边界形状。

② (X.XX|100%)：设置所需的检验尺寸形状两端为圆形。

③ <X.XX|100%>：设置所需的检验尺寸形状两端为尖形。

(3) 选项卡/检验率。

① 选项卡：包含放置在尺寸值左侧的文本。

② 检验率：包含放置在尺寸值右侧的百分比。

③ 符号 ：将选定的符号放置在激活的“选项卡”或“检验率”框中。

11.4.2 中心标记

在创建工程视图之后，可以通过手动或自动方式添加中心线和中心标记。

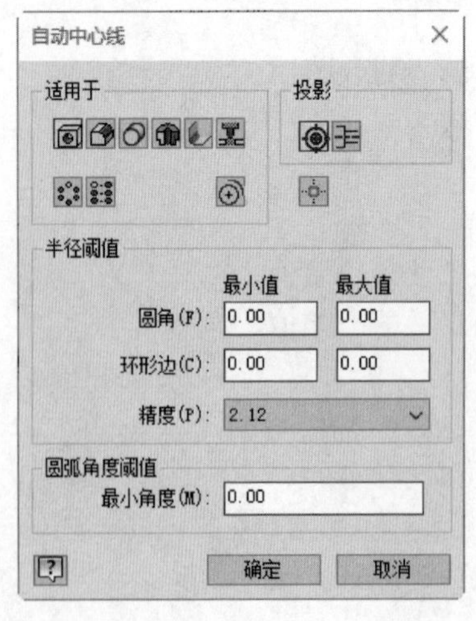

图 11-57 “自动中心线”对话框

1. 自动中心线

将自动中心线和中心标记添加到圆、圆弧、椭圆和阵列中，包括带有孔和拉伸切口的模型。

单击“标注”选项卡“符号”面板中的“自动中心线”按钮 ，打开如图 11-57 所示的“自动中心线”对话框，设置添加中心线的参数，包括中心线和中心标记的特征类型，以及几何图元是正轴投影还是平行投影。

2. 手动添加中心线。

用户可以手动将 4 种类型的中心线和中心标记应用到工程视图中的各个特征或零件。

(1) 中心标记 ：选定圆或者圆弧，将自动创建十字中心标记线。

(2) 中心线 ：选择两个点，手动绘制中心线。

(3) 对分中心线 ：选定两条线，将创建它们的对分中心线。

(4) 中心阵列 ：为环形阵列特征创建中心线。

Note

11.4.3　基线尺寸和基线尺寸集

可以创建显示基准和所选边或点之间的垂直距离的多个尺寸，所选的第一条边或第一个点是基准几何图元。

标注基线尺寸的步骤如下：

(1) 单击“标注”选项卡“尺寸”面板中的“基线尺寸”按钮 ，在视图中选择要标注的图元。

(2) 选择完毕后右击，在弹出的快捷菜单中选择“继续”选项，出现基线尺寸的预览。

(3) 在要放置尺寸的位置单击，即完成基线尺寸的创建。

(4) 如果要在其他位置放置相同的尺寸集，可以在结束命令之前按 Backspace 键，将再次出现尺寸预览，单击其他位置放置尺寸。

11.4.4　同基准尺寸和同基准尺寸集

用户可以在 Inventor 中创建同基准尺寸或者由多个尺寸组成的同基准尺寸集。放置的基准尺寸会自动对齐。如果尺寸文本重叠，可以修改尺寸位置或尺寸样式。

标注同基准尺寸的步骤如下：

(1) 单击“标注”选项卡“尺寸”面板中的“同基准尺寸”按钮 ，然后在图纸上单击一个点或者一条直线边作为基准，此时移动鼠标以指定基准的方向，基准的方向垂直于尺寸标注的方向，单击以完成基准的选择。

(2) 依次选择要进行标注的特征的点或边，选择完则尺寸自动被创建。

(3) 当全部选择完毕，右击，在弹出的快捷菜单中选择“继续”选项，即可完成同基准尺寸的创建。

11.4.5　连续尺寸和连续尺寸集

用户可以在 Inventor 中创建连续尺寸或者由多个连续尺寸组成的连续尺寸集。

标注连续尺寸的步骤如下：

(1) 单击“标注”选项卡“尺寸”面板中的“连续尺寸”按钮 ，然后在图纸上单击选择需要标注尺寸的各条边，也可以框选多条边。

(2) 当全部选择完毕后，右击，在弹出的快捷菜单中选择“继续”选项，移动鼠标预览尺寸。

(3) 移动鼠标到适当位置，单击放置尺寸。

11.4.6　孔/螺纹孔尺寸

孔或螺纹注释显示模型的孔、螺纹和圆柱形切口拉伸特征中的信息，孔注释的样式随所选特征类型的变化而变化。注意：孔标注和螺纹标注只能添加到在零件中使用“孔”特征和“螺纹”特征工具创建的特征上。

(1) 单击“标注”选项卡“特征注释”面板中的“孔和螺纹”按钮 ，在视图中选择孔

或者螺纹孔。

(2) 此时鼠标指针旁边出现要添加的标注的预览,移动鼠标以确定尺寸放置的位置。

(3) 单击以完成尺寸的创建。

Note

11-2

11.4.7 实例——标注阀盖尺寸

本例对阀盖工程图进行尺寸标注,如图 11-58 所示。

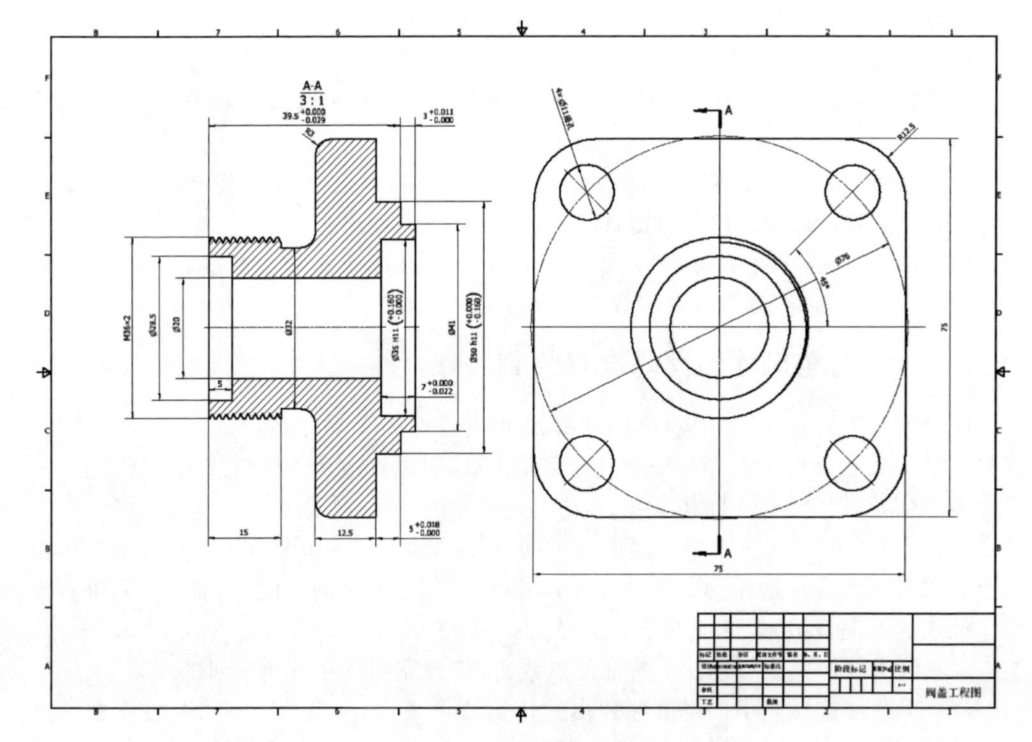

图 11-58 标注阀盖工程图

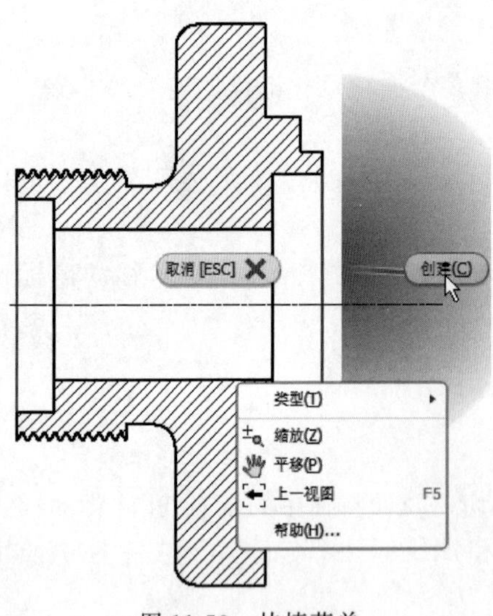

图 11-59 快捷菜单

操作步骤

(1) 打开文件。单击快速访问工具栏中的"打开"按钮,打开"打开"对话框,在对话框中选择"阀盖工程图.idw"文件,然后单击"打开"按钮,打开工程图文件。

(2) 添加中心线。

① 单击"标注"选项卡"符号"面板中的"中心线"按钮,选择主视图上的两边中点,右击,在弹出的快捷菜单中选择"创建"选项,如图 11-59 所示,完成主视图上中心线的添加。

② 单击"标注"选项卡"符号"面板中的"中心标记"按钮,在视图中选择圆,为圆添

加中心线，如图 11-60 所示。退出中心标记命令，选择刚创建的中心线，拖动夹点调整中心线的长度，如图 11-61 所示。

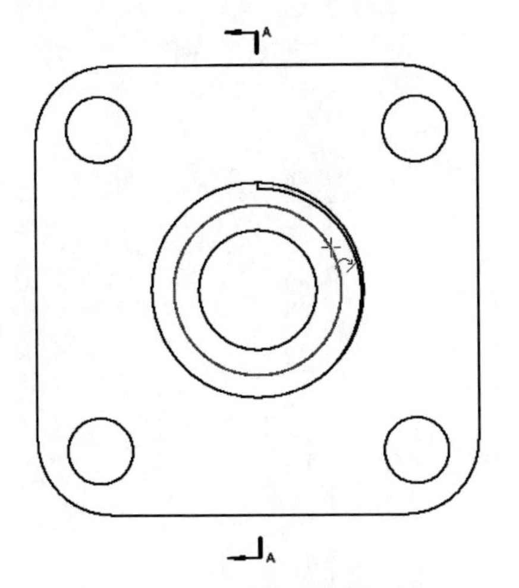

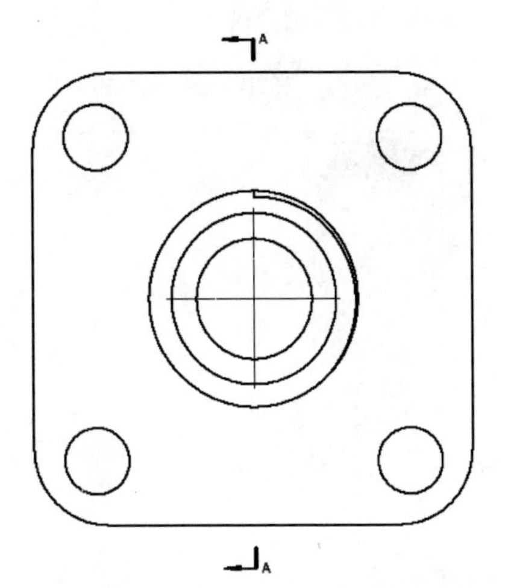

图 11-60 为圆添加中心线

③ 单击“标注”选项卡“符号”面板中的“中心阵列”按钮，选择左视图中的中心圆为环形阵列的圆心，选择任意小圆为中心线的第一位置，依次选择其他三个圆，最后再选择第一个圆，完成阵列中心线的创建。右击，在弹出的快捷菜单中选择“创建”选项，如图 11-62 所示，完成阵列中心线的创建。

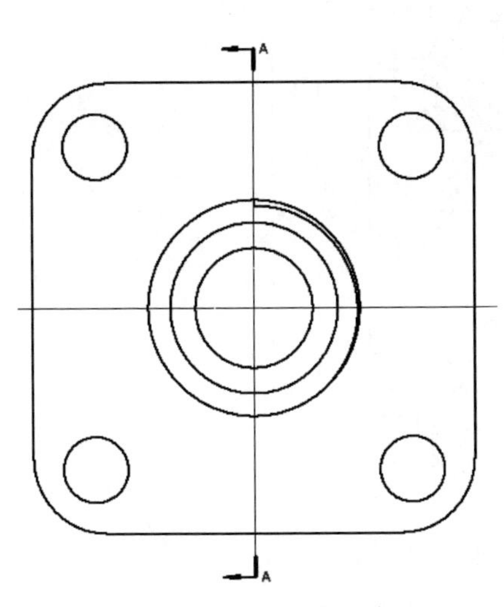

图 11-61 调整中心线

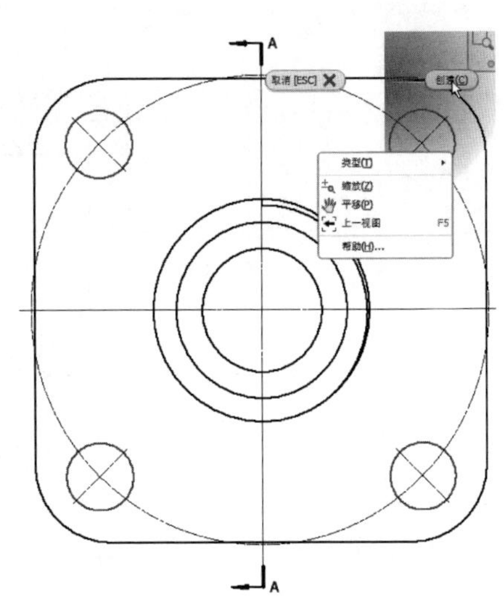

图 11-62 快捷菜单

(3) 标注直径尺寸。单击“标注”选项卡“尺寸”面板中的“尺寸”按钮，在视图中选择要标注直径尺寸的两条边线，拖出尺寸线将其放置到适当位置。此时系统打开“编辑尺寸”对话框，将光标放置在尺寸值的前端，然后选择“直径”符号 Ø ，如图 11-63 所示，单击“确定”按钮。同理标注其他直径尺寸，结果如图 11-64 所示。

(4) 标注长度尺寸。单击“标注”选项卡“尺寸”面板中的“尺寸”按钮，在视图中

Note

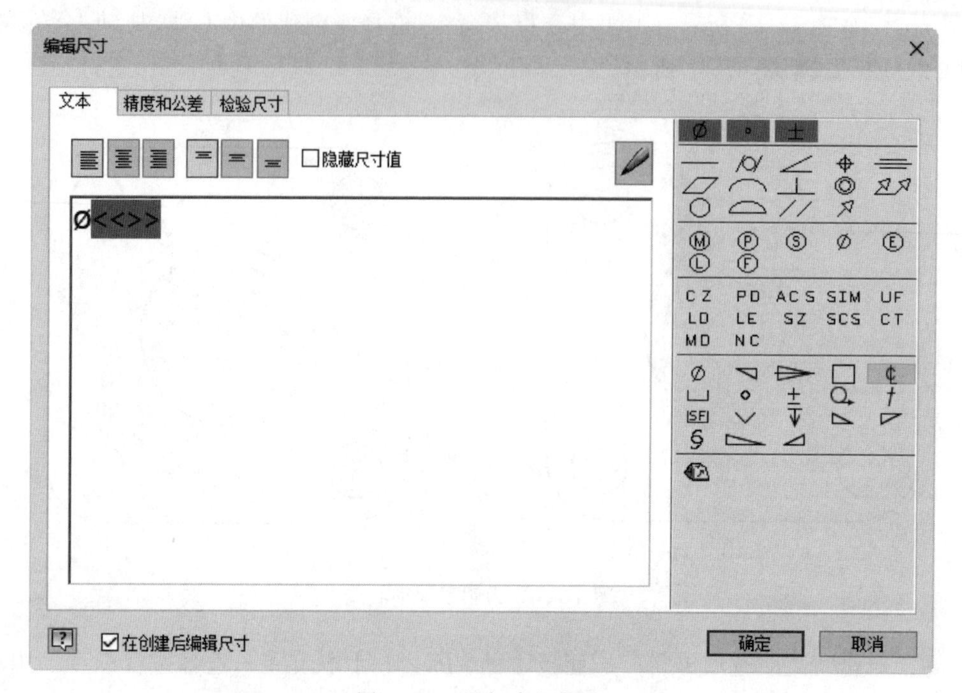

图 11-63　添加直径符号

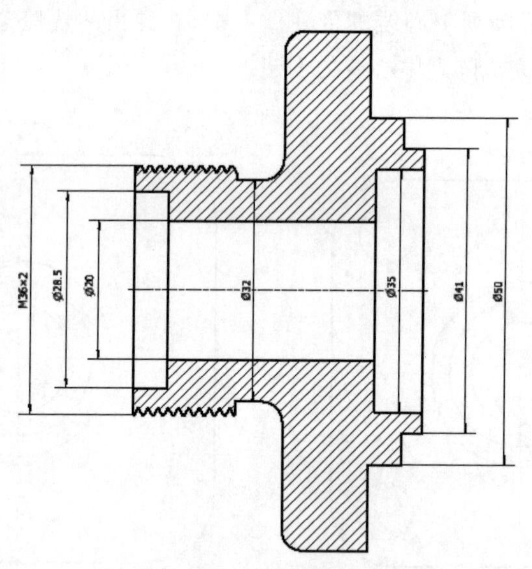

图 11-64　标注直径尺寸

选择要标注尺寸的两条边线，拖出尺寸线将其放置到适当位置。此时系统打开“编辑尺寸”对话框，采用默认设置，单击“确定”按钮，结果如图 11-65 所示。

(5) 标注偏差尺寸。双击要标注偏差的尺寸 39.5，打开“编辑尺寸”对话框，如图 11-66 所示。切换至“精度和公差”选项卡，选择“偏差”公差方式，选择基本公差的精度为 3.123，输入上偏差为 0，下偏差为 0.029，如图 11-67 所示。同理标注其他偏差尺寸，如图 11-68 所示。

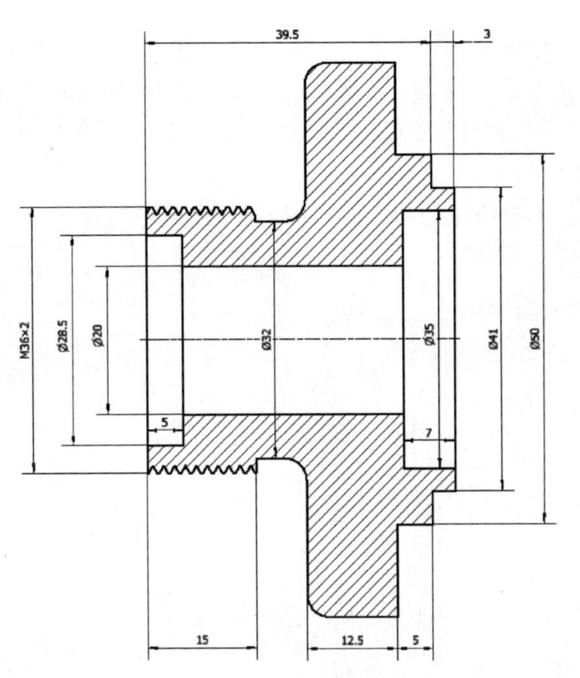

图 11-65 标注长度尺寸

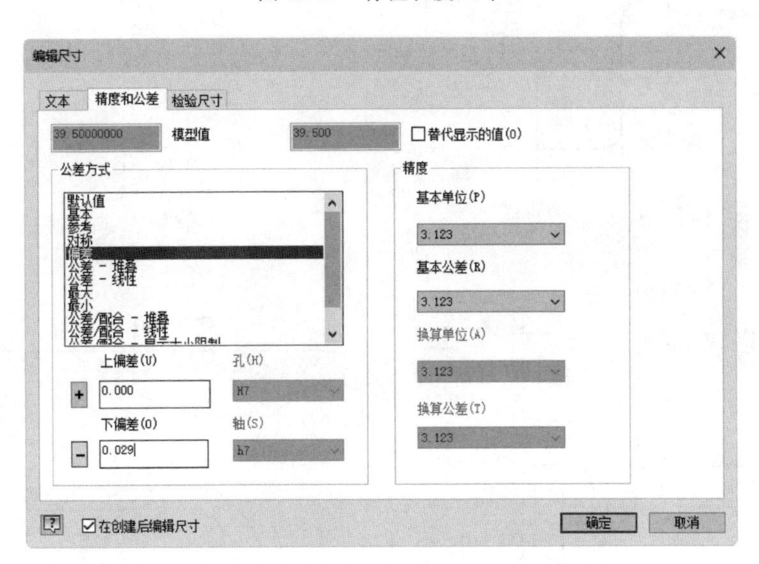

图 11-66 “编辑尺寸”对话框

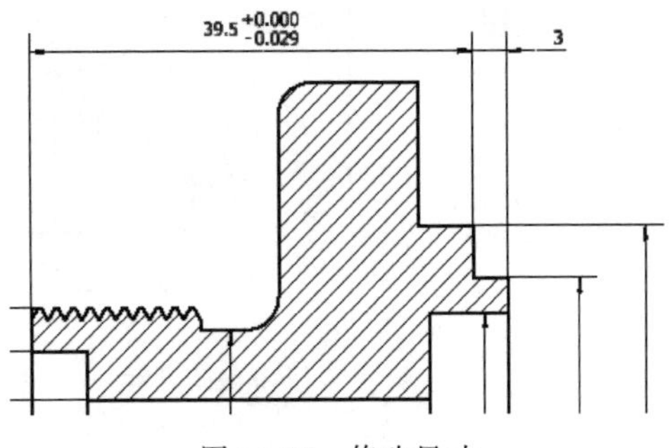

图 11-67 修改尺寸

（6）标注半径和直径尺寸。单击“标注”选项卡“尺寸”面板中的“尺寸”按钮，在视图中选择要标注半径尺寸的圆弧，拖出尺寸线将其放置到适当位置，如图 11-69 所示。此时系统打开“编辑尺寸”对话框，单击“确定”按钮。同理标注其他半径和直径尺寸，结果如图 11-70 所示。

（7）保存文件。单击快速访问工具栏中的“保存”按钮，保存文件。

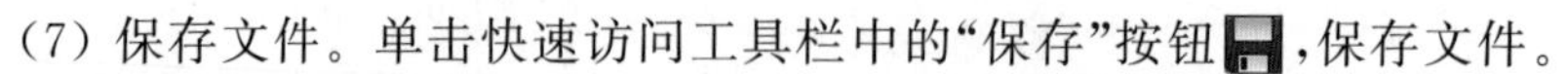

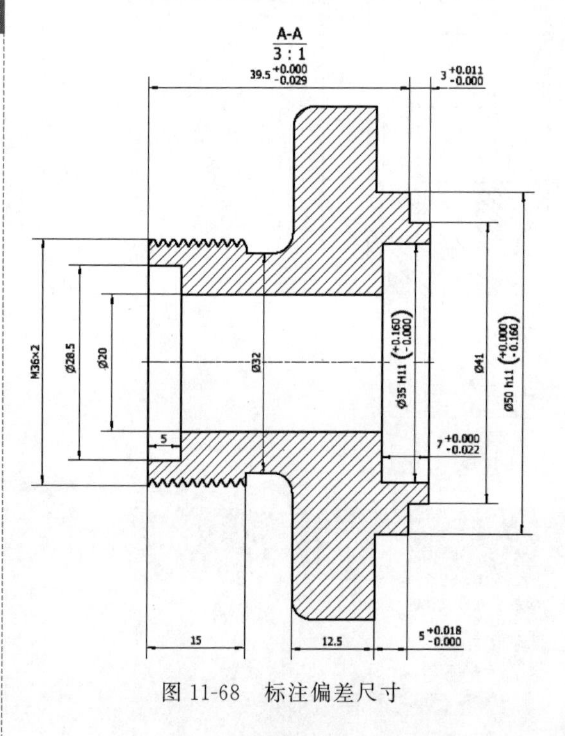

图 11-68　标注偏差尺寸

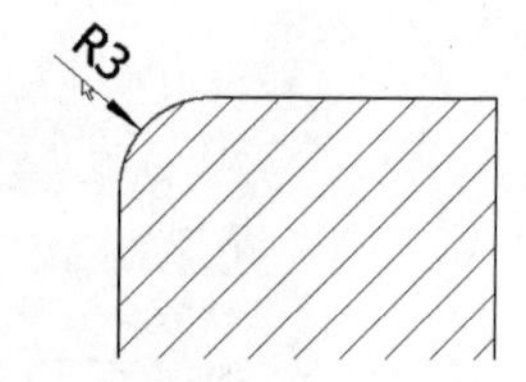

图 11-69　标注半径尺寸

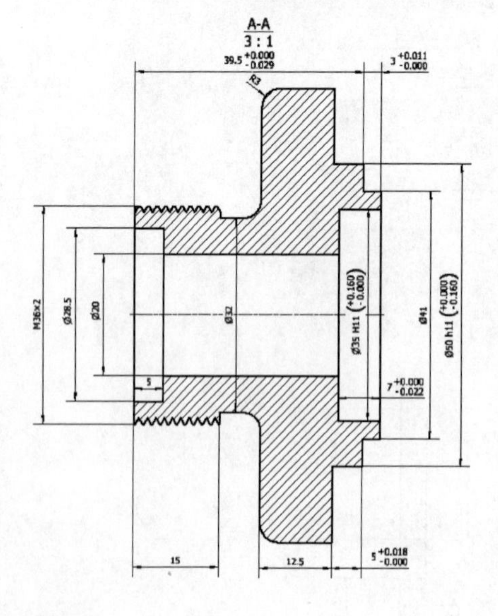

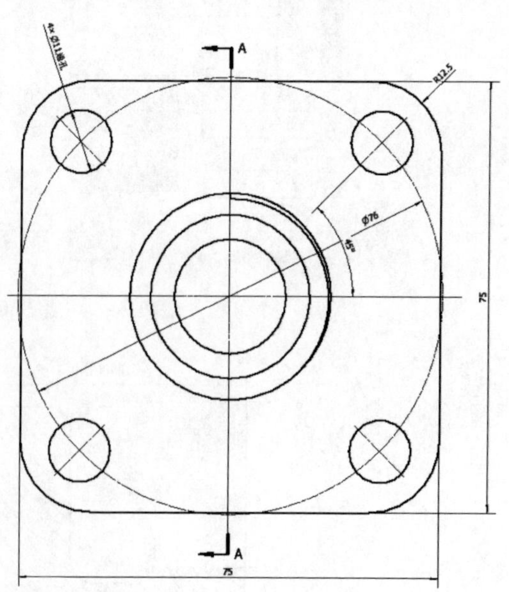

图 11-70　标注半径和直径尺寸

11.5 符号标注

一个完整的工程图中不但要有视图和尺寸，还要有一些符号，例如表面粗糙度符号、形位公差符号等。

11.5.1 表面粗糙度标注

表面粗糙度是评价零件表面质量的重要指标之一，它对零件的耐磨性、耐腐蚀性、零件之间的配合和外观都有影响。

标注表面粗糙度的步骤如下：

（1）单击“标注”选项卡“符号”面板中的“粗糙度”按钮。

（2）要创建不带指引线的符号，可以双击符号所在的位置，打开“表面粗糙度”对话框，如图 11-71 所示。

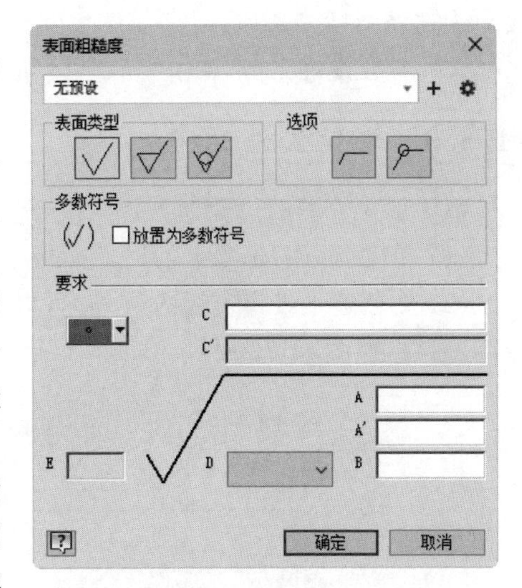

图 11-71 “表面粗糙度”对话框

（3）要创建与几何图元相关联的、不带指引线的符号，可以双击亮显的边或点，该符号随即附着在边或点上，并且将打开“表面粗糙度”对话框，可以拖动符号来改变其位置。

（4）要创建带指引线的符号，可以单击指引线起点的位置，如果单击亮显的边或点，则指引线将被附着在边或点上，移动光标并单击，为指引线添加另外一个顶点。当表面粗糙度符号指示器位于所需的位置时，右击，从弹出的快捷菜单中选择“继续”选项以放置符号，此时也会打开“表面粗糙度”对话框。

“表面粗糙度”对话框中的选项说明如下。

1. 表面类型

（1）：基本表面粗糙度符号。

（2）：表面用去除材料的方法获得。

（3）：表面用不去除材料的方法获得。

2. 选项

（1）长边加横线：单击此按钮为粗糙度符号添加一个尾部。

（2）全周边：该符号添加表示所有表面粗糙度相同的标识。

11.5.2 基准标识标注

使用此命令创建一个或多个基准标识符号，可以创建带指引线的基准标识符号或单个的标识符号。

Note

标注基准标识符号的步骤如下：

(1) 单击“标注”选项卡“符号”面板中的“基准标识符号”按钮。

(2) 要创建不带指引线的符号，可以双击符号所在的位置，此时打开“文本格式”对话框。

(3) 要创建与几何图元相关联的、不带指引线的符号，可以双击亮显的边或点，则符号将被附着在边或点上，并打开“文本格式”对话框，然后可以拖动符号来改变其位置。

(4) 如果要创建带指引线的符号，首先单击指引线起点的位置，如果选择单击亮显的边或点，则指引线将被附着在边或点上，然后移动光标以预览将创建的指引线，单击可以为指引线添加另外一个顶点。当符号标识位于所需的位置时，右击，从弹出的快捷菜单中选择“继续”选项，则符号成功放置，并打开“文本格式”对话框。

(5) 参数设置完毕，单击“确定”按钮，完成基准标识标注。

11.5.3 形位公差标注

标注形位公差的步骤如下：

(1) 单击“标注”选项卡“符号”面板中的“形位公差符号”按钮。

(2) 要创建不带指引线的符号，可以双击符号所在的位置，此时打开“形位公差符号”对话框，如图 11-72 所示。

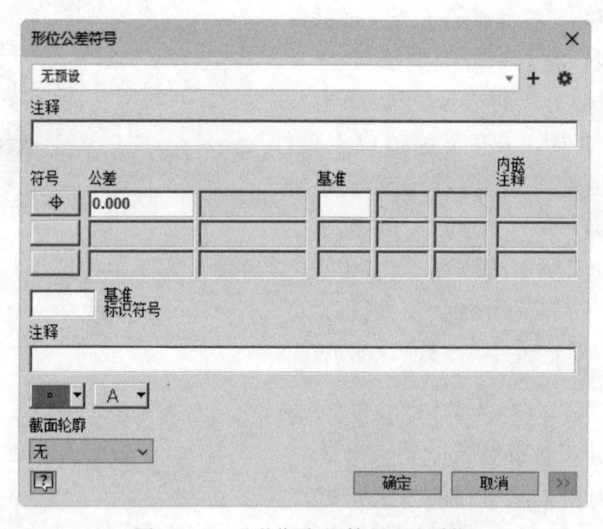

图 11-72 “形位公差符号”对话框

(3) 要创建与几何图元相关联的、不带指引线的符号，可以双击亮显的边或点，则符号将被附着在边或点上，并打开“形位公差符号”对话框，然后可以拖动符号来改变其位置。

(4) 如果要创建带指引线的符号，首先单击指引线起点的位置，如果选择单击亮显的边或点，则指引线将被附着在边或点上，然后移动光标以预览将创建的指引线，单击可以为指引线添加另外一个顶点。当符号标识位于所需的位置时，右击，从弹出的快捷菜单中选择“继续”选项，则符号成功放置，并打开“形位公差符号”对话框。

(5) 参数设置完毕，单击“确定”按钮，完成形位公差的标注。

“形位公差符号”对话框中的选项说明如下。

(1) 符号：选择要进行标注的项目，一共可以设置3个，可以选择直线度、圆度、垂直度、同心度等公差项目。

(2) 公差：设置公差值，可以分别设置两个独立公差的数值。但是第二个公差仅适用于ANSI标准。

(3) 基准：指定影响公差的基准，基准符号可以从下面的符号栏中选择，如A，也可以手工输入。

(4) 基准标识符号：指定与形位公差符号相关的基准标识符号。

(5) 注释：向形位公差符号添加注释。

(6) 截面轮廓：在形位公差符号旁添加截面轮廓指示符。包括无、全周边和遍布三种，其中全周边和遍布字符的直径由指引线样式确定。

编辑形位公差有以下几种类型：

(1) 选择要修改的形位公差，右击，在弹出的如图11-73所示的快捷菜单中选择“编辑形位公差符号样式”选项，打开“样式和标准编辑器”对话框，其中的“形位公差符号”选项自动打开，如图11-74所示，可以编辑形位公差符号的样式。

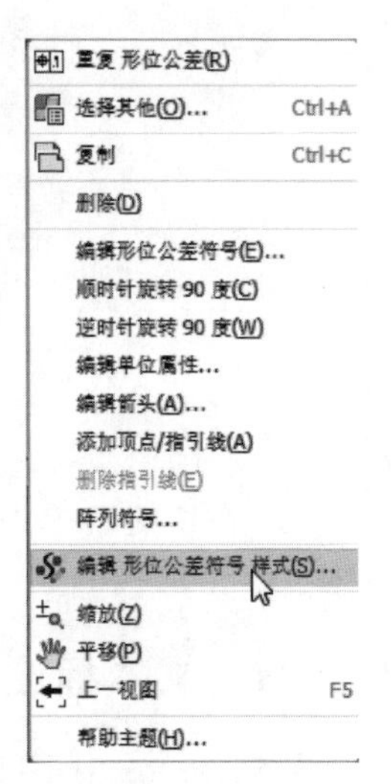

图11-73 快捷菜单

图11-74 “样式和标准编辑器”对话框

(2) 在快捷菜单中选择“编辑单位属性”选项后会打开“编辑单位属性”对话框，可以对公差的基本单位和换算单位进行更改，如图11-75所示。

Note

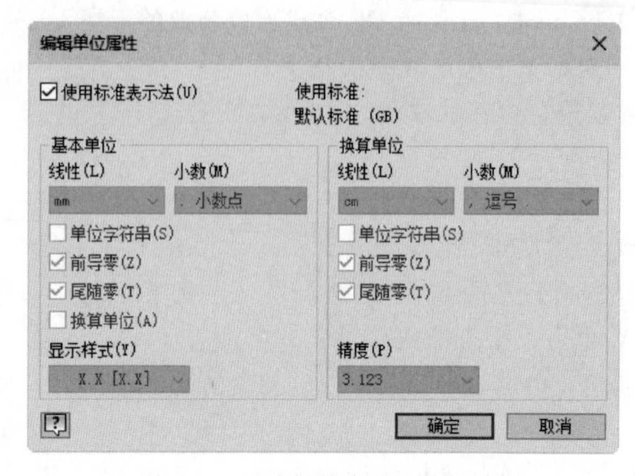

图 11-75 “编辑单位属性”对话框

（3）在快捷菜单中选择“编辑箭头”选项，则打开“改变箭头”对话框以修改箭头形状。

11.5.4 文本标注

在 Inventor 中，可以向工程图中的激活草图或工程图资源（例如标题栏格式、自定义图框或略图符号）中添加文本框或者带有指引线的注释文本，作为图纸标题、技术要求或者其他的备注说明文本等。

标注文本的步骤如下：

（1）单击“标注”选项卡“文本”面板中的“文本”按钮 **A**。

（2）按住鼠标左键，移动鼠标拖出一个矩形作为放置文本的区域，松开鼠标后系统打开“文本格式”对话框，如图 11-76 所示。

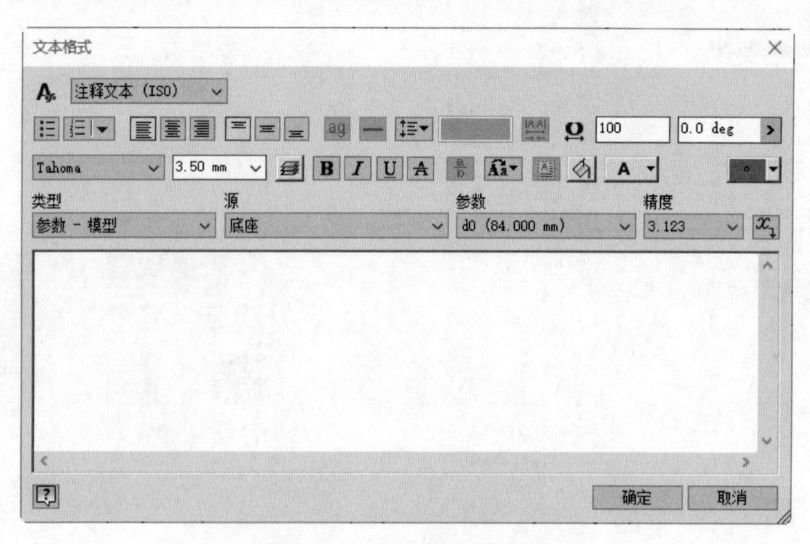

图 11-76 “文本格式”对话框

（3）设置好文本的特性、样式等参数后，在下面的文本框中输入要添加的文本。

（4）单击“确定”按钮，完成文本的添加。

“文本格式”对话框中的选项说明如下。

1. 样式

指定要应用到文本的文本样式。

2. 文本属性

(1) 对齐：在文本框中定位文本。

(2) ：创建项目符号和编号。

(3) 基线对齐：在选中“单行文本”和创建草图文本时可用。

(4) 单行文本：删除多行文本中的所有换行符。

(5) 行距：将行间距设置为“单倍”、“双倍”、“1.5 倍”、“多倍”或“精确”。

(6) 旋转角度 0.0 deg ：设置文本的角度，绕插入点旋转文本。

(7) 拉伸幅度 100 ：设置文本宽度。输入 100，按设计宽度显示文本；输入 50 则将文本宽度减少 50%。

3. 字体属性

(1) 字体 Tahoma ：指定文本字体。

(2) 字体大小 3.50 mm ：以图纸单位设置文本高度。

(3) 样式 B I U A ：设置样式。

(4) 堆叠：可以堆叠工程图文本中的字符串以创建斜堆叠分数或水平堆叠分数以及上标或下标字符串。

(5) 颜色：指定文本颜色。

(6) 文本大小写：将选定的字符串转换为大写、小写或词首字母大写。

(7) 背景填充：指定文本字符串的背景颜色。

4. 模型、工程图和自定义特性

(1) 类型：指定工程图、源模型以及在“文档设置”对话框的“工程图”选项卡上的自定义特性源文件的特性类型。

(2) 源：选择要显示在“参数”列表中的参数类型。

(3) 参数：指定要插入文本中的参数。

(4) 精度：指定文本中显示的数值型参数的精度。

(5) 添加参数：将基于类型、源以及特性或参数的选定特性或参数插入文本。

5. 符号

在插入点将符号插入文本。

技巧：对文本可以进行以下编辑：

(1) 可以在文本上按住鼠标左键拖动，以改变文本的位置。

(2) 要编辑已经添加的文本，可以在其上双击，则重新打开“文本格式”对话框，编辑已经输入的文本。通过文本快捷菜单中的“编辑文本”选项可以达到相同的目的。

(3) 选择快捷菜单中的“顺时针旋转 90 度”和“逆时针旋转 90 度”选项可以将文本旋转 90°。

(4) 选择“编辑单位属性”选项可以打开“编辑单位属性”对话框，以编辑基本单位和换算单位的属性。

(5) 选择“删除”选项则删除所选择的文本。

Note

11-3

11.5.5 实例——完善阀盖工程图

本例将完善阀盖工程图，如图 11-77 所示。

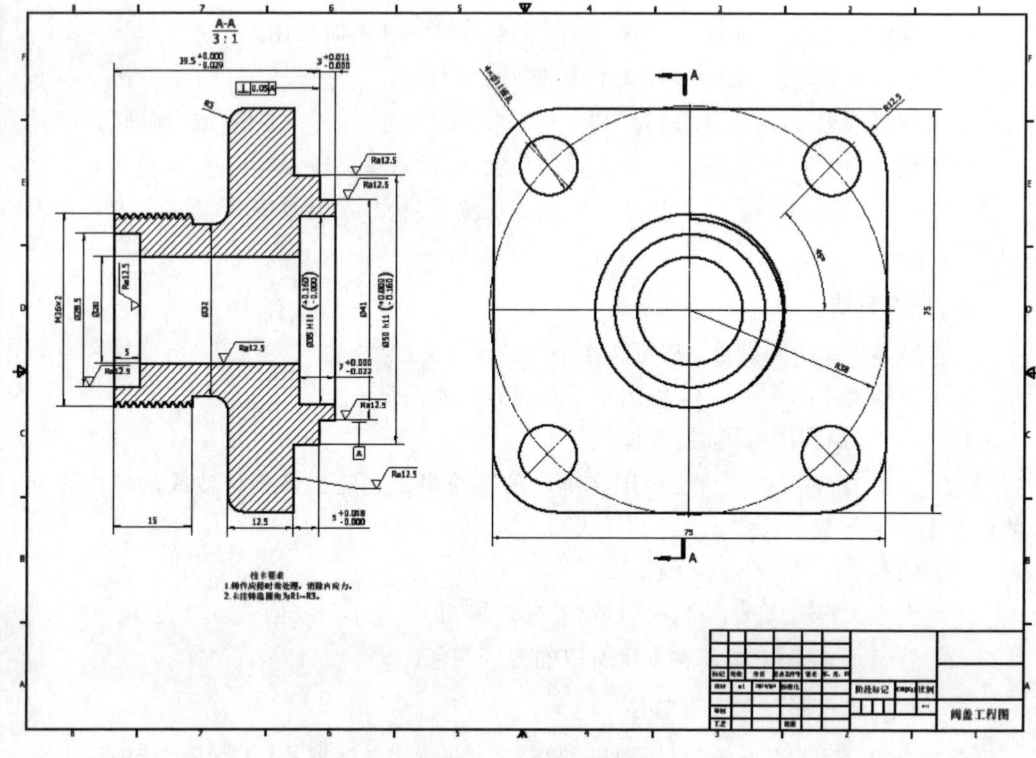

图 11-77 阀盖工程图

操作步骤

(1) 打开文件。单击快速访问工具栏中的“打开”按钮，打开“打开”对话框，在对话框中选择“阀盖工程图.idw”文件，然后单击“打开”按钮，打开工程图文件。

(2) 标注粗糙度。单击“标注”选项卡“符号”面板中的“粗糙度”按钮，在视图中选择如图 11-78 所示的表面，双击，打开“表面粗糙度符号”对话框。在对话框中选择“表面用去除材料的方法获得”表面类型，输入粗糙度值为 Ra12.5，如图 11-79 所示，单击“确定”按钮。采用相同的方法标注其他粗糙度。如果放置的粗糙度与其他尺寸有干涉，选取粗糙度，拖动调整其位置，结果如图 11-80 所示。

(3) 标注基准符号。单击“标注”选项卡“符号”面板中的“基准标识符号”按钮，选择如图 11-81 所示的直径尺寸(为了方便标注基准符号，先调整尺寸位置)，指定基准符号的起点和顶点，打开如图 11-82 所示的“文本格式”对话框。采用默认设置，单击“确定”按钮，完成基准符号的标注，如图 11-83 所示。

Note

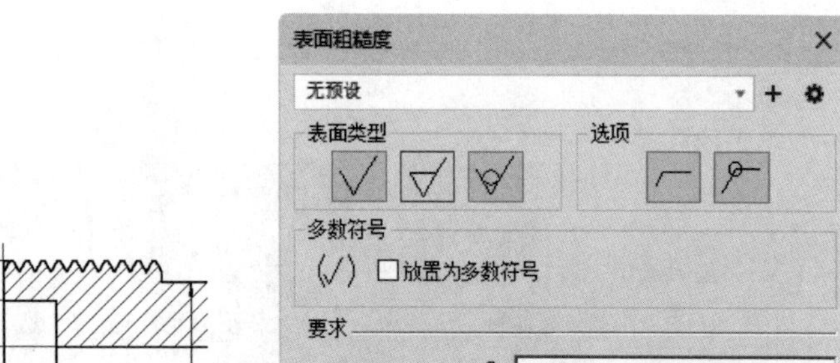

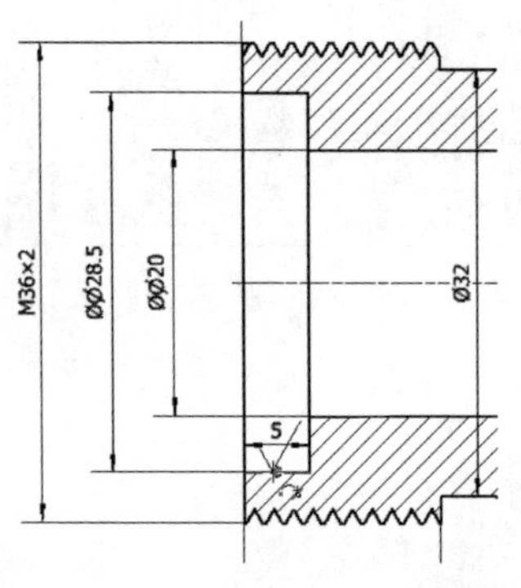

图 11-78 选择表面

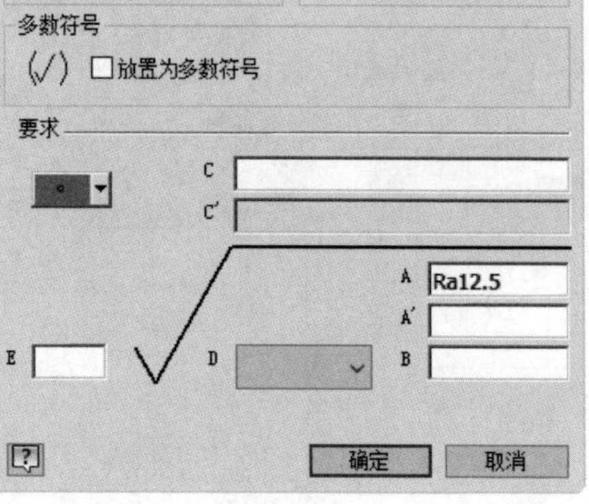

图 11-79 “表面粗糙度”对话框

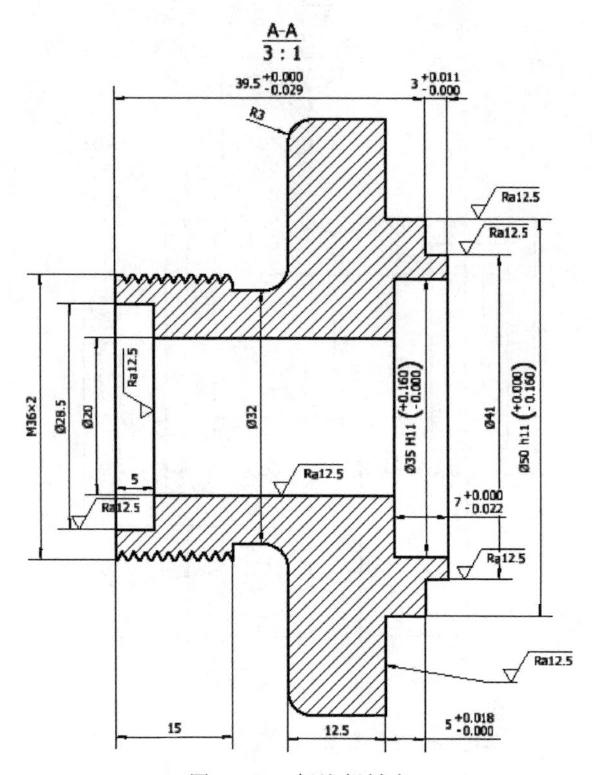

图 11-80 标注粗糙度

Note

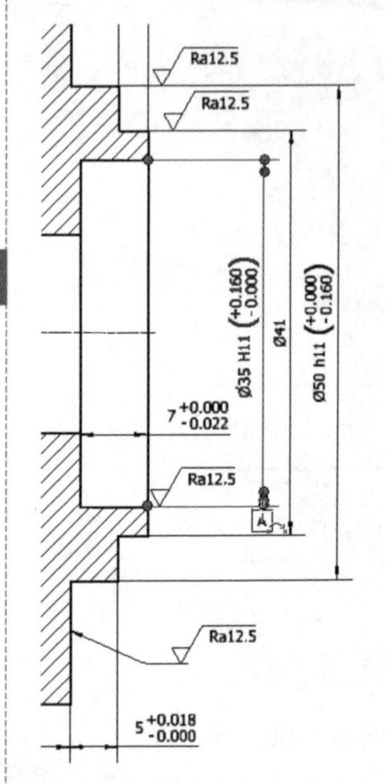

图 11-81　选择直径尺寸

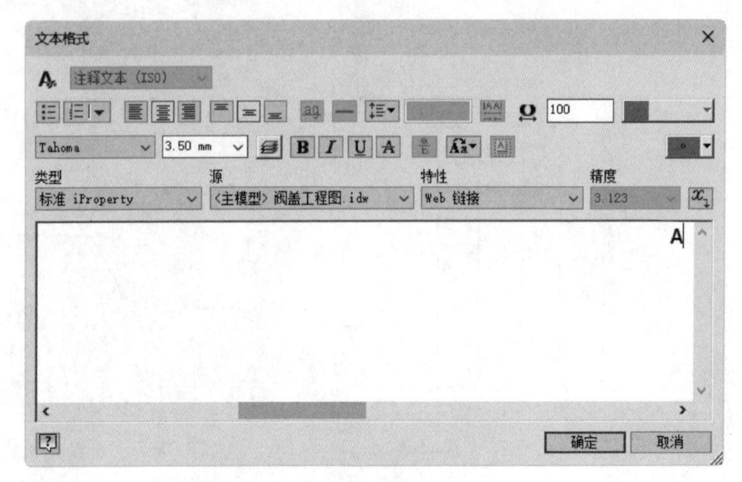

图 11-82　“文本格式”对话框

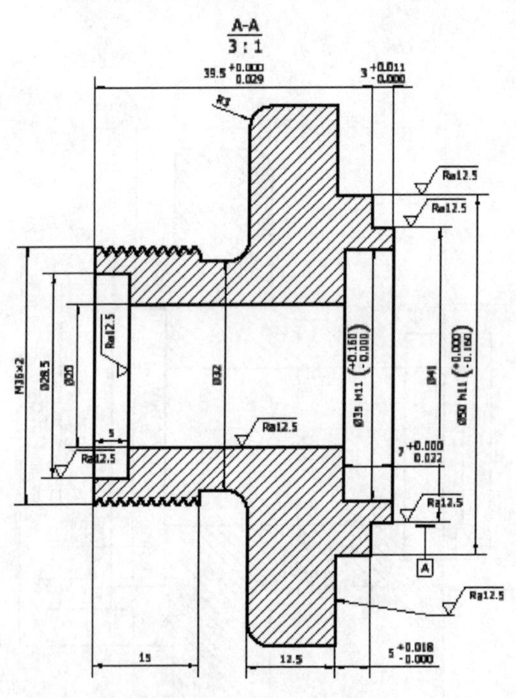

图 11-83　标注基准符号

（4）标注形位公差。单击“标注”选项卡“符号”面板中的“形位公差符号”按钮，指定形位公差的位置，右击，在弹出的如图 11-84 所示的快捷菜单中选择“继续”选项，打开如图 11-85 所示的“形位公差符号”对话框，选择符号，输入公差。单击“确定”按钮，完成形位公差符号的标注，如图 11-86 所示。

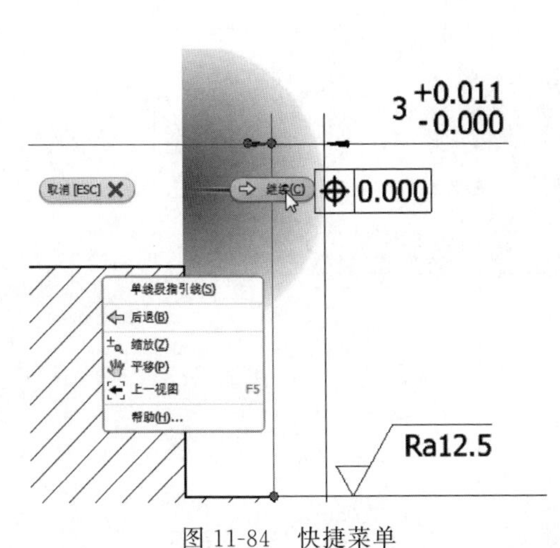

图 11-84 快捷菜单

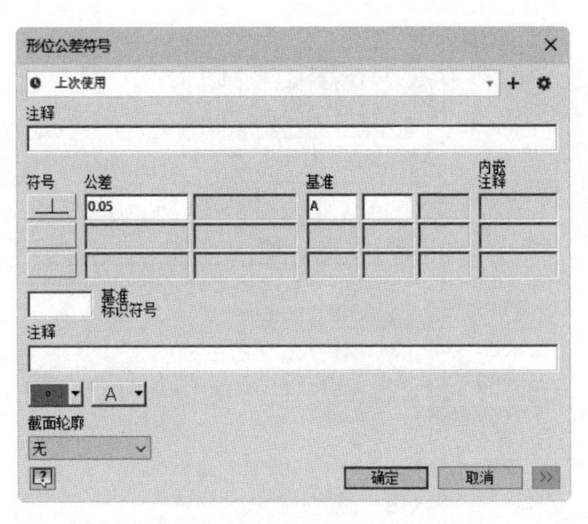

图 11-85 “形位公差符号”对话框

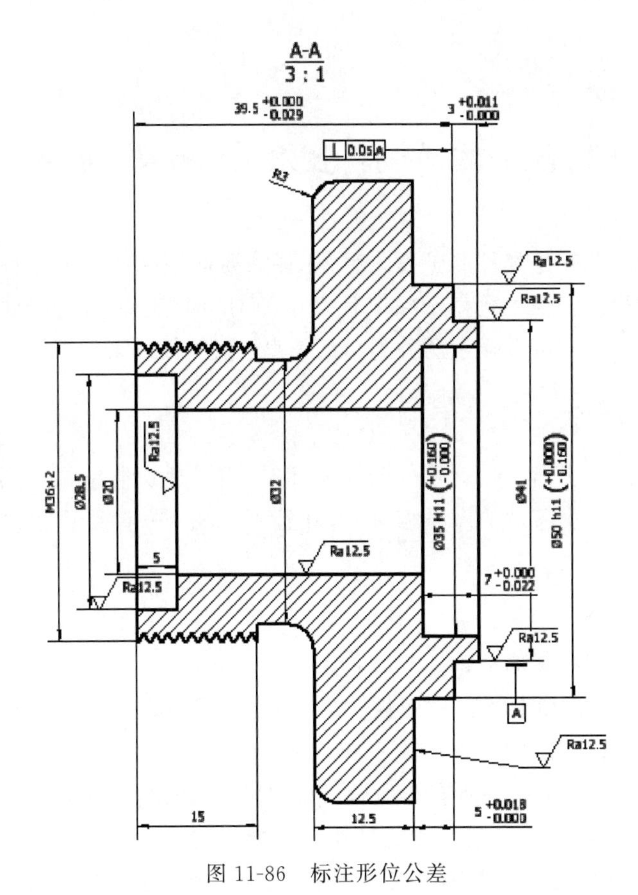

图 11-86 标注形位公差

(5) 填写技术要求。单击“标注”选项卡“文本”面板中的“文本”按钮**A**，在视图中指定一个区域，系统打开“文本格式”对话框。设置字体为仿宋，其他采用默认设置，在文本框中输入文本，如图 11-87 所示。单击“确定”按钮，结果如图 11-77 所示。

(6) 保存文件。单击快速访问工具栏中的“保存”按钮，保存文件。

Note

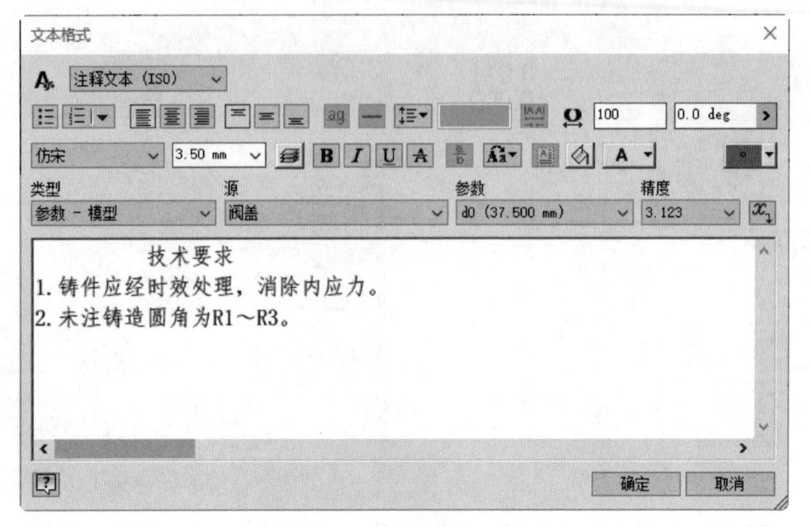

图 11-87 “文本格式”对话框

11.6 添加引出序号和明细栏

创建工程视图尤其是部件的工程图后，往往需要向该视图中的零件和子部件添加引出序号和明细栏。明细栏是显示在工程图中的 BOM 表标注，为部件的零件或者子部件按照顺序标号。它可以显示两种类型的信息：仅零件或第一级零部件。

11.6.1 引出序号

在装配工程图中引出序号就是一个标注标志，用于标识明细栏中列出的项。引出序号的数字与明细栏中零件的序号相对应，并且可以相互驱动。引出序号的方法有手动和自动两种。

1. 手动引出序号

手动引出序号的步骤如下：

(1) 单击“标注”选项卡“表格”面板中的“引出序号”按钮，单击一个零件，同时设置指引线的起点，系统打开“BOM 表特性”对话框，如图 11-88 所示。

(2) 设置好该对话框中的所有选项后，单击“确定”按钮，此时鼠标指针旁边出现指引线的预览，移动鼠标以选择指引线的另外一个端点，单击以选择该端点。

(3) 右击，在弹出的快捷菜单中选择“继续”选项，则创建一个引出序号。此时可以继续为其他零部件添加引出序号，或者按 Esc 键退出。

“BOM 表特性”对话框中的选项说明如下。

(1) 文件：显示用于在工程图中创建 BOM 表的源文件。

(2) BOM 表视图：在该区域选择适当的 BOM 表视图，可以选择“装配结构”或者“仅零件”选项。源部件中可能禁用“仅零件”视图。如果在明细表中选择了“仅零件”视

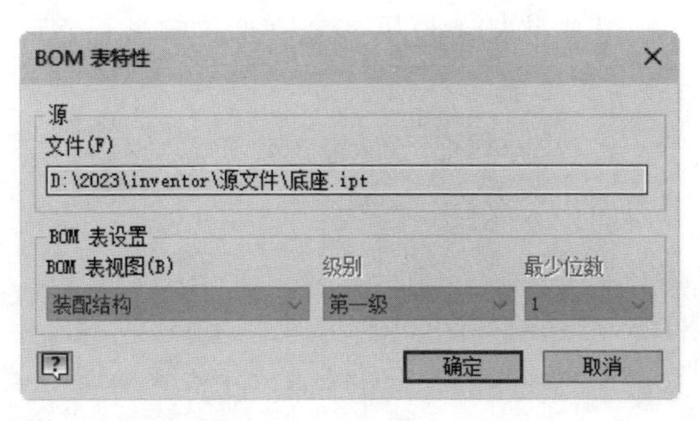

图 11-88　“BOM 表特性”对话框

图，则源部件中将启用“仅零件”视图。需要注意的是，BOM 表视图仅适用于源部件。

(3) 级别：第一级为直接子项指定一个简单的整数值。

(4) 最少位数：用于控制设置零部件编号显示的最小位数。下拉列表框中提供的固定位数范围是 1 到 6。

2. 自动引出序号

当零部件数量比较多时，一般采用自动的方法引出序号。

自动引出序号的步骤如下：

(1) 单击“标注”选项卡“表格”面板中的“自动引出符号”按钮。

(2) 选择一个视图，此时系统打开“自动引出序号”对话框，如图 11-89 所示。

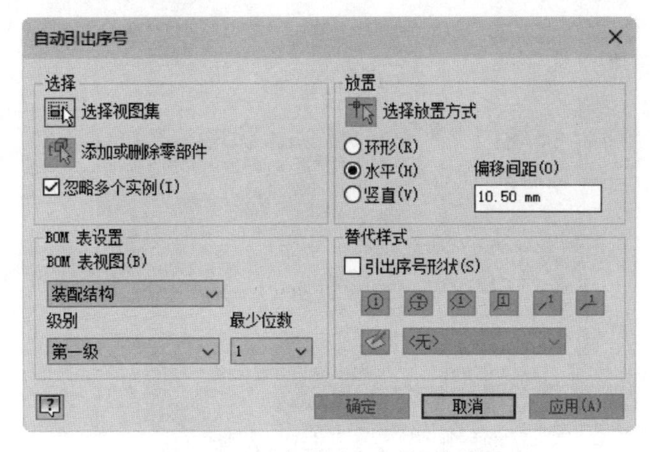

图 11-89　“自动引出序号”对话框

(3) 在视图中选择要添加或删除的零件。

(4) 在对话框中设置序号放置参数，在视图中适当位置单击放置序号。

(5) 设置完毕单击“确定”按钮，则该视图中的所有零部件都会自动添加引出序号。

“自动引出序号”对话框中的选项说明如下。

1. 选择

(1) 选择视图集：设置引出序号零部件编号的来源。

(2) 添加或删除零部件：向选择的视图集中添加零部件或从中删除零部件。可以通过窗选以及按住 Shift 键选择的方式来删除选择的零部件。

(3) 忽略多个实例：选中此复选框，可以仅在所选的第一个实例上放置引出序号。

2. 放置

(1) 选择放置方式：设置为“环形”、“水平”或“竖直”方式。

(2) 偏移间距：设置引出序号边之间的距离。

3. 替代样式

提供创建时引出序号形状的替代样式。

注意：在工程图中一般要求引出序号沿水平或者铅垂方向顺时针或者逆时针排列整齐，虽然可以通过选择放置引出序号的位置使得编号排列整齐，但是编号的大小是系统确定的，有时候数字的排列不是按照大小顺序，则可以对编号取值进行修改。选择一个要修改的编号单击右键，选择快捷菜单中的“编辑引出序号”选项即可。

11.6.2 明细栏

Inventor 中的工程图明细栏与装配模型相关，在创建明细栏时可按默认设置方便地自动生成相关信息。明细栏格式可预先设置，也可以重新编辑，甚至可以进行复杂的自定义设置，以进一步与零件信息相关联。

创建明细栏的步骤如下：

(1) 单击“标注”选项卡“表格”面板中的“明细栏”按钮，打开“明细栏”对话框，如图 11-90 所示。

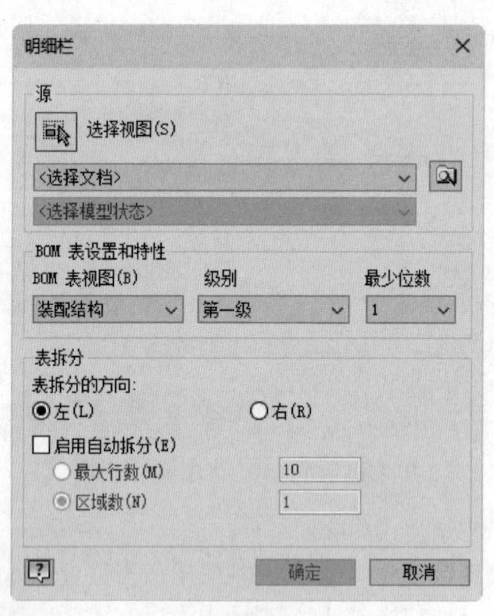

图 11-90 “明细栏”对话框

(2) 选择要添加明细栏的视图，在对话框中设置明细栏参数。

(3) 设置完成后，单击“确定”按钮，完成明细栏的创建。

“明细栏”对话框中的选项说明如下。

Note

1. BOM 表视图

选择适当的 BOM 表视图来创建明细栏和引出序号。

注意：源部件中可能禁用"仅零件"类型。如果选择此选项，将在源文件中选择"仅零件"BOM 表类型。

2. 表拆分

(1) "表拆分的方向"区域中的"左""右"选项表示将明细栏行分别向左、右拆分。

(2) "启用自动拆分"选项设置启用自动拆分控件。

(3) "最大行数"选项指定一个截面中所显示的行数，可以输入适当的数字。

(4) "区域数"选项指定要拆分的截面数。

选择快捷菜单中的"编辑明细栏"选项或者在明细栏上双击，可以打开"明细栏"对话框，如图 11-91 所示，可进行编辑序号、代号和添加描述，以及排序、比较等操作。选择"导出"选项则可以将明细栏输出为 Microsoft Excel 工作薄(*. xlsx)。

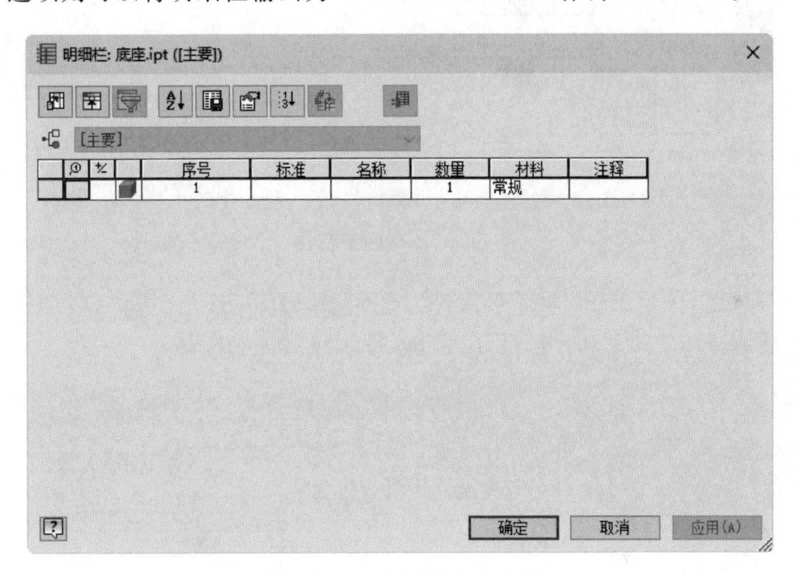

图 11-91　"明细栏"对话框

11.7　综合实例——球阀装配工程图

11-4

本例绘制球阀工程图，如图 11-92 所示。

操作步骤

(1) 新建文件。单击快速访问工具栏中的"新建"按钮，在打开的"新建文件"对话框中选择 Standard. idw 选项，单击"创建"按钮，新建一个工程图文件。

(2) 创建基础视图。

① 单击"放置视图"选项卡"创建"面板中的"基础视图"按钮，打开"工程视图"

Note

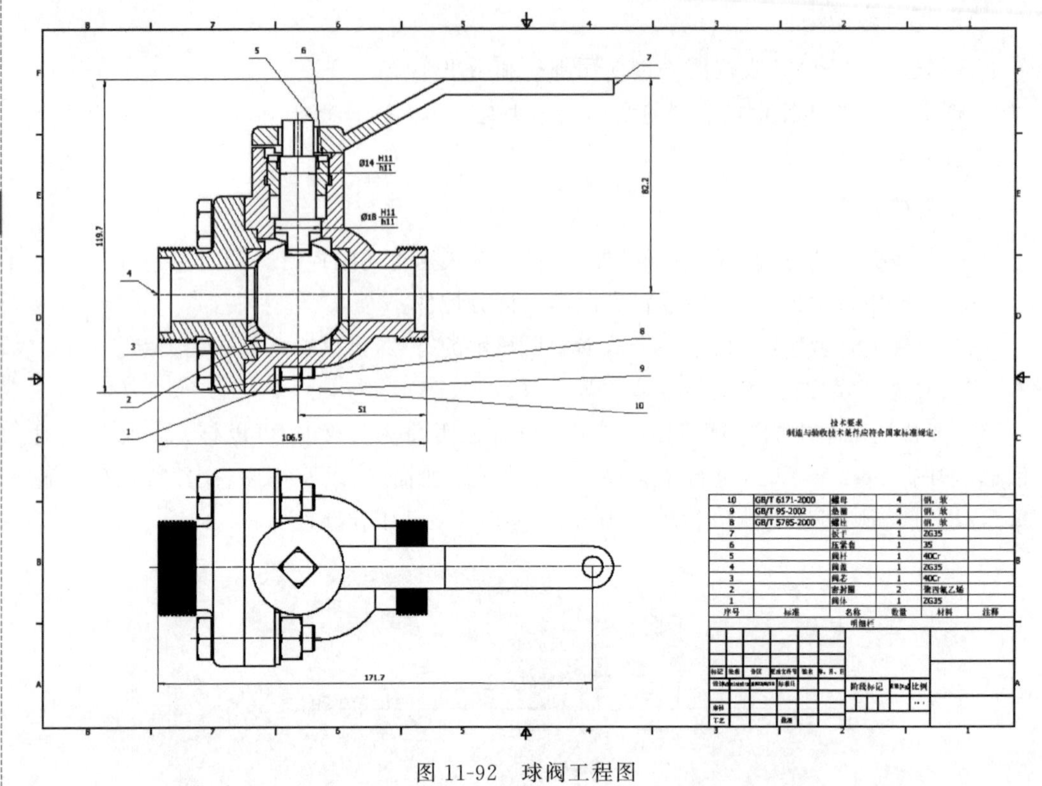

图 11-92　球阀工程图

对话框。在对话框中单击“打开现有文件”按钮，打开“打开”对话框，如图 11-93 所示。选择“球阀.iam”文件，单击“打开”按钮，打开“球阀”装配体。

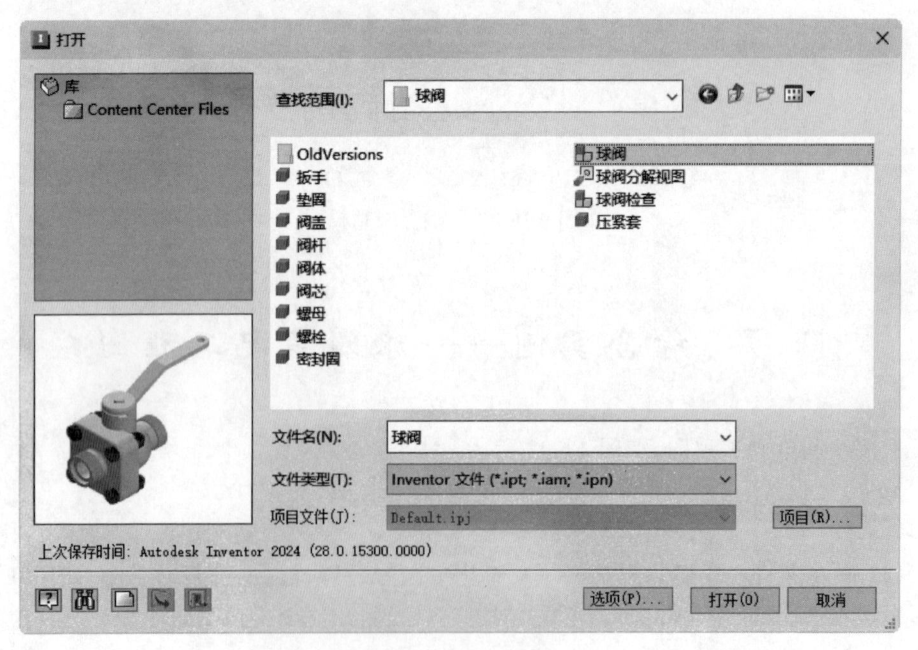

图 11-93　“打开”对话框

② 选择右视图，在“工程视图”对话框中输入比例为1.5∶1，选择显示方式为“不显示隐藏线”，如图11-94所示。单击“确定”按钮，将视图放置在图纸中的适当位置，如图11-95所示。

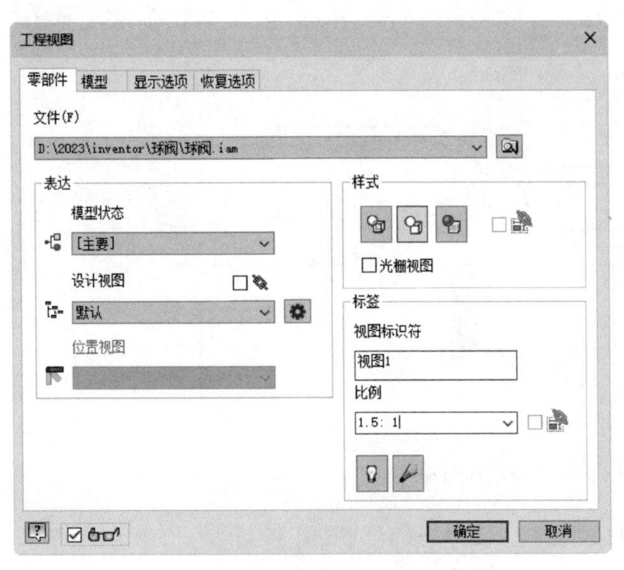

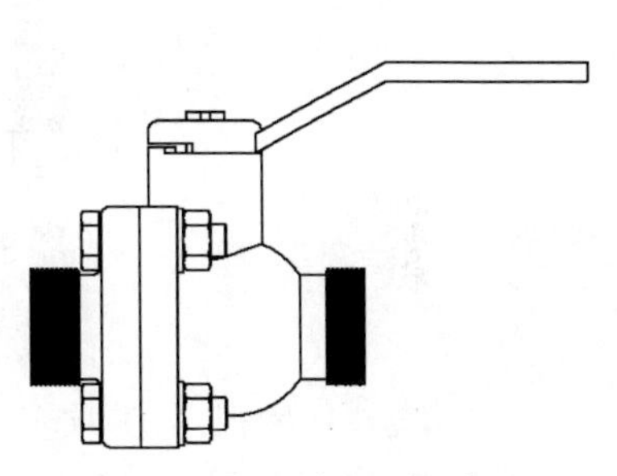

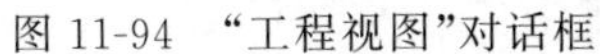

图11-94　“工程视图”对话框　　　　图11-95　创建基础视图

(3) 创建投影视图。单击“放置视图”选项卡“创建”面板中的“投影视图”按钮，在视图中选择上一步创建的基础视图，然后向下拖曳鼠标，在适当位置单击确定创建投影视图的位置。右击，在弹出的快捷菜单中选择“创建”选项，如图11-96所示，生成投影视图如图11-97所示。

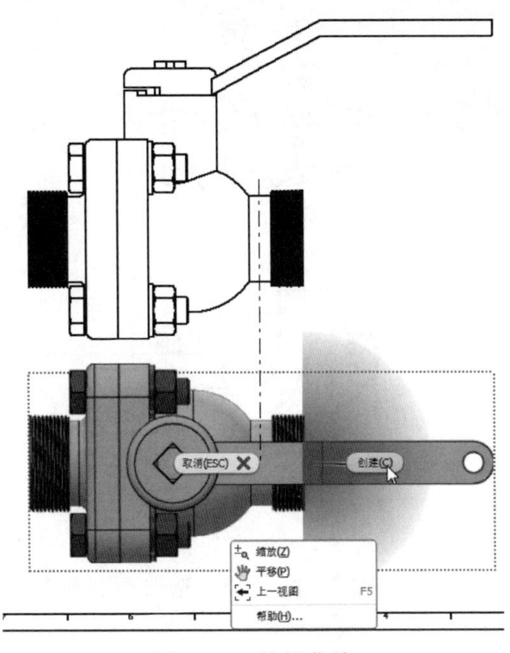

图11-96　快捷菜单

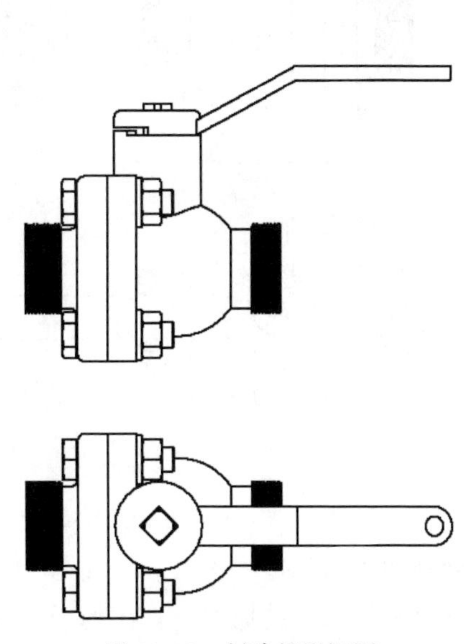

图11-97　创建投影视图

Note

(4) 创建局部剖视图。

① 在视图中选取主视图,单击"放置视图"选项卡"草图"面板中的"开始创建草图"按钮,进入草图绘制环境。单击"草图"选项卡"创建"面板中的"样条曲线(控制顶点)"按钮,绘制一条封闭曲线,如图 11-98 所示。单击"草图"选项卡中的"完成草图"按钮,退出草图环境。

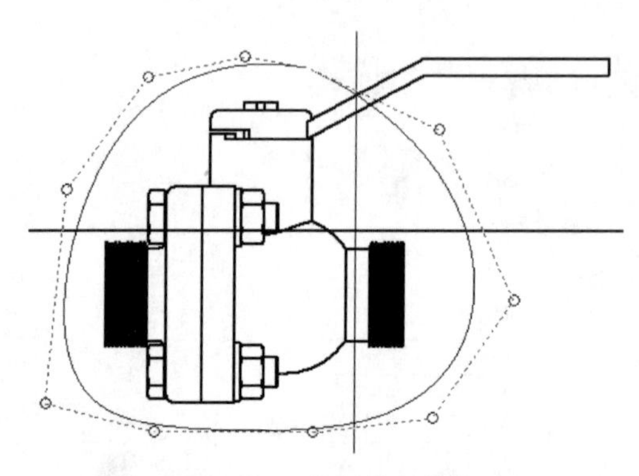

图 11-98　绘制样条曲线

② 单击"放置视图"选项卡"修改"面板中的"局部剖视图"按钮,在视图中选取主视图,打开"局部剖视图"对话框,系统自动捕捉上一步绘制的草图为截面轮廓,选择如图 11-99 所示的点为基础点,输入深度为 0。单击"确定"按钮,完成局部剖视图的创建,如图 11-100 所示。

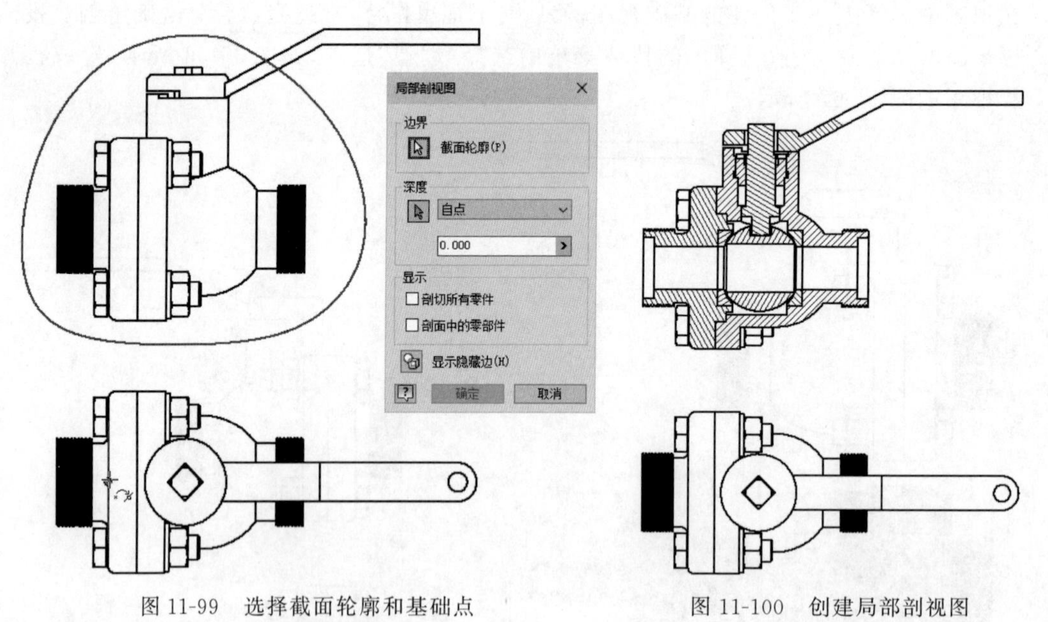

图 11-99　选择截面轮廓和基础点　　图 11-100　创建局部剖视图

③ 设置不剖切零件。在模型树中选取阀杆零件,右击,在弹出的快捷菜单中选择"剖切参与件"→"无"选项,如图 11-101 所示,不剖切阀杆零件。同理,选取阀芯作为不剖切零件,完成局部剖视图的创建,如图 11-102 所示。

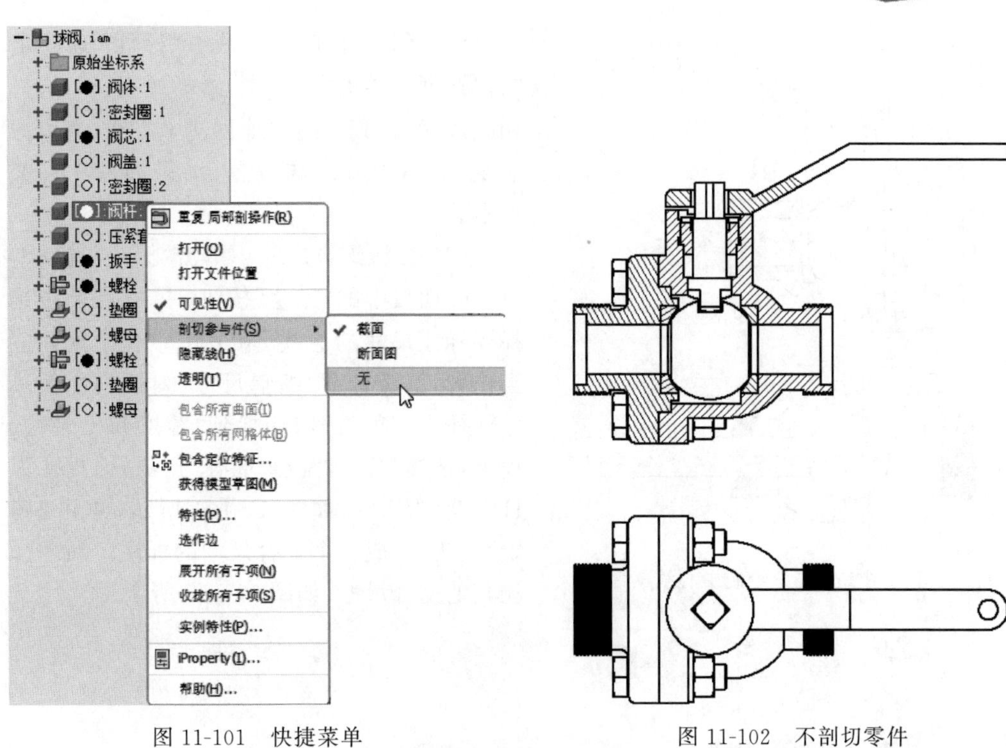

图 11-101　快捷菜单　　　　图 11-102　不剖切零件

技巧：有关标准规定，对于紧固件以及轴、连杆、球、键、销等实心零件，若按纵向剖切，且剖切平面通过其对称平面或与对称平面相平行的平面或者轴线时，则这些零件都按照不剖切绘制。

④ 编辑剖面线。从视图中可以看出压紧套和阀体的剖面线重合，为了更好地区分零件，可以更改阀体或压紧套剖面线的方向或角度。双击压紧套上的剖面线，打开“编辑剖面线图案”对话框，修改角度为135°，如图 11-103 所示。单击“确定”按钮，结果如图 11-104 所示。

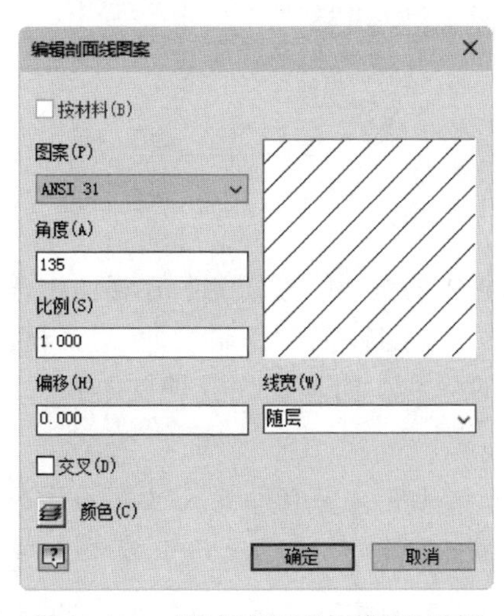

图 11-103　“编辑剖面线图案”对话框

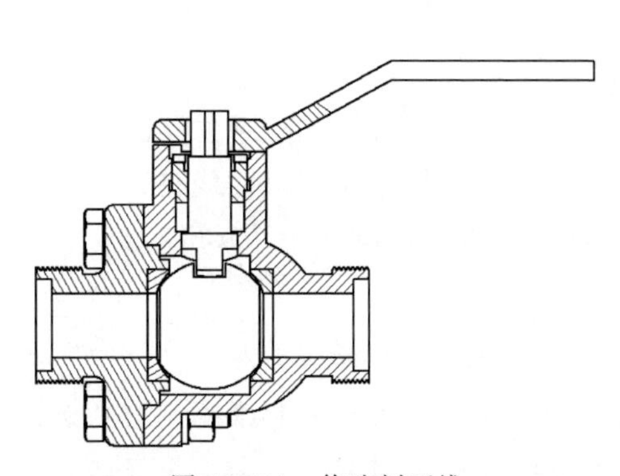

图 11-104　修改剖面线

Note

(5) 创建中心线。单击“标注”选项卡“符号”面板中的“对分中心线”按钮，选择两条边线，在其中间位置创建中心线，选取中心线，调整中心线的位置，结果如图 11-105 所示。

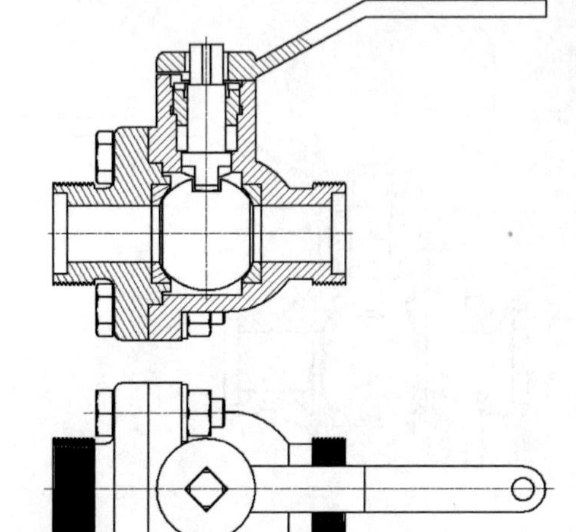

图 11-105　绘制中心线

(6) 标注配合尺寸。单击“标注”选项卡“尺寸”面板中的“尺寸”按钮，在视图中选择要标注尺寸的边线，拖出尺寸线放置到适当位置，系统打开“编辑尺寸”对话框。在尺寸前插入直径符号，切换到“精度和公差”选项卡，选择“公差/配合-堆叠”选项，选择孔为 H11，轴为 h11，如图 11-106 所示，单击“确定”按钮，完成一个配合尺寸的标注。同理标注其他配合尺寸，如图 11-107 所示。

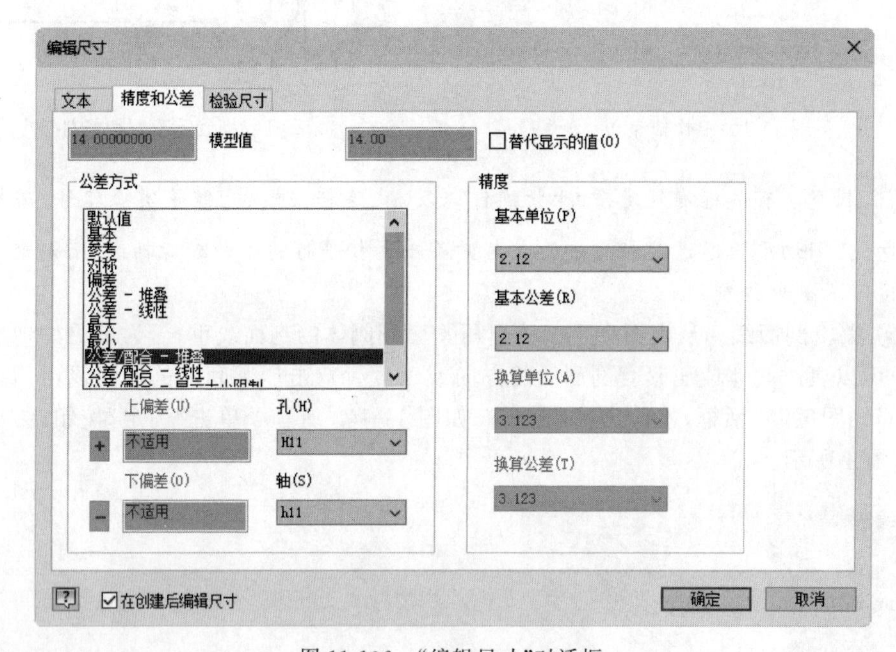

图 11-106　“编辑尺寸”对话框

(7) 标注尺寸。单击“标注”选项卡“尺寸”面板中的“尺寸”按钮，在视图中选择要标注尺寸的边线，拖出尺寸线将其放置到适当位置，系统打开“编辑尺寸”对话框，采用默认尺寸值，单击“确定”按钮，完成一个尺寸的标注。同理标注其他基本尺寸，如图 11-108 所示。

技巧：装配图中的尺寸标注和零件图有所不同。零件图中的尺寸是加工的依据，工人根据这些尺寸能够准确无误地加工出符合图纸要求的零件；装配图中的尺寸则是装配的依据，装配工人需要根据这些尺寸来精确地安装零部件。在装配图中，一般需要标注如下几种类型的尺寸：

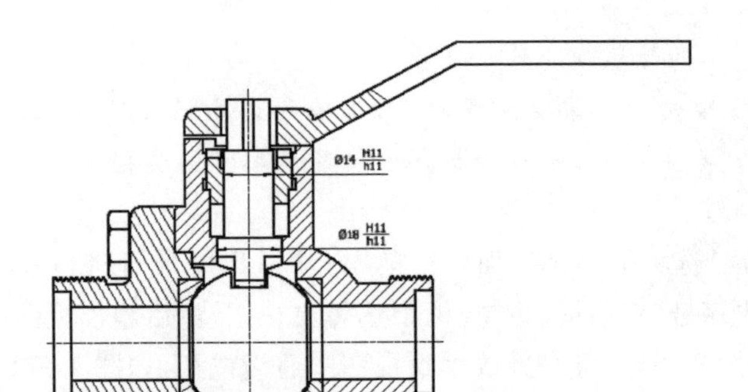

图 11-107 标注配合尺寸

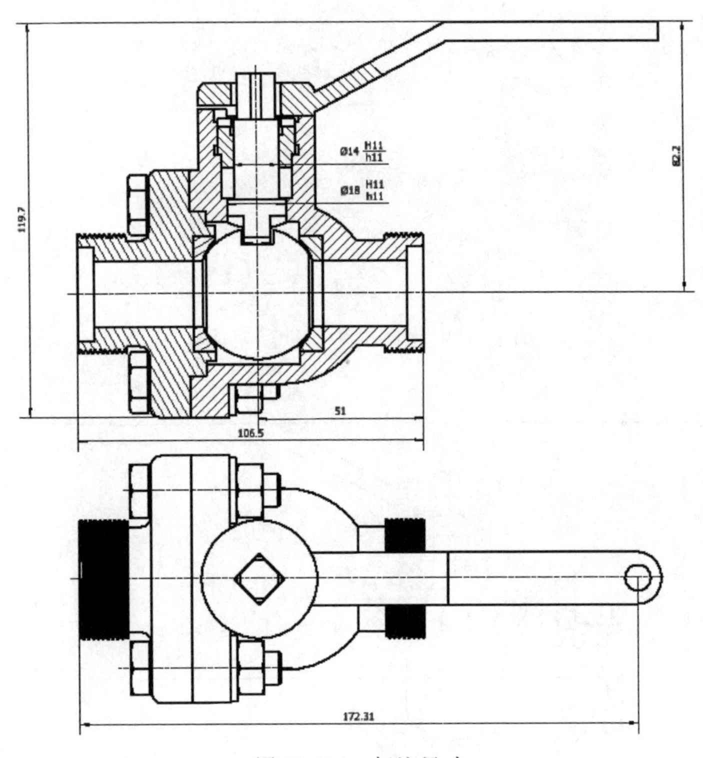

图 11-108 标注尺寸

(1) 总体尺寸,即部件的长、宽和高。它为制作包装箱、确定运输方式以及部件占据的空间提供依据。

(2) 配合尺寸,表示零件之间的配合性质的尺寸,它规定了相关零件结构尺寸的加工精度要求。

(3) 安装尺寸,是指部件用于安装定位的连接板的尺寸及其上面的安装孔的定形尺寸和定位尺寸。

(4) 重要的相对位置尺寸,是影响部件工作性能的零件的相对位置尺寸,在装配图中必须保证,应该直接注出。

(5) 规格尺寸,是选择零部件的依据,在设计中确定。通常要与相关的零件和系统

相匹配,比如所选用的管螺纹的外径尺寸。

(6) 其他的重要尺寸。需要注意的是,正确的尺寸标注不是机械地按照上述类型的尺寸对装配图进行装配,而是在分析部件功能和参考同类型资料的基础上进行。

Note

(8) 添加序号。

11-5

① 单击"标注"选项卡"表格"面板中的"自动引出序号"按钮,打开如图 11-109 所示的"自动引出序号"对话框。在视图中选择主视图,然后添加视图中所有的零件,选择序号的放置位置为环形,将序号放置到视图中适当位置,如图 11-110 所示。单击"确定"按钮,结果如图 11-111 所示。

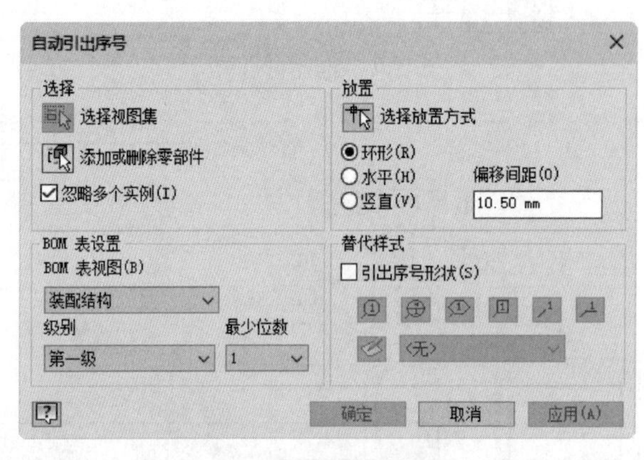

图 11-109 "自动引出序号"对话框

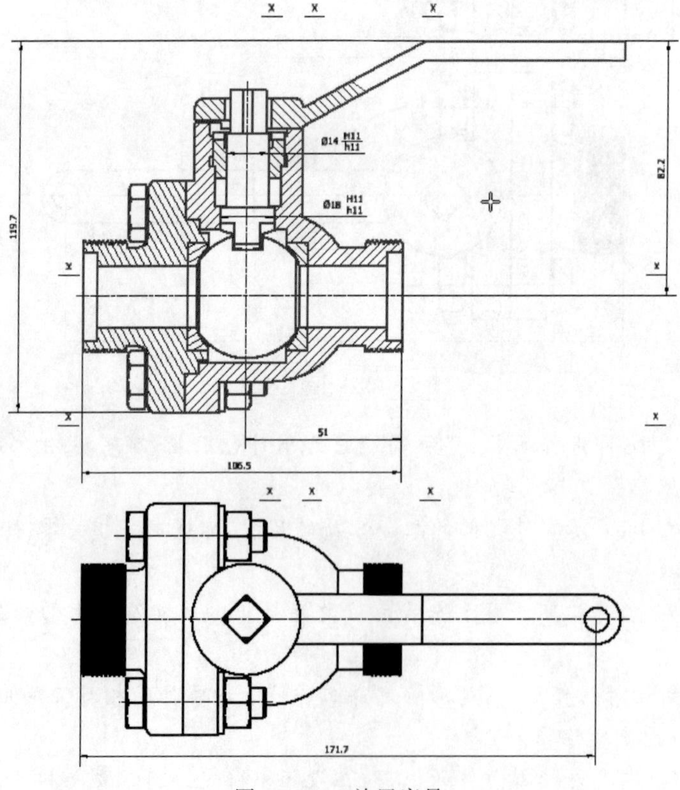

图 11-110 放置序号

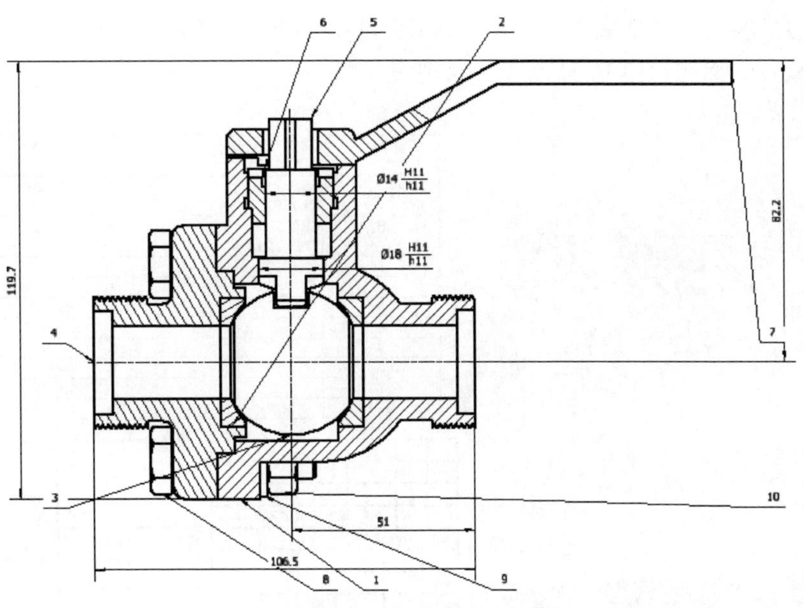

图 11-111　标注序号

② 从图 11-111 中可以看出，标注的序号没有按顺序排列。选取需要调整的序号，将其放置到合适的位置，使序号按顺时针方向排列，如图 11-112 所示。

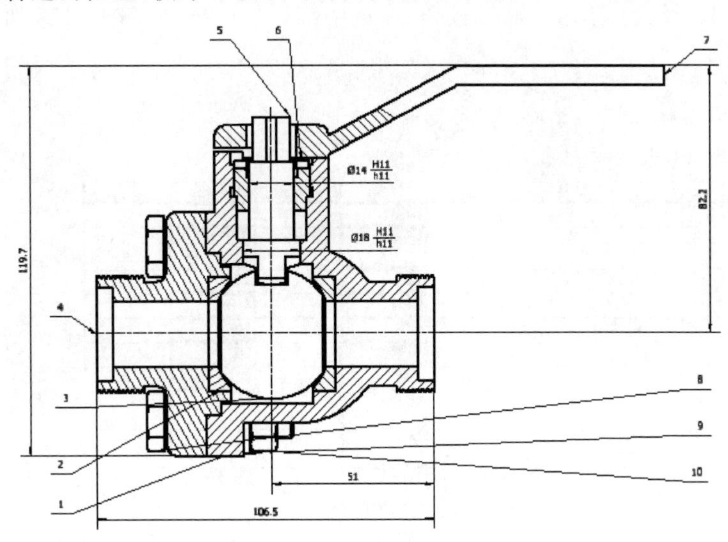

图 11-112　调整序号位置

技巧：装配图中序号编排的基本要求：

装配图中所有零、部件都必须编写序号，应按顺时针或逆时针方向顺序排列，在整个图上无法连续时，可只在每个水平或竖直方向顺序排列。

也可按装配图明细栏（表）中的序号排列，采用此种方法时，应尽量在每个水平或竖直方向顺序排列。

(9) 添加明细栏。

① 单击"标注"选项卡"表格"面板中的"明细栏"按钮，打开"明细栏"对话框，在

视图中选择主视图，其他采用默认设置，如图 11-113 所示。单击“确定”按钮，生成明细栏，将其放置到标题栏上方，如图 11-114 所示。

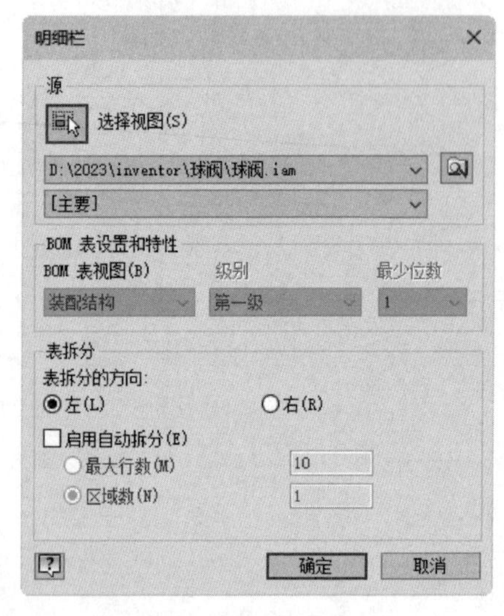

图 11-113 “明细栏”对话框

序号	标准	名称	数量	材料	注释
10	GB/T 6171-2000		4	钢，软	
9	GB/T 95-2002		4	钢，软	
8	GB/T 5785-2000		4	钢，软	
7			1	常规	
6			1	常规	
5			1	常规	
4			1	常规	
3			1	常规	
2			2	常规	
1			1	常规	

明细栏

标记 处数 分区 更改文件号 签名 年、月、日
设计 Administrator 2023/8/15 标准化
阶段标记 重量(Kg) 比例
审核
工艺 批准

图 11-114 生成明细栏

② 双击明细栏，打开“明细栏：球阀”对话框，在对话框中填写零件名称、材料等参数，如图 11-115 所示。单击“确定”按钮，完成明细栏的填写，如图 11-116 所示。

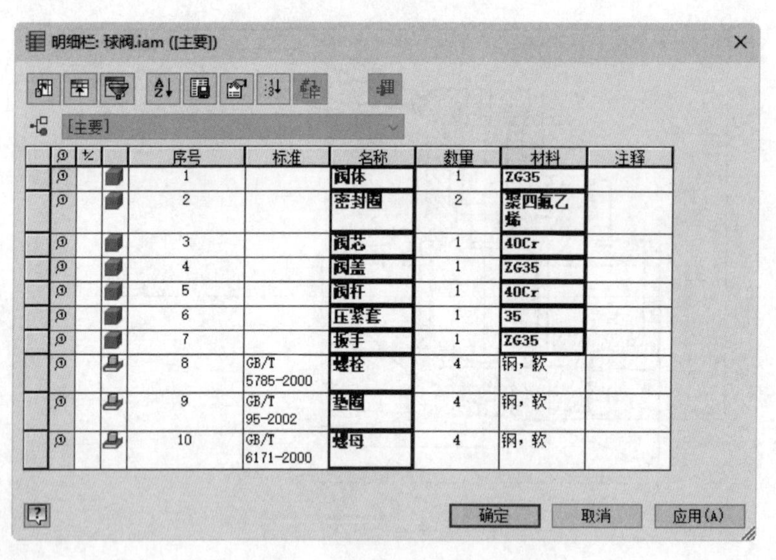

明细栏: 球阀.iam ([主要])

[主要]

序号	标准	名称	数量	材料	注释
1		阀体	1	ZG35	
2		密封圈	2	聚四氟乙烯	
3		阀芯	1	40Cr	
4		阀盖	1	ZG35	
5		阀杆	1	40Cr	
6		压紧套	1	35	
7		扳手	1	ZG35	
8	GB/T 5785-2000	螺栓	4	钢，软	
9	GB/T 95-2002	垫圈	4	钢，软	
10	GB/T 6171-2000	螺母	4	钢，软	

确定 取消 应用(A)

图 11-115 “明细栏：球阀”对话框

(10) 填写技术要求。单击“标注”选项卡“文本”面板中的“文本”按钮 A，在视图中指定一个区域，打开“文本格式”对话框。在文本框中输入文本，并设置参数，如图 11-117 所示。单击“确定”按钮，结果如图 11-118 所示。

(11) 保存文件。单击快速访问工具栏中的“保存”按钮，打开“另存为”对话框，输入文件名为“球阀工程图.idw”，单击“保存”按钮，保存文件。

序号	标准	名称	数量	材料	注释
10	GB/T 6171-2000	螺母	4	钢，软	
9	GB/T 95-2002	垫圈	4	钢，软	
8	GB/T 5785-2000	螺栓	4	钢，软	
7		扳手	1	ZG35	
6		压紧套	1	35	
5		阀杆	1	40Cr	
4		阀盖	1	ZG35	
3		阀芯	1	40Cr	
2		密封圈	2	聚四氟乙烯	
1		阀体	1	ZG35	
明细栏					

图 11-116　明细栏

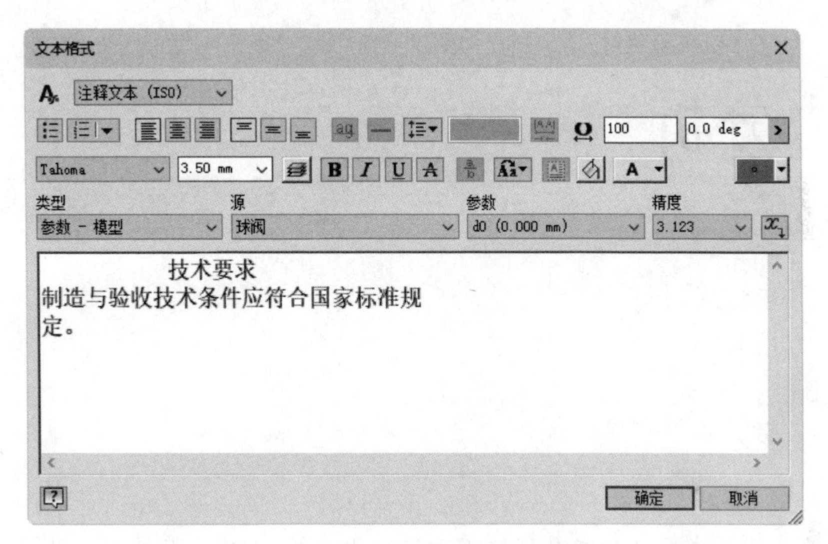

图 11-117　“文本格式”对话框

技术要求
制造与验收技术条件应符合国家标准规定。

图 11-118　标注技术要求

Note

第12章 应力分析

通过在零件和钣金环境下进行应力分析，设计者能够在设计的开始阶段就知道所设计的零件的材料和形状是否能够满足应力要求，变形是否在允许范围内等。

12.1 Inventor 应力分析模块

应力分析即有限元分析，是将一个工程系统由连续的系统转换成有限元系统，对工程问题进行求解和计算。Inventor 中应力分析的处理规则如下：

- 线性变形规则；
- 小变形规则；
- 温度无关性。

12.1.1 进入应力分析环境

(1) 在零件或者钣金环境下，单击“环境”选项卡“开始”面板中的“应力分析”按钮，进入应力分析环境。

(2) 单击“分析”选项卡“管理”面板中的“创建方案”按钮，打开“创建新方案”对

话框，指定名称、单点或驱动尺寸设计目标以及其他参数等，如图 12-1 所示。

图 12-1　“创建新方案”对话框

(3) 单击“确定”按钮，接受设置，激活“应力分析”选项卡中的命令，如图 12-2 所示。

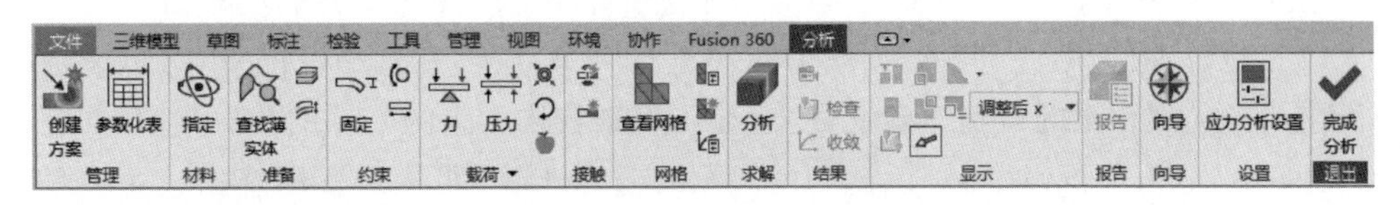

图 12-2　“应力分析”选项卡

Inventor 应力分析模块由世界上最大的有限元分析软件公司之一美国 ANSYS 公司开发，所以 Inventor 的应力分析也是采取有限元分析(FEA)的基本理论和方法。

Note

Inventor 中的应力分析是通过使用物理系统的数学表示来完成的，该物理系统由以下内容组成：

(1) 一个零件(模型)。

(2) 材料特性。

(3) 可应用的边界条件(称为预处理)。

(4) 此数学表示的方案(求解)。要获得一种方案，可将零件分成若干个小元素。求解器会对各个元素的独立行为进行综合计算，以预测整个物理系统的行为。

(5) 研究该方案的结果(称为后处理)。

由此可知，进行应力分析的一般步骤如下：

(1) 创建要进行分析的零件模型。

(2) 指定该模型的材料特性。

(3) 添加必要的边界条件以便与实际情况相符。

(4) 进行分析设置。

(5) 划分有限元网格，运行分析，分析结果的输出和研究(后处理)。

使用 Inventor 进行应力分析，必须了解一些必要的分析假设。

(1) Inventor 中的应力分析模块仅适用于线性材料特性。在这种材料特性中，应力和材料中的应变成正比例，即材料不会永久性屈服。在弹性区域(作为弹性模量进行测量)中，材料的应力-应变曲线的斜率为常数时，便会得到线性行为。

(2) 假设与零件厚度相比，总变形很小。例如，如果研究梁的挠度，那么计算得出的位移必须远小于该梁的最小横截面。

(3) 结果与温度无关，即假设温度不影响材料特性。

如果上面 3 个条件中的某一个不符合，则不能够保证分析结果的正确性。

12.1.2 应力分析设置

在进行正式的应力分析之前，有必要对应力分析的类型和有限元网格的相关性进行设置。单击“分析”选项卡“设置”面板中的“应力分析设置”按钮，打开如图 12-3 所示的“应力分析设置”对话框。

(1) 在分析类型中，可以选择分析类型，包括静态分析、模态分析。对于静态分析这里不多做解释，着重介绍一下模态分析。

模态分析(共振频率分析)主要用来查找零件振动的频率以及在这些频率下的振形。与应力分析一样，模式分析也可以在应力分析环境中使用。共振频率分析可以独立于应力分析进行，用户可以对预应力结构进行频率分析，在这种情况下，可以于进行分析之前定义零件上的载荷。除此之外，还可以查找未约束的零件的共振频率。

(2) 在“应力分析设置”对话框中的“网格”选项卡中，可以设置网格的大小。平均元素大小默认值为 0.100，这时的网格所产生的求解时间和结果的精确程度处于平均水平。将数值设置得更小可以使用精密的网格，这种网格提供了高度精确的结果，但求解时间较长；将数值设置得更大可以使用粗略的网格，这种网格求解较快，但可能包含明显不精确的结果。

Note

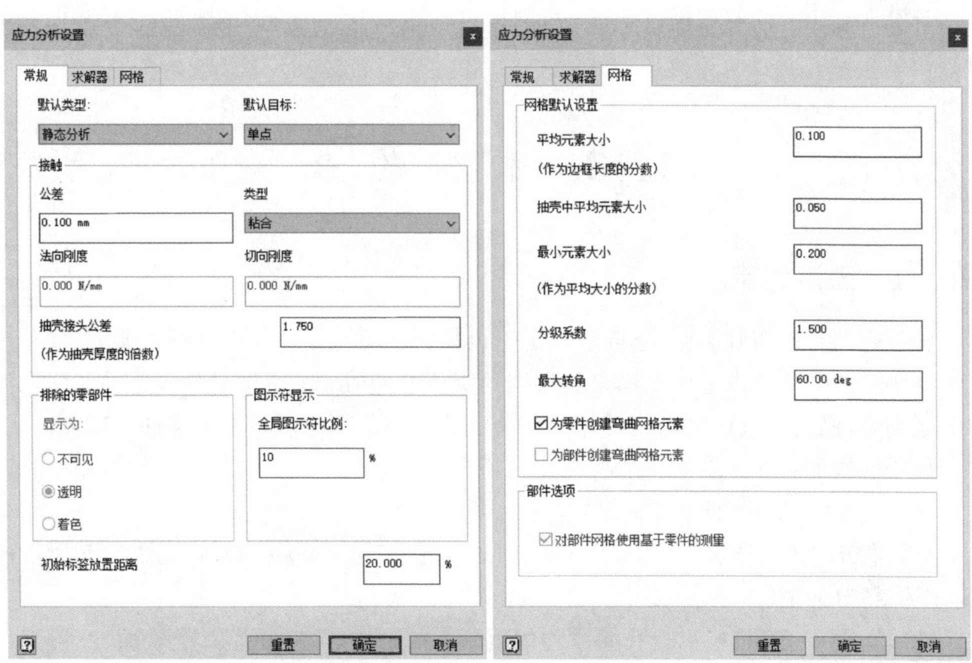

图 12-3 “应力分析设置”对话框

12.2 指定材料

在进行应力分析前，要确保分析的零件材料定义完整。当没有完整定义材料时，材料列表在材料名称旁显示 ! 符号，如果使用该材料，则会收到一条警告消息。

(1) 单击“分析”选项卡“材料”面板中的“指定”按钮，打开如图 12-4 所示的“指定材料”对话框。

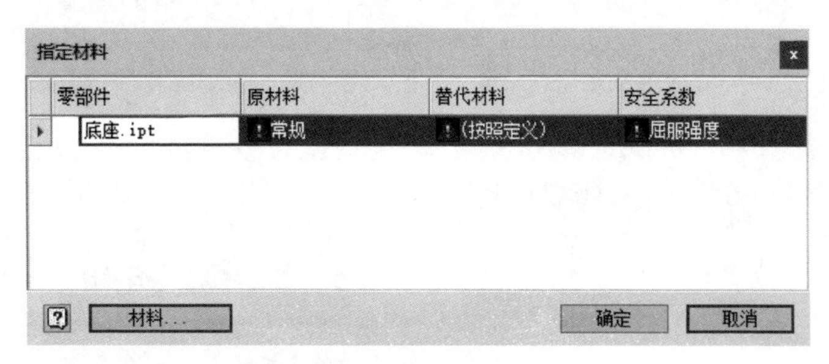

图 12-4 “指定材料”对话框

(2) 该对话框中显示零部件、原材料、替代材料和安全系数等，可以从下拉列表框中为零件选择一种合适的材料，以用于应力分析。

如果不选择任何材料而关闭此对话框，继续设置应力分析，当尝试更新应力分析时，将显示该对话框，以便在运行分析之前选择一种有效的材料。

需要注意的是，当材料的屈服强度为零时，可以进行应力分析，但是“安全系数”将

无法计算和显示。当材料密度为零时,同样可以进行应力分析,但无法进行共振频率(模式)分析。

Note

12.3 添加约束

12.3.1 固定约束

将固定约束应用到表面、边或顶点上可以使得零件的一些自由度被限制,如在一个正方体零件的一个顶点上添加固定约束则约束该零件的3个平动自由度。除了限制零件的运动外,固定约束还可以使得零件在一定的运动范围内运动。将零件某部分固定,才能使零件添加载荷后发生应力和应变。

添加固定约束的步骤如下:

(1) 单击"分析"选项卡"约束"面板中的"固定"按钮,打开如图12-5所示的"固定约束"对话框。

(2) 单击"位置"按钮以选择要添加固定约束的位置,可以选择一个表面、一条直线或者一个点。

(3) 如果要使零件在一定范围内运动,则可以选中"使用矢量分量"复选框,然后分别指定零件在x、y、z轴的运动范围的值,单位为毫米(mm)。

(4) 单击"确定"按钮完成固定约束的添加。

12.3.2 孔销连接约束

用户可以向一个圆柱面或者其他曲面上添加孔销连接约束。当添加了一个孔销连接约束后,物体在某个方向上就不能平动、转动和发生变形。

要添加孔销连接约束,可以单击"分析"选项卡"约束"面板中的"孔销连接"按钮,打开如图12-6所示的"孔销连接"对话框,在该对话框中进行设置。

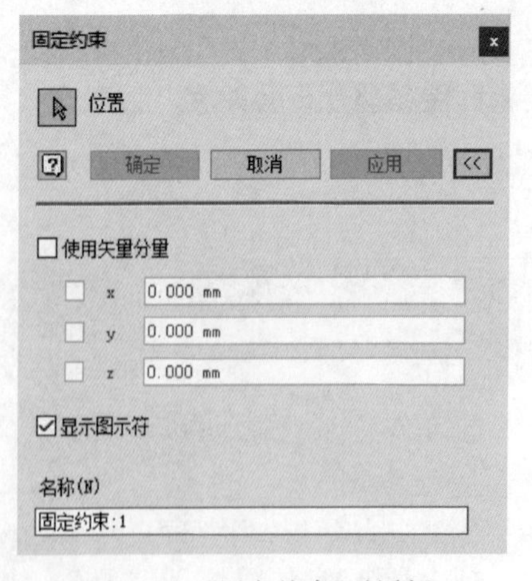

图12-5 "固定约束"对话框

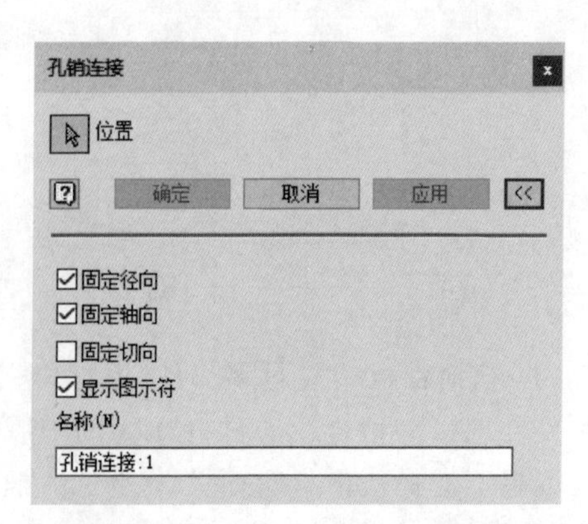

图12-6 "孔销连接"对话框

若取消选中“固定径向”复选框，圆柱体会变粗或变细；若取消选中“固定轴向”复选框，圆柱体会被拉长或压缩；若取消选中“固定切向”复选框，圆柱体会沿切线方向扭转变形。

12.3.3 无摩擦约束

利用无摩擦约束工具，可以在一个表面上添加无摩擦约束。添加无摩擦约束以后，则物体不能在垂直于该表面的方向上运动或者产生变形，但是可以在与无摩擦约束相切方向上运动或者产生变形。

要为一个表面添加无摩擦约束，可以单击“分析”选项卡“约束”面板中的“无摩擦”按钮，弹出如图 12-7 所示的“无摩擦约束”对话框，选择一个表面以后，单击“确定”按钮即可。

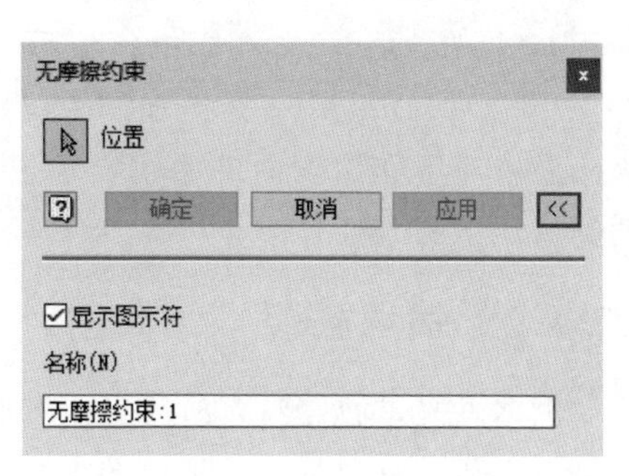

图 12-7 “无摩擦约束”对话框

12.4 添加载荷

12.4.1 力和压力

应力分析模块提供力和压力两种形式的作用力载荷。力和压力的区别是力作用在一个点上，而压力作用在表面上，压力更准确的称呼应该是“压强”。下面以添加力为例，介绍如何在应力分析模块中为模型添加力。

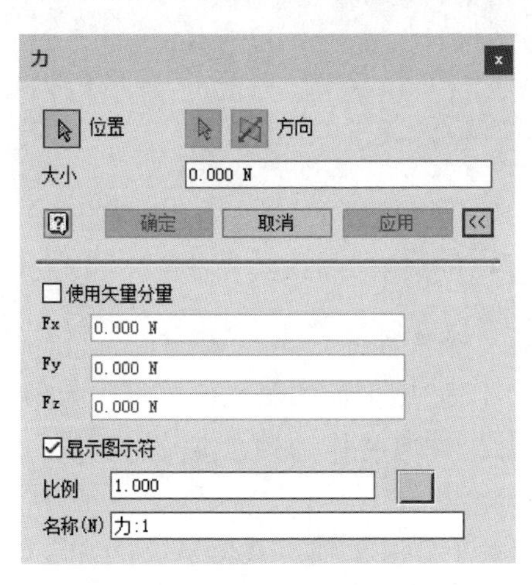

图 12-8 “力”对话框

(1) 单击“分析”选项卡“载荷”面板中的“力”按钮，打开如图 12-8 所示的“力”对话框。

(2) 单击“位置”按钮，选择零件上的某一点作为力的作用点。也可以在模型上单击，则鼠标指针所在的位置就作为力的作用点。

(3) 通过单击“方向”按钮可以选择力的方向，如果选择了一个平面的话，则平面的法线方向被作为力的方向。单击“反向”按钮可以使得力的作用方向相反。

(4) 在“大小”文本框中指定力的大小。如果选中“使用矢量分量”复选框，还可以通过指定力的各个分量的值来确定力的大小和方向。既可以输入数值形式的力值，也可以输入已定义参数的方程式。

(5) 单击“确定”按钮，完成力的添加。

注意：当使用分量形式的力时，“方向”按钮和“大小”文本框变为灰色，不可用。

Note

因为此时力的大小和方向完全由各个分力来决定,不需要再单独指定力的这些参数。

要为零件模型添加压力,可以单击“载荷”面板中的“压力”按钮,打开如图 12-9 所示的“压强”对话框,单击“面”按钮指定压力作用的表面,然后在“大小”文本框中指定压力的大小。注意单位为 MPa(MPa 是压强的单位)。压力的大小总取决于作用表面的面积。单击“确定”按钮完成压力的添加。

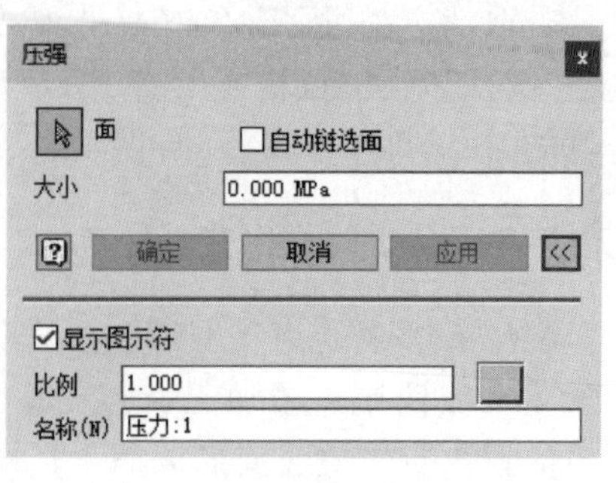

图 12-9 “压强”对话框

12.4.2 轴承载荷

顾名思义,轴承载荷仅可以应用到圆柱表面。默认情况下,应用的载荷平行于圆柱的轴。载荷的方向可以是平面的方向,也可以是边的方向。

为零件添加轴承载荷的步骤如下:

(1) 单击“分析”选项卡“载荷”面板中的“轴承载荷”按钮,打开如图 12-10 所示的“轴承载荷”对话框。

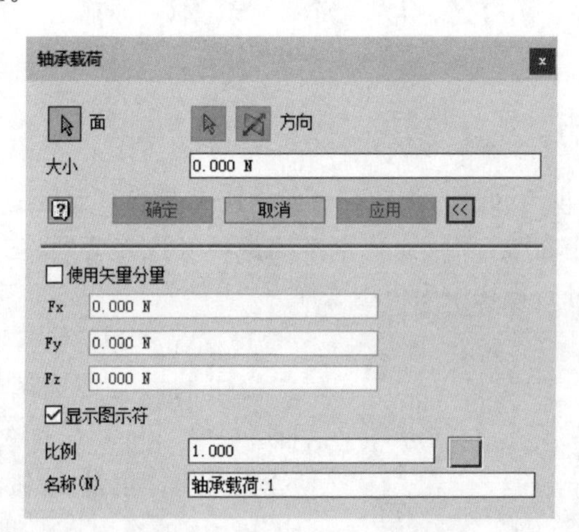

图 12-10 “轴承载荷”对话框

(2) 选择轴承载荷的作用表面,注意应该选择一个圆柱面。

(3) 选择轴承载荷的作用方向,可以选择一个平面,则平面的法线方向将作为轴承载荷的方向;如果选择一个圆柱面,则圆柱面的轴向方向将作为轴承载荷的方向;如果选择一条边,则该边的矢量方向将作为轴承载荷的方向。

(4) 在“大小”文本框中可以指定轴承载荷的大小。对于轴承载荷来说,也可以通过分力来决定合力,需要选中“使用矢量分量”复选框,然后指定各个分力的大小。

(5) 单击“确定”按钮,完成轴承载荷的添加。

12.4.3 力矩

力矩仅可以应用到表面,其方向可以由平面、直边、两个顶点和轴定义。力矩的作

用点为所选表面的几何中心。

为零件添加力矩的步骤如下：

（1）单击“分析”选项卡“载荷”面板中的“力矩”按钮，打开如图 12-11 所示的“力矩”对话框。

（2）单击“位置”按钮以选择力矩的作用表面。

（3）单击“方向”按钮选择力矩的方向，可以选择一个平面，或者选择一条直边，或者两个顶点以及轴，则平面的法线方向、直线的矢量方向、两个顶点构成的直线方向以及轴的方向将分别作为力矩的方向。同样可以使用分力矩合成总力矩的方法来创建力矩，选中“力矩”对话框中的“使用矢量分量”复选框即可。

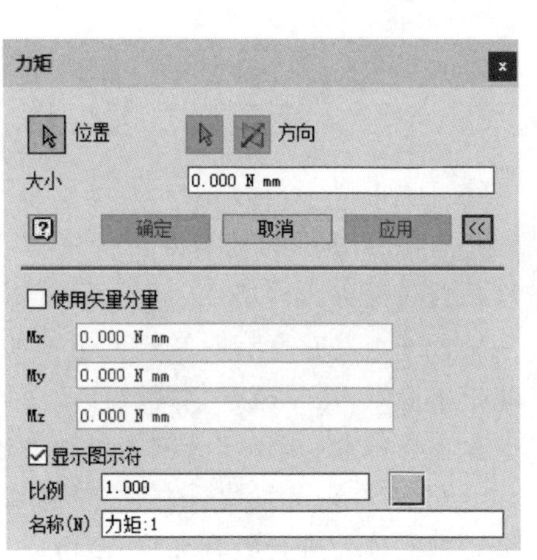

图 12-11　“力矩”对话框

（4）单击“确定”按钮，完成力矩的添加。

12.4.4　体载荷

体载荷包括零件的重力以及由于零件自身的加速度和速度而受到的力、惯性力。由于在应力分析模块中无法使得模型运动，所以增加了体载荷的概念，以模仿零件在运动时的受力。重力和加速度的方向是可以自定义的。

为零件添加体载荷的步骤如下：

（1）单击“分析”选项卡“载荷”面板中的“体”按钮，打开如图 12-12 所示的“体载荷”对话框。

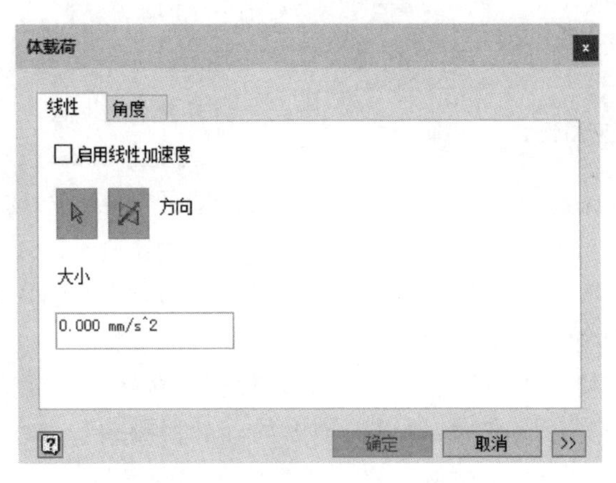

图 12-12　“体载荷”对话框

（2）在“线性”选项卡中，选择线性载荷的重力方向。

（3）在“大小”文本框中输入线性载荷的值。

（4）在“角度”选项卡的“加速度”和“速度”框中，用户可以指定是否启用旋转速度和加速度，以及旋转速度和加速度的方向和大小，这里不再赘述。

（5）单击“确定”按钮，完成体载荷的添加。

Note

12.5 生成网格

有限元分析的基本方法是将物理模型的CAD表示分成小片断(想象一个三维迷宫),此过程称为网格化。在运行分析之前,要确保网格为当前网格,并相对于模型的几何特征来查看它。有时在模型中诸如小间隙、重叠、突出等完整性错误可能会给网格创建带来麻烦,这样就得创建或修改有问题的几何特征。如果模型过于复杂并且在几何上存在异常,则要将其分割为可独立进行网格化的不太复杂的零件。

网格(有限元素集合)的质量越高,物理模型的数学表示就越好。使用方程组对各个元素的行为进行组合计算,便可以预测形状的行为。如果使用典型工程手册中的基本封闭形式计算,将无法表达这些形状的行为。

12.5.1 网格设置

(1) 单击“分析”选项卡“网格”面板中的“网格设置”按钮,打开如图12-13所示的“网格设置”对话框。

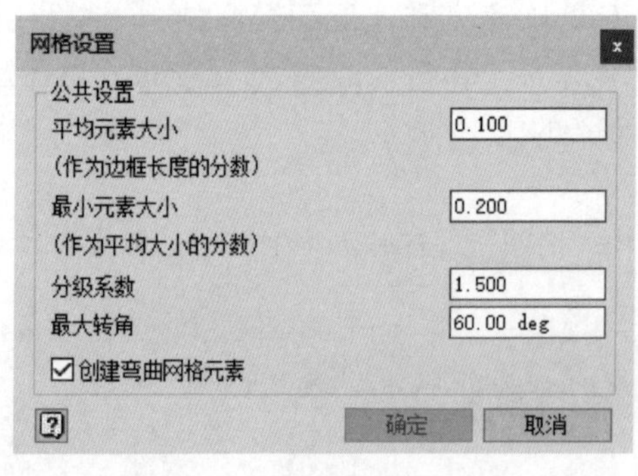

图12-13 “网格设置”对话框

(2) 在对话框中设置网格参数,以便所有的面上都覆盖网格,单击“确定”按钮。

“网格设置”对话框中的选项说明如下。

(1) 平均元素大小:指定相对于模型大小的元素大小。默认值为0.1,建议设置为0.05~0.1。

(2) 最小元素大小:允许在较小区域进行自动优化,此值是相对于平均大小来说的。默认值为0.2,建议设置为0.1~0.2。

(3) 分级系数:此选项影响细致和粗略网格之间的网格过渡的一致性。指定相邻元素边之间的最大边长度比,默认值为1.5,建议设置为1.5~3.0。

(4) 最大转角:该选项影响弯曲曲面上的元素数目,角度越小,曲线上的网格元素越多。默认值为60°,建议设置为30°~60°。

(5) 创建弯曲网格元素:创建具有弯曲边和面的网格。取消选中此复选框,将生成具有直元素的网格,此类网格可以成为不太准确的模型表达。在凹形圆角或外圆角周围的应力集中区域采用更细致的网格可以补偿曲率的不足。

12.5.2 查看网格

零件会根据网格设置创建网格,可以查看创建的网格,操作方法为:单击“分析”选项卡“网格”面板中的“查看网格”按钮,查看零件的网格,如图12-14所示。

再次单击“分析”选项卡“网格”面板中的“查看网格”按钮,取消查看零件网格。

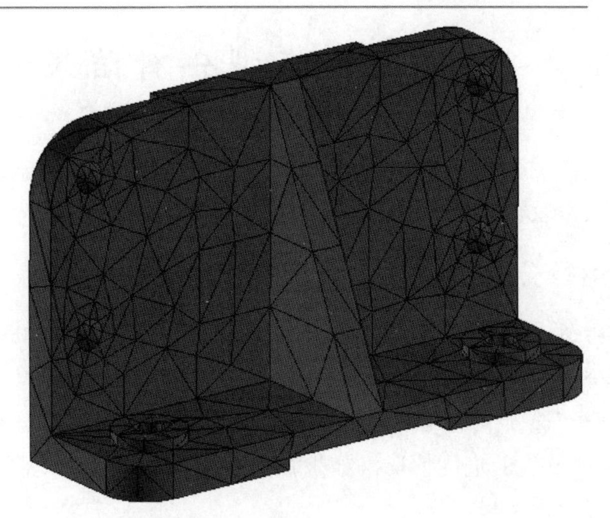

图 12-14 查看网格

12.5.3 局部网格控制

对于小型面或复杂的面,正常网格大小无法提供足够详细的结果,可以手动调整网格大小以改进局部区域中的应力结果。

在浏览器的"网格"节点上右击,弹出如图 12-15 所示的快捷菜单,选择"局部网格控制"选项,或单击"分析"选项卡"网格"面板中的"局部网格控制"按钮 ,打开如图 12-16 所示的"局部网格控制"对话框。选择要控制的面和边,指定网格元素大小,单击"确定"按钮。

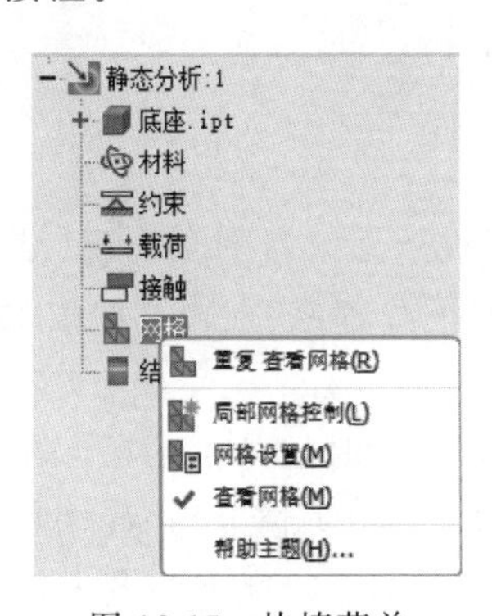

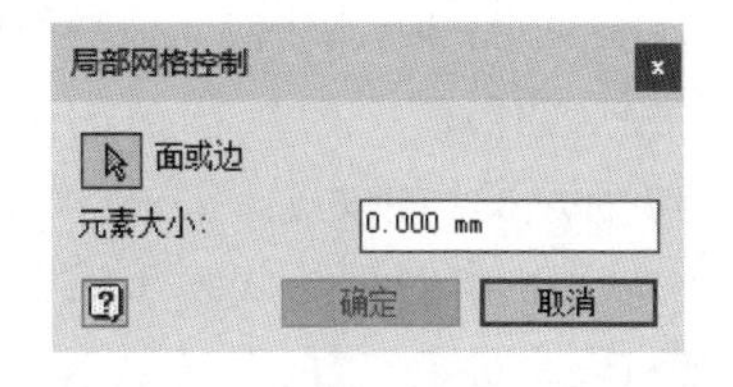

图 12-15 快捷菜单 图 12-16 "局部网格控制"对话框

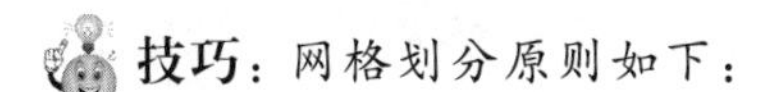

技巧:网格划分原则如下:

(1) 对工况进行细致了解,再进行网格划分;

(2) 对每个零部件及特征进行分析;

(3) 首先默认划分网格,再进行网格细化,最后进行局部网格划分;

(4) 应力集中部分需要进行网格的细化。

Note

12.6 模型分析结果

在为模型添加了必要的边界条件以后，就可以进行应力分析了。本节介绍进行应力分析的方法以及分析结果的处理。

12.6.1 运行分析

运行分析将为所定义变量的所有组合生成FEA结果。在运行分析之前，完成所有步骤以定义分析的参数。

单击“分析”选项卡“求解”面板中的“分析”按钮，打开“分析”对话框，如图12-17所示，指示当前分析的进度情况。如果在分析过程中单击“取消”按钮，则分析会中止，不会产生任何分析结果。

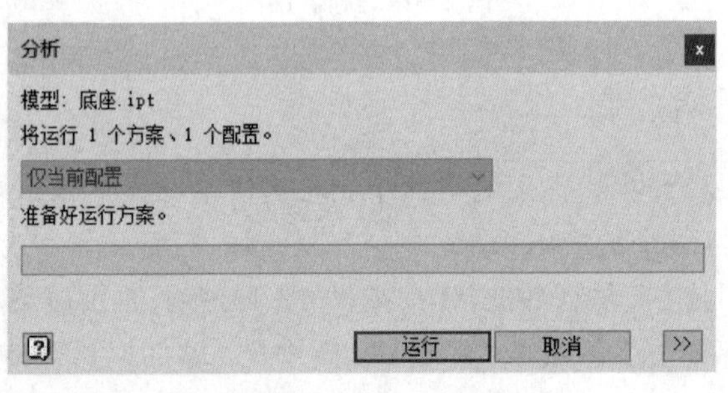

图12-17 “分析”对话框

12.6.2 查看分析结果

1. 查看应力分析结果

当应力分析结束以后，在默认的设置下，“应力分析”浏览器中会出现“结果”目录，显示应力分析的各个结果。同时显示模式将切换为“平滑着色”方式。如图12-18所示为应力分析完成后的界面。

如图12-18所示的结果是选择分析类型为“应力分析”时的分析结果。在图中可以看到，Inventor以平滑着色的方式显示了零件各个部分的应力情况，并且在零件上标出了应力最大点和应力最小点，同时还显示了零件模型在受力状况下的变形情况。查看结果时，始终都能看到此零件的未变形线框。

在浏览器的“结果”节点下包含Mises等效应力、第一主应力等选项，如图12-19所示。默认情况下，“等效应力”选项前有复选标记，表示当前在工作区域内显示的是零件的等效应力。当然也可以双击其他选项，使得该选项前面出现复选标记，则工作区域内也会显示该选项对应的分析结果。如图12-20所示为位移分析结果中的零件变形分析结果。

（1）Mises等效应力：结果使用颜色轮廓来表示求解过程中计算的应力。

（2）第一主应力：指示与剪切应力为零的平面垂直的应力值。

（3）第三主应力：受力方向与剪切应力为零的平面垂直。

Note

图 12-18　分析完成后的界面

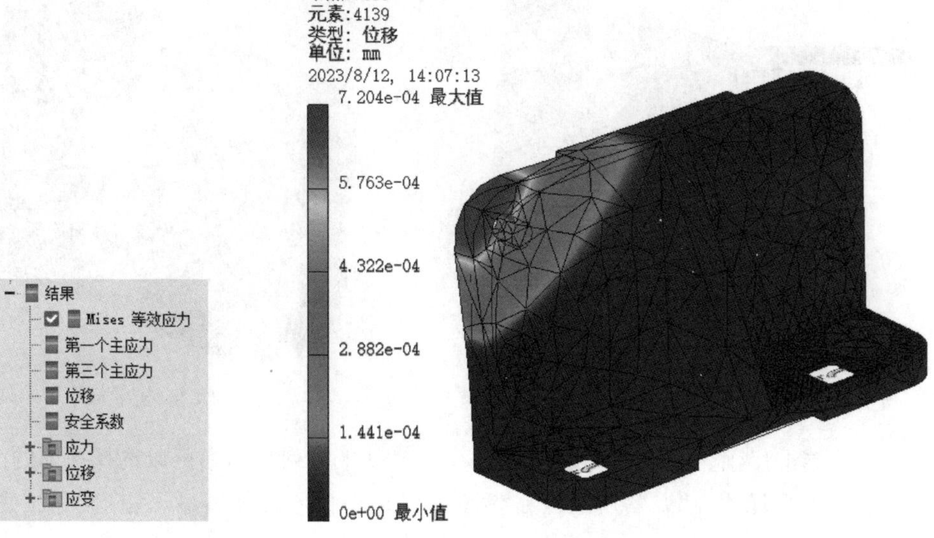

图 12-19　“结果”节点下的目录　　　图 12-20　零件位移变形分析结果

（4）位移：结果将显示执行解决方案后模型的变形形状。

（5）安全系数：指示在载荷下可能出现故障的模型区域。

（6）“应力”文件夹：包含分析的法向应力和剪切应力结果。

（7）“位移”文件夹：包含分析的位移结果。位移大小是相对的，并且不能用作实际变形。

（8）“应变”文件夹：包含分析的应变结果。

2．结果可视化

如果要改变分析后零件的显示模式，可以在“显示”面板中选择无着色、轮廓着色和平滑着色，3 种显示模式下零件模型的外观区别如图 12-21 所示。

Note

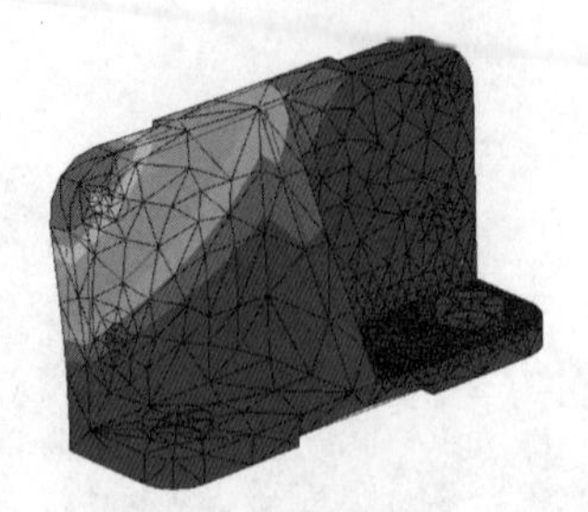
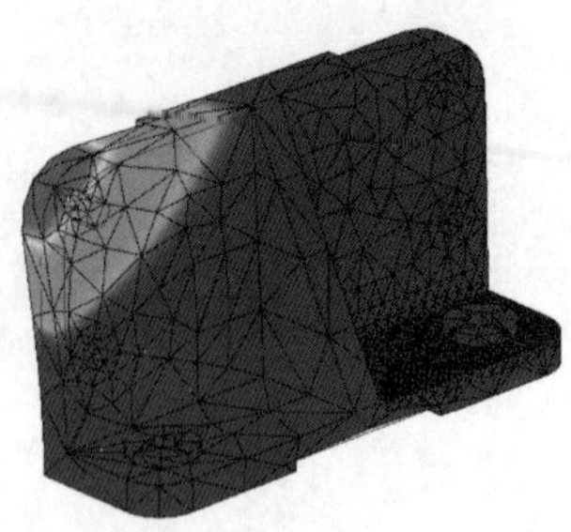

无着色　　　　轮廓着色　　　　平滑着色

图 12-21　3 种显示模式下零件模型的外观

另外，在“显示”面板上还提供了一些关于分析结果可视化的选项，包括“边界条件”、“最大值”、“最小值”和“调整位移显示”调整后 x 1。

（1）单击“边界条件”按钮，显示零件上的载荷符号。

（2）单击“最大值”按钮，显示零件模型上结果为最大值的点，如图 12-22 所示。

（3）单击“最小值”按钮，显示零件模型上结果为最小值的点，如图 12-23 所示。

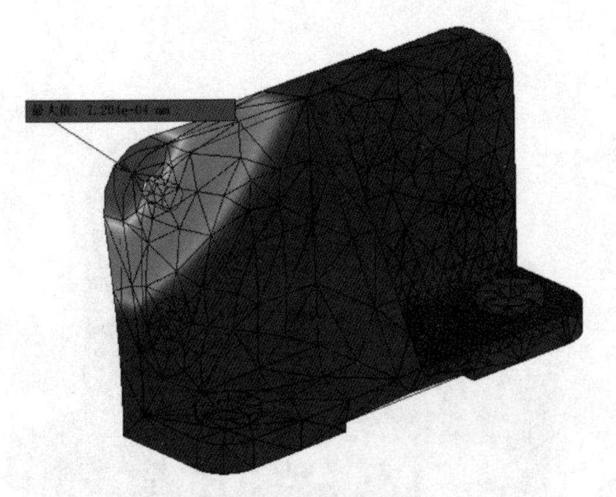

图 12-22　显示最大值

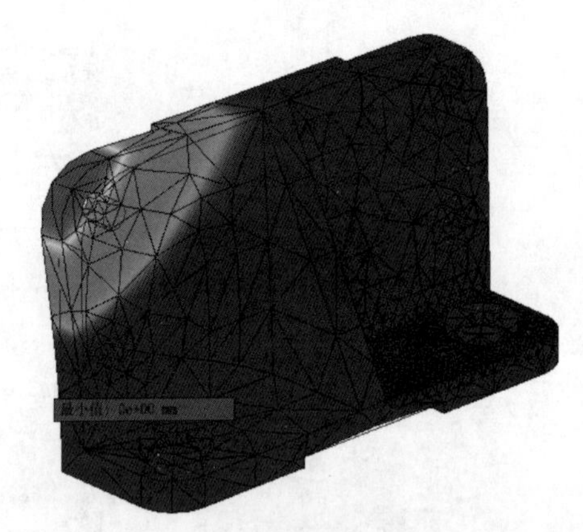

图 12-23　显示最小值

（4）单击“调整位移显示”按钮调整后 x 1，从下拉列表框中可以选择不同的变形样式，其中，变形样式为“调整后×1”和“调整后×5”时的零件模型显示如图 12-24 所示。

调整×1

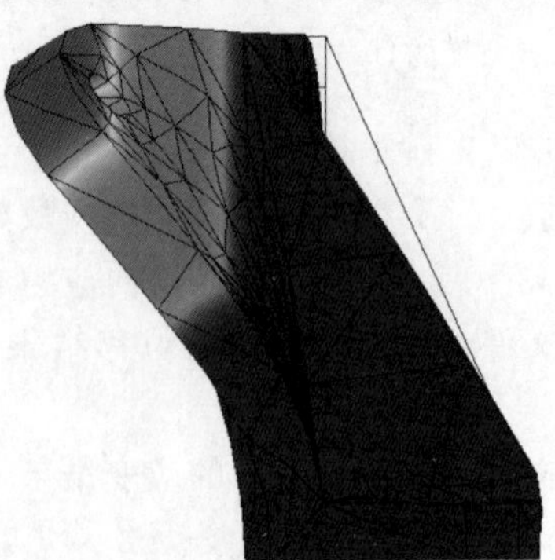

调整×5

图 12-24　调整位移显示

3. 编辑颜色栏

颜色栏显示了轮廓颜色与方案中计算得出的应力值或位移之间的对应关系，用户可以编辑颜色栏以设置彩色轮廓，从而使应力/位移按照用户的理解方式来显示。

Note

单击"分析"选项卡"显示"面板中的"颜色栏"按钮，打开如图 12-25 所示的"颜色栏设置"对话框，将显示默认的颜色设置。对话框的左侧显示出最小值和最大值。

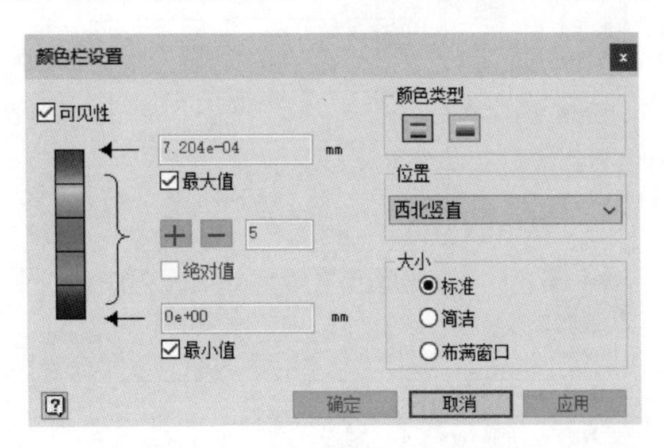

图 12-25 "颜色栏设置"对话框

下面说明"颜色栏设置"对话框中各个选项的作用。

(1) 最大值：显示计算的最大阈值。取消选中"最大值"复选框以启用手动阈值设置。

(2) 最小值：显示计算的最小阈值。取消选中"最小值"复选框以启用手动阈值设置。

(3) 增加颜色：增加颜色的数量。

(4) 减少颜色：减少颜色的数量。

(5) 颜色：以某个范围的颜色显示应力等高线。

(6) 灰度：以灰度显示应力等高线。

12.6.3 分析报告

对零件运行分析之后，可以生成分析报告，分析报告提供了分析环境和结果的书面记录。本节介绍如何生成分析报告、解释报告以及保存和分发报告。

1. 生成和保存报告

对零件运行应力分析之后，用户可以保存该分析的详细信息，供日后参考。使用"报告"命令可以将所有的分析条件和结果保存为 HTML 格式的文件，以便查看和存储。

生成报告的步骤如下：

(1) 设置并运行零件分析。

(2) 设置缩放和当前零件的视图方向，以显示分析结果的最佳图示。此处所选视图就是在报告中使用的视图。

(3) 单击"分析"选项卡"报告"面板中的"报告"按钮，打开如图 12-26 所示的"报告"对话框，采用默认设置，单击"确定"按钮，创建当前分析报告。

(4) 完成后将显示一个 IE 浏览器窗口，其中包含该报告。使用 IE 浏览器"文件"菜单中的"另存为"命令保存报告，供日后参考。

Note

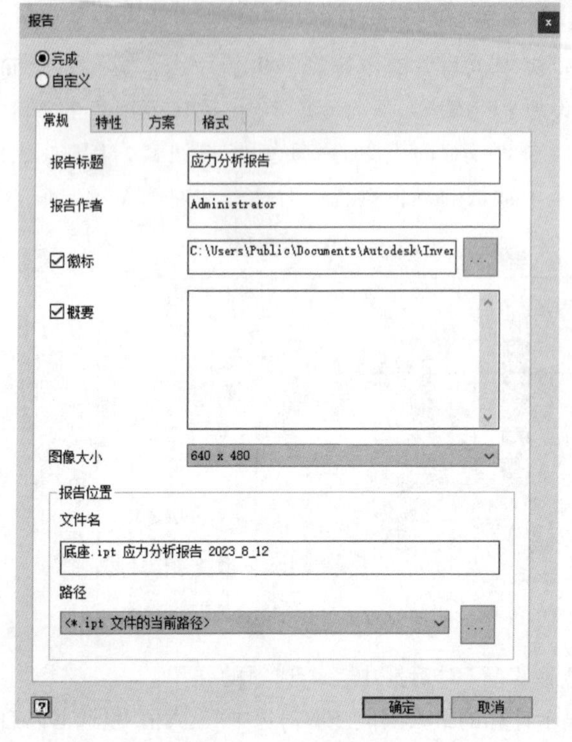

图 12-26　“报告”对话框

2. 解释报告

报告由概要、简介、场景和附录组成。

（1）概要部分包含用于分析的文件、分析条件和分析结果的概述。

（2）简介部分说明报告的内容，以及如何使用这些内容来解释分析。

（3）场景部分给出有关各种分析条件的详细信息：几何图形和网格，包含网格相关性、节点数量和元素数量的说明；材料数据部分，包含密度、强度等的说明；载荷条件和约束方案，包含载荷和约束定义、约束反作用力。

（4）附录部分包含：场景图形部分带有选项卡的图形，这些图形显示了不同结果集的轮廓，例如等效应力、最大主应力、最小主应力、变形和安全系数；材料特性部分，用于分析材料的特性和应力极限。

12.6.4　动画制作

使用“动画结果”工具可以在各种阶段的变形中使零件可视化，还可以制作不同频率下应力、安全系数及变形的动画。这样，使得仿真结果能够形象直观地表达出来。

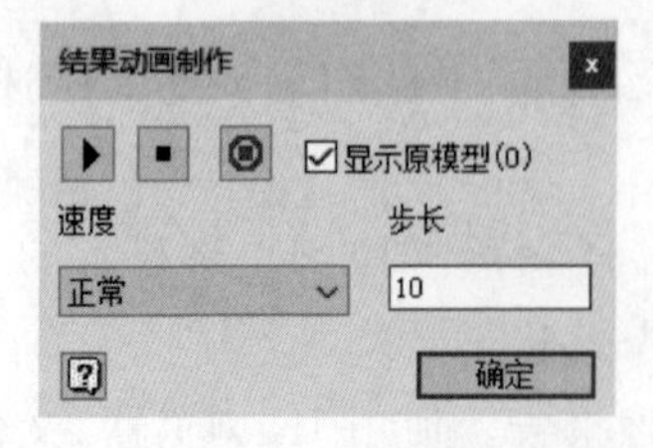

图 12-27　“结果动画制作”对话框

单击“结果”面板中的“结果动画制作”按钮，打开如图 12-27 所示的“结果动画制作”对话框，可以通过“播放”按钮、“暂停”按钮和“停止”按钮，来控制动画的播放；可以通过“记录”按钮，将动画保存成 AVI 格式的文件。

在“速度”下拉列表框中，可以选择动画播放的速度，如可以选择播放速度为“正常”“快”“最快”“慢”“最慢”等，这样可以根据具体的需要来调节动画播放速度的快慢，以便更加方便地观察结果。

Note

12-1

12.7　综合实例——拔叉应力分析

本例对如图 12-28 所示的拔叉进行应力分析。

(1) 打开文件。单击快速访问工具栏中的“打开”按钮，打开“打开”对话框，选择“拔叉”零件，单击“打开”按钮，打开拔叉零件，如图 12-28 所示。

(2) 单击“环境”选项卡“开始”面板中的“应力分析”按钮，进入应力分析环境。

(3) 单击“分析”选项卡“管理”面板中的“创建方案”按钮，打开“创建新方案”对话框，采用默认设置，如图 12-29 所示，单击“确定”按钮。

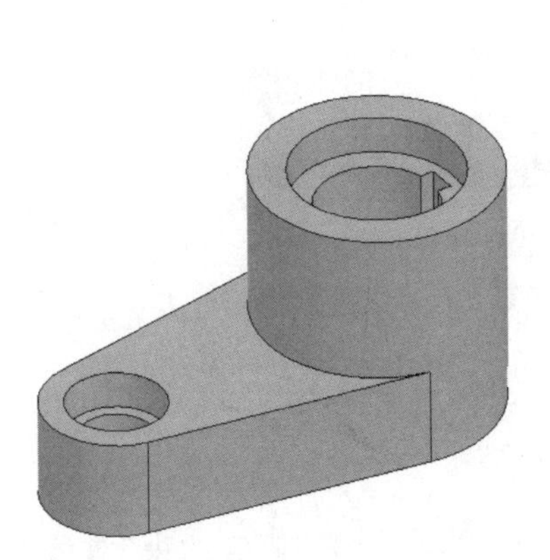

图 12-28　拔叉

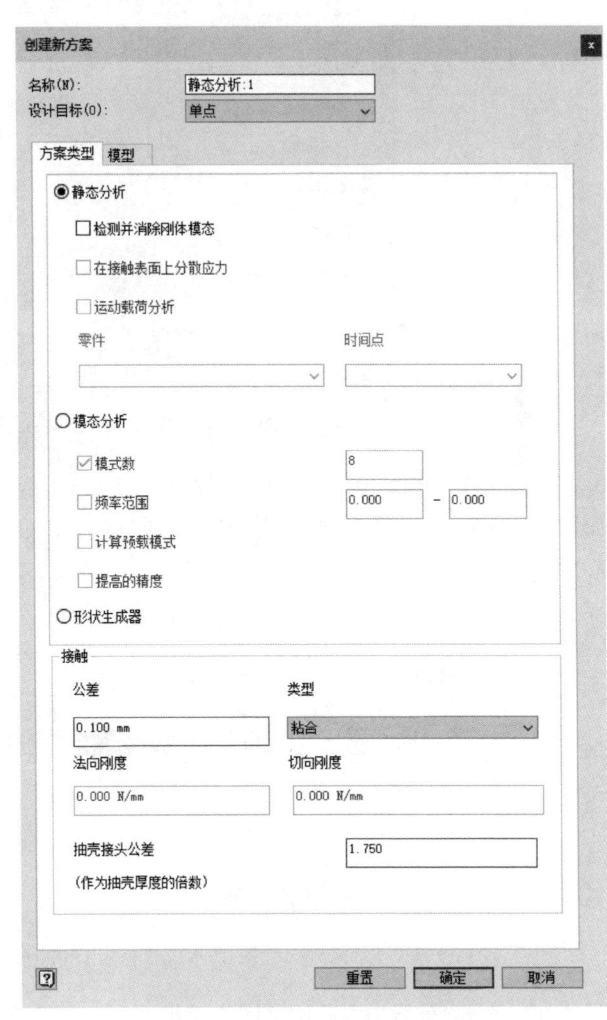

图 12-29　“创建新方案”对话框

Note

(4) 单击“分析”选项卡“设置”面板中的“应力分析设置”按钮，打开“应力分析设置”对话框，选择“静态分析”默认类型，其他采用默认设置，如图 12-30 所示，单击“确定”按钮。

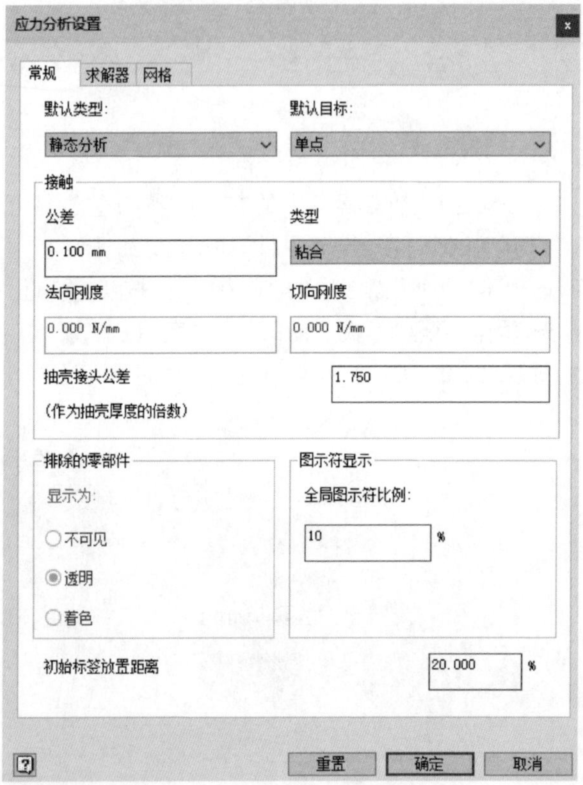

图 12-30 “应力分析设置”对话框

(5) 单击“分析”选项卡“材料”面板中的“指定”按钮，打开“指定材料”对话框，如图 12-31 所示。单击“材料”按钮，打开“材料浏览器”对话框，选择钢材料，单击“将材质添加到文档中”按钮，将钢添加到文档，如图 12-32 所示。关闭“材料浏览器”对话框，返回“指定材料”对话框，拔叉材料已设置为钢，单击“确定”按钮。

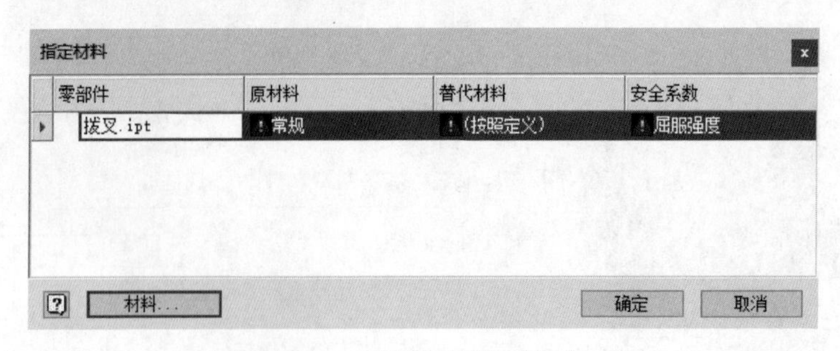

图 12-31 “指定材料”对话框

(6) 单击“分析”选项卡“约束”面板中的“固定”按钮，打开“固定约束”对话框，选择如图 12-33 所示底面的两个圆周线，单击“确定”按钮，添加固定约束。

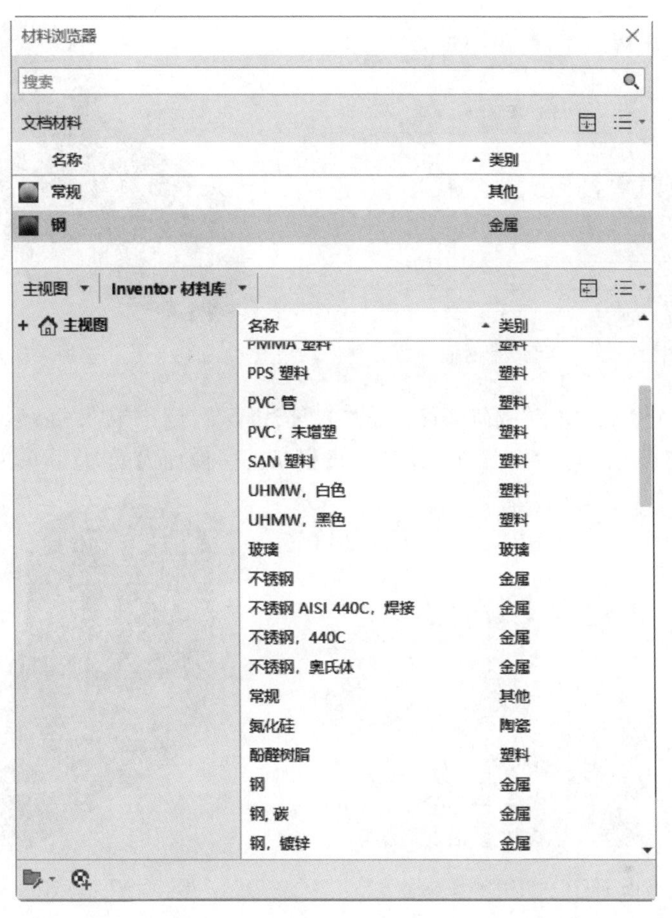

图 12-32 “材料浏览器”对话框

图 12-33 选择固定约束

(7) 单击“分析”选项卡“载荷”面板中的“压力”按钮，打开“压强”对话框，输入压强大小为 1000MPa，如图 12-34 所示。选择如图 12-35 所示的面为受压强面，单击“确定”按钮。

Note

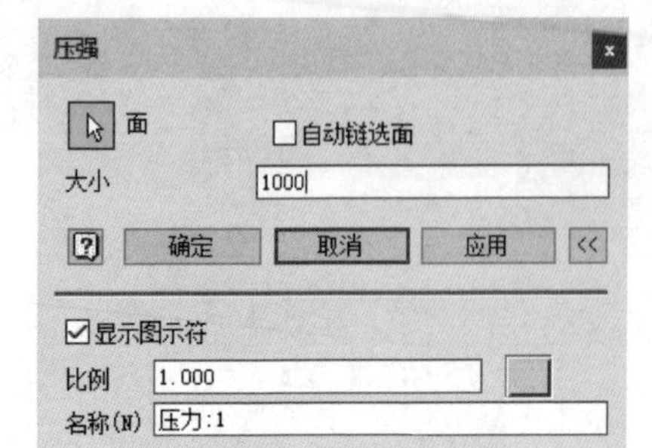

图 12-34 “压强”对话框

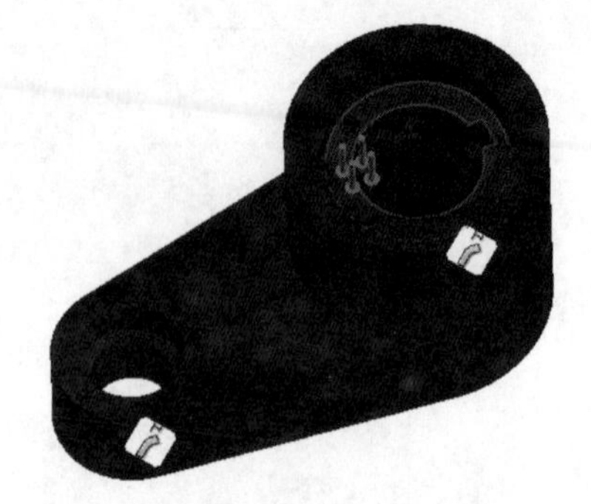

图 12-35 选择受压强面

(8) 单击“分析”选项卡“载荷”面板中的“力”按钮，打开“力”对话框，输入力大小为10N，如图 12-36 所示。选择如图 12-37 所示的键槽的一侧面为受力面，单击“确定”按钮。

图 12-36 “力”对话框

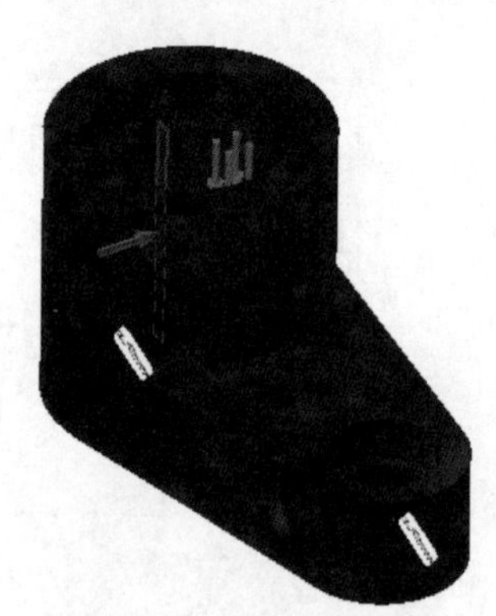

图 12-37 选择受力面

(9) 单击“分析”选项卡“网格”面板中的“查看网格”按钮，观察拔叉网格，如图 12-38 所示。

(10) 单击“分析”选项卡“求解”面板中的“分析”按钮，打开“分析”对话框，如图 12-39 所示。单击“运行”按钮，进行应力分析，分析结果如图 12-40 所示。

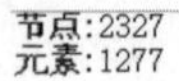

图 12-38 拔叉网格

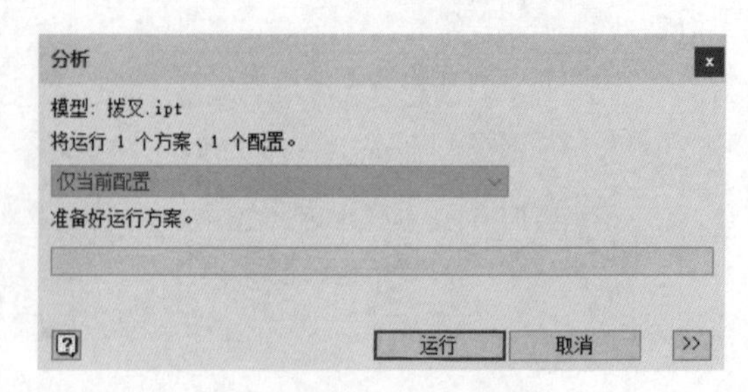

图 12-39 “分析”对话框

(11) 单击“分析”选项卡“报告”面板中的“报告”按钮，打开如图 12-41 所示的“报告”对话框，设置报告生成位置。单击“确定”按钮，生成分析报告，如图 12-42 所示。

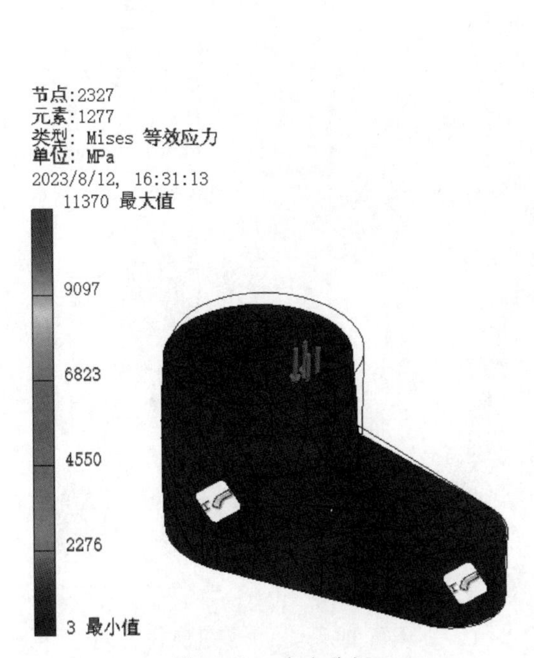

图 12-40 应力分析

报告

◉完成
○自定义

常规 特性 方案 格式

报告标题 应力分析报告

报告作者 Administrator

☑徽标 C:\Users\Public\Documents\Autodesk\Inver

☑概要

图像大小 640 x 480

报告位置

文件名

拨叉.ipt 应力分析报告 2023_8_12

路径

C:\Users\Administrator\Desktop

确定 取消

图 12-41 “报告”对话框

应力分析报告

百度搜索 导航网站 电脑重装 今日热点 京东购物 热门游戏 软件应用 淘宝网 天猫精选 在线视频

图像宽度(像素): 320 400 640 800 1024 1280 适合宽度 原始

应力分析报告

AUTODESK.

分析的文件:	拨叉.ipt
Autodesk Inventor 版本:	2024 (Build 280153000, 153)
创建日期:	2023/8/12, 16:33
方案作者:	Administrator
概要:	

静态分析:1

常规目标和设置:

设计目标	单点
方案类型	静态分析
上次修改日期	2023/8/12, 16:31
模型状态	[主要]
检测并消除刚体模态	否

iProperty

概要

作者	Administrator

项目

零件代号	拨叉
设计人	Administrator
预估成本	¥0.00
创建日期	2023/8/12

状态

设计状态	设计中

物理特性

材料	钢
密度	7.85 g/cm^3
质量	0.00634061 kg
面积	851.742 mm^2

图 12-42 应力分析报告

第13章

运动仿真

在产品设计完成之后,往往需要对其进行仿真以验证设计的正确性。本章主要介绍 Inventor 运动仿真功能的使用方法,以及将 Inventor 模型以及仿真结果输出到 CEA 软件中进行仿真的方法。

13.1 运动仿真模块概述

运动仿真包含广泛的功能并且适应多种工作流。在了解了运动仿真的主要形式和功能后,就可以开始探究其他功能,然后根据特定需求来使用运动仿真。

Inventor 作为一种辅助设计软件,能够帮助设计人员快速创建产品的三维模型,以及快速生成二维工程图等。但是 Inventor 的功能如果仅限于此的话,那就远远没有发挥它的价值。当前,辅助设计软件往往都能够和 CAE/CAM 软件结合使用,在最大程度上发挥这些软件的优势,从而提高工作效率,缩短产品开发周期,提高产品设计的质量和水平,为企业创造更大的效益。CAE(计算机辅助工程)是指利用计算机对工程和产品性能与安全可靠性进行分析,以模拟其工作状态和运行行为,以便及时发现设计中的缺陷,同时达到设计的最优化目标。

用户可以利用运动仿真功能来仿真和分析部件在各种载荷条件下的运动状态,还

可以将任何运动状态下的载荷输出到应力分析。在应力分析中，可以从结构的观点来查看零件如何响应装配在运动范围内任意点的动态载荷。

13.1.1 进入运动仿真环境

打开一个部件文件后，单击"环境"选项卡"开始"面板中的"运动仿真"按钮，进入运动仿真界面。

下面对运动仿真浏览器进行介绍。

(1) "固定"节点：此节点下显示的是没有自由度的零部件。

(2) "移动组"节点：此节点下的每个移动组都指定了特定的颜色。右击此节点，在弹出的快捷菜单中选择"所有零部件使用同一颜色"选项来决定零部件所在移动组的视觉效果。

(3) "标准类型"节点：当进入运动仿真环境时将装配约束转换为运动类型。

(4) "外部载荷"节点：创建或定义的载荷显示在此节点中。

13.1.2 运动仿真设置

在部件中，任何一个零部件都不是自由运动的，需要受到一定的运动约束的限制。运动约束限定了零部件之间的连接方式和运动规则。使用 AIP 2012 版或更高版本创建的装配部件进入运动仿真环境时，如果选中"分析设置"对话框中的"自动转换对标准连接的约束"复选框，Inventor 将通过转换全局装配运动中包含的约束来自动创建所需的最少连接。同时，软件将自动删除多余约束。此功能在确定螺母、螺栓、垫圈和其他紧固件的自由度不会影响机构的移动时尤其好用，事实上，在仿真过程中这些紧固件通常是锁定的。添加约束时，此功能将立即更新受影响的连接。

单击"运动仿真"选项卡"管理"面板中的"仿真设置"按钮，打开"运动仿真设置"对话框，如图 13-1 所示。

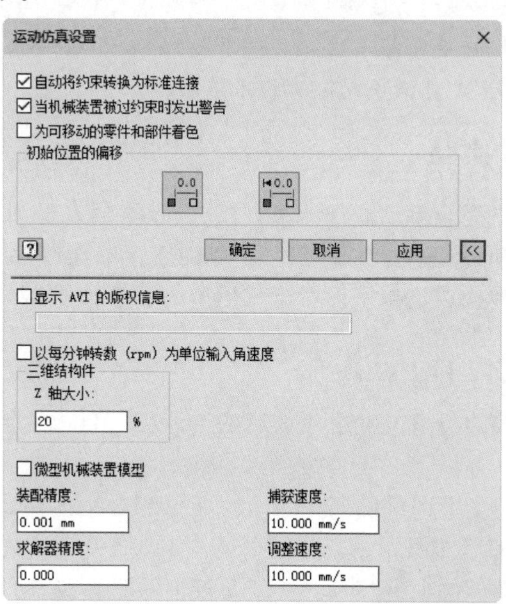

图 13-1 "运动仿真设置"对话框

(1) 自动将约束转换为标准连接：选中此复选框，将激活自动运动仿真转换器，这会将装配约束转换为标准连接。不能再选择手动插入标准连接，也不能再选择一次一个连接地转换约束。选中或取消选中此复选框都会删除机构中的所有现有连接。

Note

(2) 当机械装置被过约束时发出警告：此复选框默认是选中的，如果机构被过约束，Inventor 将会在自动转换所有配合前向用户发出警告并将约束插入标准连接。

(3) 为可移动的零件和部件着色：将预定义的颜色分配给各个移动组，固定组使用同一颜色。该工具有助于分析零部件关系。

(4) 初始位置的偏移。

① ：将所有自由度的初始位置设置为 0，而不更改机构的实际位置。

② ：将所有自由度的初始位置重设为在构造连接坐标系的过程中指定的初始位置。

13.2 构建仿真机构

在进行仿真之前，首先应该构建一个与实际情况相符合的运动机构，这样仿真结果才是有意义的。构建仿真机构除了需要在 Inventor 中创建基本的实体模型以外，还包括指定焊接零部件以创建刚性、统一的结构，添加运动和约束，添加作用力和力矩以及添加碰撞等。需要指出的是，要仿真部件的动态运动，需要定义两个零件之间的机构连接并在零件上添加力(内力或/和外力)。

用户可以通过 3 种方式创建连接：在“分析设置”对话框中激活“自动转换对标准连接的约束”功能，使 Inventor 自动将合格的装配约束转换成标准连接；使用“插入运动类型”工具手动插入运动类型；使用“转换约束”工具手动将 Inventor 装配约束转换成标准连接(每次只能转换一个连接)。

注意： 当“自动转换对标准连接的约束”功能处于激活状态时，不能使用“插入运动类型”或“转换约束”工具来手动插入标准连接。

13.2.1 插入运动类型

“插入运动类型”是完全手动添加约束方法。使用“插入运动类型”可以添加标准、滚动、滑动、二维接触和力连接。前面已经说明，对于标准连接，可选择自动地或一次一个连接地将装配约束转换成连接。而对于其他所有的连接类型，“插入运动类型”是添加连接的唯一方式。

在机构中插入运动类型的步骤如下：

(1) 确定所需连接的类型。考虑所具有的与所需的自由度数和类型，还要考虑力和接触。

(2) 如果知道在两个零部件的其中一个上定义坐标系所需的任何几何图元，就需要返回装配模式下添加所需图元。

(3) 单击“运动仿真”选项卡“运动类型”面板中的“插入运动类型”按钮，打开如图 13-2 所示的“插入运动类型”对话框。

"插入运动类型"对话框顶部的下拉列表框中列出了各种可用的连接，其底部则提供了与选定连接类型相应的选择工具。默认情况下指定为"空间自由运动"，空间自由运动动画将连续循环播放。也可单击"显示连接表"按钮，打开"运动类型表"对话框，如图 13-3 所示，该表显示了每个连接类别和特定连接类型的视觉表达。单击图标来选择连接类型，选择连接类型后，可用的选项将立即根据连接类型变化。

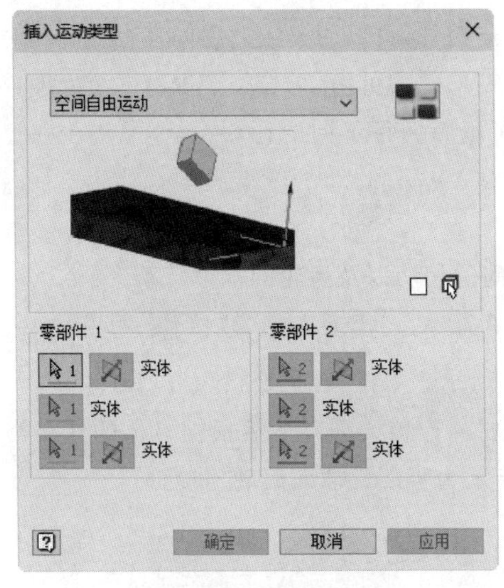

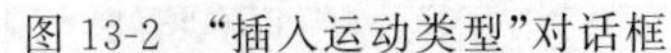

图 13-2　"插入运动类型"对话框

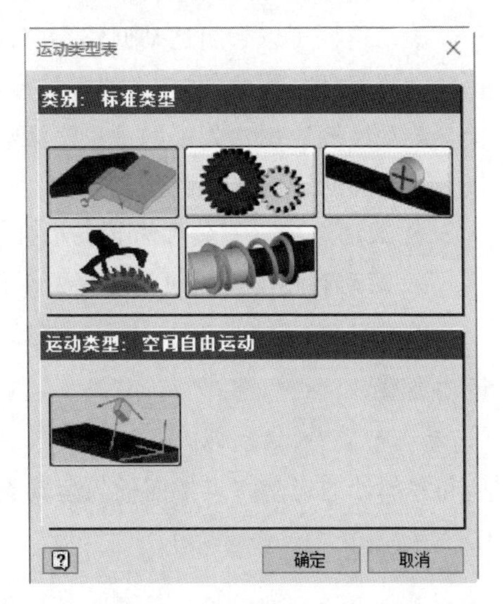

图 13-3　"运动类型表"对话框

对于所有连接（三维接触除外），使用"先单击零件"工具可以在选择几何图元前选择连接零部件，这使得选择图元（点、线或面）更加容易。

（4）从连接下拉列表框中或连接表中选择所需连接类型。

（5）选择定义连接所需的其他任何选项。

（6）为两个零部件定义连接坐标系。

（7）单击"确定"或"应用"按钮。这两个操作均可以添加连接，而单击"确定"按钮还将关闭此对话框。

为了在创建约束时能够恰如其分地使用各种连接，下面详细介绍一下"插入运动类型"的几种类型。

1. 插入标准连接

选择标准连接类型添加至机构时，要考虑在两个零部件和两个连接坐标系的相对运动之间所需的自由度。插入运动类型时，将两个连接坐标系分别置于两个零部件上。应用连接时，将定位两个零部件，以便使它们的坐标系能够完全重合。然后，再根据连接类型，在两个坐标系之间进而在两个零部件之间创建自由度。

标准连接类型有旋转、平移、柱面运动、球面运动、平面运动、球面圆槽运动、线-面运动、点-面运动、空间自由运动和焊接等。用户可以根据零件的特点以及零部件间的运动形式选择相应的标准连接类型。

如果要编辑插入运动类型，可以在浏览器中选择"标准连接"项下刚刚添加的连接，右击，在弹出的快捷菜单中选择"编辑"选项，打开"修改连接"对话框，进行标准连接的修改。

Note

2. 插入滚动连接

创建一个部件并添加一个或多个标准连接后，还可以在两个零部件(这两个零部件之间有一个或多个自由度)之间插入其他(包括滚动、滑动、二维接触和力)连接。但是必须手动插入这些连接；前面已经说明这一点与标准连接不同，滚动、滑动、二维接触和力等连接无法通过约束转换自动创建。

滚动连接可以封闭运动回路，并且除锥面连接外，可以用于彼此之间存在二维相对运动的零部件。因此，在包含滚动连接的两个零部件的机构中，必须至少有一个标准连接。滚动连接应用永久接触约束。滚动连接可以有两种不同的行为，具体取决于在连接创建期间所选的选项：

- 滚动选项仅能确保齿轮的耦合转动；
- 滚动和相切选项可以确保两个齿轮之间的相切以及齿轮的耦合转动。

单击“运动仿真”选项卡“运动类型”面板中的“插入运动类型”按钮，打开“插入运动类型”对话框，选择“传动”类型，如图 13-4 所示。单击“显示连接表”按钮，打开“运动类型表”对话框，如图 13-5 所示，选择需要的连接类型。然后根据具体的连接类型和零部件的运动特点按照插入运动类型的指示为零部件插入滚动连接。

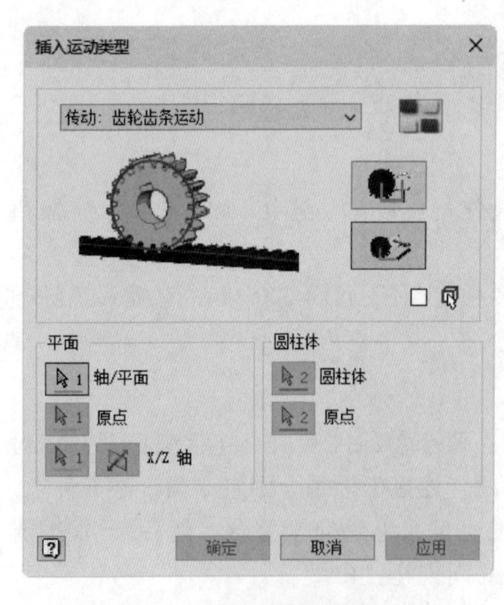

图 13-4 “插入运动类型”对话框

图 13-5 传动连接的“运动类型表”对话框

3. 插入二维接触连接

二维接触连接和三维接触连接(力)属于非永久连接，其他均属于永久连接。

插入二维接触连接的操作如下：

(1) 单击"运动仿真"选项卡"运动类型"面板中的"插入运动类型"按钮，打开"插入运动类型"对话框。

(2) 选择 2D Contact 类型，如图 13-6 所示，单击"显示连接表"按钮，打开"运动类型表"对话框，如图 13-7 所示。

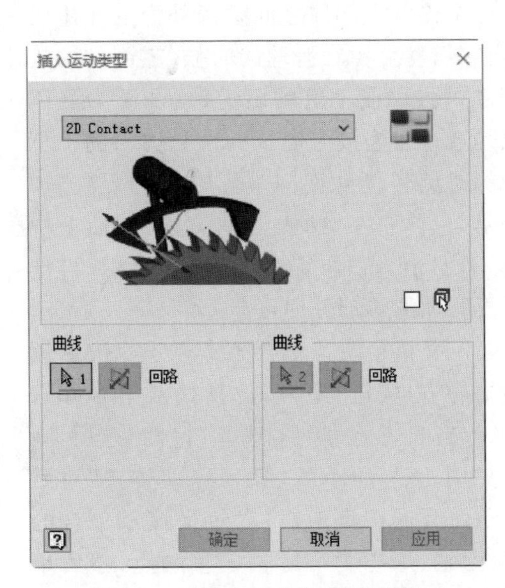

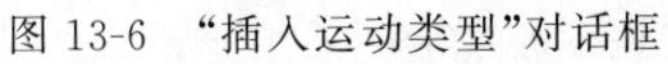

图 13-6 "插入运动类型"对话框

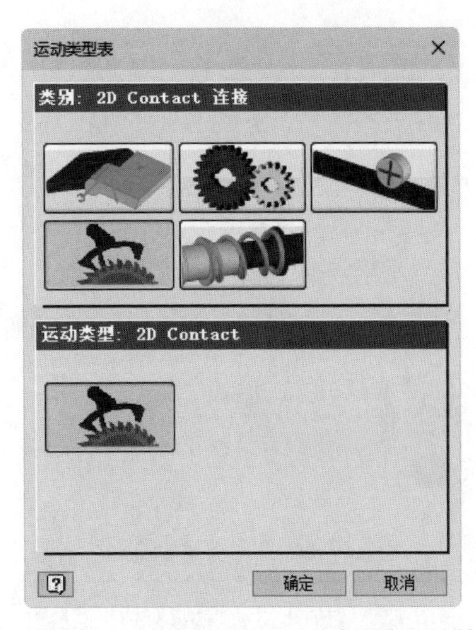

图 13-7 二维接触连接的"运动类型表"对话框

插入二维接触连接的时候需要选择零部件上的两个回路，这两个回路一般在同一平面上。

(3) 创建连接后，需要将特性添加到二维接触连接。在浏览器中选择刚刚添加的"接触类型"项下的二维接触连接，右击打开快捷菜单，如图 13-8 所示，选择"特性"选项，打开二维接触特性对话框。可以选择要显示的是作用力还是反作用力，以及要显示的力的类型(法向力、切向力或合力)。如果需要，可以对法向力、切向力和合力矢量进行缩放和/或着色，使查看更加容易。

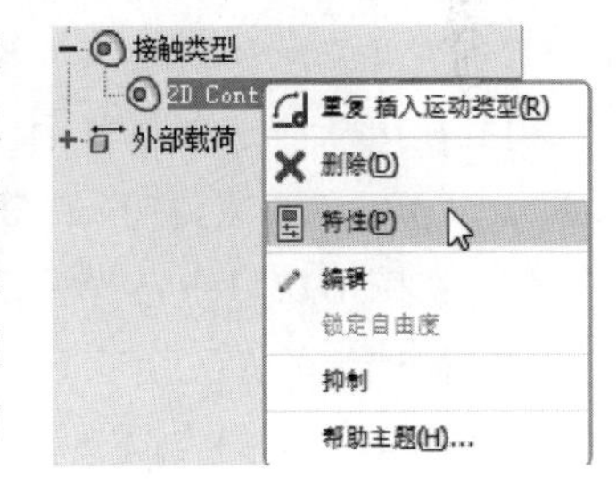

图 13-8 快捷菜单

4. 插入滑动连接

滑动连接与滚动连接类似，可以封闭运动回路，并且可以在具有二维相对运动的零部件之间工作。连接坐标系将会被定位在接触点，连接运动处于由矢量 Z1(法线)和 X1(切线)定义的平面中。接触平面由矢量 Z1 和 Y1 定义。这些连接应用永久接触约束，且没有切向载荷。

滑动连接包括平面圆柱运动、圆柱-圆柱外滚动、圆柱-圆柱内滚动、凸轮-滚子运动、圆槽滚子运动等连接类型。其操作步骤与滚动连接类似，为节省篇幅，这里不再赘述。

5. 插入力连接

前面已经介绍，力连接(三维接触连接)和二维接触连接都为非永久性接触，而且可以使用三维接触连接模拟非永久穿透接触。力连接主要使用弹簧、阻尼器和千斤顶连

接对作用与反作用力进行仿真。其具体操作与以上介绍的其他插入运动类型大致相同。

Note

线性弹簧力是指弹簧的张力与其伸长或者缩短的长度成正比，且力的方向与弹簧的轴线方向一致。

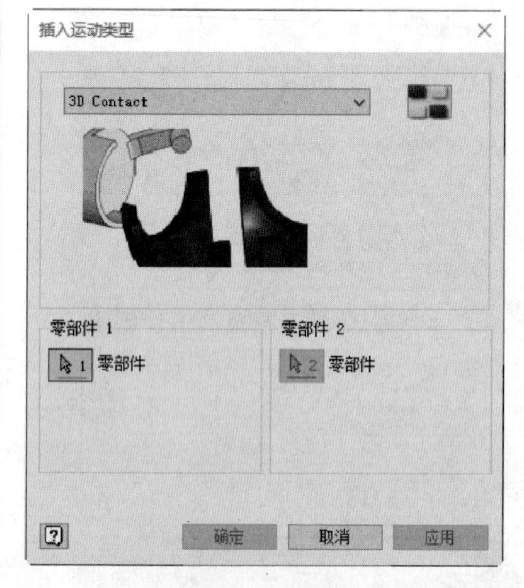

图 13-9 "插入运动类型"对话框

两个接触零部件之间除了外力的作用之外，当它们发生相对运动的时候，零部件的接触面之间会存在一定的阻力，这个阻力的添加也是通过力连接来完成的。如剪刀的上下刃的相对旋转接触面间就存在阻力，要添加这个阻力，首先在"插入运动类型"对话框中选择 3D Contact 类型，如图 13-9 所示，再选择需要添加的零部件即可。

要定义接触集合，需要单击运动仿真浏览器中的"力铰链"节点，选择接触集合并右击，在弹出的快捷菜单中选择"特性"选项，则打开如图 13-9 所示的"插入运动类型"对话框。和弹簧连接类似，可以定义接触集合的刚度、阻尼、摩擦力和零件的接触点，然后单击"确定"按钮添加接触力。

6. 定义重力

重力是外力的一种特殊情况，是由于地球的吸引而使物体受到的力，作用于整个机构。其设置步骤如下：

(1) 在运动仿真浏览器中的"外部载荷"→"重力"项上右击，在弹出的快捷菜单中选择"定义重力"选项，打开如图 13-10 所示的"重力"对话框。

(2) 在图形窗口中选择要定义重力的图元，该图元必须属于固定组。

(3) 在选定的图元上会显示一个黄色箭头，如图 13-11 所示。单击"反向"按钮，可以更改重力箭头的方向。

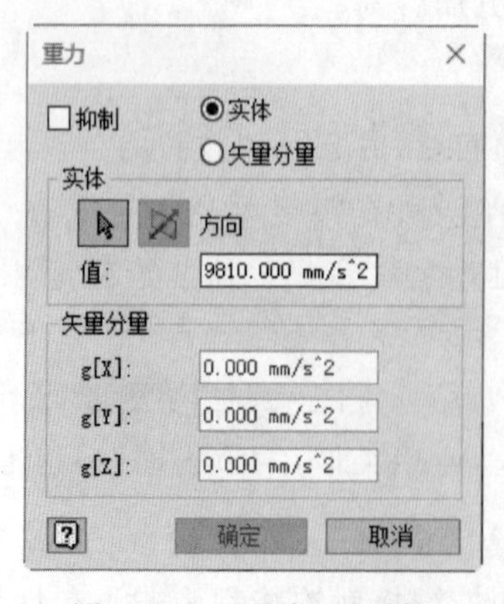

图 13-10 "重力"对话框

图 13-11 重力方向

Note

(4) 如果需要,在“值”文本框中输入要为重力设置的值。

(5) 单击“确定”按钮,完成重力设置。

13.2.2　添加力和转矩

力和转矩都施加在零部件上,并且都不会限制运动,也就是说它们不会影响模型的自由度。但是力和转矩能够对运动造成影响,如减缓运动速度或者改变运动方向等。作用力直接作用在物体上从而使其能够运动,包括单作用力和单作用力矩、作用力和反作用力(转矩)。单作用力(转矩)作用在刚体的某一个点上。

注意: 软件不会计算任何反作用力(转矩)。

要添加单作用力,可以按如下步骤操作:

(1) 单击“运动仿真”选项卡“加载”面板中的“力”按钮,打开“力”对话框,如图 13-12 所示。如果要添加转矩,则单击“运动仿真”选项卡“加载”面板中的“转矩”按钮,打开“转矩”对话框,如图 13-13 所示。

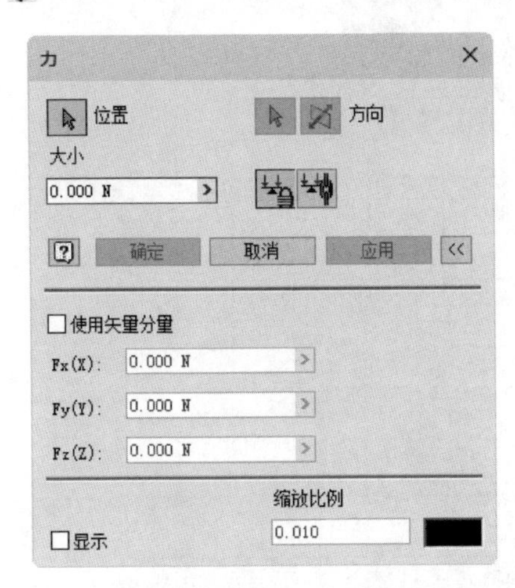

图 13-12　“力”对话框

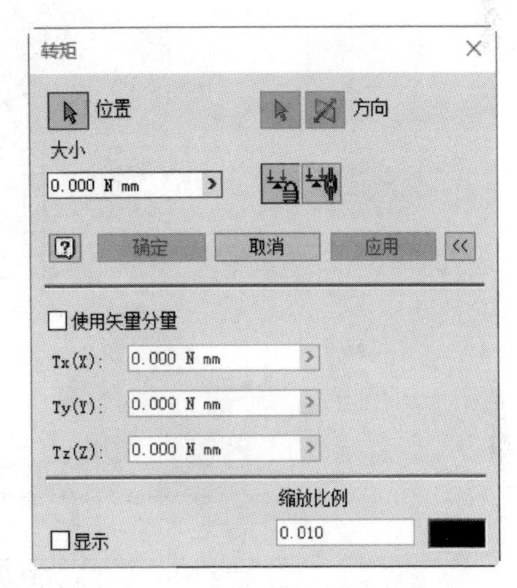

图 13-13　“转矩”对话框

- 固定载荷方向:单击此按钮,可以固定力或转矩在部件的绝对坐标系中的方向。
- 关联载荷方向:单击此按钮,将力或转矩的方向与包含力或转矩的分量关联起来。

(2) 单击“位置”按钮,然后在图形窗口中的零部件上选择力或转矩的应用点。

注意: 当力的应用点位于一条线或面上,无法捕捉时,可以返回“部件”环境绘制一个点,再回到“运动仿真”环境,就可以在选定位置插入力或转矩的应用点了。

(3) 单击“方向”按钮,在图形窗口中选择第二个点。根据选定的两个点可以定义力或转矩矢量的方向,其中,以选定的第一个点作为基点,选定的第二个点处的箭头作为提示。用户可以单击“反向”按钮将力或转矩矢量的方向反向。

(4) 在“大小”文本框中,可以定义力或转矩大小的值。可以输入常数值,也可以输入在仿真过程中变化的值。单击文本框右侧的方向箭头打开数据类型菜单。在数据类

Note

型菜单中可以选择“常量”或“输入图示器”，如图 13 14 所示。

如果选择“输入图示器”选项，则打开“大小”对话框，如图 13-15 所示。单击“大小”文本框中显示的图标，然后使用输入图示器定义一个在仿真过程中变化的值。

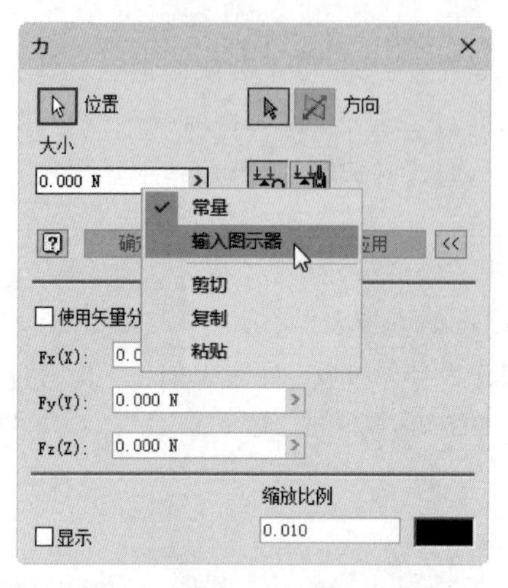

图 13-14 “输入图示器”选择框

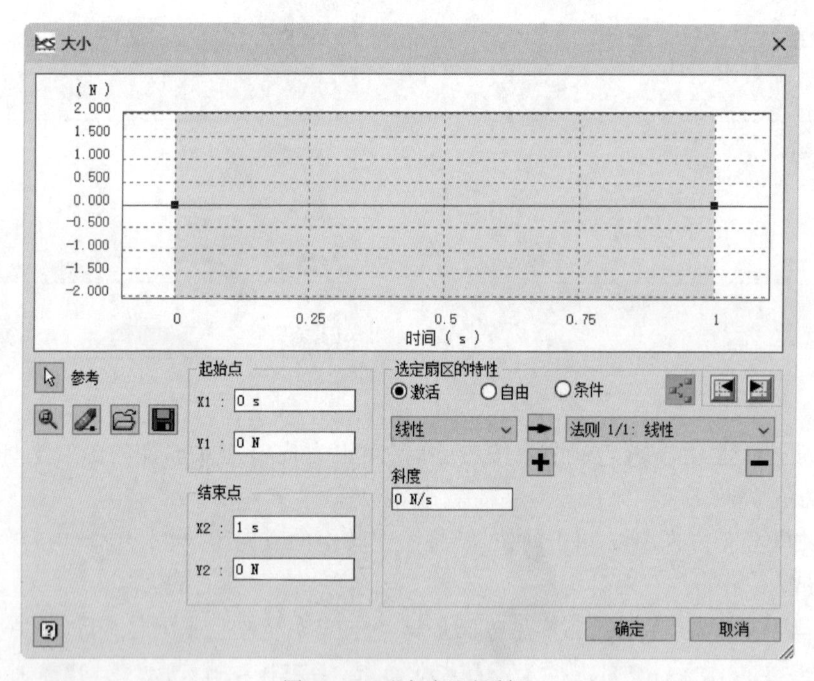

图 13-15 “大小”对话框

图形的垂直轴表示力或转矩载荷，水平轴表示时间，绘制的力或转矩用红线表示。双击一时间位置可以添加一个新的基准点，如图 13-16 所示。用鼠标拖动蓝色的基准点可以输入力或扭矩的值，精确输入力或转矩时可以使用“起始点”和“结束点”选项来定义，在 X 框中输入时间点，Y 框中输入力或转矩的值。

为使力或转矩矢量显示在图形窗口中，应选中“显示”复选框。

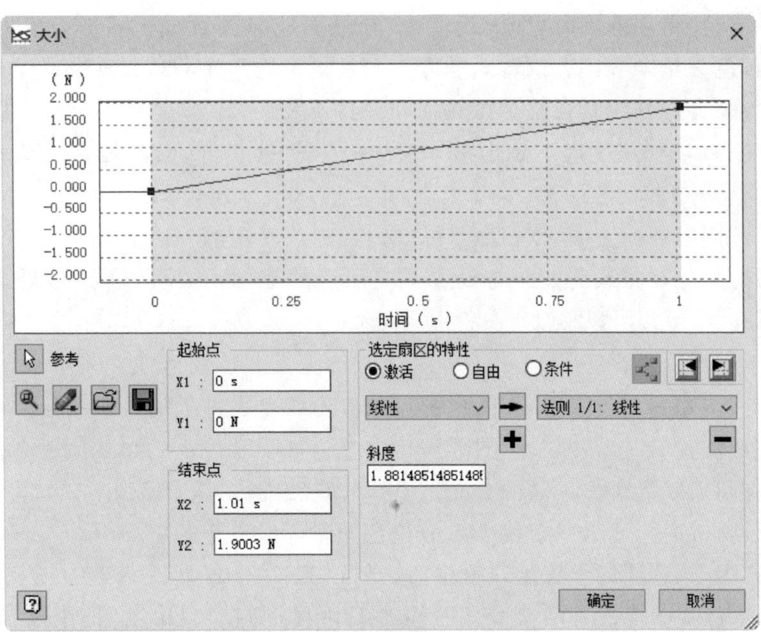

图 13-16　添加基准点以及输入力值

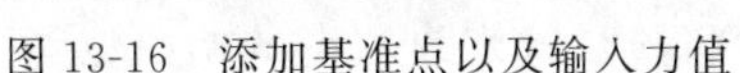

如果需要，可以更改力或转矩矢量的比例，从而使所有的矢量可见，该参数默认值为 0.01。

如果要更改力或转矩矢量的颜色，单击颜色框，打开"颜色"对话框，然后为力或转矩矢量选择颜色。

(5) 单击"确定"按钮，完成单作用力的添加。

13.2.3　添加未知力

有时为了运动仿真而使得机构停在一个指定位置，而这个平衡的力很难确定，就可以借助于添加未知力来计算所需力的大小。使用未知力来计算机构在指定的一组位置保持静态平衡时所需的力、转矩或千斤顶，在计算时需要考虑所有外部影响，包括重力、弹力、外力或约束条件等，而且机构只能有一个迁移度。下面简单介绍未知力的添加步骤：

(1) 单击"运动仿真"选项卡"结果"面板中的"未知力"按钮，打开如图 13-17 所示的"未知力"对话框。

(2) 选择适当的力类型："力"、"转矩"或"千斤顶"。

① 对于力或转矩。

- 单击"位置"按钮，在图形窗口中单击零件上一个点。
- 单击"方向"按钮，在图形窗口中单击第二个连接零部件上的可用图元，通过确定在图形窗口中绘制的矢量的方向来指定力或转矩的方

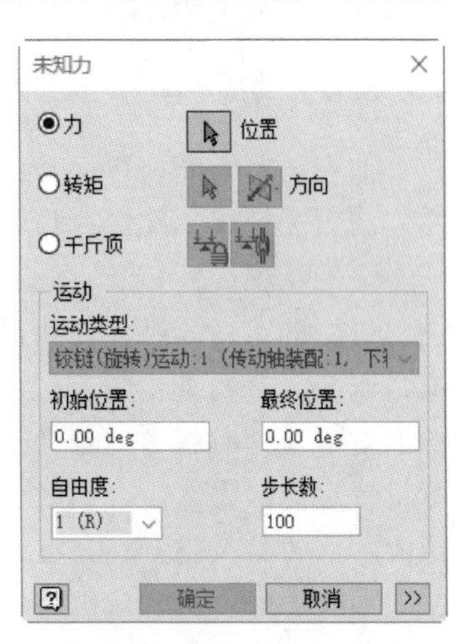

图 13-17　"未知力"对话框

向。选择可用的图元，例如线性边、圆柱面或草图直线。图形窗口中会显示一个黄色矢量来表明力或转矩的方向。在图形窗口中将确定矢量的方向，可以改变矢量方向并使其在整个计算期间保持不变。

- 必要的话单击“反向”按钮，将力或转矩的方向（也就是黄色矢量的方向）反向。
- 单击“固定载荷方向”按钮，可以锁定力或转矩的方向。
- 此外，如果要将载荷方向与设置了应用点的零件相关联，单击“关联载荷方向”按钮，使其可以移动。

② 对于千斤顶。

- 单击“位置一”按钮，在图形窗口中单击某个零件上的可用图元。
- 单击“位置二”按钮，在图形窗口中单击某个零件上的可用图元，以选择第二个应用点并指定力矢量的方向。直线 P1-P2 定义了千斤顶上未知力的方向。
- 图形窗口中会显示一个代表力的黄色矢量。

（3）在“运动”选项的下拉列表框中，选择机构的一个连接。

（4）如果选定的连接有两个或两个以上自由度，则在“自由度”框中选择受驱动的那个自由度。“初始位置”框将显示选定自由度的初始位置。

（5）在“最终位置”文本框中输入所需的最终位置。

（6）在“步长数”文本框中调整中间位置数，默认是 100 个步长。

（7）单击“更多”按钮 >>，展开对话框，显示与在图形窗口中显示力、转矩或千斤顶矢量相关的参数。

- 选中“显示”复选框，以在图形窗口中显示矢量并启用“缩放比例”和“颜色”。
- 要缩放力、转矩或千斤顶矢量，以便在图形窗口中看到整个矢量，可以在“缩放比例”文本框中输入系数。系数默认值为 0.01。
- 如果要选择矢量在图形窗口中的颜色，可单击颜色框打开“颜色”对话框。

（8）单击“确定”按钮，输出图示器将自动打开，并在“未知力”目录下显示变量 fr'?'或 mm'?'（针对搜索的力或转矩）。

13.2.4 动态零件运动

前面已经为要进行运动仿真的零部件插入运动类型，建立了运动约束以及添加了相应的力和转矩。在运行仿真前要对机构进行一定的核查，以防止在仿真过程中出现不必要的错误。使用“动态运动”功能就是通过鼠标为运动部件添加驱动力驱动实体来测试机构的运动。可以利用鼠标左键选择运动部件，拖动此部件使其运动，查看运动情况是否与设计初衷相同，以及是否存在一些约束连接上的错误。单击选择运动部件上的点就是拖动时施力的着力点，拖动时，力的方向由零部件上的选择点和每一瞬间的光标位置之间的直线决定。对于力的大小，系统会根据这两点之间的距离自行计算，距离越大施加的力也越大。力在图形窗口中显示为一个黑色矢量，鼠标的操作产生了使实体移动的外力。这时对机构运动有影响的不只是添加的鼠标驱动力，系统也会将所有定义的动态作用如弹簧、连接、接触等考虑在内。“动态运动”功能是一种连续的仿真模式，但是它只能执行计算而不能保存计算，而且对于运动仿真没有时间结束的限制，这

也是它与"仿真播放器"进行的运动仿真的主要不同之处。

下面简单介绍动态零件运动的操控面板和操作步骤。

(1) 单击"运动仿真"选项卡"结果"面板中的"动态运动"按钮，打开如图13-18所示的"零件运动"对话框。此时可以看到机构在已添加的力和约束下会运动。

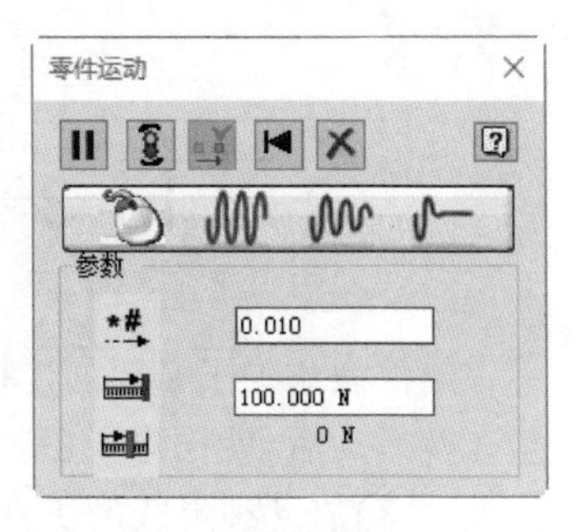

图13-18　"零件运动"对话框

(2) 单击"暂停"按钮，可以停止由已经定义的动态参数产生的任何运动。单击"暂停"按钮后，"开始"按钮将代替"暂停"按钮。单击"开始"按钮后，将启动使用鼠标所施加的力产生的运动。

(3) 在运动部件上选择驱动力的着力点，同时按住鼠标左键并移动鼠标对部件施加驱动力。对零件施加的外力与零件上的点到光标位置之间的距离成正比，拖动方向为施加的力的方向。零件将根据此力移动，但只会以物理环境允许的方式移动。在移动过程中，参数项中"应用的力"显示框将显示鼠标仿真力的大小，该字段的值会随着鼠标的每次移动而发生更改。而且只能通过在图形窗口中移动鼠标来更改此字段的值。

当鼠标驱动力需要鼠标产生很大位移才能驱动运动部件(或鼠标移动很小距离便产生很大的力)时，可以更改参数项中"放大鼠标移动的系数" 0.010 文本框中的值，这将增大或减小应用于零件上的点到光标位置之间距离的力的比例。比例系数增大的时候，很小的鼠标位移可以产生很大的力；比例系数变小的时候，则相反。默认情况下，此因子值为0.01。

当需要限制驱动力大小的时候，可以更改参数项中"最大力" 100.000 N 文本框中应用的力的最大值。当设定最大力后，无论力的应用点到光标之间的距离多大，所施加的力最大只能为设定值。默认力的最大值为100N。

下面介绍"零件运动"对话框中的其他几个按钮。

(1) "抑制驱动条件"按钮：默认情况下，强制运动在动态零件运动模式下不处于激活状态。此外，如果此连接上的强制运动受到了抑制，单击"解除抑制驱动条件"按钮可以使此强制运动影响此零件的动作。

(2) 阻尼类型：阻尼的大小对于机构运动的影响不可小视，Inventor 2024的"零件运动"提供了以下4种可添加给机构的阻尼类型。

- 在计算时将机械装置阻尼考虑在内。
- 在计算时忽略阻尼。
- 在计算时考虑弱阻尼。
- 在计算时考虑强阻尼。

(3) "将此位置记录为初始位置"按钮：有时为了仿真的需要，要保存图形窗口中的位置，作为机构的初始位置。此时必须先停止仿真，单击"将此位置记录为初始位置"按钮，系统会退出仿真模式返回构造模式，使机构位于新的初始位置。此功能对于找到机构的平衡位置非常有用。

(4) "重新启动仿真"按钮：当需要使机构回到仿真开始时的位置并重新启动计

算时,可以单击此按钮。此时会保留先前使用的选项如阻尼等。

(5)"退出零件运动"按钮：在完成了"零件运动"模拟后,单击此按钮可以返回构造环境。

Note

13.3 仿真及结果的输出

在给模型添加了必要的连接,指定了运动约束,并添加了与实际情况相符合的力、力矩以及运动后,就构建了正确的仿真机构,此时可以进行机构的仿真以观察机构的运动情况,并输出各种形式的仿真结果。下面按照进行仿真的一般步骤对仿真过程以及结果的分析作简要介绍。

13.3.1 运动仿真

打开一个部件的"运动仿真"模式后,仿真播放器将自动开启,如图13-19所示。下面简单介绍仿真播放器的构造及使用。

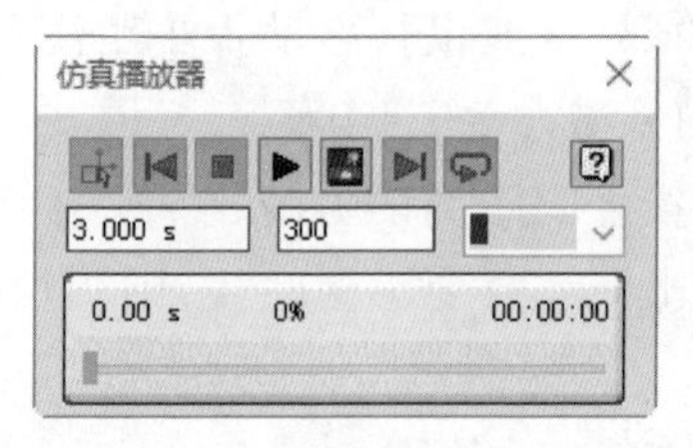

图13-19　仿真播放器

1. 工具栏

单击"播放"按钮开始运行仿真；单击按钮停止仿真；单击按钮使仿真返回到构造模式,可以从中修改模型；单击按钮回放仿真；单击按钮直接移动到仿真结束；单击按钮可以在仿真过程中禁用屏幕刷新,仿真将运行,但是没有图形表达；单击按钮循环播放仿真直到单击"停止"按钮。

2. 最终时间

最终时间决定了仿真过程持续的时间,默认为1s,仿真开始的时间永远为零。

3. 图像

这一栏显示仿真过程中要保存的图像数(帧),其数值大小与"最终时间"是有关系的。当"最终时间"为默认的1s时图像数为100。最多为50万个图像。更改"最终时间"的值时,"图像"字段中的值也将自动更改,以使其与新"最终时间"的比例保持不变。

帧的数目决定了仿真输出结果的表现细腻程度,帧的数目越多,则仿真的输出动画播放越平缓。相反,如果机构运动较快,但是帧的数目又较少的话,则仿真的输出动画就会出现快速播放甚至跳跃的情况,这样就不容易仔细观察仿真的结果及其运动细节。

注意：这里的帧的数目是帧的总数目而非每秒的帧数。另外,不要混淆机构运动速度和帧的播放速度的概念,前者和机构中部件的运动速度有关；后者是仿真结果的播放速度,主要取决于计算机的硬件性能。计算机硬件性能越好,则能够达到的播放速度就越快,也就是说每秒能够播放的帧数就越多。

4. 过滤器

"过滤器"可以控制帧显示步幅。例如,如果"过滤器"为1,则每隔1帧显示1个图

像；如果为5，则每隔5帧显示1个图像。只有仿真模式处于激活状态且未运行仿真时，才能使用该选项。默认为1个图像。

5. 模拟时间、百分比和计算实际时间

"模拟时间"值显示机械装置运动的持续时间；"百分比"显示仿真完成的百分比；"计算实际时间"值显示运行仿真实际所花的时间。

当仿真环境设置完毕以后，就可以进行仿真了。通过拖动滑动条的滑块位置，可以将仿真结果动画拖动到任何一帧处停止，以便观察指定时间和位置处的仿真结果。

13.3.2　输出仿真结果

如果要将仿真的动画保存为视频文件，以便在任何时候和地点方便地观看仿真过程，可以使用运动仿真的"发布电影"功能。具体步骤如下：

（1）单击"运动仿真"选项卡"动画制作"面板中的"发布电影"按钮，打开"发布电影"对话框，如图13-20所示。

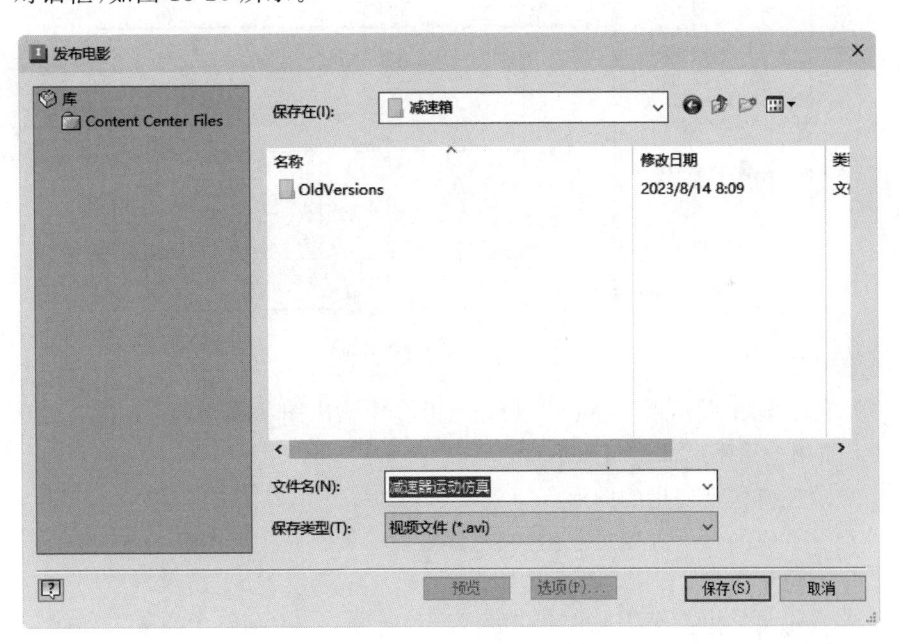

图13-20　"发布电影"对话框

（2）选择AVI文件的保存路径，输入文件名，单击"保存"按钮，打开"视频压缩"对话框，如图13-21所示。在该对话框中可以指定要使用的视频压缩编解码器，默认的视频压缩编解码器是"Microsoft Video 1"。可以拖动"压缩质量"滑块来更改压缩质量，一般均采用默认设置。设置完毕后单击"确定"按钮。

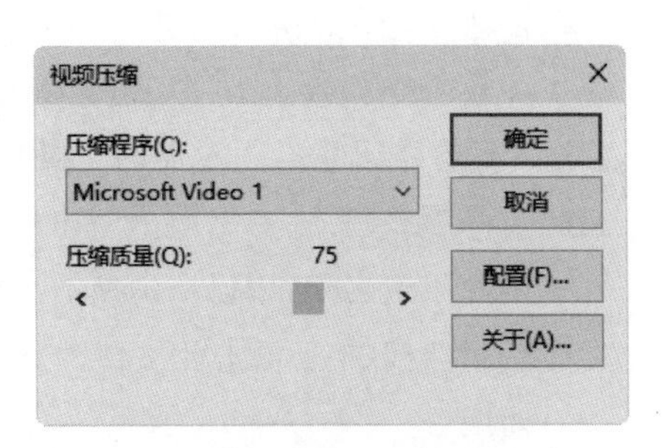

图13-21　"视频压缩"对话框

（3）单击仿真播放器中的"播放"按钮开始或重放仿真。

Note

(4) 仿真结束时,再次单击“发布电影”按钮以停止记录。

13.3.3 输出图示器

输出图示器可以用来分析仿真。在仿真过程中和仿真完成后,将显示仿真中所有输入和输出变量的图形和数值。输出图示器中包含工具栏、浏览器、时间步长窗格和图形窗口。

单击“运动仿真”选项卡“结果”面板中的“输出图示器”按钮,打开如图 13-22 所示的输出图示器。

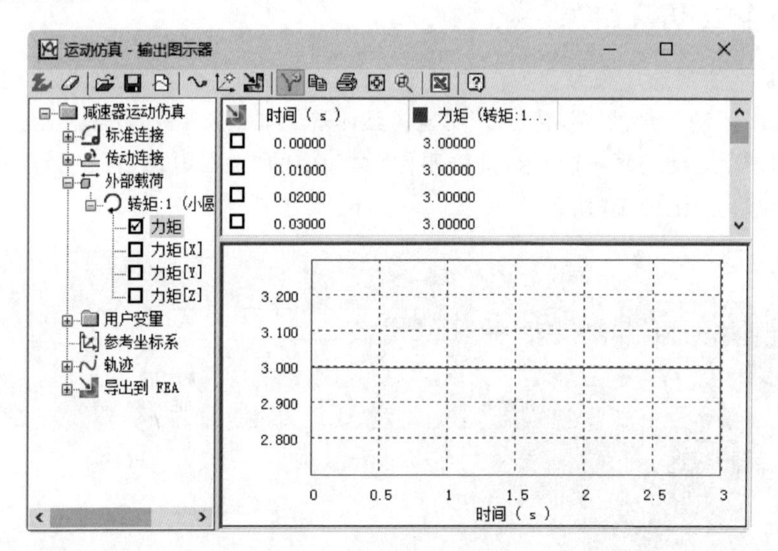

图 13-22 输出图示器

多次单击“输出图示器”按钮,可以打开多个输出图示器。

可以使用输出图示器进行以下操作:

- 显示任何仿真变量的图形。
- 对一个或多个仿真变量应用“快速傅里叶变换”。
- 保存仿真变量。
- 将当前变量与上次仿真时保存的变量相比较。
- 将仿真变量从计算中导出。
- 准备 FEA 的仿真结果。
- 将仿真结果发送到 Excel 和文本文件中。

下面简要介绍输出图示器的工具栏。

- 清除:清除输出图示器中的所有仿真结果。
- 全部不选:用以取消所有变量的选择。
- 新建曲线:单击此按钮,打开“新建曲线”对话框,使用可用的仿真变量定义曲线。
- 添加轨迹:单击此按钮,打开如图 13-23 所示的“轨迹”对话框,通过使用选项并在图形区域中选择位置来定义新轨迹。

- 添加参考坐标 ：单击此按钮，打开如图13-24所示的“参考坐标系”对话框，在输入和图形区域中选择位置来定义新参考坐标系。

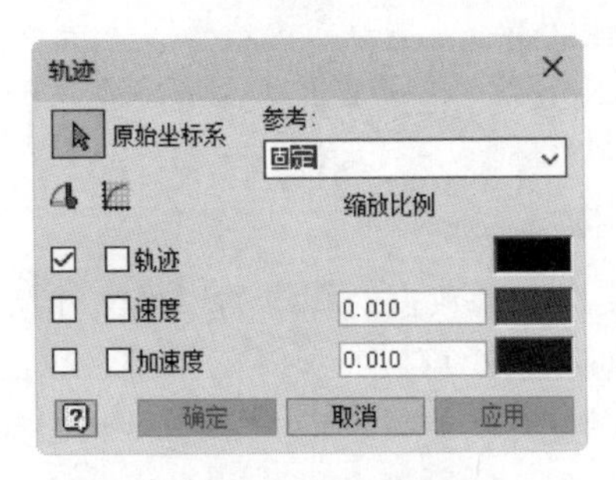

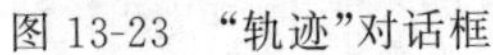

图13-23 “轨迹”对话框

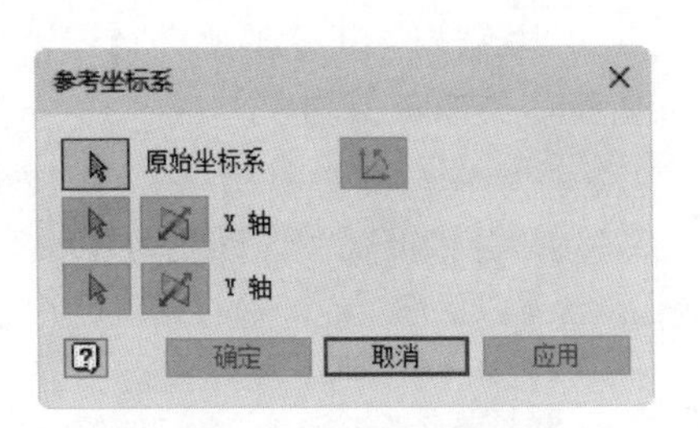

图13-24 “参考坐标系”对话框

- 导出到FEA ：单击此按钮，打开“导出到FEA”对话框，选择要在其上运行分析的零部件。
- 精确事件 ：显示仿真事件的精确计算。
- 自动缩放 ：自动缩放图形窗口中显示的曲线，以便可以看到整条曲线。
- 将数据导出到Excel ：将图形窗口中当前显示结果输出到Microsoft Excel表格中。

其余几个按钮和Windows窗口中的打开、保存、打印等几个工具的使用方法相同，这里不再赘述。

13.3.4 将结果导出到FEA

FEA(finite element analysis，有限元分析)方法在固体力学、机械工程、土木工程、航空结构、热传导、电磁场、流体力学、流体动力学、地质力学、原子工程和生物医学工程等各个具有连续介质和场的领域中得到越来越广泛的应用。

有限元法的基本思想就是把一个连续体人为地分割成有限个单元，即把一个结构看成由若干通过节点相连的单元组成的整体，先进行单元分析，再把这些单元组合起来代表原来的结构。这种先化整为零、再积零为整的方法就叫有限元法。

从数学的角度来看，有限元法是将一个偏微分方程化成一个代数方程组，利用计算机求解。有限元法采用矩阵算法，借助计算机这个工具可以快速地算出结果。在运动仿真中可以将仿真过程中得到的力的信息按照一定的格式输出为其他有限元分析软件(如SAP、NASTRAN、ANSYS等)所兼容的文件。这样就可以借助这些有限元分析软件的强大功能来进一步分析所得到的仿真数据。

注意：在运动仿真中，要求零部件的力必须均匀分布在某个几何形状上，这样导出的数据才可以被其他有限元分析软件所利用。如果某个力作用在空间的一个三维点上，那么该力将无法被计算。运动仿真能够很好地支持零部件支撑面(或者边线)上的受力，包括作用力和反作用力。

可以在创建约束、力(力矩)、运动等元素时选择承载力的表面或者边线，也可以在将仿真数据结果导出到FEA时再选择。这些表面或者边线只需要定义一次，在以后的仿真或者数据导出中它们都会发挥作用。

注意： 在将仿真结果导出到FEA时，一次只能导出某一时刻的仿真结果数据，也就是说某一时刻的仿真数据构成单独的一个文件，有限元软件只能够同时分析这一时刻的数据。虽然运动仿真也能够将某一时间段的数据一起导出，但是也是导出到不同的文件中，与分别导出这些文件的结果没有任何区别，只是导出的效率提高了。

下面简要说明导出到FEA的操作步骤：

(1) 选择要输出到有限元分析（FEA）的零件。

(2) 根据“分析设置”对话框中的设置，可以将必要的数据与相应的零件文件相关联以使用Inventor应力分析进行分析，或者将数据写入文本文件中以进行ANSYS模拟。

(3) 单击“运动仿真”选项卡“应力分析”面板中的“导出到FEA”按钮，打开如图13-25所示的“导出到FEA”对话框。

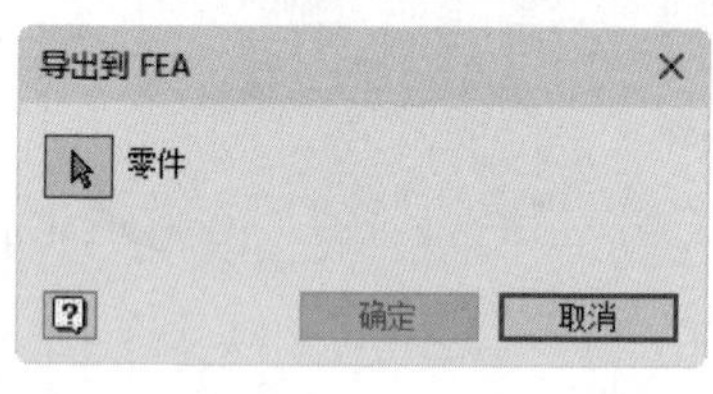

图13-25 “导出到FEA”对话框

(4) 在图形窗口中，单击要进行分析的零件，作为FEA分析零件。

用户也可以选择多个零件。要取消选择某个零件，可在按住Ctrl键的同时单击该零件。按照给定指示选择完零件和承载面后，单击“确定”按钮。

13-1

13.4 综合实例——减速器运动仿真

本例对如图13-26所示的减速器进行运动仿真。

操作步骤

(1) 打开文件。单击快速访问工具栏中的“打开”按钮，打开“打开”对话框，选择“减速器装配”装配文件，单击“打开”按钮，打开减速器装配体。

(2) 进入运动仿真环境。单击“环境”选项卡“开始”面板中的“运动仿真”按钮，进入运动仿真环境。

图13-26 减速器

(3) 插入齿轮运动。单击“运动仿真”选项卡“运动类型”面板中的“插入运动类型”按钮，打开“插入运动类型”对话框，选择“传动：外齿轮啮合运动”类型，单击“1个约束：传动”按钮，如图13-27所示。选择小齿轮上的分度圆为零部件1的圆柱体，如图13-28所示，然后选择小齿轮上端面圆弧圆心为原点；选择大齿轮上的分度圆为零部件2的圆柱体，如图13-29所示，然后选择大齿轮上端面圆弧圆心为原点，如图13-30所示。单击“确定”按钮。

(4) 添加转矩。单击“运动仿真”选项卡“加载”面板中的“转矩”按钮，打开如图13-31所示的“转矩”对话框，选择小齿轮轴最外端圆弧边线，输入大小为30N mm，选择圆柱面为方向，如图13-32所示。单击“确定”按钮，完成转矩的添加，“运动仿真”浏览器如图13-33所示。

图 13-27 “插入运动类型”对话框

图 13-28 选择小齿轮分度圆

图 13-29 选择大齿轮分度圆

图 13-30 选择原点

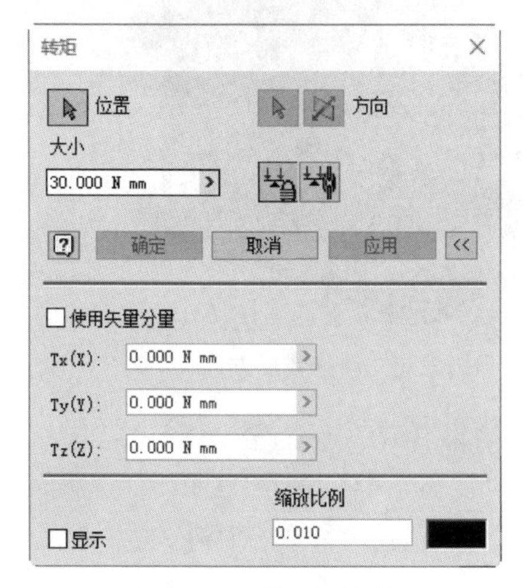

图 13-31 “转矩”对话框

图 13-32 添加转矩

Note

(5) 运动仿真。单击“运动仿真”选项卡“管理”面板中的“仿真播放器”按钮，打开如图 13-34 所示的“仿真播放器”对话框，输入最终时间为 5s，单击“播放”按钮，进行运动仿真，观察两齿轮的啮合运动。

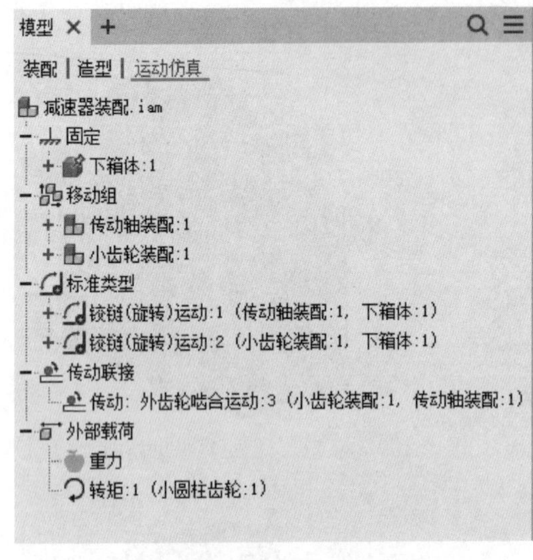

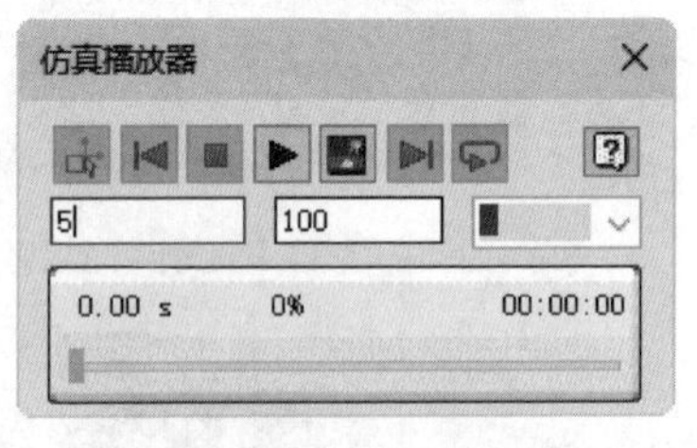

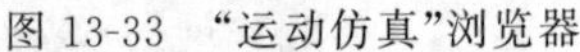

图 13-33 “运动仿真”浏览器　　　　图 13-34 “仿真播放器”对话框

(6) 更改转矩方向。单击“仿真播放器”对话框中的“构造模式”按钮，进入构造模式。在“运动仿真”浏览器中选择“外部载荷”→“转矩”选项，右击，弹出如图 13-35 所示的快捷菜单，选择“编辑”选项，打开“转矩”对话框。单击“方向”按钮，调整转矩方向，如图 13-36 所示，单击“确定”按钮。再次单击“仿真播放器”对话框中的“播放”按钮，观察齿轮的啮合运动。

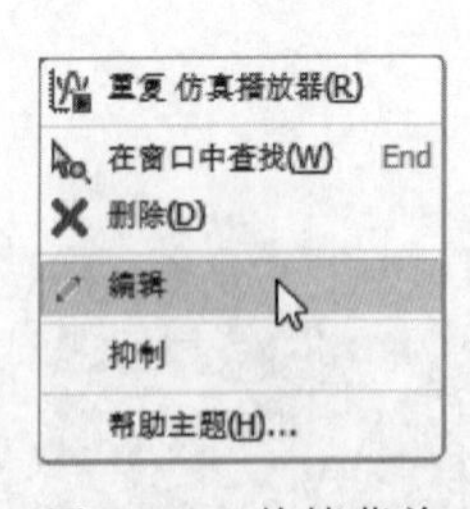

图 13-35 快捷菜单

图 13-36 调整转矩方向

(7) 输出图示。单击“运动仿真”选项卡“结果”面板中的“输出图示器”按钮，打开输出图示器，在浏览器中选择“外部载荷”→“转矩”选项，选中“力矩”复选框，图表中显示力矩与时间关系。单击“仿真播放器”对话框中的“运行”按钮，观察齿轮啮合运动与图表之间的关系，如图 13-37 所示。

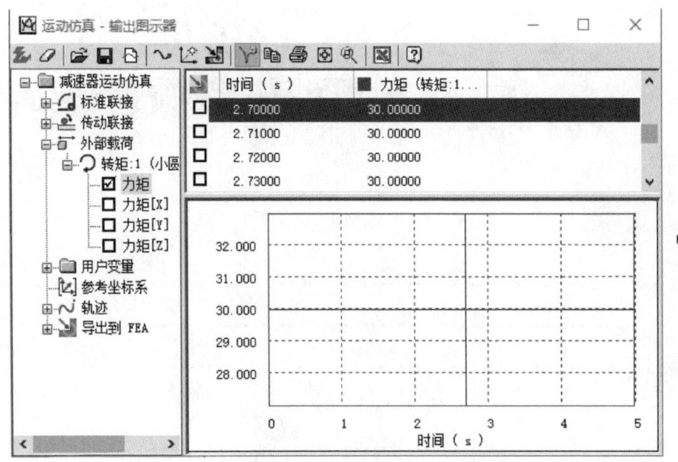

图 13-37　齿轮啮合运动与图表之间的关系

二维码索引